北大社 “十三五”职业教育规划教材

高职高专土建专业“互联网+”创新规划教材

全新修订

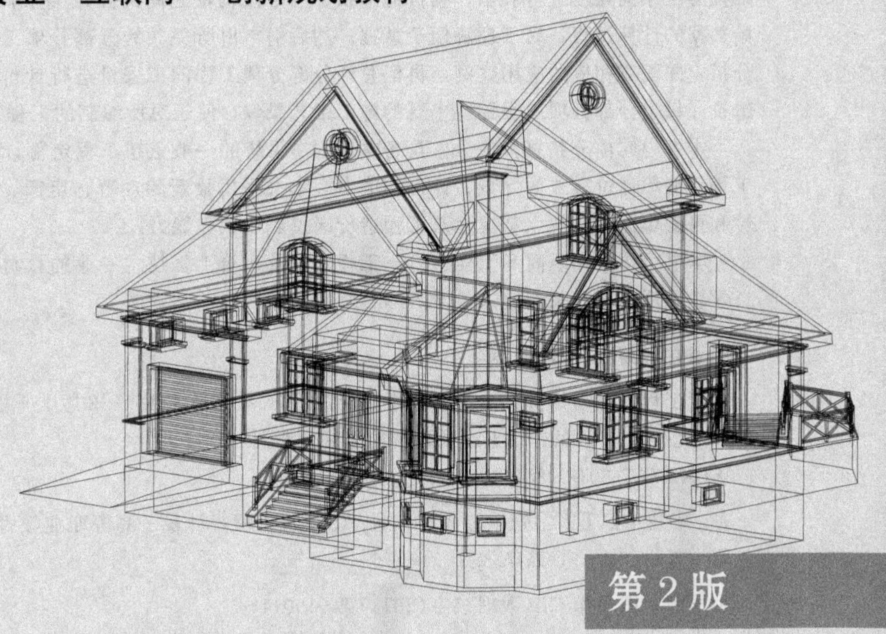

第2版

# 建筑工程计量与计价

## ——透过案例学造价

主　编　张　强　易红霞

副主编　欧阳平　林孟洁　陈业军

参　编　简学灵

## 内容简介

本书根据专业技能型人才培养的特点，按照编制工程造价实际工作的过程，以一个实例工程为总线索，通过案例引导教学，并通过“互联网+教材”的形式编写。

首先以实例工程中的单个构件的工程量计算为例，通过应用广联达、3ds Max、BIM等软件，以三维模型从不同角度进行展示。构件的形状、尺寸及构件之间的扣减关系，直观、清晰、明了，并配有原始数据的计算过程，易于理解便于掌握；然后引申出所关联的分部分项工程量的计算规则，再加以介绍分析，并配有相应的应用案例，再汇总各分部分项工程的工程量进行计价、取费，得出单位工程的工程造价，每个分部分项工程配有主要的施工工艺录像，便于对所编制的工程造价的理解。

本书内容由分到总，使学生具备整体的、系统的一般土建工程定额计价方式的计量、计价的能力和工程量清单计价方式的计量、计价的能力。本书采用最新的规范、定额、图集、规定等资料，突出实用性和可操作性，使学生掌握建筑工程造价岗位职业核心能力。

本书可作为高职高专工程造价、工程管理及建筑工程技术专业的教材，也可作为本科院校、函授和自学辅导用书或相关专业人员学习参考之用。

**图书在版编目(CIP)数据**

建筑工程计量与计价：透过案例学造价/张强，易红霞主编．—2版．—北京：北京大学出版社，2014.3
(21世纪全国高职高专土建系列技能型规划教材)

ISBN 978-7-301-23852-3

Ⅰ．①建…　Ⅱ．①张…②易…　Ⅲ．①建筑工程—计量—高等职业教育—教材②建筑造价—高等职业教育—教材　Ⅳ．①TU723.3

中国版本图书馆CIP数据核字(2014)第019011号

**书　　　名：建筑工程计量与计价——透过案例学造价(第2版)**
著作责任者：张　强　易红霞　主编
策 划 编 辑：赖　青　杨星璐
责 任 编 辑：刘健军　刘晓东
数 字 编 辑：孟　雅
标 准 书 号：ISBN 978-7-301-23852-3/TU·0386
出 版 发 行：北京大学出版社
地　　　址：北京市海淀区成府路205号　100871
网　　　址：http://www.pup.cn　　新浪官方微博：@北京大学出版社
电 子 邮 箱：编辑部 pup6@pup.cn　总编室 zpup@pup.cn
电　　　话：邮购部010-62752015　　发行部010-62750672　　编辑部010-62750667
印　刷　者：北京虎彩文化传播有限公司
经　销　者：新华书店
787毫米×1092毫米　16开本　32.25印张　768千字
2010年8月第1版　2014年3月第2版
2024年1月修订　2024年1月第11次印刷（总第19次印刷）
定　　　价：59.00元

---

# 第 2 版前言

本书以建筑工程造价编制工作的岗位标准和职业能力为依据，以学生职业能力培养和职业素养的养成为重点，依托实际工作任务、按照实际工作过程、组织教学情境编写，体现了培养专业技能型人才的教学理念。本书以一个繁简适度的小型工程项目实例为载体，以建筑工程计量计价工作过程为主干线，围绕计量计价工作过程所需的能力，建立情境模块；以项目进展引导能力扩展，按建筑工程计量与计价基础能力训练———一般土建工程定额计价方式简单能力训练———一般土建工程工程量清单计价方式综合能力训练，层层展开，步步深入，并配有完整的定额计价（第 8 章）和清单计价（第 12 章）的编制实例，从而培养学生的职业能力和职业素养。

本书采用的文件、规范、图集、定额等资料主要有：《建筑安装工程费用项目组成》（建标〔2013〕44 号文件），《房屋建筑与装饰工程工程量计算规范》（GB50854—2013），《建设工程工程量清单计价规范》（GB50500—2013），《混凝土结构施工图平面整体表示方法制图规则和构造详图》（11G101—1），《建筑工程建筑面积计算规范》（GB/T50353—2013），《广东省建筑与装饰工程综合定额》（2010），《湖南省建筑工程消耗量定额》等。

本书采用“互联网＋教材”的形式编写，对实例工程中的主要构件，通过应用广联达、3ds Max、BIM 等软件做成三维模型，以微视频的方式将三维模型从不同角度进行展示。构件的形状、尺寸及构件之间的扣减关系，直观清晰明了，并配有原始数据的计算过程，使得教学实例化、直观化、浅显易懂。重要的分部分项工程配有主要工序的施工过程录像，以帮助读者理解工程造价的编制。全书共配有视频 79 个，读者可以扫描书中的二维码查看。本次修订，融入了党的二十大精神，全面贯彻党的教育方针，把立德树人融入本教材，使其贯穿思想道德教育、文化知识教育和社会实践教育各个环节。

本书由广州番禺职业技术学院张强副教授、湖南交通职业技术学院易红霞高级工程师任主编，广州番禺职业技术学院欧阳平、湖南交通职业技术学院林孟洁、荆州理工职业学院陈业军任副主编，广州市番禺区基本建设投资管理办公室简学灵任参编。其中第 1、2、3、8 章由欧阳平编写，第 4、5、7 章由易红霞编写，第 6 章由林孟洁编写，第 10、11 章由张强编写，第 9、12 章由陈业军编写，附录实验楼工程施工图由简学灵绘制，张强负责本书的统稿工作。

由于编者水平有限，书中难免有错误和不足之处，恳请读者、同行批评指正。

编　者

【资源索引】

# CONTENTS 目录

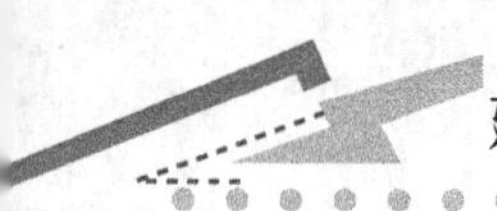

# 情境一

# 建筑工程计量与计价基础能力训练

# 第1章

## 建筑工程造价基本知识

### 学习目标

- ◆ 了解基本建设的概念及建设程序
- ◆ 熟悉建设项目的概念及组成
- ◆ 掌握建筑工程造价的概念、分类及与基本建设的关系

### 学习要求

| 能力目标 | 知识要点 | 相关知识 | 权重 |
|---|---|---|---|
| 理解建设项目的基本内容 | 基本建设、建设项目概述 | 基本建设的概念、建设项目的概念、分类、组成及基本建设程序 | 0.50 |
| 理解建筑工程造价的基本内容 | 建筑工程造价概述 | 建筑工程造价的概念、分类及与基本建设的关系 | 0.50 |

## 引 例

广州番禺职业技术学院拟建造实验楼工程，该工程施工单位的选择采用公开招标的方式，确定承包人。

**请思考：**

1. 实验楼工程招标时广州番禺职业技术学院是否要预先确定该工程的造价？

2. 投标人投标时是否也要确定该工程的造价？

3. 建筑工程的造价如何确定？

# 1.1 基本建设概述

## 1.1.1 基本建设概念及内容

1. 基本建设的概念

基本建设是指投资建造固定资产和形成物质基础的经济活动。凡是固定资产扩大再生产的新建、扩建、改建、恢复工程及与之相关的活动均称为基本建设。因此，基本建设的实质是形成新增固定资产的一项综合性的经济活动，其主要内容是把一定的物质资料如建筑材料、机械设备等，通过购置、建造、安装和调试等活动转化为固定资产，形成新的生产能力或使用效益的过程。与之相关的其他工作，如征用土地、勘察设计、筹建机构和生产工人的培训等工作，也属于基本建设的组成内容。

2. 基本建设的内容

基本建设是通过勘察、设计和施工等一系列经济活动来实现的，具体包括资源开发、规划，确定基本建设规模、投资结构、建设布局、技术结构、环境保护措施，项目决策，进行项目的勘察、设计，生产准备、建筑安装施工、竣工验收、联合试运转等内容。基本建设的最终成果表现为固定资产的增加。

**特 别 提 示**

按照专业性质不同，基本建设也可以划分为以下几项内容。

1）建筑工程

建筑工程是指永久性和临时性的各种建筑物和构筑物，如厂房、仓库、住宅、学校、矿井、桥梁、电站、体育场等新建、扩建、改建或复建工程，各种民用管道和线路的敷设工程，设备基础、炉窑砌筑、金属结构件工程，农田水利工程等。

2）设备安装工程

设备安装工程是指生产、动力、起重、运输、传动和医疗、实验等设备的装配、安装工程，附属于被安装设备的管线敷设、绝缘、保温、刷油等工程，以及为测定安装质量对单个设备进行试运转的工作。

3）设备及工器具购置

设备及工器具购置是指按设计文件规定，对用于生产或服务于生产的达到固定资产标准的设备、工器具的加工、订购和采购过程。

4）勘察与设计

勘察与设计指地质勘探、地形测量及工程设计方面的工作。

5）其他基本建设工作

其他基本建设工作是指除上述各项工作以外的与建设项目有关的各项工作。其内容因建设项目性质不同而有所差异，主要包括征地、拆迁、安置，建设场地准备，生产人员培训，生产准备，试生产等。

### 1.1.2 建设项目概述

1. 建设项目的概念

基本建设项目通常简称为建设项目。它是指按照一个总体设计进行施工的，经济上实行独立核算，由独立法人的组织机构负责建设或运营，可以形成生产能力或使用价值的一个或几个单项工程的总体。

凡属于一个总体设计中分批分期进行建设的主体工程和附属配套工程、供水供电工程等都可作为一个建设项目。按照一个总体设计和总投资文件在一个场地或者几个场地上进行建设的工程也属于一个建设项目。

工业建设中，一般以一个工厂为一个建设项目；民用建设中，以一个事业单位如一所学校、一家医院为一个建设项目。

2. 建设项目的分类

1）按建设项目的性质分类

建设项目按建设性质可分为基本建设项目和更新改造项目。

(1) 基本建设项目：是投资建设用于进行扩大生产能力或增加工程效益为主要目的的工程，包括新建项目、扩建项目、迁建项目、恢复项目。

(2) 更新改造项目：指原有企事业单位为提高生产效益，改进产品质量等原因，对原有设备、工艺流程进行技术改造或固定资产更新，以及相应配套的辅助生产、生活福利等工程的建设和有关工作，包括限额以上项目、限额以下项目。

2）按建设项目的用途分类

建设项目按用途可分为生产性建设项目和非生产性建设项目。

(1) 生产性建设项目：指直接用于物质生产或满足物质生产需要的建设项目。它包括工业、农业、林业、水利、气象、交通、邮电、商业和物质供应建设项目，以及地质勘探建设项目等。

(2) 非生产性建设项目：指用于满足人们物质文化需要的建设项目。它包括文教卫生、科学试验、公共事业、住宅和其他建设项目等。

3）按建设项目的规模分类

按国家有关规定，基本建设项目可划分为大中型建设项目和小型建设项目。

(1) 大中型建设项目：指生产性建设项目投资额在5 000万元以上，非工业建设项目投资额在3 000万元以上的建设项目。

(2) 小型建设项目：指投资额在上述限额以下的建设项目。

4）按行业特点分类

建设项目按行业特点可分为竞争性项目、基础性项目和公益性项目。

（1）竞争性项目：主要是指投资效益比较高、竞争性比较强的一般性建设项目。此类项目应以企业为基本投资对象，由企业自主决策、自担投资风险。

（2）基础性项目：主要是指具有自然垄断性、建设周期长、投资额大而收益低的基础设施和需要重点扶持的一部分基础工业项目，以及直接增强国力的符合经济规模的支柱产业项目。这类项目主要由政府集中必要的财力、物力，通过经济实体进行投资。

（3）公益性项目：主要包括科技、文教、卫生、体育和环保等设施，公、检、法等政府机关及社会团体办公设施等。公益性项目的投资主要由国家财政拨款。

3. 建设项目的组成

我国每年都要进行大量的基本建设，为了准确确定各个基本建设项目的建设费用，就必须对整个基本建设工程进行科学分析、研究，进行合理划分。所以建设项目按照建设管理和合理确定工程造价的需要，划分为建设项目、单项工程、单位工程、分部工程、分项工程5个项目层次。

特别提示

建筑安装工程计量和计价是由局部到整体的一个分解组合计算的过程。

1)建设项目

建设项目一般是指在一个总体设计或初步设计范围内，由一个或几个单项工程组成，经济上实行独立核算，行政上实行统一管理的建设单位。一般以一个企业(或联合企业)、事业单位或独立工程作为一个建设项目，如一座工厂、一所学校、一所医院等，均为一个建设项目。

凡属于一个总体设计的主体工程和相应的附属配套工程、综合利用工程、环境保护工程、供水供电工程，以及水库的干渠配套工程等，都统一作为一个建设项目；凡不属于一个总体设计，经济上分别核算，工艺流程上没有直接联系的几个独立工程，应分别列为几个建设项目。

2）单项工程

单项工程又称工程项目，是建设项目的组成部分。一个建设项目可能是一个单项工程，也可能包含若干个单项工程。单项工程是指具有独立的设计文件，建成后可以独立发挥生产能力和使用效益的工程，如一所学校的教学楼、办公楼、图书馆、学生宿舍、食堂等。

3）单位工程

单位工程是单项工程的组成部分。单位工程是指具有独立设计文件，可以独立组织施工，但建成后一般不能独立发挥生产能力和使用效益的工程。例如，学校办公楼是一个单项工程，而该办公楼的土建工程、装饰工程、电气照明工程、给排水工程等则分别属于单位工程。

特别提示

建筑安装工程造价都是以单位工程为基本单位进行编制的。

4)分部工程

分部工程是单位工程的组成部分。分部工程是指在一个单位工程中，按工程部位及使用的材料和工种进一步划分的工程。例如，一般土建单位工程的土石方工程、桩与地基基础工程、砌筑工程、混凝土与钢筋混凝土工程、楼地面工程、门窗工程、屋面工程等均属于分部工程。

5）分项工程

分项工程是分部工程的组成部分。分项工程是指在一个分部工程中，按不同的施工方法、不同的材料和结构构件的规格，对分部工程进一步划分，直到用较简单的施工过程就能完成，以适当的计量单位就可以计算其工程量的基本单元，如砌筑工程可划分为砖基础、内墙、外墙、砖柱、钢筋砖过梁等分项工程。分项工程没有独立存在的意义，它只是为了便于计算建筑工程造价而分解出来的“假定产品”。

某学校建设项目划分示意图如图 1.1 所示。

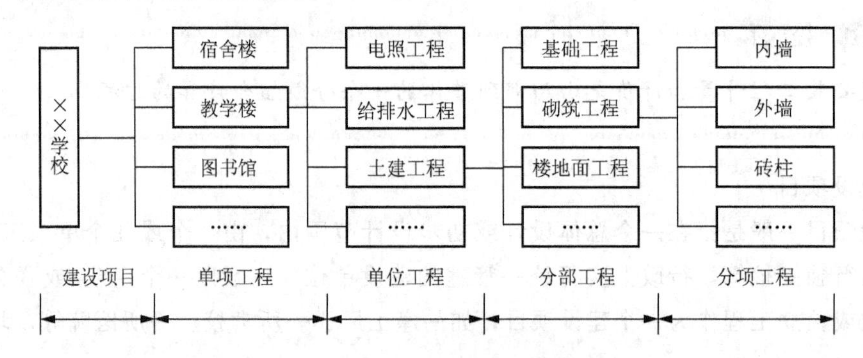


图 1.1　某学校建设项目划分示意图

特别提示

一个建设项目通常由一个或几个单项工程组成，一个单项工程由几个单位工程组成，而一个单位工程又是由若干个分部工程组成，一个分部工程可以划分为若干个分项工程。合理地划分分部分项工程是正确编制工程造价的一项十分重要的工作。

### 1.1.3　基本建设程序概述

基本建设程序是指建设项目从策划、评估、决策、设计、施工到竣工验收、投入生产或交付使用的全过程，各项工作必须遵循的先后次序和科学规律。从广义上讲，基本建设是一个庞大的系统工程，涉及面广，需要各个环节、各个部门协调配合才能顺利完成。实践证明，基本建设只有踏踏实实地按照基本建设程序执行，才能加快建设进度，提高工程质量、缩短工期、降低工程造价，提高投资效益。

按照我国现行规定，一般大中型及限额以上工程项目的建设程序可以分为以下几个阶段，如图 1.2 所示。

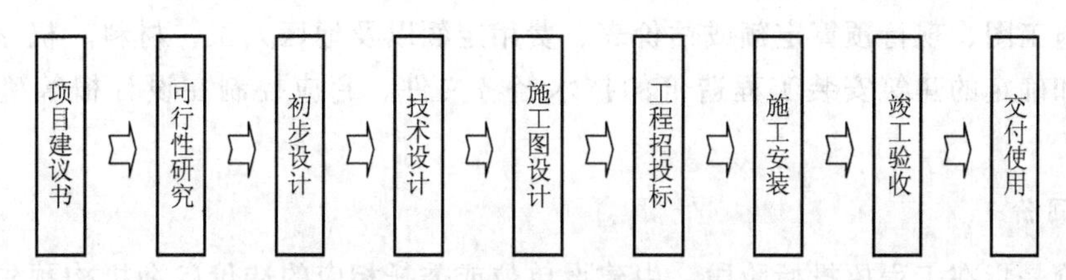


图 1.2 工程项目的建设程序

**特别提示**

工程项目的建设程序内容相互衔接，密不可分。虽然基本建设全过程由于工程类别的不同而各有差异，但对于基本建设工作，都必须遵循先勘察后设计、先设计后施工、先验收后使用的原则，坚持按基本建设程序办事，才能使基本建设取得更好的投资效益。

## 1.2 建筑工程造价概述

建筑工程造价是基本建设文件的重要组成部分，它是根据不同设计阶段的具体内容、工程定额、指标和各项费用取费标准，预先计算和确定建设项目从筹建至竣工验收全过程所需投资额的经济文件。

建筑工程造价除具有一般商品计价的共同特点外，由于建筑工程本身的固定性、多样性、体积庞大、建设周期长等特征，其计价具有单个性、分部组合性、多次性、方法多样性等特点。

### 1.2.1 建筑工程造价的分类

根据编制阶段、编制依据和编制目的的不同，建筑工程造价可分为建设项目投资估算、设计概算、施工图预算、合同价、施工预算、工程结算、竣工决算等。

1. 投资估算

投资估算是指在项目建议书和可行性研究阶段，由建设单位或其委托的咨询机构根据项目建议、估算指标和类似工程的有关资料，对拟建工程所需投资预先测算和确定的过程。投资估算是决策、筹资和控制造价的主要依据。

2. 设计概算

设计概算是在投资估算的控制下由设计单位根据初步设计图样及说明，概算定额(或概算指标)各项取费标准，设备、材料的价格等资料编制和确定的建设项目从筹建到交付使用所需全部费用的文件，是设计文件的重要组成部分。概括来讲，就是根据设计要求对工程造价进行的概略计算，设计概算是工程项目投资的最高限额。

概算按编制先后顺序和范围大小可分为单位工程概算、单项工程综合概算和建设项目总概算 3 个级别。

3. 施工图预算

施工图预算是由建设单位(或中介机构、施工单位)在施工图设计完成后，工程开工前，根据施工图、现行预算定额或估价表、费用定额以及地区人工、材料、机械、设备等价格编制和确定的建筑安装工程造价的技术经济文件。它应控制在设计概算确定的造价之内。

4. 合同价

合同价是指在工程招投标阶段，由建设单位或委托相应的造价咨询机构预先确定建筑工程的造价，作为建筑工程招标的标底；投标单位编制投标报价，再通过评标、定标，确定中标单位后，在工程承包合同中确定的工程造价。

5. 施工预算

施工预算是指施工前，施工单位根据施工图、施工定额(或借用现行预算定额)，结合施工组织设计中的平面布置图、施工方案、技术组织措施及现场实际情况等，计算出工程施工中人工、材料及施工机械台班所需的数量及费用，是施工单位内部的经济管理文件。施工预算是施工单位进行施工准备、编制资源供应计划、施工进度计划、加强内部经济核算的依据。

6. 工程结算

工程结算是指施工单位在工程实施过程中，依据承包合同中有关付款条件的规定和已经完成的工程量，并按照规定的程序向建设单位收取工程价款的一项经济活动。工程结算是该工程的实际价格，是支付工程价款的依据。工程结算分为工程中间结算、年终结算和竣工结算。

7. 竣工决算

竣工决算是指在工程竣工验收交付使用后，由建设单位编制的建设项目从筹建到竣工验收、交付使用全过程中实际支付的全部建设费用。竣工决算是整个建设项目的最终价格，是建设单位财务部门汇总固定资产的主要依据。

### 1.2.2 基本建设不同阶段对应的工程造价

基本建设不同阶段对应的工程造价如图 1.3 所示。

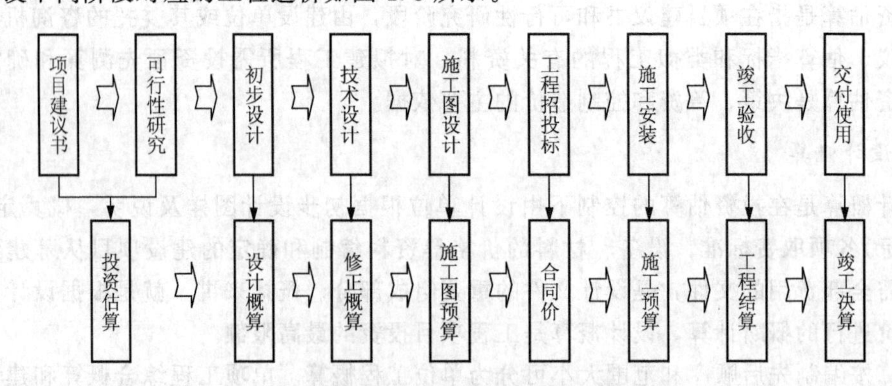


图 1.3 基本建设不同阶段对应的工程造价

**拓展讨论**

党的二十大报告提出了基础研究和原始创新不断加强，一些关键核心技术实现突破，战略性新兴产业发展壮大，载人航天、探月探火、深海深地探测、超级计算机、卫星导航、量子信息、核电技术、新能源技术、大飞机制造、生物医药等取得重大成果，进入创新型国家行列。

结合本章内容，列举一些突破关键核心技术的建设项目。

## 本章小结

本章主要对建筑工程造价的基本知识进行了讲解，介绍了基本建设的概念、建设项目的概念、建设项目的分类、建设项目的组成、基本建设程序及建筑工程造价的分类和基本建设不同阶段对应的工程造价的关系。主要目的是使学生熟悉建设项目概念及组成，掌握建筑工程造价的概念、分类及与基本建设的关系。

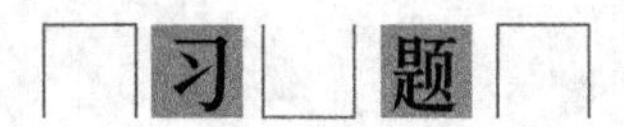


简答题

1. 什么是基本建设？它是如何划分的？

2. 基本建设程序包括哪些内容？

3. 建设项目按照建设管理和合理确定工程造价的需要，划分为哪几个项目层次，每个层次的含义是什么？并举例说明。

4. 根据编制阶段、编制依据和编制目的的不同，建筑工程造价分为哪几类？每个类别的含义是什么？

# 第2章

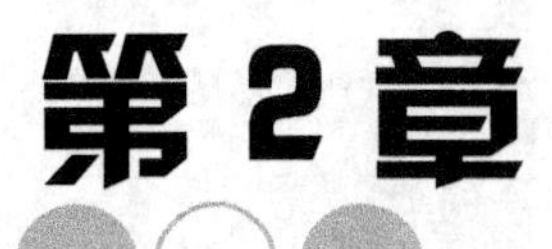

# 建筑工程定额

## 学习目标

◆ 了解建筑工程定额的种类及编制原则、编制方法
◆ 熟悉建筑工程定额的概念、作用
◆ 掌握建筑工程预算定额手册的使用方法

## 学习要求

| 能力目标 | 知识要点 | 相关知识 | 权重 |
|---|---|---|---|
| 会使用建筑工程预算定额手册 | 建筑工程定额的概念、种类、作用及编制原则、编制方法 | 施工定额、预算定额、概算定额、企业定额的概念、种类、作用及编制原则、编制方法 | 0.40 |
| | 建筑工程预算定额手册的使用方法 | 建筑工程预算定额的套用、换算、补充及工料机分析、价差计算 | 0.60 |

## 引 例

广州番禺职业技术学院实验楼工程确定采用公开招标的方式确定承包人，在进行招投标时，招标人、投标人需编制工程的造价。

**请思考：**

1. 广州番禺职业技术学院预先编制该工程的造价时，要使用什么定额？
2. 投标人投标报价编制该工程的造价时，要使用什么定额？
3. 建筑工程定额有什么作用？怎样使用？

# 2.1 建筑工程定额概述

## 2.1.1 建筑工程定额的概念及定额水平

### 1. 定额的概念

所谓定，即规定；额，即额度或数额。定额就是规定的数额或额度，是社会物质生产部门在生产经营活动中，根据一定时期的生产水平和产品的质量要求，为完成一定数量的合格产品所需消耗的人力、物力和财力的数量标准。由于不同的产品有不同的质量要求和安全规范要求，因此定额不单纯是一种数量标准，而是数量、质量和安全要求的统一体。

### 2. 建筑工程定额的概念

建筑工程定额是指在正常施工条件下，在合理的劳动组织、合理地使用材料和机械的条件下，完成建筑工程单位合格产品所必须消耗的各种资源的数量标准。

“正常施工条件”是指绝大多数施工企业和施工队组，在合理组织施工条件下所处的施工条件；“合理的劳动组织、合理地使用材料和机械”是指应该按照定额规定的劳动组织条件来组织生产，施工过程中应当遵守国家现行的施工规范、规程和标准等；“单位”是指定额子目中所规定的定额计量单位，因定额性质的不同而不同；“产品”是指“建筑工程产品”，称为建筑工程定额的标定对象；“资源”是指施工中人工、材料、机械、资金等生产要素。

由以上分析可以看出，建筑工程定额是在一定的社会生产力发展水平条件下，完成建筑工程中的某项合格产品与各种生产要素消耗之间特定的数量关系，属于生产消费定额性质。它反映了在一定的社会生产力水平条件下建筑安装工程的施工管理和技术水平。

### 3. 定额水平

建筑工程定额的定额水平反映了当时的生产力发展水平。人们一般把定额所反映的资源消耗量的大小称为定额水平，它是衡量定额消耗量高低的指标。定额水平受一定时期的生产力发展水平的制约。一般来说，生产力发展水平高，则生产效率高，生产过程中的消耗就少，定额所规定的资源消耗量应相应地降低，称为定额水平高；反之，生产力发展水平低，则生产效率低，生产过程中的消耗就多，定额所规定的资源消耗量应相应地提高，称为定额水平低。目前定额水平有平均先进水平和社会平均水平两类。

### 2.1.2 建筑工程定额的种类

建筑工程定额是建筑工程中各类定额的总称，可按不同的标准进行分类。

1. 按定额反映的生产要素内容分类

1）劳动消耗定额

劳动消耗定额简称劳动定额，也称人工定额，是指在正常施工条件下，某工种、某等级的工人以社会平均熟练程度和劳动强度完成单位合格产品所需消耗的劳动时间标准，或者是在单位工作时间内生产合格产品的数量标准。劳动定额的表现形式有时间定额和产量定额。

2）材料消耗定额

材料消耗定额是指在正常施工条件和合理使用材料的情况下，完成单位合格建筑工程产品所必须消耗材料的数量标准。材料是工程建设中使用的一定品种、规格的原材料、成品、半成品、构配件等资源的统称。材料消耗定额在很大程度上可以影响材料的合理调配和使用。重视和加强材料定额管理，制定合理的材料消耗定额，是组织材料的正常供应，保证生产顺利进行，合理利用资源、减少积压、浪费的必要前提。

3）机械消耗定额

机械消耗定额是指在正常施工条件下，使用某种施工机械完成单位合格建筑工程产品必须消耗的机械台班的数量标准，或者在单位时间内机械完成合格产品的数量标准。由于我国习惯上以一台机械一个工作班(台班)为机械消耗的计量单位，所以把机械消耗定额又称机械台班使用定额。一个台班按一台机械工作8小时计。机械消耗定额的表现形式有产量定额和时间定额。

2. 按编制程序和用途划分

1）施工定额

施工定额是施工企业为组织生产和加强管理而在企业内部使用的一种定额，属于企业生产定额性质。它是以同一性质的施工过程或工序为测定对象，确定建筑安装工人在正常的施工条件下，为完成建筑工程单位合格产品而产生的人工、材料、机械台班消耗的数量标准。施工定额由劳动定额、材料消耗定额、机械定额3个相对独立的部分组成，是建筑工程定额中的基础性定额。

2）预算定额

预算定额是指在编制施工图预算时，以工程中的分项工程为测定对象，确定完成规定计量单位分项工程所消耗的人工、材料、机械台班的数量标准，是一种计价性定额。预算定额是统一预算工程量计算规则、项目划分、计量单位的依据，是编制地区单位估价表、确定工程造价、编制施工图预算的依据，也是编制概算定额(指标)的基础，还可以作为制定招标工程标底、企业定额和投标报价的基础。

3）概算定额

概算定额是指生产一定计量单位的扩大分项工程或结构构件所需要的人工、材料和机械台班的消耗数量及费用标准。其项目划分的粗细与扩大初步设计的深度相适应，是综合扩大的预算定额。

概算定额是一种计价性定额，其水平一般为社会平均水平，可作为编制概算指标及估算指标的依据。

4）概算指标

概算指标比概算定额更为综合和概括。它是对各类建筑物或构筑物以面积或体积为计量单位所计算出的人工、主要材料、机械消耗量及费用的指标，是在初步设计阶段编制工程概算，计算和确定工程的初步设计概算造价，计算人工、材料、机械台班需要量时所采用的一种定额。

概算指标一般是在概算定额和预算定额的基础上编制的，与初步设计的深度相适应。

5）估算指标

估算指标是在项目建议书和可行性研究阶段编制投资估算、计算投资需要量时使用的一种定额。它比概算指标更为综合扩大，非常概略，往往以独立的单项工程或完整的工程项目为计算对象，是一种计价性定额。估算指标是在各类实际工程的概预算和决算资料的基础上通过技术分析和统计分析编制而成的，主要用于编制投资估算和设计概算，进行投资项目可行性分析、项目评估和决策，也可进行设计方案的技术经济分析，考核建设成本。估算指标是投资估算的依据，是合理确定项目投资的基础。

6）工期定额

工期定额是指在一定生产技术和自然条件下，完成某个单项(或群体)工程平均需用的标准天数，包括建设工期和施工工期两个层次。建设工期是指建设项目或独立的单项工程在建设过程中耗用的时间总量，一般用月数或天数表示，它从开工建设时算起到全部完成投产或交付使用时停止，但不包括由于决策失误而停(或缓)建所延误的时间。施工工期一般是指单项工程或单位工程从开工到完工所经历的时间。施工工期是建设工期的一部分。工期定额是评价工程建设速度、编制施工计划、签订承包合同、评价优质工程的可靠依据，因此编制和完善工期定额具有积极意义。

3. 按定额制定单位和执行范围分类

1）全国统一定额

全国统一定额是指由国家建设行政主管部门组织，依据现行有关的国家产品标准、设计规范、施工及验收规范、技术操作规程、质量评定标准和安全操作规程，综合全国工程建设中的技术和施工组织管理水平情况进行编制、批准、发布的，在全国范围内使用的定额，如《全国统一建筑工程基础定额》。

2）地区定额

地区定额是指各省、自治区、直辖市建设行政主管部门在国家建设行政主管部门统一指导下，考虑地区工程建设特点，对国家定额进行调整、补充编制，并批准、发布的，只在规定的地区范围内使用的定额。它一般是考虑各地区不同的气候条件、资源条件和交通运输条件等编制的，如《广东省建筑工程综合定额》。

3）行业定额

行业定额是指由行业行政主管部门组织，在国家行业行政主管部门统一指导下，依据各行业专业工程技术特点、标准和规范、施工企业技术装备水平和管理情况进行编制、批准、发布的，一般只在本行业和相同专业性质的范围内使用的专业定额。这种定额往往是为专业性较强的工业建筑安装工程制定的，如《矿井建设工程定额》。

4）企业定额

企业定额是由施工企业根据本企业的人员素质、机械装备程度和企业管理水平，参照国家、行业或地区定额自行编制的，只限于本企业内部使用的分项工程人工、材料、机械台班消耗的数量标准。企业定额是反映企业素质高低的一个重要标志，其定额水平一般应高于国家现行定额水平，才能满足生产技术发展，企业管理和市场竞争的需要。

5）补充定额

补充定额是随着设计、施工技术的发展而导致的现行定额中缺项而不能满足实际需要的情况下，为补充缺项所编制的定额。补充定额一般由施工企业提供测定资料，与建设单位或设计单位协商议定，并同时报主管部门备查，只能在指定的范围内使用。进一步修订后，可以作为正式统一定额的备用补充资料。

4. 按投资费用性质分类

1）建筑工程定额

建筑工程定额是建筑工程的施工定额、预算定额、概算定额和概算指标的统称。建筑工程定额按适用对象又可分为建筑工程定额、市政工程定额、铁路工程定额、公路工程定额、房屋修缮工程定额、矿山井巷工程定额等。建筑工程定额是对房屋、构筑物等项目在建造过程中完成规定计量单位工程所消耗的人工、材料、机械台班的数量标准。

2）安装工程定额

安装工程定额是安装工程施工定额、预算定额、概算定额和概算指标的统称。设备安装工程是对需要安装的设备进行定位、组合、校正、调试等工作的过程，包括对机械设备的安装和对电气设备的安装。安装工程定额按适用对象又可分为电气设备安装工程定额、机械设备安装工程定额、通信设备安装工程定额、化学工业设备安装工程定额、工业管道安装工程定额、工艺金属结构安装工程定额、热力设备安装工程定额等。设备安装工程定额是指在设备安装过程中安装规定计量单位产品所消耗的人工、材料、机械台班的数量标准。

3）建筑安装工程费用定额

建筑安装工程费用定额包括以下3类。

(1) 其他直接费用定额，是指预算定额分项内容以外，而与建筑安装施工生产直接有关的各项费用开支标准。通常是以直接费或人工费的一定比例来计取此项费用。

(2) 现场经费定额，是指与现场施工直接有关，施工准备、组织施工生产和管理所需的费用定额。现场经费定额包括临时设施费和现场管理费两项。

(3) 间接费定额，是指与建筑安装施工生产的个别产品无关，而企业生产全部产品所必需，为维持企业的经营管理活动所必须发生的各项费用开支的标准。间接费定额由企业管理费定额、财务费用和其他费用组成，每部分又包括若干项具体的费用项目。

4）工器具定额

工器具定额是为了新建或扩建项目投产运转首次配置的工、器具数量标准。工具和器具是指按照有关规定不够固定资产标准而起劳动手段作用的工具、器具和生产用家具，如模型、工具箱、计量器、容器、仪器等。

5）工程建设其他费用定额

工程建设其他费用定额是独立于建筑安装工程、设备和工器具购置之外的其他费用开支的标准。

### 2.1.3 建筑工程定额在工程建设中的作用

建筑工程定额是专门为工程建设而制定的一种定额，是生产建筑产品资源消耗的限额规定。它反映了工程建设和各种资源消耗之间的客观规律。其在工程建设中的主要作用表现为以下方面。

1. 建筑工程定额是工程建设的依据

建筑产品具有生产周期长，投入大的特点，需要从宏观和微观两个方面对工程建设中的资金和资源消耗进行预测、计划、调配与控制。而建筑工程定额中所提供的各类工程的资金和资源消耗的数量标准，就为工程项目的资金控制、资源消耗提供了科学的依据。

2. 建筑工程定额是企业实行科学管理的必要手段

建筑工程定额中的施工定额所提供的人工、材料、机械台班消耗标准可以作为编制施工进度计划、施工作业计划，下达施工任务、合理组织调配资源，进行成本核算的依据。在建筑企业中推行经济责任制、招标承包制，贯彻按劳分配的原则等也以定额为依据。建筑工程定额同时也是考核评比、开展劳动竞赛及实行计件工资和超额奖励的尺度。

3. 建筑工程定额是节约社会劳动和优化资源配置的重要手段

企业利用建筑工程定额加强管理，把社会劳动的消耗控制在合理的尺度内，又在更高层次上促进项目投资者合理而有效地利用和分配社会劳动。

### 2.1.4 建筑工程定额的编制方法

1. 编制依据

(1) 技术资料、测定和统计资料，包括各种类型工程典型设计和标准设计图纸；常用施工方法、施工工艺；正常施工条件、机械装备水平、技术测定数据等统计资料；各种类型典型工程的结算资料。

(2) 各种规范、规程、标准，包括设计规范、质量及验收规范、技术操作规程、安全操作规程。

(3) 现行建设工程综合预算定额、概算定额和间接费定额。

(4) 当地现行人工、材料、机械台班市场单价；劳动制度，包括工人技术等级标准、工资标准、工资奖励制度、八小时工作日制度、劳动保护制度等。

(5) 法律法规，包括国家及地区的现行工程建设政策、法令和规章等。

2. 编制步骤

(1) 成立编制小组，拟定工作方案，明确编制原则和方法，确定指标的内容及表现形式，确定基价所依据的人工工资单价、材料预算价格、机械台班单价。

(2) 收集整理编制指标所必需的标准设计、典型设计以及有代表性的工程设计图纸、设计预算等资料，充分利用有使用价值的已经积累的工程造价资料。

(3) 按指标内容及表现形式的要求进行具体的计算分析，工程量尽可能利用经过审定的工程竣工结算的工程量或可以利用的可靠的工程量数据。基价价格要求计算综合指标，并计算必要的主要材料消耗指标，用于调整万元工程造价中人工、材料、机械消耗指标，一般可按不同类型工程项目进行计算。

## 2.2 施工定额

### 2.2.1 施工定额的概念

施工定额是指在正常的施工条件下，完成某一计量单位的施工过程或工序所必须消耗的人工工日、材料和机械台班的数量标准。

施工定额是施工企业编制的，是企业管理的基础资料，是企业编制施工预算、施工组织设计和施工作业计划、签发工程任务单和限额领料单、实行经济核算、计发计件工资、奖金，考核基层施工单位经济效益的依据，是制定预算定额的基础。

施工定额由劳动定额、材料消耗定额和施工机械台班使用定额组成。

### 2.2.2 施工定额的编制原则

1. 定额水平平均先进原则

施工定额的水平必须符合平均先进的原则，即在正常的施工条件下，经过努力，多数人可以达到，少数人可以接近的水平。在表现形式上，其定额消耗量略低于预算定额的消耗量水平。

2. 定额的结构形式简明适用原则

该原则要求施工定额的内容能满足组织施工生产和计算工人劳动报酬等多种需要，做到定额项目设置齐全、项目划分粗细适当，同时，又要简单明了、容易掌握、便于查阅、便于计算、便于携带。

3. 定额编制独立自主原则

国家相关部门明确地赋予了建筑安装企业编制施工定额以及对其进行管理的权限。建筑安装企业应根据自身的实际情况自主确定划分定额项目以及需要增添的新的定额子目，确定定额水平，自主编制施工定额，这是企业的内部定额。

### 2.2.3 施工定额的编制依据

施工定额的编制依据主要有以下4点。

(1) 现行的全国建筑安装工程统一劳动消耗定额、材料消耗定额和机械台班消耗定额。

(2) 现行的建筑安装项工程施工验收规范、工程质量检验评定标准，技术安全操作规程。

(3) 相关建筑安装工程历史资料及定额测定资料。

(4) 相关建筑安装工程标准图集等。

### 2.2.4 施工定额的编制方法

施工定额的编制方法主要包括以下8个方面。

（1）拟定编制方案。明确编制定额的原则、基本方案和主要依据。

（2）选择计量单位。人工、材料、机械的计量单位应能反映出单位合格产品在生产过程中消耗资源的数量，并与全国统一定额的计量单位保持一致。

（3）确定制表方案。定额的表格一般应包括工作内容的说明、施工方法、劳动组织、技术等级、产品类型及计量单位以及人、材、机的消耗数量。表的适当位置应列出定额编号，方便查阅。

（4）拟定定额的适用范围。首先应明确定额适用于何种经济体制的施工企业，其次应结合施工定额的作用和一般工业与民用建筑安装施工的技术经济特点，对各类施工过程和工序定额拟定出适用范围。

（5）确定定额水平。

（6）编写编制说明和附注。

（7）定额水平的测算对比。在新编定额或修订单项定额工作完成之后，均需进行定额水平的测算对比，只有经过新编定额与现行定额可比项目的水平测算对比后，才能对新编定额的质量和可行性进行评价，才能决定是否颁发执行。

（8）汇编成册、审定、颁发。

### 2.2.5 施工定额的组成内容

施工定额是由劳动消耗定额、材料消耗定额、机械台班消耗定额3部分组成。

1. 劳动消耗定额的确定

1）劳动定额的概念

劳动定额是指在一定的生产组织和生产技术条件下，完成单位合格产品所必需的劳动时间。劳动定额是人工消耗定额，又称人工定额，以“工日”为计量单位，根据现行劳动制度，每“工日”是指一个工人工作一个工作日(按8小时计)，包括准备与结束时间，基本工作时间，辅助工作时间，不可避免中断时间，工人必需的休息时间。

2）劳动定额的表现形式

劳动定额根据表现形式分为两种：时间定额和产量定额，二者互为倒数关系。

（1）时间定额，指在一定的生产技术和生产组织下，某工种、某技术等级的工人小组或个人完成单位合格产品所必须消耗的工作时间。计量单位按完成单位产品消耗的工日来表示，如工日/平方米。

$$\text{单位产品时间定额(工日)}=\frac{\text{完成一定数量合格产品所消耗的作业时间(工日)}}{\text{完成合格产品的数量}}$$

（2）产量定额，指在一定的生产技术和生产组织下，某工种、某技术等级的工人小组或个人在单位时间内完成合格产品的数量。计量单位按单位时间内生产的产品数量来表示，如平方米/工日。

$$\text{单位时间产量定额}=\frac{\text{完成合格产品的数量}}{\text{完成一定数量的产品所需消耗的作业时间(工日)}}$$

3）劳动定额的应用

现摘录《全国建筑安装工程统一劳动定额》第四分册砖石工程的砖墙定额表，见表2-1。

表 2-1　砖墙砌体劳动定额

工作内容：包括砌墙艺术形式、墙垛、平碹模板，梁板头模板，板下塞砖、楼梯间砌砖留楼梯踏步斜槽，留孔洞，砌各种凹进处，山墙泛水槽，安放木砖、铁件，安装 60kg 以内的预制混凝土门窗过梁、隔板、垫块以及调整立好后的门窗框等。

（工日/$m^3$）

| 项目 | | | 混水内墙 | | | |
|---|---|---|---|---|---|---|
| | | | 0.5 砖墙 | 0.75 砖墙 | 1 砖 | 1.5 砖及 1.5 砖以外 |
| 综合 | 塔吊 | | 1.38 | 1.34 | 1.02 | 0.994 |
| 综合 | 机吊 | | 1.59 | 1.55 | 1.24 | 1.21 |
| 其中 | 砌砖 | | 0.865 | 0.815 | 0.482 | 0.448 |
| 其中 | 运输 | 塔吊 | 0.434 | 0.437 | 0.44 | 0.44 |
| 其中 | 运输 | 机吊 | 0.642 | 0.645 | 0.654 | 0.654 |
| 其中 | 调制砂浆 | | 0.085 | 0.089 | 0.101 | 0.106 |
| 编号 | | | 12 | 13 | 14 | 15 |

根据表 2-1 砖墙分项定额表所示，可知砌 $1m^3$ 的 1 砖厚混水内墙需 1.02 个工日，每工日综合可砌 1/1.02=0.98$m^3$ 的 1 砖混水内墙。

**应用案例 2-1**

某工程需砌筑 200$m^3$ 的 3/4 砖厚混水内墙，现场每天有 15 个工人施工，求完成该工程需要的施工天数。

**解：**

已知完成 3/4 砖厚 $1m^3$ 混水砖内墙所需的综合工日为 1.34 工日（塔吊）。则完成 200$m^3$ 混水砖内墙 3/4 厚所需的劳动量=1.34×200=268（工日）

施工天数=268÷15=17.9≈18（天）

**应用案例 2-2**

某住宅有内墙砌筑任务，总砌筑量为 120 厚内墙 300$m^3$，计划 60 天完成任务，那么需安排多少人才能完成该项任务？

**解：**

已知 1 个工日可完成 120 厚混水砖内墙 1/1.38=0.724（$m^3$/工日），则该工程所需的劳动量=300÷0.724=414.36（工日）

需要人数=414.36÷60=7（人）

2. 材料消耗定额的确定

1）材料消耗定额的概念

材料消耗定额是指在节约与合理使用材料的条件下，生产单位合格产品所必须消耗的一定规格的建筑材料、半成品或配件的数量标准。

建筑工程中使用的材料有一次性使用材料和周转性使用材料两种类型。一次性使用材料，如水泥、钢材、砂、碎石等材料，直接构成工程实体；周转性使用材料，如脚手架、模板、挡土板等，施工中多次使用但不构成工程的实体。

(1) 一次性使用材料的消耗量包括净用量和损耗量两部分。

净用量是指直接用到工程上、构成工程实体的材料用量；损耗量是指不可避免的合理损耗量，包括材料从现场仓库领出到完成合格产品工程中的施工操作损耗量、场内运输损耗量、加工制作损耗量和场内堆放损耗量。

$$材料消耗量=材料净用量+材料损耗量$$

材料损耗量与材料净用量之比百分数为材料损耗率，用公式表示为

$$材料损耗率=\frac{材料损耗量}{材料净用量}\times 100\%$$

或

$$材料损耗量=材料净用量\times材料损耗率$$

材料的损耗率是通过观测和统计得到的，通常由国家有关部门确定。材料的消耗量也可表示为

$$材料消耗量=材料净用量\times(1+材料损耗率)$$

(2) 周转性使用材料的消耗量用摊销量表示。

周转性使用材料消耗量计算，按照多次使用，分次摊销的方法进行计算和确定。定额中的周转性使用材料消耗指标有两个：①一次使用量，作为准备材料和编制施工作业计划使用，一般根据施工图纸进行计算；②摊销量，即周转性使用材料使用一次摊销在单位工程产品上的消耗量。

$$一次性使用量=材料净用量\times(1+材料损耗率)$$

$$材料摊销量=一次使用量\times摊销系数$$

**特别提示**

*周转性使用材料的周转次数是指周转性使用材料从第一次使用到这部分材料不能再使用的使用次数。*

2)制定材料消耗定额的基本方法

材料消耗定额是通过施工过程中材料消耗的观察测定，试验室条件下的实验以及技术资料的统计和理论计算等方法制定。

(1) 观测法，也称施工实验法，是在施工现场对某一产品的材料消耗量进行实际测算，通过产品数量、材料消耗量和材料净耗量的计算，确定单位产品的材料消耗量或损耗率。

(2) 试验法，是通过专门的仪器和设备在实验室内确定材料消耗定额的一种方法。

(3) 统计分析法，是指在施工过程中，对分部分项工程所用的各种材料数量，完成的产品数量和竣工后剩余的材料数量，进行统计、分析、计算来确定材料消耗定额的方法。

(4) 理论计算法，是指根据施工图纸和其他技术资料，用理论公式计算出产品材料的净用量，从而制定出材料的消耗定额。

上述4种制定材料消耗定额的方法各有优缺点，在编制定额时，可采用其中一种，也

可几种方法结合使用，相互验证。

3）材料用料计算

材料用料计算是指用理论计算法确定材料用量，比较简单易懂，下面举例说明。

**应用案例 2-3**

计算1砖厚外墙每立方米墙体中标准砖、砂浆的消耗量，标准砖的损耗率为1%，砌筑砂浆的损耗率为1%。

**解：**

$$1砖厚外墙每立方米墙体标准砖净用量=\frac{墙厚砖数\times 2}{墙厚\times(砖长+灰缝)\times(砖厚+灰缝)}$$

$$=\frac{1\times 2}{0.24\times(0.24+0.01)\times(0.053+0.01)}=530(块)$$

1砖厚外墙每立方米墙体标准砖消耗量=净用量×(1+损耗率)=530×(1+1%)≈536(块)

1砖厚外墙每立方米墙体砂浆净用量=墙体体积－标准砖占体积=1－530×0.24×0.115×0.053=0.225($m^3$)

1砖厚外墙每立方米墙体砂浆消耗量=净用量×(1+损耗率)=0.225×(1+1%)=0.227($m^3$)

3. 机械台班消耗定额的确定

1）机械台班消耗定额的概念

机械台班消耗定额是指施工机械在合理使用和合理的施工组织条件下，完成合格单位产品所必须消耗的机械台班数量标准。

2）机械台班消耗定额的表现形式

（1）时间定额，是指在合理的劳动组织与合理地使用机械的条件下，某种施工机械生产单位合格产品所必须消耗的台班数量。

$$机械时间定额=\frac{1}{机械台班产量定额}$$

（2）产量定额，是指在合理的劳动组织和合理使用机械的条件下，某种机械在一个台班时间内，所应完成的合格产品的数量。

$$机械台班产量定额=\frac{1}{机械时间定额}$$

3）机械台班消耗定额的制定方法

（1）拟定机械工作的正常施工条件，包括工作地点的合理组织，施工机械作业方法的拟定；确定配合机械作业的施工小组的组织以及机械工作班制度等。

（2）确定机械净工作率，即确定出机械纯工作1h的正常劳动生产率。

（3）确定机械的利用系数。机械的正常利用系数是指机械在施工作业班内对作业时间的利用率。

$$机械利用系数=\frac{机械净工作时间}{机械工作班时间}$$

（4）计算施工机械定额台班。

$$施工机械台班产量=机械生产率\times工作班延续时间\times机械利用系数$$

$$施工机械时间定额=\frac{1}{施工机械台班产量定额}$$

(5) 拟定工人小组的定额时间。

工人小组定额时间＝施工机械时间定额×工人小组的人数

4) 机械台班定额的应用

**应用案例2-4**

混凝土搅拌机在正常施工条件下，每搅拌一罐混凝土的纯工作时间为5min，每罐体积为0.25m³，机械利用系数75%，确定搅拌机的时间定额和产量定额。

**解：**

搅拌机工作1h的生产量：$0.25\times(60\div5)=3(m^3)$

搅拌机台班产量定额＝$3\times8\times75\%=18(m^3/台班)$

搅拌机时间定额＝$1\div18=0.056(台班/m^3)$

# 2.3 预算定额

## 2.3.1 预算定额的概念

预算定额是指确定完成一定计量单位的合格的分项工程或结构构件的人工、材料和机械台班消耗量的数量标准，是计算建筑安装产品价格的基础。

预算定额一般是由施工定额中的劳动定额、材料消耗定额、机械台班消耗定额，经合理计算并考虑其他一些合理因素而综合编制的。

## 2.3.2 预算定额的编制原则

1. 定额水平社会平均原则

预算定额的平均水平是在正常施工条件、合理的施工组织和工艺条件、平均劳动熟练程度和劳动强度下，完成单位分项工程基本构造要素所需的劳动时间。

2. 定额结构简明适用原则

编制预算定额时，对于那些主要的、常用的、价值量大的项目，分项工程划分宜细；而对那些次要的、不常用的、价值量相对较小的项目则可以放粗一些。

3. 定额编制坚持统一性和差别性相结合原则

统一性是指由国务院建设行政主管部门归口负责制定计价定额和组织实施，负责全国统一定额的制定和修订，颁发有关工程造价管理的规章制度办法等。

差别性就是指在统一性的基础上，各部门和省、自治区、直辖市主管部门在自己的管辖范围内，根据本部门和本地区的实际情况，制定地区和部门定额，补充性制度和管理办法，以适应我国幅员辽阔、地区间部门间发展不平衡、差异大的实际情况。

## 2.3.3 预算定额的作用

预算定额的作用主要体现在以下方面。

（1）预算定额是编制施工图预算，确定和控制建筑安装工程造价的基础。施工图预算是施工图设计文件之一，是控制和确定建筑安装工程造价的必要手段。

（2）预算定额是对设计方案进行技术经济比较、技术经济分析的依据。设计方案在设计工作中居于中心地位，通过预算定额对不同方案所需人工、材料和机械台班消耗量、材料重量、材料资源进行比较，就可以判断不同方案对工程造价的影响，材料重量对荷载及基础工程量和材料运输量的影响，从而产生对工程造价的影响。对于新结构、新材料的应用和推广，也需要借助于预算定额进行技术经济分析和比较，从技术与经济的结合上考虑普遍采用的可能性和效益。

（3）预算定额是施工企业进行经济活动分析的依据。企业可根据预算定额对施工中的劳动、材料、机械的消耗情况进行具体分析，以便找出低工效、高消耗的薄弱环节及其原因。预算定额可以为实现经济效益的增长由粗放型向集约型转变提供对比数据，促进企业提高在市场上竞争的能力。

（4）预算定额是编制标底、投标报价的基础。这是由其本身的科学性和权威性所决定的。

（5）预算定额是编制概算定额和概算指标的基础。

### 2.3.4 预算定额的编制方法

1. 预算定额的编制步骤

预算定额的编制大致可分为5个阶段。

1）第一阶段：准备工作阶段

（1）拟定编制方案。

（2）根据专业需要划分编制小组。

2）第二阶段：收集资料阶段

（1）普遍收集资料。在确定的编制范围内，采取表格化方式收集定额编制基础资料，注明所需要的资料内容、填表要求和时间范围。

（2）召开专题座谈会。邀请建设单位、设计单位、施工单位及管理单位的专业人员开座谈会，从不同角度对定额存在的问题谈各自意见和建议，以便在编制新定额时改进。

（3）收集现行规定、规范和政策法规资料。

（4）收集定额管理部门积累的资料。

（5）专项查定及试验。

3）第三阶段：定额编制阶段

（1）确定编制细则。

（2）确定定额的项目划分和工程量计算规则。

（3）定额人工、材料、机械台班耗用量的计算、复核和测算。

4）第四阶段：定额审核阶段。

（1）审核定稿。审稿主要内容如下。

① 文字表达确切通顺，简明易懂。

② 定额数字准确无误。

③ 章节、项目之间无矛盾。

（2）预算定额水平测算。测算方法如下。

① 按工程类别比重测算。在定额执行范围内选择有代表性的各类工程，分别以新旧定额对比测算，并按测算的年限以工程所占比例加权，以考察宏观影响程度。

② 单项工程比较测算法。以典型工程分别用新旧定额进行对比测算，以考察定额水平的升降及其原因。

5）第五阶段：定稿报批，整理资料阶段

（1）征求意见。

（2）修改整理报批。

（3）撰写编制说明。

（4）立档、成卷。

2. 预算定额的编制方法

1）确定预算定额的计量单位

预算定额的计量单位主要根据分部分项工程的形体和结构构件特征及其变化确定。一般来说，结构的3个度量都经常发生变化时，以“立方米”为计量单位，如混凝土工程、砌筑工程、土方工程；如果结构的3个度量中有两个度量经常发生变化，选用“平方米”为计量单位，如楼地面工程、墙面工程、天棚工程；当物体截面形状基本固定或者是没有规律性的变化时，采用“延长米”“千米”为计量单位，如管道、线路安装工程、楼梯栏杆等；如果工程量主要取决于设备或材料的重量，还可以以“吨”“千克”为计量单位，如钢筋工程。

预算定额的计量单位按米制或自然计量单位确定，所选择的计量单位要根据工程量计算规则规定并确切反映定额项目所包含的内容，具有综合的性质。

预算定额中的各项人工、机械、材料的计量单位选择相对比较固定。人工和机械按“工日”或“台班”计量；各种材料按自然计算单位确定。

预算定额中计量单位小数位数的确定取决于定额的计量单位和精确度要求。

2）按典型设计图纸和资料计算工程数量

通过计算典型设计图纸所包含的施工过程的工程量，就有可能利用施工定额或劳动定额中的人工、材料和机械的消耗量指标来确定预算定额所包含的各工序的消耗量。

3）人工工日消耗量的确定

预算定额中人工工日消耗量是指完成该定额单位分项工程所需的用工数量，分为两部分：一是直接完成单位合格产品所必须消耗的技术工种的用工，称为基本用工；二是辅助用工的其他用工数，称为其他用工。

（1）基本用工，指完成某一项合格分项工程所必须消耗的技术工种用工。按技术工种相应劳动定额工时定额计算，以不同工种列出定额工日。

$$基本用工=\sum(综合取定的工程量\times施工劳动定额)$$

（2）其他用工包括辅助用工、超运距用工、人工幅度差。

① 辅助用工，指技术工种劳动定额内不包括而在预算定额内又必须考虑的用工，如机械土方工程配合用工、材料加工用工(如筛砂)、电焊点火用工等。

② 超运距用工，指预算定额的平均水平运距超过劳动定额规定水平运距的部分。

$$超运距=预算定额取定运距-劳动定额已经包括的运距$$

超运距用工$=\sum$(超运距材料数量×超运距劳动定额)

③ 人工幅度差，指在劳动定额中未包括而在预算定额中又必须考虑的用工。人工幅度差是在正常施工情况下不可避免但又很难准确计量的用工和各种工时损失，如土建各工种之间的工序搭接及土建与水、暖、电之间的交叉作业相互配合或影响所发生的停歇；施工机械在单位工程之间转移及临时水电线路移动所造成的停工；工程质量检查和隐蔽工程验收工作；场内班组操作地点转移影响工人的操作时间；工序交接时对前一工序不可避免的修整用工等。

人工幅度差=(基本用工+辅助用工+超运距用工)×人工幅度差系数

人工消耗量=基本用工+辅助用工+超运距用工+人工幅度差

=(基本用工+辅助用工+超运距用工)×(1+人工幅度差系数)

4) 材料消耗量的确定

预算定额中的材料消耗量是指在正常施工条件下，生产单位合格产品所需消耗的材料、成品、半成品、构配件及周转性材料的数量标准。

预算定额的材料消耗量包括主要材料、辅助材料、周转材料和零星材料等，由材料的净用量和损耗量所构成。

材料消耗量=材料净用量+损耗量

=材料净用量×(1+损耗率)

$$\text{材料损耗率}=\frac{\text{损耗量}}{\text{净用量}}\times 100\%$$

材料损耗量=材料净用量×损耗率

材料损耗量包括由工地仓库、现场堆放地点或施工现场加工地点到施工操作地点的运输损耗，施工操作地点的堆放损耗，施工操作时的损耗等，不包括二次搬运和规格改装的加工损耗，场外运输损耗包括在材料预算价格内。

预算定额中的材料消耗量的确定方法与施工定额中材料消耗量的确定方法一样，但是预算定额中材料的损耗率与施工定额中材料的损耗率不同，预算定额中材料损耗率的损耗范围比施工定额中材料损耗范围更广，必须考虑整个施工现场范围内材料堆放、运输、制备及施工过程中的损耗。

5) 机械台班消耗量的确定

预算定额中的机械台班消耗量是指在正常施工条件下，生产单位合格产品必须消耗的某种型号施工机械的台班数量。预算定额中的机械台班消耗量指标一般是按施工定额中的机械台班产量，并考虑一定的机械幅度差进行计算的。

机械台班消耗量=施工定额机械台班消耗量×(1+机械幅度差系数)

预算定额中的机械幅度差包括：施工技术原因引起的中断及合理停置时间；因供电供水故障及水电线路移动检修而发生的运转中断及合理停置时间；因气候原因或机械本身故障引起的中断时间；各工种之间的工序搭接及交叉作业相互配合或影响所发生的机械停歇时间；施工机械在单位工程之间转移所造成的机械中断时间；因质量检查和隐藏工程验收工作的影响而引起的机械中断时间；施工中不可避免的其他零星的机械中断时间等。

6) 预算定额基价的确定

预算定额基价由人工费、材料费、机械费组成，计算公式如下。

分项工程定额基价=分项工程人工费+分项工程材料费+分项工程机械费

式中：分项工程人工费＝$\sum$(分项工程定额用工量×工日单价)；

分项工程材料费＝$\sum$(分项工程定额材料用量×相应的材料单价)；

分项工程机械费＝$\sum$(分项工程定额机械台班用量×相应机械台班单价)。

### 2.3.5 建筑工程预算定额手册的使用

各分项工程按一定的顺序汇编成分部工程，然后按照施工顺序、项目特点装订成册即为建筑工程预算定额手册。

1. 建筑工程预算定额手册的组成内容

预算定额手册的内容分为文字说明、分项工程定额项目表和附录三大部分。

1）文字说明

文字说明包括以下几部分。

(1) 预算定额的总说明。概述了预算定额的用途、编制依据、适用范围及有关问题的说明和使用方法等。

(2) 建筑面积计算规则。规定了应计算建筑面积的范围、不计算建筑面积的范围和其他情况的处理方法等3部分内容。

(3) 分部工程说明和工程量计算规则。介绍了分部工程包含的主要项目、编制中定额已考虑的和没考虑的因素、使用的规定、特殊问题的处理方法和分部工程工程量计算规则等。

2）分项工程定额项目表

分项工程定额项目表有工作内容、计量单位、定额编号、子目名称、基价、人工、材料、机械台班的消耗量、单价和费用等。表2-2所示为摘录的2006年《广东省建筑工程综合定额》的砖内墙项目表。

**表2-2 2006年《广东省建筑工程综合定额》砖内墙项目表**

工作内容：砖墙：运料、淋砖、调铺砂浆、砌砖、安放垫块、木砖、铁件等，砖旋、砖过梁、砖拱包括制作、安装及拆除模板。

计量单位：(10m³)

| 定额编号 | | | A3-9 | A3-10 | A3-11 |
|---|---|---|---|---|---|
| 子目名称 | | | 混水砖内墙 | | |
| | | | 墙体厚度 | | |
| | | | 1/4砖 | 1/2砖 | 3/4砖 |
| 基价/元 | | 一类 | 2 134.97 | 1 855.68 | 1 812.01 |
| | | 二类 | 2 109.96 | 1 839.14 | 1 796.49 |
| | | 三类 | 2 099.61 | 1 832.30 | 1 790.07 |
| 其中 | 人工费/元 | | 675.60 | 439.20 | 409.92 |
| | 材料费/元 | | 1 357.54 | 1 341.76 | 132.63 |
| | 机械费/元 | | 7.78 | 12.56 | 14.11 |
| | 管理费/元 | 一类 | 94.04 | 62.17 | 58.35 |
| | | 二类 | 69.03 | 45.63 | 42.83 |
| | | 三类 | 58.68 | 38.79 | 36.41 |

续表

| 编码 | 名称 | 单位 | 单价/元 | 消耗量 | | |
|---|---|---|---|---|---|---|
| 00000003 | 三类工 | 工日 | 24.00 | 28.15 | 18.30 | 17.08 |
| 70010003 | M5 水泥石灰砂浆 | $m^3$ | 116.04 | — | 1.960 | 2.170 |
| 70010005 | M10 水泥石灰砂浆 | $m^3$ | 144.79 | 1.132 | — | — |
| 380100001 | 松杂木枋板材(周转材、综合) | $m^3$ | 1 142.32 | — | 0.011 | 0.007 |
| 04001002 | 水泥 P.O 32.5(R) | t | 291.99 | — | 0.019 | 0.009 |
| 05077006 | 标准砖 240mm×115mm×53mm | 千块 | 193.95 | 6.106 | 5.577 | 5.422 |
| 22001002 | 铁钉 50～75mm | kg | 3.63 | — | 0.23 | 0.17 |
| 39001170 | 水 | $m^3$ | 1.54 | 1.600 | 1.130 | 1.100 |
| FY000045 | 其他材料费 | 元 | 1.00 | 6.92 | 11.97 | 13.29 |
| 99906012 | 灰浆搅拌机，拌筒容量 200L | 台班 | 46.07 | 0.150 | 0.240 | 0.270 |
| 99918008 | 其他机械费 | 元 | 1.00 | 0.87 | 1.50 | 1.67 |

特别提示

(1) 项目表中的工作内容因受表头形式的限制仅列出了主要工序的名称，但定额已考虑了完成分项工程的全部工序。

(2) 材料消耗量一般只列出主要建筑材料的消耗量，次要材料和零星材料均列入“其他材料费”，以金额“元”为单位。

(3) 机械台班使用量一般只列出主要机械台班的使用量，中小型施工机械列入“其他机械费”，以金额“元”为单位。

3) 附录

附录主要包括人工工资单价；施工机械台班预算价格；混凝土、砂浆、保温材料配合比表；建筑材料名称、规格、重量及预算价格；定额材料损耗率等。附录是供定额换算和工料机分析用的，是使用定额的重要补充资料。

2. 预算定额手册的使用

预算定额手册的使用主要包括预算定额的套用、预算定额的换算和预算定额的补充3方面的工作内容。

1) 预算定额的套用

套用预算定额包括直接使用定额项目中的各种人工、材料、机械台班用量及基价、人工费、材料费、机械费。

当施工图的设计要求与定额的项目内容完全一致时，可以直接套用预算定额，大多数的分项工程可以直接套用预算定额。当施工图的设计要求与定额项目规定的内容不一致时，如定额规定不允许换算和调整的，也应直接套用定额。

套用预算定额时应注意以下几点。

(1) 根据施工图、设计说明、标准图做法说明，选择预算定额项目。

(2) 对每个分项工程的内容、技术特征、施工方法进行仔细核对，确定与之相对应的预算定额项目。

(3) 每个分项工程的名称、工作内容、计量单位应与预算定额项目相一致。

**应用案例2-5**

某工程内墙采用标准砖、M5.0水泥石灰砂浆砌筑1/2砖厚，砖内墙工程量200m³，计算完成该分项工程的定额分部分项工程费及主要工料机消耗量。

**解：**

确定定额编号，查表2-2《广东省建筑工程综合定额》砖内墙项目表，得定额编号为A3-10。则该分项工程定额分部分项工程费＝工程量×定额基价＝200m³÷10×1 855.68元/10m³＝37 113.6元主要工料机消耗量如下。

三类工：200m³÷10×18.3工日/10m³＝366(工日)

标准砖：200m³÷10×5.577千块/10m³＝111.54(千块)

M5.0水泥石灰砂浆：200m³÷10×1.960m³/10m³＝39.2(m³)

灰浆搅拌机：200m³÷10×0.24台班/10m³＝4.8(台班)

2) 预算定额的换算

当分项工程的设计内容与定额项目的内容不完全一致，不能直接套用定额，而定额规定又允许换算时，则可以采用定额规定的范围、内容和方法进行换算，从而使定额子目与分项工程内容保持一致。经过换算的定额项目，应在其定额编号后加注"换"字，以示区别。

定额换算主要有乘系数换算、强度换算和配合比换算3种。

(1) 预算定额乘系数换算。此类换算是根据定额的分部说明或附注规定，对定额基价或其中的人工费、材料费、机械费乘以规定的换算系数，从而得出新的定额基价。

换算后的基价＝定额基价×调整系数

或　　换算后的基价＝定额基价＋Σ调整部分金额×(调整系数－1)

**应用案例2-6**

试确定人工挖100m³一、二类湿土(深度1.5m以内)的定额基价。

**解：**

查《广东省建筑工程综合定额》A.1土石方工程说明第1.1.4项可知，人工挖湿土时，人工乘以系数1.18。

换算后定额基价＝原定额基价＋人工费×(调整系数－1)

＝407.86＋357.50×(1.18－1)

＝472.21(元/100m³)

**应用案例 2-7**

试计算 M5 水泥石灰砂浆砌 1 又 1/4 砖厚 $10m^3$ 弧形砖外墙的定额基价。

**解：**

查《广东省建筑工程综合定额》A.3 砌筑工程说明第 3.1.6 项可知，墙体砌筑弧形墙，除有子目外，按相应子目乘以系数 1.1。

换算后定额基价＝定额基价×调整系数

＝1 798.45×1.1

＝1 978.30(元/$10m^3$)

(2) 强度换算。当预算定额中混凝土或砂浆的强度等级与施工图设计要求不同时，定额规定可以换算。

换算步骤如下。

① 查找两种不同强度等级的混凝土或砂浆的预算单价。

② 计算两种不同强度等级材料的价差。

③ 查找定额中该分项工程的定额基价及定额消耗量。

④ 进行调整，计算该分项工程换算后的定额基价。

其换算公式为

换算后的基价＝换算前的定额基价＋(换入单价－换出单价)×定额材料用量

**应用案例 2-8**

试计算用 M5 水泥砂浆砌筑 1/2 厚混水砖内墙 $10m^3$ 的定额基价。

**解：**

查《广东省建筑工程综合定额》得知，砌筑 1/2 厚混水砖内墙 $10m^3$ 定额规定使用的是 M5 水泥石灰砂浆，定额消耗量为 $1.96m^3/10m^3$。又查找附录 3 混凝土及砂浆配合比，得知 M5 水泥石灰砂浆单价为 116.04 元/$m^3$，M5 水泥砂浆单价为 105.35 元/$m^3$，则

换算后的定额基价＝换算前的定额基价＋(换入单价－换出单价)×定额材料消耗量

＝1 855.68＋(105.35－116.04)×1.96

＝1 834.73(元/$10m^3$)

(3) 砂浆配合比换算。砂浆配合比不同时的换算与混凝土砂浆强度等级不同时的换算计算方法基本相同。

(4) 其他换算。除了以上 3 种外，还有由于材料的品种、规格发生变化而引起的定额换算，由于砌筑、浇筑或抹灰等厚度发生变化而引起的定额换算等，都可以参照以上方法执行。

3) 预算定额的补充

在预算定额的应用中，还会遇到预算定额的补充。当分项工程的设计要求与定额条件完全不相符或设计采用新材料、新结构、新工艺时，预算定额中没有此类项目，属于定额缺项，就应编制补充定额。

补充定额的编制方法有以下3种。

(1) 定额代用法，就是利用性质相近、材料大致相同、施工方法又较接近的定额项目，并估算出适当的系数进行使用。采用此类方法编制补充定额一定要在施工实践中进行观察和测定，以便调整系数，保证定额的精确性，为日后补充新编定额项目做准备。

(2) 定额组合法，就是尽量利用现行预算定额进行组合。利用现行定额的一部分或全部内容，找到新旧定额之间的联系，结合新工艺、新材料的消耗指标，补充制定新的定额项目，以达到事半功倍的效果。

(3) 计算补充法，就是按照定额编制的方法，材料用量按照图纸的构造做法及相应的计算公式计算，并计算规定的损耗量；人工及机械台班用量可参照劳动定额及机械台班定额计算，最后计算出补充的定额，这是最精确的补充定额编制方法。

4) 工料机分析及价差的调整

(1) 工料机分析。工料机分析就是依据预算定额中的各类人工、各种材料、机械的消耗量，计算分析出单位工程中的相同的人工、材料、机械的消耗量，即将单位工程的各分项工程的工程量乘以相应的人工、材料、机械定额消耗量，然后将相同消耗量相加，即为该单位工程人工、材料、机械的消耗量，其计算公式为

$$\text{单位工程某种人工、材料、机械消耗量} = \sum(\text{各分项工程工程量} \times \text{定额消耗量})$$

(2) 工料机价差的调整。预算定额基价中的人工费、材料费、机械使用费是根据编制定额所在地区当时的预算价格确定的，而人工、材料、机械的实际价格随着时间的变化会发生变化，计算工程造价时，实际价格与预算价格就会存在差额。所以，为了使工程造价更符合实际造价，就要对工料机价差进行调整。

工料机价差的调整有两种基本方法，即单项工料机价差调整法和工料机价差综合系数调整法。

① 单项工料机价差调整法，即对影响工程造价较大的主要工料机(如三类工、钢材、木材、水泥、花岗岩、施工机械等)进行单项价差调整。其公式为

$$\text{单项工料机价差调整} = \sum\left[\frac{\text{单位工程中某种}}{\text{工料机消耗量}} \times \left(\text{实际或指导单价} - \frac{\text{预算定额中的}}{\text{预算单价}}\right)\right]$$

**应用案例 2-9**

试计算例题2-5中200m³砖内墙工程三类工(366工日)、标准砖(111.54千块)、M5.0水泥石灰砂浆(39.2m³)、灰浆搅拌机(4.8台班)的价差调整值。假定实际单价为三类工(180元/工日)、标准砖(600元/千块)、M5.0水泥石灰砂浆(102元/m³)、灰浆搅拌机(86元/台班)。

**解：**

三类工价差调整值=366×(180−24)=57 096(元)

标准砖价差调整值=111.54×(600−193.95)=45 290.82(元)

M5.0水泥石灰砂浆价差调整值=39.2×(102−116.04)=−550.37(元)

灰浆搅拌机价差调整值=4.8×(86−46.07)=191.66(元)

计算结果见表2-3。

表2-3　人工材料机械价差调整表

工程名称：砖内墙工程

| 序号 | 编码 | 名称 | 单位 | 数量 | 定额价/元 | 编制价/元 | 价差/元 | 合价/元 |
|---|---|---|---|---|---|---|---|---|
| 1 | 00000003 | 三类工 | 工日 | 366 | 24.00 | 180 | 56 | 57 096 |
| 2 | 05077006 | 标准砖 | 千块 | 111.54 | 193.95 | 600 | 406.05 | 45 290.82 |
| 3 | 70010003 | M5.0水泥石灰砂浆 | $m^3$ | 39.2 | 116.04 | 102 | −14.04 | −550.37 |
| 4 | 99906012 | 灰浆搅拌机 | 台班 | 4.8 | 46.07 | 86 | 39.93 | 191.66 |
| | 合计：(大写)十万贰千零贰拾八元壹角壹分 | | | | | | | 102 028.11 |

② 工料机价差综合系数调整法，采用单项工料机价差调整法的优点是准确性高，但计算过程较复杂。因此，一些用量少，单价相对较低的工料机(如辅材、小型机械等)常采用乘以综合系数的方法来调整单位工程工料机价差。

采用综合系数调整材料价差的具体做法就是用单位工程定额工料机费或定额直接费乘以综合调价系数，求出单位工程工料机的价差，计算公式如下。

单位工程采用综合系数调整材料价差＝单位工程定额工料机费(或定额直接费)×工料机综合调整系数

**应用案例2-10**

某单位工程的定额材料费为538 695.36元，按规定以定额材料费为基数乘以综合调价系数1.36%，试计算该工程综合材料价差。

**解：**

某单位工程综合材料价差＝538 695.36元×1.36%＝7 326.26(元)

**特别提示**

一个单位工程可以单独采用单项工料机价差调整的方法来调整工料机价差，也可以单独采用综合系数的方法来调整工料机价差，还可以将上述两种方法合起来调整工料机价差，这主要是根据定额管理部门的规定来进行工料机价差的调整。

## 2.4 概算定额

### 2.4.1 概算定额的概念

概算定额是指在预算定额的基础上，确定完成合格的单位扩大分部分项工程或扩大结构件所需消耗的人工、材料和机械台班的数量标准，概算定额又称为扩大结构定额。

### 2.4.2 概算定额与预算定额的区别

概算定额与预算定额主要有以下两方面的区别。

(1) 概算定额是预算定额的综合和扩大，是根据有代表性的建筑工程通用图和标准图等资料，将预算定额中有一定联系的相关分项工程定额子目进行适当扩大、合并、综合为概算定额子目。比如砌砖墙项目，概算定额中除了砌砖墙之外，还包括了过梁的制作、运输、安装，勒脚，内外墙面抹灰，内外墙面刷白等预算定额各分项工程内容。

(2) 概算定额在编排次序、内容形式、基本使用方法方面与预算定额相近。两者不同之处在于，由于是扩大化的预算定额，所以概算定额的篇幅更小，子目更少，概算工程量的计算也比施工图预算要简便得多。

### 2.4.3 概算定额的编制原则

编制概算定额时主要遵循以下原则。

(1) 应贯彻社会平均水平原则，符合价值规律，反映现阶段的社会生产力平均水平。概算定额与预算定额相比应留有5%的定额水平差，以使得设计概算能真正起到控制施工图预算的作用。

(2) 应有一定的编制深度，且简单实用。概算定额的项目划分应简明齐全和便于计算，在保证一定准确性的前提下，以主体结构分项工程为主，合并相关子项。概算定额结构形式务必要达到简化、准确和适用。

(3) 应有一定的严密性和正确性。概算定额的内容和深度是以预算定额为基础的扩大和综合，在合并时不得遗漏或增减项目，以保证其严密性和正确性。

### 2.4.4 概算定额的作用

概算定额的作用主要表现在以下方面。

(1) 概算定额是初步设计阶段编制设计概算、扩大初步设计阶段编制修正概算的主要依据。

(2) 概算定额是对设计项目进行技术经济分析比较的基础资料之一。

(3) 概算定额是建设工程主要材料计划编制的依据。

(4) 概算定额是编制概算指标的依据。

### 2.4.5 概算定额的编制步骤及编制方法

#### 1. 概算定额的编制步骤

概算定额的编制一般分为3个阶段进行。

(1) 准备阶段。主要工作包括确定编制机构和人员组成，进行调查研究，了解现行概算定额执行情况和存在的问题，明确编制目的，制定概算定额的编制方案，确定概算定额的项目。

(2) 编制初稿阶段。主要工作包括根据已经确定的编制方案和概算定额项目，收集和整理各种编制依据，对各种资料进行深入细致的测算和分析，确定人工、材料和机械台班的消耗量指标，最后编制概算定额初稿。

(3) 审查定稿阶段。主要工作包括测算新编制概算与原概算定额及现行概算定额之间的水平。测算的方法既要分项进行，又要以单位工程为对象进行综合测算。概算定额水平与预算定额水平之间应有5%的幅度差。

2. 概算定额的编制方法

(1) 定额计量单位的确定。概算定额的计量单位基本上按预算定额的规定执行。

(2) 定额小数取位。概算定额小数取位与预算定额相同。

## 2.5 企业定额

### 2.5.1 企业定额的概念

企业定额是指建筑安装企业根据本企业的技术水平和管理水平，编制完成单位合格产品所必需的人工、材料和机械台班的消耗量以及其他生产经营要素消耗的数量标准。

企业定额反映建筑安装企业的施工生产与生产消费之间的数量关系，是建筑安装企业的生产力水平的体现，每个企业都应该编制反映自身能力的企业定额。

### 2.5.2 企业定额的编制原则

1. 平均先进原则

企业应以平均先进水平为基准编制企业定额，使多数职工经过努力能够达到或超过企业的平均先进水平，以保持定额的先进性和可行性。

2. 简明适用原则

企业定额是指导企业加强内部管理的重要依据，必须要具备可操作性，因此在编制企业定额时，应贯彻简明适应原则，即做到定额项目设置完整，项目划分粗细适当，步距比例合理。

3. 以专家为主编制原则

企业定额的编制应以经验丰富、技术与管理知识全面，有一定政策水平的稳定的专家队伍为主，同时也要注意搜集群众的意见，并参照有关工程造价管理的规章制度办法等。

4. 独立自主编制原则

企业应自主确定定额水平，自主划分定额项目，根据需要自主确定新增定额项目，同时也要注意对国家、地区及有关部门编制的定额的继承性。

5. 动态管理原则

企业定额毕竟是一定时期企业生产力水平的反映，在一段时间内可以表现出较为稳定的状态，但这种稳定是有时效性的，当其不再适应市场竞争时，就应该进行重新修订，实行动态管理。

6. 保密原则

企业根据自己的工程资料并结合自身的技术管理水平编制的企业定额是施工企业进行施工管理和投标报价的基础和依据，是企业核心竞争力的表现，是施工企业的技术成果，具有一定的保密性。企业应对其负有保密责任。

### 2.5.3 企业定额的作用

企业定额的作用有以下几点。

(1) 企业定额是企业计划管理的依据。

(2) 企业定额是编制施工组织设计的依据。

(3) 企业定额是企业激励工人的条件。

(4) 企业定额是计算劳动报酬、实行按劳分配的依据。

(5) 企业定额是编制施工预算，加强企业成本管理的基础。

(6) 企业定额有利于推广先进技术。

(7) 企业定额是编制预算定额和补充单位估价表的基础。

(8) 企业定额是施工企业进行工程投标，编制工程投标报价的依据。

### 2.5.4 企业定额的编制方法

#### 1. 企业定额的编制步骤

企业定额的编制过程是一个系统而复杂的过程，主要包括以下编制步骤。

1) 制定企业定额编制计划书

企业定额编制计划书主要包括以下内容。

(1) 企业定额的编制目的。企业定额的编制目决定了企业定额的适用性，同时也决定了企业定额的表现形式。例如，企业定额的编制目的如果是为了控制工耗和计算工人劳动报酬，应采取劳动定额的形式；如果是为了企业进行工程成本核算，则应采取施工定额或定额估价表的形式。

(2) 定额水平的确定原则。企业定额水平的确定是实现编制目的的关键。如果定额水平过高，背离企业现有水平，企业内部多数施工队、班组和工人通过努力仍达不到定额水平，则会挫伤管理者和劳动者双方的积极性，不利于定额在企业内部的推行；定额水平过低，则起不到鼓励先进、推动后进的作用，对项目的成本核算和企业的竞争不利。因此，编制计划书时，必须对定额水平进行确定。

(3) 确定编制方法和定额形式。定额的编制方法有多种，不同形式定额有不同的编制方法，究竟采用哪种方法应根据具体情况而定。企业定额通常采用定额测算法和方案测算法来进行编制。

(4) 成立企业定额编制机构。企业定额的编制是一项系统工程，需要一批高素质的专业人才，在高效率的组织机构的统一指挥下协调工作。因此在编制企业定额时，必须设置一个专门机构，配置一批专业人员。

(5) 明确应收集的数据和资料。定额的编制需要收集大量的基础数据和各种法律、法规、标准、规程等作为编制的依据，尤其要注意收集一些适合本企业使用的基础性数据资料。在编制计划书时，应制定一份资料分类明细表。

(6) 确定编制期限及进度。定额是有时效性的，为了能尽快地投入使用，为企业服务，在编制时就应确定一个合理的期限及进度安排表，以利于编制工作的开展，保证编制工作的效率。

2) 收集资料，进行调查、分析、测算和研究

收集的资料包括以下方面。

（1）现行定额，包括基础定额和预算定额。

（2）国家现行法律、法规、经济政策、劳动制度等与工程建设有关的各种文件。

（3）有关建筑安装工程的设计规范、施工及验收规范、工程质量检验评定标准和安全操作规程。

（4）现行的全国通用建筑标准设计图集、安装工程标准安装图集、定型设计图纸、具有代表性的设计图纸、地方建筑配件通用图集和地方结构构件通用图集，并根据上述资料计算工程量，作为编制定额的依据。

（5）有关建筑安装工程的科学实验、技术测定和经济分析数据。

（6）高新技术、新型结构、新研制的建筑材料和新的施工方法等。

（7）现行人工工资标准和地方材料预算价格。

（8）现行机械效率、寿命周期和价格，机械台班租赁价格行情。

（9）本企业近几年各工程项目的财务报表、公司财务总报表，以及历年收集的各类经济数据。

（10）本企业近几年各工程项目的施工组织设计、施工方案，以及工程结算资料。

（11）本企业近几年发布的合理化建议和技术成果。

（12）本企业目前拥有的机械设备状况和材料库存状况。

（13）本企业目前工人技术素质、构成比例、家庭状况和收入水平。

收集完资料后，要进行分类整理、分析、对比、研究和综合测算，提取可供使用的各种技术资料数据，内容包括：企业整体水平和定额水平的差异；现行法律、法规以及规程规范对定额的影响；新材料、新技术对定额水平的影响等。

3）拟定编制企业定额的工作方案与计划

工作方案与计划包括以下内容。

（1）根据编制目的，确定企业定额的内容与专业划分。

（2）确定企业定额的册、章、节的划分和内容的框架。

（3）确定企业定额的结构形式及步距划分原则。

（4）具体参编人员的工作内容、职责、要求。

4）企业定额初稿的编制

（1）确定企业定额的定额项目及其内容。根据定额的编制目的及企业自身的特点，本着内容简明适用、形式结构合理、步距划分合理的原则，将一个单位工程按工程性质划分为若干个分部工程，然后将分部工程划分为若干个分项工程，最后确定分项工程的步距，并根据步距将分项工程进一步地详细划分为具体项目。步距参数的设定一定要合理，不应过粗，也不宜过细，如可根据土质和挖掘深度作为步距参数，对人工挖土方进行划分。同时应对分项工程的工作内容做简要的说明。

（2）确定定额计量单位。分项工程的计量单位一定要合理确定。设置时应根据分项工程的特点，遵循准确、贴切、方便计量的原则进行。

（3）确定企业定额指标。确定企业定额指标是企业定额编制的重点和难点。企业定额指标的编制应根据企业采用的施工方法、新材料的替代以及机械装备的装配和管理模式，结合搜集整理的各类基础资料进行确定，企业定额指标的确定包括人工消耗指标、材料消耗指标和机械台班消耗指标的确定。

（4）编制企业定额项目表。企业定额项目表是企业定额的主体部分，它是由表头和人工栏、材料栏、机械栏组成。表头部分具以表述各分项工程的结构形式、材料做法和规格档次等；

人工栏是以工种表示的消耗工日数及合计，材料栏是按消耗的主要材料和消耗性材料依主次顺序分列出的消耗量，机械栏是按机械种类和规格型号分列出的机械台班使用量。

(5) 企业定额的项目编排。企业定额项目表中大部分是以分部工程为章，把单位工程中性质相近且材料大致相同的施工对象编排在一起。每章中再根据工程内容施工方法和使用的材料类别的不同分成若干节，即分项工程；在每节中又可以根据施工要求、材料类别和机械设备型号的不同，再细分为不同子目。

(6) 企业定额相关项目说明的编制。企业定额相关项目的说明包括：前言、总说明、目录、分部说明、建筑面积计算规则、工程量计算规则、分部分项工作内容等。

(7) 企业定额估价表的编制。企业根据投标报价的需要，可以编制企业定额估价表。其中的人工单价、材料单价、机械台班单价是通过市场调查，结合国家有关法律文件及有关规定，按照企业自身的特点来确定的。

5) 评审、修改及组织实施企业定额

通过对比分析、专家论证等方法，对定额水平、使用范围、结构及内容的合理性，以及存在的缺陷进行综合评估，并根据评审结果对定额进行修正。经过评审和修改后，企业定额即可组织实施。

## 本章小结

本章主要对建筑工程定额的基本知识进行了讲解，包括施工定额、预算定额、概算定额、企业定额的概念、种类、作用及编制原则、编制方法，重点对建筑工程预算定额手册的使用方法进行了讲解。主要目的是使学生会正确使用建筑工程预算定额手册。

## 习题

一. 简答题

1. 简述建筑工程定额的概念。
2. 简述建筑工程定额的分类标准。
3. 简述预算定额的概念、编制原则、编制方法及组成内容。
4. 简述企业定额概念、编制原则。
5. 简述建筑工程预算定额手册的组成内容。

二. 计算题

1. 已知C25混凝土矩形柱定额基价为2 241.18元/$10m^3$，C25混凝土单价为146.34元/$m^3$，C30混凝土单价为161.37元/$m^3$，定额混凝土消耗量为10.10$m^3$/$10m^3$，试求C30混凝土矩形柱定额基价。

2. 某工程外墙，使用标准砖、M7.5水泥砂浆砌筑、240mm厚，外墙内外抹水泥砂浆，外墙工程量300$m^3$，使用当地预算定额手册，计算完成该分项工程的定额分部分项工程费及主要工料机消耗量。

# 第3章 建筑安装工程造价

## 学习目标

◆ 了解我国现行工程造价的构成
◆ 熟悉建筑工程工程量的计算方法
◆ 明确建筑工程两种计价方式的含义
◆ 初步形成建筑工程计价的学习思路

## 学习要求

| 能力目标 | 知识要点 | 相关知识 | 权重 |
| --- | --- | --- | --- |
| 对建筑安装工程计价有个基本的认识 | 建筑安装工程造价的构成 | 建筑安装工程费按照费用构成要素划分：由人工费、材料(包含工程设备，下同)费、施工机具使用费、企业管理费、利润、规费和税金组成；建筑安装工程费按照工程造价形成划分：由分部分项工程费、措施项目费、其他项目费、规费、税金组成。 | 0.40 |
| | 建筑工程工程量计算方法 | 工程量计算规则、依据、方法、程序、原则 | 0.30 |
| | 建筑工程计价方式 | 定额计价方式的含义、工程量清单计价方式的含义及两种计价方式的比较 | 0.30 |

## 引例

广州番禺职业技术学院实验楼工程确定采用公开招标的方式确定承包人，在进行招投标时需编制工程的造价。

**请思考：**

1. 广州番禺职业技术学院编制该工程造价时，应采用哪种计价方式？
2. 投标人投标时编制该工程造价应采用哪种计价方式？
3. 当前建筑工程造价有哪几种计价方式？

# 3.1 建筑安装工程造价的构成

工程造价的直意就是工程的建造价格。建筑安装工程造价是建筑安装工程价值的货币表现，我国现行建筑安装工程造价构成，根据住房城乡建设部和财政部建标〔2013〕44号关于印发《建筑安装工程费用项目组成》的通知规定，建筑安装工程费有两种划分方式。

【参考图文】

## 3.1.1 按费用构成要素组成划分

按照费用构成要素划分，建筑安装工程费由人工费、材料(包含工程设备，下同)费、施工机具使用费、企业管理费、利润、规费和税金组成。其中人工费、材料费、施工机具使用费、企业管理费和利润包含在分部分项工程费、措施项目费、其他项目费中。其具体构成见图3.1。

1. 人工费

人工费是指按工资总额构成规定支付给从事建筑安装工程施工的生产工人和附属生产单位工人的各项费用，人工费包括以下内容。

(1) 计时工资或计件工资：指按计时工资标准和工作时间或对已做工作按计件单价支付给个人的劳动报酬。

(2) 奖金：指对超额劳动和增收节支支付给个人的劳动报酬，如节约奖、劳动竞赛奖等。

(3) 津贴补贴：指为了补偿职工特殊或额外的劳动消耗和因其他特殊原因支付给个人的津贴，以及为了保证职工工资水平不受物价影响支付给个人的物价补贴，如流动施工津贴、特殊地区施工津贴、高温(寒)作业临时津贴、高空津贴等。

(4) 加班加点工资：指按规定支付的在法定节假日工作的加班工资和在法定日工作时间外延时工作的加点工资。

(5) 特殊情况下支付的工资：指根据国家法律、法规和政策规定，因病、工伤、产假、计划生育假、婚丧假、事假、探亲假、定期休假、停工学习、执行国家或社会义务等原因按计时工资标准或计时工资标准的一定比例支付的工资。

2. 材料费

材料费是指施工过程中耗费的原材料、辅助材料、构配件、零件、半成品或成品、工程设备的费用，包括以下内容。

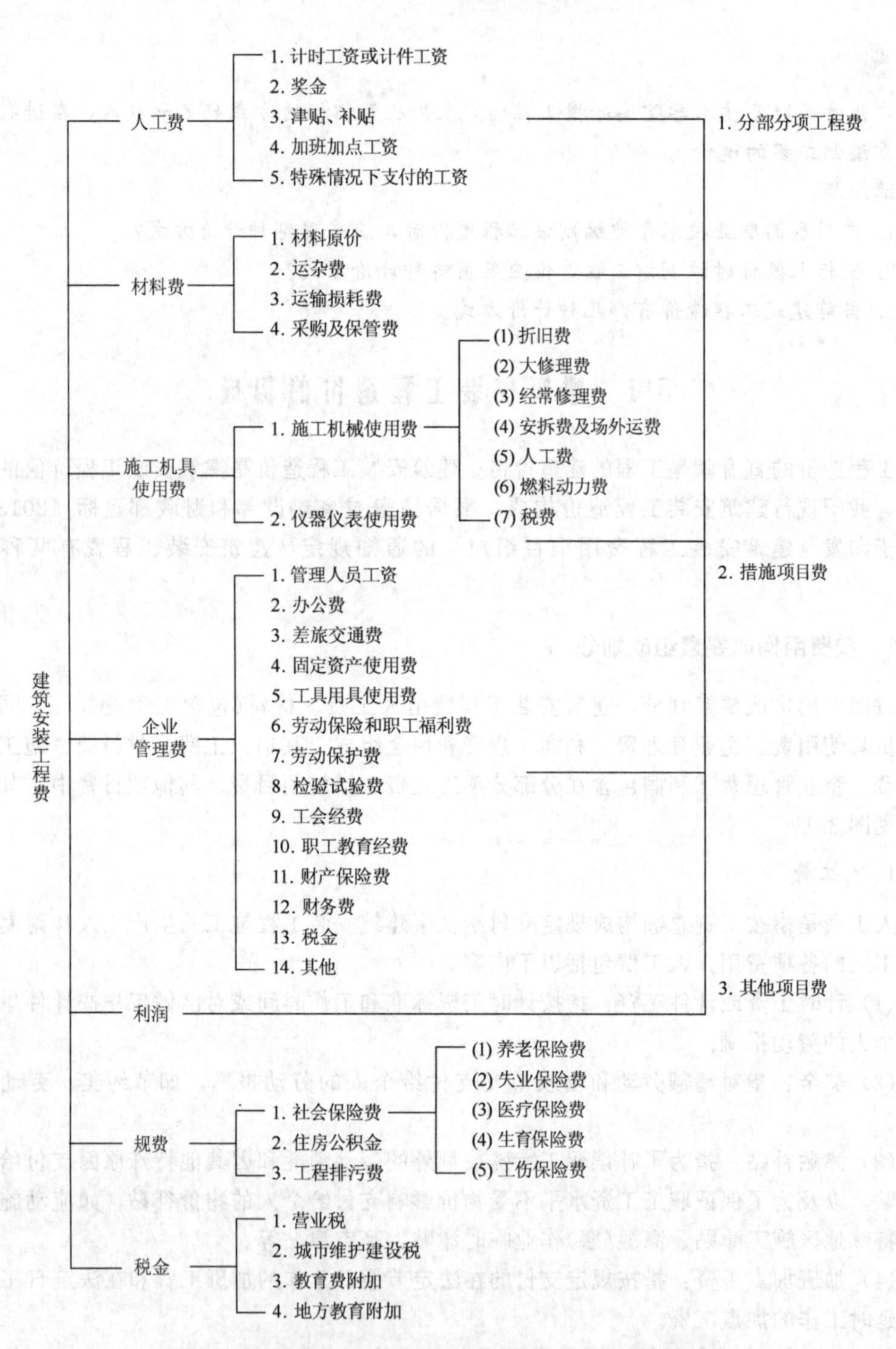


**图 3.1　建筑安装工程费用项目组成表(按费用构成要素划分)**

(1) 材料原价：指材料、工程设备的出厂价格或商家供应价格。

(2) 运杂费：指材料、工程设备自来源地运至工地仓库或指定堆放地点所发生的全部费用。

(3) 运输损耗费：指材料在运输装卸过程中不可避免的损耗所发生的费用。

(4) 采购及保管费：指组织采购、供应和保管材料、工程设备的过程中所需要的各项费用，包括采购费、仓储费、工地保管费、仓储损耗。

工程设备是指构成或计划构成永久工程一部分的机电设备、金属结构设备、仪器装置及其他类似的设备和装置。

3. 施工机具使用费

施工机具使用费是指施工作业所发生的施工机械、仪器仪表使用费或其租赁费。

1）施工机械使用费

施工机械使用费以施工机械台班耗用量乘以施工机械台班单价表示，施工机械台班单价应由下列7项费用组成。

（1）折旧费：指施工机械在规定的使用年限内，陆续收回其原值的费用。

（2）大修理费：指施工机械按规定的大修理间隔台班进行必要的大修理，以恢复其正常功能所需的费用。

（3）经常修理费：指施工机械除大修理以外的各级保养和临时故障排除所需的费用，包括为保障机械正常运转所需替换设备与随机配备工具附具的摊销和维护费用，机械运转中日常保养所需润滑与擦拭的材料费用及机械停滞期间的维护和保养费用等。

（4）安拆费及场外运费：安拆费指施工机械(大型机械除外)在现场进行安装与拆卸所需的人工、材料、机械和试运转费用以及机械辅助设施的折旧、搭设、拆除等费用；场外运费指施工机械整体或分体自停放地点运至施工现场或由一施工地点运至另一施工地点的运输、装卸、辅助材料及架线等费用。

（5）人工费：指机上司机(司炉)和其他操作人员的人工费。

（6）燃料动力费：指施工机械在运转作业中所消耗的各种燃料及水、电等。

（7）税费：指施工机械按照国家规定应缴纳的车船使用税、保险费及年检费等。

2）仪器仪表使用费

仪器仪表使用费是指工程施工所需使用的仪器仪表的摊销及维修费用。

4. 企业管理费

企业管理费是指建筑安装企业组织施工生产和经营管理所需的费用，包括以下内容。

（1）管理人员工资：指按规定支付给管理人员的计时工资、奖金、津贴补贴、加班加点工资及特殊情况下支付的工资等。

（2）办公费：指企业管理办公用的文具、纸张、账表、印刷、邮电、书报、办公软件、现场监控、会议、水电、烧水和集体取暖降温(包括现场临时宿舍取暖降温)等费用。

（3）差旅交通费：指职工因公出差、调动工作的差旅费、住勤补助费，市内交通费和误餐补助费，职工探亲路费，劳动力招募费，职工退休、退职一次性路费，工伤人员就医路费，工地转移费以及管理部门使用的交通工具的油料、燃料等费用。

（4）固定资产使用费：指管理和试验部门及附属生产单位使用的属于固定资产的房屋、设备、仪器等的折旧、大修、维修或租赁费。

（5）工具用具使用费：指企业施工生产和管理使用的不属于固定资产的工具、器具、家具、交通工具和检验、试验、测绘、消防用具等的购置、维修和摊销费。

（6）劳动保险和职工福利费：指由企业支付的职工退职金、按规定支付给离休干部的经费，集体福利费、夏季防暑降温、冬季取暖补贴、上下班交通补贴等。

(7) 劳动保护费：是企业按规定发放的劳动保护用品的支出，如工作服、手套、防暑降温饮料以及在有碍身体健康的环境中施工的保健费用等。

(8) 检验试验费：指施工企业按照有关标准规定，对建筑以及材料、构件和建筑安装物进行一般鉴定、检查所发生的费用，包括自设试验室进行试验所耗用的材料等费用。检验试验费不包括新结构、新材料的试验费，对构件做破坏性试验及其他特殊要求检验试验的费用和建设单位委托检测机构进行检测的费用，此类检测发生的费用由建设单位在工程建设其他费用中列支。但对施工企业提供的具有合格证明的材料进行检测不合格的，该检测费用由施工企业支付。

(9) 工会经费：指企业按《工会法》规定的全部职工工资总额比例计提的工会经费。

(10) 职工教育经费：指按职工工资总额的规定比例计提，企业为职工进行专业技术和职业技能培训，专业技术人员继续教育、职工职业技能鉴定、职业资格认定以及根据需要对职工进行各类文化教育所发生的费用。

(11) 财产保险费：指施工管理用财产、车辆等的保险费用。

(12) 财务费：指企业为施工生产筹集资金或提供预付款担保、履约担保、职工工资支付担保等所发生的各种费用。

(13) 税金：指企业按规定缴纳的房产税、车船使用税、土地使用税、印花税等。

(14) 其他：包括技术转让费、技术开发费、投标费、业务招待费、绿化费、广告费、公证费、法律顾问费、审计费、咨询费、保险费等。

5. 利润

利润是指施工企业完成所承包工程获得的盈利。

6. 规费

规费是指按国家法律、法规规定，由省级政府和省级有关权力部门规定必须缴纳或计取的费用，包括以下几种。

1) 社会保险费

(1) 养老保险费：指企业按照规定标准为职工缴纳的基本养老保险费。

(2) 失业保险费：指企业按照规定标准为职工缴纳的失业保险费。

(3) 医疗保险费：指企业按照规定标准为职工缴纳的基本医疗保险费。

(4) 生育保险费：指企业按照规定标准为职工缴纳的生育保险费。

(5) 工伤保险费：指企业按照规定标准为职工缴纳的工伤保险费。

2) 住房公积金

住房公积金是指企业按规定标准为职工缴纳的住房公积金。

3) 工程排污费

工程排污费是指按规定缴纳的施工现场工程排污费。

其他应列而未列入的规费，按实际发生计取。

7. 税金

税金是指国家税法规定的应计入建筑安装工程造价内的营业税、城市维护建设税、教育费附加以及地方教育附加。

### 3.1.2 按工程造价形成划分

按照工程造价形成划分，建筑安装工程费由分部分项工程费、措施项目费、其他项目费、规费、税金组成。分部分项工程费、措施项目费、其他项目费包含人工费、材料费、施工机具使用费、企业管理费和利润。其具体构成见图 3.2。

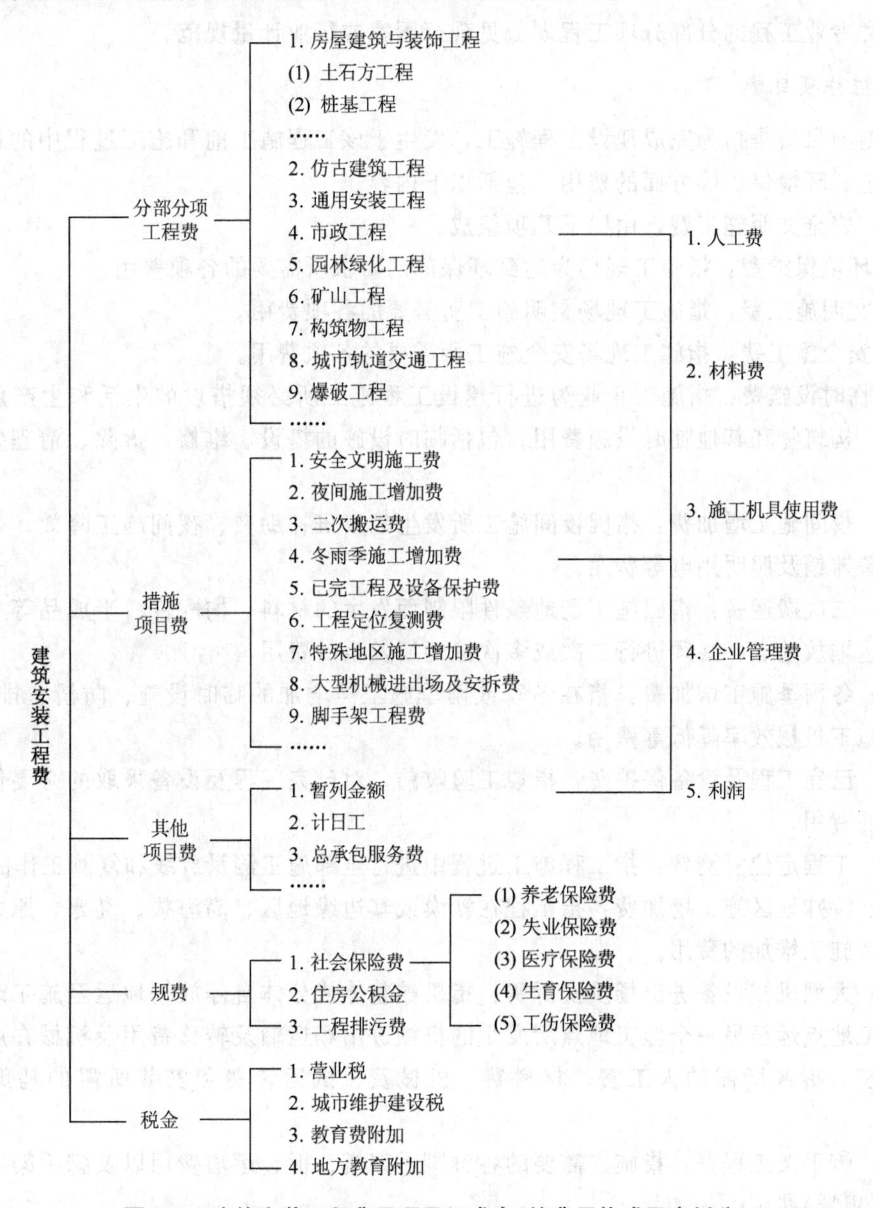


**图 3.2　建筑安装工程费用项目组成表(按费用构成要素划分)**

1. 分部分项工程费

分部分项工程费是指各专业工程的分部分项工程应予列支的各项费用。

(1) 专业工程：指按现行国家计量规范划分的房屋建筑与装饰工程、仿古建筑工程、

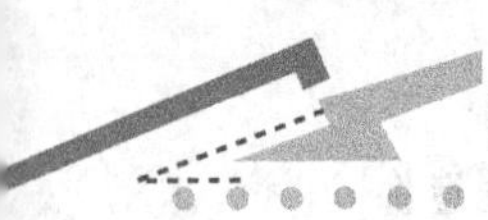



通用安装工程、市政工程、园林绿化工程、矿山工程、构筑物工程、城市轨道交通工程、爆破工程等各类工程。

(2) 分部分项工程：指按现行国家计量规范对各专业工程划分的项目，如房屋建筑与装饰工程划分的土石方工程、地基处理与桩基工程、砌筑工程、钢筋及钢筋混凝土工程等。

各类专业工程的分部分项工程划分见现行国家或行业计量规范。

2. 措施项目费

措施项目费是指为完成建设工程施工，发生于该工程施工前和施工过程中的技术、生活、安全、环境保护等方面的费用，包括以下内容。

(1) 安全文明施工费，由以下几项组成。

① 环境保护费：指施工现场为达到环保部门要求所需要的各项费用。

② 文明施工费：指施工现场文明施工所需要的各项费用。

③ 安全施工费：指施工现场安全施工所需要的各项费用。

④ 临时设施费：指施工企业为进行建设工程施工所必须搭设的生活和生产用的临时建筑物、构筑物和其他临时设施费用，包括临时设施的搭设、维修、拆除、清理费或摊销费等。

(2) 夜间施工增加费：指因夜间施工所发生的夜班补助费、夜间施工降效、夜间施工照明设备摊销及照明用电等费用。

(3) 二次搬运费：指因施工场地条件限制而发生的材料、构配件、半成品等一次运输不能到达堆放地点，必须进行二次或多次搬运所发生的费用。

(4) 冬雨季施工增加费：指在冬季或雨季施工需增加的临时设施、防滑、排除雨雪，人工及施工机械效率降低等费用。

(5) 已完工程及设备保护费：指竣工验收前，对已完工程及设备采取的必要保护措施所发生的费用。

(6) 工程定位复测费：指工程施工过程中进行全部施工测量放线和复测工作的费用。

(7) 特殊地区施工增加费：指工程在沙漠或其边缘地区、高海拔、高寒、原始森林等特殊地区施工增加的费用。

(8) 大型机械设备进出场及安拆费：指机械整体或分体自停放场地运至施工现场或由一个施工地点运至另一个施工地点所发生的机械进出场运输及转移费用及机械在施工现场进行安装、拆卸所需的人工费、材料费、机械费、试运转费和安装所需的辅助设施的费用。

(9) 脚手架工程费：指施工需要的各种脚手架搭、拆、运输费用以及脚手架购置费的摊销(或租赁)费用。

措施项目及其包含的内容详见各类专业工程的现行国家或行业计量规范。

3. 其他项目费

其他项目费是指除分部分项工程费、措施项目费外的由于建设单位的特殊要求而设置的费用。

(1) 暂列金额：指建设单位在工程量清单中暂定并包括在工程合同价款中的一笔款

项，用于施工合同签订时尚未确定或者不可预见的所需材料、工程设备、服务的采购，施工中可能发生的工程变更、合同约定调整因素出现时的工程价款调整以及发生的索赔、现场签证确认等的费用。

(2) 计日工：指在施工过程中，施工企业完成建设单位提出的施工图纸以外的零星项目或工作所需的费用。

(3) 总承包服务费：指总承包人为配合、协调建设单位进行的专业工程发包，对建设单位自行采购的材料、工程设备等进行保管以及施工现场管理、竣工资料汇总整理等服务所需的费用。

4. 规费

定义同3.1.1按费用构成要素组成划分。

5. 税金

定义同3.1.1按费用构成要素组成划分。

### 3.1.3 建筑工程造价的特点、职能和作用

1. 建筑工程造价的特点

由于工程建设的特点，建筑工程造价具有以下特点。

1) 工程造价的大额性

能够发挥投资效用的任何一项工程，不仅实物形体庞大，而且造价高昂。工程造价的大额性决定了其对有关利益各方影响重大，说明了加强造价管理的意义十分重要。

2) 工程造价的个别性、差异性

每一项工程都有其特定的用途、功能、规模，所以每一个工程的内容和实物形态都具有个别性、差异性。产品的差异性决定了工程造价的个别性、差异性。

3) 工程造价的动态性

任何一项工程从决策到竣工验收交付使用，都有一个较长的建设期间。而且由于不可控因素的影响，在预计工期内，许多影响工程造价的动态因素，如工程变更、设备材料价格波动，工资标准、利率、汇率的变动，都会影响到造价的变动。所以，在整个工程建设期内，工程造价都是处于不确定状态，直至竣工验收才能最终确定工程的实际造价。

4) 工程造价的层次性

造价的层次性取决于工程的层次性。一个工程项目往往含有多项能够独立发挥设计效能的单项工程，一个单项工程又是由能够各自发挥专业效能的多个单位工程组成的。与此相对应，工程造价分为3个层次：建设项目总造价、单项工程造价和单位工程造价。

2. 工程造价的职能

工程造价的职能既是价格职能的反映，也是价格职能在这一领域的特殊表现。建筑工程造价除了具有一般商品价格职能以外，它还有自己特殊的职能。

1) 预测职能

投资者预先测算的工程造价不仅可作为项目决策依据，同时也是筹集资金、控制造价的依据。承包商对项工程造价的测算既为投标决策提供依据，也为投标报价和成本管理提

供依据。

2）控制职能

工程造价的控制职能表现在两个方面：第一是造价对投资的控制，即在投资的各个阶段，通过造价的多次性预估，对造价进行全过程多层次的控制。第二是造价对成本的控制。以承包商为代表的商品和劳务供应企业，在价格一定的条件下，企业成本开支决定企业的盈利水平。成本越高盈利越低，所以企业要以工程造价来控制成本，利用工程造价提供的信息资料作为控制成本的依据。

3）评价职能

工程造价是评价建设项目总投资、分项投资合理性和投资效益的主要依据之一。评价建设项目的偿贷能力、获利能力和宏观效益时，也要以工程造价作为评判依据。另外，工程造价也是评价建筑安装企业管理水平和经营成果的重要依据。

4）调控职能

工程建设直接关系到经济增长，关系到国家重要资源分配和资金流向，对国计民生产生着重大影响。所以国家可利用工程造价作为经济杠杆，对建设项目的规模、结构、物质消耗水平、投资方向等进行宏观调控与管理。

3. 工程造价的作用

工程造价涉及到国民经济的各个部门、各个行业，涉及社会再生产的各个环节，它的作用范围和影响程度都很大。其作用主要表现为以下几点。

1）建筑工程造价是项目决策的工具

建设工程投资数额大，生产和使用周期长等特点决定了项目决策的重要性。工程造价决定着项目的一次性投资费用。在项目决策阶段，建设工程造价就成为项目财务评价和经济评价的重要依据。

2）建筑工程造价是制定投资计划和控制投资的有效工具

工程造价对投资的控制作用非常明显。工程造价是通过多次性预估，最终通过竣工决算确定下来的。每一次预估的过程就是对造价进行控制的过程；通过制定各类定额、标准和参数，对建设工程造价的计算依据进行控制。在市场经济利益风险机制的作用下，造价对投资的控制作用成为投资的内部约束机制。

3）建筑工程造价是筹集建设资金的依据

工程造价基本上确定了建设投资的资金需要量，从而为筹集资金提供了比较准确的依据。当建设资金来源于金融机构的贷款时，金融机构在对项目的偿贷能力进行评估的基础上，也需要依据工程造价来确定给予投资者的贷款数额。

4）建筑工程造价是合理分配利益和调节产业结构的手段

工程造价的高低涉及国民经济各部门和企业间的利益分配。在市场经济中，工程造价受到供求状况的影响，并在围绕价值的波动中实现对建设规模、产业结构和利益分配的调节。加上政府正确的宏观调控和价格政策导向，工程造价在这方面的作用会充分发挥出来。

5）建筑工程造价是评价投资效果的需要指标

建筑工程造价是一个包含着多层次工程造价的体系，就一个工程项目来说，它既是建设项目的总造价，又包含单项工程的造价和单位工程的造价，同时也是包含单位生产能力的造价。因此，工程造价自身形成了一个指标体系，它能够为评价投资效果提供多种评价指标，并能够形成新的价格信息，为今后类似项目的投资提供参照系。

## 3.2 建筑工程工程量计算方法

### 3.2.1 建筑工程工程量概念

工程量就是以物理计量单位或自然计量单位所表示的建筑工程各个分项工程或结构构件的实物数量。工程量计算是指建设工程项目以工程设计图纸、施工组织设计或施工方案及有关技术经济文件为依据，按照相关工程国家标准的计算规则、计量单位等规定，进行工程数量的计算活动，在工程建设中简称工程计量。

**特别提示**

工程量的作用表现在以下方面。

(1) 工程计价的基础。用工程量乘以相应单价，就可以计算出直接工程费，从而确定工程造价。

(2) 工料分析的依据。用工程量乘以相应定额消耗量便可确定人工和材料的实际需要量，即进行工料分析。

(3) 支付工程价款的依据。业主每月支付给承包商的工程进度款，等于已完工程的工程量乘以合同约定的相应工程的单价。

(4) 工程结算的依据。当工程竣工验收时，竣工工程量是衡量工程任务完成情况的真实尺度，经过调整计量，就可以成为工程结算的重要依据。

### 3.2.2 工程量计算规则

工程量计算规则是根据计量对象——建设工程项目的特点而制定的简便可行、准确合理的工程量计算规定，一般包括项目名称、工程内容、计量单位、计算方法等。

在我国，工程量计算规则由政府主管部门制定并发布，按适用范围可分为全国统一规则、地方规则和行业规则。表现为一种行政法规，参与工程建设各方必须遵守执行，并作为工程计量与计价、解决合同纠纷的重要依据。

我国现行的工程量计算规则主要有以下 4 种。

(1)《建设工程工程量清单计价规范》(GB 50500—2013)。

(2)《房屋建筑与装饰工程工程量计算规范》(GB 50854—2013)。

(3) 住房城乡建设部和财政部建标〔2013〕44 号关于印发《建筑安装工程费用项目组成》的通知。

(4) 地方性规则。各省市行政区域内的新建、扩建和改建的房屋建筑工程和市政基础设施计算工程量的准则，如《广东省建筑工程综合定额》(2010 年)中的工程量计算规则是广东省内的建筑工程工程量的计算规则。

### 3.2.3 工程量计算依据

工程量计算的依据一般包括以下方面。

(1) 现行的计价规范、计量规范、政策规定等。

(2) 经审定通过的施工图纸及设计说明书、相关图集、设计变更资料、图纸答疑交底及会审记录等。

(3) 经审定通过的施工组织设计或施工方案。

(4) 经审定通过的其他有关技术经济文件，如工程施工合同、招标文件中的商务条款。

### 3.2.4 工程量计算方法

一个建筑物或构筑物是由多个分部分项工程组成的，少则几十项，多则几百项。计算工程量时，为了避免重复计算或漏算，必须按照一定的顺序进行。工程量计算的一般方法是按照施工的先后顺序，并结合定额中定额项目排列的次序，依次进行各分项工程工程量的计算。

1. 工程量计算的一般方法

1) 按施工顺序计算

按施工先后顺序依次计算工程量，即平整场地、挖基础土方、基础垫层、基础、回填土、钢筋混凝土框架结构(柱、梁、板)、砌墙、门窗、屋面防水、外墙抹灰、楼地面、内墙抹灰、粉刷、油漆等分项工程计算。

2) 按定额顺序计算

按当地定额中分部分项工程的顺序，对照图纸、逐个计算工程量。此方法对初学者比较有效，可防止错算、漏算。

3) 根据图纸拟定顺序依次计算

(1) 按顺时针方向计算。即从平面图的左上角开始，按顺时针方向依次计算，绕一圈后回到左上角，如图 3.3 所示。此法适用于外墙、外墙基础、外墙挖地槽、楼地面、天棚、室内装饰等分项工程。

(2) 按先横后竖、先上后下、先左后右的顺序计算。以平面图上的横竖方向分别从左到右或从上到下依次计算，先计算横向构件，先上后下有 1、2、3、4、5 共 5 道，后计算竖向、先左后右有 6、7、8、9、10 共 5 道，如图 3.4 所示。此法适用于内墙挖地槽、内墙基础、内墙和内墙装饰等工程量的计算。

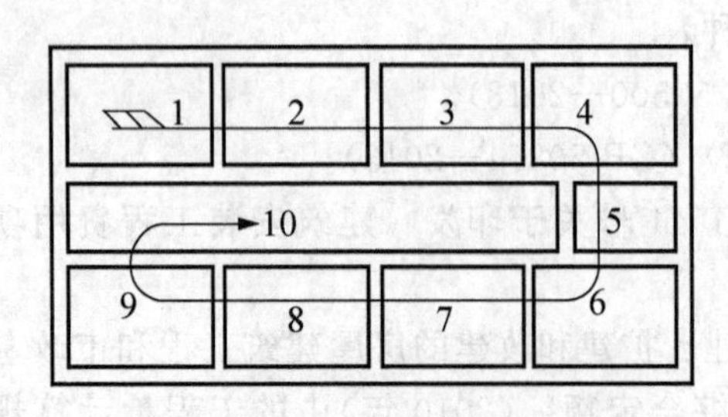


图 3.3 按顺时针方向计算示意图

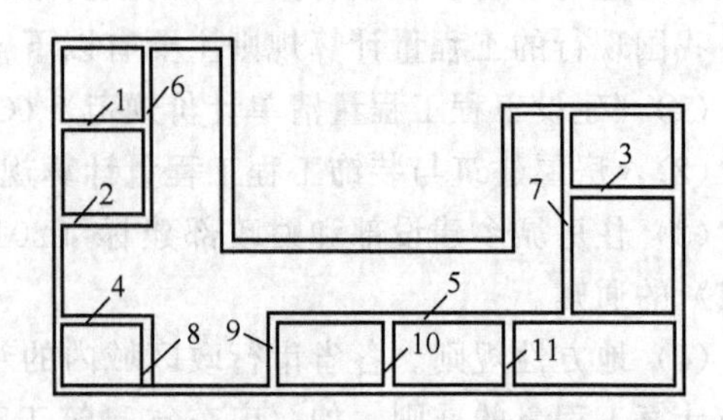


图 3.4 按先横后竖、先上后下、先左后右的顺序计算示意图

(3) 按照图纸上的构、配件编号顺序计算。即按照各类不同的构、配件的自身编号分别依次计算，如图 3.5 所示。此法适用于钢筋混凝土构件、金属构件、门窗等工程。

(4) 按平面图上的定位轴线编号顺序计算。对于结构较复杂的工程，仅按上述顺序计算可能会发生重复和遗漏，为了便于计算和审核，还要按设计图纸编号顺序，从左到右、从上到下进行计算，如图 3.6 所示，此法适用于内外墙挖地槽、内外墙基础、内外墙砌体和内外墙装饰等工程量的计算。

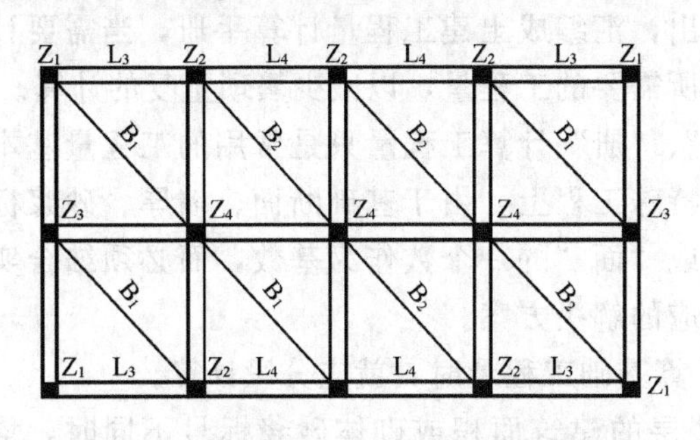


**图 3.5 按照图纸上的构、配件编号顺序计算示意图**

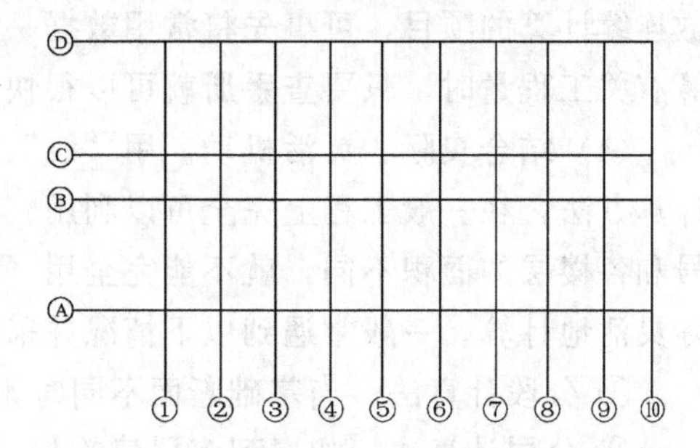


**图 3.6 按平面图上的定位轴线编号顺序计算示意图**

2. 工程量计算的统筹法

1) 统筹法计算工程量的原理

运用统筹法计算工程量，就是分析工程量计算中各分项工程量计算之间的固有规律和相互之间的依赖关系，在计算之前合理统筹安排工程量计算顺序，确定先算哪些，后算哪些，先后主次，以达到减少重复计算，节约时间、简化计算、提高工效、为及时准确地编制工程预算提供科学数据的目的。

2) 统筹法计算工程量的基本要点

(1) 统筹程序，合理安排。即按照工程量自身计算规律，按先主后次的顺序统筹安排，比如把地面面层放在地面垫层和找平层之前计算，利用它得出的数据为后两个项目的计算提供数据。

(2) 利用基数，连续计算。所谓的基数就是指工程量计算时重复利用的数据，在计算过程中经常以“三线一面”为基数。

①“三线”是指某一建筑物平面图中所示的外墙中心线、外墙外边线和内墙净长线。根据分项工程量的不同需要，分别以这 3 条线为基数进行计算。

a. 外墙外边线：用 $L_{外}$ 表示，$L_{外}$＝建筑物平面图的外围周长之和。

b. 外墙中心线：用 $L_{中}$ 表示，$L_{中}=L_{外}-$外墙厚×4。

c. 内墙净长线：用 $L_{内}$ 表示，$L_{内}$＝建筑平面图中所有的内墙净长之和。

与“三线”有关的项目有以下几项。

$L_{中}$：外墙基挖地槽、外墙基础垫层、外墙基础砌筑、外墙墙基防潮层、外墙圈梁、外墙墙身砌筑等分项工程。

$L_{内}$：内墙基挖地槽、内墙基础垫层、内墙基础砌筑、内墙基础防潮层、内墙圈梁、内墙墙身砌筑、内墙抹灰等分项工程。

②“一面”是指某一建筑物的底层建筑面积，用 $S_{底}$ 或 $S_1$ 表示。

$$S_{底}=\text{建筑物底层平面勒脚以上外围水平投影面积}$$

与“一面”有关的计算项目有：平整场地、房心回填、楼地面、天棚抹灰及屋面工程

等分项工程。

一般的工业与民用建筑工程都可以在这三条“线”和一个“面”的基础上，连续计算出它的工程量。

(3) 一次算出，多次使用。对于门窗、屋架、钢筋混凝土预制标准构件等不能利用基数连续计算的项目，可事先将常用数据一次算出，汇编成土建工程量计算手册，当需要计算有关工程量时，只要查手册就可以很快算出所需要的工程量，以减少繁琐重复的计算。

(4) 结合实际、灵活机动。用“线”、“面”、“册”计算工程量只是常用的工程量基本计算方法，在一般工程上完全可以利用。但在特殊工程上，由于基础断面、墙厚、砂浆标号和各楼层的面积不同，就不能完全用“线”或“面“的一个数作为基数，而必须结合实际灵活地计算。一般常遇到以下情况并采取相应的解决方案。

① 分段计算法。当基础断面不同时，在计算基础工程量时，就应分段计算。

② 分层计算法。如遇到多层建筑物，各楼层的建筑面积或砌体砂浆标号不同时，均可分层计算。

③ 补加计算法。在同一个分项工程中，遇到局部外形尺寸或结构不同时，可先将其看作相同条件计算，然后再加上多出部分的工程量。

④ 扣减计算法。与③相反，只是在原计算结果上减去局部不同部分的工程量。

### 3.2.5 工程量计算程序

工程量计算的一般程序如下。

1. 列项

根据工程内容及与之相应的计算规则中规定的项目列出必须计算工程量的分部分项工程名称(或项目名称)。

2. 确定计量单位

对计算结果的计量单位进行调整，使之与计量规则中规定的相应分部分项工程的计量单位保持一致。

3. 填列计算式

根据一定内容、计算顺序和计算规则列出计算式。

4. 计算

根据施工图纸的要求，确定有关数据代入计算式进行数值计算。

**特别提示**

手工计算工程量是一项既繁杂又需要条理的工作。每一项工程量的计算都是针对特定的分部分项工程。计算格式中应包含项目编码、项目名称、项目所处的层数及轴线位置、计量单位、工程量计算式、工程数量等内容，以方便统计和查找。

### 3.2.6 工程量计算原则

工程量计算原则有以下几点。

(1) 口径一致、避免重复。

(2) 按工程量计算规则计算，避免错算。

(3) 熟悉图纸和规范，按图计算。

(4) 统一格式，计算式力求简单，便于校对。

(5) 计算精确度统一，力求结果准确。

(6) 计量单位一致。

(7) 按一定的顺序进行计算，不重算，不漏算。

(8) 力求分层分段计算。

(9) 必须注意统筹计算。

(10) 必须自我检复核。

## 3.3 建筑工程计价方式

### 3.3.1 建筑工程价格构成的基本要素

建筑工程计价的方式各有不同，但其基本原理及计算过程是相同的。工程计价的顺序大致可分为：分部分项工程造价→单位工程造价→单项工程造价→建设项目造价。而影响各步骤造价计算的基本要素就只有两个：一个是“量”，即实物工程数量；一个是“价”，即各实物工程量的单位价格。其计算公式可以表达如下。

$$\text{工程造价}=\sum_{i=1}^{n}(\text{实物工程量}\times\text{单位价格})$$

式中：$i$——第 $i$ 个基本子项目；

$n$——工程项目分解得到的基本子项目数。

**特别提示**

基本子项目的单位价格高，工程造价就高；基本子项目的实物工程量大，工程造价就大。

1. 实物工程量

基本子项目的工程实物数量可以通过规定的计算规则、设计图纸计算得出，它直接反映出基本子项目的规模和内容。

2. 单位价格

基本子项目的单位价格主要由两大要素构成，即完成基本子项目所需资源的数量和相应资源的价格。这时的资源主要是指人工、材料和施工机械的使用耗费。因此基本子项目的单位价格可用下式计算确定。

$$\text{基本子项目的单位价格}=\sum_{j=1}^{m}(\text{资源消耗量}\times\text{资源价格})$$

式中：$j$——第 $j$ 种资源；

$m$——完成某一基本子项目所需消耗资源的数量。

如果将资源按工、料、机消耗三大类进行划分，则资源消耗量包括人工工日消耗量，材料消耗量和施工机械台班消耗量；资源价格包括人工工日单价、材料单价和施工机械台班单价。

1）资源消耗量

资源消耗量通常表现为工程定额中的定额消耗量。它是通过历史数据或实测计算得到的，是工程计价的重要依据。建设单位主要依靠政府颁布的指导性定额来控制造价，反映的是社会平均水平；承包单位主要依靠反映本企业技术与管理水平的企业定额来进行计价，反映的是社会平均先进水平。资源消耗量随着生产力的发展而变化，工程定额也随之不断进行修订和完善。

2）资源价格

资源价格是影响工程造价的关键要素，它由市场确定，随着物价变动而变化，从而导致工程造价的变化。

**特别提示**

工程造价中基本子项目的单位价格如果仅仅是由资源消耗量和资源价格求得的，则其实质就是直接工程费单价，如再考虑直接工程费以外的其他费用，如管理费、利润等，则构成综合单价。

### 3.3.2 建筑工程计价方式简介

目前我国工程计价采用定额计价和工程量清单计价两种计价方式。

定额计价方式是我国长期使用的，与计划经济相适应的工程造价计价方式；工程量清单计价方式是国际上通用的计价方式，是我国大力推行的与国际惯例接轨的一种先进的计价方式。

不论采用哪一种计价方式，在确定工程造价时，都应该先计算工程量，再计算工程价格。

1. 定额计价方式简介

1）定额计价方式概述

定额计价方式是我国传统计价方式。在招标投标阶段，无论是招标人还是投标人均要按照地方政府或行业主管部门制定的工程量计算规则计算工程量，然后按照相应定额计算出工、料、机的费用，再按有关费用标准计取其他费用，汇总计算得到工程造价。

可以说，在定额计价方式中，起决定作用的是定额。在计划经济时代，定额对确定和衡量建安工程造价标准，规范建筑市场，合理配置资源起到了重要作用。但是其指令性过强，指导性不足；统一的资源消耗量标准，地区分割，取费基础不统一等不足不利于竞争机制的发挥。

2）定额计价方式下建筑工程造价的编制方法

根据住房城乡建设部和财政部关于印发《建筑安装工程费用项目组成》的通知（建标〔2013〕44号）和《房屋建筑与装饰工程工程量计算规范》（GB 50854—2013）的规定，定额计价方式编制单位工程造价的方法，首先根据所用预算定额的规定，按施工图计算各分项工程的工程量(包括实体与非实体项目)，并乘以相应定额子目基价，汇总相加，得到单位工程的定额分部分项工程费和部分措施项目费；根据各地规定的计价方式，计算出分部分项工程的工料机的价差、管理费和利润；再计算出其余的措施项目费、其他项目费、规费及税金等费用，最后汇总各项费用即得到单位工程工程造价。

单价法编制单位工程造价，其中定额分部分项工程费的计算公式为

定额分部分项工程费＝∑(工程量×定额子目基价)

价差＝∑分部分项工程使用数量×(市场价－定额价)

3) 定额计价方式下建筑工程计价程序

由于各地区定额计价方式有所不同，现列举广东省建筑安装工程计价程序，见表3－1。

**表3－1 施工企业工程投标报价计价程序**

工程名称： 标段：

| 序号 | 内容 | 计算方法 | 金额/元 |
|---|---|---|---|
| 1 | 分部分项工程费 | 1.1＋1.2＋1.3(自主报价) | |
| 1.1 | 定额分部分项工程费 | ∑(分项工程工程量×定额子目基价) | |
| 1.2 | 价差 | 1.2.1＋1.2.2＋1.2.3 | |
| 1.2.1 | 人工价差 | ∑［人工用量×(市场价－定额价)］ | |
| 1.2.2 | 材料价差 | (1)＋(2) | |
| (1) | 主要材料价差 | ∑［主要材料用量×(市场价－定额价)］ | |
| (2) | 其他材料价差 | ∑［其他材料用量×(市场价－定额价)］ | |
| 1.2.3 | 机械价差 | ∑［机械台班用量×(市场价－定额价)］ | |
| 1.3 | 利润 | (人工费＋人工价差)×费率 | |
| 2 | 措施项目费 | 2.1＋2.2 | |
| 2.1 | 安全防护、文明施工措施项目费 | 按规定标准计算(包括价差、利润) | |
| 2.2 | 其他措施项目费 | 按有关规定计算(包括价差、利润)(自主报价) | |
| 3 | 其他项目费 | | |
| 3.1 | 其中：暂列金额 | 按招标文件提供金额计列 | |
| 3.2 | 其中：专业工程暂估价 | 按招标文件提供金额计列 | |
| 3.3 | 其中：计日工 | 自主报价 | |
| 3.4 | 其中：总承包服务费 | 自主报价 | |
| 4 | 规费 | (1＋2＋3)×规定费率 | |
| 5 | 税金(扣除不列入计税范围的工程设备金额) | (1＋2＋3＋4)×规定税率 | |
| 投标报价合计＝1＋2＋3＋4＋5 | | | |

2. 工程量清单计价方式简介

1）工程量清单计价方式概述

工程量清单计价方式就是指按照《建设工程工程量清单计价规范》(GB 50500—2013)、《房屋建筑与装饰工程工程量计算规范》(GB 50854—2013)规定的计量计价办法，在建设工程招标投标中，由招标人按国家规范提供工程量清单，由投标人依据工程量清单自主报价，经评审合理低价中标的工程造价计价方式。

这种计价方式有利于降低工程造价，合理节约投资，增加了招标、投标的透明度，能进一步体现招投标过程中的公平、公正、公开的原则。

2）工程量清单计价方式下建筑工程造价的编制方法

(1) 工程量清单。工程量清单是指拟建建设工程的分部分项工程项目、措施项目、其他项目、规费项目和税金项目的名称和相应数量等的明细清单，由具有编制能力的招标人或受其委托，具有相应资质的工程造价咨询人编制。

(2) 工程量清单计价。工程量清单计价是指完成工程量清单的全部内容所需的费用包括分部分项工程项目费、措施项目费、其他项目费、规费和税金。

分部分项工程费及可以计算工程量的措施项目费应采用综合单价计价。综合单价指完成一个规定计量单位的分部分项工程量清单项目或措施清单项目所需的人工费、材料费、施工机械使用费、企业管理费和利润，以及一定范围内的风险因素。

(3) 综合单价的制定。由于目前大多数企业尚未形成自己的企业定额，在计算综合单价时，往往也要参考各地区的预算定额。把一个清单项目按照预算定额的规定划分为几个定额子目，将计算出来的定额子目工程量乘以定额消耗量，乘以当时当地市场的人工工日单价、材料单价及机械台班单价，再加上一定的管理费和利润，并考虑一定范围内的风险因素，然后进行汇总，最后除以该清单项目工程量，即可计算出该清单项目的综合单价。其实质与定额计价方式相同，只不过表现形式不同而已。其计算公式可以表达如下。

$$\begin{matrix}\text{分部分项工程量}\\\text{清单项目综合单价}\end{matrix}=\frac{\sum\left(\begin{matrix}\text{清单项目}\\\text{所含分项工程工程量}\end{matrix}\times\text{分项工程综合单价}\right)}{\text{清单项目工程量}}$$

式中清单项目所含分项工程工程量是指根据清单项目提供的施工过程和施工图设计文件确定的计价定额分项工程量。投标人使用的计价定额不同，则分项工程的项目和数量可能不同。

分项工程综合单价是指与某一计价定额分项工程相对应的综合单价，它等于该分项工程的人工费、材料费、机械使用费合计后，再加管理费、利润并考虑一定范围内的风险因素。

清单项目工程量是指根据《建设工程工程量清单计价规范》(GB 50500—2013)、《房屋建筑与装饰工程工程量计算规范》(GB 50854—2013)附录中的工程量计算规则、计量单位确定的“综合实体净量”的数量。

3）工程量清单计价方式下建筑工程计价程序

工程量清单计价方式下的建筑工程计价程序见表3-2。

表3-2 建筑工程计价程序

工程名称：　　　　　　　　　　　　　　　　　标段：

| 序　号 | 内　容 | 计算方法 | 金额/元 |
|---|---|---|---|
| 1 | 分部分项工程费 | Σ(清单项目工程量×综合单价)<br>(1. 自主报价，2. 工料机按市场价) | |
| 2 | 措施项目费 | 2.1＋2.2 | |
| 2.1 | 安全防护、文明施工措施项目费 | 按规定标准计算(包括价差、利润) | |
| 2.2 | 其他措施项目费 | 按有关规定计算(包括价差、利润)(自主报价) | |
| 3 | 其他项目费 | | |
| 3.1 | 其中：暂列金额 | 按招标文件提供金额计列 | |
| 3.2 | 其中：专业工程暂估价 | 按招标文件提供金额计列 | |
| 3.3 | 其中：计日工 | 自主报价 | |
| 3.4 | 其中：总承包服务费 | 自主报价 | |
| 4 | 规费 | (1＋2＋3)×规定费率 | |
| 5 | 税金(扣除不列入计税范围的工程设备金额) | (1＋2＋3＋4)×规定税率 | |
| 投标报价合计＝1＋2＋3＋4＋5 | | | |

3. 建设工程工程量清单计价方式与定额计价方式的比较

目前，我国建设工程计价应以工程量清单计价方式为主，但由于定额计价在我国已实行了几十年，虽然有其不合适的地方，但并不影响其计价的准确性，这种计价方式在一定时期内还有发挥作用的市场。另外由于我国地域辽阔，各地的经济发展状况不一致，市场经济的发展程度存在差异性，将定额计价方式立即变为工程量清单计价方式还存在一定困难，但随着工程量清单计价方式的发展和完善，它将逐步取代定额计价方式。

(1) 工程量清单计价方式与定额计价方式的区别见表3-3。

表3-3 工程量清单计价方式与定额计价方式的区别

| 内　容 | 工程量清单计价方式 | 定额计价方式 |
|---|---|---|
| 计价依据不同 | 投标单位所编制的企业定额和市场价格信息 | 各地区行政主管部门颁布的预算定额及费用定额 |
| 项目设置不同 | 工程量清单项目的设置是以一个“综合实体”考虑的，“综合实体”一般包括多个子目工程内容，如细石混凝土楼地面工程将垫层、找平层、防水层、面层等各分项综合起来，列为细石混凝土楼地面1项清单项目 | 预算定额项目的设置一般是按施工工序、工艺进行设置的，定额项目包括的工程内容一般是单一的，如细石混凝土楼地面工程按垫层、找平层、防水层、面层等分别编码列为4项分项工程 |
| 工程量计算规则不同 | 按国家规范统一的工程量计算规则计算的实体净量，不含有施工方法因素，工程量由招标人统一提供给投标人 | 按各地区使用的定额规定的工程量计算规则计算实际数量，一般含有施工方法因素，工程量由投标人自己计算 |

续表

| 内　　容 | 工程量清单计价方式 | 定额计价方式 |
|---|---|---|
| 定价原则不同 | 按照清单的要求，企业自主报价，反映的是市场决定价格，投标人单价各不相同 | 按各地工程造价管理机构发布的有关规定及定额中的统一基价报价，投标人的单价相同 |
| 单价构成不同 | 工程量清单采用综合单价。综合单价包括人工费、材料费、机械费、管理费和利润并考虑一定范围内的风险因素，且各项费用均由投标人根据企业自身情况自行确定 | 定额计价采用定额子目基价，定额子目基价只包括定额编制时期的人工费、材料费、机械费、管理费，并不包括利润和风险因素带来的影响(注：各地区的定额计价费用有所不同) |
| 价差调整不同 | 按工程承发包双方约定的价格直接计算，除招标文件规定外，不存在价差调整的问题 | 按工程承发包双方约定的价格与定额价对比，调整价差 |
| 计价过程不同 | 取得招标文件→投标人自主报价→合理低价中标→形成合同价 | 取得招标文件→编制工程造价文件(包括计算工程量、确定直接费、工料机分析、计算价差、计取费用、汇总建筑安装工程造价)→投标报价→中标→形成合同价 |
| 工程风险不同 | 招标人编制工程量清单，投标人自主报价，招标人要承担量的风险，投标人要承担价的风险 | 工程量由投标人计算，单价由投标人确定，故投标人一般要承担工程量和价格的风险 |

(2) 工程量清单计价方式与定额计价方式的联系表现在以下方面。

① 工程量清单计价的依据《建设工程工程量清单计价规范》是在现行《全国统一建筑工程基础定额》的基础上通过综合和扩大编制而成的，其中的项目划分、计量单位、工程量计算规则等都尽可能多地与“全国统一建筑工程基础定额”进行了衔接；定额计价的依据各地区颁发的“建筑工程预算定额”也是在全国统一建筑工程基础定额基础上编制的。

② 工程量清单计价方式与定额计价方式的建筑安装工程费按照工程造价形成划分，都是由分部分项工程费、措施项目费、其他项目费、规费、税金组成。

③ 采用工程量清单计价方式，投标人自主报价时，现在许多企业仍然主要参考建筑工程预算定额，将建筑工程预算定额中的人工、材料、机械消耗量作为投标人报价时的参考量。

**拓展讨论**

党的二十大报告提出了改革开放和社会主义现代化建设深入推进，书写了经济快速发展和社会长期稳定两大奇迹新篇章，我国发展具备了更为坚实的物质基础、更为完善的制度保证，实现中华民族伟大复兴进入了不可逆转的历史进程。

结合本章内容，谈一谈随着社会主义现代化建设的深入推进，我国建筑工安装工程造价计算有哪些方面的发展。

## 本章小结

本章主要对建筑安装工程造价的构成、工程量的计算方法和计价方式进行了讲解，包括建筑安装工程费的两种构成方式，按照费用构成要素划分，建筑安装工程费由人工费、材料(包含工程设备，下同)费、施工机具使用费、企业管理费、利润、规费和税金组成；按照工程造价形成划分，建筑安装工程费由分部分项工程费、措施项目费、其他项目费、规费、税金组成。本章还介绍了建筑工程工程量计算规则、依据、方法、程序、原则；以及建筑工程的两种计价方式，定额计价方式的含义、工程量清单计价方式的含义及两种计价方式的比较，主要目的是使学生初步具有建筑工程造价的学习思路。

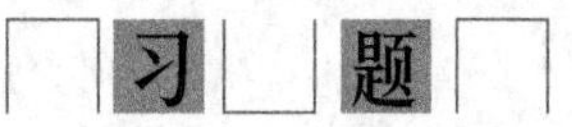

## 习题

1. 建筑安装工程造价由哪几部分组成？每个部分的含义分别是什么，包括哪些内容？
2. 建筑工程量的含义是什么？
3. 建筑工程量的计算程序是什么？
4. 建筑工程量的计算原则是什么？
5. 建筑工程有哪几种计价方式？每种计价方式的含义是什么？
6. 分析工程量清单计价与定额计价的区别和联系。

# 情境二

# 一般土建工程定额计价方式能力训练

# 第4章

# 建筑面积计算

## 学习目标

- ◆ 了解建筑面积的概念及作用
- ◆ 掌握建筑面积的计算规则
- ◆ 具有正确计算工业与民用建筑工程的建筑面积的能力

## 学习要求

| 自测分数 | 知识要点 | 相关知识 | 权重 |
| --- | --- | --- | --- |
| 工业与民用建筑工程建筑面积的计算能力 | 建筑面积的概念、作用 | 使用面积、辅助面积、结构面积 | 0.30 |
| | 建筑面积计算规则 | 单层建筑建筑面积计算规则 | 0.70 |
| | | 多层建筑建筑面积计算规则 | |
| | | 不计算建筑面积的范围 | |

## 引 例

广州番禺职业技术学院拟建造实验楼工程时，在立项、设计、招投标、施工、结算等过程中，控制其规模大小、确定每平方米的经济指标时，都需要确定其建筑面积。

**请思考：**

1. 建筑面积的概念是什么？有什么作用？

2. 该实验楼工程中，哪些范围不计算建筑面积，哪些范围计算建筑面积？怎样计算？

## 4.1 建筑面积的概念、作用

### 4.1.1 建筑面积的概念

建筑面积是指建筑物(包括墙体)所形成的楼地面面积。

建筑面积还包括附属于建筑物的室外阳台、雨蓬、檐廊、室外走廊、室外楼梯等。

建筑面积可以划分为使用面积、辅助面积和结构面积。

使用面积是指建筑物各层平面布置中，可直接供生产或生活使用的净面积总和。使用面积在民用建筑中亦称“居住面积”。

辅助面积是指建筑物各层平面布置中为辅助生产或生活所占净面积的总和。使用面积与辅助面积的总和称为“有效面积”。

结构面积是指建筑物各层平面布置中的墙体、柱、通风道等结构所占面积的总和。

### 4.1.2 建筑面积的作用

建筑面积的作用主要有以下几点。

1. 确定建设规模的重要指标

根据项目立项批准文件所核准的建筑面积是初步设计的重要控制指标。对于国家投资的项目，施工图的建筑面积不得超过初步设计的5%，否则必须重新报批。

2. 确定各技术经济指标的基础

有了建筑面积，才能确定每平方米建筑面积的工程造价、每平方米建筑面积的人工、材料消耗量，即

单位面积工程造价＝工程造价/建筑面积

单位面积人工消耗量＝建筑工程人工总消耗量/建筑面积

单位面积材料消耗量＝建筑工程材料总消耗量/建筑面积

3. 计算有关分项工程量的依据

应用统筹计算方法，根据底层建筑面积，就可以很方便地推算出室内回填土体积、平整场地面积、楼地面面积和天棚面积等。另外，建筑面积也是脚手架、垂直运输机械费用的计算依据。

4. 选择概算指标和编制概算的主要依据

概算指标通常是以建筑面积为计量单位。用概算指标编制概算时，要以建筑面积为计

算基础。

## 4.2 建筑面积计算规则

【参考图文】

根据《建筑工程建筑面积计算规范》(GB/T 50353—2013)的要求，建筑面积的计算适用范围是新建、扩建、改建的工业与民用建筑工程的建筑面积的计算。

建筑工程建筑面积的计算分为两部分，一部分为应计算建筑面积的范围，另一部分为不计算建筑面积的范围。

### 4.2.1 计算建筑面积的范围

(1) 建筑物的建筑面积应按自然层外墙结构外围水平面积之和计算。结构层高度在 2.20m 及以上者应计算全面积；高度不足 2.20m 者应计算 1/2 面积。单层建筑物如图 4.1 所示，计算规则如下。

当结构层高≥2.20m 时，$S=A\times B$；

当结构层高＜2.20m 时，$S=1/2(A\times B)$。

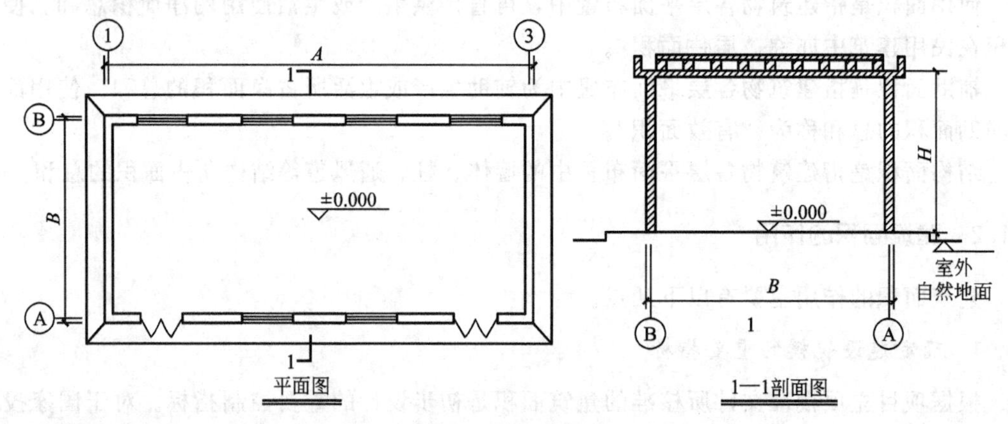


图 4.1 单层建筑物

**特别提示**

(1) 建筑面积计算时，在主体结构内形成的建筑空间，满足计算面积结构层高要求的均可按本条规定计算建筑面积。主体结构外的室外阳台、雨篷、檐廊、室外走廊、室外楼梯等应按相关规范要求计算建筑面积。当外墙结构本身在一个层高范围内不等厚时，以楼地面结构标高处的外围水平面积计算。

(2) 自然层是指按楼地面结构分层的楼层。结构层高是指楼面或地面结构层上表面至上部结构层上表面之间的垂直距离。

(3) 多层建筑物的建筑面积应按不同的层高分别计算。建筑物最底层的层高指：当有基础底板时按基础底板上表面结构标高至上层楼面的结构标高之间的垂直距离确定；当没有础底板时按地面标高至上层楼面结构标高之间的垂直距离确定。最上一层的层高是指楼面结构标高至屋面板最低处板面结构标高之间的垂直距离。

(2) 建筑物内设有局部楼层时，对于局部楼层的二层及以上楼层，有围护结构的应按其围护结构外围水平面积计算，无围护结构的应按其结构底板水平面积计算，且结构层高在 2.20m 及以上的，应计算全面积，结构层高在 2.20m 以下的，应计算 1/2 面积。如图 4.2 所示。

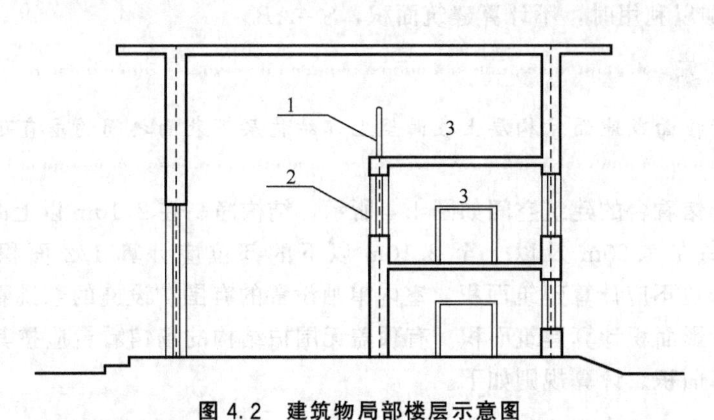


**图 4.2 建筑物局部楼层示意图**

1—围护设施；2—围护结构；3—局部楼层

注：①局部楼层有围护结构的应按其围护结构外围水平面积计算，如图 4.2 中标注 2 所示；围护结构指围合建筑空间的墙体、门、窗。

②局部楼层无围护结构的应按其结构底板水平面积计算，如图 4.2 中标注 1 所示。

(3) 对于形成建筑室间的坡屋顶，结构净高度在 2.10m 及以上的部位应计算全面积；结构净高在 1.20m 及以上至 2.10m 以下部位应计算 1/2 面积；结构净高在 1.20m 以下的部位不应计算建筑面积，如图 4.3 所示。

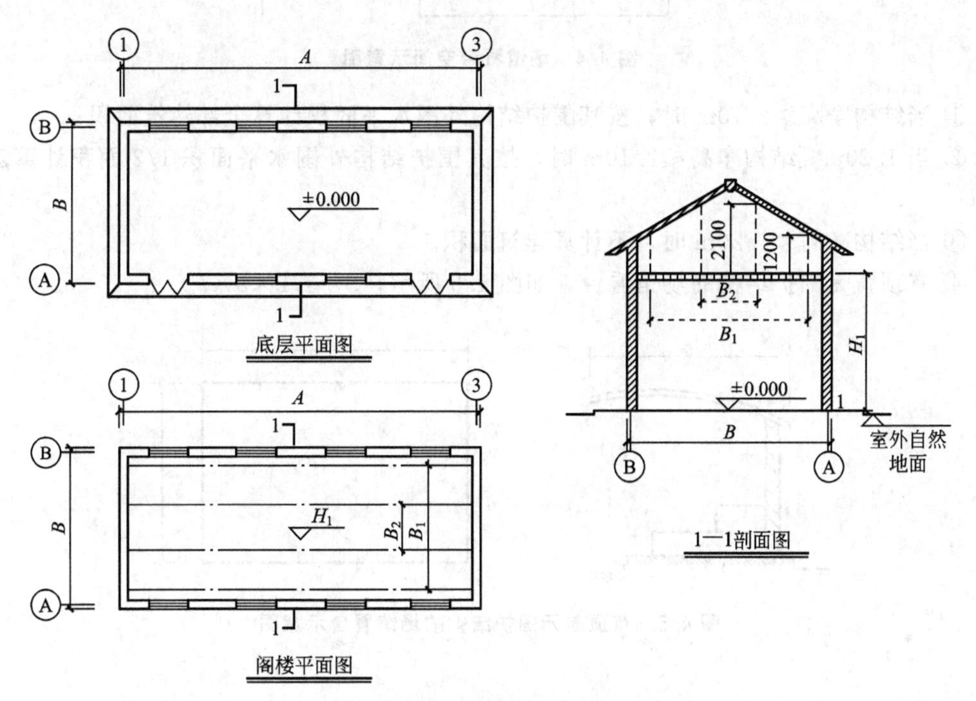


**图 4.3 坡屋面示意图**

当坡屋面结构净高≥2.10m 时，计算全部建筑面积，$S=2AB$；

当1.20m≤坡屋面结构净高<2.10m 时，计算 1/2 建筑面积，即 $S=AB+AB_2+1/2A(B_1-B_2)$；

当坡屋面结构净高<1.2m 时，不计算建筑面积，$S=AB$。

② 设计不加以利用时，不计算建筑面积，$S=AB$。

结构净高指楼面或地面结构层上表面至上部结构层下表面之间的垂直距离。

(4) 对于场馆看台的建筑空间如图 4.4 所示，结构净高在 2.10m 以上的部位应计算全面积；结构净高在 1.20m 及以上至 2.10m 以下的部位应计算 1/2 面积；结构净高在 1.20m 以下的部位不应计算建筑面积。室内单独设置的有围护设施的悬挑看台，应按看台结构底板水平投影面积计算建筑面积。有顶盖无围护结构的场馆看台应按其顶盖水平投影面积的 1/2 计算面积。计算规则如下。

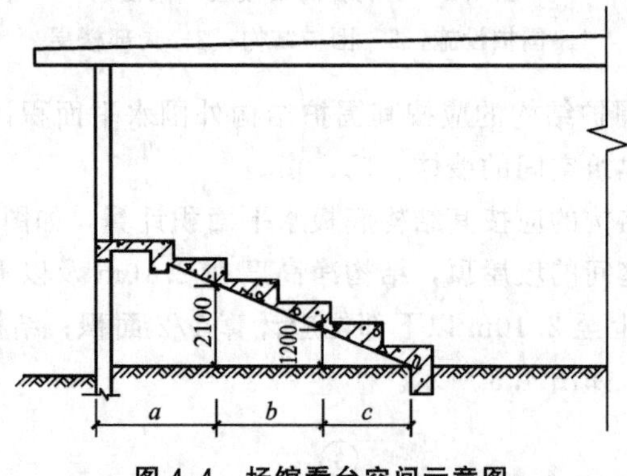


图 4.4　场馆看台空间示意图

① 当结构净高>2.10m 时，按其围护结构外围水平面积计算全部建筑面积；

② 当 1.20m≤结构净高≤2.10m 时，按其围护结构外围水平面积 1/2 面积计算建筑面积；

③ 当结构净高<1.20m 时，不计算建筑面积。

④ 有顶盖无围护结构的场馆看台，如图 4.5 所示，$S=1/2\times b\times l$。

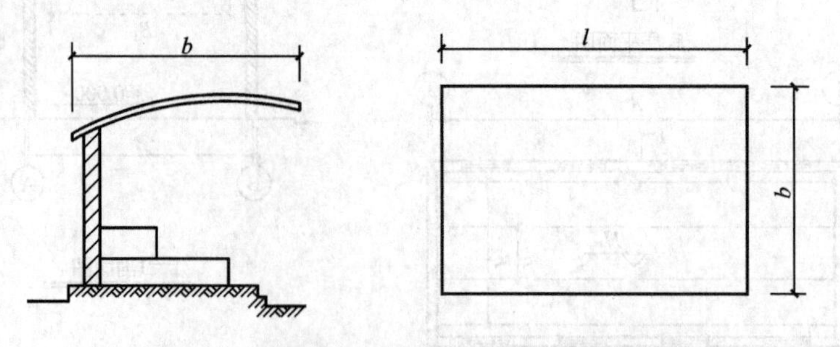


图 4.5　有顶盖无围护结构的场馆看台示意图

**特别提示**

(1) 多层建筑坡屋顶内和场馆看台下的空间应视为坡屋顶内的空间。

(2) 场馆看台下的建筑空间因其上部结构多为斜板，所以采用净高的尺寸划定建筑面积的计算范围和对应规则。室内单独设置的有围护设施的悬挑看台，因其看台上部设有顶盖且可供人使用，所以按看台板的结构底板水平投影计算建筑面积。

(3)“有顶盖无围护结构的场馆看台”所称的“场馆”为专业术语，指各种“场”类建筑，如：体育场、足球场、网球场、带看台的风雨操场等。

(5) 地下室、半地下室如图 4.6 所示，应按其结构外围水平面积计算。结构层高在 2.20m 及以上，应计算全面积；结构层高在 2.20m 以下，应计算 1/2 面积。计算规则如下。

若地下室外墙上口宽为 b：

当结构层高≥2.20m 时，计算全面积：$S=a\times b$

当结构层高<2.20m 时，计算 1/2 面积：$S=1/2\times a\times b$

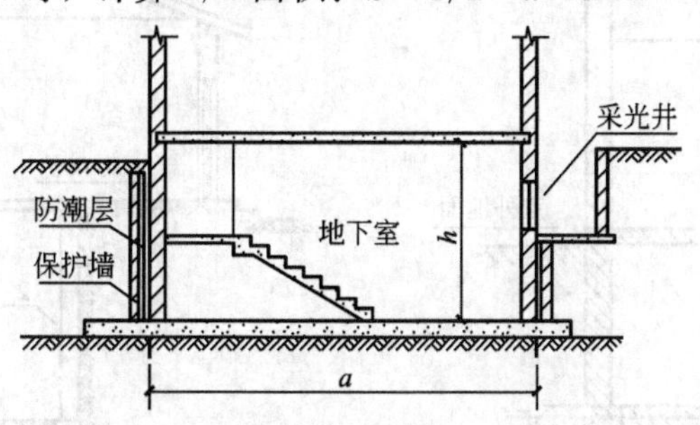


图 4.6 地下室、半地下室示意图

**特别提示**

地下室作为设备、管道层按 4.2.1 中第(26)项执行；地下室的各种竖向井道按 4.2.1 中第(19)项执行；地下室的围护结构不垂直于水平面的按第 4.2.1 中第(18)项规定执行。

(6) 出入口外墙外侧坡道有顶盖的部位，应按其外墙结构外围水平面积的 1/2 计算面积。如图 4.7 所示。

**特别提示**

出入口坡道分有顶盖出入口坡道和无顶盖出入口坡道，出入口坡道顶盖的挑出长度，为顶盖结构外边线至外墙结构外边线的长度；顶盖以设计图纸为准，对后增加及建设单位自行增加的顶盖等，不计算建筑面积。顶盖不分材料种类(如钢筋混凝土顶盖、彩钢板顶盖、阳光板顶盖等)。

(7) 建筑物架空层及坡地建筑物吊脚架空层，应按其顶板水平投影计算建筑面积。结构层高在 2.20m 及以上的，应计算全面积；结构层高在 2.20m 以下的，应计算 1/2 面积。如图 4.8、4.9 所示。

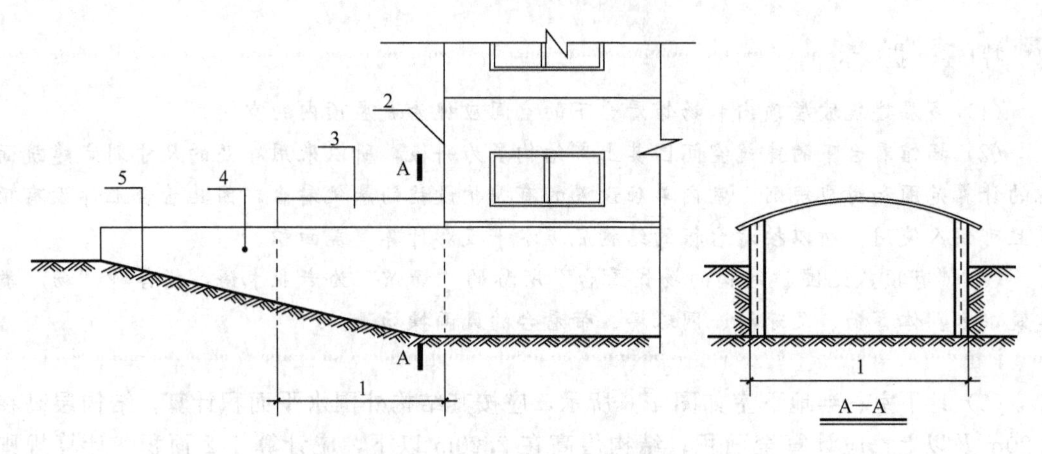


**图 4.7　地下室出入口示意图**

1—计算 1/2 投影面积部位；2—主体建筑；3—出入口
4—封闭出入口侧墙；5—出入口坡道

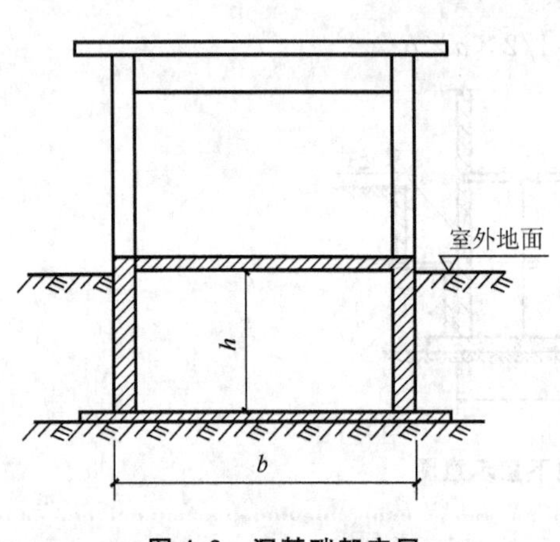


**图 4.8　深基础架空层**

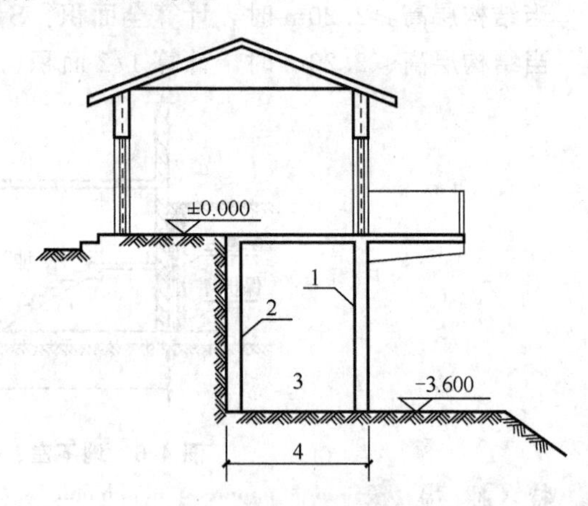


**图 4.9　建筑物吊脚空间**

1—柱；2—墙；3—吊脚架空层；4—计算建筑面积部位

特别提示

本条既适用于建筑物吊脚架空层、深基础架空层建筑面积的计算，也适用于目前部分住宅、学校教学楼等工程在底层架空或在二楼或以上某个甚至多个楼层架空，作为公共活动、停车、绿化等空间的建筑面积的计算。架空层中有围护结构的建筑空间按相关规定计算。

架空层指仅有结构支撑而无外围护结构的开敞空间层。

(8) 建筑物的门厅、大厅应按一层计算建筑面积，门厅、大厅内设置的走廊应按走廊结构底板水平投影面积计算建筑面积。结构层高在 2.20m 及以上的，应计算全面积；结构层高在 2.20m 以下的，应计算 1/2 面积。如图 4.10 所示

特别提示

(1)“门厅、大厅内设有回廊”是指建筑物门厅、大厅的上部(一般该门厅、大厅占二个或二个以上建筑物层高)四边向门厅、大厅中间挑出的走廊称为回廊。

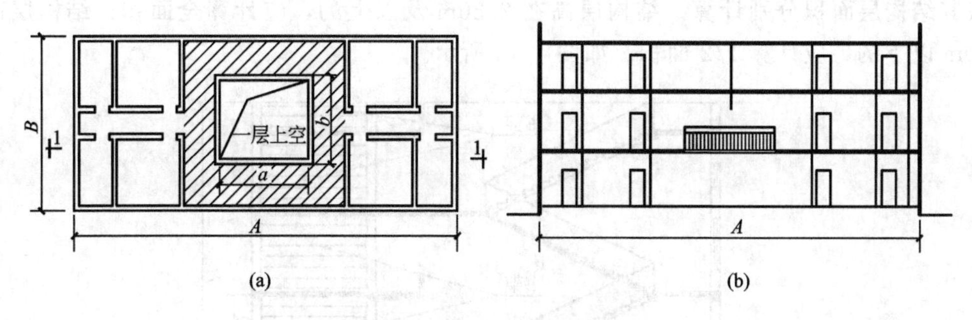


图 4.10　建筑物回廊示意图

(a) 平面图；(b) 1—1 剖面图

(2) 宾馆、大会堂、教学大楼等大楼的门厅或大厅，往往要占建筑物的二层或二层以上的层高，这时也只能计算一层面积。

(3)“层高不足 2.20m 者应计算 1/2 面积”指回廊可能出现的情况。

(9) 对于建筑物间的架空走廊，有围护结构的，或有顶盖和围护设施的，应按其围护结构外围水平面积计算全面积；无围护结构、有围护设施的，应按其结构底板水平投影面积计算 1/2 面积。如图 4.11、4.12 所示。

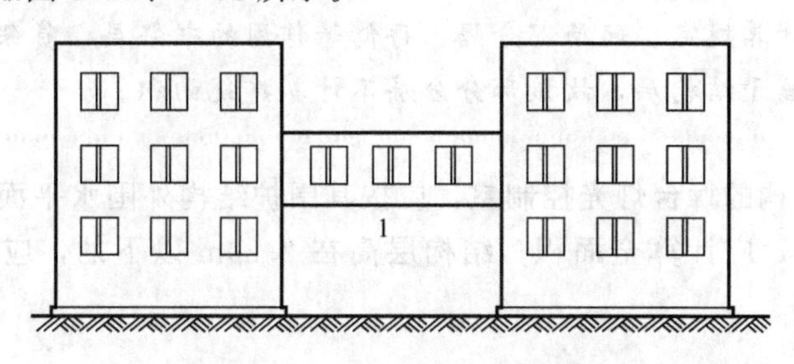


图 4.11　有围护结构的架空走廊

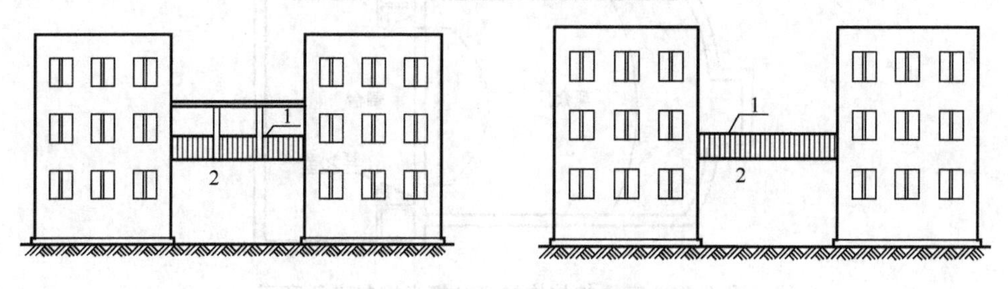


图 4.12　无围护结构图架空走廊示意图

1—栏杆；2—架空走廊

**特别提示**

围护设施指为保障安全而设置的栏杆、栏板等围挡。

(10) 对于立体书库、立体仓库、立体车库，有围护结构的，应按其围护结构外围水平面积计算建筑面积；无围护结构、有围护设施的，应按其结构底板水平投影面积计算建筑面积。无结构层(结构层指整体结构体系中承重的楼板层)的应按一层计算，有结构层的应按其结构层面积分别计算。结构层高在 2.20m 及以上的，应计算全面积；结构层高在 2.20m 以下的，应计算 1/2 面积。如图 4.13 所示。

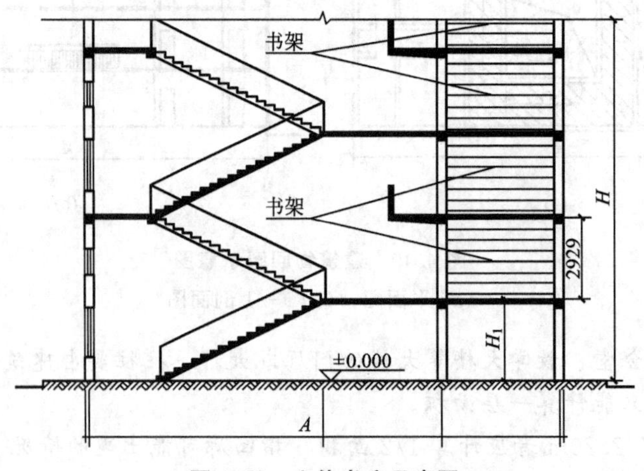


图 4.13　立体书库示意图

特别提示

本条主要规定了图书馆中的立体书库、仓储中心的立体仓库、大型停车场的立体车库等建筑的建筑面积计算规定。起局部分隔、存储等作用的书架层、货架层或可升降的立体钢结构停车层均不属于结构层，故该部分分层不计算建筑面积。

(11) 有围护结构的舞台灯光控制室，应按其围护结构外围水平面积计算。结构层高在 2.20m 及以上的，应计算全面积；结构层高在 2.20m 以下的，应计算 1/2 面积。如图 4.14 所示。

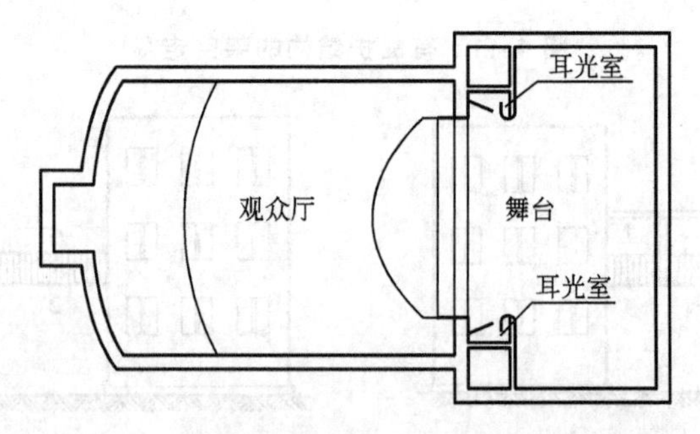


图 4.14　有围护结构的舞台灯光控制室示意图

特别提示

如果舞台灯光控制室有围护结构且只有一层，那么就不能另外计算面积。因为整个舞台的面积计算已经包含了该灯光控制室的面积。

(12) 附属在建筑物外墙的落地橱窗(指突出外墙面且根基落地的橱窗)，应按其围护结构外围水平面积计算。结构层高在 2.20m 及以上的，应计算全面积；结构层高在 2.20m 以下的，应计算 1/2 面积。

(13) 窗台与室内楼地面高差在 0.45m 以下且结构净高在 2.10m 及以上的凸(飘)窗(指凸出建筑物外墙面的窗户)，应按其围护结构外围水平面积计算 1/2 面积。

(14) 有围护设施的室外走廊、挑廊，应按其结构底板水平投影面积计算 1/2 面积；有围护设施(或柱)的檐廊，应按其围护设施(或柱)外围水平面积计算 1/2 面积。如图 4.15 所示。

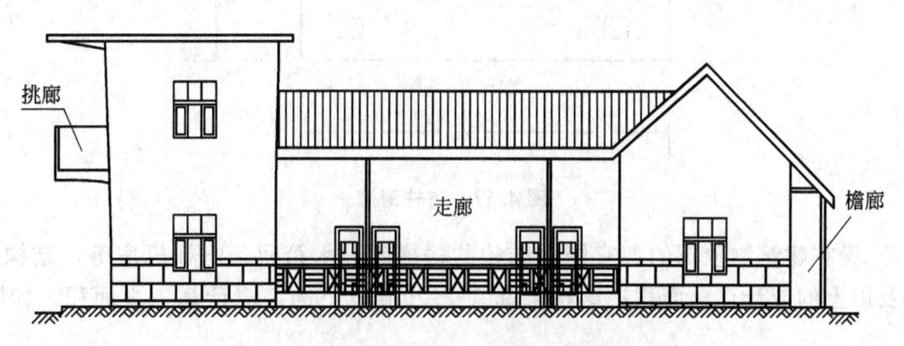


图 4.15 建筑物外挑廊、走廊、檐廊示意图

(15) 门斗(指建筑物入口处两道门之间的空间)应按其围护结构外围水平面积计算建筑面积，且结构层高在 2.20m 及以上的，应计算全面积；结构层高在 2.20m 以下的，应计算 1/2 面积。如图 4.16 所示。

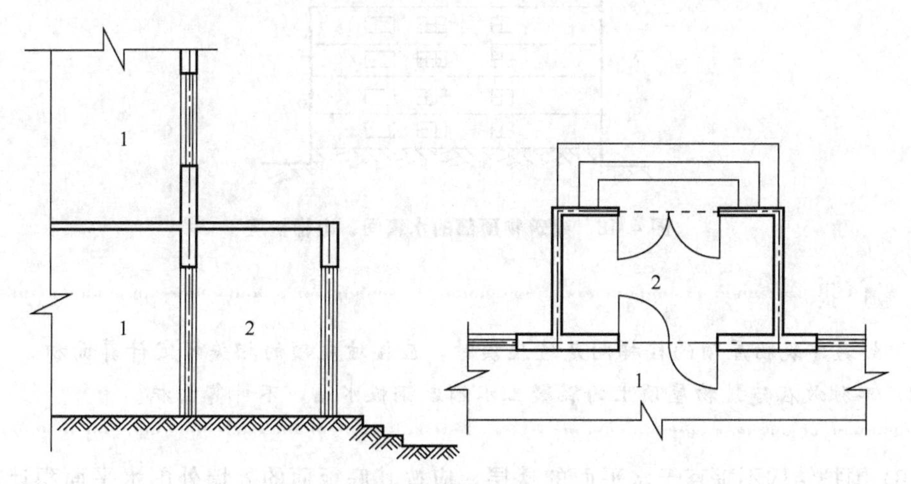


图 4.16 门斗示意图

1—室内；2—门斗

(16) 门廊(指建筑物入口前有顶棚的半围合空间)应按其顶板的水平投影面积的 1/2 计算建筑面积；有柱雨篷应按其结构板水平投影面积的 1/2 计算建筑面积；无柱雨篷的结构外边线至外墙结构外边线的宽度在 2.10m 及以上的，应按雨篷结构板的水平投影面积的 1/2 计算建筑面积。如图 4.17 所示。

**特别提示**

雨篷分为有柱雨篷和无柱雨篷。有柱雨篷，没有出挑宽度的限制，也不受跨越层数的限制，均计算建筑面积。无柱雨篷，其结构板不能跨层，并受出挑宽度的限制，设计出挑宽度大于或等于 2.10m 时才计算建筑面积。出挑宽度，是指雨篷结构外边线至外墙结构外边线的宽度，弧形或异形时，取最大宽度。

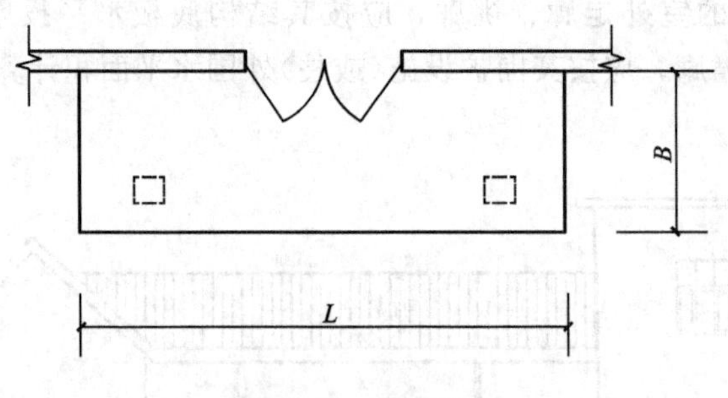


图 4.17 有柱雨篷

(17) 设在建筑物顶部的、有围护结构的楼梯间、水箱间、电梯机房等，结构层高在 2.20m 及以上的应计算全面积；结构层高在 2.20m 以下的，应计算 1/2 面积。如图 4.18 所示。

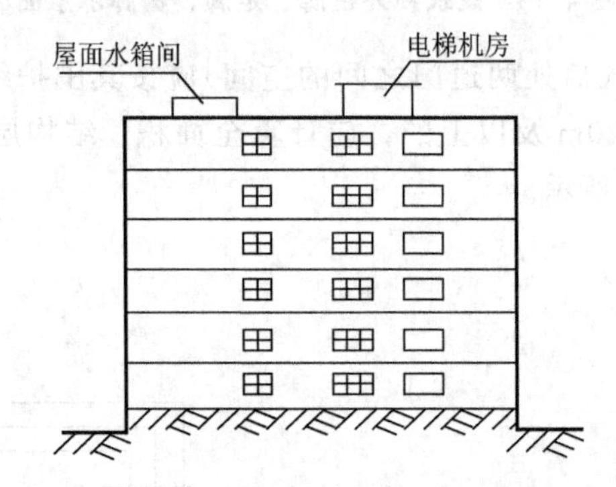


图 4.18 建筑物顶部的水箱间、电梯机房

**特别提示**

(1) 如遇建筑物屋顶的楼梯间是坡屋顶时，应按坡屋顶的相关规定计算面积。

(2) 单独放在建筑物屋顶上的混凝土水箱或钢板水箱，不计算面积。

(18) 围护结构不垂直于水平面的楼层，应按其底板面的外墙外围水平面积计算。结构净高在 2.10m 及以上的部位，应计算全面积；结构净高在 1.20m 及以上至 2.10m 以下的部位，应计算 1/2 面积；结构净高在 1.20m 以下的部位，不应计算建筑面积。如图 4.19 所示。

**特别提示**

本条对于向内、向外倾斜均适用。在划分高度上，本条使用的是“结构净高”，与其他正常平楼层按层高划分不同，但与斜屋面的划分原则相一致。由于目前很多建筑设计追求新、奇、特，造型越来越复杂，很多时候根本无法明确区分什么是围护结构、什么是屋顶，因此对于斜围护结构与斜屋顶采用相同的计算规则，即只要外壳倾斜，就按结构净高划段，分别计算建筑面积。

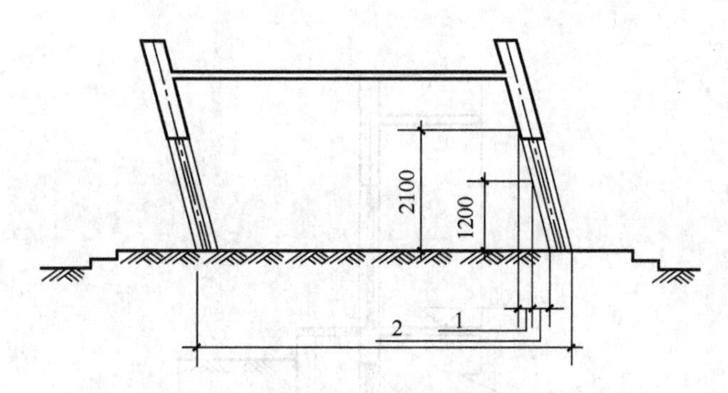


图 4.19 斜围护结构

1—计算 1/2 建筑面积部位；2—不计算建筑面积部位

(19) 建筑物的室内楼梯、电梯井、提物井、管道井、通风排气竖井、烟道，应并入建筑物的自然层计算建筑面积。有顶盖的采光井应按一层计算面积，且结构净高在 2.10m 及以上的，应计算全面积；结构净高在 2.10m 以下的，应计算 1/2 面积。如图 4.20、4.21、4.22 所示。

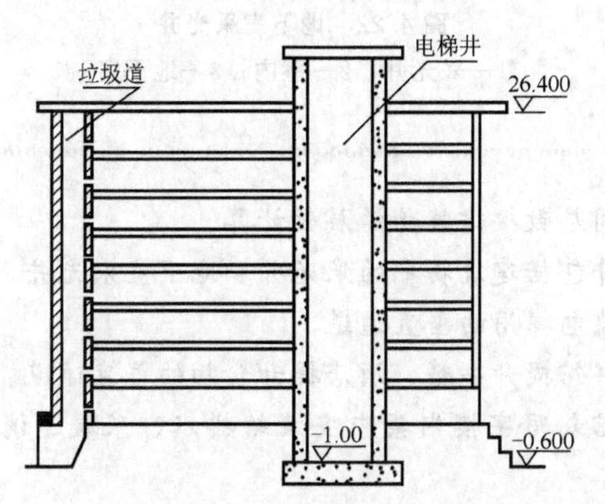


图 4.20 建筑物内电梯井

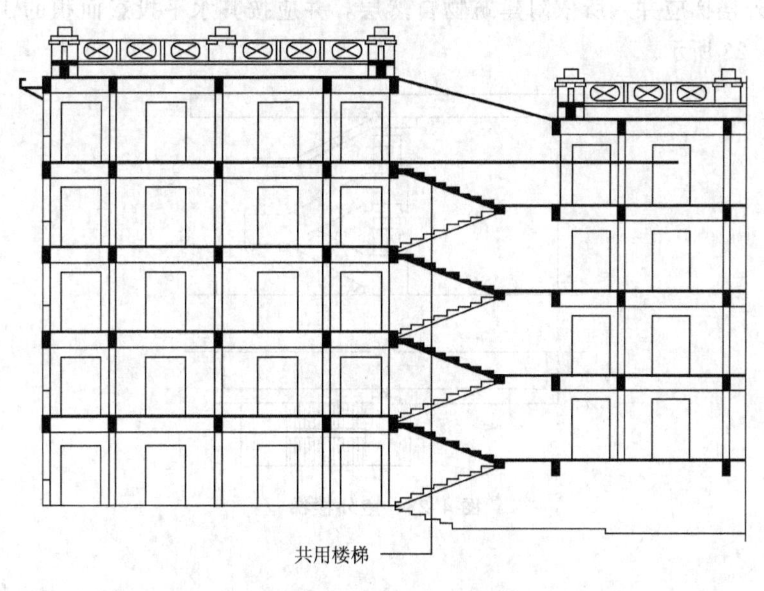


图 4.21 建筑物室内楼梯

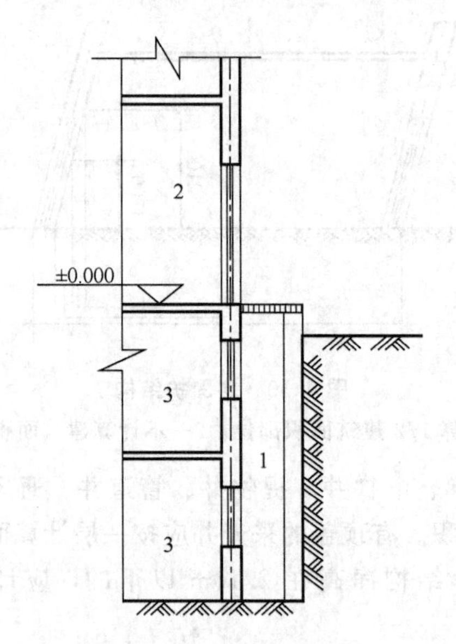


**图 4.22　地下室采光井**

1—采光井；2—室内；3—地下室

**特别提示**

（1）建筑物的楼梯间层数按建筑物的层数计算。

（2）有顶盖的采光井包括建筑物中的采光井和地下室采光井。

（3）电梯井是指安装电梯用的垂直通道。

（4）提物井是指图书馆提升书籍、酒店提升食物的垂直通道。

（5）管道井是指宾馆或写字楼内集中安装给排水、采暖、消防、电线管道用的垂直通道。

（20）室外楼梯应并入所依附建筑物自然层，并应按其水平投影面积的 1/2 计算建筑面积。如图 4.23 所示。

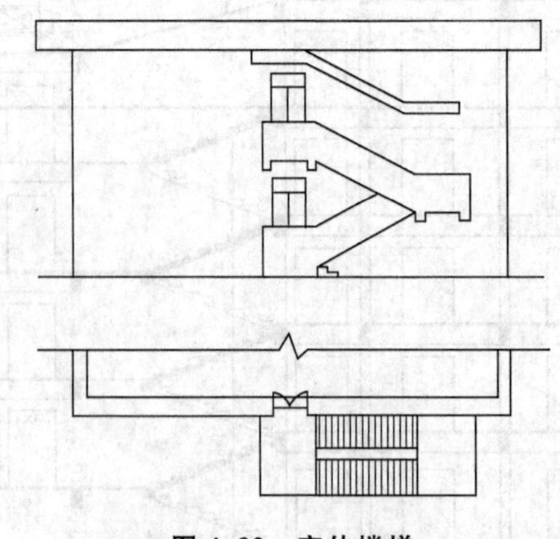

**图 4.23　室外楼梯**

**特别提示**

室外楼梯作为连接该建筑物层与层之间交通不可缺少的基本部件，无论从其功能、还是工程计价的要求来说，均需计算建筑面积。层数为室外楼梯所依附的楼层数，即梯段部分投影到建筑物范围的层数。利用室外楼梯下部的建筑空间不得重复计算建筑面积；利用地势砌筑的为室外踏步，不计算建筑面积。

(21) 在主体结构内的阳台，应按其结构外围水平面积计算全面积；在主体结构外的阳台，应按其结构底板水平投影面积计算 1/2 面积。如图 4.24 所示。

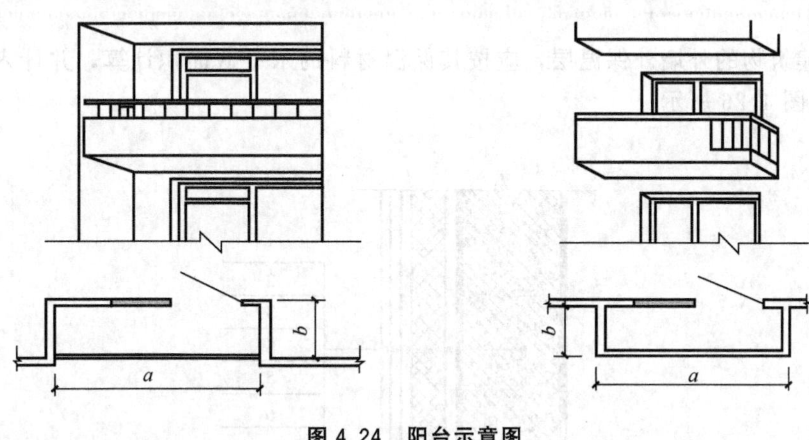


图 4.24 阳台示意图

**特别提示**

建筑物的阳台，不论其形式如何，均以建筑物主体结构为界分别计算建筑面积。

(22) 有顶盖无围护结构的车棚、货棚、站台、加油站、收费站等，应按其顶盖水平投影面积的 1/2 计算建筑面积。如图 4.25 所示。

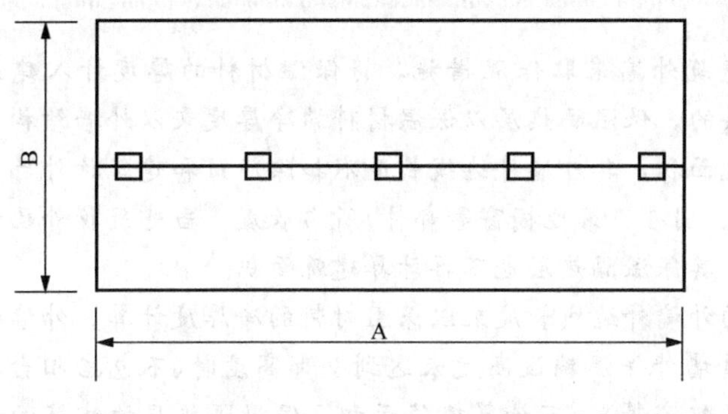


图 4.25 站台示意图

**特别提示**

(1) 车棚、货棚、站台、加油站、收费站等的面积计算，由于建筑技术的发展，出现许多新型结构，如柱不再是单纯的直立柱，而出现正 V 形、倒 Λ 形等不同类型的柱，给面积计算带来许多争议。为此，我们不以柱来确定面积，而依据顶盖的水平投影面积计算。

(2) 在车棚、货棚、站台、加油站、收费站内设有带围护结构的管理房间、休息室等，应另按有关规定计算面积。

(23) 以幕墙作为围护结构的建筑物，应按幕墙外边线计算建筑面积。

特别提示

幕墙以其在建筑物中所起的作用和功能来区分，直接作为外墙起围护作用的幕墙，按其外边线计算建筑面积；设置在建筑物墙体外起装饰作用的幕墙，不计算建筑面积。

(24) 建筑物的外墙外保温层，应按其保温材料的水平截面积计算，并计入自然层建筑面积。如图 4.26 所示

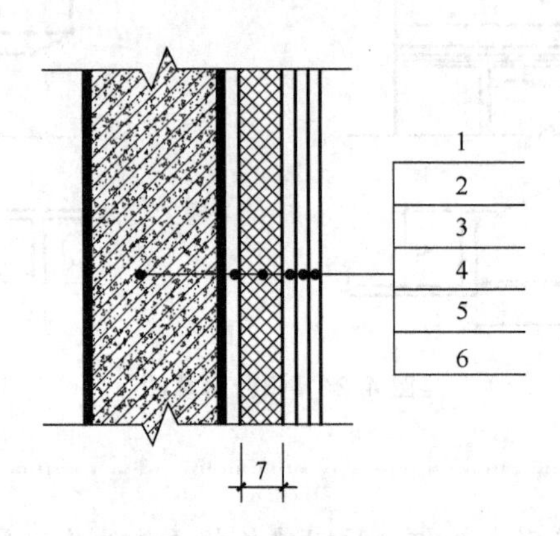


**图 4.26 建筑物外墙保温层**

1—墙体；2—粘结胶浆；3—保温材料；4—标准网；5—加强网；6—抹面胶浆；7—计算建筑面积部位

特别提示

为贯彻国家节能要求，鼓励建筑外墙采取保温措施，将保温材料的厚度计入建筑面积。建筑物外墙外侧有保温隔热层的，保温隔热层以保温材料的净厚度乘以外墙结构外边线长度按建筑物的自然层计算建筑面积，其外墙外边线长度不扣除门窗和建筑物外已计算建筑面积构件(如阳台、室外走廊、门斗、落地橱窗等部件)所占长度。当建筑物外已计算建筑面积的构件有保温隔热层时，其保温隔热层也不再计算建筑面积。

外墙是倾斜的按楼板楼面处的外墙外边线长度乘以保温材料的净厚度计算。外墙外保温以沿高度方向满铺为准，某层外墙外保温铺设高度未达到全部高度时(不包括阳台、室外走廊、门斗、落地橱窗、雨篷、飘窗等)，不计算建筑面积。保温隔热层的建筑面积是以保温隔热材料的厚度来计算的，不包含抹灰层、防潮层、保护层(墙)的厚度。

(25) 与室内相通的变形缝，应按其自然层合并在建筑物建筑面积内计算。对于高低联跨的建筑物，当高低跨内部连通时，其变形缝应计算在低跨面积内。

特 别 提 示

本条所提及的与室内相通的变形缝，是指暴露在建筑物内，在建筑物内可以看得见的变形缝。一般分为伸缩缝、沉降缝、抗震缝三种。

(26) 对于建筑物内的设备层、管道层、避难层等有结构层的楼层，结构层高在 2.20m 及以上的，应计算全面积；结构层高在 2.20m 以下的，应计算 1/2 面积。

特 别 提 示

高层建筑的宾馆、写字楼等，通常在建筑物高度的中间部分设置管道及设备层，主要用于集中放置水、暖、电、通风管道及设备。

设备层、管道层虽然其具体功能与普通楼层不同，但在结构上及施工消耗上并无本质区别，且《建筑工程建筑面积计算规范》(GB/T 50353－2013)定义自然层为“按楼地面结构分层的楼层”，因此设备、管道楼层归为自然层，其计算规则与普通楼层相同。在吊顶空间内设置管道的，则吊顶空间部分不能被视为设备层、管道层。

应用案例

计算教材附录实验楼工程的建筑面积。

**解：**

$S_1=17.94\times6.24=111.95(\mathrm{m}^2)$

$S_2=S_3=17.94\times6.24+0.5\times1.2\times4.56=114.68(\mathrm{m}^2)$

$S=111.95+114.68\times2=341.31(\mathrm{m}^2)$

【参考视频】

### 4.2.2 建筑物不计算建筑面积的范围

(1) 与建筑物内不相连通的建筑部件。

特 别 提 示

本条所指的是依附于建筑物外墙外不与户室开门连通，起装饰作用的敞开式挑台(廊)、平台，以及不与阳台相通的空调室外机搁板(箱)等设备平台部件；

(2) 骑楼、过街楼底层的开放公共空间和建筑物通道；如图 4.27、图 4.28 所示。

特 别 提 示

(1) 骑楼是指沿街二层以上用承重柱支撑骑跨在公共人行空间之上，其底层沿街面后退的建筑物；

(2) 过街楼是指当有道路在建筑群穿过时为保证建筑物之间的功能联系，设置跨越道路上空使两边建筑相连接的建筑物。

(3) 舞台及后台悬挂幕布和布景的天桥、挑台等。

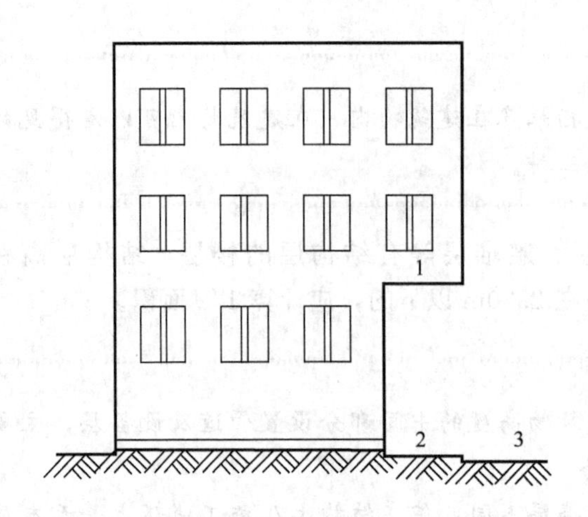

图 4.27 骑楼

1—骑楼；2—人行道；3—街道

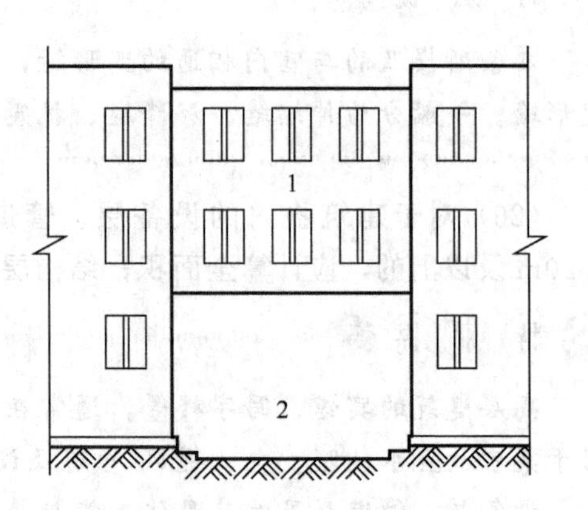

图 4.28 过街楼、通道

1—过街楼；2—建筑物通道

**特别提示**

本条指的是影剧院的舞台及为舞台服务的可供上人维修、悬挂幕布、布置灯光及布景等搭设的天桥和挑台等构件设施。

(4) 露台(指设置在屋面、首层地面或雨篷上的供人室外活动的有围护设施的平台)、露天游泳池、花架、屋顶的水箱及装饰性结构构件。

(5) 建筑物内的操作平台、上料平台、安装箱和罐体的平台。

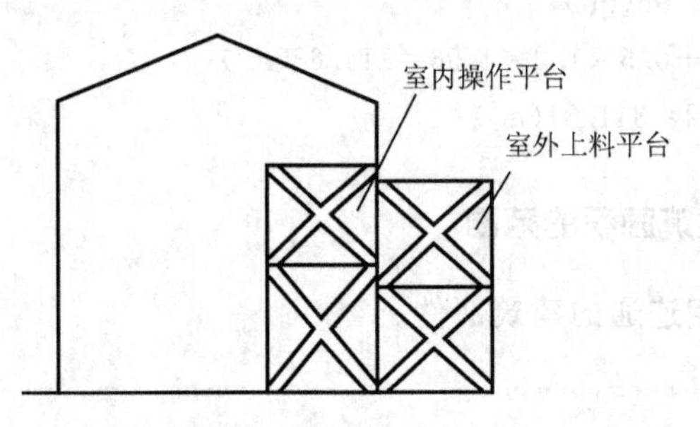

图 4.29 建筑物内、外的操作平台、上料平台

**特别提示**

建筑物内不构成结构层的操作平台、上料平台(包括：工业厂房、搅拌站和料仓等建筑中的设备操作控制平台、上料平台等)，其主要作用为室内构筑物或设备服务的独立上人设施，因此不计算建筑面积。

(6) 勒脚、附墙柱、垛、台阶、墙面抹灰、装饰面、镶贴块料面层、装饰性幕墙，主体结构外的空调室外机搁板(箱)、构件、配件，挑出宽度在 2.10m 以下的无柱雨篷和顶盖高度达到或超过两个楼层的无柱雨篷；

**特别提示**

(1) 勒脚指在房屋外墙接近地面部位设置的饰面保护构造;

(2) 附墙柱指非结构性装饰柱;

(3) 台阶指建筑物出入口不同标高地面或同楼层不同标高处设置的供人行走的阶梯式连接构件。室外台阶还包括与建筑物出入口连接处的平台。

(7) 窗台与室内地面高差在0.45m以下且结构净高在2.10m以下的凸(飘)窗,窗台与室内地面高差在0.45m及以上的凸(飘)窗;

(8) 室外爬梯、室外专用消防钢楼梯;

**特别提示**

室外钢楼梯需要区分具体用途,如专用于消防楼梯,则不计算建筑面积,如果是建筑物唯一通道,兼用于消防,则需要按本书4.2.1中第(20)项计算建筑面积。

(9) 无围护结构的观光电梯;

(10) 建筑物以外的地下人防通道、独立的烟囱、烟道、地沟、油(水)罐、气柜、水塔、贮油(水)池、贮仓、栈桥等构筑物。

## 本章小结

本章主要对建筑面积计算规则进行了全面的讲解,包括建筑面积的概念、计算建筑面积的计算规则,以及不计算建筑面积的范围。

主要目的是使学生对建筑面积有一个整体的理解,掌握建筑面积的计算规则,具有计算一般工业与民用建筑工程建筑面积的能力。

## 习题

一、选择题(单选或多选)

1. 屋面上部有围护结构的电梯机房,层高为2.10m时,其建筑面积应(　　)计算。
   A. 不计算　　B. 按围护结构外围水平面积的一半
   C. 按围护结构外围水平面积　　D. 按电梯机房净空面积
2. 设计不利用的深基架空层,其建筑面积应(　　)计算。
   A. 按架空层上口外墙外围水平面积　　B. 按架空层上口外墙的内墙皮水平面积
   C. 按架空层外墙外围水平面积的一半　　D. 不应
3. 建筑物内层高2.20m以内的设备、管道层,其建筑面积应(　　)计算。
   A. 按其维护结构外围水平面积　　B. 不应
   C. 按管道层水平投影面积　　D. 按管道层垂直投影面积

4. 建筑物的过街楼的底层通道，其建筑面积应(　　)计算。

A. 按通道的投影面积一半　　B. 不应

C. 按通道的外围面积　　D. 按一层面积

5. 建筑物外有围护结构的走廊，其建筑面积应(　　)计算。

A. 当层高≥2.20m 时，按其围护结构外围水平面积

B. 按走廊的投影面积的一半

C. 当层高<2.20m 时，按其围护结构外围水平面积的一半

D. 不应

6. 屋顶上有围护结构的水箱间层高≥2.20m 时，其建筑面积应(　　)计算。

A. 水箱间的净空面积　　B. 零

C. 围护结构外围水平面积　　D. 水箱间的投影面积

7. 建筑物内自然层计算建筑面积的有(　　)。

A. 楼梯间　　B. 垃圾道

C. 电梯井　　D. 天井

8. 下列不计算建筑面积的有(　　)。

A. 附墙烟囱　　B. 独立烟囱

C. 挑出外墙面的雨篷　　D. 独立柱雨篷

9. 下列项目可以按水平投影面积的一半计算建筑面积的有(　　)。

A. 独立柱的雨篷　　B. 单排柱的车棚

C. 有围护结构的凹阳台　　D. 屋面上的花架

二、计算题

某单层建筑物外墙轴线尺寸如图 4.30 所示，墙厚均为 240，轴线坐中，层高 3.30m，试计算该建筑图建筑面积。

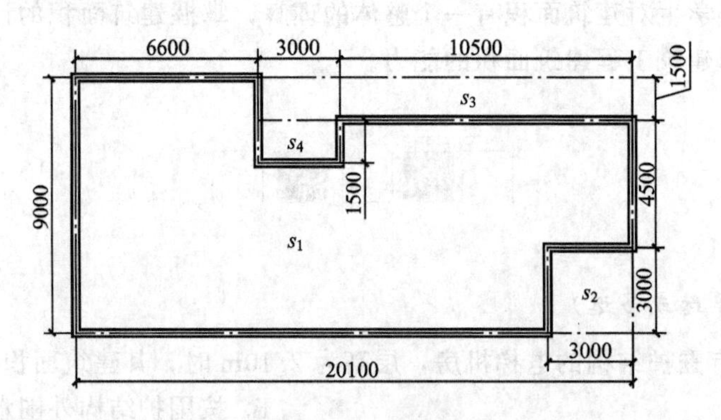


图 4.30　习题图

# 第5章

# 定额计价方式建筑工程分部分项工程费的计算

## 学习目标

◆ 掌握定额计价方式工程造价编制步骤及计价程序

◆ 掌握建筑工程各分部分项工程量计算规则

◆ 会计算建筑工程分部分项工程量，并能正确套用定额，具有定额计价方式建筑工程分部分项工程费计价的能力

## 学习要求

| 能力目标 | 知识要点 | 相关知识 | 权重 |
|---|---|---|---|
| 掌握定额计价方式工程造价编制步骤及计价程序 | 定额计价方式工程造价编制步骤及计价程序 | 分部分项工程费、定额分部分项工程费、工料机价差、管理费、利润、一定范围的风险因素的计取 | 0.1 |
| 定额计价方式建筑工程分部分项工程费计算的能力 | 土石方工程工程量计算规则 | 人工及机械平整场地、沟槽与基坑土石方开挖、回填土、土石方运输工程量计算规则 | 0.1 |
|  | 桩基础与地基基础工程工程量计算规则 | 混凝土预制桩、灌注桩、预应力钢筋混凝土锚杆、地下连续墙等工程量计算规则 | 0.1 |
|  | 砌筑工程工程量计算规则 | 砖基础、砖砌体、砌块砌体及其他砌体工程量计算规则 | 0.1 |
|  | 混凝土及钢筋混凝土工程工程量计算规则 | 现浇混凝土工程量计算规则、预制混凝土工程量计算规则、钢筋工程量计算规则 | 0.1 |
|  | 金属结构工程量计算 | 金属结构构件制作工程量计算规则 | 0.1 |
|  | 构件运输及安装工程工程量计算规则 | 预制混凝土构件运输工程量计算规则、金属构件运输工程量计算规则、混凝土构件安装工程量计算规则、金属构件安装工程量计算规则 | 0.1 |
|  | 厂库房大门、特种门、木结构工程工程量计算规则 | 厂库房大门、特种门、木结构工程工程量计算规则 | 0.1 |
|  | 屋面及防水工程工程量计算规则 | 瓦屋面、卷材屋面、涂膜屋面、屋面排水、卷材防水、涂膜防水、变形缝工程量计算规则 | 0.1 |
|  | 防腐、隔热、保温工程工程量计算规则 | 耐酸防腐、屋面楼地面天棚面墙体及其他保温隔热工程量计算规则 | 0.1 |

## 引　例

本书附录实验楼工程的造价若采用定额计价方式，其建筑工程的分部分项工程费该如何计算？

**请思考：**

1. 采用定额计价方式编制工程造价，其造价由哪些费用组成？

2. 采用定额计价方式编制工程造价，其编制步骤如何？

3. 建筑工程定额计价的计价程序如何？

4. 建筑工程中有哪些分部工程，各分部工程中的分项工程工程量怎样计算？

## 5.1　定额计价方式工程造价的编制步骤

定额计价方式是建筑工程施工图预算编制方法的一种，按照住房城乡建设部和财政部关于印发《建筑安装工程费用项目组成》的通知(建标〔2013〕44 号)和《房屋建筑与装饰工程工程量计算规范》(GB50854—2013)的规定执行，定额计价方式建筑安装工程费由分部分项工程费、措施项目费、其他项目费、规费、税金五部分组成。

区定额计价方式有所不同，具体按照当地建设行政主管部门颁发的计价文件及定额编制。一般的定额计价方式工程造价的编制步骤如下。

1. 收集资料，准备各种编制依据资料

在编制工程造价之前，编制者应收集全部依据资料，如会审过的施工图纸、施工组织设计、施工合同、标准图集、现行的建筑安装预算定额或消耗量标准、取费标准以及地区材料预算价格、市场信息等相关资料。

2. 熟悉施工图纸、定额和施工组织设计及现场情况

认真识读施工图纸，理解设计意图，掌握工程全貌；同时，熟悉并掌握预算定额的使用范围、工程内容及工程量计算规则等，才能正确地划分工程项目。此外，还应掌握施工组织设计中影响工程造价的有关因素及施工现场的实际情况，进行施工条件分析，确定施工措施项目的选取。这是编制预算的基本工作，对于正确计算工程造价，是十分重要的。

3. 划分分部分项工程、排列预算细目，确定计算顺序

根据已会审的施工图纸及设计说明要求，并根据施工组织设计或施工方案中规定的施工方法、施工顺序、施工段及作业方式等，确定施工图纸的计算顺序和计算方法。

4. 计算分部分项工程工程量

工程量的计算是整个计价过程中最重要最繁重的一个环节，是计价工作的主要内容，直接影响工程造价的准确性。在计算工程量时，要注意两点，一是正确划分各分部分项工程；二是准确计算各分部分项工程工程量。

5. 合并工程量，套用定额子目基价，计算单位工程定额分部工程费

① 套用定额子目基价。将相同分项工程的工程量合并，与相应的定额子目基价相乘，即得到定额分项工程工程费。其计算公式如下。

定额分项工程工程费＝分项工程工程量×相应定额子目基价

＝定额分项工程人工费＋定额分项工程材料费＋定额分项工程施工机械使用费

其中：

定额分项工程人工费＝分项工程工程量×人工定额消耗量×人工定额单价

定额分项工程材料费＝分项工程工程量×材料定额消耗量×材料定额单价

定额分项工程机械费＝分项工程工程量×机械台班定额消耗量×机械台班定额单价

② 将分部工程中各个定额分项工程费相加，即为定额分部工程费。其计算公式如下。

定额分部工程费＝$\sum$定额分项工程工程费

**特别提示**

正确套用定额非常重要，注意定额子目的选择要正确，而且，还要确认哪些定额子目是可以直接套用，哪些必须换算或另作补充。

③将单位工程中各个定额分部工程费相加，即为单位工程的定额分部工程费。其计算公式如下。

单位工程定额分部工程费＝$\sum$定额分部工程工程费

6. 进行工料机分析，计算单位工程工料机价差

根据各分项工程的工程量和定额中相应项目的人工工日、材料及机械使用台班消耗量，计算出各分项工程所需要的人工、材料及机械台班数量，汇总得出该单位工程所需要的人工、材料及机械台班数量，将各种工料机的数量乘以相应的单价差，然后汇总即可得到单位工程工料机价差。其计算公式如下。

①人工工日、材料及机械使用台班数量的计算

分项工程人工工日＝分项工程工程量×人工定额消耗量

分项工程材料数量＝分项工程工程量×材料定额消耗量

分项工程机械台班＝分项工程工程量×机械台班定额消耗量

②人工费、材料费及机械台班费价差的计算

人工费价差＝$\sum$分部工程人工工日×(市场价－定额价)

材料费价差＝$\sum$分部工程材料数量×(市场价－定额价)

机械台班费价差＝$\sum$分部工程机械台班×(市场价－定额价)

单位工程工料机价差＝人工费价差＋材料费价差＋机械台班费价差

7. 计算单位工程的管理费

单位工程管理费计算公式如下。

单位工程的管理费＝计算基数×管理费费率

管理费的计算基数可以是定额分部工程费、人工费和机械费合计、人工费，具体按照当地建设行政主管部门颁发的计价文件的规定和定额确定计算基数及相应费率。

8. 计算单位工程的利润

其计算公式如下。

计算单位工程的利润＝计算基数×费率

利润的计算基数可以是定额分部工程费、人工费和机械费合计、人工费，具体按照当地建设行政主管部门颁发的计价文件的规定和定额确定计算基数及相应利润率。

9. 一定范围的风险因素费

已考虑到分部分项工程的管理费和利润中了，不再单独计取风险因素的费用了。

10. 计算单位工程分部工程费

将单位工程定额分部工程费、工料机价差、管理费、利润合计后即得单位工程分部工程费。其计算公式如下。

单位工程分部工程费＝单位工程定额分部工程费＋工料机价差＋管理费＋利润

### 应用案例 5-1

使用 2010 年《广东省建筑与装饰工程综合定额》，计算砌筑 $300m^3$ 砖基础的分部工程费。使用现场搅拌 M10 水泥砂浆砌筑，市场价综合人工单价 200 元/工日，标准砖 600 元/千块，M10 水泥砂浆 250 元/$m^3$，水 2 元/$m^3$，利润的费率按 30%计取。

**解：**

查 2010 年《广东省建筑与装饰工程综合定额》A3－1 子目，砖基础

1）计算定额分项工程费

砖基础定额分项工程工程费(砌筑)＝300×1 973.43/10＝59 202.9 元

砖基础定额分项工程工程费(砂浆制作)＝300×2.36/10×191.35＝13 547.58 元

砖基础定额分项工程工程费＝砖基础定额分项工程工程费(砌筑)
＋砖基础定额分项工程工程费(砂浆制作)
＝59 202.9＋13 547.58＝72 750.48 元

2）计算工料机价差

人工价差＝300×9.162/10×(200－51)＝40 954.14 元

材料价差＝(砖)300×5.236/10×(600－270)＋(砂浆)300×2.36/10
×(250－191.35)＋(水)300×1.05/10×(2－2.8)
＝51 836.4＋4 152.42－25.2＝55 963.62 元

机械台班价差(注：由于 2010 年广东省预算综合定额砌筑砂浆使用的是成品砂浆，砂浆搅拌机的费用已包括在砂浆制作的单价中，故不再单独计算机械台班价差。)

砖基础工料机价差＝人工价差＋材料价差＋机械台班价差
＝40 954.14＋55 963.62＝96 917.76 元

3）计算管理费

**注：** 广东省的定额子目基价由四项费用组成：人工费、材料费、机械费和管理费，故管理费不用再单独计算，已包括在定额子目基价内，其他地区根据当地计价文件和定额的规定具体执行。广东省的定额子目基价中的管理费＝(人工费和机械费)×管理费费率。

4）计算利润

利润＝(人工费＋人工价差)×费率＝300×9.162/10×200×30%＝16 491.6 元

5）合计后即得分部工程费

砖基础分部工程费＝定额分项工程费＋工料机价差＋管理费＋利润
＝72 750.48＋96 917.76＋16 491.6＝186 159.84 元

11. 计取单位工程其他的各项工程费

按照当地建设行政主管部门颁发的计价文件的规定和定额确定取费项目及费率，分别计取单位工程的措施项目费、其他项目费、规费、税金等。

12. 汇总计算单位工程造价

汇总计算单位工程造价的计算公式如下。

单位工程造价＝分部工程费＋措施项目费＋其他项目费＋规费＋税金

13. 复核

复核的内容包括检查各分部分项工程项目有无错项、重项和漏项，工程量计算有无错算；套用定额子目基价、换算单价是否合适；人工、材料及机械台班价差调整是否正确，各项费用计取是否符合规定等。

14. 编制说明，填写封面，装订成册，签字盖章

特别提示

各地区定额计价程序有所不同，广东省建筑安装工程定额计价程序，见表3－1施工企业工程投标报价计价程序。

分部工程是单项工程或单位工程的组成部分，是按结构部位及施工特点或施工任务将单项或单位工程划分为若干个分部工程；分项工程是分部工程的组成部分，是按不同施工方法、材料、工序等将分部工程划分为若干个分项工程。

建筑工程所包含的分部分项工程有：土石方工程、桩基础与地基基础工程、砌筑工程、混凝土及钢筋混凝土工程、金属结构工程、构件运输及安装工程、厂库房大门、特种门、木结构工程、屋面及防水工程、防腐、隔热、保温工程。

【参考视频】

## 5.2 土石方工程

### 5.2.1 相关说明

(1) 本节包括人工土石方和机械土石方共两小节。人工土石方主要包括平整场地、人工挖土方、人工挖基坑沟槽土方、人工运土方、支挡土板、回填土、打夯、人工凿石、人工打眼爆破石方等项目；机械土石方主要包括机械挖运土方、机械场地平整、碾压和机械挖运石渣等项目。

(2) 在进行土石方工程量计算前，应明确以下资料。

① 土壤及岩石类别的确定：普通土(一、二类土)；坚土(三、四类土)；岩石类别(松石、次坚石、普坚石、特坚石)(详见各地《建筑工程预算定额》相关资料)。

② 地下水位标高及降(排)水方法。

③ 土方、沟槽、基坑挖(填)起始标高、施工方法及运距。

④ 岩石开凿、爆破方法、石渣清运方法及运距。

(3) 虚土、天然密实土、夯实土、松填土的概念如下。

① 虚土是指未经碾压自然形成的土。

② 天然密实土是指未经松动的自然土(天然土)。

【参考视频】

③ 实土是指按规范要求经过分层碾压、夯实的土。

④ 松填土是指挖出的自然土，自然堆放未经夯实填在槽、坑的土。

### 5.2.2 工程量计算规则

1. 人工挖土方工程量计算规则

1）平整场地

平整场地是指设计室外地坪与自然地坪平均厚度在±30cm以内的就地挖、填、找平；如图5.1所示，其工程量计算规则按建筑物外墙外边线每边各加2m，以平方米计算。

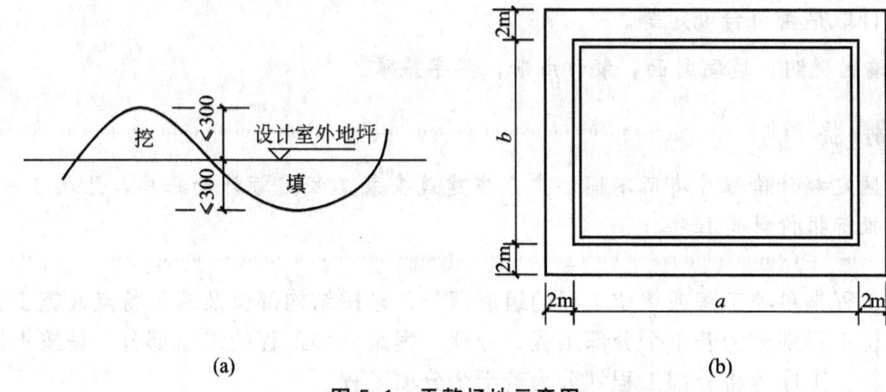


图5.1 平整场地示意图

(a) 示意图；(b) 平面图

计算公式为

$$S_{平整场地}=(a+4)\times(b+4)=S_{底}+2\times L_{外}+16$$

式中：$S_{底}$——建筑物底层建筑面积(有基础的底层阳台按全面积计算)。

特别提示

上述平整场地计算公式仅适合于由矩形组成的建筑物，当出现其他形状(如环形)时，应按工程量计算规则计算平整场地工程量。

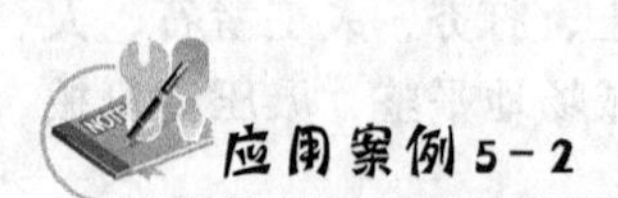
应用案例5-2

某建筑物底层平面示意图如图5.2所示，请计算该工程人工平整场地的工程量并进行定额列项。

**解：**

(1) 工程量计算。根据平整场地工程量$=S_{底}+2\times L_{外}+16$进行计算得

$S_{底}=20.1\times(15.8+0.25\times2)+(3+0.25+0.12)\times(1.75-0.25+0.12)\times2+(3\times2+0.12\times2)\times(1.75-0.25+0.12)=327.63+10.92+10.11=348.66(m^2)$

$L_{外}=20.1\times2+(15.8+1.75+0.25+0.12)\times2+(1.75-0.25+0.12)\times4=82.52(m)$

$S_{平整场地}=S_{底}+2\times L_{外}+16=348.66+82.52\times2+16=529.7(m^2)$

(2) 列项，见表5-1所示。

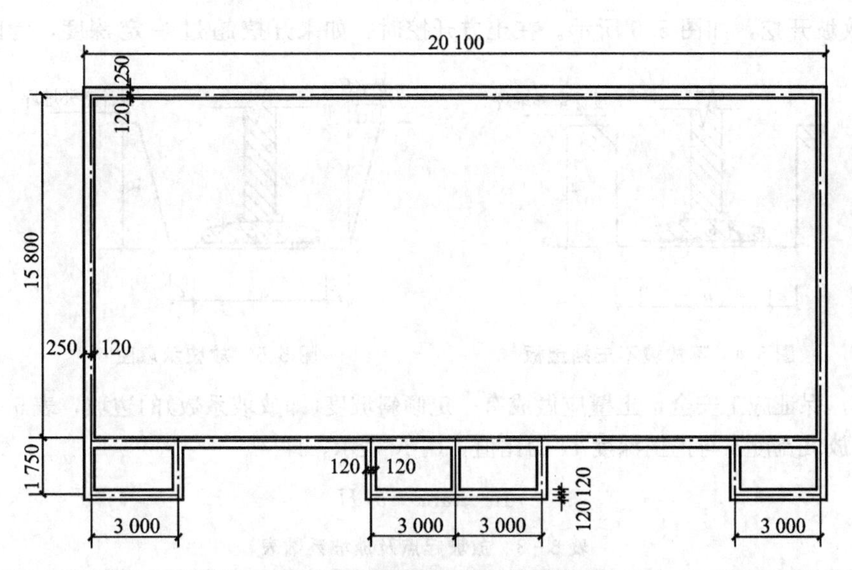


图 5.2 某建筑物底层平面图

表 5-1 应用案例 5-2

| 定额编号 | 工程名称 | 单位 | 工程量 |
| --- | --- | --- | --- |
| A1-31 | 人工平整场地 | $m^2$ | 529.7 |

2) 人工挖沟槽

凡图示槽底宽在 3m 以内，且沟槽长大于沟槽宽 3 倍以上的挖土为挖沟槽，如图 5.3 所示。

挖沟槽土方工程量计算时需注意以下几个问题。

(1) 挖土深度一律以设计室外地坪标高为准，按图示槽、坑底面至室外地坪深度计算。土方体积均以挖掘前的天然密实体积计算，如遇有须以天然体积折算的，按表 5-2 换算。

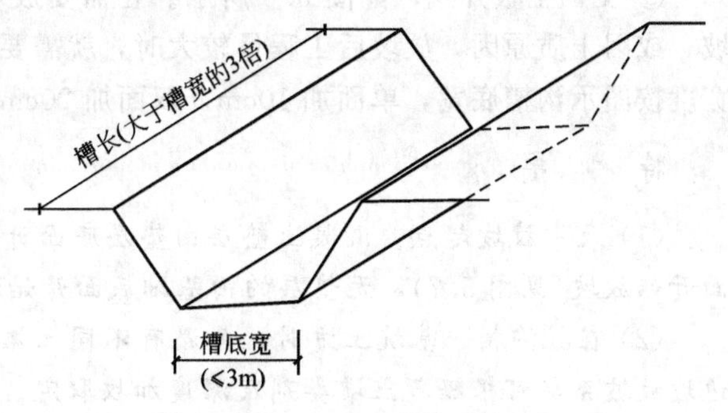


图 5.3 挖沟槽示意图

表 5-2 土方体积折算表

| 虚方体积 | 天然密实体积 | 夯实后体积 | 松填体积 |
| --- | --- | --- | --- |
| 1.00 | 0.77 | 0.67 | 0.83 |
| 1.30 | 1.00 | 0.87 | 1.08 |
| 1.50 | 1.15 | 1.00 | 1.25 |
| 1.20 | 0.92 | 0.80 | 1.00 |

(2) 沟槽土方有以下几种开挖方式。

① 不放坡不支挡土板，如图 5.4 所示。

② 放坡开挖，如图5.5所示。在土方开挖时，如果开挖超过一定深度，为防止土方

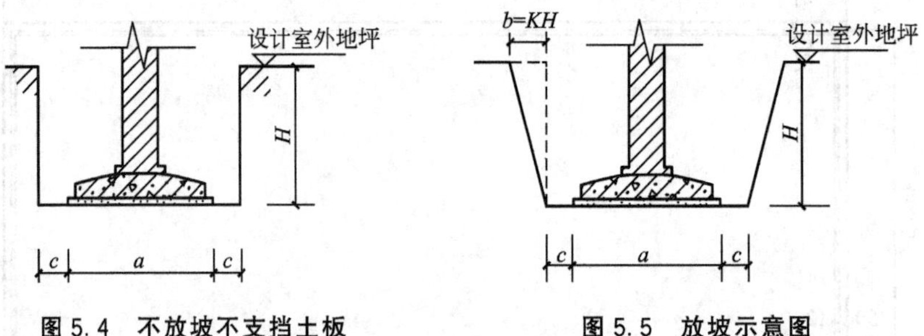


图5.4 不放坡不支挡土板　　　　图5.5 放坡示意图

侧壁塌方，保证施工安全，土壁应做成有一定倾斜坡度(即放坡系数)的边坡，表5-3中放坡系数是指放坡宽度 $b$ 与挖土深度 $H$ 的比值，用 $K$ 表示，即

$$K=\tan\alpha=b/H$$

表5-3 放坡起点及放坡系数表

| 土壤类别 | 放坡起点/m | 人工挖土 | 机械挖土 | |
|---|---|---|---|---|
| | | | 在坑内作业 | 在坑上作业 |
| 一、二类土 | 1.2 | 1∶0.5 | 1∶0.33 | 1∶0.75 |
| 三类土 | 1.5 | 1∶0.33 | 1∶0.25 | 1∶0.67 |
| 四类土 | 2.0 | 1∶0.25 | 1∶0.10 | 1∶0.33 |

③ 支挡土板开挖，如图5.6所示。在需要放坡的土方开挖中，若因现场限制不能放坡，或因土质原因，放坡后工程量较大时，就需要用支护结构支撑土壁。支挡土板后挖土宽度按图示沟槽底宽，单面加10cm，双面加20cm计算。支挡土板后不得再计算放坡。

**特别提示**

(1) 表中放坡起点：混凝土垫层由垫层底面开始放坡(图5.5)，灰土垫层由垫层上表面开始放坡(见图5.7)，无垫层的由基础底面开始放坡。

(2) 在挖沟槽、基坑土方时，如遇有不同土壤类别，应根据地质勘察资料分别计算，边坡放坡系数可根据各土壤类别及深度加权取定。

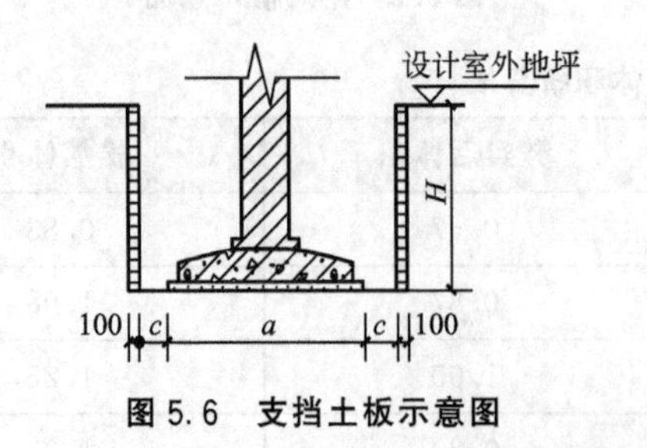


图5.6 支挡土板示意图

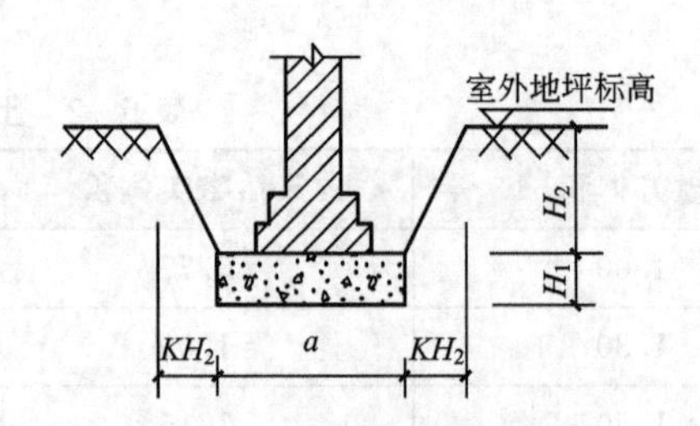


图5.7 自垫层上表面放坡

(3) 工作面。基础施工时，因某些项目的需求或为保证施工人员施工方便，挖土时要在垫层两侧增加部分面积，这部分面积称为工作面。基础施工所需工作面按表5-4

计算。

表5-4 基础施工所需工作面宽度计算表

| 基础材料 | 每边各增加工作面宽度/mm | 基础材料 | 每边各增加工作面宽度/mm |
|---|---|---|---|
| 砖基础 | 200 | 混凝土基础支模板 | 300 |
| 浆砌毛石、条石基础 | 150 | 基础垂直面做防水层 | 800 |
| 混凝土基础垫层支模板 | 300 | | |

(4) 工程量计算方法如下。

① 不放坡不支挡土板，如图5.4所示，其计算公式为

$$V=(a+2c)\times H\times L$$

式中：$V$——基槽土方体积，$m^3$；

$a$——基础底面宽度，m；

$c$——工作面，m；

$H$——挖土深度，从图示基槽底面至设计室外地坪的高差，m；

$L$——沟槽长度，外墙按中心线长度($L_{中}$)，内墙按图示基槽底面之间净长度，m。

② 自垫层下表面放坡，如图5.5所示，其计算公式为

$$V=(a+2c+KH)\times H\times L$$

③ 自垫层上表面放坡，如图5.7所示，其计算公式为

$$V=a\times H_1\times L+(a+KH_2)\times H_2\times L$$

④ 支挡土板，如图5.6所示，其计算公式为

$$V=(a+2c+0.2)\times H\times L$$

**特别提示**

计算沟槽挖土方体积，有放坡时，在交接处重复工程量不予扣除。如图5.8所示阴影部分交接重叠处，该处工程量在计算时不予扣除。

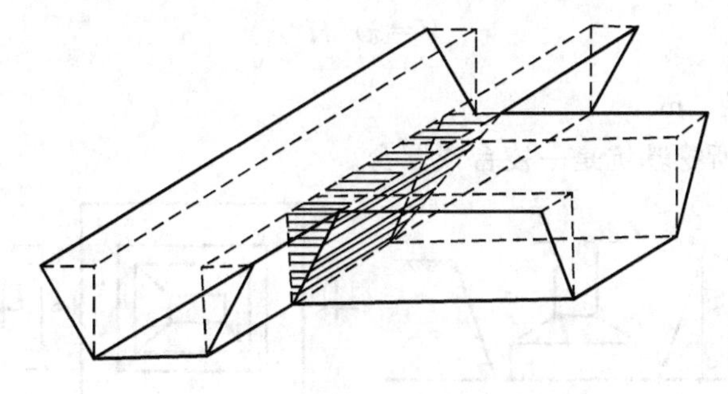

图5.8 放坡处重复工程量示意图

3) 挖管道沟槽

挖管道沟槽工程量的计算方法与挖沟槽相同。沟槽沟底宽度，设计有规定的按设计规定尺寸计算，设计无规定的按表5-5规定计算。

表 5-5　管道地沟沟底宽度计算表

| 管径/mm | 铸铁管、钢管、石棉水泥管/m | 混凝土、钢筋混凝土、预应力混凝土管/m | 陶土管/m |
|---|---|---|---|
| 50～70 | 0.60 | 0.80 | 0.70 |
| 100～200 | 0.70 | 0.90 | 0.80 |
| 250～350 | 0.80 | 1.00 | 0.90 |
| 400～450 | 1.00 | 1.30 | 1.10 |
| 500～600 | 1.30 | 1.50 | 1.40 |
| 700～800 | 1.60 | 1.80 | |
| 900～1 000 | 1.80 | 2.00 | |
| 1 100～1 200 | 2.00 | 2.30 | |
| 1 300～1 400 | 2.20 | 2.60 | |

【参考视频】

4）挖基坑

凡图示基底面积在 20m² 以内的挖土称为挖基坑(图 5.9)，其计算规则与挖沟槽相同，计算公式如下。

(1) 不放坡不支挡土板。

① 当为长方体时：

$$V=(a+2c)(b+2c)H$$

式中：$V$——挖基坑土方体积，$m^3$；

$a$——基坑底宽，m；

$b$——基坑底长，m；

$c$——工作面(取定方式同挖沟槽)，m；

$H$——挖土深度，从图示基坑底面至设计室外地坪的高差，m。

② 当为圆柱体时：

$$V=\pi r^2 H$$

式中：$r$——圆柱半径，m。

(2) 放坡。此时所挖基坑是一棱台或圆台。

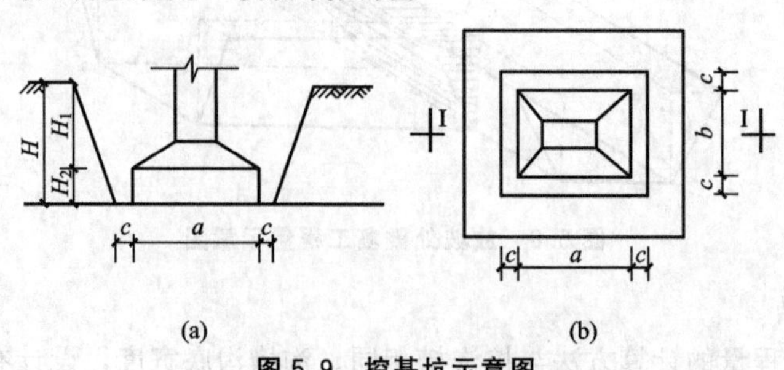


图 5.9　挖基坑示意图

(a) 1—1 剖面图；(b) 基坑平面图

① 当为棱台时，如图 5.10(a)所示，即

$$V=(a+2c+kH)(b+2c+kH)\times H+1/3K^2H^3$$

② 当为圆台时，如图 5.10(b)所示，即

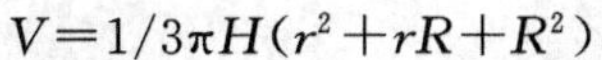

$$V=1/3\pi H(r^2+rR+R^2)$$

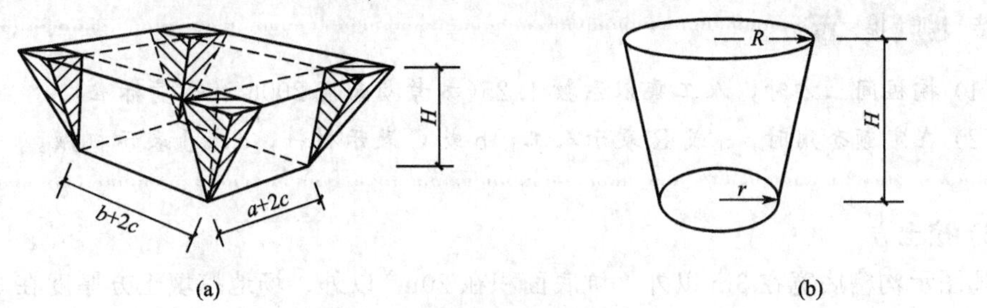


图 5.10 基坑放坡示意图

(a) 棱台；(b) 圆台

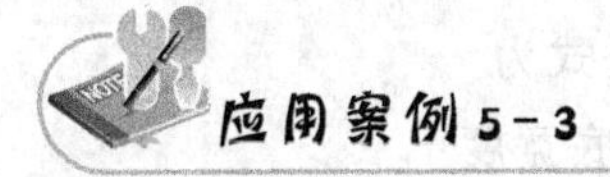

## 应用案例 5-3

某建筑物桩承台的尺寸如图 5.11 所示，设计室外地坪−0.3m，该处土壤类别为二类土，试计算人工挖基坑工程量并进行定额列项。

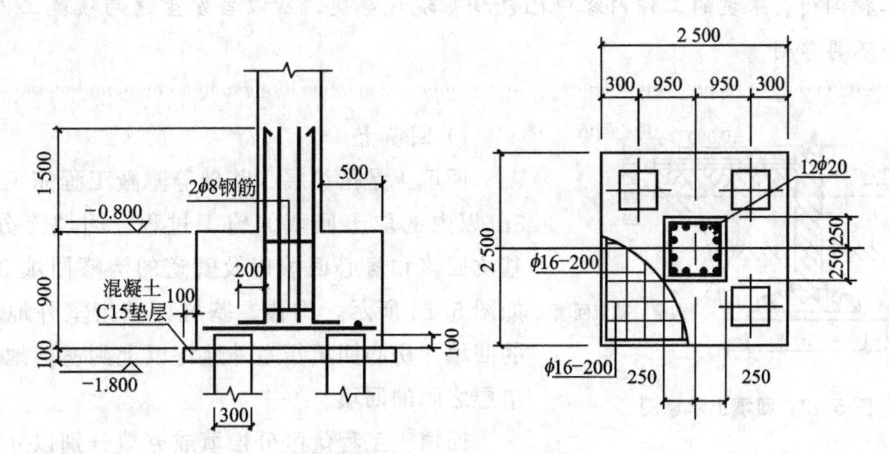


图 5.11 桩承台尺寸图

**解：**

(1) 分析。

基础挖深：$H=1.8-0.3=1.5\text{m}>1.2\text{m}$，二类土，需要放坡，查表 5-3 得放坡系数 $K=0.5$。

(2) 计算。

挖基坑体积为

$$V=(a+2c+KH)(b+2c+KH)\times H+1/3K^2H^3$$

$$=(2.5+0.2+0.3\times2+0.5\times1.5)\times(2.5+0.2+0.3\times2+0.5\times1.5)\times1.5+1/3\times0.5^2\times1.5^3$$

$$=24.60+0.28=24.88(\text{m}^3)$$

预制桩桩径小于 600mm，所占的体积不予扣除。

(3) 列项，见表 5-6。

【参考视频】

表 5-6 应用案例 5-3

| 定额编号 | 工程名称 | 单位 | 工程量 |
|---|---|---|---|
| A1-13 a×1.25 换 | 人工挖基坑深 2m 内 | $m^3$ | 24.88 |

**特别提示**

(1) 挖桩间土方时，人工乘以系数 1.25(参考湖南省 2006 消耗量标准)。

(2) 在定额套用时，a 或 R 表示人工，b 或 C 表示材料，c 或 J 表示机械。

5) 挖土方

凡图示沟槽底宽在 3m 以外、坑底面积在 $20m^2$ 以外、场地挖填土方厚度在 30cm 以外的挖土，均按挖土方计算。其计算规则与挖沟槽相同，计算式与挖基坑相同。

6) 原土打夯

原土打夯是指在开挖后的土层进行夯击的施工过程。它包括碎土、平土、找平、洒水等工作内容，其工程量按开挖后基坑底尺寸以平方米计算。计算公式为

原土打夯面积=基坑底面积=基坑底长度×基坑底宽度

**特别提示**

人工挖沟槽、基坑的工作内容中已包括基坑底夯实，所以当发生这两项施工内容时，原土打夯不再单列。

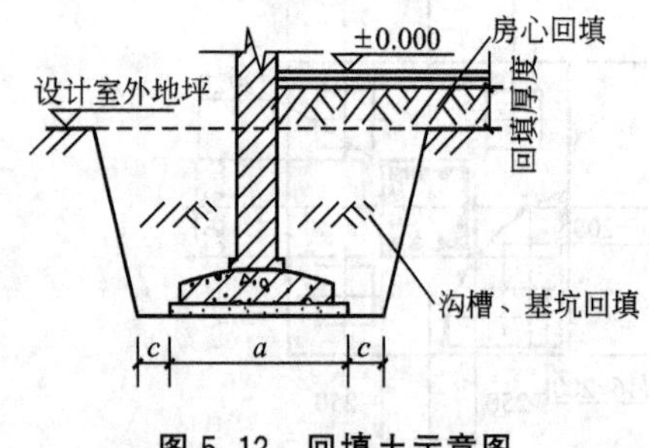

图 5.12 回填土示意图

7) 回填土

回填土是指垫层、基础等隐蔽工程完工后，在 5m 以内的取土回填的施工过程。回填土分沟槽、基坑回填和房心回填以及管道的沟槽回填 3 部分，如图 5.12 所示，沟槽、基坑回填指室外地坪以下的回填，房心回填指室外地坪以上到室内地坪地面垫层之间的回填。

回填土工程量区分松填或夯填分别以立方米计算，其计算规则如下。

(1) 沟槽、基坑回填土体积即以挖方体积减去室外地坪以下埋设物(包括基础垫层、基础等)所占体积。计算公式为

$$V_{沟槽、基坑回填土}=V_{挖土体积}-V_{设计室外地坪以下埋设物}$$

【参考视频】

(2) 房心回填土，按主墙间净面积乘以回填土厚度以体积计算，计算公式为

$$V_{房心回填}=S_{主墙间净面积}\times h_{回填土厚度}$$
$$=(S_{底层建筑面积}-S_{主墙所占面积})\times h_{回填土厚度}$$

回填土厚度：设计室外地坪至室内地面垫层底之间的距离。

(3) 管道沟槽回填土体积，按挖方体积减去管道所占体积计算。计算公式为

$$V_{管道沟槽回填土}=V_{挖土体积}-V_{管道所占体积}$$

管径在500mm以下(含500mm)的不扣除管道所占体积；管径超过500mm以上时，按表5-7规定扣除管道所占体积。

表5-7 每米长管道所占体积

| 管道名称 | 管道直径/mm | | | | | |
|---|---|---|---|---|---|---|
| | 501～600 | 601～800 | 801～1 000 | 1 001～1 200 | 1 201～1 400 | 1 401～1 600 |
| 钢管 | 0.21 | 0.44 | 0.71 | — | — | — |
| 铸铁管 | 0.24 | 0.49 | 0.77 | — | — | — |
| 混凝土管 | 0.33 | 0.60 | 0.92 | 1.15 | 1.35 | 1.55 |

【参考视频】

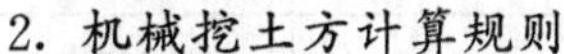

特别提示

(1) 回填土包括夯填、松填。夯填是指土方回填后以夯实机具夯实；反之，为松填。

(2) 主墙是指墙厚大于120mm的墙体。

(3) 回填土定额项目内容已包括了5m以内取土的工作内容，当取土距离在5m以内时，不另计算取土费用，当取土距离超过5m时，应单独计算取土费用。

8) 运土

运土工程量按天然密实体积以立方米计算。运土包括余土外运和取土回运。运土距离按单位工程施工中心至卸土场地中心的距离计算，其计算公式为

$$V_{余土(取土)外运工程量}=V_{挖土总体积}-V_{回填土总体积}-V_{其他需土体积}$$

当计算结果为正值时，表示余土外运，负值时表示取土回填。

【参考图文】

2. 机械挖土方计算规则

1) 平整场地

机械平整场地工程量的计算与人工平整场地相同。

2) 机械挖土方

机械挖土方工程量计算规则与人工挖土方计算规则相同，只是在套用定额时，按机械挖土方占90%，人工挖土方占10%计算，人工挖土方部分按相应定额项目标准乘以系数1.35。

应用案例5-4

某建筑物基础为满堂基础，基础垫层为C15素混凝土，垫层外形尺寸46.8m×10.04m，垫层厚度200mm，标高如图5.13所示，垫层顶标高-3.5m，设计室外地坪标高-0.4m，该处土壤类别为三类。试计算以下工程量：(1)计算$1m^3$挖掘机(坑内作业)挖土方工程量与定额列项；(2)假设设计室外地坪以下结构所占体积为$1\ 200m^3$，求基础回填土和土方外运5km的工程量与定额列项。

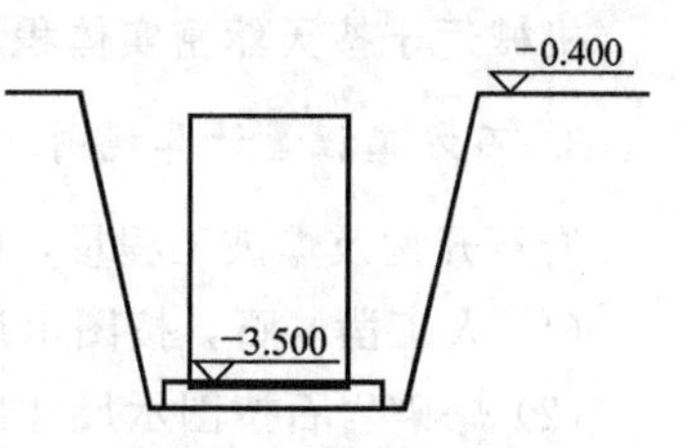


图5.13 满堂基础示意图

**解：**

(1) 挖土方工程量。

此满堂基础底面积 $46.8\text{m}\times10.04\text{m}=469.87\text{m}^2>20\text{m}^2$，此为基坑挖土方。

挖深 $H=(3.5+0.2-0.4)\text{m}=3.3\text{m}>1.5\text{m}$，三类土，挖掘机坑内作业，取放坡系数 $K=0.25$，混凝土垫层工程面 $C=300\text{mm}$。

挖土总体积：

$$
\begin{aligned}
V_{挖}&=(a+2c+KH)(b+2c+KH)\cdot H+1/3K^2H^3\\
&=(46.8+2\times0.3+3.3\times0.25)\times(10.04+2\times0.3+3.3\times0.25)\times3.3+1/3\times0.25^2\times3.3^3\\
&=1\ 825.32(\text{m}^3)
\end{aligned}
$$

其中：机械挖土体积 $V_{机械}=1\ 825.32\times0.9=1\ 642.79(\text{m}^3)$

人工挖土体积 $V_{人工}=1\ 825.32\times0.1=182.53(\text{m}^3)$

(2) 回填土工程量。

$V_{回填}=V_{挖}-V_{室外地坪下结构所占体积}=1\ 825.32-1\ 200=625.32(\text{m}^3)$

(3) 余土外运工程量。

$V_{余土}=V_{室外地坪下结构所占体积}=1\ 200(\text{m}^3)$

(4) 列项，见表 5-8。

**表 5-8　应用案例 5-4**

| 定额编号 | 工程名称 | 单位 | 工程量 |
|---|---|---|---|
| A1-80 | 液压挖掘机挖三类土深 4m 内 | $\text{m}^3$ | 1 642.79 |
| (A1-17)×1.35 | 人工配合挖土 | $\text{m}^3$ | 182.53 |
| A1-29 | 人工回填土 | $\text{m}^3$ | 625.32 |
| A1-96+(A1-97)×4 | 人工装、自卸汽车运土 5km | $\text{m}^3$ | 1 200 |

3) 原土碾压

原土碾压是指在自然土层上进行碾压，原土碾压按基底面积计算，其工程量计算与人工原土打夯相同。

4) 填土碾压

填土碾压是指在已开挖的基坑内分层、分段回填。其工程量按天然密实方以体积计算。其计算公式为

$$V_{填土碾压}=S_{填土面积}\times H_{填土厚度}$$

5) 运土

机械运土按天然密实体积以立方米计算。

3. *石方工程量计算规则*

岩石开凿及爆破工程量，应区别石质按下列规定计算。

(1) 人工凿岩石，按图示尺寸以立方米计算。

(2) 爆破岩石按图示尺寸以立方米计算，其沟槽、基坑宽允许超挖量(基底不计)为：次坚石 200mm；普坚石、特坚石 150mm。超挖部分岩石并入岩石挖方量之内计算。

## 应用案例5-5

某建筑物基础平面及剖面图如图5.14所示，已知设计室外地坪以下砖基础工程量为16$m^3$，混凝土垫层体积为3.5$m^3$，室内地面厚度为150mm，工作面为300mm，土质为二类土，施工方案挖出的土方堆于现场，回填后余下土外运5km。试计算各分项工程量并对该基础土方工程进行列项。

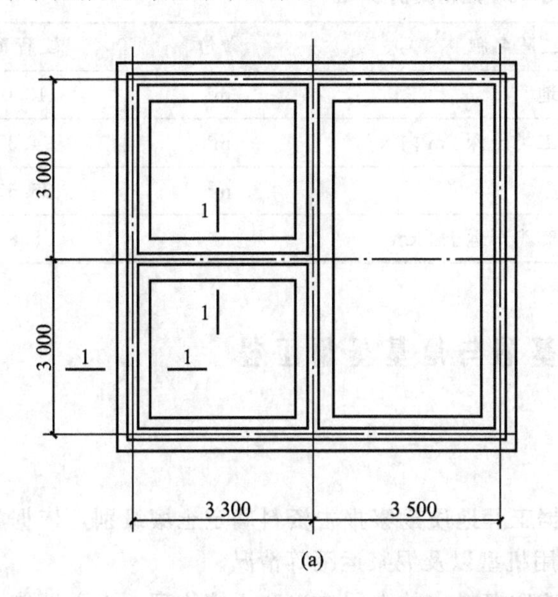


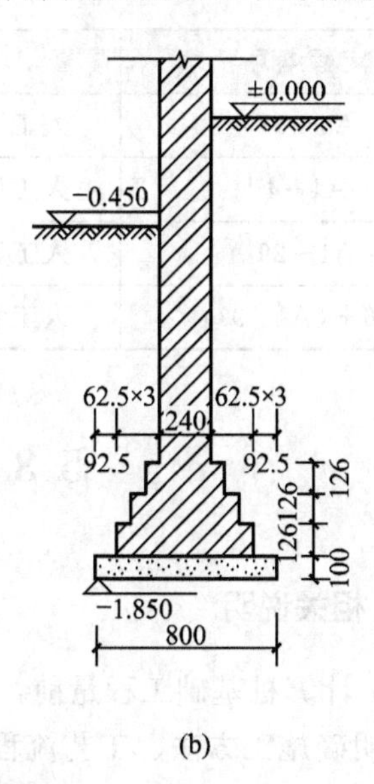


**图5.14 某建筑物基础平面及剖面图**

(a) 平面图；(b) 1—1剖面图

**解：**

(1) 从图可知，挖土的基槽宽度为0.8m+2×0.3m=1.4m<3m，槽长大于3倍槽宽，故挖土应执行挖基槽项目。定额中基槽项目中已包含原土打夯工作内容，故原土打夯项目不再单列，因此，本分部工程应列定额项目有：平整场地、挖基槽土方、基础回填土、房心回填土、运土。

(2) 工程量计算。

① 基数。

$L_{中}=(3\times2+3.5+3.3)\times2=25.6(\text{m})$

$L_{外}=(3\times2+0.24+3.5+3.3+0.24)\times2=26.56(\text{m})$

$L_{内}=3\times2-0.24+3.3-0.24=8.82(\text{m})$

$S_1=(3\times2+0.24)\times(3.3+3.5+0.24)=43.93(\text{m}^2)$

② 平整场地。

$S_{平}=S_1+2L_{外}+16=43.93+2\times26.56+16=113.05(\text{m}^2)$

③ 挖基槽。如图5.12所示，挖深$H=(1.85-0.45)\text{m}=1.4\text{m}>1.2\text{m}$，二类土，根据表5-3取放坡系数$K=0.5$，由垫层下表面开始放坡，则

$$V_{挖土}=(a+2c+KH)H(L_{中}+L_{内基净})=(0.8+2\times0.3+0.5\times1.4)\times1.4\times[25.6+3.0\times2-(0.4+0.3)\times2+3.3-(0.4+0.3)\times2]=94.37(\text{m}^3)$$

④ 回填土。

$V_{基础}=V_{挖}-V_{基础所占体积}=94.37-(16+3.5)=74.87(\text{m}^3)$

$V_{房心}=S_{主墙净}\times B_{回填土厚度}=[(3-0.24)\times(3.3-0.24)\times2+(3\times2-0.24)\times(3.5-0.24)]$

$\times(0.45-0.15)=10.70(m^3)$

$V_{回填土}=V_{基础}+V_{房心}=74.87+10.70=85.57(m^3)$

⑤ 运土。

$V_{运}=V_{挖土}-V_{回填土}=94.37-85.57=8.8(m^3)$

(3) 列项，见表 5-9。

**表 5-9　应用案例 5-5**

| 定额编号 | 工程名称 | 单位 | 工程量 |
|---|---|---|---|
| A1-31 | 人工平整场地 | $m^2$ | 113.05 |
| A1-4 | 人工挖基槽二类土深 2m 内 | $m^3$ | 94.37 |
| A1-29 | 人工回填土 | $m^3$ | 85.57 |
| A1-96+(A1-97)×4 | 人工装、自卸汽车运土 5km | $m^3$ | 8.8 |

## 5.3　桩基础与地基基础工程

### 5.3.1　相关说明

(1) 计算桩基础工程量前，应依据工程地质勘察报告资料确定土壤级别，依据施工组织设计明确施工方法、工艺流程、采用机型以及泥浆运距等情况。

(2) 土壤级别的划分应根据工程地质资料中的土层构造和土壤物理、力学性能的有关指标，参考纯沉桩的时间确定。凡遇有砂夹层者，应首先按砂层情况确定土级。无砂层者，按土壤物理力学性能指标并参考每米平均纯沉桩时间确定。用土壤力学性能指标鉴别土壤级别时，桩长在 12m 以内，相当于桩长 1/3 的土层厚度应达到所规定的指标。桩长 12m 外，按 5m 厚度确定。土质鉴别见表 5-10。

**表 5-10　土质鉴别表**

| 内　容 | | 土壤级别 | |
|---|---|---|---|
| | | 一级土 | 二级土 |
| 说　明 | | 桩经外力作用较易沉入的土，土壤中夹有较薄的砂层 | 桩经外力作用较难沉入的土，土壤中夹有不超过 3m 的连续厚度砂层 |
| 砂夹层 | 砂层连续厚度 | $<1m$ | $>1m$ |
| | 中卵石含量 | — | $<15\%$ |
| 物理性能 | 压缩系数 | $>0.02$ | $<0.02$ |
| | 孔隙比 | $>0.7$ | $<0.7$ |
| 力学性能 | 静力触探值 | $<50$ | $>50$ |
| | 动力触探击数 | $<12$ | $>12$ |
| 每米纯沉桩时间平均值 | | $<2min$ | $>2min$ |

(3) 桩按制作工艺可分为预制桩和灌注桩。常见的预制桩有钢筋混凝土方桩、管桩、钢板桩等。常见的灌注桩有打孔灌注桩、长螺旋钻孔灌注桩、潜水钻机钻孔灌注桩、打孔灌注砂石桩、人工挖孔桩等。为了满足高层建筑基坑处理需要，作为维护结构的桩种类很多，如钢筋混凝土地下连续墙、预应力锚杆等，各地区都会把本地区常见的桩类型列于地区预算定额中，在实际工作中应注意学习。

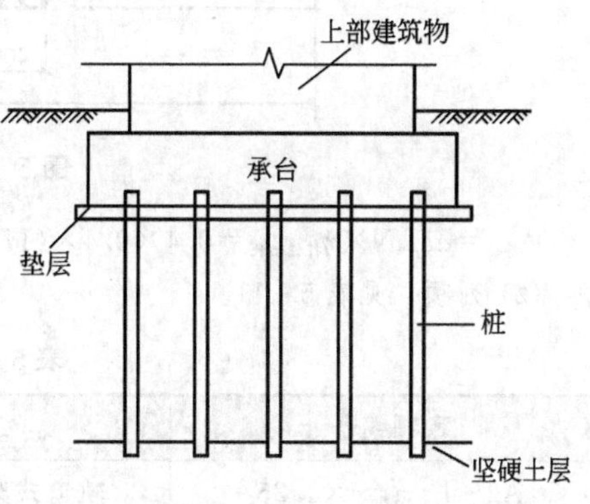

图 5.15 桩基础示意图

【参考视频】

(4) 桩的施工顺序：

预制桩的施工顺序：桩的制作→运输→堆放→打(压)桩→送桩；

灌注桩的施工顺序：桩位成孔→安放钢筋笼→浇混凝土成桩。

(5)桩基础由桩身和承台组成，其形式如图 5.15 所示。

## 5.3.2 工程量计算规则

1. 预制桩

1) 打压预制钢筋混凝土桩

预制钢筋混凝土桩按其外形可分为方桩和管桩，如图 5.16 所示。

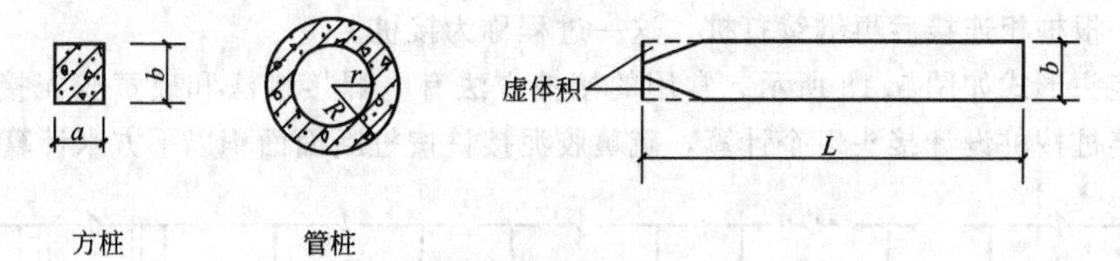

图 5.16 预制钢筋混凝土桩示意图

(1) 方桩：其体积按设计桩长(包括桩尖，不扣除桩尖虚体积)乘以桩断面面积以体积计算，即

$$V_{方桩}=abLN$$

(2) 管桩：管桩的空心体积应扣除。若管桩的空心部分按设计要求灌注混凝土或灌注其他填充材料时，应另行计算。计算公式为

$$V_{管桩}=\pi(R^2-r^2)LN$$

式中：$N$——桩的根数。

### 应用案例 5-6

有预制钢筋混凝土方桩 10 根，如图 5.17 所示，二级土，使用轨道式柴油打桩机打预制桩，请计算打预制桩工程量并进行定额列项。

**解：**

(1) 工程量计算。

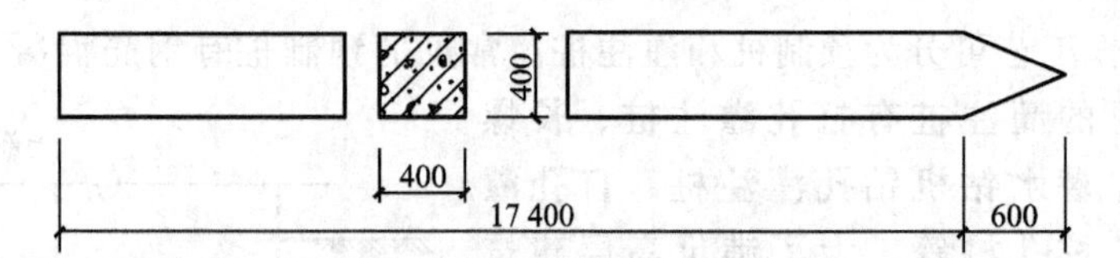


图 5.17　预制方桩示意图

$V_{方桩}=abLN\times\eta_{打桩损耗}=0.4\times0.4\times(17.4+0.6)\times10\times1.015=29.23(m^3)$

(2) 列项，见表 5-11。

表 5-11　应用案例 5-6

| 定额编号 | 工程名称 | 单位 | 工程量 |
|---|---|---|---|
| A2-4　a，c×1.25 | 轨道式柴油打桩机打桩 | $m^3$ | 29.23 |

注：钢筋混凝土方桩工程量小于 150m³ 时，人工费及机械费乘以系数 1.25。

预制桩的施工方法有锤击沉桩法、静力压桩法和振动沉桩法。不同施工方法预制桩工程量的计算相同。

2）接桩

接桩是指钢筋混凝土预制桩受运输和打桩设备条件的限制，当桩长超过 9m 或 12m 时，根据设计要求，按桩的总长分节预制，运至现场先将第一根桩打入，将第二根桩垂直吊起和第一根桩相连接后再继续打桩，这一过程称为接桩。

桩的接头形式如图 5.18 所示。常用的接桩方法有电焊接桩法和硫黄胶泥接桩法。其中，电焊接桩按桩设计接头以个计算，硫黄胶泥接桩按桩断面面积以平方米计算。

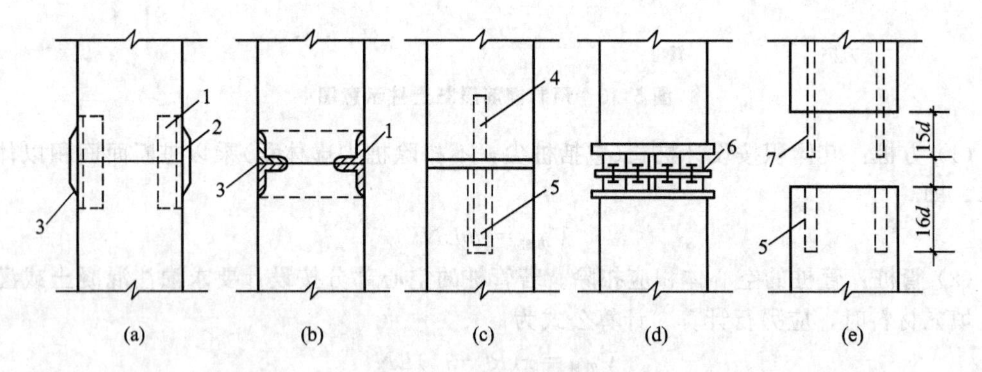


图 5.18　桩的接头形式

(a)，(b) 焊接接头；(c) 管式接头；(d) 管桩螺栓接头；(e) 硫黄胶泥锚筋接头

计算公式为

$$N_{电焊接桩}=N_{桩设计接头个数}$$

$$S_{硫黄胶泥接桩}=S_{桩断面面积}\times N_{桩设计接头个数}$$

3）送桩

当设计桩顶面在自然地坪以下时，受打桩机的影响，桩锤不能直接锤击到桩头，必须用另一根桩置于原桩头上，将原桩打入土中。此过程称为送桩。送桩工程量按各类预制桩

截面面积乘以送桩长度计算。送桩长度按打桩架底至桩顶面高度或自桩顶面至自然地坪面另加 0.5m 计算，如图 5.19 所示。

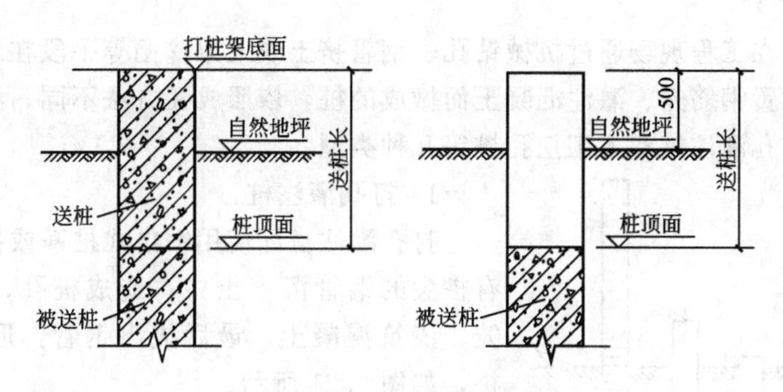


图 5.19　送桩示意图

送桩工程量计算公式为

$$V_{送桩}=S_{桩断面面积}\times L_{送桩长度}$$

应用案例 5-7

某工程预制桩接头采用硫黄胶泥接桩方式，打桩机架设立如图 5.20 所示，求该工程接桩及送桩工程量并进行定额列项。

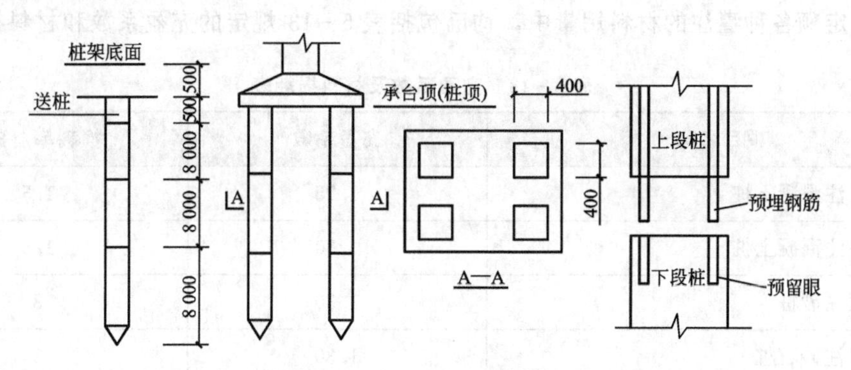


图 5.20　硫黄胶泥接桩基示意图

【参考视频】

**解：**

(1) 计算。硫黄胶泥接桩按桩断面面积以平方米计算，该工程送桩长度为打桩架底至桩顶面高度 0.5+0.5=1.0。

接桩工程量=0.4×0.4×2×4=1.28($m^2$)

送桩工程量=0.4×0.4×1×4=0.64($m^3$)

(2) 列项，见表 5-12。

表 5-12　应用案例 5-7

| 定额编号 | 工程名称 | 单位 | 工程量 |
| --- | --- | --- | --- |
| A2-11 | 硫黄胶泥接桩 | $m^2$ | 1.28 |
| A2-6　a，c×1.25 | 送桩 | $m^3$ | 0.64 |

4) 钢板桩

钢板桩是一种常用于基坑支护的工具桩。打拨钢板桩按钢板桩质量以吨计算。

2. 现浇灌注桩

灌注桩是指在工程现场通过机械钻孔、钢管挤土或人力挖掘等手段在地基土中形成桩孔，并在其内放置钢筋笼、灌注混凝土而做成的桩，依照成孔方法不同，灌注桩又可分为打孔灌注桩、钻孔灌注桩和人工挖孔桩等几种类型。

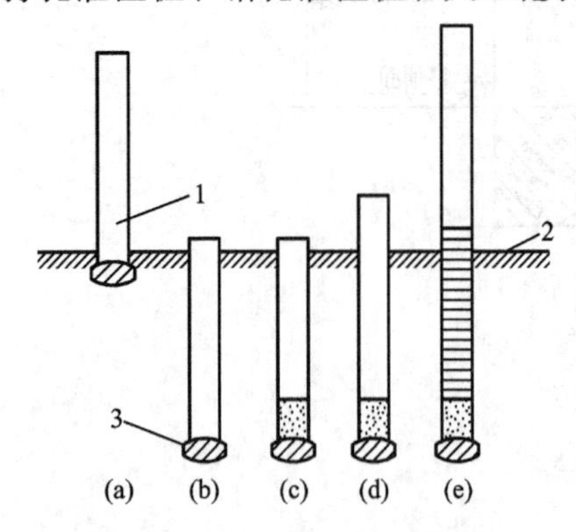


图 5.21 打孔灌注桩示意图

(a) 就位；(b) 沉管；(c) 灌注混凝土；(d) 下钢筋笼；(e) 拔管成桩

1—桩管；2—钢筋笼；3—桩尖

1) 打孔灌注桩

打孔灌注桩即使用锤击式桩锤或振动式桩锤将带有桩尖的钢管沉入土中，造成桩孔，然后放入钢筋笼、浇筑混凝土，最后拔出钢管，形成所需的灌注桩，如图 5.21 所示。

(1) 混凝土桩、砂桩、碎石桩、灰土挤密桩等灌注桩的体积，按设计桩长(包括桩尖，不扣除桩尖虚体积)乘以钢管外断面面积计算，其计算公式为

打孔灌注桩工程量＝钢管外断面面积×桩全长×桩根数

(2) 打孔时先埋入预制混凝土桩尖，再灌注混凝土者，桩尖按钢筋混凝土规定计算体积，灌注桩按设计桩长(自桩尖顶面至桩顶高度)乘以钢管外截面面积计算。

(3) 定额各种灌注的材料用量中，均已包括表 5-13 规定的充盈系数和材料损耗。

表 5-13 充盈系数及材料损耗表

| 项目名称 | 充盈系数 | 损耗率/(%) |
|---|---|---|
| 打孔灌注混凝土桩 | 1.25 | 1.5 |
| 钻孔灌注混凝土桩 | 1.30 | 1.5 |
| 打孔灌注砂桩 | 1.30 | 3 |
| 打孔灌注砂石桩 | 1.30 | 3 |

注：1. 灌注砂石桩除上述充盈系数和损耗率外，还包括级配密实系数 1.334。

2. 充盈系数是指实际灌注材料体积与设计桩身直径计算体积之比，实际施工与定额规定不同时，按实际换算。

### 应用案例 5-8

打孔灌注桩如图 5.22 所示，二级土，共 50 根桩，求打孔灌注桩工程量。

**解：**

(1) 计算。

工程量＝3.14×0.2×0.2×10×50＝62.8($m^3$)

(2) 列项，见表 5-14。

表 5-14 应用案例 5-8

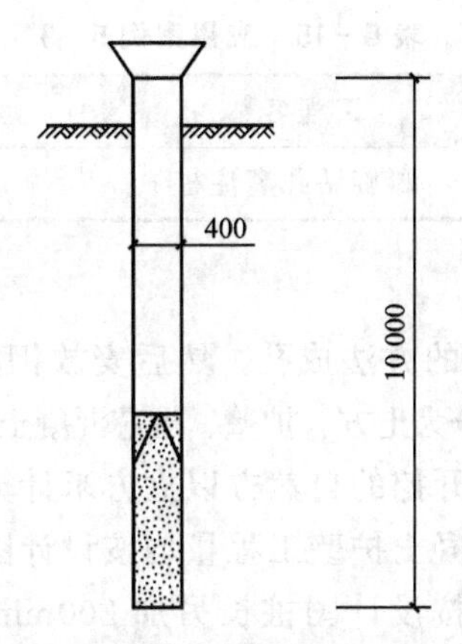


图 5.22 打孔灌注桩示意图

| 定额编号 | 工程名称 | 单位 | 工程量 |
|---|---|---|---|
| A2－13 | 打孔混凝土灌注桩 | $m^3$ | 62.8 |

2）钻孔灌注桩

钻孔灌注桩是指先成孔，然后吊放钢筋笼，再浇灌混凝土而成的桩。钻孔灌注桩工程量按设计桩长(包括桩尖，不扣除桩尖虚体积)增加 0.25m 乘以设计断面面积计算，计算公式为

钻孔灌注桩工程量＝桩断面面积×(桩全长＋0.25m)×根数

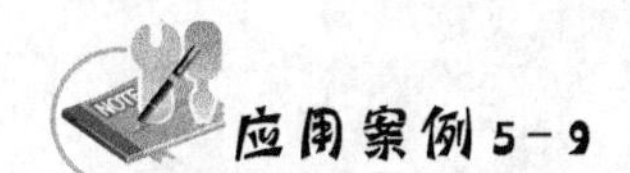

**应用案例 5－9**

履带式螺旋钻孔灌注桩如图 5.23 所示，二级土，共 60 根，求螺旋钻孔灌注桩的工程量。

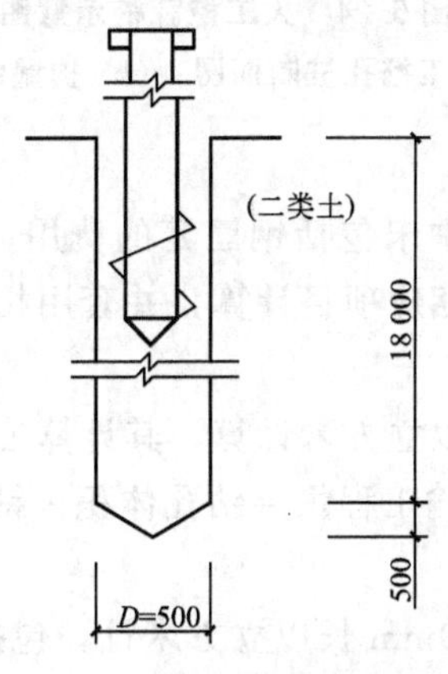


图 5.23 螺旋钻孔灌注桩示意图

**解：**

(1) 计算。

工程量＝3.14×0.25×0.25×(18＋0.5＋0.25)×60＝220.78($m^3$)

(2) 列项，见表 5－15。

表 5-15　应用案例 5-9

| 定额编号 | 工程名称 | 单位 | 工程量 |
|---|---|---|---|
| A2-35 | 螺旋钻孔灌注桩 | $m^3$ | 220.78 |

3）人工挖孔桩

人工挖孔桩是指用人工挖掘的方法成孔，然后安放钢筋笼，浇注混凝土而成的桩，如图 5.24 所示。人工挖孔桩的定额分为土方、护壁、桩芯混凝土进行列项。工程量计算规则如下。

(1) 人工挖孔桩土方按实际开挖的自然方以立方米计算。

(2) 人工挖孔桩砖护壁、混凝土护壁工程量均按设计图纸规定的尺寸以立方米计算。

(3) 人工挖孔桩桩芯混凝土按设计图桩长另加 200mm 乘以设计桩芯断面面积加上桩的扩大头体积，以立方米计算。

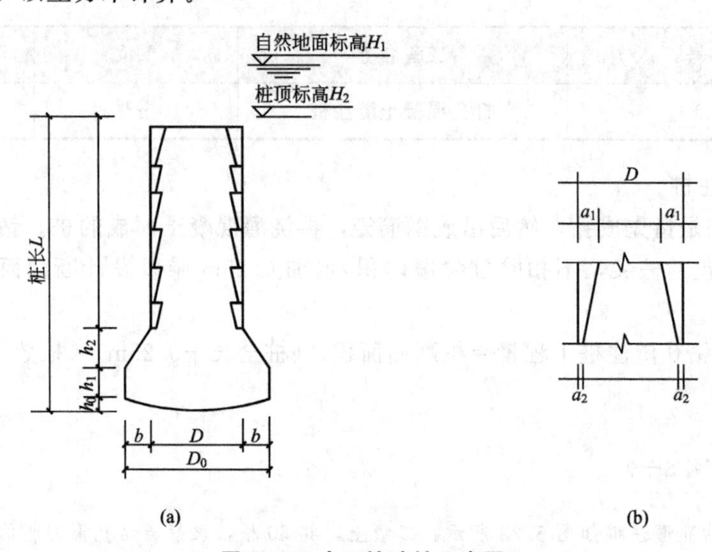


图 5.24　人工挖孔桩示意图

(a) 人工挖孔桩断面图；(b) 护壁断面图

4）钢筋笼的制作

灌注桩项目定额的预算价格中未包括钢筋笼的费用，钢筋笼工程量应根据设计规定，按本章 5.5.3 钢筋工程量计算中相应项目计算，并套用相关定额。

5）泥浆运输

泥浆运输工程量按钻孔体积以立方米计算，其计算公式为

泥浆运输工程量＝钻孔体积×钻孔个数

6）凿桩头

凿桩头按桩截面面积乘以 200mm 长以立方米计，包括预制桩、灌注桩、钻(冲)孔桩、挖孔桩。

3. 地基与边坡处理

当地基承载力和沉降不符合设计要求时，应对地基和边坡进行处理。常用的方式除了换土(灰土、砂、砂石)垫层法外，还有地下连续墙、振冲灌注碎石、地基强夯、锚杆支护、土钉支护等方式。

地下连续墙按图示墙体中心线长度乘以厚度、槽深以体积计算。

振冲灌注碎石按图示孔深乘以孔截面面积以体积计算。

地基强夯按图示尺寸以面积计算。

锚杆支护按设计图示尺寸以支护面积计算。

土钉支护按设计图示尺寸以支护面积计算。

## 5.4 砌筑工程

### 5.4.1 相关说明

1. 定额项目

本节的内容主要划分为砌砖、砌石、轻质墙板、垫层共4小节。

【参考视频】

计算砌体工程量前，应了解砌筑砂浆的种类、强度等级和砌体所选用的材料。

定额中砖的规格是按标准砖编制的，砌块、多孔砖的规格是按常用规格编制的，规格不同时，可以换算。

2. 有关解释

(1) 砌体结构：由砌块和砂浆砌筑而成的墙、柱作为建筑物主要受力结构，是砖砌体、砌块砌体和石砌体的统称。砖砌体包括烧结普通砖、烧结多孔砖、蒸压灰砂砖、蒸压粉煤灰砖等砌体。石砌体包括各种料石和毛石砌体。

(2) 烧结普通砖：以页岩、煤矸石或粉煤灰为主要材料，经过焙烧而成的实心或孔洞率不大于规定值且外形符合规定的砖。烧结普通砖分为烧结页岩砖、烧结煤矸石砖、烧结粉煤灰砖等。

(3) 烧结多孔砖：以页岩、煤矸石或粉煤灰为主要材料，经过焙烧而成的孔洞率不小于25%，孔的尺寸小而数量多，主要用于承重部位的砖，简称多孔砖。如图5.25所示。

(4) 填充墙：指在墙体的外皮砌砖之间填充保温材料(如炉渣、炉渣混凝土)构成的夹层墙。

【参考视频】

(5) 框架间墙：指框架结构中，填砌在框架梁柱间作为维护结构的墙体。

(6) 空斗墙：用普通砖砌筑而成的外实内空的墙，适用于非承重墙或临时墙体，如图5.26所示。

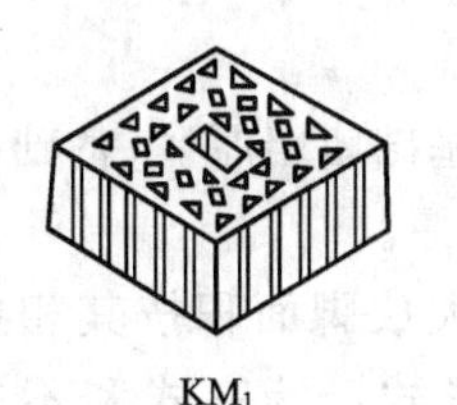


KP$_1$

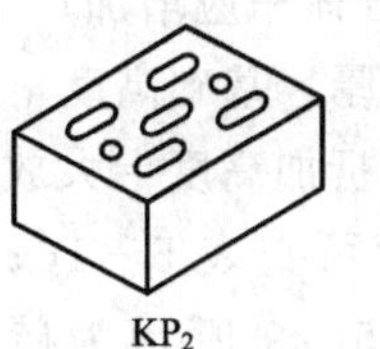


图5.25　烧结多孔砖示意图

图5.26　空斗墙示意图

### 5.4.2 工程量计算规则

1. 砖基础

1）基础和墙身(柱身)分界

以设计室外地面为界(有地下室者，以地下室室内设计地面为界)以下为基础，以上为墙身(柱身)，如图 5.27 所示。

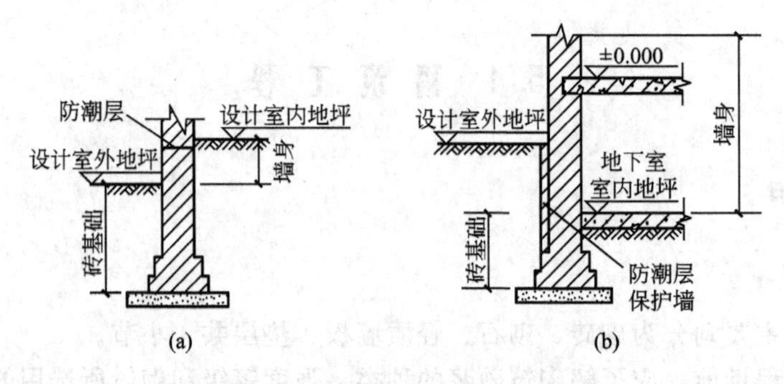


**图 5.27　基础与墙身的划分示意图**

(a) 无地下室；(b) 有地下室

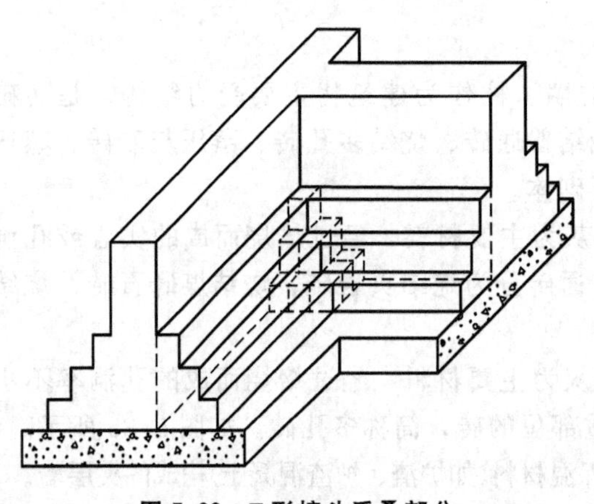

**图 5.28　T 形接头重叠部分**

2）砖、石围墙基础

砖、石围墙以设计室外地坪为界，以下为基础，以上为墙身。

3）砖基础工程量计算

砖基础按设计图示尺寸以体积计算。扣除地梁(圈梁)、构造柱所占体积，不扣除基础大放脚 T 形接头处的重叠部分(图 5.28)及嵌入基础内的钢筋、铁件、管道、基础砂浆防潮层和单个面积 0.3m² 以内的孔洞所占体积。附墙垛基础宽出部分体积，并入其所依附的基础工程量内。

其计算公式可表示为

$$V_{砖基础}=S_{断面积}\times L_{长度}-V_{扣除}+V_{增加}$$

式中：$L_{长度}$——外墙墙基按外墙中心线长度计算，内墙墙基按内墙净长度计算；

$V_{扣除}$——面积在 0.3m² 以上的孔洞所占的体积，伸入墙体内的混凝土构件(基础梁、构造柱)等应扣除；

$V_{增加}$——附墙垛的宽出部分体积应增加；

$S_{断面积}$——$S_{断面积}$＝基础墙墙厚×基础高度＋大放脚增加面积＝基础墙墙厚×(基础高度＋折加高度)，折加高度＝大放脚增加面积/基础墙厚。

大放脚增加面积及折加高度可查表 5－16；折加高度是指将大放脚面积按其相应基础墙墙厚折合成的高度。图 5.29 所示为砖基础的两种断面形式：等高式和不等高式。

**表 5－16　砖基大放脚折加高度和大放脚增加断面积表**

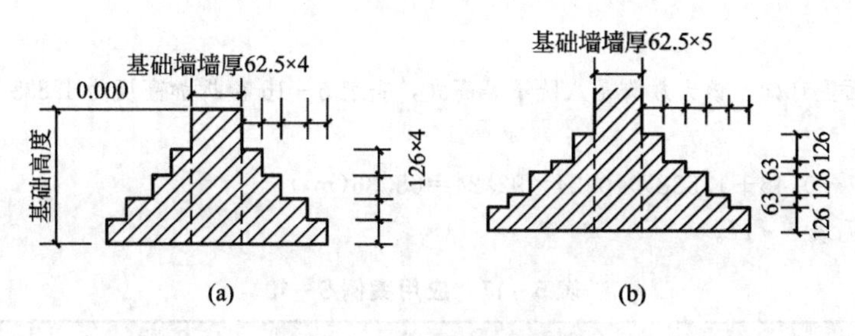


图 5.29　砖基础断面图

(a) 等高式；(b) 不等高式

| 放脚层高 | 折加高度/m | | | | | | | | | | | | 增加断面/m² | |
|---|---|---|---|---|---|---|---|---|---|---|---|---|---|---|
| | $\frac{1}{2}$砖(0.115) | | 1砖(0.24) | | 1$\frac{1}{2}$砖(0.365) | | 2砖(0.49) | | 2$\frac{1}{2}$砖 0.615) | | 3砖(0.74) | | | |
| | 等高 | 间隔式 | 等高 | 间隔式 | 等高 | 间隔式 | 等高 | 间隔式 | 等高 | 间隔式 | 等高 | 间隔式 | 等高 | 间隔式 |
| 一 | 0.137 | 0.137 | 0.066 | 0.066 | 0.043 | 0.043 | 0.032 | 0.032 | 0.026 | 0.026 | 0.021 | 0.021 | 0.015 75 | 0.015 75 |
| 二 | 0.411 | 0.342 | 0.197 | 0.164 | 0.129 | 0.108 | 0.096 | 0.080 | 0.077 | 0.064 | 0.064 | 0.053 | 0.047 25 | 0.039 38 |
| 三 | — | — | 0.394 | 0.328 | 0.259 | 0.216 | 0.193 | 0.161 | 0.154 | 0.128 | 0.128 | 0.106 | 0.094 5 | 0.078 7 |
| 四 | — | — | 0.656 | 0.525 | 0.432 | 0.345 | 0.321 | 0.253 | 0.256 | 0.205 | 0.213 | 0.170 | 0.157 5 | 0.126 |
| 五 | — | — | 0.984 | 0.788 | 0.647 | 0.518 | 0.482 | 0.380 | 0.384 | 0.307 | 0.319 | 0.255 | 0.236 3 | 0.189 |
| 六 | — | — | 1.378 | 1.083 | 0.906 | 0.712 | 0.672 | 0.530 | 0.538 | 0.419 | 0.447 | 0.351 | 0.330 8 | 0.259 9 |
| 七 | — | — | 1.838 | 1.444 | 1.208 | 0.949 | 0.900 | 0.707 | 0.717 | 0.563 | 0.596 | 0.468 | 0.441 | 0.346 5 |
| 八 | — | — | 2.363 | 1.838 | 1.553 | 1.208 | 1.157 | 0.900 | 0.922 | 0.717 | 0.766 | 0.596 | 0.567 | 0.441 1 |
| 九 | — | — | 2.953 | 2.297 | 1.942 | 1.510 | 1.447 | 1.125 | 1.153 | 0.896 | 0.958 | 0.745 | 0.708 8 | 0.551 3 |
| 十 | — | — | 3.610 | 2.789 | 2.372 | 1.834 | 1.768 | 1.366 | 1.409 | 1.088 | 1.171 | 0.905 | 0.866 3 | 0.669 4 |

## 应用案例 5-10

已知一条形砖基础总长为92.24m，断面如图5.30所示，试计算砖基础工程量。

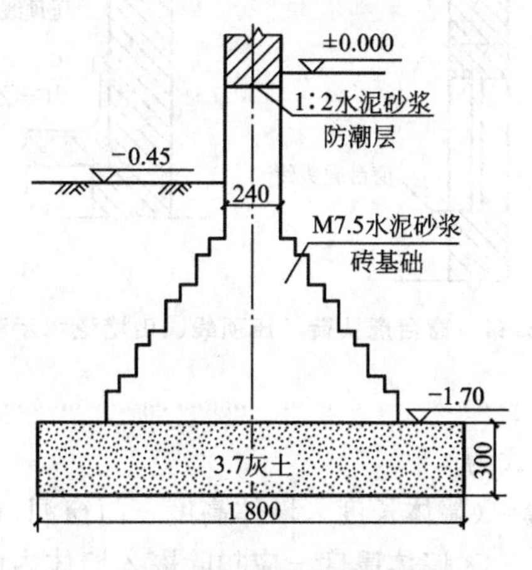


图 5.30　砖基础断面图

**解：**

(1) 根据断面图可知，该大放脚是八阶不等高式，查表5-16得折加高度为1.838，故，该基础工程量为

$V_{砖基础}=(1.7-0.45+1.838)\times0.24\times92.24=68.36(m^3)$

(2) 列项，见表5-17。

**表5-17　应用案例5-10**

| 定额编号 | 工程名称 | 单位 | 工程量 |
|---|---|---|---|
| A3-1 | 砖基础 | $m^3$ | 68.36 |

2. 砖墙

(1) 砖墙工程量按体积以立方米计算，其应扣除或不扣除、不增加的体积按表5-18规定执行。

**表5-18　砖墙工程量应扣除与不扣除、不增加的内容表**

| 应扣除内容 | 不扣除内容 | 不增加内容 |
|---|---|---|
| (1) 门窗洞口、过人洞、空圈、暖气槽、壁龛、单个面积在$0.3m^2$以上孔洞所占的体积<br>(2) 嵌入墙内的钢筋混凝土柱、梁(包括过梁、圈梁、挑梁)所占体积<br>(3) 砖平碹、平砌砖过梁所占体积 | (1) 梁头、内外墙板头、檀头、垫木、木楞头、沿椽木、木砖、门窗走头所占体积<br>(2) 砖墙内加固钢筋、铁件、木筋、单个面积在$0.3m^2$以内的孔洞所占体积 | 突出墙面的窗台虎头砖、压顶线、山墙泛水、烟囱根、门窗套及三皮砖以内的腰线、挑檐等体积 |

**特别提示**

① 梁头、板头是指梁、板在墙上的支撑部分。

② 突出墙面的窗台虎头砖、压顶线、山墙泛水如图5.31所示。

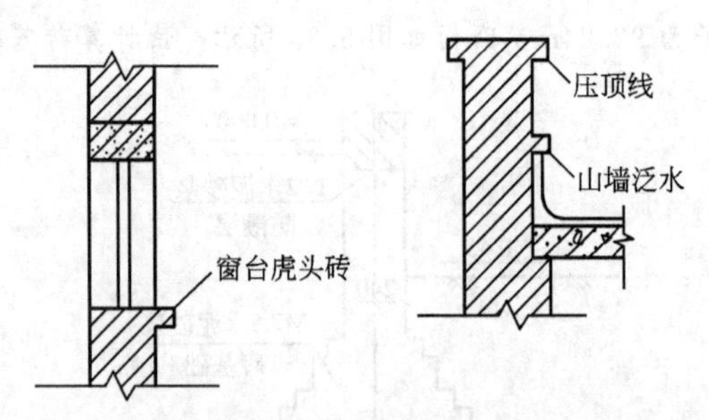


图5.31　窗台虎头砖、压顶线、山墙泛水示意图

(2) 墙体工程量计算公式为

$$墙体工程量=(墙体长度\times墙体高度-门窗洞口所占面积)\times墙体厚度-应扣除嵌入墙体内的体积$$

① 墙体长度的取定。外墙长度按外墙中心线($L_{中}$)计算；内墙长度按内墙净长线($L_{内}$)

计算；女儿墙长按女儿墙中心线长度计算。

② 墙体高度的取定见表 5－19。

表 5－19　墙体高度计算规定

| 墙体名称 | | 屋面类型 | 墙体高度计算方法 | 图例 |
|---|---|---|---|---|
| 外墙 | 坡屋面 | 无檐口天棚 | 算至屋面板底 | 图 5.32(a) |
| | | 有屋架室内外均有天棚 | 算至屋架下弦另加 200mm | 图 5.32(b) |
| | | 有屋架无天棚 | 算至屋架下弦另加 300mm | — |
| | | 出檐宽度≥600mm | 按实砌高度计算 | 图 5.32(c) |
| | 平屋面 | | 算至钢筋混凝土板底 | 图 5.32(c) |
| 内墙 | 位于屋架下弦 | | 算至屋架底 | 图 5.32(e) |
| | 无屋架 | | 算至天棚底另加 100mm | 图 5.32(f) |
| | 有楼隔层 | | 算至板底 | 图 5.32(g) |
| | 有框架梁 | | 算至梁底面 | 图 5.32(h) |
| 山墙 | — | | 按平均高度计算 | — |
| 女儿墙 | 砖压顶 | | 外墙顶算至压顶上表面 | |
| | 钢筋混凝土压顶 | | 外墙顶算至压顶底 | 图 5.32(d) |

【参考视频】

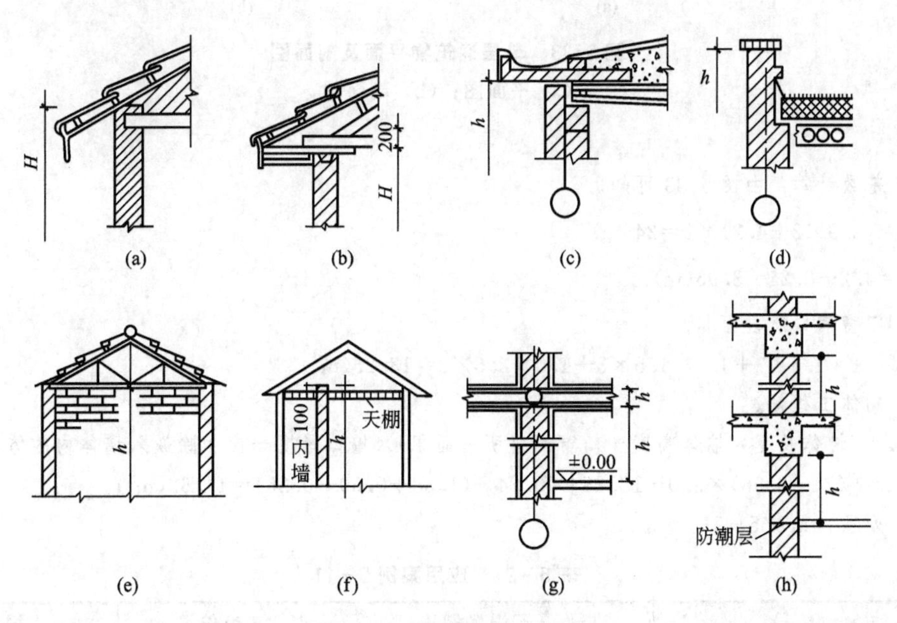


图 5.32　墙身高度示意图

③ 墙体厚度的取定，标准砖以 240mm×115mm×53mm 为准，其砌体计算厚度按表 5－20 计算；使用非标准砖时，应按砖实际规格和计算厚度计算。

表 5-20 标准砖砌体计算厚度表

| 砖数(厚度) | 1/4 | 1/2 | 3/4 | 1 | 1.5 | 2 | 2.5 | 3 |
|---|---|---|---|---|---|---|---|---|
| 计算厚度/mm | 53 | 115 | 180 | 240 | 365 | 490 | 615 | 740 |

**应用案例 5-11**

某单层建筑物如图 5.33 所示，已知层高 3.0m，混水砖墙，内外墙墙厚均为 240mm，所有墙身上均设置圈梁，圈梁截面：240mm×240mm，且圈梁与现浇板顶平，板厚 100mm。门窗尺寸 C1 1 000mm×1 500mm，C2 1 500mm×1 500mm，M1 1 000mm×2 500mm，墙体中混凝土所占体积如下：圈梁 1.38m³；构造柱 0.69m³；过梁 0.26m³。试计算墙体工程量。

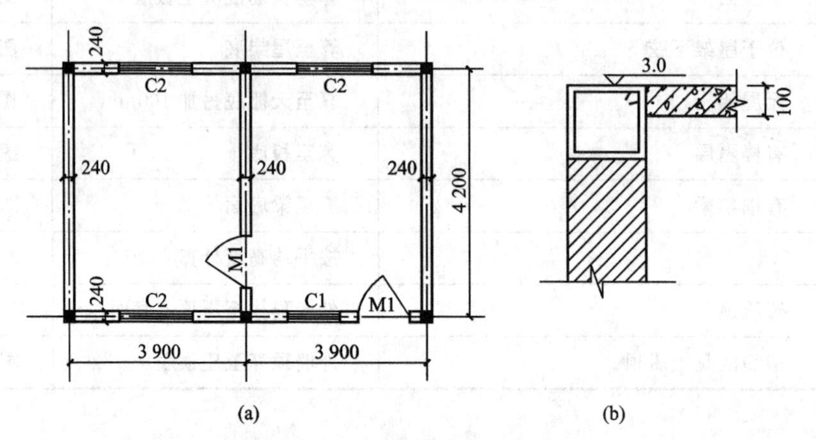


**图 5.33 单层建筑物平面及剖面图**

(a) 平面图；(b) 剖面图

**解：**

(1) 基数计算：由图 5.33 可知。

$L_{中}=(3.9\times2+4.2)\times2=24(\text{m})$

$L_{内}=4.2-0.24=3.96(\text{m})$

(2) 门窗洞口所占面积。

$S_{门窗}=1\times1.5\times1+1.5\times1.5\times3+1.0\times2.5\times2=13.25(\text{m}^2)$

(3) 砌体工程量。

$V_{砌体}$=(墙体长度×墙体高度－门窗洞口所占面积)×墙体厚度－应扣除嵌入墙体内的体积

$=[(24+3.96)\times3.0-13.25]\times0.24-(1.38+0.69+0.26)=14.62(\text{m}^3)$

(4) 列项，见表 5-21。

表 5-21 应用案例 5-11

| 定额编号 | 工程名称 | 单位 | 工程量 |
|---|---|---|---|
| A3-10 | 1 厚砖墙 | m³ | 14.62 |

3. 框架间砌体

框架间砌体工程量按框架间净空面积乘以墙厚度以体积计算。框架外表镶贴砖部分，

并入框架间砌体工程量内计算，其计算公式为

框架间砌体工程量＝框架柱间净距×框架梁间净高×墙厚度
－嵌入墙之间的洞口、埋件所占体积

【参考视频】

4. 空花墙

空花墙工程量按空花部分外形体积以立方米计算，空洞部分不予扣除，其中与空花连接的附墙柱、实砌眠墙以立方米另行计算，分别套用砖柱、墙项目。

5. 空斗墙

空斗墙工程量按外形尺寸以立方米计算，窗台线、腰线、转角、内外墙交接处、门窗洞口立边、楼板下、屋檐处和附墙柱两侧砌砖已包括在项目内，不另计算。但突出墙面三皮砖以上的挑檐、附墙柱(不论突出多少)均以实砌体积计算，按一砖墙项目执行。

6. 砖砌过梁

目前常用的过梁有钢筋混凝土过梁和砖过梁。其中，砖过梁又分为砖平碹和钢筋砖过梁两种。

1）砖平碹

砖平碹过梁按图示尺寸以立方米计算，如图 5.34 所示。如果设计无规定，砖平碹按门窗洞口宽度两端共加 100mm 乘以高度计算。计算公式为

砖平碹工程量＝(门窗洞口宽度＋0.1m)×高度×墙厚度

式中：当洞口宽度小于或等于 1.5m 时，高度取 0.24m；

当洞口宽度大于 1.5m 时，高度取 0.365m。

2）钢筋砖过梁

钢筋砖过梁按门窗洞口宽度两端共加 500mm 计算，高度按 440mm 计算，如图 5.35 所示，计算公式为

钢筋砖过梁工程量＝(门窗洞口宽度＋0.5m)×0.44m×墙厚度

【参考视频】

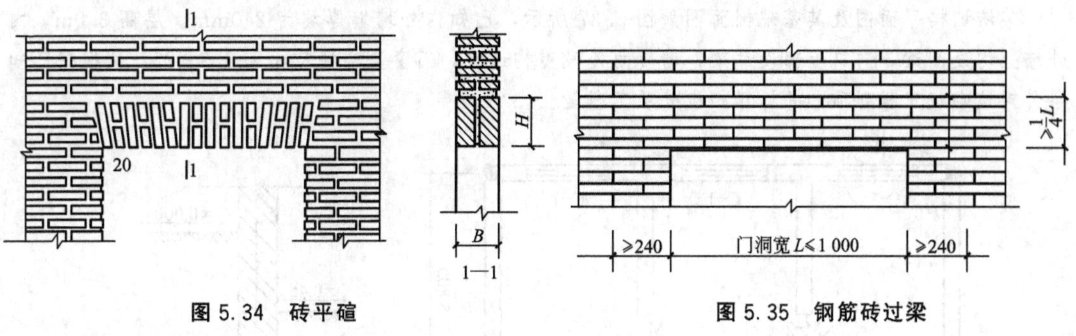


图 5.34 砖平碹　　图 5.35 钢筋砖过梁

7. 其他砖砌体

1）砖砌锅台、炉灶

砖砌锅台、炉灶不分大小，均按图示外形尺寸以立方米计算，不扣除各种空洞的体积。

2）砖砌台阶

砖砌台阶(不包括梯带)按水平投影面积以平方米计算。如图 5.36 所示，砖砌台阶定

额项目中未包括其梯带及挡墙，发生时，另列零星砌体计算。

3）零星砌体

零星砌体项目包括厕所蹲台、水槽腿、煤箱、垃圾箱、台阶挡墙或梯带、花台、花池、地垄墙、支撑地楞的砖墩、房上烟囱、屋面架空隔热层砖墩及毛石墙的门窗立边、窗台虎头砖等实砌砌体。

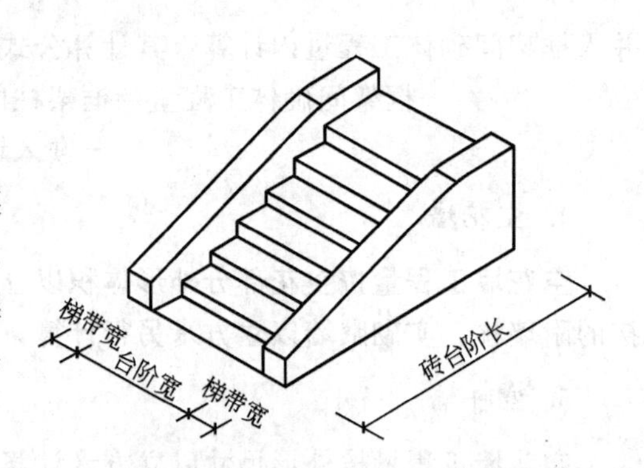

图 5.36　砖砌台阶、挡墙示意图

零星砌体按实砌体积以立方米计算。

4）砖地沟

砖地沟(电缆沟、暖气沟等)，不分墙基、墙身，合并以立方米计算。

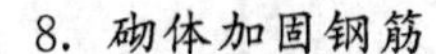
8. 砌体加固钢筋

砌体加固钢筋应根据设计要求和相关规范规定另行计算。

9. 砌块墙

混凝土小型空心砌块、炉渣混凝土空心砌块、陶粒混凝土空心砌块、加气混凝土砌块等砌块墙按图示尺寸以立方米计算，其工程量计算方法与砖墙计算方法相同。

设计规定砌块墙中需要镶嵌砖砌体部分(门窗洞口等处)已包括在定额内，不另计算。

应用案例 5-12

某培训楼平面图及其基础剖面图如图 5.37 所示，已知内外墙墙厚均为 240mm，层高 3.0m，内外墙上均设圈梁，洞口上部设过梁，墙转角处设置构造柱，门窗及构件尺寸见表 5-22，试根据已知条件对该砌筑工程列项，并计算相应分项工程量。

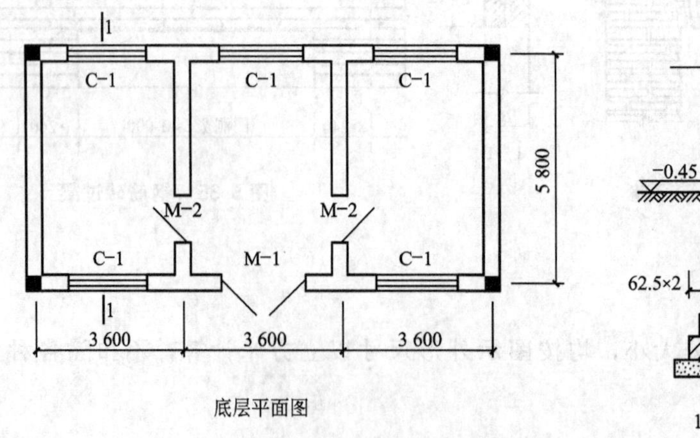

图 5.37　培训楼平面及基础剖面图

表 5-22 门窗及墙体埋件尺寸

| 门窗名称 | 门窗尺寸(宽×高)/mm | 构件名称 | 构件尺寸或体积 |
|---|---|---|---|
| M-1 | 1 800×2 100 | 构造柱 | 0.15m³/根 |
| M-2 | 1 000×2 100 | 圈梁 | 240×240(mm) |
| C-1 | 1 500×1 500 | 过梁 | (洞口宽度+0.5)×0.24×0.12(m) |

**解：**

(1) 分析。由上述资料可知，本工程所完成的砌筑工程的施工内容有：砖基础、砖墙、钢筋砖过梁，故本例应列项的砌筑工程定额项目有砖基础、砖墙、钢筋砖过梁。

(2) 工程量计算。

① 基数。

$L_{中}=(3.6\times3+5.8)\times2=33.2(\mathrm{m})$

$L_{内}=(5.8-0.24)\times2=11.12(\mathrm{m})$

② 门窗洞口面积及墙体埋件体积的计算。

$S_{m-1}=1.8\times2.1=3.78(\mathrm{m}^2)$

$S_{m-2}=1.0\times2.1=2.1(\mathrm{m}^2)$

$S_{c-1}=1.5\times1.5=2.25(\mathrm{m}^2)$

$V_{gz}=0.15\times4=0.6(\mathrm{m}^3)$

$V_{ql}=0.24\times0.24\times[(33.2-0.24\times4)+11.12]=2.43(\mathrm{m}^3)$

$V_{gl}=0.24\times0.12\times[(1.8+0.5)\times1+(1.0+0.5)\times2+(1.5+0.5)\times5]=0.44(\mathrm{m}^3)$

③ 砖基础工程量。因为砖基础工程量=基础断面面积×基础长度，由图 5.37 及表 5-16 可得

$V_{砖基础}=[0.24\times(1.5-0.1-0.45)+0.047\ 25]\times(33.2+11.12)=12.20(\mathrm{m}^3)$

④ 砖墙。

方法 1：墙体工程量=(墙体长度×墙体高度-门窗洞口所占面积)×墙体厚度-应扣除嵌入墙体内的体积，即

$V_{砖墙}=[(33.2+11.12)\times(3.0+0.45)-(3.78+2.1\times2+2.25\times5)]\times0.24-(0.6+2.43+0.44)$
$=28.61(\mathrm{m}^3)$

方法 2：本例中，内外墙上均有圈梁，且圈梁高都为 240mm，在计算墙体高度时，可以直接用层高-梁高计算，那么在扣除墙体混凝土所占积时，就不用考虑圈梁所占体积，计算过程可以相对简化，此处就不再演示了。

(3) 列项，见表 5-23。

表 5-23 应用案例 5-12

| 定额编号 | 工程名称 | 单位 | 工程量 |
|---|---|---|---|
| A3-1 | 砖基础 | m³ | 12.20 |
| A3-10 | 1 厚砖墙 | m³ | 28.61 |

10. *石砌体*

石砌体工程量计算规则与砖砌体计算规则相同，可以参照相应项目计算。

**拓展讨论**

党的二十大报告提出了人与自然是生命共同体，无止境地向自然索取甚至破坏自然必然会遭到大自然的报复。我们坚持可持续发展，坚持节约优先、保护优先、自然恢复为主

的方针，像保护眼睛一样保护自然和生态环境，坚定不移走生产发展、生活富裕、生态良好的文明发展道路，实现中华民族永续发展。

砌筑工程材料种类繁多，砂浆标号又分若干等级，如果施工与算量环节出现偏差，就可能影响建筑物的建造质量和工程造价。例如黏土实心砖是国家明令禁止使用的砌筑材料，其保温性能较差，不符合建筑节能工作要求，且生产过程能耗高、污染大、毁地严重，因此，正确选择砌筑材料，对于提高建筑能效水平、推动大气污染防治具有重要作用。

## 5.5 混凝土及钢筋混凝土工程

### 5.5.1 相关说明

1. 定额解释

定额中的混凝土及钢筋混凝土工程将所有项目划分为模板、钢筋、混凝土三个部分，各部分又按现浇混凝土、预制混凝土和构筑物分为3个组成内容。

2. 相关概念解释

1）桩承台

【参考视频】

桩承台是组成桩基础的结构构件，在桩顶将桩群连接成整体，支承作用在其上的荷载并传递给桩和地基。桩承台的平面形状取决于桩的布置情况，通常做成矩形或条形。按其受力特点，桩承台可分为独立桩承台和带形桩承台。独立桩承台运用于独立基础；带形桩承台运用于条形基础，如图5.38所示。

2）地圈梁

地圈梁是设在正负零以下承重墙中，按构造要求设置的连续闭合的梁，其截面、配筋由构造确定，一般是用在条形基础上面，如图5.39所示。

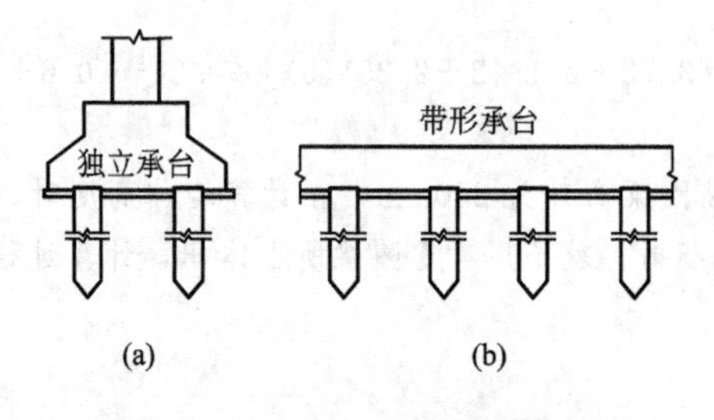


图5.38 桩承台示意图
(a) 独立桩承台；(b) 带形桩承台

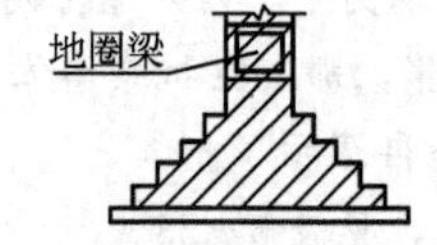


图5.39 地圈梁

3）满堂基础

满堂基础按构造可分为无梁式(板式)、有梁式(片筏式)和箱式满堂基础3种，如图5.40所示。无梁式满堂基础相当于倒转的无梁楼板；有梁式满堂基础相当于倒置的肋形楼板或井字梁楼板；箱式满堂基础是上有顶盖，下有底板，中间有纵横墙板连接，四壁封闭的整体基础(混凝土地下室)。

4）毛石混凝土

毛石混凝土是指在混凝土中加入20%左右的毛石，通常用于基础。

5）主梁、次梁

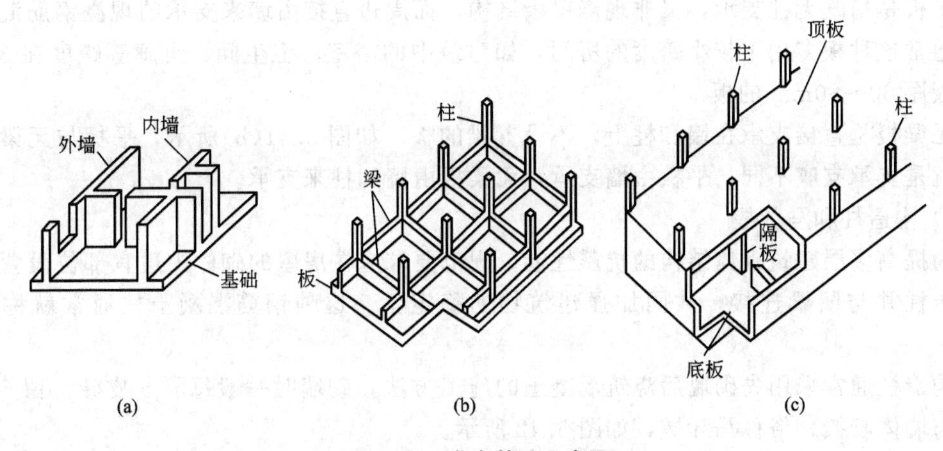


**图 5.40　满堂基础示意图**

(a) 无梁式满堂基础；(b) 有梁式满堂基础；(c) 箱式满堂基础

按结构受力情况分析，次梁将楼板上的荷载传给主梁，是主梁的分支；主梁承担与其连接的所有次梁传来的荷载，并将荷载传给柱。主梁断面要高于次梁断面，如图 5.41(a)所示。

6) 单梁、连续梁、矩形梁

单梁和连续梁是两种支撑方式不同的梁的简称，分别是单跨简支梁（简称单梁）和多跨连续梁（简称连续梁)。单梁有两个支撑点(支撑在墙或柱上)，连续梁有两个以上的支撑点。单梁、连续梁从形状上可设计成矩形和异形两种，为了区分，预算定额中不使用矩形梁这个名称。

7) 后浇带

在现浇钢筋混凝土结构施工中，为了克服温度应力，收缩不均匀产生有害裂缝而设置的临时施工缝称为后浇带。板、墙、梁等都可以设置后浇带。

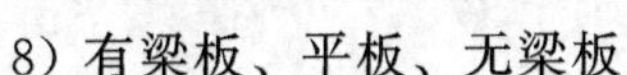

8) 有梁板、平板、无梁板

有梁板是指在模板、钢筋安装完毕后，将板与梁同时浇筑成一个整体的结构件。通常有井字形板、肋形板，如图 5.41(a)所示。

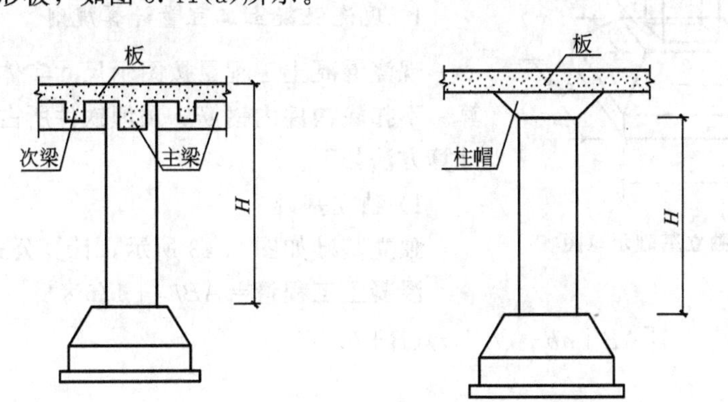


**图 5.41　有梁板、无梁板示意图**

(a) 有梁板；(b) 无梁板

平板是指既无柱支承，又非现浇梁板结构，而周边直接由墙来支承的现浇钢筋混凝土板。通常这种板多用于较小跨度的房间，如建筑中的浴室、卫生间、走廊等跨度在 3m 以内，板厚 60～80mm 的板。

无梁板是直接支承在墙和柱上，不设置梁的板。如图 5.41(b)所示，平板与无梁板的区别就是支承支座不同，平板由墙支承，无梁板由墙和柱来支承。

9）构造柱和马牙槎

【参考视频】

为提高多层建筑砌体结构的抗震性能，规范要求应在房屋的砌体内适宜部位设置钢筋混凝土柱并与圈梁连接，共同加强建筑物的稳定性。这种钢筋混凝土柱通常就称为构造柱。

构造柱通常采用先砌墙后浇筑混凝土的施工方法，砌墙时一般每隔 5 皮砖，留 60mm 缺口与墙体咬接，俗称马牙槎，如图 5.42 所示。

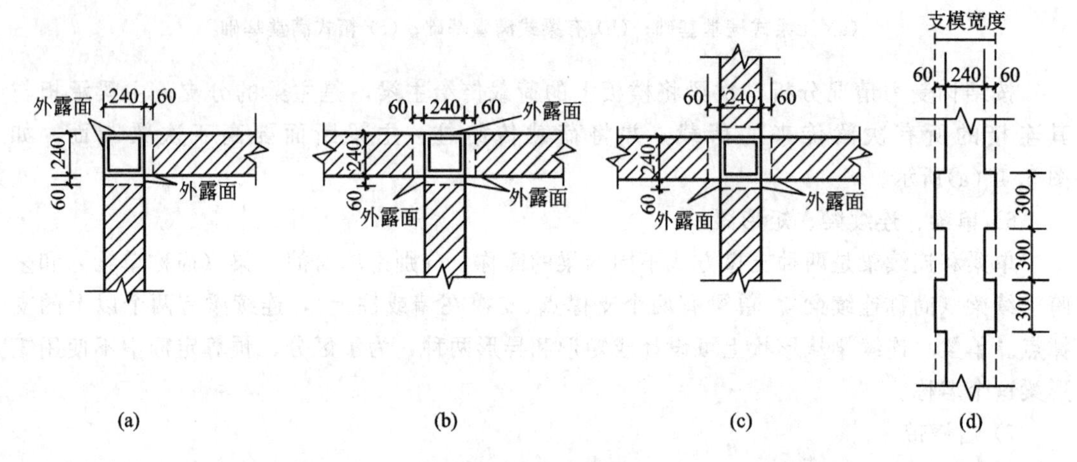


**图 5.42　构造柱示意图**

(a) 转角处；(b) T 形接头处；(c) 十字接头处；(d) 马牙槎

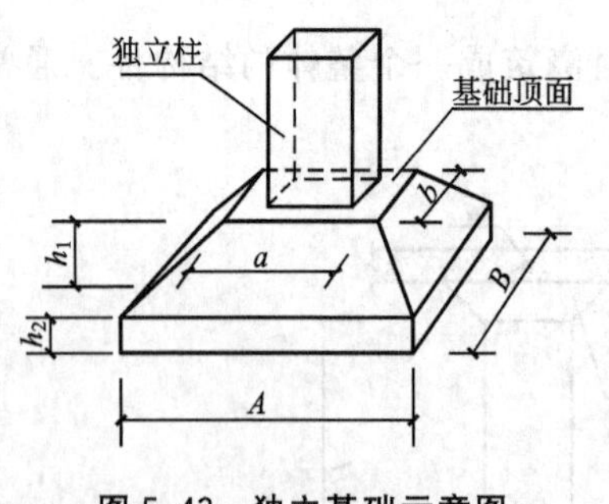


**图 5.43　独立基础示意图**

### 5.5.2　混凝土工程量计算规则

1. 现浇混凝土工程量计算规则

现浇混凝土工程量按图示尺寸实体体积以立方米计算。不扣除构件内钢筋、预埋铁件所占体积，具体构件计算方法如下。

1）独立基础

独立基础如图 5.43 所示，计算公式为

$$混凝土工程量=ABh_2+1/6\times h_1[AB+ab+(A+a)(B+b)]$$

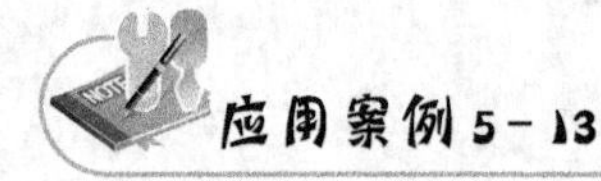

**应用案例 5-13**

试计算图示独立基础混凝土工程量，如图 5.44 所示。

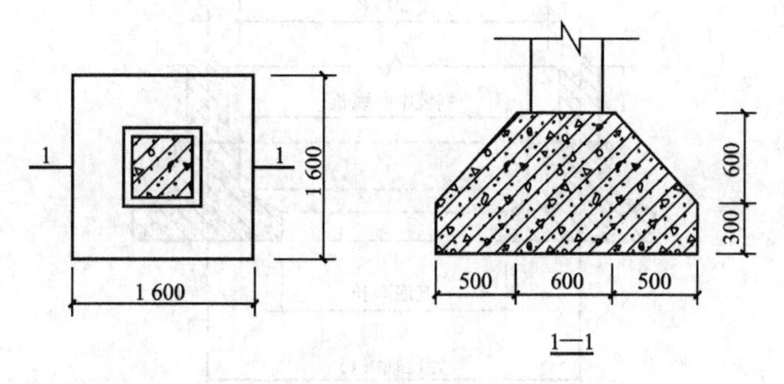


图 5.44 独立基础示意图

**解：**

(1) 工程量计算。

$V = ABh_2 + 1/6 \times h_1[AB + ab + (A+a)(B+b)]$

$= 1.6 \times 1.6 \times 0.3 + (1.6 \times 1.6 + 0.6 \times 0.6 + 2.2 \times 2.2) \times 0.6/6$

$= 1.54(m^3)$

(2) 列项，见表 5-24。

**表 5-24 应用案例 5-13**

| 定额编号 | 工程名称 | 单位 | 工程量 |
|---|---|---|---|
| A4-79 | 钢筋混凝土独立基础 | $m^3$ | 1.54 |

2) 带形基础

带形基础按构造分为有梁式与无梁式。梁高与梁宽之比在 4∶1 以内的，按有梁式带形基础计算(带形基础梁高是指梁底部到上部的高度)；超过 4∶1 时，其基础底按无梁式带形基础计算，上部按墙计算，如图 5.45 所示。

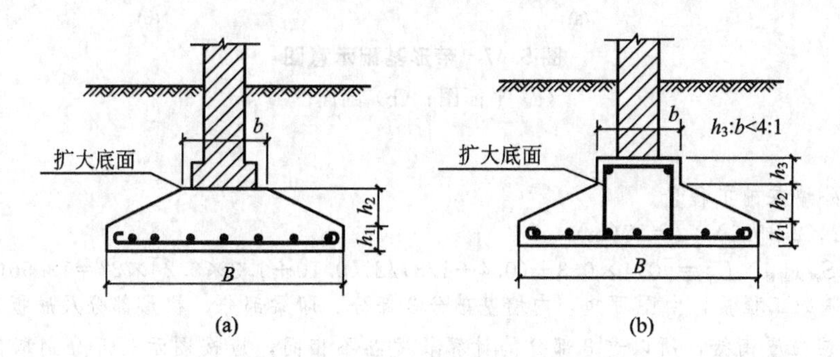


图 5.45 带形基础

(a) 无梁式；(b) 有梁式

带形基础混凝土工程量计算公式为

带形基础混凝土工程量＝基础断面面积×基础长度

式中：基础长度的取值，外墙基础以外墙基中心线长度(当为不偏心基础时，外墙基中心线长度即为 $L_中$)计算；内墙基础以基础间净长度计算(断面各部分净长是不同的，如图 5.46 所示)。

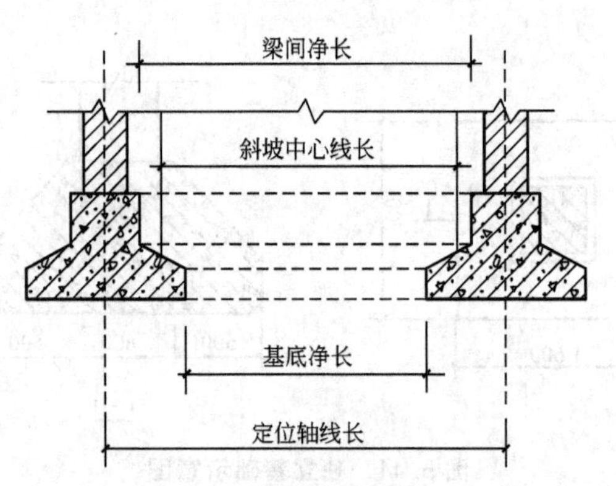


图 5.46 内墙基础间净长示意图

有梁式带形基础平面图及剖面图如图 5.47 所示，计算该基础混凝土工程量。

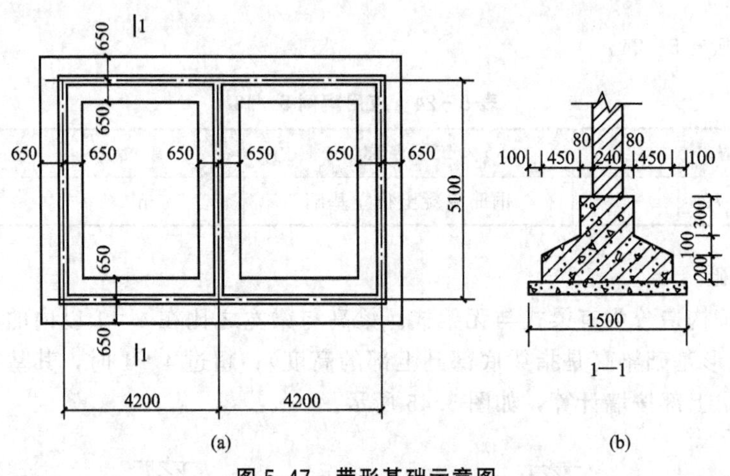


图 5.47 带形基础示意图

(a) 平面图；(b) 剖面图

**解：**

(1) 计算外墙基础工程量。

$L_{中}=(4.2\times2+5.1)\times2=27(\mathrm{m})$

$V_{外墙基础}=S_{基础断面}\times L_{中}=[0.4\times0.3+(0.4+1.3)/2\times0.10+1.3\times0.2]\times27=12.56(\mathrm{m}^3)$

(2) 内墙基础工程量，由图可知，内墙基础分 3 部分、即梁部分、梯形部分及底板部分，它们与外墙基础的相应位置衔接，所以这 3 部分的计算长度各不相同，应按图示长度分别取值，即梁部分取梁间净长度，梯形部分取斜坡中心线长度，底板部分取基底净长度。

$L_{梁间净长}=5.1-0.2\times2=4.7(\mathrm{m})$

$L_{斜坡中心长}=5.1-\left(\frac{1.3}{2}-0.2\right)\div2\times2=4.65(\mathrm{m})$

$L_{基底净长}=5.1-0.65\times2=3.8(\mathrm{m}^3)$

$V_{内墙基础}=\sum$内墙基础各部分断面积×相应计算长度$=0.4\times0.3\times4.7+(0.4+1.3)/2\times0.10\times4.25+1.3\times0.2\times3.8=1.913(\mathrm{m}^3)$

(3) 带形基础工程量。

$V=V_{外墙基础}+V_{内墙基础}=12.56+1.913=14.473(\mathrm{m}^3)$

(4) 列项，见表 5-25。

表 5-25　应用案例 5-14

| 定额编号 | 工程名称 | 单位 | 工程量 |
| --- | --- | --- | --- |
| A4-77 | 钢筋混凝土带形基础 | $m^3$ | 14.473 |

3) 满堂基础

(1) 无梁式满堂基础，如图 5.40(a)所示，计算公式为

无梁式满堂基础混凝土工程量＝基础底板体积＋柱墩体积

式中：柱墩体积的计算与角锥形独立基础相同。

(2) 有梁式满堂基础，如图 5.40(b)所示，计算公式为

有梁式满堂基础混凝土工程量＝基础底板体积＋梁体积

4) 桩承台

【参考视频】

桩承台如图 5.48 所示，其计算公式为

桩承台混凝土工程量＝桩承台长度×桩承台宽度×桩承台高度

$$V=abh_1+a_1b_1h_2$$

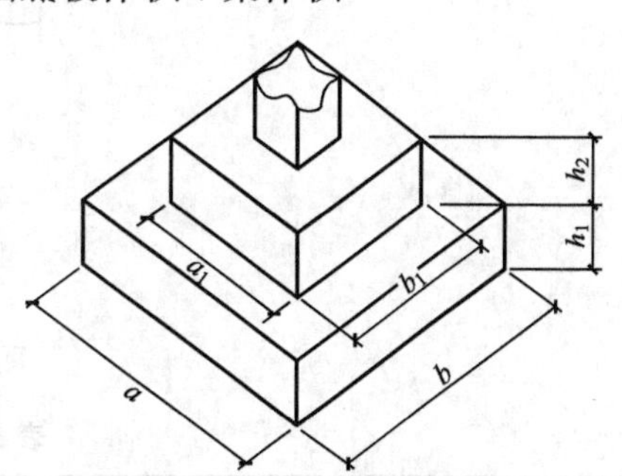


图 5.48　桩承台示意图

5) 柱

(1) 柱混凝土工程量按图示断面尺寸乘以柱高度以立方米计算，其计算式为

柱混凝土工程量＝柱断面面积×柱高度

柱高度按以下规定计取。

① 有梁板的柱高为自柱基上表面(或楼板上表面)至上一层楼板上表面之间的高度，如图 5.49(a)所示。

② 无梁板的柱高为自柱基上表面(或楼板上表面)至柱帽下表面之间的高度，如图 5.49(b)所示。

③ 框架柱高为自柱基上表面至柱顶之间的高度，如图 5.49(c)所示。

④ 构造柱高为全高，即自柱基上表面至柱顶面之间的高度，如图 5.49(d)所示。

⑤ 依附在柱身上的牛腿并入柱身体积内计算，如图 5.49(e)所示。

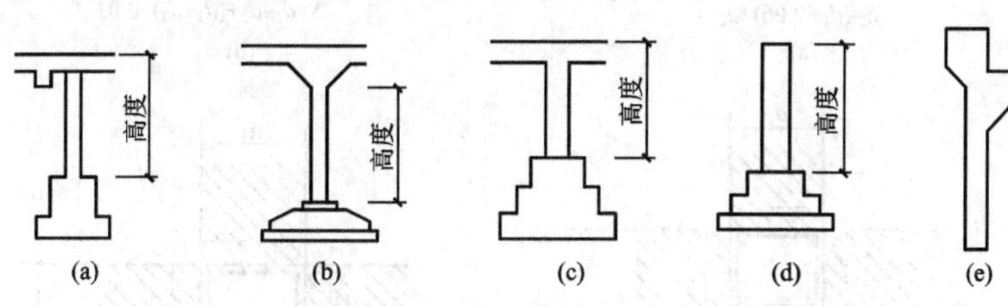

【参考视频】

图 5.49　柱高示意图

(a) 有梁板；(b) 无梁板；(c) 框架柱；(d) 构造柱；(e) 柱身上的牛腿

## 应用案例 5-15

试计算 20 根混凝土矩形柱的工程量，如图 5.50 所示。

**解：**

(1) 工程量计算。

$V=0.4\times0.4\times(4.8+3.6)\times20=26.88(m^3)$

(2) 列项，见表5-26。

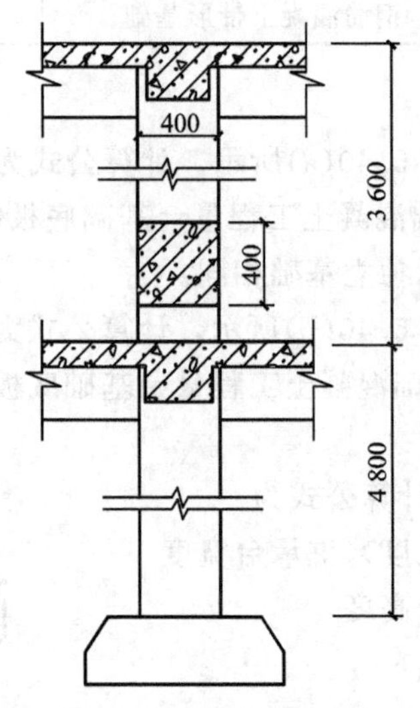


**图5.50 混凝土矩形柱**

**表5-26 应用案例5-15**

| 定额编号 | 工程名称 | 单位 | 工程量 |
|---|---|---|---|
| A4-83 | 钢筋混凝土矩形柱 | $m^3$ | 26.88 |

【参考视频】

(2) 构造柱的工程量计算。由于砖墙砌成了马牙槎，使构造柱的断面面积也随之变化，计算构造柱体积时，与墙体嵌接部分的体积应并入到柱身体积内。为了简化计算，可按基本截面宽度两边各加30mm计算。计算方法如图5.51所示。

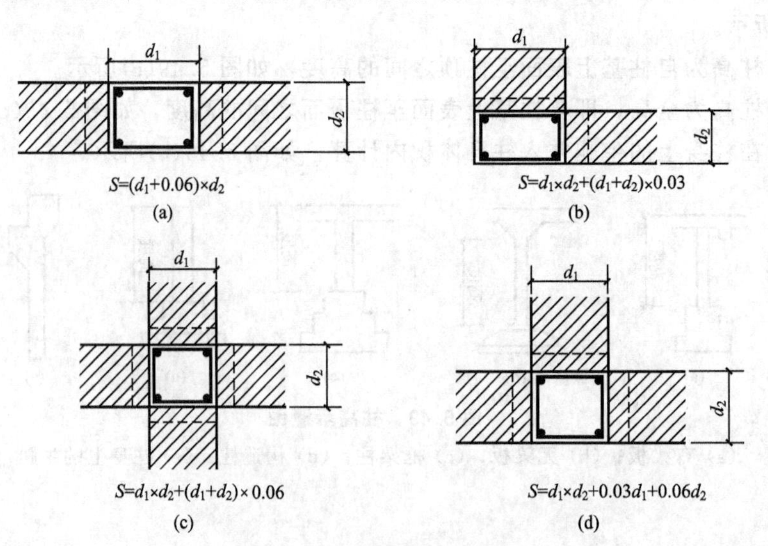


**图5.51 构造柱断面图**

(a) 一字形；(b) L形；(c) 十字形；(d) T形

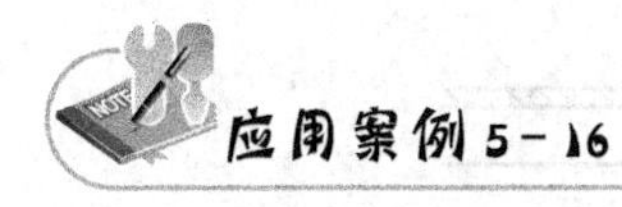

## 应用案例5-16

试计算构造柱的工程量，构造柱高9.6m，如图5.52所示。

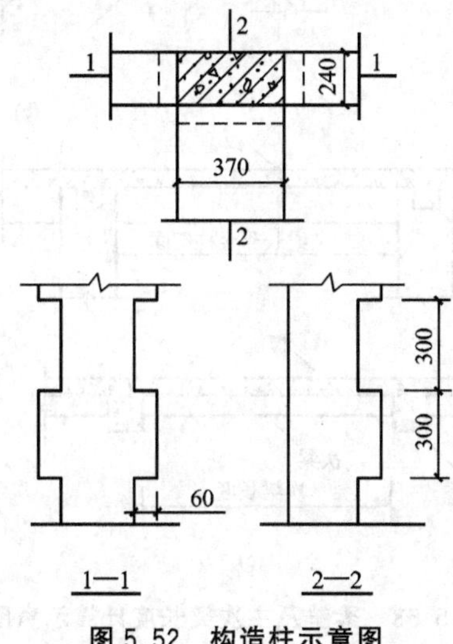


图5.52 构造柱示意图

**解：**

(1) 计算工程量。

构造柱混凝土工程量 $V=(0.24\times0.37+0.03\times0.37+0.03\times2\times0.24)\times9.6=1.10(m^3)$

(2) 列项，见表5-27。

表5-27 应用案例5-16

| 定额编号 | 工程名称 | 单位 | 工程量 |
|---|---|---|---|
| A4-85 | 钢筋混凝土构造柱 | $m^3$ | 1.1 |

【参考视频】

6) 梁

梁的混凝土工程量按图示断面尺寸乘以梁长以立方米计算，伸入墙内的梁头、梁垫体积并入梁体积内计算，如图5.53所示，计算公式为

$$梁混凝土工程量=梁断面面积\times梁长度$$

【参考视频】

梁长度按下列规定确定。

(1) 支撑在柱上的梁，梁长算至柱侧面。

(2) 主梁与次梁连接时，次梁长算至主梁侧面，伸入砌体墙内的梁头、梁垫体积并入梁体积内计算。

(3) 梁与混凝土墙连接时，梁长算至混凝土墙的侧面。伸入混凝土墙内的梁部分体积并入墙计算。

(4) 过梁一般按图纸设计长度，图纸无规定时，取门窗洞口宽共加0.5m，当圈梁与过梁连接时，过梁按此长度算出的体积从圈梁体积内扣除。

【参考视频】

7) 板

板混凝土工程量按图示面积乘以板厚以立方米计算，其中应注意以下几点。

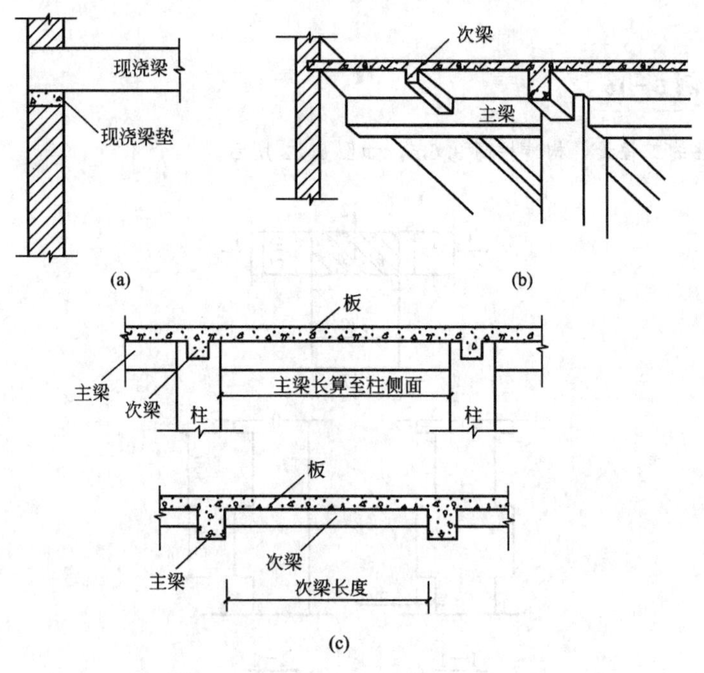


**图 5.53　梁垫及主次梁长度计算示意图**

（a）现浇梁垫并入现浇梁体积内计算示意图；（b）主梁、次梁示意图；

（c）主梁、次梁计算长度示意图

（1）有梁板包括主次梁与板，按梁板体积之和计算。

（2）无梁板按板和柱帽体积之和计算。

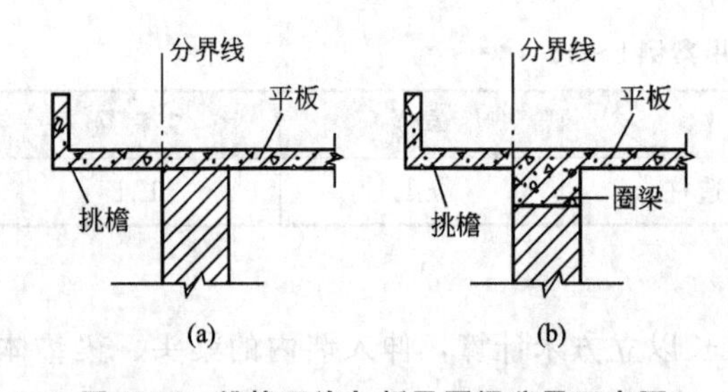


**图 5.54　挑檐天沟与板及圈梁分界示意图**

（a）挑檐天沟与板连接；（b）挑檐天沟与圈梁连接

（3）平板按板实体体积计算。

（4）柱计算高度已算至楼板上表面，所以板工程量应扣除与柱重叠部分的体积。

（5）当现浇挑檐天沟与板(包括屋面板、楼板)连接时，以外墙为分界线；与圈梁(包括其他梁)连接时，以梁外边线为分界线。外墙外边线以外或梁以外为挑檐天沟(见图 5.54)。

（6）伸入砖墙内的板头计入板体积内计算。

**应用案例 5-17**

某现浇钢筋混凝土单层厂房结构平面图，如图 5.55 所示，梁板柱均采用 C30 混凝土，板厚 100mm，柱基础顶面标高－0.8m，板上面标高 4.8m，柱截面尺寸为：$Z_1$＝300mm×500mm，$Z_2$＝400mm×500mm，$Z_3$＝300mm×400mm；试计算梁板柱混凝土工程量。

**解：**

(1) 计算柱混凝土工程量。

柱高 $h$＝4.8＋0.8＝5.6(m)

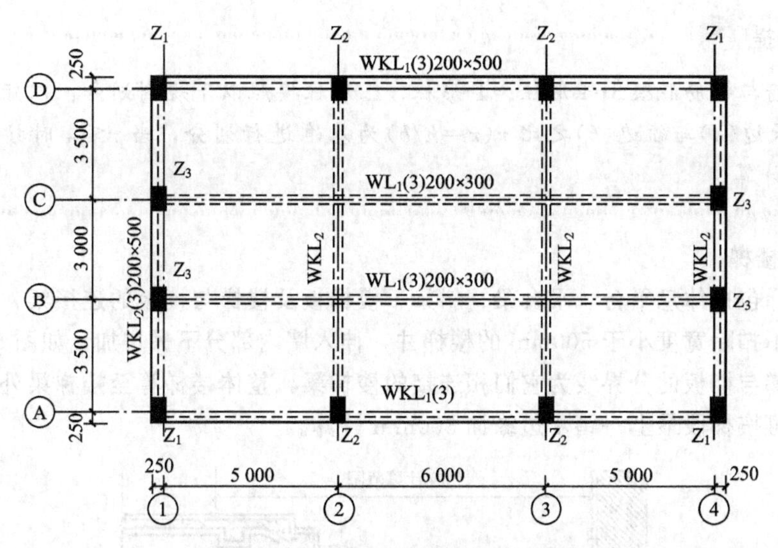


图 5.55 某单层厂房结构平面示意图

$V_{Z1}=0.3\times0.5\times5.6\times4=3.36(m^3)$

$V_{Z2}=0.4\times0.5\times5.6\times4=4.48(m^3)$

$V_{Z3}=0.3\times0.4\times5.6\times4=2.69(m^3)$

柱混凝土工程量 $V=3.36+4.48+2.69=10.53(m^3)$

(2) 计算有梁板混凝土工程量。

$V_B=[(5\times2+6+0.25\times2)\times(3.5\times2+3+0.25\times2)-(0.3\times0.5\times4+0.4\times0.5\times4+0.3\times0.4\times4)]\times0.1=17.14(m^3)$

$V_{WKL1}=[5+6+5-(0.3-0.25)\times2-0.4\times2]\times0.2\times(0.5-0.1)\times2=2.42(m^3)$

$V_{WKL2外}=[3.5+3+3.5-(0.5-0.25)\times2-0.4\times2]\times0.2\times(0.5-0.1)\times2=1.46(m^3)$

$V_{WKL2内}=[3.5+3+3.5-(0.5-0.25)\times2]\times0.2\times(0.3-0.1)\times2=1.52(m^3)$

$V_{WL1}=[5+6+5-(0.3-0.25)\times2-0.2\times2]\times0.2\times(0.3-0.1)\times2=1.24(m^3)$

有梁板混凝土工程量 $V=17.14+2.42+1.46+1.52+1.24=23.78(m^3)$

(3) 列项，见表 5-28。

【参考视频】

表 5-28 应用案例 5-17

| 定额编号 | 工程名称 | 单位 | 工程量 |
| --- | --- | --- | --- |
| A4-83 | C30 混凝土柱 | $m^3$ | 10.53 |
| A4-98 | C30 混凝土有梁板 | $m^3$ | 23.78 |

8) 墙

墙混凝土工程量按墙长度乘以墙高度及墙厚度以立方米计算，应扣除门窗洞口及 0.3$m^2$ 以外孔洞的体积，墙垛及突出部分并入墙体积内计算。

(1) 墙长：外墙按中心线长度计算，内墙按净长线计算，剪力墙中的暗柱、暗梁并入墙体积内计算。

(2) 墙高：从墙基上表面或基础梁上表面算至墙顶，有梁者算至梁底面(与墙同宽的暗梁或连系梁并入墙身体积内计算)。

特别提示

混凝土墙与钢筋混凝土矩形柱、T形柱、L形柱按照以下规则划分：以矩形柱、T形柱、L形柱长边($h$)与短边($b$)之比$r$($r=h/b$)为基准进行划分，当$r\leqslant4$时按柱计算；当$r>4$时按墙计算。

9）整体楼梯

整体楼梯包括休息平台、平台梁、斜梁、楼梯板及楼梯与楼板的连接梁，按水平投影面积计算，不扣除宽度小于500mm的楼梯井，伸入墙内部分不另增加，如图5.56所示。

整体楼梯与楼板的分界线为它们相连接的楼梯梁，整体楼梯算至楼梯梁外边线，没有楼梯梁时，可按梯段最上一踏步边缘加300mm计算。

【参考视频】

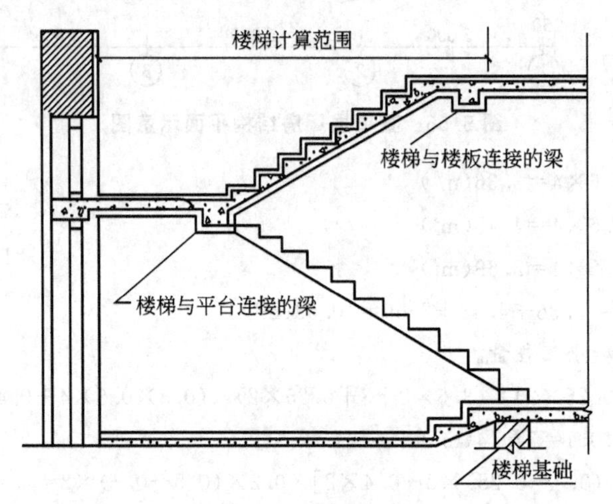


图5.56 楼梯剖面图

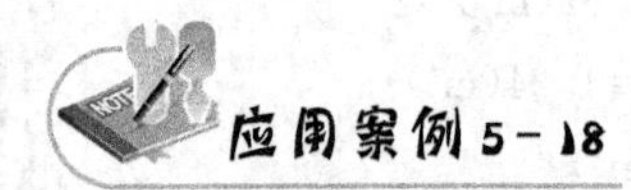


试计算楼梯混凝土工程量，如图5.57所示。

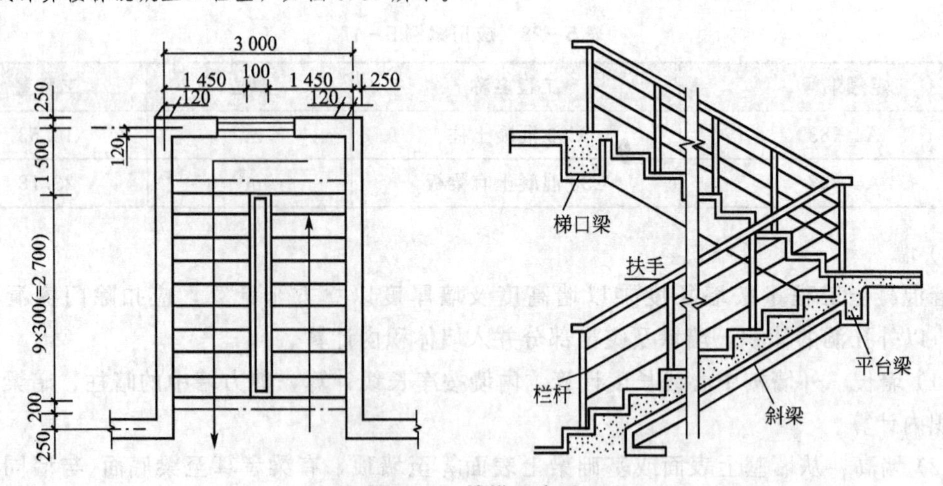


图5.57 楼梯示意图

【参考视频】

**解：**

(1) 计算工程量。

楼梯工程量 $S=(3.0-0.12\times2)\text{m}\times(2.7+0.2+1.5-0.12)\text{m}=11.81(\text{m}^2)$

(2) 列项，见表5-29。

**表5-29 应用案例5-18**

| 定额编号 | 工程名称 | 单位 | 工程量 |
|---|---|---|---|
| A4-102 | 楼梯 | $\text{m}^2$ | 11.81 |

10) 阳台、雨篷(悬挑板)

【参考视频】

阳台、雨篷(悬挑板)按伸出外墙的体积计算，其反檐并入雨篷内计算，计算公式为

阳台、雨篷(悬挑板)混凝土工程量＝阳台、雨篷伸出外墙的水平部分体积＋雨篷反檐的体积

**应用案例5-19**

试计算带反檐雨篷的混凝土工程量，如图5.58所示。

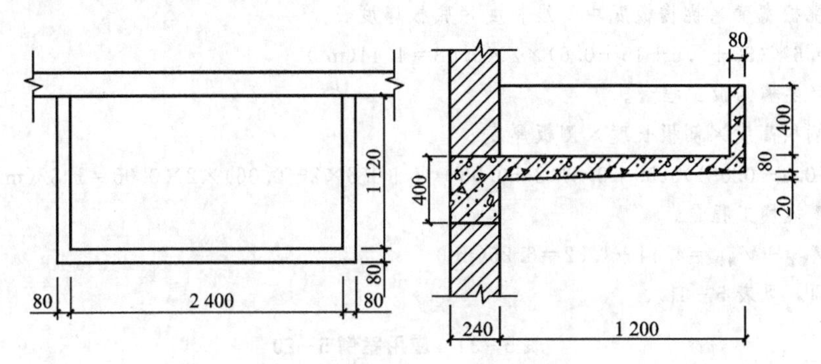


**图5.58 带反檐的雨篷示意图**

**解：**

(1) 计算工程量。

$V_{雨篷}=1.2\times(2.4+0.08\times2)\times0.09+0.4\times[(1.12+0.04)\times2+2.4+0.08]\times0.08=0.43(\text{m}^3)$

(2) 列项，见表5-30。

**表5-30 应用案例5-19**

| 定额编号 | 工程名称 | 单位 | 工程量 |
|---|---|---|---|
| A4-104 | 雨篷 | $\text{m}^3$ | 0.43 |

11) 挑檐

挑檐混凝土工程量按实体体积以立方米计算。

计算挑檐混凝土工程量时，要注意挑檐的底板、立板的计算长度不同，应分别考虑。

## 应用案例 5-20

试计算挑檐混凝土工程量，如图 5.59 所示。

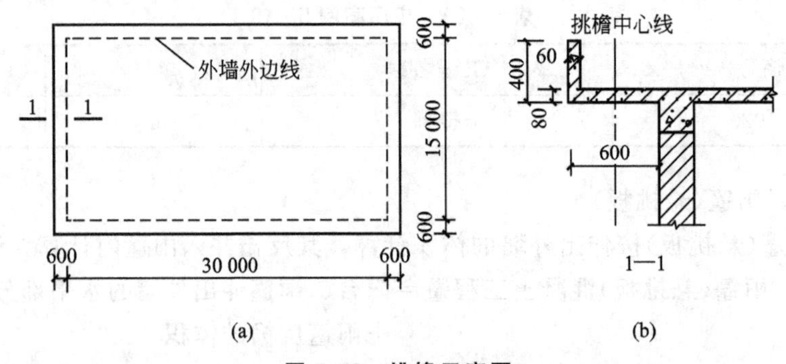


**图 5.59　挑檐示意图**

(a) 平面图；(b) 剖面图

**解：**

(1) 计算挑檐底板工程量。

$V_{底板}$＝挑檐宽度×挑檐板底中心线长度×底板厚度

＝0.6×(30＋0.6＋15＋0.6)×2×0.08＝4.44($m^3$)

(2) 计算挑檐侧板工程量。

$V_{侧板}$＝侧板高度×侧板长度×侧板厚度

＝(0.4－0.08)×(30＋0.6×2－0.06＋15＋0.6×2－0.06)×2×0.06＝1.82($m^3$)

(3) 计算挑檐工程量。

$V_{挑檐}$＝$V_{底板}$＋$V_{侧板}$＝4.44＋1.82＝6.26($m^3$)

(4) 列项，见表 5-31。

**表 5-31　应用案例 5-20**

| 定额编号 | 工程名称 | 单位 | 工程量 |
|---|---|---|---|
| A4-110 | 挑檐 | $m^3$ | 6.26 |

12) 台阶

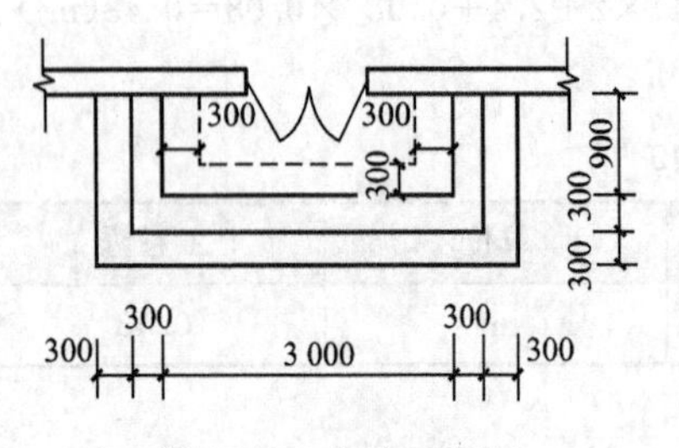


**图 5.60　台阶示意图**

台阶的混凝土工程量按台阶实体体积以立方米计算。台阶是连接两个高低地面的交通踏步。一般情况下，台阶多与平台相连。计算工程量时，台阶与平台的分界线应以最上一层踏步外沿加 300mm 计算，如图 5.60 所示。混凝土台阶不包括梯带。

13) 栏板

栏板以立方米计算，伸入墙内的部分合并计算，其计算公式为

栏板混凝土工程量＝栏板实际长度×栏板高度×栏板厚度

【参考视频】

14) 预制板补浇板缝

预制板补浇板缝是指在室内布置完预制板后，还剩余一定宽度，需现浇混凝土补缝，

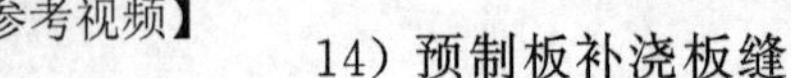

其工程量按平板计算。它不同于板的接头灌缝。

2. 预制混凝土工程量计算规则

1) 各类预制钢筋混凝土构件

各类预制钢筋混凝土构件的混凝土工程量按图示尺寸以立方米计算，不扣除构件内钢筋、铁件以及小于300mm×300mm以内孔洞所占的体积。混凝土工程量应包含制作、运输、安装损耗，损耗率为1.5%，其计算公式为

各类预制钢筋混凝土构件混凝土工程量＝构件实体体积×(1＋1.5%)

2) 桩

预制桩按桩全长(包括桩尖)乘以桩断面面积(空心桩应扣除孔洞体积)以立方米计算。其混凝土工程量应包含制作损耗，损耗率为2.0%，计算公式为

预制桩的混凝土工程量＝桩断面面积×桩全长×(1＋2.0%)

3) 组合构件

混凝土与钢构件组合的构件(如组合屋架)，混凝土部分按实体体积以立方米计算。钢构件部分按质量以吨计算，分别套用相应的定额项目。

4) 钢筋混凝土构件的接头灌缝

钢筋混凝土构件的接头灌缝工程量均按预制构件的实体体积以立方米计算，其中应注意以下问题。

(1) 构件的接头灌缝包括了构件座浆、灌缝、堵板孔、塞梁板缝等，故其中任意一项不再单独列项。

(2) 柱与柱基灌缝按首层柱体积计算；首层以上柱灌缝按各层柱体积计算。

### 5.5.3 钢筋工程量计算规则

1. 相关说明

【参考视频】

1) 钢筋种类

(1) 钢筋按直径大小分为钢筋和钢丝两类。直径在6mm以上的称为钢筋；直径在6mm以内的称为钢丝。

(2) 钢筋按生产工艺可分为热轧钢筋、余热处理钢筋、冷拔钢筋、冷轧钢筋等多种。

(3) 根据《混凝土结构设计规范》(GB 50010－2010)，常用的钢筋牌号、符号及强度要求见表5-32。

表5-32 常用钢筋的牌号、符号及强度要求

| 牌号 | 符号 | 公称直径 $d$/mm | 屈服强度标准值 $f_{yk}$ | 极限强度标准值 $f_{stk}$ |
|---|---|---|---|---|
| HPB300 | $\phi$ | 6～22 | 300 | 420 |
| HRB335 | $\Phi$ | 6～50 | 335 | 455 |
| HRBF335 | $\Phi^{F}$ | | | |
| HRB400 | $\Phi$ | 6～50 | 400 | 540 |
| HRBF400 | $\Phi^{F}$ | | | |
| RRB400 | $\Phi^{R}$ | | | |
| HRB500 | $\Phi$ | 6～50 | 500 | 630 |
| HRBF500 | $\Phi^{F}$ | | | |

2）混凝土保护层的厚度

根据《混凝土结构设计规范》(GB 50010－2010)中 2.1.18 条规定，结构构件中的钢筋外边缘至构件表面范围用于保护钢筋的混凝土简称保护层，如图 5.61 所示。

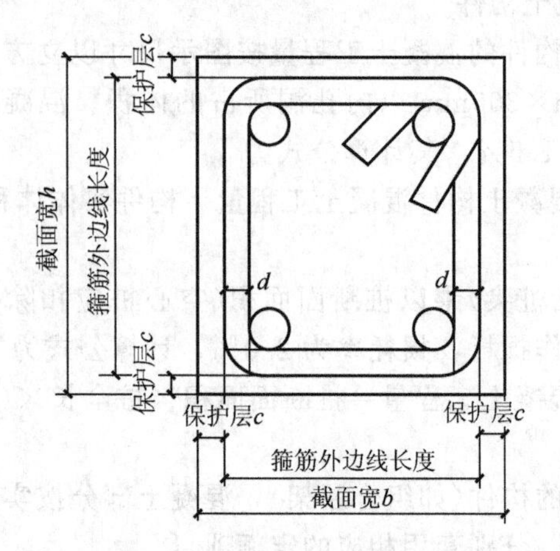


**图 5.61　混凝土保护层示意图**

根据《混凝土结构施工图平面整体表示方法制图规则和构造详图》(11G101—1)中规定，设计使用年限为 50 年的混凝土结构、最外层钢筋的混凝土保护层厚度按表 5－33 的规定选择；设计使用年限为 100 年的混凝土结构、最外层钢筋的保护层厚度不应小于表 5－33 中数值的 1.4 倍。本表是以混凝土标号大于 C25 为基准编制的，当标号不大于 C25 时，保护层厚度增加 5mm。构件受力钢筋的保护层厚度不应小于钢筋的公称直径。基础底面的钢筋保护层厚度，有混凝土垫层时应从垫层上表面算起，且不应小于 40mm。

**表 5－33　混凝土保护层的最小厚度**　(mm)

| 环境类别 | 板、墙 | 梁、柱 | 环境类别 | 板、墙 | 梁、柱 |
|---|---|---|---|---|---|
| 一 | 15 | 20 | 三 a | 30 | 40 |
| 二 a | 20 | 25 | 三 b | 40 | 50 |
| 二 b | 25 | 35 | | | |

3）钢筋锚固

【参考视频】

钢筋与混凝土之间所以能够可靠地结合，实现共同工作，主要一点就是它们之间存在粘结力。很显然，钢筋进入混凝土内的长度越长，粘结效果就越好。钢筋的锚固长度是指钢筋伸入支座内的长度。其目的是防止钢筋被拔出，如图 5.62 所示，混凝土结构受拉构件的锚固长度按设计要求或(11G101－1)执行，具体内容见表 5－34、表 5－35、表 5－36。

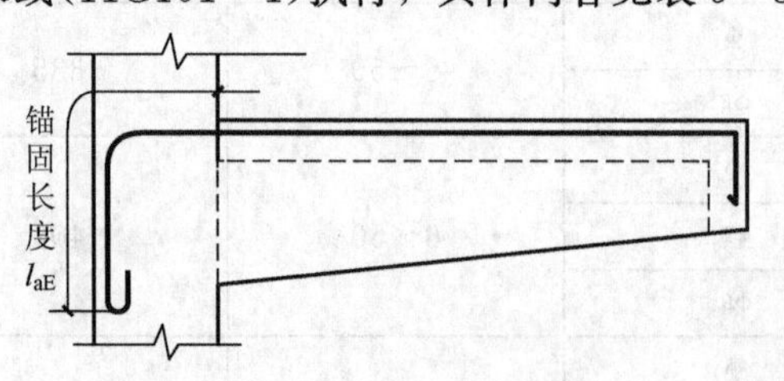


**图 5.62　钢筋锚固长度示意图**

表 5-34 受拉钢筋基本锚固长度 $L_{ab}$、$L_{abE}$

| 钢筋种类 | 抗震等级 | 混凝土强度等级 | | | | | | | | |
|---|---|---|---|---|---|---|---|---|---|---|
| | | C20 | C25 | C30 | C35 | C40 | C45 | C50 | C55 | ≥C60 |
| HPB300 | 一、二级($l_{abE}$) | $45d$ | $39d$ | $35d$ | $32d$ | $29d$ | $28d$ | $26d$ | $25d$ | $24d$ |
| | 三级($l_{abE}$) | $41d$ | $36d$ | $32d$ | $29d$ | $26d$ | $25d$ | $24d$ | $23d$ | $22d$ |
| | 四级($l_{abE}$)<br>非抗震($l_{ab}$) | $39d$ | $34d$ | $30d$ | $28d$ | $25d$ | $24d$ | $23d$ | $22d$ | $21d$ |
| HPB335<br>HRBF335 | 一、二级($l_{abE}$) | $44d$ | $38d$ | $33d$ | $31d$ | $29d$ | $26d$ | $25d$ | $24d$ | $24d$ |
| | 三级($l_{abE}$) | $40d$ | $35d$ | $31d$ | $28d$ | $26d$ | $24d$ | $23d$ | $22d$ | $22d$ |
| | 四级($l_{abE}$)<br>非抗震($l_{ab}$) | $38d$ | $33d$ | $29d$ | $27d$ | $25d$ | $23d$ | $22d$ | $21d$ | $21d$ |
| HPB400<br>HRBF400<br>RRB400 | 一、二级($l_{abE}$) | — | $46d$ | $40d$ | $37d$ | $33d$ | $32d$ | $31d$ | $30d$ | $20d$ |
| | 三级($l_{abE}$) | — | $42d$ | $37d$ | $34d$ | $30d$ | $29d$ | $28d$ | $27d$ | $26d$ |
| | 四级($l_{abE}$)<br>非抗震($l_{ab}$) | — | $40d$ | $35d$ | $32d$ | $29d$ | $28d$ | $27d$ | $26d$ | $25d$ |
| HPB500<br>HRBF500 | 一、二级($l_{abE}$) | — | $55d$ | $49d$ | $45d$ | $41d$ | $39d$ | $37d$ | $36d$ | $35d$ |
| | 三级($l_{abE}$) | — | $50d$ | $45d$ | $41d$ | $38d$ | $36d$ | $34d$ | $33d$ | $32d$ |
| | 四级($l_{abE}$)<br>非抗震($l_{ab}$) | — | $48d$ | $43d$ | $39d$ | $36d$ | $34d$ | $32d$ | $31d$ | $30d$ |

表 5-35 受拉钢筋锚固长度 $L_a$、抗震锚固长度 $L_{aE}$

| 非抗震 | 抗震 | |
|---|---|---|
| $L_a=\zeta_a L_{ab}$ | $L_{aE}=\zeta_{aE} L_{abE}$ | 1. $L_a$不应小于 200mm<br>2. 锚固长度修正系数 $\zeta_a$ 按表 5-38 取值，当多于一项时，可按连乘取值，但不应小于 0.6<br>3. $\zeta_{aE}$为抗震锚固长度修正系数，对一、二级抗震等级取 1.15，对三级抗震等级取 1.05，对四级抗震等级取 1.00 |

表 5-36 受拉钢筋锚固长度修正系数 $\zeta_a$

| 锚固条件 | | $\zeta_a$ | |
|---|---|---|---|
| 带肋钢筋的公称直径大于 25 | | 1.10 | — |
| 环氧树脂涂层带肋钢筋 | | 1.25 | |
| 施工过程中易受扰动的钢筋 | | 1.10 | |
| 锚固区保护层厚度 | $3d$ | 0.80 | 注：中间时按内插值，$d$ 为锚固钢筋直径 |
| | $5d$ | 0.70 | |

注：1. HPB300 级钢筋末端应做 180°弯钩，弯后平直段长度不应小于 $3d$，但作受压钢筋时可不做弯钩。

2. 当锚固钢筋的保护层厚度不大于 $5d$ 时，锚固钢筋长度范围内应设置横向构造钢筋，其直径不应小于 $d/4$($d$ 为锚固钢筋的最大直径)；对梁、柱等构件间距不应大于 $5d$，对板、墙等构件间距不应大于 $10d$，且均不应大于 100mm($d$ 为锚固钢筋的最小直径)。

4）钢筋连接

工厂生产出来的钢筋均按一定规格（如 9m、12m 等）的定长尺寸制作。而实际工程中使用的钢筋均是有长有短，形状各异，因此需要对钢筋进行连接处理。

钢筋连接方式主要有以下 3 种。

（1）绑扎连接。直接将两根钢筋相互参差地搭接在一起，就是绑扎连接。纵向钢筋绑扎搭接接头长度计算如下式。

$$l_{IE}=\zeta_I I_{aE} \quad \text{（抗震地区）}$$

$$l_I=\zeta_I l_a \quad \text{（非抗震地区）}$$

式中：$l_{IE}$ ——纵向受拉钢筋的抗震搭接长度；

$l_I$ ——纵向受拉钢筋的搭接长度；

$\zeta_I$ ——纵向受拉钢筋搭接长度修正系数，按表 5－37 计取。

**表 5－37　纵向受拉钢筋搭接长度修正系数**

| 纵向受拉钢筋搭接接头百分率(%) | ≤25 | 50 | 100 |
|---|---|---|---|
| $\zeta_I$ | 1.2 | 1.4 | 1.6 |

注：1. 当直径不同的钢筋搭接时，$l_I$和 $l_{IE}$按直径较小的钢筋计算。

2. 在任何情况下，受拉刚筋的搭接长度不应小于 300mm。

3. 当纵向钢筋搭接接头的百分率为表中的中间值时，可按内插取值。

【参考视频】

（2）焊接连接。焊接连接包括对焊、单面焊、双面焊、电渣压力焊、气压焊等几种情况。电渣压力焊用于竖直钢筋的连接，如框架柱和剪力墙的纵向钢筋。

【参考视频】

（3）机械连接。机械连接包括直螺纹连接、锥螺纹连接、套管冷挤压连接等几种情况。

5）钢筋图纸标注长度

钢筋弯折后，弯折处外边线长度会伸长，大于中心线长度；内边线长度会缩短，小于中心线长度，中心线长度不变。但是图纸标注的纵筋长度一般指的是外边线长度，如图 5.63 所示。

（1）预算长度。预算长度指的是图纸标注的长度即外边线长度，按图 5.63 计算。

$$钢筋预算长度=L_1+L_2$$

（2）工地实际下料长度。工地实际下料时用的是钢筋中心线长度，如图 5.64 所示。

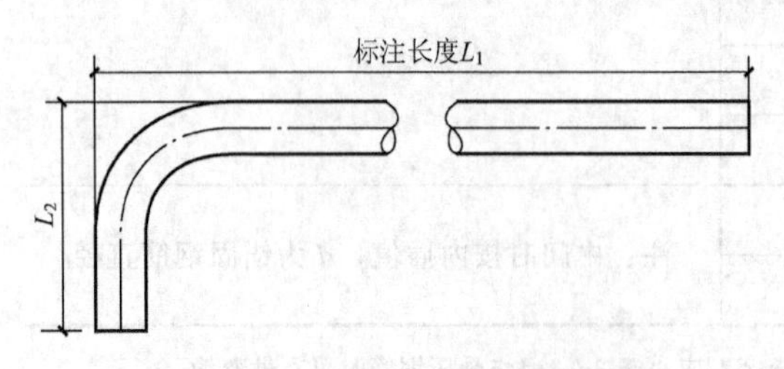


**图 5.63　钢筋图纸标注长度示意图**

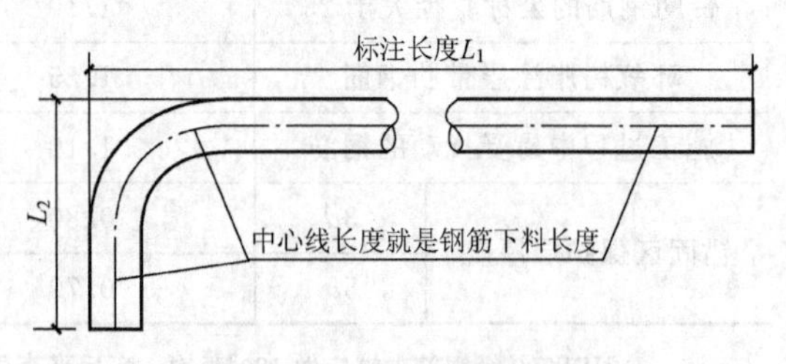


**图 5.64　钢筋下料长度示意图**

钢筋弯折时外边线长度与中心线长度的差值称为钢筋弯折量度差值。根据理论推算并结合实践经验，弯曲调整值取值见表5-38。

**表5-38 钢筋弯折调整值表**

| 钢筋弯折角度 | 30° | 45° | 60° | 90° | 135° |
|---|---|---|---|---|---|
| 钢筋弯折量度差值 | 0.35$d$ | 0.5$d$ | 0.85$d$ | 2$d$ | 2.5$d$ |

特别提示

外边线长度和中心线长度的关系如下。

所谓外边线长度就是按照图纸计算出来的长度，也就是预算长度。

所谓中心线长度就是按钢筋中心线计算出来的长度，也就是下料长度。

中心线长度＝外边线长度－钢筋弯折量度差值

6）钢筋弯钩长度的计算

钢筋弯钩长度的确定与弯曲半径、弯钩角度有关。常见的弯钩角度有3种，即半圆弯钩、直弯钩、斜弯钩。当一级钢筋的末端做成180°、90°、135°3种弯钩时，如图5.65所示，各弯钩长度值见表5-39。

【参考视频】

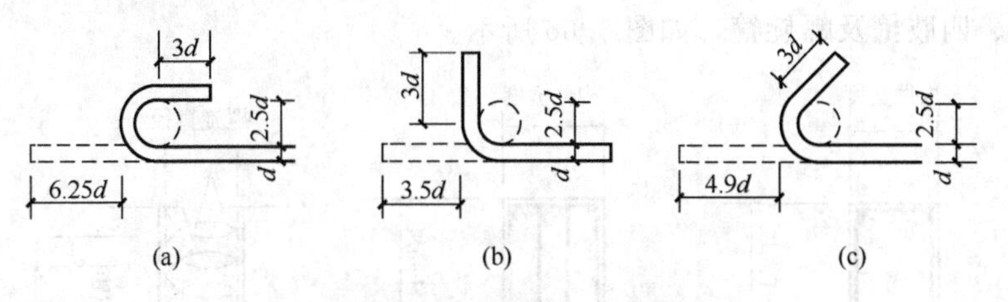


**图5.65 钢筋弯钩角度示意图**

(a) 半圆弯钩；(b) 直弯钩；(c) 斜弯钩

**表5-39 弯钩长度值**

| 弯钩形式 | 180°半圆弯钩 | 90°直弯钩 | 135°斜弯钩 |
|---|---|---|---|
| 弯钩长度 | 6.25$d$ | 3.5$d$ | 4.9$d$ |

特别提示

抗震等级、混凝土强度等级、钢筋级别、钢筋直径、搭接形式、保护层厚度等因素对计算钢筋的长度有一定的影响，在计算钢筋长度时，一定要根据图纸调整这些因素。

2. 钢筋工程量计算规则

1）计算规则

(1) 钢筋工程量计算，应按钢筋的不同品种、不同规格，按普通钢筋、预应力钢筋分别列项，按设计长度乘以单位重量以吨计算。

(2) 计算钢筋工程量时，设计已规定钢筋搭接长度的按规定搭接长度计算，设计未规定搭接长度的，其接头长度已包含在钢筋的损耗率之内，不另计算搭接长度。

(3) 气压焊、电渣压力焊和机械连接接头区分不同直径以个为计量单位。

2）钢筋工程量计算公式

钢筋工程量计算公式

钢筋工程量＝钢筋设计长度(m)×根数×钢筋每米重量(kg/m)

钢筋设计长度的确定。钢筋混凝土构件种类如梁板柱墙配置钢筋方法各不相同，下面分别介绍不同钢筋长度的计算方法。

【参考视频】

(1) 纵向钢筋长度的确定。纵向钢筋是指沿构件长度或高度方向设置的钢筋。其计算公式为

纵向钢筋长度＝构件支座间净长度＋应增加的钢筋长度

式中：应增加的钢筋长度包括钢筋的锚固长度、钢筋弯钩长度、弯起钢筋长度及钢筋接头的搭接长度。

① 钢筋锚固长度的计算，见表 5－34、表 5－35、表 5－36。

② 钢筋弯钩长度的计算，见表 5－39。

③ 钢筋接头及搭接长度的计算，见表 5－37。

(2) 箍筋长度的确定。箍筋是钢筋混凝土构件中形成骨架，并与混凝土一起承担剪力的钢筋，在梁、柱构件中设置，其计算公式为

箍筋长度＝单根箍筋长度×箍筋个数

单根箍筋长度的计算。单根箍筋的长度，与箍筋的设置形式有关，箍筋常见的设置形式有双肢箍、四肢箍及螺旋箍，如图 5.66 所示。

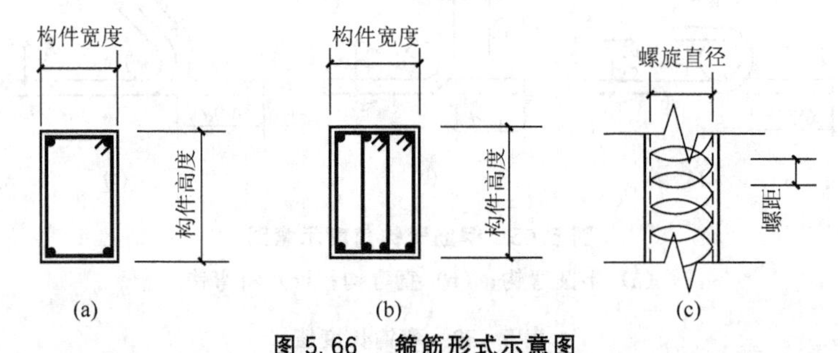


**图 5.66　箍筋形式示意图**

(a) 双肢箍；(b) 四肢箍；(c) 螺旋箍

① 双肢箍的长度计算公式为

双肢箍长度＝构件周长－8×混凝土保护厚度＋箍筋两个弯钩增加长度

式中：混凝土保护层厚度见表 5－33；箍筋弯钩增加长度见表 5－40。

**表 5－40　箍筋每个弯钩增加长度计算表**

| 弯钩形式 | | 180° | 90° | 135° |
|---|---|---|---|---|
| 弯钩增加值（直段部分 5$d$） | 一般结构 | 8.25$d$ | 5.5$d$ | 6.87$d$ |
| | 有抗震要求结构 | 13.25$d$ | 10.5$d$ | 11.87$d$ |

② 四肢箍。四肢即两个双肢箍，其长度与构件纵向钢筋根数及其排列有关，例如，当纵向钢筋每侧为 4 根时，可按下式计算。

四肢箍长度＝一个双肢箍长度×2

＝{[(构件宽度－两端保护层厚度)×2/3＋构件高度

－两端保护层厚度]×2＋箍筋两个弯钩增加长度}×2

③ 螺旋箍的长度计算公式为

$$螺旋箍长度=\sqrt{(螺距)^2+(3.14\times螺旋直径)^2}\times 螺旋圈数$$

④ 箍筋根数的确定。箍筋的根数与构件的长度和箍筋的间距有关，箍筋的间距一般在图纸上有标注，箍筋根数可按下面公式计算。

$$n=箍筋设置区域长度/箍筋设置间距+1$$

(3) 腰筋长度的确定。按构造要求，当梁高≥450mm时，在梁的两侧应沿高度配腰筋，如图5.67所示，其间距小于或等于200mm，当梁宽≤350mm时，腰筋上拉筋直径为6mm，间距为非加密区箍筋间距的两倍，即间距为400mm，拉筋的设置范围与梁的箍筋相同，拉筋弯钩增加长度为11.9$d$。

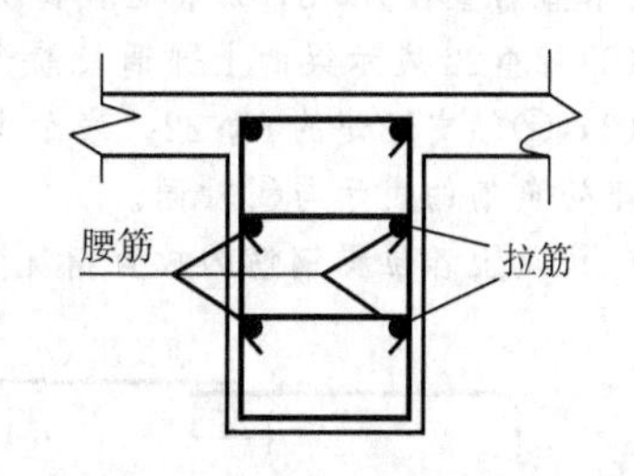


图5.67 腰筋及拉筋设置示意图

(4) 常用钢筋的理论重量。常用钢筋的理论重量可以以下式计算，也可以从表5-41查出。

$$钢筋每米长重量=0.006\,165d^2=d^2/162$$

**表5-41 常用钢筋的理论重量**

| 公称直径/mm | 6 | 6.5 | 8 | 10 | 12 | 14 | 16 | 18 | 20 | 22 | 25 | 28 |
|---|---|---|---|---|---|---|---|---|---|---|---|---|
| 理论重量/(kg/m) | 0.222 | 0.26 | 0.395 | 0.617 | 0.888 | 1.21 | 1.58 | 2 | 2.47 | 2.98 | 3.85 | 4.83 |

3) 钢筋工程量计算步骤

钢筋工程量的一般计算步骤如下。

(1) 确定构件混凝土的强度等级和抗震级别(按设计图纸)。

(2) 确定钢筋保护层的厚度(按设计图纸或规范)。

(3) 计算钢筋的锚固长度 $L_a$，抗震锚固长度 $L_{aE}$，钢筋的搭接长度 $L_l$，抗震搭长度 $L_{lE}$(按设计图纸、各种规范、标准，常用的有11G101等)。

(4) 计算钢筋的长度、根数和重量。

(5) 按钢筋种类和不同直径分别计算钢筋重量。

## 应用案例5-21

某框架结构房屋，抗震等级为二级，其楼层框架梁KL1(2)配筋如图5-68 KL1平法表示图所示，已知梁混凝土强度等级为C35，环境类别一类，柱纵筋为Φ25，试计算该梁的钢筋工程量。

【参考图文】

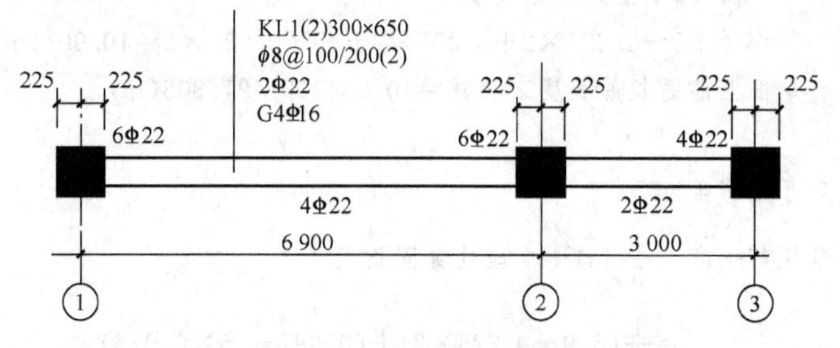


图5.68 KL1平法表示图

**解：**

1. 分析：KL1 要计算的钢筋：通长筋、支座负筋、箍筋、贯通筋、腰筋及拉筋

2. 识图

图 5-63 所示是梁配筋的平法表示，它的含义是：

(1) ①、③轴线间的 KL1 共有二跨，截面宽度为 300mm，截面高度为 650mm，φ8@100/200(2)表示箍筋直径为φ8，加密区间距为 100mm，非加密区间距为 200mm，采用两肢箍。

(2) 2Φ22 表示梁的上部通长筋为 2 根Φ22。

(3) ①轴支座处的 6Φ22，表示支座处的负弯矩筋为 6 根Φ22，其中两根为上部通长筋。②、③轴支座处负筋的表示与①轴同。

(4) 以上各位置钢筋的放置情况如图 5-69 所示。

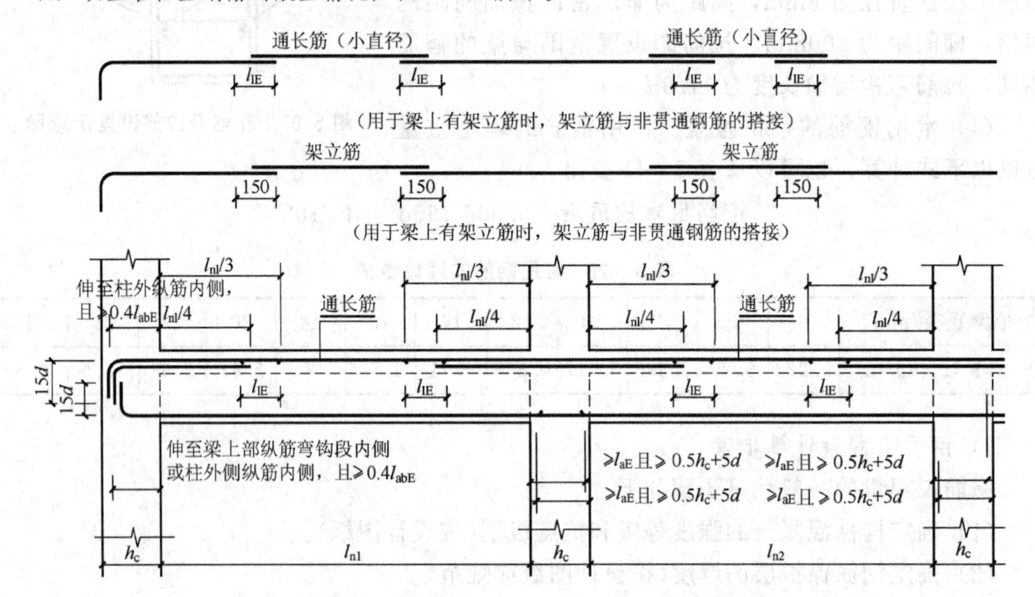


**图 5.69 抗震楼层框架梁 KL 纵向配筋构造图**

**(注：$l_n$表示相邻两跨的最大值，$h_c$为柱截面沿框架方向的高度)**

3. 钢筋工程量计算

(1) 上部通长筋 2Φ22。

按照表 5-33 混凝土保护层的最小厚度的规定，一类环境，箍筋的保护层厚度取 20mm，纵向受力钢筋保护层厚度取 20＋8＝28mm(大于纵向钢筋的直径 22mm)。柱外侧纵筋内侧长＝450－20－8－25＝397mm＞0.4labe＝0.4×31×22＝273mm，故上部通长钢筋伸至柱纵筋内侧。

单根上部通长筋长度＝各跨轴线间长度－两端半个支座宽度＋两端上部通长筋伸至柱外侧纵筋内侧长＋两端支座的弯锚长度

＝6.9＋3－0.225×2＋0.397×2＋15×0.022×2＝10.904(m)

上部通长筋总长＝单根上部通长筋长度×根数＝10.904×2＝21.808(m)

(2) 支座负筋。

a. ①轴支座处负弯矩筋 4Φ22。

①轴支座处负弯矩筋长度＝$\frac{1}{3}$ ln1＋支座处锚固长度

＝$\frac{1}{3}$(6.9－0.225×2)＋(0.397＋15×0.022)

$=2.15+0.727=2.877(m)$

①轴支座处负弯矩筋总长度$=2.877\times4=11.508(m)$

b. ②轴支座处负弯矩筋4Φ22。

②轴支座处负弯矩筋长度$=\frac{1}{3}ln1\times2+$中间支座长度

$=\frac{1}{3}(6.9-0.225\times2)\times2+2\times0.225$

$=2.15\times2+0.45=4.75(m)$

②轴支座处负弯矩筋总长度$=4.75\times4=19(m)$

c. ③轴支座处负弯矩筋2Φ22。

因②③轴间跨长为$3-0.225\times2=2.55m$，②轴支座处负弯矩筋伸入第二跨长度为$\frac{1}{3}(6.9-0.225\times2)=2.15m$，而③轴支座处负筋长$\frac{1}{3}(3-0.225\times2)=0.85m$，$2.15+0.85=3m>2.55m$，故②轴支座处负弯矩筋其中2Φ22直接伸入③轴支座处成为其支座负弯矩筋。

③轴支座处负弯矩筋长度=(跨长−②轴支座处负弯矩筋伸出长度)+③轴支座处锚固长度$=(2.55-2.15)+(0.397+15\times0.022)=1.127(m)$

③轴支座处负弯矩筋总长度$=1.127\times2=2.254(m)$

(3) 下部贯通筋。

a. 第一跨(①②轴线间)下部贯通筋4Φ22。

每根下部贯通筋的长度=本跨净长度+两端支座锚固长度

在①轴支座处的钢筋应伸至梁上部纵筋弯钩内侧或柱外侧纵筋内侧，且$\geqslant0.4\,l_{abe}$，梁上部纵筋弯钩内侧$=450-20-8-25-22=375mm>0.4l_{abe}=0.4\times31\times22=273mm$，经判断，①轴支座处的下部贯通筋锚固长度取梁上部纵筋内侧加$15d$，即$375+15\times22=705mm$，②轴支座处的下部贯通筋锚固长度应$\geqslant l_{ae}$且$\geqslant0.5hc+5d$，经计算，$l_{ae}=1.15\times l_{abe}=1.15\times31\times22=784mm>0.5h_c+5d=0.5\times450+5\times22=335mm$，所以，②轴的钢筋锚固长度取784mm。

下部贯通筋每根长度=跨长+两端的锚固长度$=(6.9-0.225\times2)+0.705+0.784=7.939(m)$

第一跨下部贯通筋的总长度$=4\times7.939=31.756(m)$

b. 第二跨(②③轴线间)下部贯通筋2Φ22。

每根长度=跨长+两端的锚固长度$=(3-0.225\times2)+0.705+0.784=4.039(m)$

第二跨下部贯通筋的总长度$=2\times4.039=8.078(m)$

(4) 箍筋。

a. 箍筋长度。

单根双肢箍长度=梁周长−8×混凝土保护厚度+箍筋两个弯钩增加长度

$=(0.3+0.65)\times2-8\times0.02+2\times11.87\times0.008=1.9-0.16+0.19=1.93(m)$

b. 箍筋根数。

箍筋加密区长度$\geqslant1.5h_b$且$\geqslant500mm$，因$1.5h_b=1.5\times0.65=0.975m=975mm>500mm$，故第一跨箍筋加密区长度$=0.975(m)$

第一跨箍筋设置个数=加密区个数+非加密区个数

$=[(0.975-0.05)/0.1+1]\times2+(6.9-0.225\times2-0.975\times2)/0.2-1$

$=10.25\times2+21.5\approx22+22=44$(根)

第二跨箍筋设置个数$=[(0.975-0.05)/0.1+1]\times2+(3-0.225\times2-0.975\times2)/0.2-1$

$=10.25\times2+2\approx22+2=24$(根)

箍筋总长度＝单根箍筋长度×箍筋根数＝1.93×(44＋24)＝131.24(m)

(5) 腰筋 4ф16 及其拉筋。

本例中腰筋为 4ф16，因市场供应钢筋直径为ф6.5，故拉筋为ф6.5，计算如下：

腰筋长度＝单根腰筋长度×根数＝［(6.9＋3－0.225×2)＋2×15×0.016］×4＝9.93×4＝39.72(m)

拉筋长度＝单根拉筋长度×根数＝(梁宽－2×保护层厚度＋2×拉筋＋2×弯钩增加长度)

×(腰筋设拉筋长度/拉筋间距＋1)×沿梁高设置拉筋根数

＝(0.3－2×0.02＋2×0.0065＋2×11.87×0.0065)×［(6.9＋3－0.225×2

－0.225×2－0.05×4)/0.4＋2］×2

＝0.43×24×2＝20.64(m)

6) 钢筋重量，见下表 5-44。

**表 5-42 钢筋重量汇总表**

| 钢筋规格 | 长度/m | 每米重量/(kg/m) | 总重量/kg |
|---|---|---|---|
| ф22 | 21.808＋11.508＋19＋2.254＋31.756＋8.078＝94.404 | 2.98 | 281.32 |
| ф16 | 39.72 | 1.58 | 62.76 |
| ф8 | 131.24 | 0.395 | 51.84 |
| ф6.5 | 20.64 | 0.26 | 5.37 |
| 汇总 | | | 401.29 |

(4) 钢筋列项，见表 5-43。

**表 5-43 应用案例 5-21**

| 定额编号 | 工程名称 | 单位 | 工程量 | 定额编号 | 工程名称 | 单位 | 工程量 |
|---|---|---|---|---|---|---|---|
| A4-2 | 圆钢拉筋ф6.5 | t | 0.005 | A4-18 | 螺纹钢纵筋ф16 | t | 0.063 |
| A4-3 | 圆钢箍筋ф8 | t | 0.052 | A4-21 | 螺纹钢纵筋ф22 | t | 0.281 |

### 5.5.4 预埋铁件工程量计算规则

在混凝土或钢筋混凝土浇筑前预先埋设的金属零件称为预埋铁件，如预埋的钢板、型钢等，其工程量按设计图示尺寸以吨计算，计算公式为

预埋铁件工程量＝图示铁件质量＝图示铁件体积×7850kg/$m^3$(铁件每立方米质量)

**应用案例 5-22**

屋面钢架支座预埋件，如图 5.70 所示，请计算 20 个该预埋件的工程量。

**解:**

(1) 计算工程量。

—10 钢板：0.2×0.2×0.01×7 850×20＝62.8(kg)

ф12 钢筋：(0.2×2＋0.14＋2×6.25×0.012)×2×0.888×20＝24.51(kg)

预埋件工程量＝62.8＋24.51＝87.31(kg)＝0.087(t)

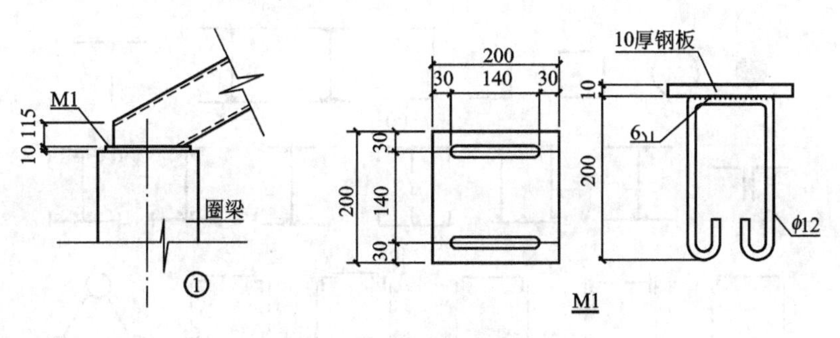


图 5.70 柱顶预埋件示意图(mm)

(2) 列项见表 5-44。

表 5-44 应用案例 5-22

| 定额编号 | 工程名称 | 单位 | 工程量 |
|---|---|---|---|
| A4-54 | 预埋铁件 | t | 0.087 |

## 5.6 金属结构工程

### 5.6.1 相关说明

1. 定额说明

(1) 金属结构制作是指钢柱、钢屋架、钢托架、钢梁、钢吊车轨道、钢平台、钢梯子、钢栏杆等的现场加工制作或企业附属加工厂制作的构件。

(2) 金属结构制作工程中仅包含构件的制作费及场内运输费，其场外运输及安装费用应另按本章 5.7 节构件运输工程规定计算。钢构件的制作、运输、安装工程量相同。

(3) 金属结构制作项目中包含刷一遍防锈漆所需的人工费、材料费。

(4) 金属构件制作均按焊接编制。如设计为铆接时，可参照国家有关专业定额标准计算。

2. 概念解释

(1) 实腹柱：采用单一的型钢，如钢管、方钢、槽钢、工字钢、H 型钢等截面形式构成柱身，此形式组装简单，制作工作量小，省工省时，如图 5.71(a)所示，另一种是由型钢和钢板焊接而成的组合截面，腹部做成 H 型，如图 5.71(b)所示。

(2) 空腹柱：柱身的截面形式通常采用格构式组合截面，由两个或几个肢体组成，一般双肢柱大多采用槽钢或工字钢做柱肢，由缀板、角钢或缀条连接柱肢组成柱。格构柱有较大的回转半径，刚度较大，长细比较小，如图 5.71(c)所示。

(3) 钢支撑：用来增加钢结构的整体刚度和侧向稳定性，传递水平荷载、风荷载及地震荷载的构件。通常分为屋架之间的水平(上玄水平支撑、下玄水平支撑)、竖直支撑、柱间支撑。

(4) H 型钢：是一种宽翼缘工字钢，通常用于门式钢架结构中，常由钢板焊接而成。

(5) 压型金属板：是以冷轧薄钢板为基板，经镀锌或镀锌后覆以彩色涂层再经辊弯成

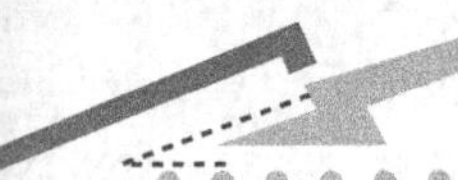
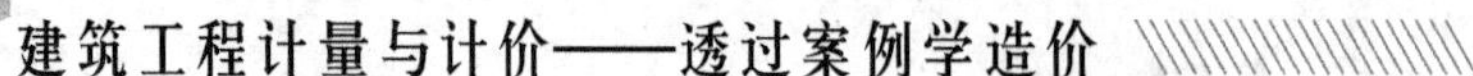

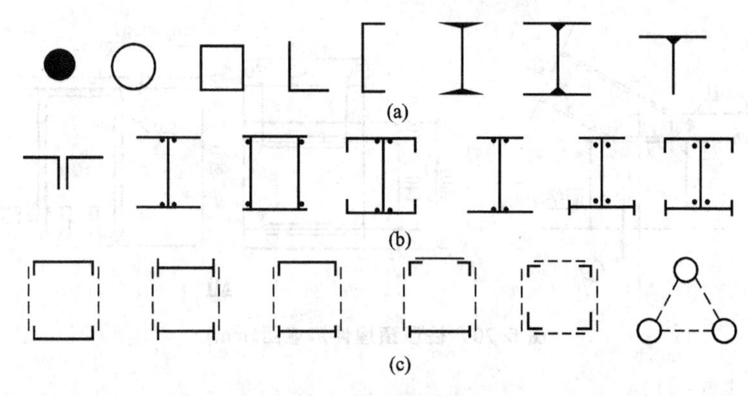


**图 5.71 钢柱的截面形式**

(a) 实腹式型钢截面；(b) 实腹式组合截面；(c) 空腹格构式组合截面

型的波纹板，具有成型灵活、施工速度快、外观美观、质量轻、易于工业化生产等特点，广泛用作建筑屋面及墙体的维护材料。断面形式很多，如图 5.72 所示。

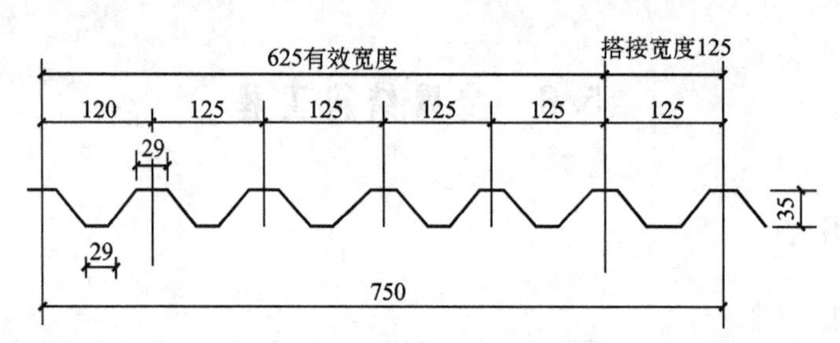


**图 5.72 V-125 压型金属板断面示意图**

### 5.6.2 工程量计算规则

(1) 金属结构制作，按图示钢材尺寸以吨计算。不扣除孔眼、切边的质量，焊条、铆钉、螺栓等质量，已包含在定额内，不另计算。

(2) 不规则或多边形钢板的质量按矩形计算，其边长以设计尺寸中互相垂直的最大尺寸为准。

(3) 实腹柱、吊车梁、H 型钢按设计尺寸计算，其中腹板和翼板宽度每边增加 25mm 计算。

(4) 计算钢柱时，依附于柱上的牛腿及悬梁质量应并入柱身质量内。

(5) 钢梁包括吊车梁、制动梁、单轨吊车梁等。吊车梁是承受桥式吊车的支撑梁，一般由工字钢、槽钢制作而成，其腹板、翼板的计算宽度与实腹柱相同；制动梁是由型钢和连接钢板焊接而成，且与吊车梁、钢柱连接在一起，对吊车起制动作用的梁，其工程量包括制动梁、制动桁架、制作板的质量。

(6) 计算钢平台制作工程量时，平台柱、平台梁、平台板、平台斜撑、钢扶梯及平台栏杆的质量，应并入钢平台质量内。本项目的铁栏杆的制作仅适用于工业厂房中平台、操作台的钢栏杆。民用建筑中的铁栏杆等按其他节有关项目执行。

(7) 压型钢板墙板按设计图示尺寸以铺挂面积计算。不扣除单个 $0.3m^2$ 以内的孔洞所占面积，包角、包边、窗台泛水等不另增加面积。压型钢板楼板按设计图示尺寸以铺设水平投影面积计算。不扣除柱、垛及单个 $0.3m^2$ 以内的孔洞所占面积。

(8) 金属结构构件制作工程量等于构件中各钢材质量之和，可按下式计算，即

$$W=S\times\delta\times7.85$$

式中：$W$——钢板的质量，t；

$S$——钢板的面积，$m^2$；

$\delta$——钢板的厚度，m。

## 应用案例 5-23

某金属构件如图 5.73 所示，底边长 1 520mm，顶边长 1 360mm，底边垂直最大宽度为 800mm，最大长度 1 650mm，钢板厚度 8mm，试计算该钢板工程量。

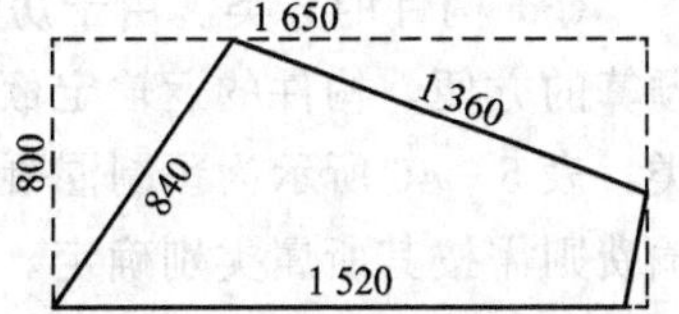

图 5.73 钢板构件示意图

**解：**

钢板面积按互相垂直最大长度与其最大宽度之积求得，即

钢板面积 $=1.65\times0.80=1.32(m^2)$

钢板质量 $=1.32\times0.008\times7.85=0.083(t)$

## 应用案例 5-24

试计算钢屋架间水平支撑的制作工程量，如图 5.74 所示。

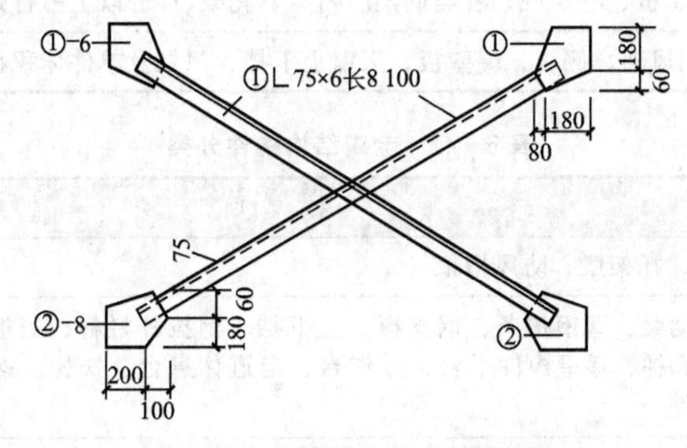

图 5.74 钢屋架水平支撑示意图

**解：**

(1) 计算工程量。

$W_{-6钢板}=S\times\delta\times7\,850\times n=(0.08+0.18)\times(0.06+0.18)\times0.006\times7\,850\times2=5.878(kg)$

$W_{-8钢板}=S\times\delta\times7\,850\times n=(0.1+0.2)\times(0.06+0.18)\times0.008\times7\,850\times2=9.043(kg)$

$W_{L75\times6}=S\times\delta\times7\,850\times n=8.1\times(0.075\times2-0.006)\times0.006\times7\,850\times2=109.875(kg)$

$W_{水平支撑}=5.878+9.043+109.875=124.796(kg)$

(2) 列项，见表 5-45。

表 5-45 应用案例 5-24

| 定额编号 | 工程名称 | 单位 | 工程量 |
|---|---|---|---|
| A5-27 | 钢屋架间水平支撑 | t | 0.125 |

# 5.7 钢筋混凝土及钢构件运输及安装工程

## 5.7.1 相关说明

钢筋混凝土及钢构件运输及安装工程的相关说明有以下几点。

(1) 钢筋混凝土及钢构件运输及安装工程包括预制混凝土构件运输及安装、金属构件运输及安装、混凝土构件接头灌缝。

(2) 构件运输工程定额适用于由构件堆放场地或构件加工厂运至施工现场的运输。

(3) 构件的分类。由于房屋功能的不同，房屋内构件的种类非常繁多。为编制施工图预算的方便，构件的运输定额将所有的构件，按其形状、体型及起吊的灵活程度进行了分类，表 5-46 所示为预制混凝土构件分类，表 5-47 所示为金属结构构件分类。构件的运输费则需按其所属类别确定。

表 5-46 预制混凝土构件分类

| 类别 | 项　目 |
|---|---|
| 1 | 4m 以内的空心板、实心板 |
| 2 | 6m 以内的桩、屋面板、楼板、梁、楼梯段 |
| 3 | 6～14m 梁、板、柱、桩，各类屋架、桁架、托架(14m 以上另行处理) |
| 4 | 天窗架、挡风架、侧板、端壁板、天窗上下挡、门杠及单件体积在 $0.1m^3$ 以内小构件 |

表 5-47 金属结构构件分类

| 类别 | 项　目 |
|---|---|
| 1 | 钢柱、屋架、托架梁、防风桁架 |
| 2 | 吊车梁、制动梁、型钢檩条、钢支撑、上下挡、钢拉杆栏杆、盖板、垃圾出灰门、倒灰门、篦子、爬梯、零星构件平台、操作台、走道休息台、扶梯、钢吊车梯台、烟囱紧固箍、彩板构件 |
| 3 | 墙架、挡风架、天空架、组合檩条、轻型屋架、滚动支架、悬挂支架、管道支架 |

## 5.7.2 工程量计算规则

1. 预制混凝土构件运输工程量计算规则

预制混凝土的构件运输工程量计算规则如下。

预制混凝土构件运输工程量按构件图示尺寸以实体体积加规定损耗计算。

预制混凝土构件运输及安装损耗率按表 5-48 的规定计算。其中，预制混凝土屋架、桁架、托架及长度在 9m 以上的梁、板、柱不计算损耗。

【参考视频】

其计算公式为

$$预制混凝土构件运输工程量=混凝土构件实体体积\times(1+1.3\%)$$

预制钢筋混凝土桩运输工程量=预制钢筋混凝土桩体积×(1+1.9%)

表5-48 预制钢筋混凝土构件制作、运输、安装损耗率

| 名称 | 制作废品率 | 运输堆放损耗 | 安装(打桩)损耗 |
|---|---|---|---|
| 各类预制构件 | 0.2% | 0.8% | 0.5% |
| 预制钢筋混凝土桩 | 0.1% | 0.4% | 1.5% |

2. 金属结构构件运输工程量计算规则

金属结构构件按构件设计图示尺寸以吨计算，所需的螺栓、电焊条等质量不另计算。

3. 混凝土构件安装工程量计算规则

预制钢筋混凝土构件安装工程量按图示尺寸以实体体积加规定损耗计算，其安装损耗见表5-48，其计算公式为

预制钢筋混凝土构件安装工程量=预制钢筋混凝土构件实体体积×(1+0.5%)

预制钢筋混凝土桩安装工程量=预制钢筋混凝土桩体积×(1+1.5%)

4. 钢结构构件安装工程量计算规则

金属构件安装工程，按图示构件钢材质量以吨计算，依附于钢柱上的牛腿及悬臂梁等，并入柱身主材质量内计算。

金属构件中所用钢板设计为多边形者，按矩形计算，矩形的边长以设计尺寸中互相垂直的最大尺寸为准。

5. 钢筋混凝土构件接头灌缝工程量计算规则

钢筋混凝土构件接头灌缝工程量包括构件座浆、灌缝、堵板孔、塞板梁缝等，均按预制钢筋混凝土构件体积以立方米计算。

**应用案例5-25**

预制框架结构厂房，需要安装15根预制框架柱，柱截面尺寸为500mm×700mm，柱高10m，预制构件厂距施工现场10km，试计算该预制构件的制作、运输及安装及灌缝工程量。

**解：**

(1) 工程量计算。

① 预制柱制作工程量：

$V=0.5\times0.7\times10\times15\times(1+0.2\%+0.8\%+0.5\%)=53.29(m^3)$

② 预制柱运输工程量：

$V=0.5\times0.7\times10\times15\times(1+0.8\%+0.5\%)=53.18(m^3)$

③ 预制柱安装工程量：

$V=0.5\times0.7\times10\times15\times(1+0.5\%)=52.76(m^3)$

④ 预制柱灌缝工程量：

$V=0.5\times0.7\times10\times15=52.5(m^3)$

(2) 列项，见表5-49。

表 5-49 应用案例 5-25

| 定额编号 | 工程名称 | 单位 | 工程量 |
| --- | --- | --- | --- |
| A4-117 | 预制混凝土柱制作 | $m^3$ | 53.29 |
| A6-11+A6-12 | 预制柱运输 10km | $m^3$ | 53.18 |
| A6-30 | 预制柱汽车式超重机安装 | $m^3$ | 52.76 |
| A6-214 | 预制柱接头灌缝 | $m^3$ | 52.5 |

**应用案例 5-26**

某工程设计采用型号为 YKB3661 的预应力空心板共 66 块，已知该预应力空心板 YKB3661 每块混凝土体积为 0.156$m^3$，运至施工现场运距为 5km，试计算该预应力空心板的制作、运输、安装、接头灌缝工程量并列项。

**解：**

(1) 计算。

$V_{制作}$＝构件实体体积×(1＋1.5%)＝0.156×66×(1＋1.5%)＝10.45($m^3$)

$V_{运输}$＝构件实体体积×(1＋1.3%)＝0.156×66×(1＋1.3%)＝10.43($m^3$)

$V_{安装}$＝构件实体体积×(1＋0.5%)＝0.156×66×(1＋0.5%)＝10.35($m^3$)

$V_{灌缝}$＝构件实体体积＝0.156×66＝10.30($m^3$)

(2) 列项，见表 5-50。

表 5-50 应用案例 5-26

| 定额编号 | 工程名称 | 单位 | 工程量 |
| --- | --- | --- | --- |
| A4-130 | 预应力空心板制作 | $m^3$ | 10.45 |
| A6-3 | 预应力空心板运输 5km | $m^3$ | 10.43 |
| A6-126 | 预应力空心板安装 | $m^3$ | 10.35 |
| A6-224 | 预应力空心板接头灌缝 | $m^3$ | 10.30 |

# 5.8 厂库房大门、特种门、木结构工程

## 5.8.1 相关说明

厂库房大门、特种门、木结构工程相关说明有以下几点。

(1) 厂库房大门特种门分为木板大门、钢木大门、钢木折叠门、冷藏库门和冷藏冻结间门、防火门、保温门、变电室门等项目。

(2) 木结构主要有：木屋架、屋面木基层、木楼梯、木柱、木梁等项目。

(3) 定额是按机械和手工操作综合编制的。不论实际采用何种操作方法，均按定额执行。

(4) 厂库大门、钢木大门及其他特殊门五金费另算。

(5) 厂库房大门及特种门的钢骨架制作，以钢材质量表示，已包括在定额项目中，不再另列项目计算。

### 5.8.2 工程量计算规则

工程量计算规则有以下几点。

(1) 厂库房大门、特种门制作安装工程量均按门洞口面积计算，异形门按最大矩形面积计算。

(2) 木屋架的制作安装工程量，按以下规定计算。

① 木屋架制作安装均按设计断面竣工木料以立方米计算，其后备长度及配制损耗均不另外计算。

② 方木屋架一面刨光时增加 3mm，两面刨光时增加 5mm，圆木屋架按屋架刨光时木材体积每立方米增加 0.05$m^3$ 算。附属于屋架的夹板、垫木等已并入相应的屋架制作项目中，不另计算；与屋架连接的挑檐木、支撑等，其工程量并入屋架竣工木料体积内计算。

③ 屋架的制作安装应区别不同跨度。其跨度应以屋架上下弦杆的中心线交点之间的长度为准。带气楼的屋架并入所依附屋架的体积内计算。

④ 屋架的马尾、折角和正交部分半屋架，应并入相连接屋架的体积内计算，如图 5.75所示。

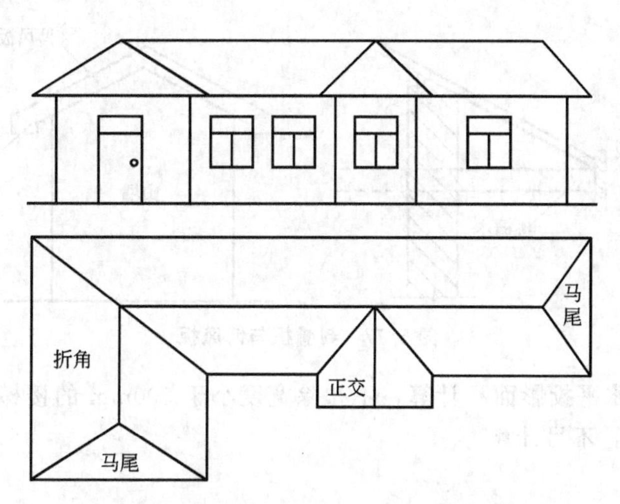


图 5.75 屋架的马尾、折角和正交部分示意图

⑤ 钢木屋架区分圆、方木，按竣工木料以立方米计算。

⑥ 圆木屋架连接的挑檐木、支撑等如为方木时，其方木部分应乘以系数 1.7 折合成圆木并入屋架竣工木料内。单独的方木挑檐，按矩形檩木计算。

(3) 檩木按竣工木料以立方米计算。简支檩长度按设计规定计算，如设计无规定者，按屋架或山墙中距增加 200mm 计算，如两端出山，檩条长度算至博风板；连续檩条的长度按设计长度计算，其接头长度按全部连续檩总体积的 5%计算。檩条垫木已计入相应的檩木制作安装项目中，不另计算，如图 5.76 所示。

(4) 屋面木基层，按屋面的斜面积计算。天窗挑檐重叠部分按设计规定计算，屋面烟囱及斜沟部分所占面积不扣除。

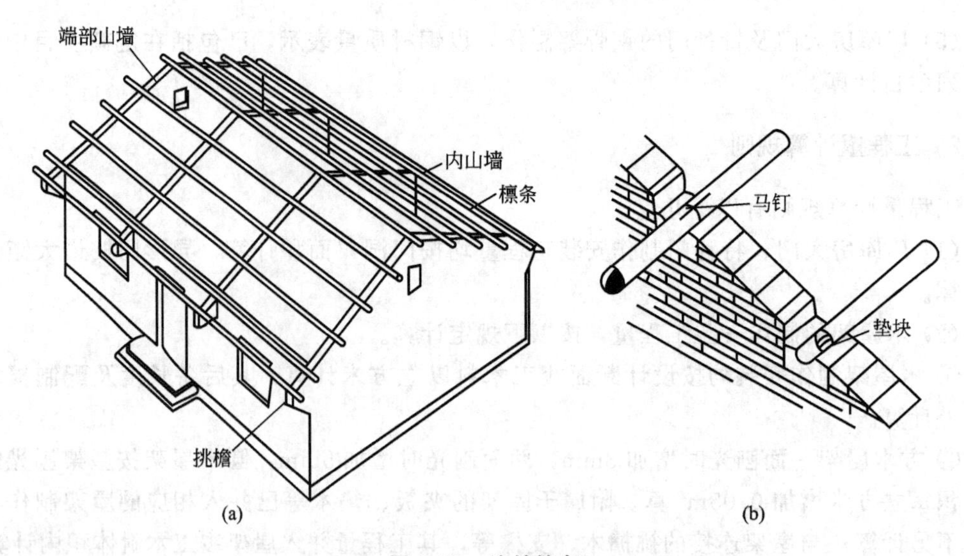


图 5.76 连续檀条

(a) 山墙支檀条屋顶；(b) 檀条在山墙上的搁置形式

(5) 封檐板按图示檐口外围长度计算，博风板按斜长度计算，每个大刀头增加长度500mm，如图 5.77 所示。

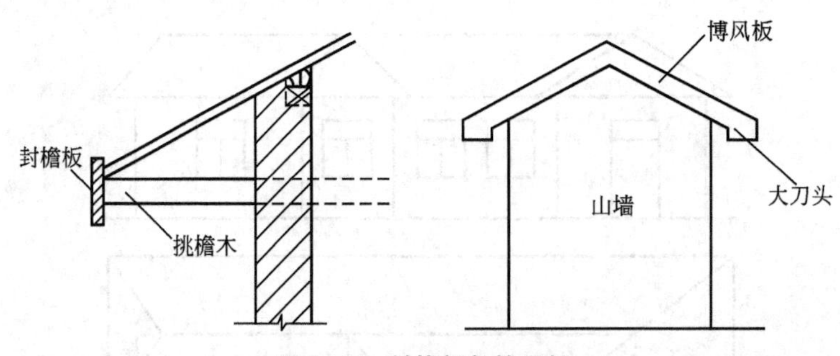


图 5.77 封檐板与博风板

(6) 木楼梯按水平投影面积计算，不扣除宽度小于 300mm 的楼梯井，其踢脚板、平台和伸入墙内部分，不另计算。

**应用案例 5-27**

试计算 15m 跨度方木屋架工程量，如图 5.78 所示。

**解：**

(1) 工程量计算。

上弦工程量$=8.385\times0.12\times0.21\times2=0.423(m^3)$

下弦工程量$=(15+0.5\times2)\times0.12\times0.21=0.403(m^3)$

斜撑工程量$=3.526\times0.12\times0.12\times2=0.102(m^3)$

斜撑工程量$=2.795\times0.12\times0.095\times2=0.064(m^3)$

挑檐木工程量$=1.5\times0.12\times0.12\times2=0.043(m^3)$

方木屋架工程量$=0.423+0.403+0.102+0.064+0.043=1.035(m^3)$

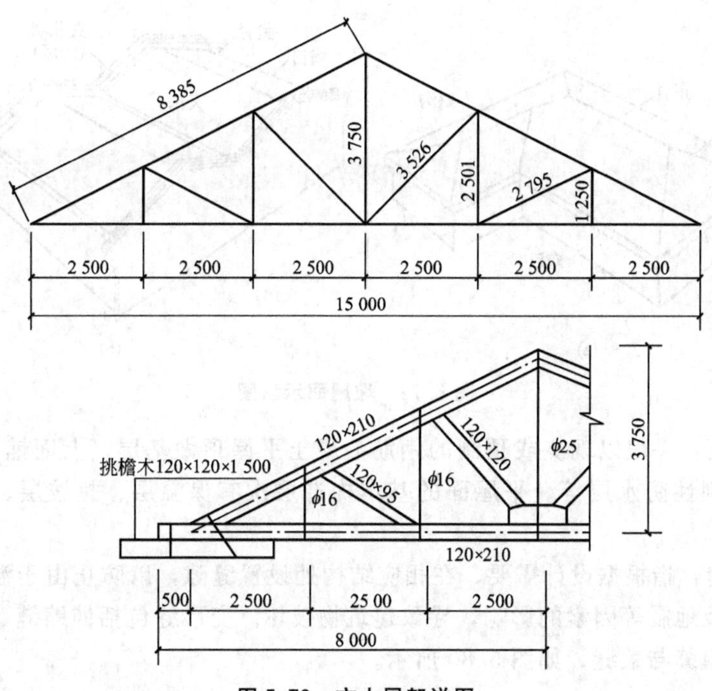


图 5.78 方木屋架详图

(2) 列项，见表 5-51 所示。

表 5-51 应用案例 5-27

| 定额编号 | 工程名称 | 单位 | 工程量 |
| --- | --- | --- | --- |
| A7-47 | 方木木屋架 | $m^3$ | 1.035 |

# 5.9 屋面及防水工程

## 5.9.1 相关说明

1. 定额说明

屋面及防水工程包括屋面工程、防水工程及变形缝项目 3 个部分。屋面工程包含的定额项目有：瓦屋面、卷材屋面、涂膜屋面及屋面排水。防水包括卷材防水、涂膜防水；变形缝包括填缝、盖缝。

2. 相关解释

(1) 屋面工程：指屋面板以上的构造层。按形式不同，可分为坡屋面、平屋面和曲屋面 3 种类型。

(2) 坡屋面：指排水坡度较大(大于 10%)的屋顶，由各类屋面防水材料覆盖，根据坡面组织不同，主要有单坡顶、双坡顶、四坡顶等，如图 5.79 所示。坡屋面材料主要有水泥瓦、黏土瓦、小青瓦、波形石棉瓦、金属压型板等。

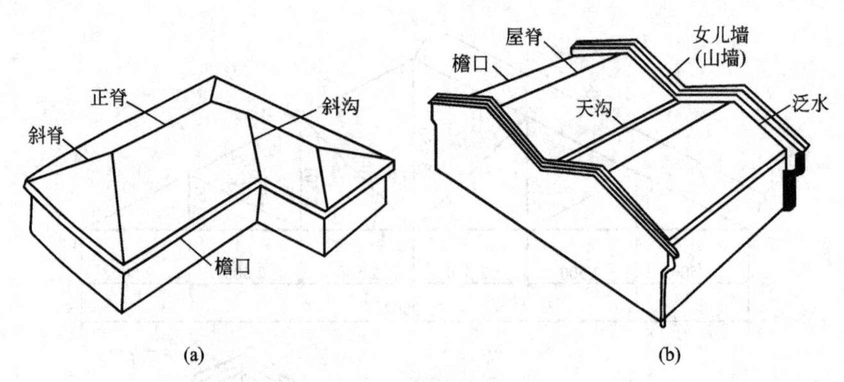


图 5.79 坡屋面示意图

(3) 平屋面：一般以现浇或预制的钢筋混凝土平屋顶做基层，上面铺设卷材防水屋、涂膜防水层、刚性防水层等。平屋面的基本构造层次有保温层、找坡层、找平层、防水层、保护层等。

(4) 变形缝：指根据设计需要，在相应结构处设置缝隙，以防止由于温度变化、地基不均匀沉降以及地震等因素的影响，导致建筑物破坏。变形缝包括伸缩缝、沉降缝及防震缝。变形缝的填缝与盖缝，如图 5.80 所示。

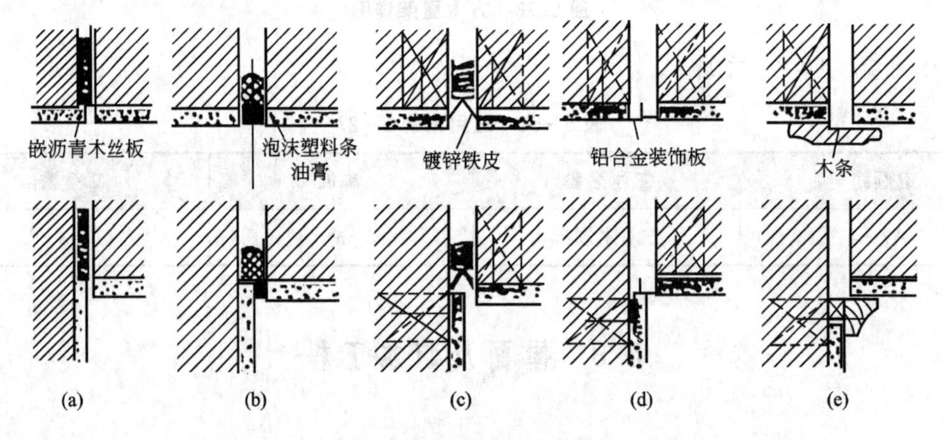


图 5.80 填缝与盖缝示意图

(a) 沥青纤维；(b) 油膏；(c) 金属皮；(d) 铝合金装饰板；(e) 木条

(5) 定额项目中的满铺、空铺、点铺、条铺的具体施工方法如下。

① 满铺：即为满粘法(全粘法)，指铺贴防水卷材时，卷材与基层采用全部粘结的施工方法。

② 空铺：指铺贴防水卷材时，卷材与基层仅在四周一定宽度内粘结，其他部分不粘结的施工方法。

③ 条铺：指铺贴防水卷材时，卷材基层采用条状粘结的施工方法，每幅卷材与基层粘结面不少于两条，每条宽度不小于150mm。

④ 点铺：指铺贴防水卷材时，卷材与基层采用点状粘结的施工方法。每平方米粘结不少于5个点，每个点面积为100mm×100mm。

### 5.9.2 工程量计算规则

1. 屋面工程

1) 瓦屋面、金属压型板屋面

瓦屋面、金属压型板(包括挑檐部分)屋面均按设计图示尺寸的水平投影面积乘以屋面坡度系数以平方米计算，不扣除房上烟囱、风帽底座、风道、屋面小气窗、斜沟等所占面积，屋面小气窗的出檐部分亦不增加。

【参考视频】

屋面坡度系数指表5-52中的屋面延尺系数，也即屋面斜面积与水平投影面积的比值，如图5.81所示。不论是四坡排水屋面还是两坡排水屋面，均按此屋面坡度系数计算。

表5-52 屋面坡度系数表

| 坡度 $B(A=1)$ | 坡度 $B/2A$ | 坡度角度($a$) | 延尺系数 $C(A=1)$ | 隅延尺系数 $D(A=1)$ |
|---|---|---|---|---|
| 1 | 1/2 | 45° | 1.414 2 | 1.732 1 |
| 0.75 | | 36°52′ | 1.250 0 | 1.600 8 |
| 0.7 | | 35° | 1.220 7 | 1.577 9 |
| 0.666 | 1/3 | 33°40′ | 1.201 5 | 1.562 0 |
| 0.65 | | 33°01′ | 1.192 6 | 1.556 4 |
| 0.60 | | 30°58′ | 1.166 2 | 1.536 2 |
| 0.577 | | 30° | 1.154 7 | 1.527 0 |
| 0.55 | | 28°49′ | 1.141 3 | 1.517 0 |
| 0.50 | 1/4 | 26°34′ | 1.118 0 | 1.500 0 |
| 0.45 | | 24°14′ | 1.096 6 | 1.483 9 |
| 0.40 | 1/5 | 21°48′ | 1.077 0 | 1.469 7 |
| 0.35 | | 19°17′ | 1.059 4 | 1.456 9 |
| 0.30 | | 16°42′ | 1.044 0 | 1.445 7 |
| 0.25 | | 14°02′ | 1.030 8 | 1.436 2 |
| 0.20 | 1/10 | 11°19′ | 1.019 8 | 1.428 3 |
| 0.15 | | 8°32′ | 1.011 2 | 1.422 1 |
| 0.125 | | 7°8′ | 1.007 8 | 1.419 1 |
| 0.100 | 1/20 | 5°42′ | 1.005 0 | 1.417 7 |
| 0.083 | | 4°45′ | 1.003 5 | 1.416 6 |
| 0.066 | 1/30 | 3°49′ | 1.002 2 | 1.415 7 |

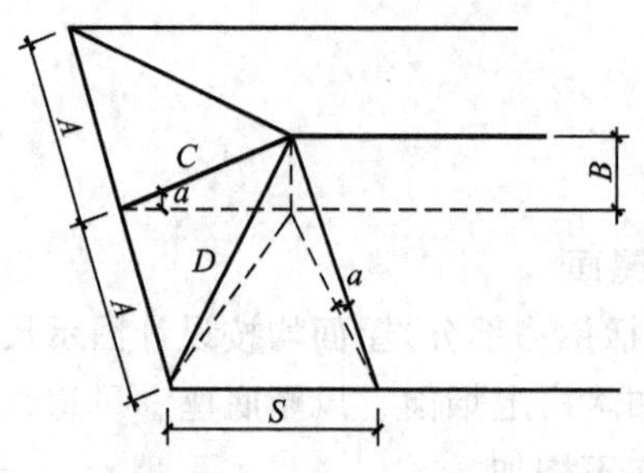


图 5.81　屋面坡度系数

双坡排水屋面(或坡度相等的四坡顶)面积为屋面水平投影面积乘以延尺系数。

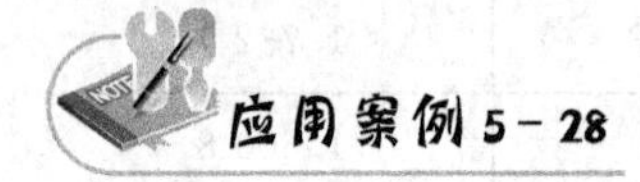


试计算双坡水(坡度为 1/2 的黏土瓦)屋面工程量，如图 5.82 所示。

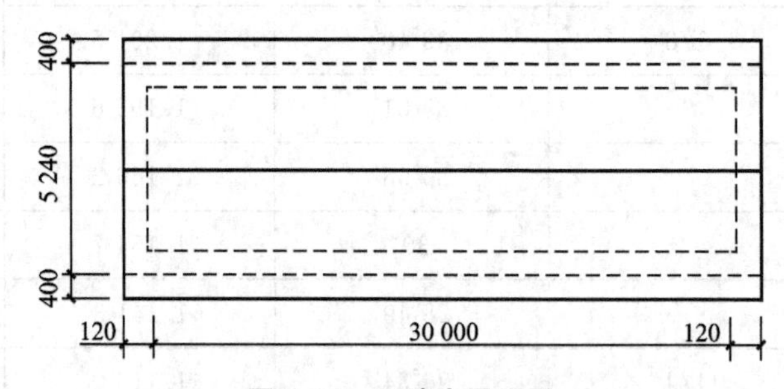


图 5.82　双坡水屋面图

**解：**

(1) 计算：查表 5-54 得知 $C=1.118$，所以

瓦屋面工程量 $S=(5.24+0.8)\times(30+0.24)\times1.118=204.2(m^2)$

屋脊工程量 $L=30+0.12\times2=30.24(m)$

(2) 列项，见表 5-53。

表 5-53　应用案例 5-28

| 定额编号 | 工程名称 | 单位 | 工程量 |
|---|---|---|---|
| A8-2 | 黏土瓦屋面 | $m^2$ | 204.2 |
| A8-9 | 黏土瓦屋脊 | m | 30.24 |

2) 卷材屋面

【参考视频】

(1)卷材屋面工程量按设计图示尺寸的水平投影面积乘以规定的坡度系数以平方米计算，但不扣除房上烟囱、风帽底座、风道、屋面小气窗、斜沟等所占面积，屋面的女儿墙、伸缩缝和天窗等处的弯起部分，按图示尺寸并入屋面工程量计算。图纸无规定时，女儿墙、伸缩缝的弯起部分可按 250mm 计算，天窗弯起部分可按 500mm 计算，如图 5.83 所示。

(2) 计算卷材屋面工程量时，其附加层、接缝、收头、找平层的嵌缝、冷底子油已计

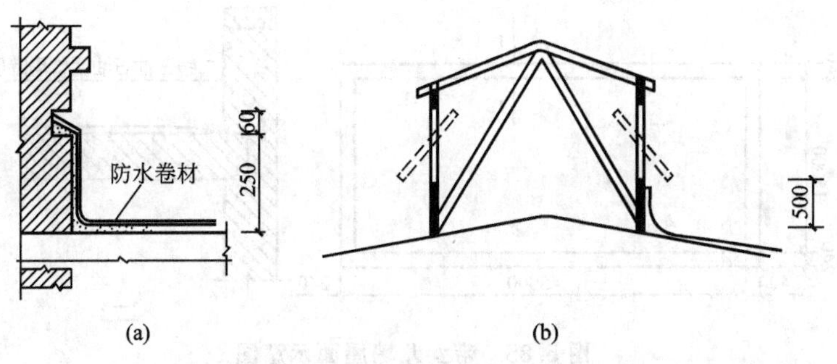


图5.83　防水弯起部分示意图

(a) 女儿墙弯起部分；(b) 天窗弯起部分

入定额内，不另计算。

(3) 卷材屋面的工程量按下式计算，即

卷材坡屋面面积＝屋面水平投影面积×坡度系数＋天窗出檐部分重叠面积＋弯起部分面积

卷材平屋面面积应根据有无挑檐及女儿墙等不同情况分别计算，如图5.84所示。

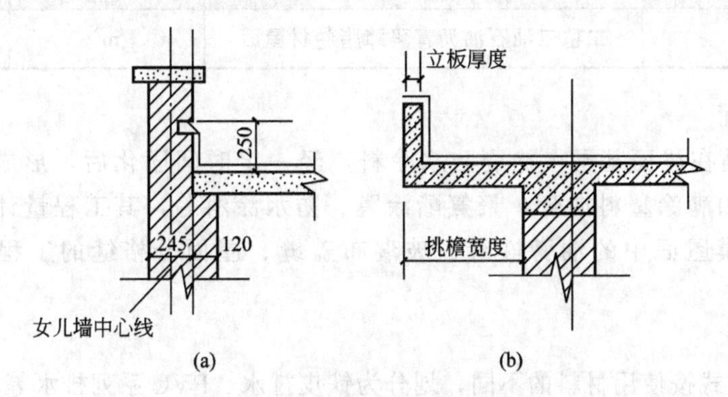


图5.84　卷材防水示意图

(a) 有女儿墙无挑檐；(b) 无女儿墙有挑檐

① 有挑檐无女儿墙时计算公式为

卷材平屋面面积＝屋面层女儿墙外围面积＋(外墙外边线＋檐宽×4)×檐宽

② 有女儿墙无挑檐时计算公式为

卷材平屋面面积＝屋面层女儿墙外围面积－女儿墙中心线长度×女儿墙厚

③ 有挑檐有女儿墙时计算公式为

卷材平屋面面积＝屋面层女儿墙外围面积＋(外墙外边线＋檐宽×4)×檐宽

－女儿墙中心线长度×女儿墙厚

【参考视频】

**应用案例5－29**

试计算平屋面二毡三油石油沥青玛蹄脂卷材屋面工程量，如图5.85所示。

**解：**

(1) 计算：由图5.85可知

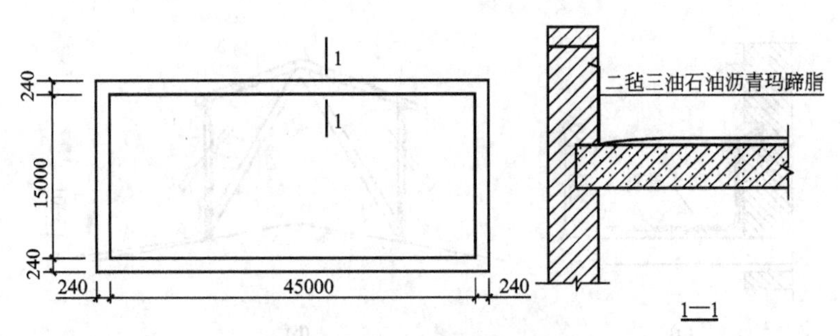


图 5.85　带女儿墙屋面示意图

卷材平屋面工程量＝屋面净面积＋女儿墙弯起部分面积

$$=45\times15+0.25\times(45+15)\times2=675+30=705(\text{m}^2)$$

(2) 列项，见表 5－54。

表 5－54　应用案例 5－29

| 定额编号 | 工程名称 | 单位 | 工程量 |
|---|---|---|---|
| A8－21 | 二毡三油石油沥青玛蹄脂卷材屋面 | $m^2$ | 705 |

3）涂膜屋面

【参考视频】

涂膜屋面是在屋面基层上涂刷防水涂料，经一定时间固化后，形成具有防水效果的整体涂膜，如满涂塑料油膏、聚氨酯涂膜、防水涂料等，其工程量计算方法与卷材屋面相同。涂膜屋面中的油膏嵌缝、玻璃布盖缝、屋面分格缝的工程量，以延长米计算。

4）屋面排水

屋面排水方式按使用材料的不同，划分为铁皮排水、PVC系列排水等。

(1) 铁皮排水：按设计图示尺寸以展开面积计算。若图纸无注明尺寸，可按表 5－55 计算。咬口和搭接等已计入定额项目中，不另计算，其计算公式为

铁皮排水工程量＝各排水零件的铁皮展开面积之和

水落管的铁皮展开面积＝水落管长度×每米所需铁皮面积

下水口、水斗的铁皮展开面积＝下水口、水斗的个数×每个所需铁皮面积

式中：水落管长度由设计室外地坪算至水斗下口再减 0.2m。

表 5－55　铁皮排水单体零件折算表

| 名称 | 水落管/m | 檐沟/m | 水斗/个 | 漏斗/个 | 下水口/个 | 滴水檐头泛水/m | 滴水/m |
|---|---|---|---|---|---|---|---|
| 折算面积/$m^2$ | 0.32 | 0.30 | 0.40 | 0.16 | 0.45 | 0.24 | 0.11 |
| 名称 | 天沟/m | 斜沟天窗窗台泛水/m | 天窗侧面泛水/m | 烟囱泛水/m | 通气管泛水/m | | |
| 折算面积/$m^2$ | 1.30 | 0.50 | 0.70 | 0.80 | 0.22 | | |

## 应用案例 5-30

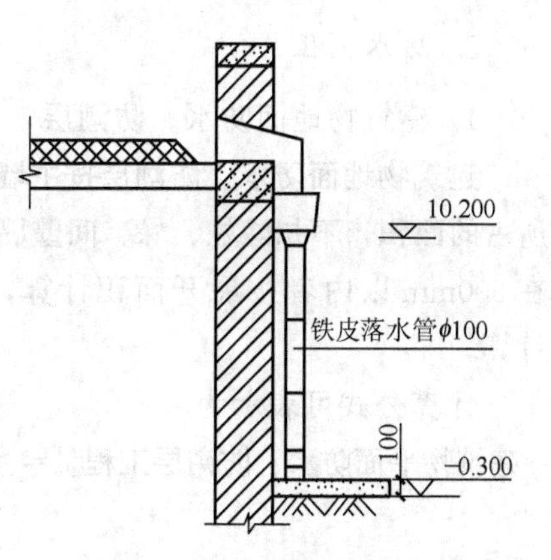


图 5.86 落水管示意图

试计算铁皮落水管、下水口、水斗工程量(共有6处)，如图5.86所示。

**解**：

(1) 计算：由图5.86可知

落水管$=(10.2+0.3-0.2)\times0.32\times6=19.78(m^2)$

水斗$=0.4\times6=2.4(m^2)$

下水口$=0.45\times6=2.7(m^2)$

工程总量$=19.78+2.4+2.7=24.88(m^2)$

(2) 列项，见表5-56。

表5-56 应用案例5-30

| 定额编号 | 工程名称 | 单位 | 工程量 |
| --- | --- | --- | --- |
| A8-72 | 铁皮落水管 | $m^2$ | 24.88 |

(2) PVC排水：PVC排水是一种较常采用的排水系统。PVC水管工程量区别不同直径按设计图示尺寸以延长米计算。雨水口、水斗、弯头、短管均以个计算。

落水管长=檐口标高+室内外高差$-0.2m$(规范要求落水管离地$0.2m$)

### 特别提示

下水口也称落水口，是将屋面收集的雨、雪水引至水斗和雨水管的零件，有直筒式和弯头式，水斗是汇集和调节雨、雪水至水落管的零件，水落管也称雨水管、落水管，是将雨、雪水排至地面或地下排水系统的竖管，如图5.87所示。

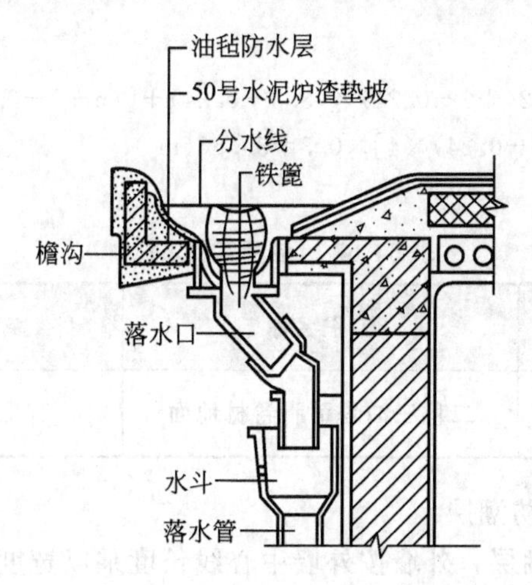


图 5.87 屋面排水系统示意

2. 防水工程

1）建筑物地面防水、防潮层

建筑物地面防水、防潮层按主墙间净空面积计算，扣除凸出地面的构筑物、设备基础等所占的面积，不扣除柱、垛、间壁墙、烟囱及 $0.3m^2$ 以内孔洞所占面积。与墙面连接处高度在 500mm 以内者按展开面积计算，并入平面工程量内，超过 500mm 时，按立面防水层计算。

计算公式可表示为

建筑物平面防水、防潮层工程量＝主墙间净空面积＋立面上卷部分面积(上卷高度≤500mm)

**应用案例 5-31**

试计算地面二毡三油玛蹄脂卷材工程量，如图 5.88 所示。

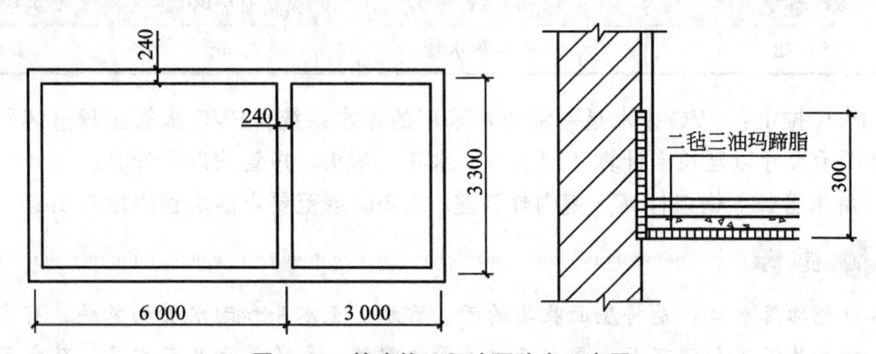


图 5.88 某建筑工程地面防水示意图

**解：**

(1) 计算：

地面防水工程量＝(6－0.24＋3－0.24)×(3.3－0.24)＋[(6＋3－0.48)×2＋(3.3－0.24)×4]×0.3＝34.86($m^2$)

(2) 列项，见表 5－57。

表 5－57 应用案例 5－31

| 定额编号 | 工程名称 | 单位 | 工程量 |
|---|---|---|---|
| A8－81 | 二毡三油玛蹄脂卷材地面 | $m^2$ | 34.86 |

2）建筑物墙基防水、防潮层

建筑物墙基防水、防潮层，外墙按外墙中心线长度乘以宽度以平方米计算，内墙按内墙净长线长度乘以宽度以平方米计算，如图 5.89 所示。

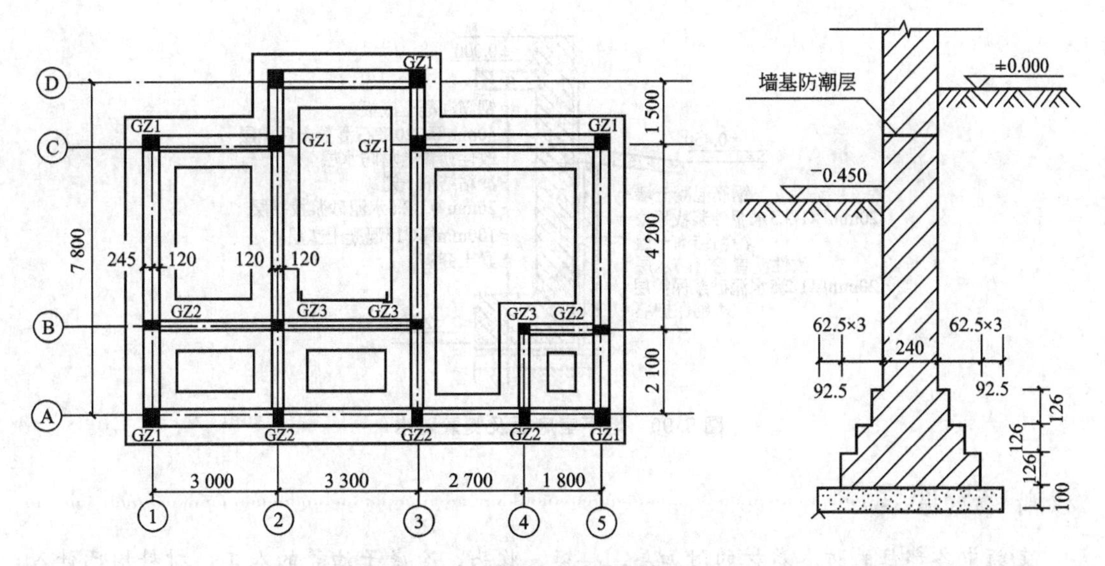


图 5.89 墙基防潮平面及剖面示意图

## 应用案例 5-32

某建筑工程外墙厚 365mm，内墙厚 240mm，如图 5.89 所示，试计算墙基防潮层工程量并列项。

**解：**

(1) 计算。

$L_{中}=(3+3.3+2.7+1.8+0.0625\times2)\times2+(1.5+4.2+2.1+0.0625\times2)\times2=42.2(m)$

$L_{内}=[(4.2+2.1-0.12\times2)\times2+2.1+(3+3.3+1.8-0.12\times2\times3)]=18.6(m)$

$S=L_{中}\times0.365+L_{内}\times0.24=(42.2\times0.365+18.6\times0.24)=19.87(m^2)$

(2) 列项，见表 5-58。

表 5-58 应用案例 5-32

| 定额编号 | 工程名称 | 单位 | 工程量 |
|---|---|---|---|
| A8-111 | 砖基础防潮层 | $m^2$ | 19.87 |

3）构筑物及建筑物地下室防水层

构筑物及建筑物地下室防水层，按实铺面积计算，但不扣除 0.3$m^2$ 以内的孔洞面积。平面与立面交接处的防水层，其上卷高度超过 500mm 时，按立面防水层计算，如图 5.90 所示。

其计算公式可表示为

构筑物及建筑物地下室平面防水层工程量＝实铺面积＋上卷部分面积(上卷高度≤500mm)

构筑物及建筑物地下室立面防水层工程量＝实铺面积＝实铺长度×实铺高度

【参考视频】

式中：实铺长度取值为，当为地下室外墙外侧防水时，按 $L_{外}$ 计算；当为地下室外墙内侧防水时，按墙身内侧净长度计算。

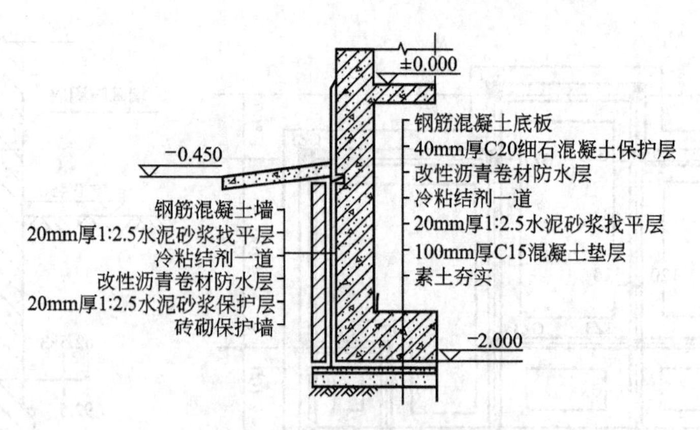


图 5.90　地下室底板及侧壁防水

特 别 提 示

定额中各部位的防水卷材的附加层、接缝、收头、冷底子油等的人工、材料均已计入定额内，不另计算。

## 应用案例 5-33

某建筑物地下室外边线长 8m，宽 4m，地下室底板及侧壁防水详图如图 5.90 所示，试计算该地下室防水工程量并列项。

(1) 计算。

地下室底板防水工程量＝实铺面积＝8×4＝32($m^2$)

地下室墙身防水工程量＝(8＋4)×2×(2－0.45)＝37.2($m^2$)

(2) 列项，见表 5-59。

表 5-59　应用案例 5-33

| 定额编号 | 工程名称 | 单位 | 工程量 | 备注 |
|---|---|---|---|---|
| A3-101 换 | 100mm 厚 C15 混凝土垫层 | $m^3$ | 3.2 | 底板：32$m^2$×0.10m |
| B1-1 换 | 20mm 厚 1：2.5 水泥砂浆找平层 | $m^2$ | 32 | 底板 |
| A8-27 | 改性沥青防水卷材 | $m^2$ | 32 | 底板 |
| B1-4＋(B1-5)×10 | 40mm 厚细石混凝土保护层 | $m^2$ | 32 | 底板 |
| B2-18×2 | 20mm 厚 1：2.5 水泥砂浆找平层 | $m^2$ | 37.2 | 墙身二遍 |
| A8-27 | 改性沥青防水卷材 | $m^2$ | 37.2 | 墙身 |
| A3-35 | 120mm 厚砖砌保护墙 | $m^3$ | 4.36 | 保护墙<br>12.24×2×1.55×0.115 |

4) 变形缝

变形缝包括伸缩缝、沉降缝及防震缝，工程量按延长米计算。

**特别提示**

定额中变形缝分填缝和盖缝两个部分，各部分按施工位置的不同，又分平面和立面项目。计算工程量时，要注意将各部位工程量全部计算在内。

## 5.10 防腐、保温、隔热工程

### 5.10.1 相关说明

1. 定额项目

防腐、保温、隔热工程的定额项目有以下几项。

(1) 防腐、保温、隔热工程分为耐酸、防腐和保温、隔热两个部分。

(2) 耐酸、防腐工程适用于对房屋有特殊要求的工程，其定额项目划分为整体面层、隔离层、块料面层、耐酸、防腐涂料等。

(3) 保温隔热包括屋面保温(如泡沫混凝土块、现浇水泥珍珠岩、现浇水泥蛭石、干铺蛭石、干铺珍珠岩等)、天棚保温(如聚苯乙烯塑料板、沥青软木等)、墙体保温(如聚苯乙烯塑料板、加气混凝土砌块、水泥珍珠岩板等)、楼地面隔热(如聚苯乙烯塑料板、沥青铺加气混凝土块等)、其他保温。

2. 定额说明

1) 耐酸防腐

(1) 整体面层、隔离层适用于平面、立面的防腐耐酸工程，包括沟、坑、槽。

(2) 块料面层以平面砌为准，砌立面者按平面砌相应项目，人工乘以系数1.38，踢脚板人工乘以系数1.56，其他不变。

(3) 各种砂浆、胶泥、混凝土材料的种类、配合比及各种整体面层的厚度，如设计与消耗量标准不同时，可以换算，但各种块料面层的结合层砂浆或胶泥厚度不变。

(4) 本节的各种面层，除软聚氯乙烯塑料地面外，均不包括踢脚板。

2) 保温隔热

(1) 本定额适用于中温、低温及恒温的工业厂(库)房隔热工程，以及一般保温工程。

(2) 本定额只包括保温隔热材料的铺贴，不包括隔气防潮、保护层或衬墙等。

### 5.10.2 工程量计算规则

1. 防腐工程

防腐工程的工程量计算规则如下。

(1) 防腐工程项目应区分不同防腐材料种类及厚度，按设计实铺面积以平方米计算。应扣除凸出地面的构筑物、设备基础等所占面积，砖垛等凸出墙面部分按展开面积并入墙面防腐工程量之内。

(2) 整体面层、隔离层适用于平面、立面的耐酸、防腐工程，包括沟、坑、槽。

(3) 踢脚板按设计图示尺寸以面积计算，应扣除门洞所占面积并相应增加侧壁展开面积。

(4) 平面砌筑双层耐酸块料时，按单层面积乘以系数2计算。

(5) 防腐卷材接缝、附加层、收头等人工、材料已计入在定额中，不再另行计算。

2. 保温、隔热工程

保温、隔热工程的工程量计算规则如下。

(1) 保温隔热层应区别不同保温隔热材料，除另有规定外，均按设计实铺厚度以立方米计算。

(2) 屋面保温层工程量，按保温材料实铺厚度以体积计算，即屋面斜面积乘以保温材料平均厚度。不扣除房上烟囱、风帽底座、屋面小窗等所占体积，屋面铺细砂工程量按屋面面积计算。不同保温材料品种应分别计算其工程量。保温隔热层的厚度按隔热材料(不包括胶结材料)净厚度计算。

(3) 地面保温隔热层按围护结构间净面积乘以设计厚度以立方米计算，不扣除柱、垛所占的体积，其计算公式为

地面保温隔热层工程量＝(墙间净面积＋门洞等开口部分面积)×保温层厚度

(4) 天棚保温隔热层工程量，按保温材料的体积计算，即天棚面积乘以保温材料的厚度。不同保温材料品种分别计算。

(5) 墙体保温隔热层，外墙按隔热层中心线长度、内墙按隔热层净长度乘以图示尺寸高度及厚度以立方米计算。应扣除冷藏门洞口和管道穿墙洞口所占体积，门洞口侧壁周围的隔热部分，按图示隔热层尺寸以立方米计算，并入墙面的保温隔热层工程量内，其计算公式为

【参考视频】

墙体保温隔热层工程量＝保温隔热层长度×高度×厚度－门窗洞口所占体积
＋门窗洞口侧壁增加体积

**特别提示**

外墙隔热层的中心线及内墙隔热层的净长度不是$L_{中}$及$L_{内}$，计算时应考虑隔热层厚度对隔热层长度带来的影响。

(6) 柱保温隔热层按图示柱的隔热层中心线的展开长度乘以图示尺寸高度及厚度以立方米计算。

(7) 池槽保温隔热层按图示池槽保温隔热层的长度、宽度及其厚度以立方米计算。其中池壁按墙面计算，池底按地面计算。

### 应用案例5-34

已知某工程平屋面如图5.91所示，试计算该屋面保温层、找平层、防水层、隔热层工程量。

**解：**

(1) 卷材防水层工程量。卷材防水层工程量按图示尺寸的水平投影面积(坡度很小，可以忽略)以平方米计算。屋面女儿墙、天窗处的弯起部分，按图示尺寸并入屋面工程量计算；卷材屋面的冷

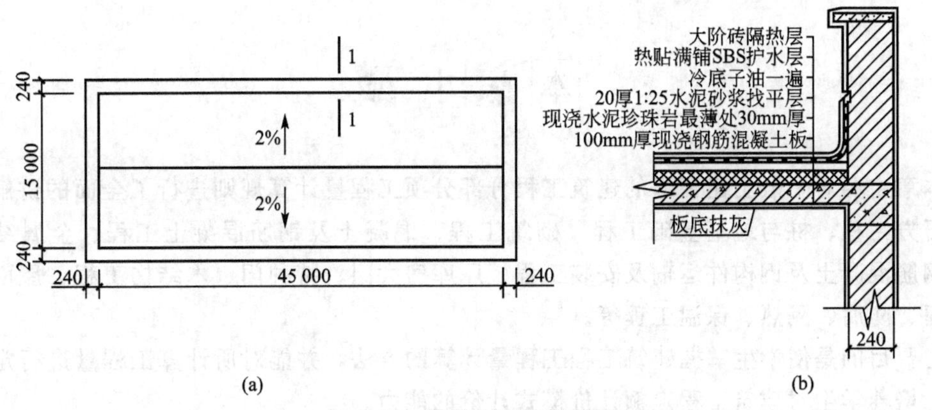


**图 5.91 屋顶平面及剖面图**

(a) 屋顶平面图；(b) 1—1 女儿墙剖面图

底子油已计入定额内，不另计算。图纸无规定时，伸缩缝、女儿墙的弯起部分按 250mm 计算，则

平面：15×45=675($m^2$)

立面：(15+45)×2×0.25=30($m^2$)

卷材防水层工程量：675+30=705($m^2$)

(2) 找平层工程量，按图示面积以平方米计算。

找平层工程量=平面卷材防水层工程量=675($m^2$)

(3) 屋面保温层工程量，按保温材料实铺厚度以体积计算，本例中需求保温层的平均厚度，如图 5.92 所示，保温找坡层平均厚度计算为

保温找坡层平均厚度= 1/2 坡宽($L$)×坡度系数($i$)×1/2+最薄处厚

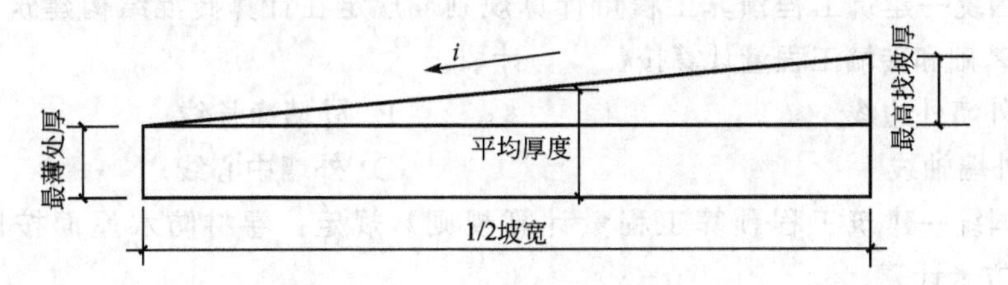


**图 5.92 保温找坡层平均厚度示意**

屋面女儿墙间净面积=15×45=675($m^2$)

找平层工程量=平面卷材防水层工程量=675($m^2$)

保温找坡层平均厚度=15×0.02÷4+0.03=0.105(m)

保温隔热层工程量=净面积×平均厚度=675×0.105=70.88($m^3$)

(4) 列项，见表 5-60。

【参考视频】

**表 5-60 应用案例 5-34**

| 定额编号 | 工程名称 | 单位 | 工程量 |
|---|---|---|---|
| A9-202 | 现浇水泥珍珠岩保温层 | $m^3$ | 70.88 |
| B1-1 | 20mm 厚 1∶2.5 水泥砂浆找平层 | $m^2$ | 675 |
| A8-27 | 改性沥青防水卷材 | $m^2$ | 705 |
| A8-19 | 大阶砖屋面面层 | $m^2$ | 675 |

## 本章小结

本章主要对一般土建工程的建筑工程分部分项工程量计算规则进行了全面的讲解，包括土石方工程、桩与地基基础工程、砌筑工程、混凝土及钢筋混凝土工程、金属结构工程、钢筋混凝土及钢构件运输及安装工程、厂库房大门、特种门、木结构工程、屋面及防水工程、防腐、隔热、保温工程等。

主要目的是使学生掌握建筑工程工程量计算的方法，并能对所计算工程量进行定额的套取，培养学生对建筑工程定额计价模式计价的能力。

## 习题

一、选择题

1. 某一建筑物为矩形平面，其外墙外边线长分别为纵向 51.122m，横向 12.12m，按《全国统一建筑工程预算工程量计算规则》，该建筑工程平整场地的工程量应(　　)。

A. 619.57$m^2$　　B. 987.66$m^2$

C. 1 035.01$m^2$　　D. 888.53$m^2$

2.《全国统一建筑工程预算工程量计算规则》规定在计算砖混结构建筑工程工程量时，外墙砖基础和砖墙工程量计算按(　　)计取。

A. 外墙外边线　　B. 外墙净长线

C. 外墙轴线　　D. 外墙中心线

3.《全国统一建筑工程预算工程量计算规则》规定：卷材防水屋面按图示尺寸的(　　)以平方米计算。

A. 水平投影面积　　B. 水平投影面积×规定的坡度系数

C. 垂直投影面积　　D. 垂直投影面积×规定的坡度系数

4.《全国统一建筑工程预算工程量计算规则》规定：保温隔热层均按设计实铺厚度以(　　)计算。

A. 平方米　　B. 延长米　　C. 吨　　D. 立方米

5.《全国统一建筑工程预算工程量计算规则》规定：楼梯按水平投影面积计算扣除(　　)的楼梯井。

A. 小于等于 50cm　　B. 大于 30cm

C. 小于等于 30cm　　D. 大于 50cm

二、计算题

1. 某建筑物基础平面图及剖面图如图 5.93 所示，已知土质为二类土，试计算平整场地，挖基础土方、回填土、基础垫层、混凝土带形基础及基础砖砌体工程量。

2. 某工程独立基础共 10 个，基础底面积 1 500mm×1 500mm，基础垫层每边宽出基

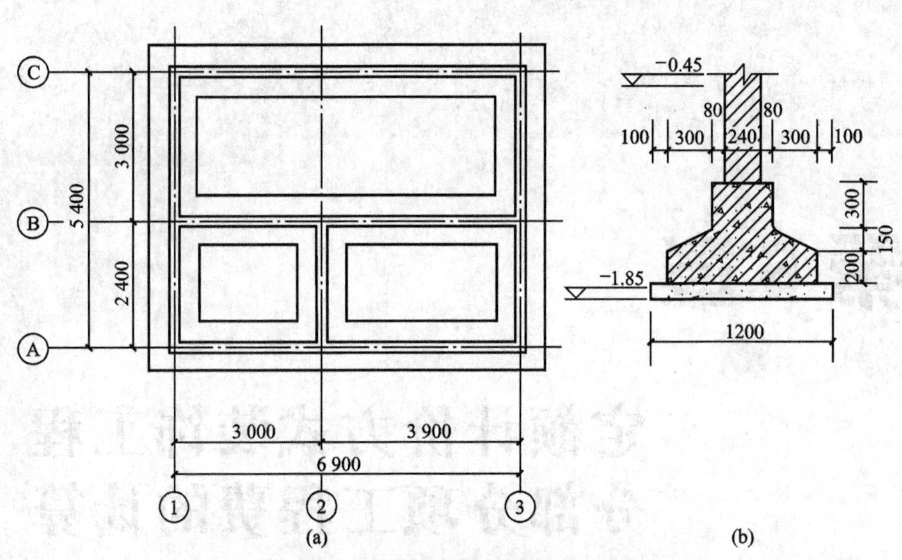


图 5.93　某基础工程平面图及剖面图

(a) 平面图；(b) 剖面图

础 100mm，室外地坪标高为−0.3m，基础垫层底标高为−2.1m，土质为二类土，试计算该挖基础土方工程量并列项。

3. 某工程墙面均抹水泥砂浆，其中外墙中心线长为 30m，墙厚为 370mm，计算高度为 3.0m，外墙上门窗共 16m²，混凝土构件为 5m³，小洞口尺寸为 0.15mm×0.3mm 共 4 个，计算该外墙的工程量并列项。

# 第6章

# 定额计价方式装饰工程分部分项工程费的计算

## 学习目标

◆ 掌握装饰工程各分部分项工程量计算规则

◆ 会计算装饰工程分部分项工程量，并能正确套用定额，具有定额计价方式装饰工程分部分项工程费的计算能力

## 学习要求

| 自测分数 | 知识要点 | 相关知识 | 权重 |
| --- | --- | --- | --- |
| 定额计价方式装饰工程分部分项工程费计算的能力 | 楼地面工程工程量计算规则 | 楼地面垫层、整体面层、找平层、块料面层、楼梯、踢脚板、台阶、防滑坡道、散水、明沟工程量计算规则及定额的套取 | 0.15 |
| | 墙柱面工程工程量计算规则 | 墙、柱面的一般抹灰、装饰抹灰、柱面镶贴块料面层、墙柱面装饰、其他(压条、装饰条、窗帘盒、窗台板、筒子板等)工程量计算规则及定额的套取 | 0.15 |
| | 天棚工程工程量计算规则 | 天棚抹灰面层、天棚龙骨、天棚装饰面层、龙骨及饰面、送(回)风口工程量计算规则及定额的套取 | 0.10 |
| | 门窗工程工程量计算规则 | 木门窗、金属门窗、其他门、门窗套、筒子板、贴脸、窗帘盒、窗帘轨、窗台板等工程量计算规则及定额的套取 | 0.10 |
| | 幕墙工程工程量计算 | 玻璃幕墙、铝板幕墙工程量计算规则及定额的套取 | 0.10 |
| | 细部装饰及栏杆工程工程量计算规则 | 栏杆、栏板和扶手、板条、平线、角线和槽线、角花、圆圈线条、拼花图案、灯盘、灯圈、欧式装饰线中的外挂檐口板、腰线板等工程量计算规则及定额的套取 | 0.10 |
| | 家具工程工程量计算规则 | 柜台、酒柜、衣柜、书柜、壁柜、吊柜、吧台、展台、收银台、货架、服务台、饰面板暖气罩、金属暖气罩、石材洗漱台、晒衣架、毛巾杆(架)、浴缸拉手、卫生纸盒、金属、木质、石材、石膏、塑料、铝塑、镜面玻璃等工程量计算规则及定额的套取 | 0.10 |
| | 油漆、涂料、裱糊工程工程量计算规则 | 木材面、金属面油漆、抹灰面油漆、涂料、裱糊工程量计算规则及定额的套取 | 0.10 |
| | 金属支架及广告牌工程工程量计算规则 | 招牌、其他建筑配件工程量计算规则及定额的套取 | 0.10 |

**引 例**

本书附录实验楼工程的造价若采用定额计价方式，其装饰工程的分部分项工程费该如何计算？

**请思考：**

1. 装饰工程中有哪些分部工程组成，各分部工程中的分项工程量怎样计算？

2. 装饰工程定额计价的计价程序？

装饰工程所包括的分部分项工程有：楼地面工程、墙柱面工程、天棚工程、门窗工程、幕墙工程、细部装饰及栏杆工程、家具工程、油漆、涂料、裱糊工程、金属支架及广告牌工程。

## 6.1 楼地面工程

### 6.1.1 相关说明

楼地面工程是指使用各种面层材料对楼地面进行装饰的工程。楼地面是建筑物底层地面和楼层楼面的总称，常见的定额项目有垫层、找平层、面层及室外散水、台阶等。

【参考视频】

楼地面装饰工程面层主要工程项目有：整体面层(如水泥砂浆面层，细石混凝土面层、现浇水磨石面层及菱苦土面层)、块料面层(如石材料面层和陶瓷块料面层)、橡胶塑料面层、地毯类面层、木质类面层和特殊构造类面层(如舞厅发光地板、镭射玻璃面层和活动地板)等。

### 6.1.2 工程量计算规则

1. 垫层

垫层是指在地面面层以下，承受地面以上荷载，并将其均匀地传递给地基的结构层，一般用灰土、三合土、混凝土、炉渣等铺筑而成。其工程量按主墙间净空面积乘以垫层设计厚度按体积计算。应扣除凸出地面的构筑物、设备基础、室内管道、地沟等所占体积，不扣除间壁墙和 $0.3m^2$ 以内的柱、垛、附墙烟囱及孔洞所占的体积。基础垫层按面积乘以垫层厚度以体积计算，其计算公式为

$$V_{地面垫层}=S_{主墙间净空面积}\times H_{垫层厚度}-V_{应扣除的体积}$$
$$=(S_1-L_{中}\times 外墙墙厚-L_{内}\times 内墙墙厚)\times H_{垫层厚度}-V_{应扣除的体积}$$
$$V_{基础垫层}=L_{垫层长}\times B_{垫层宽}\times H_{垫层厚度}$$

式中：应扣除的体积指凸出地面的构筑物、设备基础、室内管道、地沟等所占体积；基础垫层工程量计算当为条形基础时，外墙下垫层以 $L_{中}$、内墙下垫层以垫层间净长度计算，当采用独立基础或满堂基础时，垫层长度按图纸设计长度计算。

2. 整体面层、找平层

【参考视频】

整体面层即现浇面层，指一次连续浇筑而成的楼地面面层。整体面层、找平层均按主墙间净空面积以平方米计算。应扣除凸出地面的构筑物、设备基础、室内管道、地沟等所占面积，不扣除柱、垛、间壁墙、附墙烟囱及面积在 $0.3m^2$ 以内孔洞所占的面积，但门

洞、空圈、暖气包槽、壁龛的开口部分亦不增加，其计算公式为

整体面层、找平层工程量＝主墙间净空面积－地面凸出部分所占面积

由计算规则可知，整体面层、找平层工程量即是垫层面积。编制施工图预算时，为减少计算的工作量，其合理的计算顺序应为：先计算整体面层、找平层工程量，再利用此数据来计算地面垫层工程量。

**应用案例6-1**

计算图6.1所示某办公室20mm厚现浇带嵌条水磨石面层工程量，其中门的尺寸为1 000mm×2 500mm。

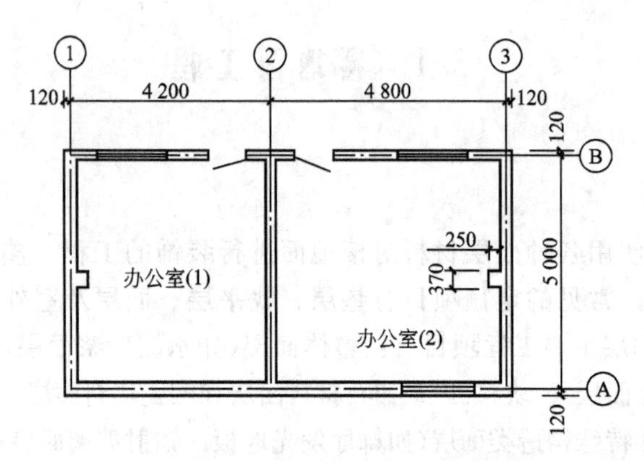


图6.1　某办公室平面示意图

【参考视频】

**解：**

(1) 工程量计算。

水磨石面层工程量＝(5－0.12×2)×(4.2－0.12×2)＋(5－0.12×2)×(4.8－0.12×2)＝40.56($m^2$)

(2) 列项，见表6-1。

表6-1　应用案例6-1

| 定额编号 | 工程名称 | 单位 | 工程量 |
|---|---|---|---|
| B1-11 | 带嵌条水磨石楼地面15厚 | $m^2$ | 40.56 |
| B1-18×5 | 每增减1mm | $m^2$ | 40.56 |

【参考视频】

3. 块料面层

块料面层指用预制块料铺设而成的楼地面面层。其工程量应扣除设备基础，地沟等所占面积，不扣除间壁墙和0.3$m^3$以内的柱、垛及孔洞所占面积。门洞、空圈开口部分不增加面积；其他装饰(地毯、橡塑、竹木地板等)楼地面的门洞、空圈开口部分并入相应工程量内。

**特别提示**

(1) 实铺面积指实际铺设的面积，铺多少，算多少。

(2) 当铺设的块料规格与设计不同时，可以按下式调整块料及砂浆用量。

勾缝的块料及砂浆用量计算公式为

$$块料用量=\frac{100m^2}{(块料长度+灰缝)\times(块料宽度+灰缝)}\times(1+损耗率)$$

砂浆用量=(100m²－块料净用量×每个块料面积)×灰缝厚度×(1＋损耗率)

密缝的块料及砂浆用量(假设灰缝＝0，不计灰缝砂浆)计算公式为

$$块料用量=\frac{100m^2}{块料长度\times块料宽度}\times(1+损耗率)$$

【参考视频】

## 应用案例6-2

计算图6.2所示的某办公楼卫生间地面铺贴陶瓷面砖(400mm×400mm)面层工程量。

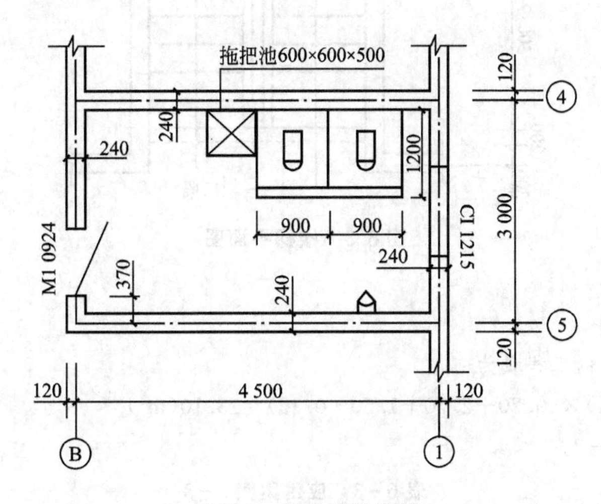


图6.2 卫生间示意图

**解：**

(1) 工程量计算。

工程量按实铺面积，即

$S=(3-0.12\times2)\times(4.5-0.12\times2)-1.2\times1.8$(蹲台)$-0.6\times0.6$(拖把池)

$+0.9\times0.12$(门洞)$=9.35(m^2)$

(2) 列项，见表6-2。

表6-2 应用案例6-2

| 定额编号 | 工程名称 | 单位 | 工程量 |
|---|---|---|---|
| B1-63 | 楼地面陶瓷地面砖 | m² | 9.35 |

【参考视频】

4. 楼梯

楼梯面层(包括踏步、平台以及小于500mm宽的楼梯井)按水平投影面积计算，其计

算与楼梯的模板、混凝土工程量相同。

**应用案例 6-3**

计算图 6.3 所示楼梯贴花岗岩面层的工程量。

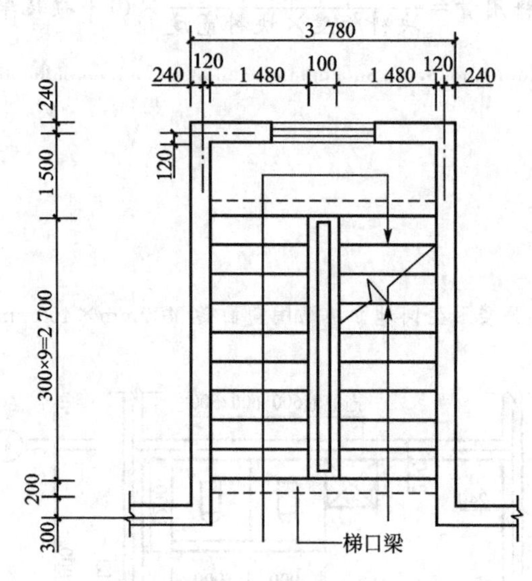


**图 6.3 楼梯平面图**

【参考视频】

**解：**

(1) 工程量计算。

楼梯贴花岗岩面层的工程量为

$S=(1.48\times2+0.1)\times(0.20+2.70+1.50-0.12)=13.10(m^2)$

(2) 列项，见表 6-3。

**表 6-3 应用案例 6-3**

| 定额编号 | 工程名称 | 单位 | 工程量 |
|---|---|---|---|
| B1-41 | 楼梯贴花岗岩 | $m^2$ | 13.10 |

5. 踢脚板

踢脚板是为保护墙面清洁而设的一种构造处理。常用的踢脚板有水泥砂浆踢脚板、水磨石踢脚板及木踢脚板等，其工程量按实贴长度乘以高度以平方米计算。楼梯踢脚板按相应项目人工、机械乘以系数 1.15，其计算公式为

踢脚板工程量＝实贴长度×实贴高度

踢脚高度超过 300mm 者，按墙裙相应项目执行。

**应用案例 6-4**

计算图 6.1 所示房屋的现浇水磨石踢脚板工程量，其中门的尺寸为 1 000mm×2 500mm，踢脚

板高度为150mm。

**解：**

(1) 工程量计算。

踢脚板工程量＝内墙面净长度×踢脚板高度

＝[(4.2−0.12×2)×2＋(4.8−0.12×2)×2＋(5.0−0.12×2)×4＋0.25×2×2−1×2]×0.15＝5.26($m^2$)

(2) 列项，见表6-4所示。

表6-4 应用案例6-4

| 定额编号 | 工程名称 | 单位 | 工程量 |
|---|---|---|---|
| B1-19 | 水磨石踢脚板 | $m^2$ | 5.26 |

6. 台阶、防滑坡道

1) 台阶

【参考视频】

台阶面层(包括踏步及最上一层踏步外沿加300mm)按水平投影面积计算。与台阶相连的平台部分按地面相应项目执行。

**应用案例6-5**

某建筑室外台阶如图6.4所示，平台和台阶做法如下，试计算其台阶工程量并列项。

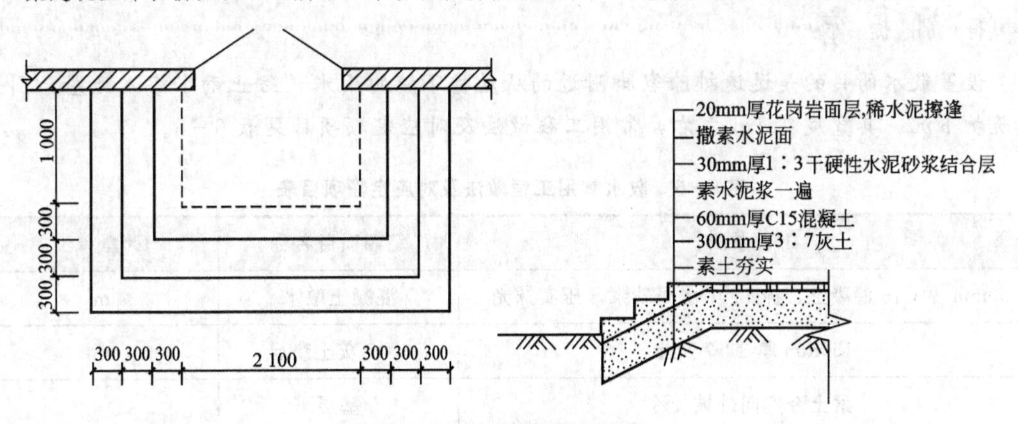


图6.4 台阶平面及剖面图

**解：**

(1) 工程量计算。

① 台阶。

花岗岩面层：$S_{台阶}$＝(2.10＋6×0.30)×0.30×3＋1.00×2×3×0.30＝5.31($m^2$)

60厚C15混凝土：$V$＝5.31×0.06＝0.318($m^3$)

300厚3∶7灰土：$V$＝5.31×0.3＝1.593($m^3$)

② 平台。

花岗岩面层：$S_{平台}$＝2.10×1.00＝2.10($m^2$)

60厚C15混凝土：$V=2.1\times0.06m^3=0.13(m^3)$

300厚3：7灰土：$V=2.1\times0.3m^3=0.63(m^3)$

(2) 列项，见表6-5。

表6-5 应用案例6-5

| 定额编号 | 工程名称 | 单位 | 工程量 |
| --- | --- | --- | --- |
| B1-46 | 水泥砂浆花岗岩台阶 | $m^2$ | 5.31 |
| B1-28 | 花岗岩楼地面 | $m^2$ | 2.10 |
| A3-101 | 60厚C15混凝土垫层 | $m^3$ | 0.318+0.13=0.448 |
| A3-86 | 300厚3：7灰土垫层 | $m^3$ | 1.593+0.63=2.223 |

2) 防滑坡道

防滑坡道按图示尺寸以平方米计算，其计算公式为

$$防滑坡道工程量=坡道水平投影面积$$

7. 散水、明沟

1) 散水

散水按图示尺寸以平方米计算。

$$S=(L_{外}+散水宽\times4-L_{坡道、台阶})\times散水宽$$

特别提示

设置散水的目的是迅速排除勒脚附近的从屋檐下滴的雨水，防止雨水渗入地基，引起建筑物下沉，其宽度在1m左右，常用工程做法及对应定额项目见表6-6。

表6-6 散水常用工程做法及对应定额项目表

| 工程做法 | 定额项目名称 | 计量单位 |
| --- | --- | --- |
| 50mm厚C15混凝土、抹1：1水泥砂浆，压实抹光 | 混凝土散水 | $m^2$ |
| 150mm厚3：7灰土 | 3：7灰土垫层 | $m^3$ |
| 素土夯实向外坡4% | 基层 | |

应用案例6-6

如图6.5所示，试计算台阶(做法为1：2.5水泥砂浆厚20mm，素水泥浆一道)、坡道(做法：为1：2水泥砂浆抹面厚20mm，C10混凝土厚80mm，3：7灰土厚150mm，素土夯实)、混凝土散水(做法：1：2.5水泥砂浆厚10mm随捣随抹、C10混凝土厚60mm、素土夯实)的工程量并进行定额列项(外墙厚240mm)。

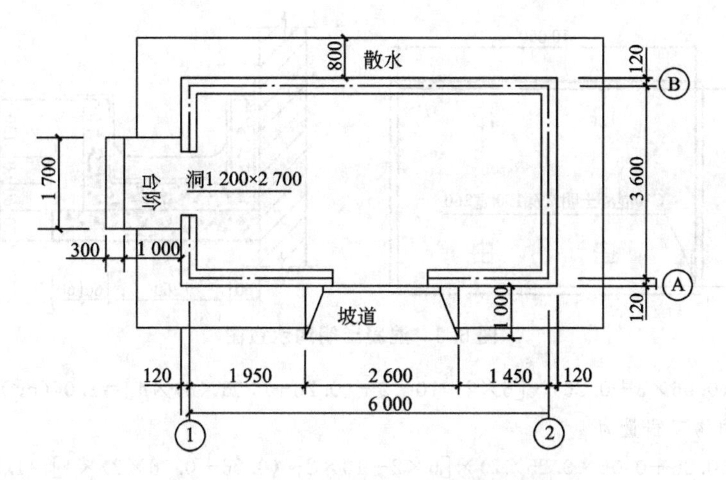


图 6.5 台阶、坡道、散水平面示意图

**解：**

(1) 工程量计算。

① 台阶面层按水平投影面积计算，台阶算至最上一步再加300mm，其他部分按地面计算，即

$S=1.7\times(0.3+0.3)=1.02(m^2)$

② 坡道水泥砂浆面层按水平投影面积，即

$S=2.6\times1=2.6(m^2)$

③ 散水工程量为

散水工程量$=(L_{外}+散水宽\times4-L_{坡道、台阶})\times散水宽$

$=[(6+0.12\times2)\times2+(3.6+0.12\times2)\times2+0.8\times4-2.6-1.7]\times0.8$

$=15.25(m^2)$

(2) 定额列项，见表6-7。

表 6-7 应用案例 6-6

| 定额编号 | 工程名称 | 单位 | 工程量 |
|---|---|---|---|
| B1-8换 | 水泥砂浆台阶 | $m^2$ | 1.02 |
| B1-6 | 水泥砂浆坡道 | $m^2$ | 2.6 |
| BA3-1 | 混凝土散水 | $m^2$ | 15.25 |

2）明沟

混凝土明沟按图示尺寸以体积计算，砖明沟按图示尺寸以长度计算。

## 应用案例 6-7

如图 6.6 所示，试计算混凝土明沟(做法为C10混凝土厚60mm，1∶2.5水泥砂浆抹面)工程量。

**解：**

(1) 工程量计算。

① 混凝土明沟垫层工程量为

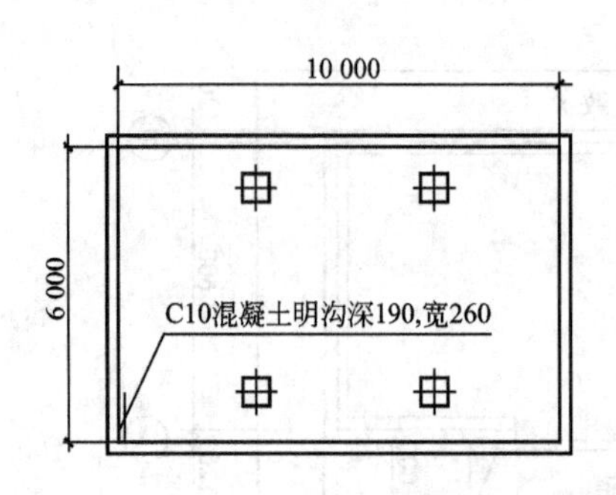

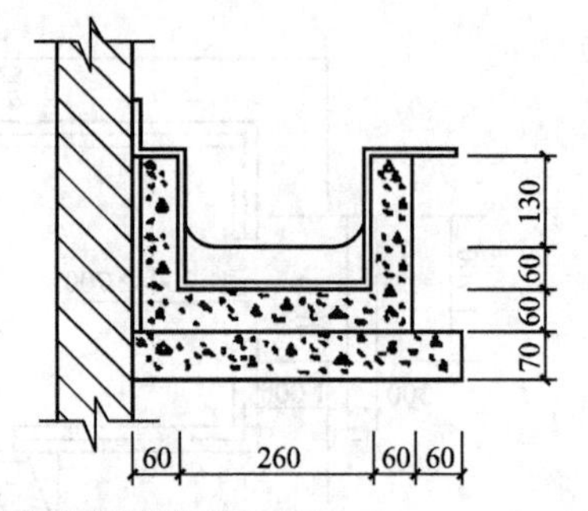


图 6.6 混凝土明沟示意图

$V=0.07\times(0.06\times3+0.26)\times[6\times2+10\times2+(0.26+0.06\times3)\times4]=1.04(m^3)$

② 混凝土明沟工程量为

$V=(0.06\times0.26+0.06\times0.25\times2)\times[6\times2+10\times2+(0.26+0.06\times2)\times4]=1.53(m^3)$

(2) 列项，见表 6-8。

表 6-8 应用案例 6-7

| 定额编号 | 工程名称 | 单位 | 工程量 |
|---|---|---|---|
| A3-101 | 混凝土明沟垫层 | $m^3$ | 1.04 |
| A4-109 | 混凝土明沟 | $m^3$ | 1.53 |

## 应用案例 6-8

某房屋平面如图 6.7 所示，墙厚均为 240mm，M-1：900mm×2 100mm；M-2：900mm×2 100mm，水磨石地面的工程做法如下。

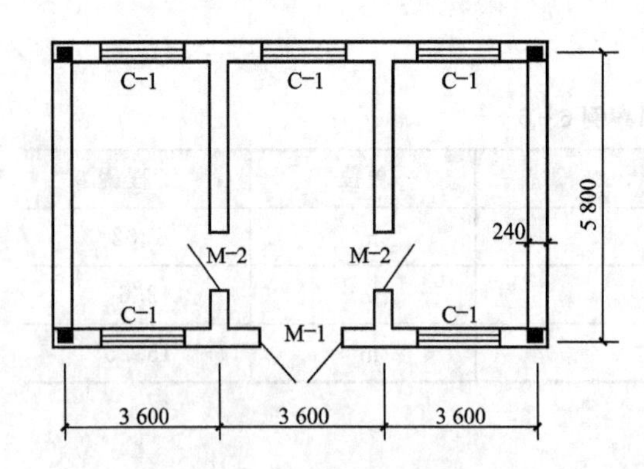


图 6.7 底层平面图

① 20mm 厚 1∶2.5 水磨石地面磨光打蜡。

② 素水泥浆结合层一道。

③ 20mm 厚 1∶3 水泥砂浆找平后干卧玻璃分格条。

④ 60mm 厚 C15 混凝土。

⑤ 150mm 厚 3∶7 灰土。

⑥ 素土夯实。

试就此做法进行工程量计算并列项。

**解：**

(1) 分析。

“水磨石楼地面”中；做法①②的内容含在一起，套一个定额，做法④和做法⑤是垫层，其定额项目单独列出。做法⑥一般包含在回填土中，不另列项。

(2) 计算。

$S_{水磨石}=(3.6-0.24)\times(5.8-0.24)\times3=56.04(m^2)$

$V_{混凝土}=(3.6-0.24)\times(5.8-0.24)\times3\times0.06=3.36(m^3)$

$V_{灰土}=(3.6-0.24)\times(5.8-0.24)\times3\times0.15=8.41(m^3)$

(3) 列项，见表 6-9。

表6-9 应用案例6-8

| 定额编号 | 工程名称 | 单位 | 工程量 |
|---|---|---|---|
| B1-11+(B1-18)×5 | 20mm厚1∶2.5水磨石地面 | $m^2$ | 56.04 |
| B1-1 | 20mm厚1∶3水泥砂浆找平 | $m^2$ | 56.04 |
| A3-101换 | 60mm厚C15混凝土 | $m^3$ | 3.36 |
| A3-86 | 150mm厚3∶7灰土 | $m^3$ | 8.41 |

## 应用案例6-9

某房屋平面如图6.8所示。已知内、外墙墙厚均为240mm，门的尺寸1 000mm×2 500mm，踢脚板高150mm，要求计算下列工程量并进行定额列项：①60厚C15混凝土地面垫层；②20厚水泥砂浆面层；③水泥砂浆踢脚板；④水泥砂浆防滑坡道及台阶；⑤水泥砂浆加浆抹光随捣随抹散水面层。

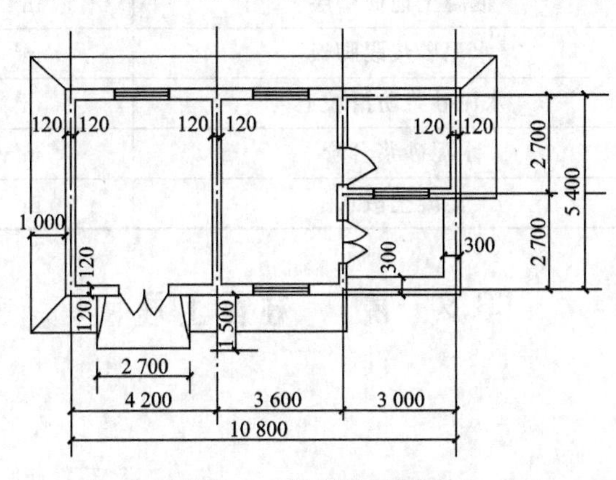


图6.8 某房屋平面图

**解：**

(1) 工程量计算。

① 20mm厚水泥砂浆面层。

20mm厚水泥砂浆面层工程量中包括两部分：一部分是地面面层，另一部分是与台阶相连的平台部分的面层。

$S_{地面}=(4.2-0.24+3.6-0.24)\times(5.4-0.24)+(3.0-0.24)\times(2.7-0.24)$

$=37.77+6.79=44.56(m^2)$

$S_{平台}=(3.0-0.6)\times(2.7-0.6)=5.04(m^2)$

水泥砂浆面层工程量$=S_{地面}+S_{平台}=44.56+5.04=49.6(m^2)$

② 60mm厚C15混凝土地面垫层。

地面垫层工程量=主墙间净空面积×垫层厚度$=49.6\times0.06=2.98(m^3)$

③ 水泥砂浆踢脚板。

踢脚板工程量=实贴长度×实贴高度$=[(4.2-0.24+5.4-0.24)\times2+(3.6-0.24+5.4-0.24)\times2+(3.0-0.24+2.7-0.24)\times2-1\times4]\times0.15$

$=(18.24+17.04+10.44-3)\times0.15=6.26(m^2)$

④ 水泥砂浆防滑坡道。

防滑坡道工程量=坡道水平投影面积$=2.7\times1.5=4.05(m^2)$

⑤ 台阶。

台阶面层工程量＝台阶水平投影面积＝3.0×2.7－(3.0－0.6)×(2.7－0.6)＝3.06($m^2$)

⑥ 散水。

散水中心线长＝(4.2＋3.6＋3.0＋0.24＋0.5×2)＋(2.7＋2.7＋0.24＋0.5×2)
＋(4.2＋3.6＋0.12＋0.5＋0.12)＋(2.7＋0.12＋0.5＋0.12)
＝12.04＋6.64＋8.54＋3.44＝30.66(m)

散水面层工程量＝散水中心线长×散水宽度－坡道所占面积
＝30.66×1－2.7×1＝27.96($m^2$)

(2) 列项，见表6－10。

表6－10　应用案例6－9

| 定额编号 | 工程名称 | 单位 | 工程量 |
|---|---|---|---|
| B1－6 | 水泥砂浆面层 | $m^2$ | 49.60 |
| A3－101换 | 混凝土地面垫层 | $m^2$ | 2.98 |
| B1－10 | 水泥砂浆踢脚板 | $m^2$ | 6.26 |
| B1－6 | 水泥砂浆防滑坡道 | $m^2$ | 4.05 |
| B1－8 | 水泥砂浆台阶 | $m^2$ | 3.06 |
| BA3－1 | 混凝土散水 | $m^2$ | 27.96 |

## 6.2 墙、柱面工程

### 6.2.1 相关说明

计算墙、柱面工程工程量之前，应了解图纸各部位工程做法，以确定计算工程量时，分部分项工程项目的划分问题。

定额中墙、柱面装饰包含墙、柱面的一般抹灰、装饰抹灰、镶贴块料面层、墙柱面装饰及其他。所有项目中均包含3.6m以下的简易脚手架的搭设、拆除，发生时不另计算。

一般抹灰是指用石灰砂浆、混合砂浆、水泥砂浆、其他砂浆及麻刀灰浆、纸筋灰浆等为主要材料的抹灰。按抹灰遍数不同，一般抹灰分为普通抹灰(两遍)、中级抹灰(三遍)和高级抹灰(四遍)3个档次。

### 6.2.2 工程量计算规则

1. 墙、柱面的一般抹灰

1) 内墙面抹灰

内墙面抹灰面积应扣除门窗洞口和空圈所占面积，不扣除踢脚板、挂镜线、0.3$m^2$以内的孔洞和墙身与构件交接处面积，洞口侧壁和顶面也不增加。内墙裙抹灰面积按内墙净长乘以高度计算，应扣除门窗洞口和空圈所占面积，门窗洞口和空圈的侧壁面积不另增加，墙垛、附墙烟囱面积并入墙裙抹灰面积内计算，其计算公式为

【参考视频】

内墙面抹灰工程量＝内墙面面积－门窗洞口和空圈所占面积＋墙垛、附墙烟囱侧壁面积

内墙裙抹灰工程量＝内墙面净长度×内墙裙抹灰高度－门窗洞口和空圈所占面积＋

墙垛、附墙烟囱侧壁面积

式中：内墙面净长度取主墙间图示净长度；内墙面抹灰高度按表6－11规定计算。

表6－11　内墙面抹灰高度取值表

| 类　型 | 抹灰高度取值 |
|---|---|
| 无 墙 裙 | 室内地面或楼面取至天棚底面 |
| 有 墙 裙 | 墙裙顶面取至天棚底面 |
| 钉板天棚 | 室内地面、楼面或墙裙顶面取至天棚底面另加200mm |

**特别提示**

【参考视频】

(1) 挂镜线是指为保持室内整洁、美观，钉在墙面四周上部用于悬挂图幅和镜框等用的小木条。

(2)“墙身与构件交接处面积”是指墙与构件交接时的接触面积。

(3) 内墙裙是指为保护墙身，对易受碰撞或受潮的墙面进行处理的部分，其高度为1.5m左右。定额中墙面、墙裙执行同一项目，若设计墙面、墙裙抹灰类别相同，则工程量可合并计算；反之，则工程量应分别计算。

(4) 圆弧形、锯齿形、不规则墙面抹灰、镶贴块料、饰面，套定额应按相应项目人工乘以系数1.15计算。

(5) 女儿墙(包括泛水、挑砖)、阳台栏板(不扣除花格所占孔洞面积)内侧抹灰按垂直投影面积乘以系数1.10，女儿墙如无压顶及无泛水挑砖者不乘以系数，有压顶无泛水挑砖者乘以系数1.2。

(6) 装饰抹灰分格、嵌缝按装饰抹灰面面积计算。

(7)“零星项目”按设计图示尺寸以展开面积计算。

**应用案例6－10**

如图6.9、图6.10所示，计算内砖墙抹混合砂浆工程量(做法：内墙做1∶1∶6混合砂浆打底厚15mm，1∶1∶4混合砂浆罩面厚5mm)。

【参考视频】

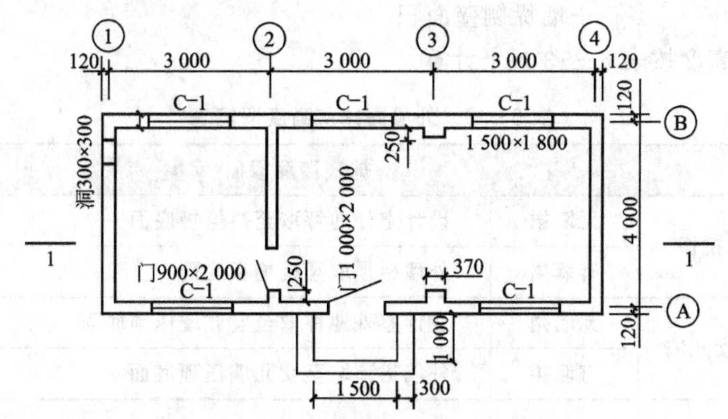


图6.9　某房屋平面示意图

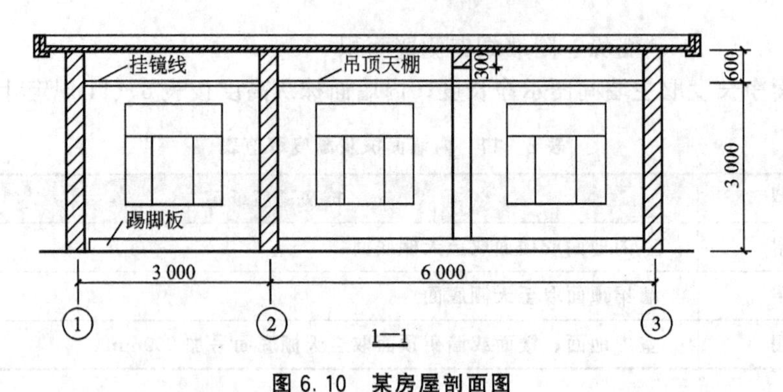


图 6.10　某房屋剖面图

【参考视频】

**解：**

(1) 工程量计算。

内墙抹混合砂浆工程量＝(6－0.12×2＋0.25×2＋4－0.12×2)×2×(3＋0.1)－1.5×1.8×3－1×2－0.9×2＋(3－0.12×2＋4－0.12×2)×2×3.6－1.5×1.8×2－0.9×2×1＝89.97($m^2$)

(2) 列项，见表 6.12。

表 6－12　应用案例 6－10

| 定额编号 | 工程名称 | 单位 | 工程量 |
|---|---|---|---|
| B2－28 | 内墙抹混合砂浆 | $m^2$ | 89.97 |

2) 外墙面抹灰

【参考视频】

外墙抹灰面积，按外墙面的垂直投影面积以平方米计算。应扣除门窗洞口、外墙裙和大于 0.3$m^2$ 孔洞所占面积，洞口侧壁面积不另增加。附墙垛、梁、柱侧面抹灰面积并入外墙面抹灰工程量内计算。栏板、栏杆、窗台线、门窗套、扶手、压顶、挑檐遮阳板、突出墙外的腰线等，另按相应规定计算。外墙裙抹灰面积，按其长度乘高度计算，扣除门窗洞口和大于 0.3$m^2$ 的孔洞所占面积，门窗洞口及孔洞的侧壁面积不另增加，其计算公式为

外墙面抹灰工程量＝外墙垂直投影面积－门窗洞口及 0.3$m^2$ 以上孔洞所占面积＋墙垛侧壁面积

外墙裙抹灰工程量＝$L_{外}$×外墙裙高度－门窗洞口及 0.3$m^2$ 以上孔洞所占面积＋墙垛侧壁面积

式中：外墙抹灰高度按表 6－13 规定计算。

表 6－13　外墙面抹灰高度取值表

| 类型 | 抹灰高度取值 | | |
|---|---|---|---|
| 平屋面 | 有挑檐 | 无墙裙 | 设计室外地坪取至挑檐板底面 |
| | | 有墙裙 | 外墙裙顶取至挑檐板底面 |
| | 有女儿墙 | 无墙裙 | 设计室外地坪取至女儿墙压顶底面 |
| | | 有墙裙 | 外墙裙顶取至女儿墙压顶底面 |

## 应用案例 6-11

如图 6.9、图 6.11 所示，试计算外墙水刷石工程量。

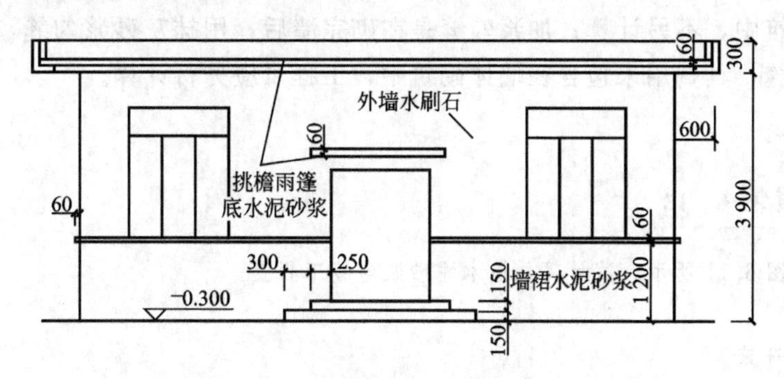


图 6.11　某房屋立面示意图

**解：**

(1) 工程量计算。

外墙水刷石：

$S=(9+0.24+4+0.24)\times2\times(3.9-1.2-0.06)\text{m}^2-1.5\times1.8\times5-1\times(2-1.26+0.3)\times1$
$=56.63(\text{m}^2)$

(2) 列项，见表 6-14。

表 6-14　应用案例 6-11

| 定额编号 | 工程名称 | 单位 | 工程量 |
|---|---|---|---|
| B2-41 | 外墙水刷石 | m² | 56.63 |

## 应用案例 6-12

如图 6.9、图 6.11 所示，试计算外墙裙抹水泥砂浆工程量。

**解：**

(1) 工程量计算。

外墙外边线长$=(9+0.24+4+0.24)\times2=26.96(\text{m})$

工程量$=26.96\times1.2-1\times(1.2-0.15\times2)$(门洞)$-(1+0.25\times2)\times0.15-(1+0.25\times2+0.3\times2)$
　　$\times0.15$(台阶)$=30.91(\text{m}^2)$

(2) 列项，见表 6-15。

表 6-15　应用案例 6-12

| 定额编号 | 工程名称 | 单位 | 工程量 |
|---|---|---|---|
| B2-22 | 墙裙抹水泥砂浆 | m² | 30.91 |

3) 墙面勾缝

墙面勾缝按垂直投影面积计算，应扣除墙裙和墙面抹灰的面积，不扣除门窗洞口、门窗套、腰线等零星抹灰所占面积，附墙柱和门窗洞口侧面的勾缝面积亦不增加。独立柱、房上烟囱勾缝，按图示尺寸以平方米计算，其计算公式为

$$墙面勾缝工程量=L_{外}\times墙高度-墙裙面积-墙面抹灰面积$$

勾缝有原浆勾缝和加浆勾缝之分。原浆勾缝是指边砌墙边用砌筑砂浆勾缝，其费用已包含在墙体砌筑中，不另计算；加浆勾缝是在砌完墙后，用抹灰砂浆勾缝，缝的形状有凹缝、平缝、凸缝，其费用未包含在墙体砌筑中，工程量应另行计算。

**应用案例6-13**

如图6.9、图6.11所示，试计算外墙水泥砂浆勾缝工程量。

**解：**

(1) 工程量计算。

外墙勾缝工程量=(9+0.24+4+0.24)×2×(3.9-1.2)=72.79($m^2$)

(2) 列项，见表6-16。

**表6-16 应用案例6-13**

| 定额编号 | 工程名称 | 单位 | 工程量 |
|---|---|---|---|
| B2-17 | 外墙勾缝 | $m^2$ | 72.79 |

4）独立柱抹灰

独立柱的一般抹灰按结构断面周长乘以柱的高度以平方米计算。

5）栏板、栏杆抹灰

阳台栏板(不扣除花格所占孔洞面积)内侧抹灰按垂直投影面积乘以系数1.1，带压顶者乘以系数1.3，按墙面项目执行。

**特别提示**

(1) 立柱指当栏板、栏杆较长时，为了使栏板、栏杆间的连接更加稳固而设的竖向构造柱；扶手是在栏板、栏杆顶面为人们提供依扶之用的构件；压顶是在墙、板的顶面，为加固其整体稳定性而设置的封顶构件。

(2)“按立面垂直投影面积乘以系数2.2”的方法计算出的工程量中包括了栏板、栏杆以及立柱、扶手(或压顶)的所有面的抹灰工程量。

(3) 立面垂直投影面积指栏板、栏杆的外立面垂直投影面积。

(4) 窗台线、门窗套、挑檐、腰线、遮阳板抹灰：展开宽度在300mm以内者，按装饰线以延长米计算，展开宽度超过300mm以上者，按图示尺寸以展开面积计算，套零星抹灰定额项目。

① 门窗套指门窗洞口四周凸出墙面的装饰线。它可用砖挑出墙面60mm×60mm砌成，然后进行抹灰，也可用水泥砂浆做成60mm×60mm的装饰线条。但未凸出墙面的侧面抹灰不是门窗套。

② 腰线指凸出外墙面的横直线条。一般常与窗台线连成一体。

③ 展开宽度指各抹灰面的宽度之和；展开面积指各抹灰面的面积之和。

④ 窗台线、门窗套、挑檐、腰线、遮阳板的列项方法如下。

当展开宽度不大于300mm时，以延长米为计量单位，执行装饰线定额项目；

当展开宽度大于300mm时，以平方米为计量单位，执行零星抹灰定额项目。

**应用案例6-14**

如图6.9、图6.11所示，试计算腰线抹水泥砂浆工程量。

**解：**

(1) 工程量计算。

工程量=(9+0.24+0.06×2+4+0.24+0.06×2)×2−1=26.44(m)

(2) 列项，见表6-17。

**表6-17 应用案例6-14**

| 定额编号 | 工程名称 | 单位 | 工程量 |
| --- | --- | --- | --- |
| B2-23 | 腰线抹水泥砂浆 | m | 26.44 |

6）阳台底面抹灰

阳台底面抹灰按水平投影面积以平方米计算，并入相应天棚抹灰面积内。阳台如带悬臂梁者，其工程量乘以系数1.30。

**应用案例6-15**

已知某挑阳台栏板外侧高度为1.2m，栏板厚度为50mm，阳台底板厚度为100mm，其平面形式如图6.12所示。试计算其底板及栏板(含扶手)水泥砂浆抹灰工程量。

**解：**

(1) 工程量计算。

① 阳台底板。

阳台底板抹灰工程量=阳台水平投影面积=3×1.2m²=3.6(m²)

② 阳台栏板(含扶手)。

阳台栏板(含扶手)抹灰工程量=阳台栏板垂直投影面积×2.2

=(3+1.2×2)×1.2×2.2

=14.26(m²)

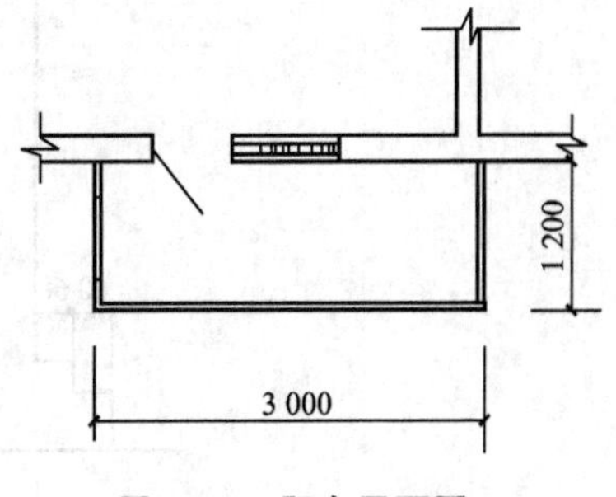


图6.12 阳台平面图

(2) 列项，见表6-18。

**表6-18 应用案例6-15**

| 定额编号 | 工程名称 | 单位 | 工程量 |
| --- | --- | --- | --- |
| B3-1 | 天棚抹灰 | m² | 3.6 |
| B2-17 | 阳台栏板抹灰 | m² | 14.26 |

7）雨篷抹灰

雨篷底面或顶面抹灰分别按水平投影面积以平方米计算，并入相应天棚抹灰工程量内。雨篷顶面带反檐或反梁者，其工程量乘以系数 1.2，底面带悬臂梁者，其工程量乘以系数 1.2。雨篷外边线按相应装饰或零星项目执行。

**特别提示**

雨篷外边线抹灰宽度小于或等于 300mm 时，执行装饰线定额项目；雨篷外边线抹灰宽度大于 300mm 时，执行零星抹灰定额项目。

2. 墙、柱面的装饰抹灰

装饰抹灰是指能给予人们一定程度的美观感和艺术感的饰面抹灰工程。定额中包括了水刷石、斩假石、干粘石、水磨石、拉条灰、甩毛灰等装饰抹灰项目。

1）外墙装饰抹灰

外墙各种装饰抹灰均按图示尺寸以实抹面积计算。应扣除门窗洞口、空圈的面积，其侧壁面积不另增加，计算公式为

外墙装饰抹灰工程量＝外墙面积－门窗洞口、空圈所占面积

实抹面积是指按外墙所采用的不同装饰材料分别计算各自装饰抹灰面积。

2）独立柱装饰抹灰

独立柱装饰抹灰工程量的计算与其一般抹灰相同。

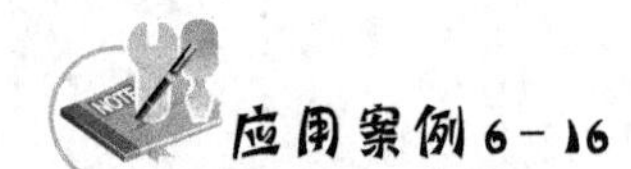

**应用案例 6-16**

如图 6.13 所示，试计算矩形混凝土柱水泥砂浆抹灰工程量。

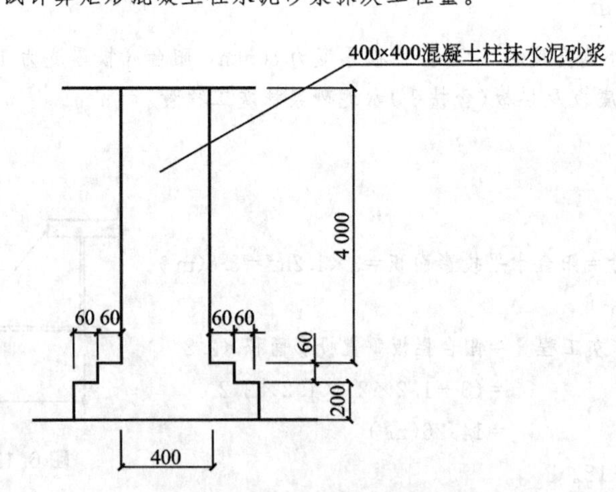


图 6.13　柱抹水泥砂浆示意图

**解：**

(1) 工程量计算。

① 柱身工程量＝0.4×4×4＝6.4($m^2$)

② 底座立面工程量＝(0.4＋0.06×4)×4×0.2＋(0.4＋0.06×2)×4×0.06＝0.64($m^2$)

③ 底座平面工程量＝$(0.4+0.06\times4)^2-0.4^2$＝0.25($m^2$)

合计：总工程量＝6.4＋0.25＋0.64＝7.29($m^2$)

(2) 列项，见表 6-19。

表6-19 应用案例6-16

| 定额编号 | 工程名称 | 单位 | 工程量 |
|---|---|---|---|
| B2-27 | 独立柱水泥砂浆抹灰 | $m^2$ | 7.29 |

3）挑檐、天沟、腰线、栏杆、栏板、门窗套、窗台线、压顶等装饰抹灰

这些构件装饰抹灰按图示尺寸展开面积以平方米计算，并入相应的外墙面积内。

**特别提示**

定额中装饰抹灰项目，如水刷石、干粘石、水磨石中有“零星项目”的，挑檐、天沟、腰线、栏杆、栏板、门窗套、窗台线、压顶等应执行“零星项目”，无“零星项目”的，才并入外墙面积内。

3. 墙、柱面镶贴块料面层

(1) 墙面及柱面镶贴块料面层，按图示尺寸以实贴面积计算。

**特别提示**

【参考视频】

① 实贴面积指贴多少算多少。门窗洞口未贴部分应扣除，但洞口侧壁、附墙柱侧壁已贴部分应计算在内。

② 镶贴块料面层高度＞1 500mm 时，按墙面计算；300mm＜高度≤1 500mm 时，按墙裙计算；高度≤300mm 时，按踢脚板计算。定额中若只设有墙面项目，则均执行墙面。

③ 当实贴块料的规格与定额不同时，可以进行换算。换算方法与本章第一节楼地面工程中块料面层的换算相同。

(2) 独立柱面镶贴块料面层，其工程量以实贴面积计算。

(3) 挑檐、天沟、腰线、窗台线、门窗套、压顶、栏板、扶手、遮阳板、雨篷周边等镶贴块料面层，其工程量按展开面积计算。

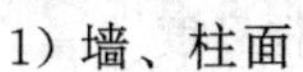

4. 墙柱面装饰

【参考视频】

墙柱面装饰是指以玻璃、人造革、丝绒、塑料板、胶合板、硬木条板、石膏板、竹片、电化铝板、铝合金板、不锈钢等为饰面面层的装饰工程。

1）墙、柱面

墙、柱面装饰按图示尺寸以装饰面面积计算，其计算公式为

墙、柱面的龙骨工程量＝基层工程量＝面层工程量＝实铺面积

装饰面面积是指包括装饰各层本身的长度及厚度的外表面面积，而非构件的结构面积。

**应用案例6-17**

如图6.14所示，试计算柱饰面工程量。

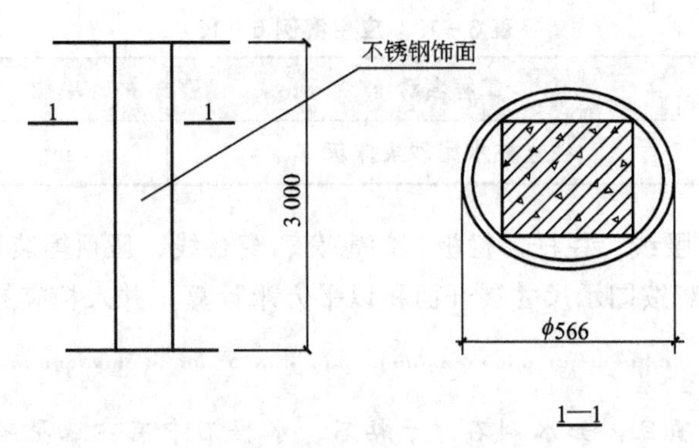


图 6.14 不锈钢包柱示意图

**解：**

(1) 工程量计算。

柱饰面工程量＝实铺面积＝饰面周长×柱高＝3.14×0.566×3＝5.33($m^2$)

(2) 列项，见表 6－20。

表 6－20 应用案例 6－17

| 定额编号 | 工程名称 | 单位 | 工程量 |
|---|---|---|---|
| B2－221 | 不锈钢包柱饰面 | $m^2$ | 5.33 |

2）木隔墙、墙裙、护壁板

隔墙是用来分割建筑物内部空间的非承重墙体；墙裙和护壁板都是为保护墙身而对墙面进行处理的部分，只是二者高度有所不同，墙裙一般高度为 1.5m 以内，而护壁板高度则超过 1.5m。木隔墙、墙裙、护壁板均按图示尺寸的长度乘以高度按实铺面积以平方米计算。

本规则中所述“图示尺寸”指的是木隔墙、墙裙、护壁板本身的净长度及高度，而非所依附墙体的结构尺寸。

3）浴厕木隔断

隔断是用于分隔房屋内部空间的，但它与隔墙不同。隔墙是到顶的墙体，隔断不到顶。浴厕木隔断，按下横档底面至上横档顶面之间的高度乘以图示长度以平方米计算，门扇面积并入隔断面积内计算，其计算公式为

浴厕木隔断工程量＝隔断四周框外围面积＝隔断外框长度×外框高度

【参考视频】

**应用案例 6－18**

计算图 6.15 所示的卫生间木隔断的工程量。

**解：**

(1) 工程量计算。

卫生间木隔断工程量＝隔断外框长度×外框高度＝(0.9×3＋1.2×3)×1.5＝9.45($m^2$)

(2) 列项，见表 6－21。

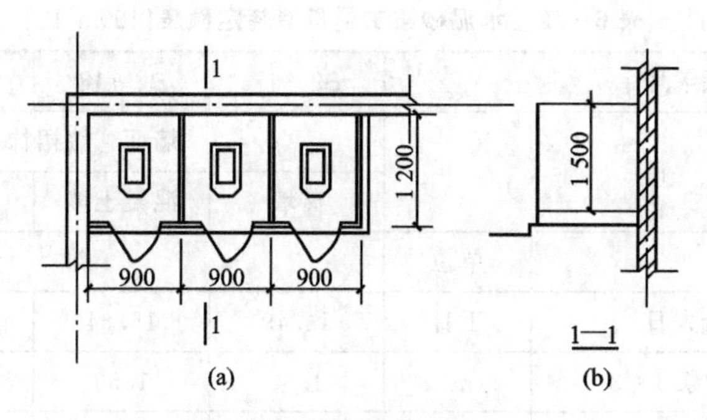


图 6.15 浴厕隔断平面图

(a)平面图；(b)剖面图

表 6-21 应用案例 6-18

| 定额编号 | 工程名称 | 单位 | 工程量 |
|---|---|---|---|
| B2-265 | 卫生间木隔断 | $m^2$ | 9.45 |

5. 其他

定额中其他部分包含各种材料的压条、装饰条、窗帘盒、窗台板、筒子板等项目。

1) 压条、装饰条

压条是指饰面的平接面、相交面、对接面等衔接口所用的板条；装饰条是指分界层、层次面、封口处以及为增加装饰效果而设立的板条，按用途分有压边线、压角线、封边线等。压条、装饰条均按线条中心线以延长米计算。

2) 窗帘盒

窗帘盒工程量按设计图示尺寸计算，无规定时，可按门窗洞口宽度加 30cm 以延长米计算。

3) 窗台板

窗台板按实铺面积计算。

4) 筒子板

筒子板工程量按设计尺寸展开面积以平方米计算，计算公式为

筒子板工程量＝设计展开面积＝筒子板中心线长度×筒子板宽度

### 应用案例 6-19

某钢筋混凝土内墙面抹灰做法如下。

① 刷(喷)内墙 106 涂料。

② 6mm 厚 1∶2 水泥砂浆压实抹光。

③ 10mm 厚 1∶3 水泥砂浆打底。

④ 刷混凝土界面处理剂一道。

试就此做法列项。

**解：**

由表 6-22 的工作内容及 B2-18 项目中的材料构成，可得出本例应列项目，见表 6-23。

表 6-22　水泥砂浆工料机消耗定额表(100m²)

| 定额编号 | | | B2-17 | B2-18 | B2-19 | B2-20 |
|---|---|---|---|---|---|---|
| 项　目 | | | 墙面、墙裙抹水泥砂浆 | | | |
| | | | 砖墙 | 混凝土墙 | 毛石墙 | 钢板网墙 |
| 名　称 | | 单位 | 数　量 | | | |
| 人工 | 综合人日 | 工日 | 14.49 | 15.64 | 18.69 | 17.08 |
| 材料 | 水泥砂浆 1∶3 | $m^3$ | 1.62 | 1.59 | 2.77 | 1.62 |
| | 水泥砂浆 1∶2 | $m^3$ | 0.53 | 0.53 | 0.53 | 0.53 |
| | 水泥 108 胶 | $m^3$ | — | 0.11 | — | 0.11 |
| | 水 | $m^3$ | 0.70 | 0.70 | 0.83 | 0.70 |
| | 松厚板 | $m^3$ | 0.01 | 0.01 | 0.01 | 0.01 |
| 机械 | 灰浆搅拌机 200L | 台班 | 0.36 | 0.37 | 0.55 | 0.38 |

注：1. 清理、修补、湿润基层表面、堵墙眼、调运砂浆、清扫落地灰。

2. 分层抹灰找平、刷浆、洒水湿润、罩面压光(包括门窗洞口侧壁及护角线抹灰)。

表 6-23　应列项目表

| 定额项目名称 | 工 程 做 法 |
|---|---|
| 刷内墙涂料 | ① 刷(喷)内墙 106 涂料 |
| 混凝土墙面抹水泥砂浆 | ② 6mm 厚 1∶2 水泥砂浆压实赶光 |
| | ③ 10mm 厚 1∶3 水泥砂浆打底 |
| | ④ 刷混凝土界面处理剂一道 |

## 应用案例 6-20

如图 6.16、图 6.17 所示为某高校实习工厂机修车间图，内外墙均用灰砂砖砌筑，厚为 240mm，内墙面做水泥砂浆抹灰；外墙面普通水泥白石子水刷石；独立混凝土柱镶贴大理石面层，镶贴大理石后装饰面尺寸为 500mm×500mm。外墙上，C-1 为 1 500mm×2 100mm；C-2 为 2 400mm×2 100mm，均为双层的空腹钢窗；M-1 为 1 500mm×3 100mm，为平开有亮玻璃门。内墙上 M-2 为 1 000mm×3 100mm，为半玻璃镶板门。试计算其工程量。

**解：**

(1) 工程量计算。内墙抹灰按图示尺寸计算面积，扣除门窗洞口面积，洞口的侧壁和顶面不增加面积。附墙的柱、垛侧壁并入墙面抹灰面积中。

① 内墙抹灰面积。

$L_内=(8.10-0.24+7.20-0.24+3.00-0.24+3.60-0.24+5.10$

$-0.24+3.60-0.24)\times2=58.32(m)$

墙面积 $S_1=58.32\times4.10=239.11(m^2)$

门窗洞口面积 $S_2=1.50\times2.10\times5+2.40\times2.10\times2+1.50\times3.10\times2+1.00\times3.10\times4$

$=47.53(m^2)$

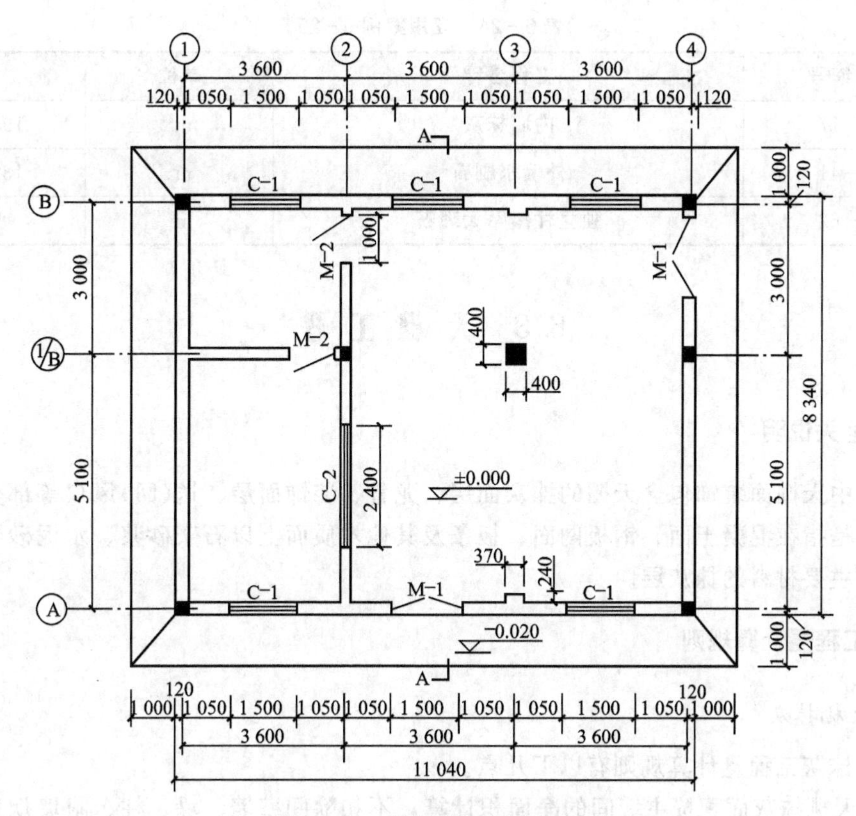

图 6.16　某机修车间平面图

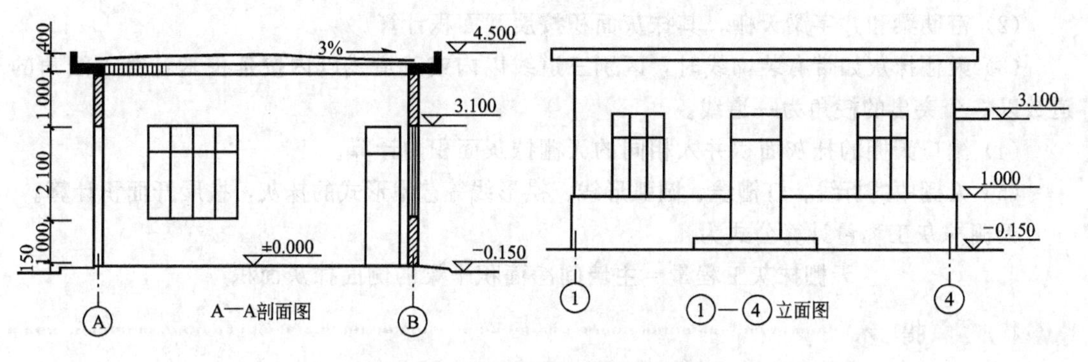

图 6.17　某机修车间剖面及立面图

附墙垛两侧面积 $S_3=0.24\times4.10\times2\times2=3.94(m^2)$

内墙面抹灰总计 $S=S_1-S_2+S_3=239.11-47.53+3.94=195.52(m^2)$

② 水刷石面积。

$L_{外}=(11.04+8.34)\times2=38.76(m)$

外墙面积 $S_1=38.76\times(4.10+0.15)=164.73(m^2)$

门窗洞口面积 $S_2=1.50\times2.10\times5+1.50\times3.10\times2=25.05(m^2)$

外墙水刷石面积 $S=S_1-S_2=164.73-25.05=139.68(m^2)$

③ 柱镶贴大理石面积。

$S=4.10\times0.5\times4=8.2(m^2)$

(2) 列项，见表 6-24。

表6-24 应用案例6-20

| 定额编号 | 工程名称 | 单位 | 工程量 |
|---|---|---|---|
| B2-17 | 内墙抹灰 | $m^2$ | 195.52 |
| B2-41 | 外墙水刷石 | $m^2$ | 139.68 |
| B2-62 | 独立柱镶贴大理石 | $m^2$ | 8.2 |

## 6.3 天棚工程

### 6.3.1 相关说明

定额中天棚面装饰包含天棚的抹灰面层、龙骨、装饰面层、送(回)风口等部分。天棚抹灰面层是指在混凝土面、钢板网面、板条及其他木质面上以石灰砂浆、水泥砂浆、混合砂浆等为主要材料的抹灰层。

### 6.3.2 工程量计算规则

【参考视频】

1. 天棚抹灰

天棚抹灰工程量计算规则有以下几点。

(1) 天棚抹灰面积按主墙间的净面积计算，不扣除间壁墙、垛、柱、附墙烟囱、检查口和管道所占的面积。带梁天棚梁两侧的抹灰面积并入天棚抹灰工程量内计算。

(2) 密肋梁和井字梁天棚，其抹灰面积按展开面积计算。

(3) 天棚抹灰如带有装饰线时，区别三道线以内或五道线以内按延长米计算，线角的道数以一个突出的棱角为一道线。

(4) 檐口天棚的抹灰面积并入相同的天棚抹灰面积内计算。

(5) 天棚中的折线、灯槽线、圆弧形线、拱形线等艺术形式的抹灰，按展开面积计算。

【参考视频】

天棚抹灰工程量计算公式为

天棚抹灰工程量=主墙间净面积+梁的侧面抹灰面积

(1) 间壁墙即为隔墙；检查口为检查人员检查管道的出入口。

(2) 计算规则(2)中的展开面积指密肋梁和井字梁的侧面抹灰面积也应并入天棚抹灰面积内计算。

(3) 天棚抹灰带的装饰线是指天棚与墙面交接部位所做的装饰抹灰，如图6.18所示。计算天棚抹灰工程量时，装饰线应按内墙面净长度单独计算工程量。

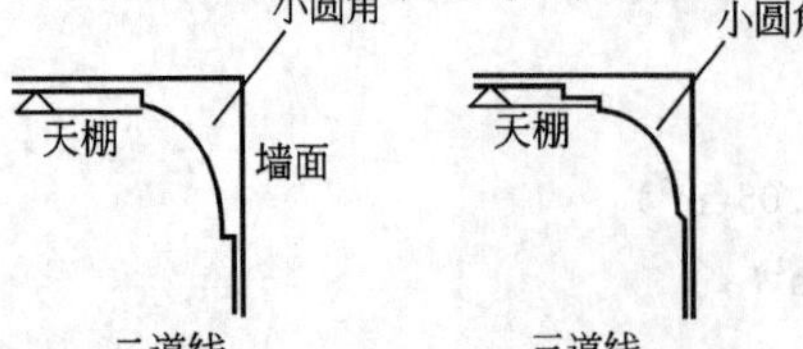

图6.18 天棚装饰线示意图

(4) 檐口天棚指屋面檐口下的那部分天棚。如果设计为挑檐外排水，檐口天棚即为挑檐板的底面，其抹灰面积并入天棚抹灰工程量内计算。

(5) 天棚中的折线、灯槽线、圆弧形线、拱形线等指天棚抹灰时所做的艺术造型，其抹灰的展开面积即为实抹面积。

**应用案例6-21**

某钢筋混凝土天棚如图6.19所示。已知板厚100mm，试计算其天棚水泥砂浆抹灰工程量。

**解**：

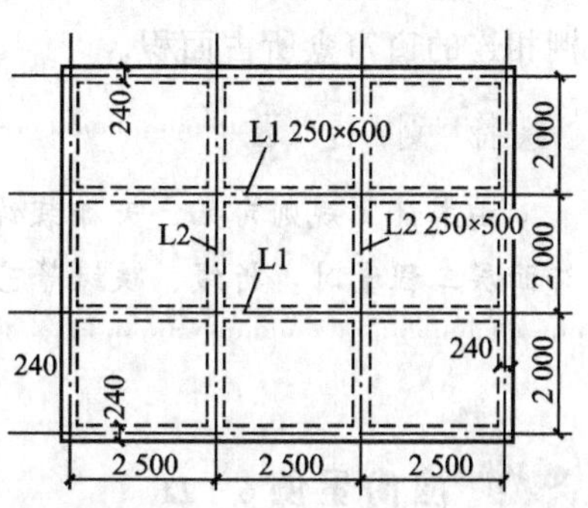


**图6.19 混凝土天棚平面图**

(1) 工程量计算。

主墙间净面积＝(2.5×3－0.24)×(2×3－0.24)

＝41.82($m^2$)

L1的侧面抹灰面积＝[(2.5×3－0.12×2)×(0.6－0.1)×2－0.25×(0.5－0.1)×2×2]×2(根)

＝13.72($m^2$)

L2的侧面抹灰面积＝[(2－0.12－0.125)×2＋(2－0.125×2)]×(0.5－0.1)×2×2

＝5.26×0.8×2$m^2$＝8.42($m^2$)

天棚抹灰工程量＝主墙间净面积＋L1、L2的侧面抹灰面积

＝41.82＋13.72＋8.42＝63.96($m^2$)

(2) 列项，见表6-25。

【参考视频】

**表6-25 应用案例6-21**

| 定额编号 | 工程名称 | 单位 | 工程量 |
| --- | --- | --- | --- |
| B3-1 | 天棚抹灰 | $m^2$ | 63.96 |

2. 天棚龙骨

天棚龙骨及面层包括平面天棚、跌级天棚和艺术造型天棚两部分，其中，平面天棚和跌级天棚指一般直线形天棚，天棚面层在同一标高者为平面天棚，天棚面层不在同一标高者为跌级天棚；艺术造型天棚按面层构造分有藻井式、吊挂式、跌级及锯齿形。

各种吊顶天棚龙骨按主墙间净空面积计算，不扣除间壁墙、检查口、附墙烟囱、附墙垛和管道所占面积，应扣除独立柱及与天棚相连的窗帘盒所占的面积，其计算公式为

天棚龙骨工程量＝主墙间净面积－独立柱及与天棚相连的窗帘盒所占面积

**特别提示**

(1) 定额中天棚龙骨是按常用材料及规格编制的，与设计规定不同时可以换算，材料可以调整，但人工及机械不变。

(2)天棚中的折线、跌级等圆弧形、高低吊灯槽等龙骨面积按平面计算，不展开计算。

3. 天棚装饰面层

天棚装饰面层是指在龙骨下安装装饰面板的面层。定额中按所用材料不同分为板条、

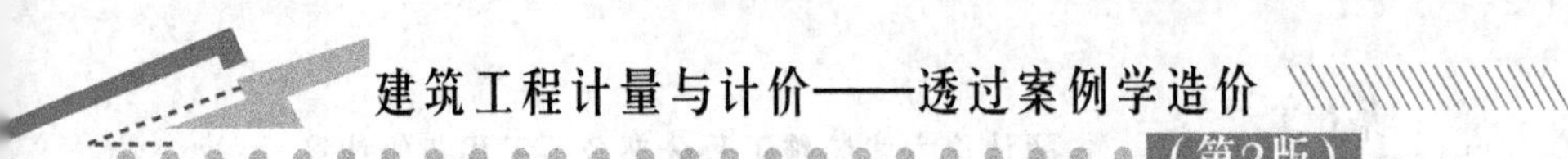


薄板、胶合板、石膏板、岩棉板、木屑板、埃特板、铝塑板、宝丽板等项目。其工程量按主墙间实铺面积以平方米计算，不扣除间壁墙、检查口、附墙烟囱、附墙垛和管道所占面积，应扣除独立柱及与天棚相连的窗帘盒所占的面积。天棚中的折线、跌级等圆弧形、拱形、高低吊灯槽及其他艺术形式天棚面层均按展开面积计算，计算公式为

天棚装饰面层工程量＝主墙间净面积＋应增减面积

式中：应增面积为天棚折线、跌级等艺术造型所增加部分面积；应减面积为独立柱及与天棚相连的窗帘盒所占面积。

由本计算规则可知，天棚装饰面层工程量与天棚龙骨的计算存在着差异。即计算天棚装饰面层工程量时，折线、跌级等艺术形式按展开面积计算，而天棚龙骨是按平面面积计算。

**应用案例 6-22**

某天棚设计为带艺术跌级造型的轻钢龙骨石膏板面层，如图 6.20 所示，其工程做法如下(不上人)。

① 贴壁纸(布)，在纸(布)背面和棚面刷纸胶粘结。

② 棚面刷一道清油。

③ 9mm 厚纸面石膏板自攻螺钉拧牢(900mm×3 000mm×9mm)。

④ 轻钢横撑龙骨 U19mm×50mm×0.5mm 中距 3 000mm，U19mm×25mm×0.5mm 中距 3 000mm。

⑤ 轻钢小龙骨 U19mm×25mm×0.5mm 中距等于板材 1/3 宽度。

⑥ 轻钢中龙骨 U19mm×50mm×0.5mm 中距等于板材宽度。

⑦ 轻钢大龙骨[ 45mm×15mm×1.2mm 或[ 50mm×15mm×1.5mm。

⑧ $\phi$8mm 螺栓吊杆双向吊点，中距 900～1 200mm。

⑨ 钢筋混凝土板内预留$\phi$6mm 铁环，双向中距 900～1 200mm。

试对其工程做法进行列项，并计算天棚龙骨、面层工程量。

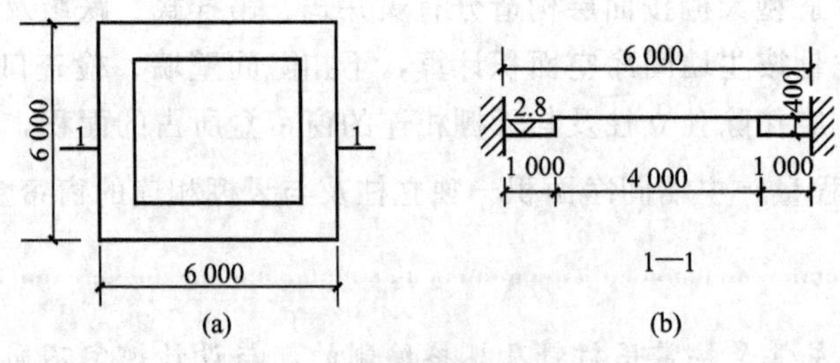


**图 6.20　天棚造型示意**

(a) 平面图；(b) 剖面图

**解：**

(1) 分析。由图 6.20 可知：天棚面层不在同一标高且相差 400mm，故此天棚设计为跌级天棚。

由表 6-26 及表中项目 B3-46 的材料构成可知：做法①、②、③未包含在内，需分别单独列项，应列项目表见表 6-27。

(2) 工程量计算。

① 轻钢龙骨。

轻钢龙骨工程量＝主墙间净面积＝6×6＝36($m^2$)

② 天棚面层(纸面石膏板)。

天棚面层工程量＝主墙间净面积＋折线、跌级等艺术造型增加面积

＝6×6＋4×0.4×4＝36＋6.4＝42.4($m^2$)

表 6－26　天棚轻钢龙骨工料机消耗定额表(100$m^2$)

| 定额编号 | | | B3－43 | B3－44 | B3－45 | B3－46 |
|---|---|---|---|---|---|---|
| 项　　目 | | | 装配式U型轻钢天棚龙骨(不上人型) | | | |
| | | | 面层规格/mm | | | |
| | | | 600×600 | | 600×600以上 | |
| | | | 平面 | 跌级 | 平面 | 跌级 |
| 名　　称 | | 单位 | 数　　量 | | | |
| 人工 | 综合人工日 | 工日 | 19.00 | 21.00 | 18.00 | 20.00 |
| 材料 | 杉木锯材 | $m^3$ | — | 0.07 | — | 0.07 |
| | 轻钢龙骨不上人型(平面)600×600 | $m^2$ | 101.50 | — | — | — |
| | 轻钢龙骨不上人型(跌级)600×600 | $m^2$ | — | 101.50 | — | — |
| | 轻钢龙骨不上人型(平面)600×600以上 | $m^2$ | — | — | 101.50 | — |
| | 轻钢龙骨不上人型(跌级)450×450以上 | $m^2$ | — | — | — | 101.50 |
| | … | … | … | … | … | … |
| 机械 | 交流电焊机30kVA | 台班 | 0.10 | 0.10 | 0.10 | 0.10 |

注：吊件加工、安装；定位、弹线、射钉；选料、下料、定位杆控制高度、平整、安装龙骨及横撑附件、孔洞预留等；临时加固、调整、校正；灯箱风口封边、龙骨设置；预留位置、整体调整。

表 6－27　应列项目表

| 定额项目名称 | 工 程 做 法 |
|---|---|
| 贴壁纸天棚 | ① 贴壁纸(布)，在纸(布)背面和棚面刷纸胶粘结 |
| 天棚面油漆 | ② 棚面刷一道清油 |
| 纸面石膏板 | ③ 9mm厚纸面石膏板自攻螺钉拧牢(900mm×3 000mm×9mm) |
| 轻钢龙骨 | ④ 轻钢横撑龙骨U19mm×50mm×0.5mm中距3 000mm，U19mm×25mm×0.5mm中距3 000mm<br>⑤ 轻钢小龙骨U19mm×25mm×0.5mm中距等于板材1/3宽度<br>⑥ 轻钢中龙骨U19mm×50mm×0.5mm中距等于板材宽度<br>⑦ 轻钢大龙骨[45mm×15mm×1.2mm或[50mm×15mm×1.5mm<br>⑧ $\phi$8mm螺栓吊杆双向吊点，中距900～1 200mm |
| | ⑨ 钢筋混凝土板内预留$\phi$6mm铁环，双向中距900～1 200mm |

（3）列项，见表6-28。

表6-28　应用案例6-22

| 定额编号 | 工程名称 | 单位 | 工程量 |
|---|---|---|---|
| B3-46 | 轻钢龙骨 | $m^2$ | 36 |
| B3-223 | 纸面石膏板天棚面层 | $m^2$ | 42.4 |

【参考视频】

4. 龙骨及饰面

龙骨及饰面部分的项目中既包含龙骨的费用，又包含面层的费用，其中任意一项不需单独列出，且工程量计算方法与天棚装饰面层相同。

5. 送(回)风口

送(回)风口是用于空调房间的配套装饰物。送风口指空调管道向室内输入空气的管口；回风口指空调管道向室外送出空气的管口。它们均以个为计量单位计算工程量。

【参考视频】

## 6.4 门窗工程

### 6.4.1 相关说明

门窗工程包括了门窗的制作和安装。

定额中门窗工程的项目包括以下内容。

(1) 木门窗，包括镶板门、胶合板门、防火门、连门窗、平开窗、推拉窗、百叶窗、天窗、固定窗、空花窗、组合窗等。

(2) 金属门窗，包括金属平开门、推拉门、地弹门、彩板门、塑钢门、防盗门、防火门、卷闸门、卷帘、格栅门；金属推拉窗、平开窗、固定窗、百叶窗、彩板窗、塑钢窗、防盗窗、格栅窗等。

【参考视频】

(3) 其他门，包括电子感应门、转门、电子对讲门、电子伸缩门、全玻弹簧门、全玻自由门、镜面不锈钢饰面门等。

(4) 门窗套、筒子板、贴脸、窗帘盒、窗帘轨、窗台板等。

### 6.4.2 工程量计算规则

门窗工程工程量计算规则有以下几点。

(1) 门窗的制作、安装均按门窗洞口尺寸以面积计算，不带框的门按门扇外围尺寸以平方米计算。定额中已包括了玻璃的费用，但未包括安装门窗所需的小五金材料费及门窗由加工厂运至施工现场的运输费，发生时另行计算。普通窗上部带有半圆形窗时，其工程量应分别按普通窗和半圆形窗计算，其分界线以普通窗和半圆形窗之间的横框上面的裁口线(即半圆窗扇的下帽头线)为界。

(2) 卷闸门安装按其安装高度乘以门的实际宽度以平方米计算，安装高度算至滚筒顶点为准，带卷筒罩的按展开面积增加。电动装置按套计算，小门安装以个计算。

(3) 推拉栅栏门按图示尺寸以平方米计算。

(4) 人防混凝土门和挡窗板、按门和挡窗板的外围图示尺寸以平方米计算。

(5) 不锈钢包门框按门框的展开面积以平方米计算；无框玻璃门和电子感应横移自动

门，按玻璃门的图示尺寸以平方米计算；圆弧感应自动门和旋转门按套计算；电子感应自动装置按套计算。

(6) 不锈钢电动伸缩门按门洞宽度以米计算；电动装置按套计算。

(7) 窗帘盒、窗帘轨按图示尺寸以米计算；通长窗帘杆按米计算。

(8) 木制窗台板按展开面积以平方米计算。

(9) 水磨石窗台板、大理石窗台板按图示水平投影面积以平方米计算。

(10) 木门包金属面或软包面按实包部分的展开面积以平方米计算。

(11) 门窗套、筒子板、贴脸按设计图示尺寸以展开面积计算。

【参考视频】

## 应用案例 6-23

如图 6.21 所示，试计算该木制窗工程量。

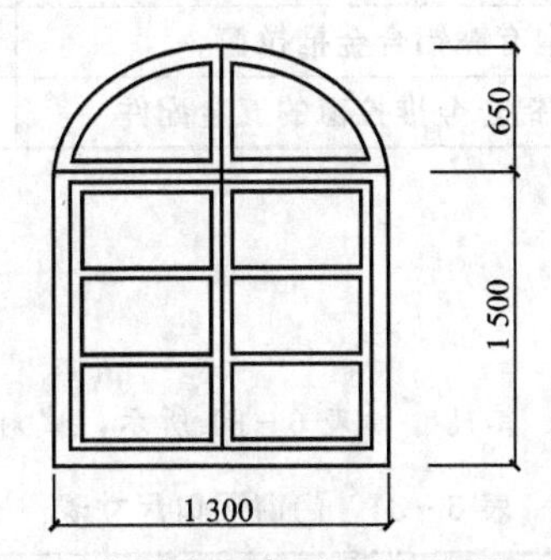


图 6.21 木制窗示意图(图示为洞口尺寸)

**解：**

(1) 工程量计算。

半圆窗工程量$=0.65^2\times\pi\div2=0.663\ 3(m^2)$

矩形窗工程量$=1.3\times1.5=1.95(m^2)$

(2) 列项，见表 6-29。

表 6-29 应用案例 6-23

| 定额编号 | 工程名称 | 单位 | 工程量 |
| --- | --- | --- | --- |
| B4-31 | 半圆窗 | $m^2$ | 0.663 3 |
| 4-179 | 半圆窗的五金配件 | $m^2$ | 0.663 3 |
| B4-33 | 矩形窗 | $m^2$ | 1.95 |
| 4-177 | 矩形窗的五金配件 | $m^2$ | 1.95 |

## 应用案例 6-24

如图 6.22 所示，试计算三扇有亮铝合金推拉窗工程量。

**解：**

(1) 工程量计算。

$2.5\times1.8=4.5(m^2)$

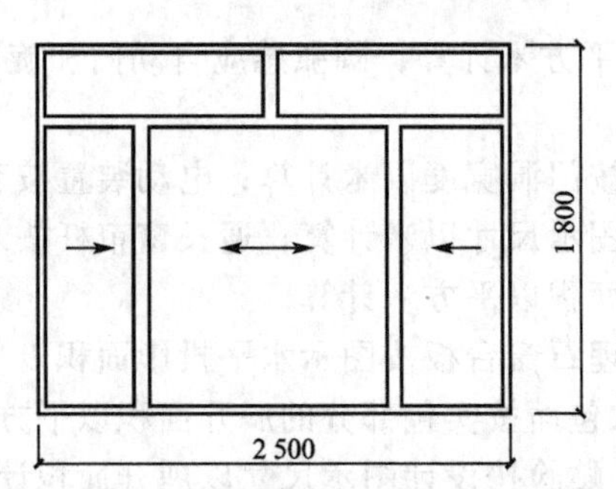


图 6.22　三扇有亮推拉窗示意图(图示为洞口尺寸)

(2) 列项，见表 6－30。

表 6－30　应用案例 6－24

| 定额编号 | 工程名称 | 单位 | 工程量 |
|---|---|---|---|
| 4－63 | 三扇有亮铝合金推拉窗 | $m^2$ | 4.5 |
| 4－152 | 三扇有亮铝合金推拉窗的五金配件 | 樘 | 1 |

## 应用案例 6－25

某单层房屋设计用铝合金门窗，其尺寸如表 6－31 所示，试对门窗工程进行列项并计算工程量。

表 6－31　门窗洞口尺寸表

| 门窗名称 | 樘数 | 洞口尺寸(宽×高)/mm | 形式 |
|---|---|---|---|
| 有亮铝合金窗 C1 | 4 | 1 800×1 800 | 推拉、双扇 |
| 有亮铝合金窗 C2 | 2 | 1 500×1 800 | 推拉、双扇 |
| 无亮铝合金门 M | 2 | 1 000×2 400 | 平开 |

**解：**

(1) 工程量计算。根据已知条件，本例应列项目及工程量计算见表 6－32。

表 6－32　门窗工程列项及工程量计算表

| 项目名称 | 单位 | 工程量 | 计算式 |
|---|---|---|---|
| 有亮双扇铝合金推拉窗的制作、安装 | $m^2$ | 18.36 | 1.8×1.8×4＋1.5×1.8×2 |
| 无亮单扇铝合金门的制作、安装 | $m^2$ | 4.8 | 1×2.4×2 |
| 铝合金窗的五金配件 | 樘 | 6 | 4＋2 |
| 铝合金门的五金配件 | 樘 | 2 | 2 |

(2) 列项，见表 6－33。

表 6－33　应用案例 6－25

| 定额编号 | 工程名称 | 单位 | 工程量 |
|---|---|---|---|
| B4－61 | 有亮双扇铝合金推拉窗的制作、安装 | $m^2$ | 18.36 |
| B4－50 | 无亮单扇铝合金门的制作、安装 | $m^2$ | 4.8 |
| B4－151 | 铝合金窗的五金配件 | 樘 | 6 |
| B4－150 | 铝合金门的五金配件 | 樘 | 2 |

# 6.5 幕墙工程

## 6.5.1 相关说明

幕墙工程的相关说明有以下几点。

(1) 幕墙包括玻璃幕墙、铝塑板幕墙、铝合金幕墙。玻璃幕墙内的门窗包括在玻璃幕墙项目中。

(2) 幕墙工程材料消耗定额的基本要求如下。

① 玻璃幕墙设计有平开、推拉等窗者，仍执行幕墙子目，窗型材、窗五金相应增加，其他不变。

② 玻璃幕墙中的玻璃按成品玻璃考虑，幕墙中的避雷装置、防火隔离层定额已综合，但幕墙的封边、封顶的费用另行计算。

【参考视频】

③ 隔墙(间壁)、隔断(护壁)、幕墙等定额中龙骨间距、规格与设计不同时，定额用量允许调整。

## 6.5.2 工程量计算规则

全玻隔断、全玻幕墙如有带肋者工程量按展开面积计算；玻璃幕墙、铝板幕墙以框外围面积计算。

**应用案例 6-26**

某银行营业大楼设计为铝合金挂式全玻璃幕墙，幕墙上带铝合金窗。图 6.23 所示为该幕墙立面简图。试计算工程量。

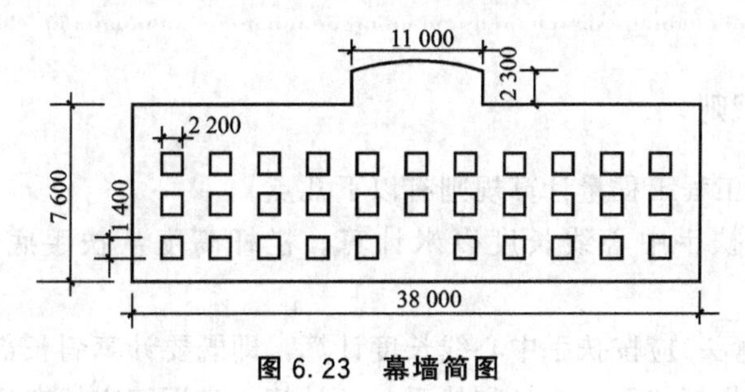


图 6.23 幕墙简图

**解：**

(1)工程量计算。

$S=38\times7.6+11\times2.3=314.1(\mathrm{m}^2)$

(2) 列项，见表 6-34。

表 6-34 应用案例 6-26

| 定额编号 | 工程名称 | 单位 | 工程量 |
|---|---|---|---|
| B2-298 | 玻璃幕墙 | $\mathrm{m}^2$ | 314.1 |

# 6.6 细部装饰及栏杆工程

## 6.6.1 相关说明

细部装饰及栏杆工程的相关说明有以下几点。

(1) 栏杆、栏板和扶手工程包括楼梯栏杆(板)、通廊栏杆(板)、楼梯扶手、通廊扶手、楼梯靠墙扶手和通廊靠墙扶手等子目。

(2) 空调和挑板周围栏杆(板)执行通廊栏杆(板)的相应定额子目。

(3) 室外消防爬梯、楼梯铁栏杆，执行铁栏杆制作安装相应定额子目。

(4) 装饰线条工程包括：木装饰线、石膏装饰线、PVC贴面装饰线、金属装饰线、塑料装饰线、石材装饰线、其他装饰线和欧式装饰线等子目。

(5) 本节装饰线条项目适用于内外墙面、柱面、柜橱、天棚及其他部位饰面等设计有装饰线条者。

**特别提示**

本节装饰线按不同形状分为板条、平线、角线、角花、槽线和欧式装饰线等多种装饰线。

(1) 板条：指板的正面与背面均为平面而无造型者。

(2) 平线：指其背面为平面，正面为各种造型的线条。

(3) 角线：指线条背面为三角形，正面有造型的阴、阳角装饰线条。

(4) 角花：指呈直角三角形的工艺造型装饰件。

(5) 槽线：指用于嵌缝的U型线条。

(6) 欧式装饰线：指具有欧式风格的各种装饰线。

## 6.6.2 工程量计算规则

细部装饰及栏杆工程工程量计算规则有以下几点。

(1) 栏杆(板)按扶手中心线长度以米计算。栏杆高度从扶手底面算至楼梯结构上表面。

(2) 扶手(包括弯头)应按扶手中心线长度计算，即既要计算斜长部分，也要计算最后一跑楼梯连接的安全栏杆扶手。栏杆和扶手分开计算，套用相应的定额子目。

(3) 旋转楼梯栏杆按图示扶手中心线长度以米计算。

(4) 旋转楼梯扶手按图示扶手中心线长度以米计算。

(5) 无障碍设施栏杆按图示尺寸以米计算。

(6) 楼梯铁栏杆以吨计算。室外消防爬体、钢楼梯，以吨计算。

(7) 板条、平线、角线和槽线，均按图示尺寸以米计算。

(8) 角花、圆圈线条、拼花图案、灯盘、灯圈等，分规格按个计算；镜框线、橱柜线，按图示尺寸以米计算。

(9) 欧式装饰线中的外挂檐口板、腰线板，分规格按图示尺寸以米计算；山花浮雕、门斗、拱形雕刻，分规格按件计算。

（10）其他装饰线按图示尺寸以米计算。

### 应用案例 6-27

如图 6.24 所示，计算图中楼梯的型钢铁花栏杆、硬木扶手直形 100mm×60mm 及弯头工程量。

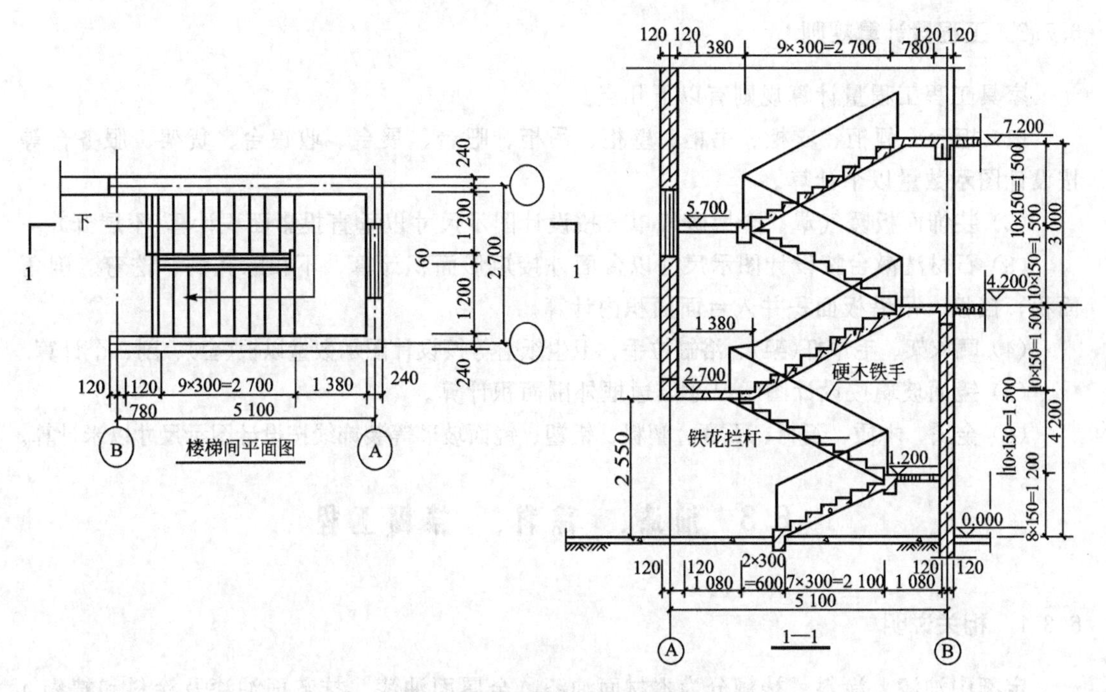


图 6.24 楼梯间平面及剖面图

**解：**

（1）工程量计算。

梯踏步斜长系数$=\sqrt{\dfrac{0.3^2+0.15^2}{0.3^2}}=1.118$

铁花栏杆长：$L=[2.10+(2.10+0.60)+0.30\times9+0.30\times10+0.3\times10]\times1.118+0.60$
$+(1.20+0.06)+(0.06\times4)=13.5\times1.118+1.86+0.24=17.19(\text{m})$

硬木扶手长：17.19m（同栏杆长）

硬木弯头：1×9=9 个

（2）列项，见表 6-35。

表 6-35 应用案例 6-27

| 定额编号 | 工程名称 | 单位 | 工程量 |
|---|---|---|---|
| B1-185 | 型钢铁花栏杆 | m | 17.19 |
| B1-195 | 硬木扶手 | m | 17.19 |
| B1-218 | 弯头 | 个 | 9 |

## 6.7 家具工程

### 6.7.1 相关说明

本节适用于施工现场制作的家具工程。

### 6.7.2 工程量计算规则

家具工程工程量计算规则有以下几点。

(1) 柜台、酒柜、衣柜、书柜、壁柜、吊柜、吧台、展台、收银台、货架、服务台等按设计图示数量以个计算。

(2) 装饰面板暖气罩、金属暖气罩等按设计图示尺寸以垂直投影面积计算(不展开)。

(3) 石材洗漱台按设计图示尺寸以台面外接矩形面积计算，不扣除孔洞、挖弯、削角面积，挡板、吊沿板面积并入台面面积内计算。

(4) 晒衣架、毛巾杆(架)、浴缸拉手、卫生纸盒等按设计图示数量以根(套)、副、个计算。

(5) 镜面玻璃按设计图示尺寸以边框外围面积计算。

(6) 金属、木质、石材、石膏、塑料、铝塑、镜面玻璃等装饰线按设计图示尺寸以米计算。

## 6.8 油漆、涂料、裱糊工程

### 6.8.1 相关说明

【参考视频】

定额中油漆、涂料、裱糊分为木材面油漆、金属面油漆、抹灰面油漆及涂料和裱糊 4 个部分。

### 6.8.2 工程量计算规则

油漆、涂料、裱糊工程工程量计算规则有以下几个方面。

1. 木材面、金属面油漆

木材面、金属面油漆工程量按表 6－36～表 6－41 规定计算，并乘以表内系数以平方米计算，其计算公式为

木材面、金属面油漆工程量＝表中规定基数×相应系数

表 6－36 单层木门工程量系数表

| 项目名称 | 系数 | 工程量计算方法 |
|---|---|---|
| 单层木门 | 1.00 | 按单面洞口面积 |
| 双层(一玻一纱)木门 | 1.36 | |
| 双层(单裁口)木门 | 2.00 | |
| 单层全玻门 | 0.83 | |
| 木百叶门 | 1.25 | |
| 厂库大门 | 1.10 | |

表6-37 单层木窗工程量系数表

| 项目名称 | 系数 | 工程量计算方法 |
|---|---|---|
| 单层玻璃窗 | 1.00 | 按单面洞口面积 |
| 双层(一玻一纱)窗 | 1.36 | |
| 双层(单裁口)窗 | 2.00 | |
| 三层(二玻一纱)窗 | 2.60 | |
| 单层组合窗 | 0.83 | |
| 双层组合窗 | 1.13 | |
| 木百叶窗 | 1.50 | |

表6-38 木扶手(不带托板)工程量系数表

| 项目名称 | 系数 | 工程量计算方法 |
|---|---|---|
| 木扶手(不带托板) | 1.00 | 按延长米 |
| 木扶手(带托板) | 2.60 | |
| 窗帘盒 | 2.04 | |
| 封檐板、顺水板 | 1.74 | |
| 挂衣板、黑板框 | 0.52 | |
| 生活园地框、挂镜线、窗帘棍 | 0.35 | |

表6-39 其他木材面工程量系数表

| 项目名称 | 系数 | 工程量计算方法 | 项目名称 | 系数 | 工程量计算方法 |
|---|---|---|---|---|---|
| 木板、纤维板、胶合板天棚 | 1.00 | 长×宽 | 屋面板(带檩条) | 1.11 | 斜长×宽 |
| 檐口 | 1.07 | | 木间隔、木隔断 | 1.90 | 单面外围体积 |
| 清水板条天棚、檐口 | 1.00 | | 玻璃间壁露明墙筋 | 1.65 | |
| 木方格吊顶天棚 | 0.87 | | 木栅栏、木栏杆 | 1.82 | |
| 吸音板墙面、天棚面 | 1.00 | | 木屋架 | 1.79 | 跨度(长)×中高×1/2 |
| 木护墙、墙裙 | 1.00 | | | | |
| 窗台板、筒子板、门窗套 | 1.28 | | 衣柜、壁柜 | 1.00 | 按实刷展开面积 |
| 暖气罩 | | | 零星木装修 | 1.10 | |
| | | | 梁、柱饰面 | 1.00 | |

表6-40 木地板工程量系数表

| 项目名称 | 系数 | 工程量计算方法 | 项目名称 | 系数 | 工程量计算方法 |
|---|---|---|---|---|---|
| 木地板、木踢脚板 | 1.00 | 长×宽 | 木楼梯(不包括底面) | 2.30 | 水平投影面积 |

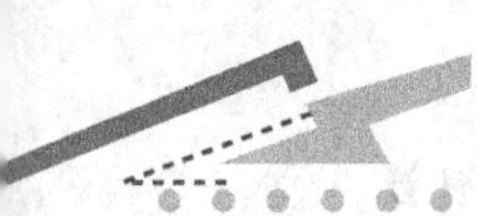



**表 6-41　单层钢门窗工程量系数表**

| 项目名称 | 系数 | 工程量计算方法 | 项目名称 | 系数 | 工程量计算方法 |
|---|---|---|---|---|---|
| 单层钢门窗 | 1.00 | 洞口面积 | 射线防护门 | 2.96 | 框(扇)外围面积 |
| 双层(一玻一纱)钢门窗 | 1.48 |  | 厂库房平开、推拉门 | 1.70 |  |
| 百叶钢门 | 2.74 |  | 铁丝网大门 | 0.81 |  |
| 半截百叶钢门 | 2.22 |  | 间壁 | 1.85 | 长×宽 |
| 满钢门或包铁皮门 | 1.63 |  | 平板屋面 | 0.74 | 斜长×宽 |
| 钢折叠门 | 2.30 |  | 瓦垄板屋面 | 0.89 | 斜长×宽 |
|  |  |  | 排水、伸缩缝盖板 | 0.78 | 展开面积 |
|  |  |  | 吸气罩 | 1.63 | 水平投影面积 |

**应用案例 6-28**

某工程设计用单层木窗，尺寸为 1 500mm×1 800mm，数量为 20 樘，试计算其油漆(刷底油一遍，调和漆 3 遍)工程量。

**解：**

(1) 工程量计算。由定额表 6-36 可知：该油漆工程量应执行单层木窗油漆定额项目，即

20 樘单层木窗的油漆工程量＝20×每樘单层木窗的油漆工程量＝20×单面洞口面积×1.00

$$=20\times1.5\times1.8\times1.00\text{m}^2=54(\text{m}^2)$$

(2) 列项，见表 6-42。

**表 6-42　应用案例 6-28**

| 定额编号 | 工程名称 | 单位 | 工程量 |
|---|---|---|---|
| B5-6 | 单层木窗 | $m^2$ | 54.00 |

2. 裱糊

裱糊工程量按实铺面积计算。

**应用案例 6-29**

图 6.25 所示为某房屋平面及剖面图。该房屋内墙面、外墙面及天棚面的工程做法见表 6-43，门窗尺寸见表 6-44。已知内外墙厚均为 240mm，吊顶高 3.0m。试对其进行列项，并计算各分项工程量。

**解：**

(1) 计算。

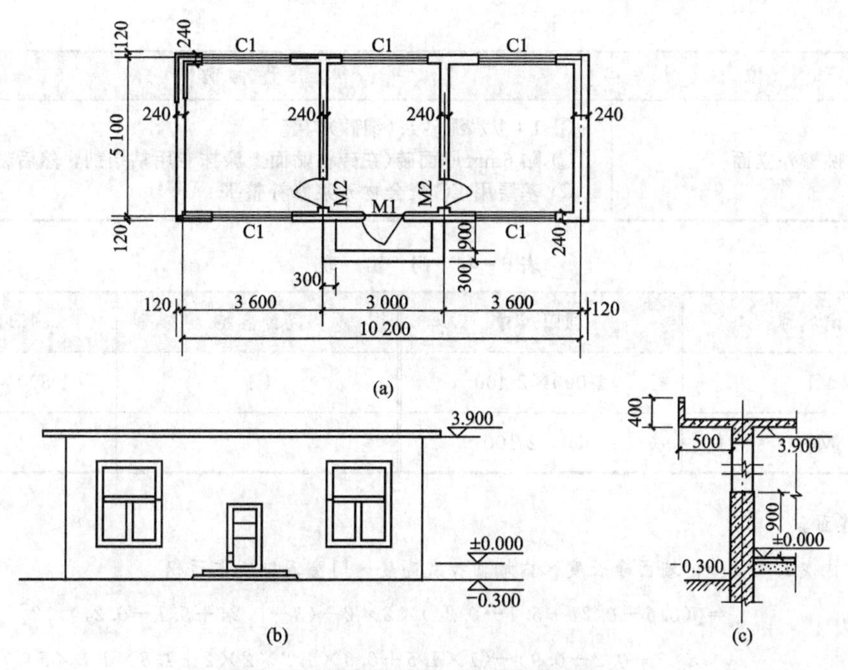


图 6.25 某房屋平面、立面及墙身大样

(a)平面图；(b)立面图；(c)墙身大样

表 6-43 工程做法表

| 部　位 | 工 程 做 法 |
| --- | --- |
| 内墙面 | ① 刷(喷)内墙 106 涂料 3 遍<br>② 5mm 厚 1∶2.5 水泥砂浆抹面，压实抹光<br>③ 13mm 厚 1∶3 水泥砂浆打底 |
| 内墙裙<br>(高 900mm) | ① 白水泥擦缝<br>② 粘贴灰缝 5mm 宽、釉面砖 150mm×75mm(在釉面砖粘贴面上涂抹专用粘结剂，然后粘贴)<br>③ 8mm 厚 1∶0.1∶2.5 水泥石灰膏砂浆找平<br>④ 12mm 厚 1∶3 水泥砂浆打底扫毛 |
| 外墙面 | ① 1∶1 水泥砂浆(细砂)勾缝<br>② 贴 10mm 厚花岗石(在砖粘贴面上涂抹专用粘结剂，然后粘贴)<br>③ 6mm 厚 1∶0.2∶2.5 水泥石灰膏砂浆找平<br>④ 12mm 水泥砂浆打底扫毛 |
| 天棚 | ① 贴矿棉板(用专用胶与石膏板基层粘贴)<br>② 9mm 厚纸面石膏板基层自攻螺钉拧牢<br>③ 轻钢横撑龙骨 U19mm×50mm×0.5mm 中距 3 000mm，U19mm×25mm×0.5mm 中距 3 000mm<br>④ 轻钢小龙骨 U19mm×25mm×0.5mm 中距等于板材 1/3 宽度<br>⑤ 轻钢中龙骨 U19mm×50mm×0.5mm 中距等于板材宽度<br>⑥ 轻钢大龙骨[ 45mm×15mm×1.2mm 或[ 50mm×15mm×1.5mm<br>⑦ $\phi$ 8mm 螺栓吊杆双向吊点，中距 900～1 200mm<br>⑧ 钢筋混凝土板内预留$\phi$ 6mm 铁环，双向中距 900～1 200mm |

续表

| 部　位 | 工程做法 |
| --- | --- |
| 挑檐外立面 | ① 1∶1水泥砂浆(细砂)勾缝<br>② 贴6mm厚面砖(在砖粘贴面上涂抹专用粘结剂，然后粘贴)<br>③ 基层用EC聚合物砂浆修补整平 |

表6-44　门　窗　表　(mm)

| 门窗名称 | 洞口尺寸 | 门窗名称 | 洞口尺寸 |
| --- | --- | --- | --- |
| M1 | 1 000×2 400 | C1 | 1 800×1 800 |
| M2 | 900×2 100 | | |

① 内墙面。

内墙面抹灰工程量＝内墙面净长度×内墙面抹灰高度－门窗洞口所占面积

$$=[(3.6-0.24+5.1-0.24)\times2\times2+(3-0.24+5.1-0.24)\times2]\times(3+0.2-0.9)-(1\times1.5+0.9\times1.2\times2\times2+1.8\times1.8\times5)$$

$$=48.12\times2.3-22.02=88.66(m^2)$$

内墙面喷涂料工程量＝内墙面抹灰工程量×1.04＝92.21($m^2$)

② 内墙裙。门框、窗框的宽度均为100mm，且安装于墙中线，则

内墙裙贴釉面砖工程量＝内墙面净长度×内墙裙高度－门洞口所占面积＋门洞口侧壁面积

$$=48.12\times0.9-(1\times0.9+0.9\times0.9\times2\times2)+\left[0.9\times\frac{0.24-0.1}{2}\times2+0.9\times\frac{0.24-0.1}{2}\times8\right]$$

$$=43.31-4.14+0.63=39.80(m^2)$$

③ 外墙面。

外墙面贴花岗石工程量

＝$L_外$×外墙面高度－门窗洞口、台阶所占面积＋洞口侧壁面积

$$=(3.6\times2+3+0.24+5.1+0.24)\times2\times(3.9+0.3)-(1\times2.4+1.8\times1.8\times5)-(2.4\times0.15+3\times0.15)+\frac{0.24-0.1}{2}\times[(1+2.4\times2)+(1.8+1.8)\times2\times5]$$

$$=31.56\times4.2-21.3-0.81+3.14$$

$$=132.55-21.3-0.81+3.14=113.58(m^2)$$

④ 天棚。

天棚面层工程量＝主墙间净面积

$$=(3.6-0.24)\times(5.1-0.24)\times2+(3-0.24)\times(5.1-0.24)$$

$$=16.33\times2+13.41=46.07(m^2)$$

天棚基层工程量＝天棚龙骨工程量＝天棚面层工程量＝46.07($m^2$)

⑤ 挑檐。

挑檐贴面砖工程量＝挑檐立板外侧面积

＝($L_外$＋0.5×8)×立板高度

$$=(31.56+0.5\times8)\times0.4=5.69(m^2)$$

(2) 列项，见表6-45。

表6-45 应用案例6-29

| 定额编号 | 工程名称 | 单位 | 工程量 |
|---|---|---|---|
| B2-17 | 内墙面抹灰 | $m^2$ | 88.66 |
| B5-276 | 内墙面喷涂料 | $m^2$ | 92.21 |
| B2-158 | 内墙裙贴釉面砖 | $m^2$ | 39.80 |
| B2-77 | 外墙面贴花岗石 | $m^2$ | 113.58 |
| B3-46 | 轻钢龙骨吊顶 | $m^2$ | 46.07 |
| B3-220换 | 矿棉板天棚面层 | $m^2$ | 46.07 |
| B3-95 | 石膏板天棚基层 | $m^2$ | 46.07 |
| B1-71 | 零星项目 | $m^2$ | 5.69 |

## 6.9 金属支架及广告牌工程

### 6.9.1 相关说明

金属支架及广告牌工程的相关说明有以下几点。

(1) 平面招牌是指安装在门前的墙面上；箱体招牌、竖式标箱是指六面体固定在墙面上；沿雨篷、檐口、阳台走向立式招牌，按平面招牌复杂项目执行。

(2) 一般招牌和矩形招牌正立面平整无凸面；复杂招牌和异形招牌正立面有凹凸造型。

(3) 附贴式招牌是指招牌直接安装在建筑物表面上，且突出墙面很少的一种招牌。

### 6.9.2 工程量计算规则

金属支架及广告牌工程工程量计算规则有以下几点。

(1) 厕浴隔断按间计算。

(2) 盥洗池、排水沟、暖气罩台面，均按图示尺寸以平方米计算。

(3) 玻璃黑板、布告牌、镜子、暖气罩，均按图示尺寸以平方米计算。

(4) 其他建筑配件均按个、套(份)、组计算。

(5) 钢结构箱式招牌基层，按图示外围体积以立方米计算。

(6) 平面招牌基层，按图示垂直投影面积以平方米计算。

(7) 自粘字按图示尺寸以平方米计算。

**拓展讨论**

党的二十大报告提出了人民健康是民族昌盛和国家强盛的重要标志。把保障人民健康放在优先发展的战略位置，完善人民健康促进政策。

装饰工程与人民的生活和健康息息相关，结合本章内容，谈一谈国家有哪些措施保证装饰工程的施工质量，保障人民的健康安全。同学们将来工作后，应该如果坚守职业道德，保证施工质量。

## 本章小结

本章主要对一般土建工程装饰装修工程的分部分项工程量计算规则进行了全面的讲

解，包括楼地面工程、墙柱面工程、天棚工程、门窗工程、幕墙工程、细部装饰及栏杆工程、油漆、涂料、裱糊工程、金属支架及广告牌工程等。

主要目的是使学生掌握装饰装修工程工程量计算的方法，并能对所计算工程量进行定额的套取，培养学生对装饰装修工程定额计价模式计价的能力。

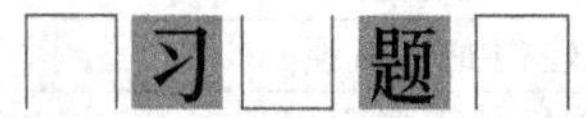

## 习题

一、问答题

1. 建筑装饰装修工程中净面积、展开面积、洞口面积、框外围面积、水平投影面积、垂直投影面积、折算面积各是什么含义？举例说明它们应如何计算。

2. 楼地面块料面层的工程量如何计算？

3. 各种材料做法的踢脚板的工程量如何计算？

4. 楼梯、台阶、散水装饰工程量如何计算？

5. 内外墙面一般抹灰的工程量如何计算？

6. 墙面、柱面镶贴饰面的工程量如何计算？

7. 阳台、雨罩、挑檐的装饰工程量如何计算？

8. 天棚吊顶的工程量如何计算？

9. 卷闸门、防盗门、铝合金门窗的工程量如何计算？

10. 抹灰面、木材面油漆工程的工程量如何计算？

二、综合题

1. 某房屋平面如图 6.26 所示。室内抹水泥砂浆，试计算内墙面抹水泥砂浆工程量。内墙抹灰高为 3.6m，门窗洞口 M－1 为 1 200mm×2 400mm，M－2 为 900mm×2 000mm，C－1为 1 500mm×1 800mm。

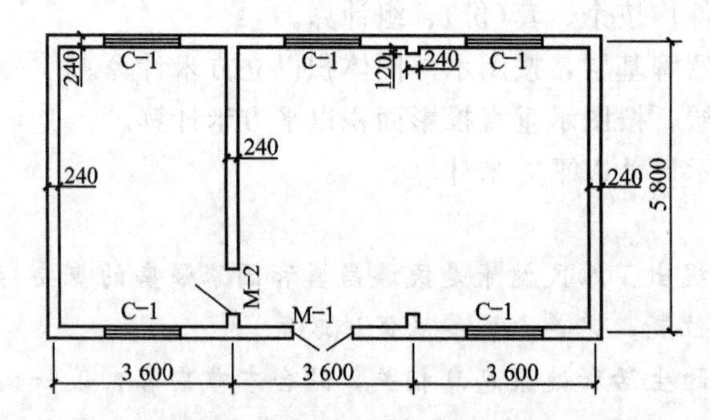


图 6.26　某房屋平面示意图

2. 某活动室做内装修，室内净尺寸为 4.56m × 3.96m，四周一砖墙上设有 1 500mm×1 500mm 单层空腹钢窗 3 樘(框宽 40mm，居中立樘)，1 500mm×2 700mm 单层木门 1 樘(框宽 90mm，门框靠外侧立樘)，门均为外开。木墙裙高 1.2m，木方格吊顶天棚标高＋3.3m，以上项目均刷调和漆。试计算相应项目油漆工程量。

# 第7章

# 定额计价方式措施项目费、其他项目费、规费及税金的计算

## 学习目标

◆ 掌握定额计价方式措施项目费、其他项目费、规费及税金的计算规则

◆ 具有定额计价方式措施项目费、其他项目费、规费及税金的计价能力

## 学习要求

| 自测分数 | 知识要点 | 相关知识 | 权重 |
| --- | --- | --- | --- |
| 定额计价方式措施项目费的计价能力 | 混凝土模板及支架(撑) | 现浇混凝土构件、预制构件模板工程量计算规则 | 0.20 |
| | 脚手架工程 | 综合脚手架、单项脚手架等工程量计算规则 | 0.20 |
| | 垂直运输工程 | 垂直运输工程量计算规则 | 0.10 |
| | 超高增加费 | 建筑物超高增加费计算规则 | 0.10 |
| | 其余措施项目 | 环境保护费、文明施工费、安全施工费、临时设施费、夜间施工增加费、二次搬运费、大型机械设备进出场及安拆费、已完工程及设备保护费、施工排水、降水费、冬雨季施工增加费、工程定位复测、工程点交、场地清理费、室内环境污染物检测费、生产工具用具使用费、施工因素增加费、赶工措施费的计算方法 | 0.10 |
| 定额计价方式其他项目费、规费及税金的计价能力 | 其他项目费 | 暂列金额、暂估价、计日工、总承包服务费的计算方法 | 0.10 |
| | 规费 | 规费的组成内容及计算方法 | 0.10 |
| | 税金 | 税金的计算方法 | 0.10 |

## 引例

本书附录实验楼工程的造价若采用定额计价方式，其措施项目费、其他项目费、规费及税金的费用该如何计取?

**请思考：**

1. 定额计价方式下措施项目费如何计取?

2. 定额计价方式下其他项目费、规费及税金如何计取?

措施项目费、其他项目费、规费、税金是建筑安装工程费组成部分，具体计算方法如下。

## 7.1 措施项目费

措施项目划分为两类：一类是可以计算工程量的项目，以“量”计价，称为单价措施项目；另一类是不能计算工程量的项目，以“项”计价，称为总价措施项目。

(1) 单价措施项目与完成的工程实体项目具有直接关系，并且是可以精确计量的项目，其计算方法与分部分项工程项目费的计算方法完全一样，如混凝土模板及支架(撑)、脚手架工程、垂直运输、超高施工增加等。

(2) 总价措施项目其费用的发生和金额的大小与使用时间、施工方法或者两个以上工序相关，与实际完成的实体工程量的多少关系不大。不能计算工程量的项目，措施项目费是以“项”计价，通过计算基数乘以费率计算得出，计算基数和费率按照当地建设行政主管部门颁发的计价文件、定额计取，如安全文明施工(含环境保护、文明施工、安全施工、临时设施)、冬雨季施工等。

下面分别介绍措施项目费的计算。

### 7.1.1 脚手架工程

1. 相关说明

1) 定额说明

脚手架费指脚手架搭设、加固、拆除、周转材料摊销等费用。

脚手架是专门为高处施工作业、堆放和运送材料、保证施工过程中工人的安全而设置的架设工具或操作平台。脚手架不形成工程实体，属于措施项目。脚手架材料是周转材料，在预算定额中规定的材料消耗量是属于一次性摊销的材料数量。

全国统一建筑工程基础定额中，本节包括外脚手架、里脚手架、满堂脚手架、悬空脚手架、挑脚手架、依附斜道、安全网、烟囱脚手架、电梯井安架和架空运输道共 10 节 67 个子目。

目前，全国各地在确定脚手架工程量的方法上存在着一定的差异。有的地区预算定额中除了单项脚手架项目以外，还增加了综合脚手架项目。计算了综合脚手架项目的就不再计算单项脚手架项目。

脚手架搭设使用的材料、搭设形式应按施工组织设计的要求进行计算，要综合考虑砌筑和装饰脚手架的不同搭设期。

脚手架按使用材料分为钢管架、木架；按搭设形式分为单排脚手架、双排脚手架、满堂脚手架、活动脚手架、挑脚手架、吊篮脚手架等；按使用范围分为结构用脚手架和装饰用脚手架。

2）有关概念的解释

（1）檐口高度：指设计室外地坪至檐口滴水的高度(平屋顶系指屋面板底高度)，突出主体建筑物屋顶的电梯机房、楼梯出口间、水箱间、瞭望塔、排烟机房等不计入檐口高度。

（2）综合脚手架：以典型工程测定为基础，对可计算建筑面积的房屋结构工程的脚手架项目进行综合扩大，得到常规建筑物正常施工所需的各种脚手架的综合搭设消耗。由于各地区计算规则存在差异，要结合本地区的要求进行计算。

（3）外脚手架：沿建筑物外墙搭设的脚手架称外脚手架。它可用于结构、砌筑和装饰工程，搭设形式有单排(一排立杆)和双排(两排立杆)之分。

（4）里脚手架：指搭设在建筑内部供各楼层砌筑内墙或墙面抹灰、粉刷时搭设的脚手架。

（5）满堂脚手架：是为室内天棚模板的安装和装饰等而搭设的一种棋盘井格式脚手架。

（6）吊篮脚手架：是由悬挑部件、吊架、操作台、升降设备等组成的适用于外墙装修的工具式脚手架，如图7.1所示。

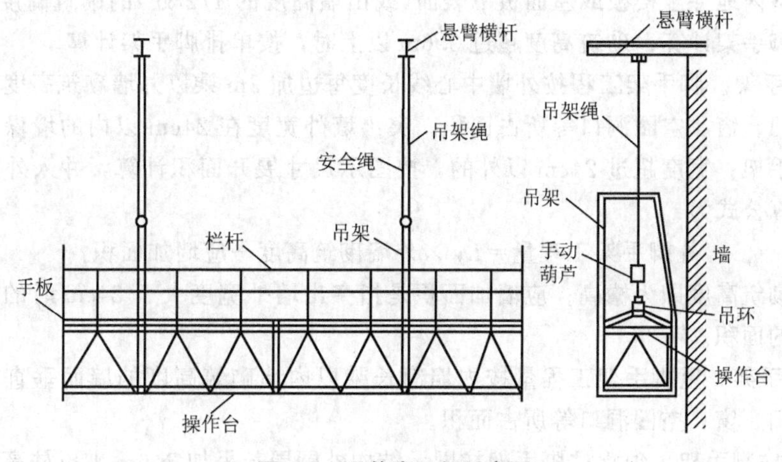

【参考视频】

图7.1 吊篮脚手架示意图

（7）挑脚手架：是从窗口挑出横杆或斜杆组成挑出式支架，再设置斜杆，铺设脚手板组成的脚手架，如图7.2所示。

2. 工程量计算规则

1）综合脚手架工程量计算规则

综合脚手架的工程量按建筑物的总面积以平方米计算。建筑面积的计算按本书第4章建筑面积计算规则执行。综合脚手架综合了施工中各分部分项工程中应搭设的脚手架及各项安全设施因素，其他如构筑物、球节点钢网架、电梯井、钢筋混凝土满堂基础，应另执行单项脚手架。

2）单项脚手架工程量计算规则

（1）砌筑脚手架。

砌筑脚手架一般包括外脚手架和里脚手架。外脚手架又分为单排外脚手架和双排外脚

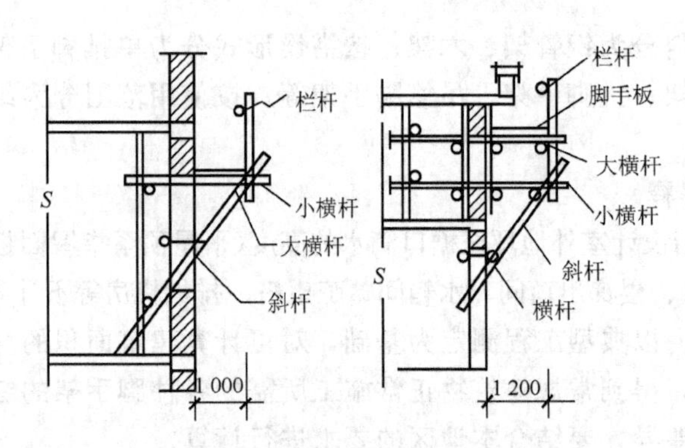


**图 7.2　挑脚手架示意图**

(a) 横杆与斜杆从一个窗口挑出；(b) 斜杆支撑在下层窗台上

手架，它既可用于外墙砌筑又可用于外墙装饰施工。在计算工程量和套用定额时，应按照以下规则来划分各类脚手架。

凡设计室外地坪至檐口的砌筑高度在15m以下的，按单排外脚手架计算，砌筑高度在15m以上的，或砌筑高度不足15m但外墙门窗洞口面积及装饰面积超过外墙表面积60%以上时，按双排外脚手架计算。

凡设计室内地坪至楼板或屋面板下表面(或山墙高度的1/2处)的砌筑高度在3.6m以下的，按里脚手架计算；砌筑高度超过3.6m以上时，按单排脚手架计算。

① 外脚手架。脚手架工程按外墙中心线长度每边加2m乘以外墙砌筑高度以平方米计算，不扣除门、窗、空圈洞口等所占面积。突出墙外宽度在24cm以内的墙垛、附墙烟囱等不计算脚手架；宽度超过24cm以外的，按图示尺寸展开面积计算，并入外脚手架工程量之内，计算公式为

$$外脚手架工程量=L_{外}\times 外墙砌筑高度+应墙加面积$$

式中：外墙砌筑高度即为檐高；应墙加面积是指突出墙外宽度大于24cm时的墙垛、附墙烟囱等增加的面积。

② 里脚手架。里脚手架工程量按内墙净长乘以内墙砌筑高度的墙面垂直投影面积计算，不扣除门、窗、空圈洞口等所占面积。

③ 独立柱脚手架。独立柱脚手架按图示结构外围周长另加3.6m乘以柱高以平方米计算，套用相应外脚手架定额(双排脚手架)，计算公式为

$$独立柱脚手架工程量=(柱周长+3.6)\times 柱高$$

(2) 装饰工程用脚手架。

① 满堂脚手架。满堂脚手架按室内净面积计算，其高度在3.6～5.2m之间时，计算基本层，超过5.2m时，每增加1.2m按增加一层计算，不足0.6m的不计，计算公式为

$$满堂脚手架增加层=(室内净高度-5.2)/1.2$$

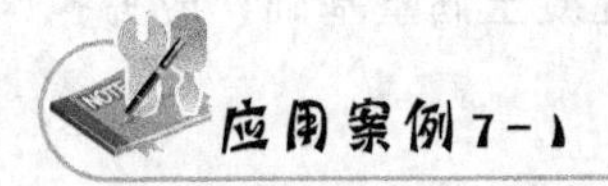

**应用案例7-1**

某单层厂房室内净高度为8.2m，净长度为9m，净宽度为6m，试计算满堂脚手架工程量及其增加层数。

**解：**

(1) 计算。

满堂脚手架工程量＝室内净面积＝9×6＝54(m²)

满堂脚手架增加层＝(室内净高度－5.2)/1.2＝(8.2－5.2)/1.2＝2.5(层)

0.5×1.2＝0.6(米)，故满堂脚手架增加层应按3层计算。

(2) 列项，见表7－1。

**表7－1　应用案例7－1**

| 定额编号 | 工程名称 | 单位 | 工程量 |
|---|---|---|---|
| A11－26 | 满堂脚手架基本层 | m² | 54 |
| A11－27×3 | 满堂脚手架3个增加层 | m² | 54 |

② 挑脚手架。挑脚手架按搭设宽度和层数，以延长米计算。

③ 悬空脚手架。悬空脚手架按搭设水平投影面积，以平方米计算。

(3) 其他脚手架工程量计算。

① 水平防护架。水平防护架按实铺板的水平投影面积以平方米计算。

② 垂直防护架。垂直防护架按自然地坪至最上一层横杆之间的搭设高度，乘以搭设宽度以平方米计算。

③ 架空运输脚手架。架空运输脚手架按搭设宽度以延长米计算。

④ 电梯井架。电梯井架按单孔以座计算。

(4) 安全网。

立挂式安全网按架网部分的实挂长度乘以实挂高度以平方米计算。挑出式安全网按挑出的水平投影面积计算。

## 应用案例7－2

某建筑物平面图，如图7.3所示，若屋面板顶标高为4.8m，设计室外地坪－0.30m，屋面板厚0.1m，请计算：(1)砌筑脚手架工程量；(2)满堂脚手架工程量。

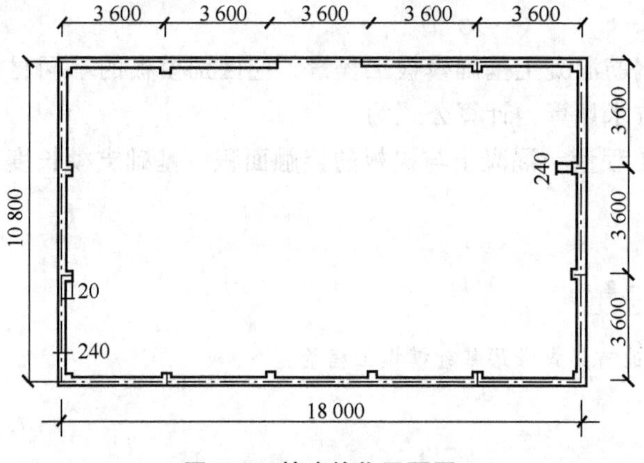


图7.3　某建筑物平面图

**解:**

(1) 计算。

外墙砌筑脚手架工程量:

$$S_w = L_w \times H = (18+4+10.8+4)\times 2\times(4.8+0.3) = 375.36(\mathrm{m}^2)$$

满堂脚手架工程量:

层高虽然超过了3.6m，但没超过5.2m，只计算一个基本层，即

$$S_m = \text{内墙净长}\times\text{内墙净宽} = (18-0.24)\times(10.8-0.24) = 187.56(\mathrm{m}^2)$$

(2) 列项，见表7-2。

**表7-2 应用案例7-2**

| 定额编号 | 工程名称 | 单位 | 工程量 |
|---|---|---|---|
| A11-7 | 外墙脚手架 | $m^2$ | 375.36 |
| A11-26 | 满堂脚手架基本层 | $m^2$ | 187.56 |
| A11-27 | 满堂脚手架1个增加层 | $m^2$ | 187.56 |

### 7.1.2 混凝土模板及支架(撑)

1. 相关说明

混凝土、钢筋混凝土模板及支架费用指模板及支架制作、安装、拆除、维护、运输、周转材料摊销等费用。

【参考视频】

模板的系统由模板和支撑两个部分组成。其中，模板是保证混凝土及钢筋混凝土构件按设计形状和尺寸成型的重要工具，常用的有木模板、钢木组合模板、组合钢模板、滑升模板等。而支撑则是混凝土及钢筋混凝土构件从浇筑到养护期间所需的承载构件，有木支撑和钢支撑之分。

2. 工程量计算规则

1) 现浇混凝土构件模板

现浇混凝土及钢筋混凝土模板工程量，除另有规定者外，均应区别模板的不同材质，按混凝土与模板接触面的面积，以平方米计算。

(1) 基础模板。

现浇混凝土及钢筋混凝土基础模板工程量，应区别模板的不同材质，按混凝土与模板的接触面积，以平方米计算，计算公式为

基础模板工程量=混凝土与模板的接触面积=基础支模长度×支模高度

**应用案例7-3**

计算图5.47所示的有梁式带形基础模板工程量。

**解:**

(1) 分析。

由图5.47可知，本基础是有梁式带形基础，其支模位置在基础底板(宽1 000mm，厚200mm)的

两侧和梁(宽400mm，高300mm)的两侧。所以，混凝土与模板的接触面积应计算的是基础底板的侧面积和梁两侧面积。

用$L_中$和内墙下支模净长度计算模板工程量。从$L_中$的含义可知，用$L_中$计算外墙下模板工程量时，$L_中$相对于外墙外侧的模板长度偏短，相对于外墙内侧的模板长度偏长，其偏长数值等于偏短数值，故计算较为简便。只是需注意，在纵横交接处不支模，不应计算模板工程量。

(2) 计算。

$$L_中=(4.2\times2+5.1)\times2=27(\text{m})$$

外墙基础模板工程量＝外墙基础底板两侧模板工程量＋外墙基础梁两侧模板工程量

$=(27\times2\times0.2-1.3\times2\times0.2)+(27\times2\times0.3-0.4\times2\times0.3)$

$=26.24(\text{m}^2)$

内墙基础模板工程量＝内墙基础底板两侧模板工程量＋内墙基础梁两侧模板工程量

$=(5.1-0.65\times2)\times2\times0.2+(5.1-0.2\times2)\times2\times0.3$

$=4.34(\text{m}^2)$

基础模板工程量＝外墙基础模板工程量＋内墙基础模板工程量

$=26.24+4.34=30.58(\text{m}^2)$

(3) 列项，见表7-3。

表7-3 应用案例7-3

| 定额编号 | 工程名称 | 单位 | 工程量 |
|---|---|---|---|
| A12-9 | 钢筋混凝土有肋带形基础模板 | $\text{m}^2$ | 30.58 |

**特别提示**

本例也可以根据基础混凝土与模板的接触面逐个计算，其计算方法较为复杂，读者可尝试计算并比较两种不同计算方法。

(2) 柱、梁、板、墙模板。

柱、梁、板、墙模板的工程量计算规则均按混凝土与模板接触面积计算。

【参考视频】

① 现浇钢筋混凝土柱、梁、板、墙的支模高度以3.6m内为准，超过3.6m以上部分，另按超过部分计算增加支撑工程量。当现浇钢筋混凝土柱、梁、板、墙的支模高度大于3.6m时，应在原项目基础上另增加支撑工程量及其费用。

a. 柱、墙支模高度计算：首层按室外地坪(地下室按室内地坪)至上层楼面计算；楼层按层高计算，如图7.4(a)所示。

b. 有梁板(不包括整浇一起的框架梁，但包括整浇一起的其他梁)、平板的支模高度计算：首层按室外地坪(地下室按室内地坪)至上层楼面计算；楼层按层高计算，如图7.4(a)所示。

c. 单独的梁(包括框架梁)的支模高度计算：首层按室外地坪(地下室按室内地坪)至梁底计算；楼层按楼板面(或梁面)至梁底计算，如图7.4(b)所示。

② 现浇钢筋混凝土板、墙上单孔面积在1.0m²以内的孔洞，不予扣除，洞侧壁模板面积也不增加；单孔面积在1.0m²以外时，应予扣除，洞侧壁模板面积并入板、墙模板工程量内计算。

③ 现浇钢筋混凝土框架分别按柱、梁、墙有关规定计算。附墙柱并入墙内工程量内

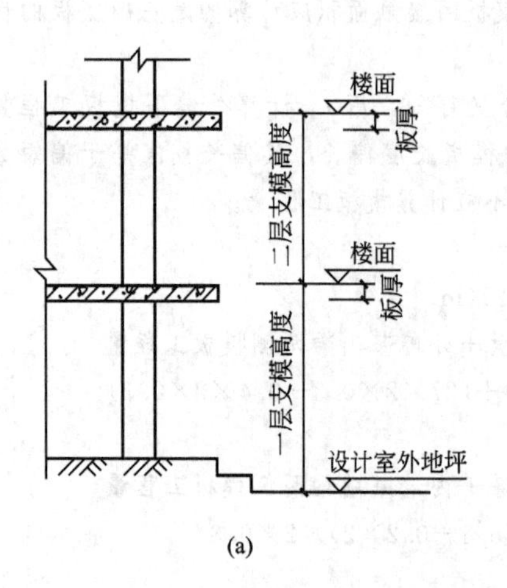

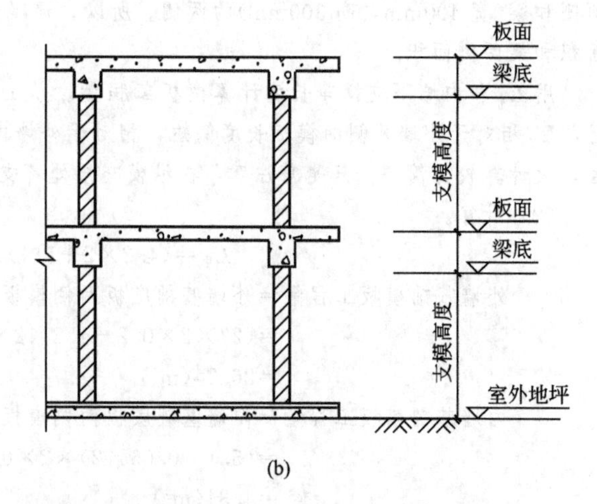


**图 7.4　支模高度示意图**

(a) 柱、墙、有梁板、平板支模高度；(b) 单独的梁(包括框架梁)的支模高度

计算，分界规定如下。

a. 柱、墙：底层以基础顶面为界算至上层楼板表面；楼层当前层楼面为界算至上层楼板表面(有柱帽的柱应扣柱帽部分量)。

b. 框架梁：均算至柱或砼墙侧面(包括预制与现浇结构)。

c. 有梁板：主次梁连接者，次梁算至主梁侧面；伸入墙内的梁头与梁垫的堵模板并入梁内；板算至梁的侧面。

d. 无梁板：板算至边梁的侧面，柱帽部分按接触面积计算工程量套用柱帽项目。

④ 柱与梁、柱与墙、梁与梁等连接的重叠部分以及伸入墙内的梁头、板头部分均不计算模板面积。

⑤ 构造柱外露面均应按图示部分计算模板面积。构造柱与墙接触面不计算模板面积。

【参考视频】

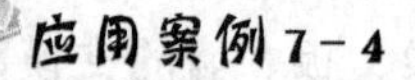
**应用案例 7-4**

某二层框架结构办公楼，一层板顶标高为 3.3m，二层板顶标高为 7.6m，板厚 100mm，梁高 500mm，室内外高差 300mm，设计为矩形柱，用钢模板、钢支撑施工，试列出柱、有梁板的板及梁的模板项目。

**解：**

(1) 分析。

一层柱、梁板的支模高度＝设计室外地坪至板面高度＝3.3＋0.3＝3.6(m)

二层柱的支模高度＝二层板面至板面高度＝7.6－3.3＝4.3(m)＞3.6m

二层有梁板的板支模高度＝二层板面至板面高度＝7.6－3.3＝4.3(m)＞3.6m，所以 4.3－3.6＝0.7(m)，不足 1m，按 1m 计算。

二层有梁板的梁支模高度＝二层板面至梁底高度＝7.6－3.3－0.5＝3.8(m)＞3.6m，所以 3.8－3.6＝0.2(m)，不足 1m，按 1m 计算。

(2) 列项，见表 7-4。

表 7-4 应用案例 7-4

| 构件名称 | 定额名称 | 项 目 名 称 | 工程量计算范围 |
|---|---|---|---|
| 柱 | A12-57 | 矩形柱钢模板 | 一、二层柱的模板工程量 |
| | A12-66 | 柱支模超高增加费 | 二层柱高超过 3.6m 部分的模板工程量 |
| 有梁板 | A12-99 | 有梁板钢模板 | 一、二层有梁板的模板工程量 |
| | A12-113 | 有梁板的板超高增加费 | 二层有梁板的板模板工程量 |
| | A12-84 | 有梁板的框架梁支模超高增加费 | 二层有梁板的框架梁的模板工程量 |

## 应用案例 7-5

某工程构造柱设置如图 7.5 所示，已知构造柱的尺寸为 240mm×240mm，柱支模高度为 3.0m，墙厚 240mm，试计算构造柱模板工程量。

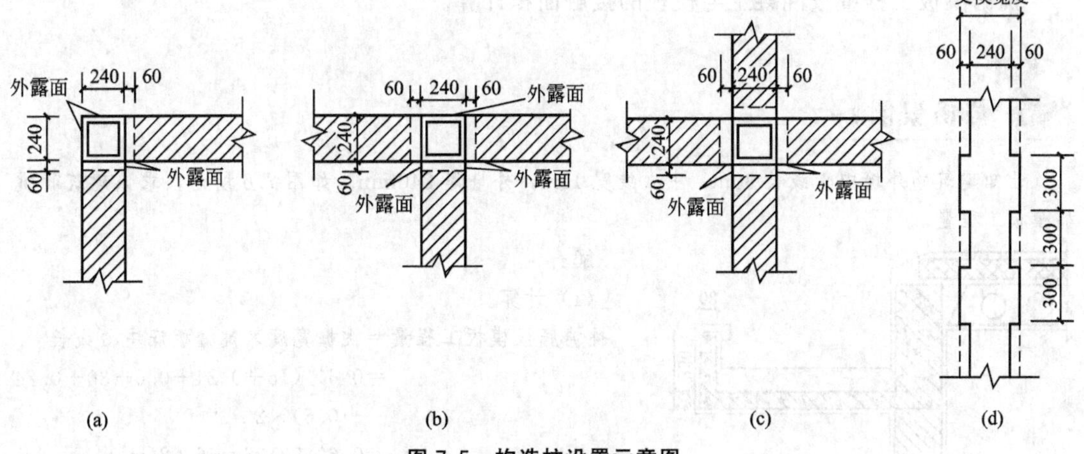


图 7.5 构造柱设置示意图

(a) 转角处；(b) T 形接头处；(c) 十字接头处；(d) 支模宽度示意图

**解：**

(1) 计算。

转角处：$S_{转角}$＝［(0.24＋0.06)×2＋0.06×2］×3.0＝2.16($m^2$)

T 形接头处：$S_{T形}$＝(0.24＋0.06×2＋0.06×2×2)×3.0＝1.80($m^2$)

十字接头处：$S_{十字}$＝0.06×2×4×3.0＝1.44($m^2$)

合计：2.16＋1.8＋1.44＝5.4($m^2$)

(2) 列项，见表 7-5。

表 7-5 应用案例 7-5

| 定额编号 | 工程名称 | 单位 | 工程量 |
|---|---|---|---|
| A12-57 | 构造柱模板 | $m^2$ | 5.4 |

(3) 悬挑板(雨篷、阳台)模板。

现浇钢筋混凝土悬挑板(雨篷、阳台)按图示外挑部分尺寸的水平投影面积计算。挑出墙外的牛腿梁及板边模板不另计算。

## 应用案例 7-6

求带反檐的混凝土雨篷模板工程量，如图 5.58 所示。

**解：**

(1) 计算。

$$S=1.2\times(2.4+0.08\times2)=3.07(\mathrm{m}^2)$$

(2) 列项，见表 7-6。

表 7-6 应用案例 7-6

| 定额编号 | 工程名称 | 单位 | 工程量 |
|---|---|---|---|
| A12-118 | 混凝土雨篷模板 | $\mathrm{m}^2$ | 3.07 |

(4) 挑檐模板

挑檐模板工程量按混凝土与模板的接触面积计算。

## 应用案例 7-7

已知建筑物外墙中心线长 30m，中心线宽 15m，外墙厚 240mm，如图 7.6 所示，求该建筑物挑檐模板工程量。

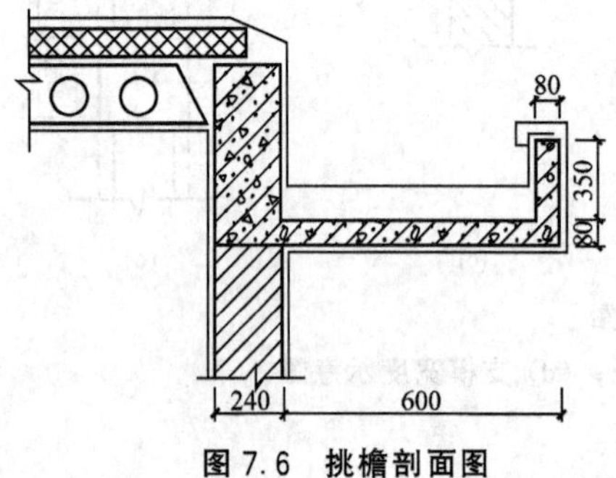


图 7.6 挑檐剖面图

**解：**

(1) 计算。

挑檐底板模板工程量＝挑檐宽度×挑檐板底中心线长

$=0.6\times(15+0.24+0.6+30+0.24+0.6)\times2$

$=0.6\times93.36=56.02(\mathrm{m}^2)$

挑檐立板外侧模板工程量＝挑檐立板外侧高度×挑檐立板外侧周长

$=(0.35+0.08)\times(15+0.24+0.6\times2+30+0.24+0.6\times2)\times2$

$=0.43\times95.76=41.18(\mathrm{m}^2)$

挑檐立板内侧模板工程量＝挑檐立板内侧高度×挑檐立板内侧周长

$=0.35\times(15+0.24+0.52\times2+30+0.24+0.52\times2)\times2$

$=0.35\times95.12=33.29(\mathrm{m}^2)$

挑檐模板工程量＝底板模板工程量＋立板外侧模板工程量＋立板内侧模板工程量

$=56.02+41.18+33.29=130.49(\mathrm{m}^2)$

(2) 列项，见表 7-7。

表 7-7 应用案例 7-7

| 定额编号 | 工程名称 | 单位 | 工程量 |
|---|---|---|---|
| A12-126 | 混凝土挑檐模板 | $\mathrm{m}^2$ | 130.49 |

(5) 楼梯模板。

现浇钢筋混凝土楼梯，以图示露明面尺寸的水平投影面积计算，不扣除宽度小于500mm的楼梯井所占面积。楼梯的踏步、踏步板、平台梁等侧面模板不另计算。

①“以图示露明面尺寸的水平投影面积计算”所指的含义是嵌入墙内的部分已经综合在定额内，不另计算。

②“水平投影面积”包括：休息平台、平台梁、斜梁及连接楼梯与楼板的梁，如图7.7所示。在此范围内的构件，不再单独计算；此范围以外的构件，应另列项目单独计算。计算公式如下。

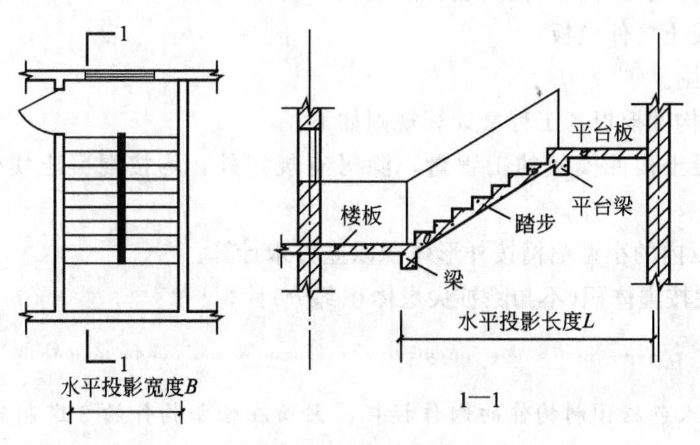


图7.7 楼梯示意图

$$楼梯模板工程量 = \sum_{i=1}^{n} L_i \times B_i - 各层梯井所占面积(梯井宽 > 500mm 时)$$

当楼梯各层水平投影面积相等时：

楼梯板工程量＝$L\times B\times$楼梯层数－各层梯井所占面积(梯井宽＞500mm时)

(6) 台阶模板。

混凝土台阶不包括梯带，按图示台阶尺寸的水平投影面积计算，台阶端头两侧不另计算模板面积。

说明：台阶是连接两个高低地面的交通踏步。一般情况下，台阶多与平台相连。计算模板工程量时，台阶与平台的分界线应以最上一层踏步外沿加300mm计算，其分界方法与台阶混凝土分界方法相同。

## 应用案例7-8

混凝土台阶如图5.62所示，试计算其模板工程量。

**解：**

(1) 计算。

由图可知，台阶与平台相连，台阶与平台的分界线如中虚线所示。故

台阶模板工程量＝台阶水平投影面积＝(3.0＋0.3×4)×(0.9＋0.3×2)－(3.0－0.3×2)×(0.9－0.3)

＝6.3－1.26＝4.86($m^2$)

(2) 列项，见表7-8。

表 7-8 应用案例 7-8

| 定额编号 | 工程名称 | 单位 | 工程量 |
| --- | --- | --- | --- |
| A12-120 | 混凝土台阶模板 | $m^2$ | 4.26 |

(7) 小型池槽模板。

小型池槽是指 0.5$m^3$以内的洗手池、污水池、盥洗槽等室内池槽，其模板工程量按构件外围体积计算，池槽内、外侧及底部的模板不应另计算。

2) 预制混凝土构件模板

(1) 计算规则。

预制混凝土构件模板的工程量计算规则如下。

① 预制混凝土构件模板的工程量，除另有规定外，均按混凝土实体体积以立方米计算。

② 0.50$m^3$以内的小型池槽按外形体积以立方米计算。

③ 预制桩尖按虚体积(不扣除桩尖虚体积部分)计算。

特 别 提 示

(1) 定额中未包括预制构件的制作损耗，因而在预制构件的3道制作工序(模板、绑扎钢筋、浇注混凝土)的工程量计算中，均应计入制作损耗，其损耗率为1.5%。

(2) 实体体积是指实际的混凝土体积，其中不包含孔洞所占体积。例如，计算预应力空心板体积时，应减去其孔洞所占体积。

(3) 设计中若预制构造选自标准图集，则其混凝土实体体积可直接由标准图集查出，不需计算。

(2) 计算方法。

预制钢筋混凝土构件模板工程量＝构件实体体积×(1＋1.5%)

小型池槽模板工程量＝池槽外形体积×(1＋1.5%)

3) 构筑物模板

构筑物的模板工程量，按以下规定计算。

(1) 现浇混凝土构筑物的模板工程量，除另有规定者外，应区别模板的不同材质，按混凝土与模板接触面的面积，以平方米计算。

(2) 0.5$m^3$以上的大型池槽等分别按基础、墙、板、梁、柱等有关规定计算并套相应定额项目。

(3) 液压滑升钢模板施工的贮仓立壁模板按混凝土体积，以立方米计算。

### 7.1.3 垂直运输费

1. 相关说明

(1) 垂直运输机械费指在合理工期内完成单位工程全部项目所需的垂直运输机械台班费用。

(2) 建筑工程垂直运输适用于前述第5章各节内容在施工中所发生的垂直运输费用的

计算，包括塔吊、卷扬机、施工电梯的垂直运输使用费。

(3) 建筑物垂直运输定额未包括塔式起重机和施工电梯的进出场和安拆费用以及转弯设备、轨道的铺设、拆除、日常维修和路基压实、修筑、垫层等费用，有发生时另计。

【参考视频】

(4) 建筑物檐高或构筑物高度在3.6m以内的，不计算垂直运输机械费。

(5) 同一建筑物有多个檐高时按最高檐高套用定额。檐高的定义与脚手架章节相同。

2. 工程量计算规则

建筑物垂直运输机械使用费按垂直运输机械使用数量和使用时间计算，一般根据施工组织设计计算，施工组织设计未明确的，按以下规定计算。

(1) 垂直运输机械的种类和数量可按以下一般配置计算。

① 檐高20m以内的建筑物，采用塔式超重机施工的，一个单位工程配置1台塔吊和2台卷扬机。

② 檐高20m以内的建筑物，采用卷扬机施工的，一个单位工程配置3台卷扬机；零星建筑的卷扬机可配置2台。

③ 檐高20m以上的建筑物，采用塔式超重机施工的，一个单位工程配置1台塔吊和2台卷扬机、1部电梯、2部步话机。

④ 构筑物：一座砖烟囱配置2台卷扬机，一座混凝土烟囱配置3台卷扬机，一座水塔配置2台卷扬机，一座筒仓配置1台塔吊、1台卷扬机。

(2) 垂直运输机械的使用时间按以下一般配置计算。

① 塔吊使用时间为建筑主体结构(包括地下室)的施工时间，未明确的可按(总施工工期－基础工期)×60%计算。

② 卷扬机使用时间为建筑基础以上全部施工工期(不包括基础工期)。

③ 施工电梯和步话机使用为施工高度20m以上主体结构的工期，在没有明确时间情况下可按塔吊使用时间×(1－20m÷建筑檐高或构筑物高度)计算。

### 7.1.4 建筑物超高施工增加人工、机械费

1. 相关说明

(1) 建筑物超高增加人工、机械费定额综合了由于超高引起的人工降效、机械降效、人工降效引起的机械降效及超高施工水压不足所增加的水泵等因素。

(2) 计取条件：当建筑物檐高超过20m以上时，要计取建筑物超高增加的人工、机械及加压水泵等费用。

2. 工程量计算规则

(1) 人工、机械降效费：人工降效按规定内容中的全部人工费乘以定额系数计算金额。

(2) 其他机械降效：按规定内容中的全部机械费(不包括吊装机械)计算金额。

(3) 加压水泵台班：建筑物施工用水加压增加的水泵台班，按檐口高度20m以上建筑面积以平方米计算。

以上依照《湖南省建筑与装饰工程消耗量标准》及《建筑安装工程费用项目组成》的通知(建标〔2013〕44号)介绍了定额的计价方式部分措施项目费的计算方法。编制工程

造价时，应注意具体按照当地建设行政主管部门颁发的计价文件及定额计算。

### 7.1.5 总价措施项目费

总价措施项目费是以“项”计价，通过计费基数乘以费率计算得出的，如安全文明施工(含环境保护、文明施工、安全施工、临时设施)、冬雨季施工等。其计算公式为

措施项目费＝计算基数×相应的费率(%)

措施项目费的计算基数可以是分部分项工程费、人工费和机械费合计、人工费，具体按照当地建设行政主管部门颁发的计价文件的规定和定额确定计算基数及相应费率。

总价措施项目费的计取实例见本教材第8章一般土建工程定额计价方式编制实例。

## 7.2 其他项目费

其他项目费是指除分部分项工程费和措施项目费外由于招标人的特殊要求而增列的项目费用。

(1) 其他项目按照下列内容列项。

① 暂列金额：由建设单位根据工程特点，按有关计价规定估算，施工过程中由建设单位掌握使用、扣除合同价款调整后如有余额，归建设单位。

② 暂估价：包括材料暂估价、专业工程暂估价，指招标人提供的用于支付必然发生但暂时不能确定价格的材料、工程设备的单价以及专业工程的金额。

③ 计日工：由建设单位和施工企业按施工过程中的签证计价。

④ 总承包服务费：由建设单位在招标控制价中根据总包服务范围和有关计价规定编制，施工企业投标时自主报价，施工过程中按签约合同价执行。

(2) 出现上述未列项的项目，可根据实际情况补充。

其他项目费的计取实例见本教材第8章一般土建工程定额计价方式编制实例。

## 7.3 规　　费

1. 规费的组成内容

规费的组成内容包括：社会保险费(养老保险费、失业保险费、医疗保险费、工伤保险费、生育保险费)、住房公积金、工程排污费。

2. 规费的计算方法

在工程计价时，规费应按国家或省级、行业建设主管部门的规定计算，不得作为竞争性费用。工程结算时，规费根据当地政府有关部门的规定，按实际缴纳的费用计算。

以上各项规费的计算公式为

规费＝计算基数×规定的费率

式中：计算基数根据工程所在地的具体规定，可分别为人工费或人工费、材料费、机具费合计或分部分项工程项目费、措施项目费、其他项目费合计等。

规费的计取实例见本教材第8章一般土建工程定额计价方式编制实例。

## 7.4 税 金

税金是指国家税法规定的应计入建筑安装工程造价内的营业税、城市维护建设税、教育费附加以及地方教育附加。税金的计算公式为

税金=(扣除不列入计税范围的工程设备金额)×规定税率

税金的计取实例见本教材第8章一般土建工程定额计价方式编制实例。

**特别提示**

规费和税金应按国家或省级、行业建设主管部门的规定计算，不得作为竞争性费用。

## 本章小结

本章主要对定额计价建筑与装饰工程措施项目费、其他项目费、规费及税金的计算方法进行了全面的讲解，措施项目费中包括混凝土模板及支架(撑)、脚手架工程、垂直运输、超高施工增加等和其余措施项目费的计算规则；其他项目费中包括暂列金额、暂估价、计日工、总承包服务费的计算方法；规费及税金的计算方法。

主要目的是使学生掌握措施项目费、其他项目费、规费及税金的计算方法，具有建筑工程定额计价方式措施项目费、其他项目费、规费及税金的计算的能力。

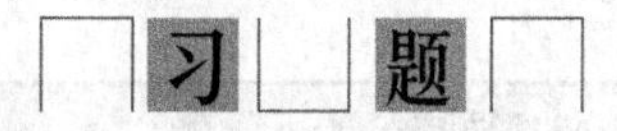

## 习题

一、选择题

1.《全国统一建筑工程预算工程计算规则》规定：在计算外脚手架时，门窗洞口、空圈等所占的面积(　　)。

A. 按洞口面积扣除　　B. 按框外围面积扣除

C. 均不扣除　　D. 按不同情况扣除

2.《全国统一建筑工程预算工程计算规则》规定：在计算预制构件模板工程量时，除另有规定外，均按(　　)计算。

A. 混凝土接触面积　　B. 混凝土实体体积

C. 混凝土构件个数　　D. 混凝土外形体积

二、简答题

1. 规费包括哪些内容？

2. 其他项目费包括哪些内容？

三、计算题

1. 试计算图5.57所示的模板工程量。

2. 计算附录实验楼工程脚手架工程费。

# 第8章 一般土建工程定额计价方式编制实例

## 学习目标

- ◆ 掌握建筑工程、装饰工程定额计价方式的编制程序、格式和方法
- ◆ 具有编制一般土建工程定额计价方式的能力

## 学习要求

| 能力目标 | 知识要点 | 相关知识 | 权重 |
| --- | --- | --- | --- |
| 编制一般土建工程定额计价方式的能力 | 实验楼建筑工程定额计价方式 | 建筑工程定额计价的表格组成、填写要求 | 0.60 |
| | 实验楼装饰工程定额计价方式 | 装饰工程定额计价表格组成、填写要求 | 0.40 |

## 引 例

实验楼工程的造价若采用定额计价方式，其工程造价该如何编制？

**请思考：**

1. 用定额计价方式编制实验楼工程造价，其造价由哪些费用组成？

2. 实验楼工程的建筑工程有哪些分部工程，各分部工程中的分项工程工程量怎样计算？分部分项工程费怎样计取？

3. 实验楼工程的装饰工程有哪些分部工程，各分部工程中的分项工程工程量怎样计算？分部分项工程费怎样计取？

4. 实验楼工程造价中，其措施项目费、其他项目费、规费、利润和税金怎样计取？

定额计价方式编制实例如下所示。

【参考视频】

**实验楼 工程**

**预 算 价**

预算价(小写)： 836 408.25

(大写)： 捌拾叁万陆仟肆佰零捌元贰角伍分

建设单位：＿＿＿＿＿＿＿＿ 造价咨询人：＿＿＿＿＿＿＿＿

(单位盖章) (单位资质专用章)

法定代表人
或其授权人：＿＿＿＿＿＿＿＿ 法定代表人
或其授权人：＿＿＿＿＿＿＿＿

(签字或盖章) (签字或盖章)

编 制 人：＿＿＿＿＿＿＿＿ 复 核 人：＿＿＿＿＿＿＿＿

(造价人员签字盖专用章) (造价工程师签字盖专用章)

编制时间： 年 月 日 复核时间： 年 月 日

## 总　说　明

工程名称：实验楼　　　　第1页　共1页

(1) 工程概况：本工程为现浇钢筋混凝土框架结构，基础采用预应力混凝土管桩，建筑层数为3层，建筑面积为341.31m²，计划工期为180日历天。

施工现场距教学楼最近处为20m，施工中应注意采取相应的防噪措施。

(2) 工程计价包括范围：实验楼工程施工图范围内的建筑工程和装饰工程。

(3) 工程计价编制依据。

① 实验楼施工图。

② 2013年《广东省建筑与装饰工程计价办法》。

③《房屋建筑与装饰工程工程量计算规范》(GB 50854—2013)。

④ 参照2010年《广东省建筑与装饰工程综合定额》进行报价。

⑤ 施工现场情况、地勘水文资料、工程特点及常规施工方案。

⑥ 有关的技术标准、规范和安全管理管理规定等。

⑦ 人工、材料、机械台班价格根据本公司掌握的价格情况并参照工程所在地工程造价管理机构2013年第1季度工程造价信息发布的价格确定。

⑧ 利润按照18%的费率计取。

⑨ 规费、措施项目费按2013年《广东省建筑与装饰工程计价办法》规定。

⑩ 安全、文明施工措施费不列入招标投标竞争范围，单列设立，专款专用。确保足够资金用于安全文明施工上。

⑪ 社会保险费按照3.31%计算、住房公积金按照1.28%计算。

(4) 其他需要说明的问题：

① 建设单位供应块料楼地面的全部抛光砖，单价暂定为100元/m²。

承包人应在施工现场对建设单位供应的抛光砖进行验收及保管和使用发放。

② 铝合金门窗另进行专业发包。总承包人应配合专业工程承包人完成以下工作：

a. 按专业工程承包人的要求提供施工工作面并对施工现场进行统一管理，对竣工资料进行统一整理汇总。

b. 为专业工程承包人提供垂直运输机械和焊接电源接入点，并承担垂直运输费和电费。

c. 为铝合金门窗安装后进行补缝和找平并承担相应费用。

## 单位工程预算汇总表

工程名称：实验楼　　　　第　页　共　页

| 序号 | 费用名称 | 计 算 基 础 | 金额/元 |
|---|---|---|---|
| 1 | 分部分项工程费 | 定额分部分项工程费＋价差＋利润 | 552 773.19 |
| 1.1 | 定额分部分项工程费 | 人工费＋材料费＋机械费＋管理费 | 436 699.98 |
| 1.1.1 | 人工费 | 定额分部分项人工费 | 72 867.24 |
| 1.1.2 | 材料费 | 定额分部分项材料费＋定额分部分项主材费＋定额分部分项设备费 | 328 641.76 |
| 1.1.3 | 机械费 | 定额分部分项机械费 | 18 347.86 |
| 1.1.4 | 管理费 | 定额分部分项管理费 | 16 843.12 |
| 1.2 | 价差 | 人工价差＋材料价差＋机械价差 | 90 869.73 |
| 1.2.1 | 人工价差 | 分部分项人工价差 | 67 152.09 |
| 1.2.2 | 材料价差 | 分部分项材料价差 | 20 604.19 |
| 1.2.3 | 机械价差 | 分部分项机械价差 | 3 113.45 |
| 1.3 | 利润 | (人工费＋人工价差) ×18% | 25 203.48 |

续表

| 序号 | 费用名称 | 计 算 基 础 | 金额/元 |
|---|---|---|---|
| 2 | 措施项目费 | 安全文明施工费＋其他措施项目费 | 108 111.33 |
| 2.1 | 安全文明施工费 | 安全防护、文明施工措施项目费 | 36 028.02 |
| 2.2 | 其他措施项目费 | 其他措施费 | 72 083.31 |
| 3 | 其他项目费 | 其他项目合计 | 123 823.8 |
| 3.1 | 材料检验试验费 | 材料检验试验费 | |
| 3.2 | 工程优质费 | 工程优质费 | |
| 3.3 | 暂列金额 | 暂列金额 | 55 277.32 |
| 3.4 | 暂估价 | 暂估价合计 | 46 877.7 |
| 3.5 | 计日工 | 计日工 | 19 800 |
| 3.6 | 总承包服务费 | 总承包服务费 | 1 868.78 |
| 3.7 | 材料保管费 | 材料保管费 | |
| 3.8 | 预算包干费 | 预算包干费 | |
| 3.9 | 索赔费用 | 索赔 | |
| 3.10 | 现场签证费用 | 现场签证 | |
| 4 | 规费 | 社会保险费＋住房公积金＋工程排污费 | 35 472.92 |
| 5 | 税金 | 分部分项工程费＋措施项目费＋其他项目费＋规费 | 28 104.71 |
| 6 | 含税工程造价 | 分部分项工程费＋措施项目费＋其他项目费＋规费＋税金 | 836 408.25 |

**定额分部分项工程预算表**

工程名称：实验楼　　　　第　页　共　页

| 序号 | 项目编码 | 项目名称 | 计量单位 | 工程数量 | 定额基价/元 | 合价/元 |
|---|---|---|---|---|---|---|
| | A.1 | A.1 土石方工程 | | | | 6 062.72 |
| 1 | A1－1 | 平整场地 | $100m^2$ | 1.119 5 | 217.36 | 243.33 |
| 2 | A1－12 | 人工挖沟槽、基坑 三类土 深度在2m内 | $100m^3$ | 1.307 | 2 836.81 | 3 707.71 |
| 3 | A1－57换 | 人工装汽车运卸土方 运距1km实际运距3km | $100m^3$ | 0.359 8 | 2 176.17 | 782.99 |
| 4 | A1－145 | 回填土 人工夯实 | $100m^3$ | 0.947 2 | 1 402.76 | 1 328.69 |
| | | 分部小计 | | | | 6 062.72 |
| | A.2 | A.2 桩基础工程 | | | | 95 821.66 |
| 5 | A2－19换 | 压预制管桩桩径300mm 桩长18m以内 | 100m | 8.4 | 9 485.02 | 79 674.17 |
| 6 | A2－19换 | 压预制管桩桩径300mm 桩长18m以内送桩 | 100m | 0.756 | 9 976.58 | 7 542.29 |
| 7 | A2－27 | 钢桩尖制作安装 | t | 0.56 | 6 853.3 | 3 837.85 |
| 本页小计 | | | | | | 97 117.03 |

续表

| 序号 | 项目编码 | 项目名称 | 计量单位 | 工程数量 | 定额基价/元 | 合价/元 |
|---|---|---|---|---|---|---|
| 8 | A2－30 | 管桩接桩 电焊接桩 | 10个 | 5.6 | 836.33 | 4 683.45 |
| 9 | A2－32 | 预制混凝土管桩填芯填砂 | $10m^3$ | 0.087 9 | 954.45 | 83.9 |
| | | **分部小计** | | | | **95 821.66** |
| | **A.3** | **A.3 砌筑工程** | | | | **25 544.21** |
| 10 | A3－6 | 混水砖外墙 墙体厚度1砖 | $10m^3$ | 7.563 | 2 256.18 | 17 063.49 |
| 11 | 8001606 | 水泥石灰砂浆 M5 | $m^3$ | 17.319 3 | 169.84 | 2 941.51 |
| 12 | A3－14 | 混水砖内墙 墙体厚度3/4砖 | $10m^3$ | 2.029 | 2 361.47 | 4 791.42 |
| 13 | 8001606 | 水泥石灰砂浆 M5 | $m^3$ | 4.402 9 | 169.84 | 747.79 |
| | | **分部小计** | | | | **25 544.21** |
| | **A.4** | **A.4 混凝土及钢筋混凝土工程** | | | | **186 614.93** |
| 14 | A4－2 | 其他混凝土基础 | $10m^3$ | 2.150 7 | 725.27 | 1 559.84 |
| 15 | 8021436 | C30混凝土20石(搅拌站) | $10m^3$ | 2.172 21 | 2 522.61 | 5 479.64 |
| 16 | A4－5 | 矩形、多边形、异形、圆形柱 | $10m^3$ | 2.732 | 795.46 | 2 173.2 |
| 17 | 8021433 | C25混凝土20石(搅拌站) | $10m^3$ | 2.759 32 | 2 334.71 | 6 442.21 |
| 18 | A4－6 | 构造柱 | $10m^3$ | 0.041 4 | 1 143.69 | 47.35 |
| 19 | 8021433 | C25混凝土20石(搅拌站) | $10m^3$ | 0.041 81 | 2 334.71 | 97.61 |
| 20 | A4－9 | 单梁、连续梁、异形梁 | $10m^3$ | 1.378 | 661.28 | 911.24 |
| 21 | 8021433 | C25混凝土20石(搅拌站) | $10m^3$ | 1.391 78 | 2 334.71 | 3 249.4 |
| 22 | A4－10 | 圈、过、拱、弧形梁 | $10m^3$ | 0.314 1 | 1 064.23 | 334.27 |
| 23 | 8021433 | C25混凝土20石(搅拌站) | $10m^3$ | 0.317 24 | 2 334.71 | 740.66 |
| 24 | A4－14 | 平板、有梁板、无梁板 | $10m^3$ | 5.409 6 | 580.64 | 3 141.03 |
| 25 | 8021433 | C25混凝土20石(搅拌站) | $10m^3$ | 5.463 7 | 2 334.71 | 12 756.16 |
| 26 | A4－20 | 直形楼梯 | $10m^3$ | 0.306 | 918.62 | 281.1 |
| 27 | 8021433 | C25混凝土20石(搅拌站) | $10m^3$ | 0.309 06 | 2 334.71 | 721.57 |
| 28 | A4－26 | 阳台、雨篷 | $10m^3$ | 0.109 4 | 1 013.07 | 110.83 |
| 29 | 8021466 | C25混凝土10石(搅拌站) | $10m^3$ | 0.110 49 | 2 370.21 | 261.88 |
| 30 | A4－27 | 栏板、反檐 | $10m^3$ | 0.138 3 | 1 319.98 | 182.55 |
| 31 | 8021466 | C25混凝土10石(搅拌站) | $10m^3$ | 0.139 68 | 2 370.21 | 331.07 |
| 32 | A4－29 | 天沟、挑檐 | $10m^3$ | 0.331 9 | 1 092.38 | 362.56 |
| 33 | 8021466 | C25混凝土10石(搅拌站) | $10m^3$ | 0.335 22 | 2 370.21 | 794.54 |
| 34 | A4－30 | 地沟、明沟、电缆沟、散水坡 | $10m^3$ | 0.224 9 | 571 | 128.42 |
| | | 本页小计 | | | | 70 418.69 |

续表

| 序号 | 项目编码 | 项目名称 | 计量单位 | 工程数量 | 定额基价/元 | 合价/元 |
|---|---|---|---|---|---|---|
| 35 | 8021427 | C15 混凝土 20 石(搅拌站) | $10m^3$ | 0.227 15 | 2 116.81 | 480.83 |
| 36 | A4－31 | 台阶 | $10m^3$ | 0.074 9 | 701.85 | 52.57 |
| 37 | 8021466 | C25 混凝土 10 石(搅拌站) | $10m^3$ | 0.075 65 | 2 370.21 | 179.31 |
| 38 | A4－32 | 压顶、扶手 | $10m^3$ | 0.085 3 | 1 189.76 | 101.49 |
| 39 | 8021466 | C25 混凝土 10 石(搅拌站) | $10m^3$ | 0.086 15 | 2 370.21 | 204.19 |
| 40 | A4－58 | 混凝土垫层(桩承台) | $10m^3$ | 0.726 | 666.04 | 483.55 |
| 41 | 8021427 | C15 混凝土 20 石(搅拌站) | $10m^3$ | 0.736 89 | 2 116.81 | 1 559.86 |
| 42 | A4－58 | 混凝土垫层(楼地面) | $10m^3$ | 0.491 | 666.04 | 327.03 |
| 43 | 8021460 | C15 混凝土 10 石(搅拌站) | $10m^3$ | 0.498 37 | 2 153.71 | 1 073.34 |
| 44 | A4－74 | 3∶7 灰土(楼地面) | $10m^3$ | 1.473 | 1 736.87 | 2 558.41 |
| 45 | A4－175 | 现浇构件圆钢 φ10mm 内 | t | 2.73 | 4 515.73 | 12 327.94 |
| 46 | A4－176 | 现浇构件圆钢 φ25mm 内 | t | 1.918 | 4 588.06 | 8 799.9 |
| 47 | A4－179 | 现浇构件螺纹钢 φ25mm 内 | t | 20.222 | 4 479.79 | 90 590.31 |
| 48 | A4－181 | 现浇构件箍筋 圆钢 φ10mm 内 | t | 4.704 | 4 724.18 | 22 222.54 |
| 49 | A4－182 | 现浇构件箍筋 圆钢 φ10mm 外 | t | 1.216 | 4 561.29 | 5 546.53 |
|  |  | **分部小计** |  |  |  | **186 614.93** |
|  | **A.7** | **A.7 屋面及防水工程** |  |  |  | **6 778.67** |
| 50 | A7－57 | 屋面改性沥青防水卷材 满铺 1.2mm 厚 | $100m^2$ | 1.649 9 | 3 684.47 | 6 079.01 |
| 51 | A7－161 | 刷石油沥青玛蹄脂一遍 混凝土、抹灰面立面 | $100m^2$ | 0.137 52 | 1 168.21 | 160.65 |
| 52 | A7－201 | 沥青砂浆 | 100m | 0.541 5 | 995.4 | 539.01 |
|  |  | **分部小计** |  |  |  | **6 778.67** |
|  | **A.8** | **A.8 保温隔热工程** |  |  |  | **4 948.2** |
| 53 | A8－159 换 | 屋面保温 现浇水泥珍珠岩 100mm 厚 实际厚度：114mm | $100m^2$ | 1.005 7 | 4 920.16 | 4 948.2 |
|  |  | **分部小计** |  |  |  | **4 948.2** |
|  | **B.1** | **A.9 楼地面工程** |  |  |  | **28 392.03** |
| 54 | A9－1 | 楼地面水泥砂浆找平层 混凝土或硬基层上 20mm(屋面) | $100m^2$ | 1.305 1 | 359.06 | 468.61 |
| 55 | 8001646 | 水泥砂浆 1∶2 | $m^3$ | 2.636 3 | 251.95 | 664.22 |
| 56 | A9－1 | 楼地面水泥砂浆找平层 混凝土或硬基层上 20mm | $100m^2$ | 1.597 05 | 359.06 | 573.44 |
|  |  | 本页小计 |  |  |  | 159 940.94 |

续表

| 序号 | 项目编码 | 项目名称 | 计量单位 | 工程数量 | 定额基价/元 | 合价/元 |
|---|---|---|---|---|---|---|
| 57 | 8001656 | 水泥砂浆 1∶3 | $m^3$ | 3.226 | 213.19 | 687.75 |
| 58 | A9－1 | 楼地面水泥砂浆找平层 混凝土或硬基层上 20mm | $100m^2$ | 1.158 8 | 359.06 | 416.08 |
| 59 | 8001656 | 水泥砂浆 1∶3 | $m^3$ | 2.340 8 | 213.19 | 499.04 |
| 60 | A9－1 | 楼地面水泥砂浆找平层 混凝土或硬基层上 20mm | $100m^2$ | 0.164 2 | 359.06 | 58.96 |
| 61 | 8001656 | 水泥砂浆 1∶3 | $m^3$ | 0.331 7 | 213.19 | 70.72 |
| 62 | A9－2 | 楼地面水泥砂浆找平层 填充材料上 20mm(屋面) | $100m^2$ | 1.005 7 | 343.93 | 345.89 |
| 63 | 8001646 | 水泥砂浆 1∶2 | $m^3$ | 2.544 4 | 251.95 | 641.06 |
| 64 | A9－4 | 水泥砂浆找平层 楼梯 20mm | $100m^2$ | 0.138 3 | 1 374.23 | 190.06 |
| 65 | 8001656 | 水泥砂浆 1∶3 | $m^3$ | 0.381 7 | 213.19 | 81.37 |
| 66 | A9－11 | 水泥砂浆整体面层 楼地面 20mm | $100m^2$ | 1.597 05 | 611.35 | 976.36 |
| 67 | 8001651 | 水泥砂浆 1∶2.5 | $m^3$ | 3.226 | 231.38 | 746.43 |
| 68 | A9－11 | 水泥砂浆整体面层 楼地面 20mm | $100m^2$ | 0.295 86 | 611.35 | 180.87 |
| 69 | 8001646 | 水泥砂浆 1∶2 | $m^3$ | 0.597 6 | 251.95 | 150.57 |
| 70 | A9－13 | 水泥砂浆整体面层 楼梯 20mm | $100m^2$ | 0.138 3 | 2 251.56 | 311.39 |
| 71 | 8001651 | 水泥砂浆 1∶2.5 | $m^3$ | 0.381 7 | 231.38 | 88.32 |
| 72 | A9－14 | 水泥砂浆整体面层 台阶 20mm | $100m^2$ | 0.047 7 | 1 621.21 | 77.33 |
| 73 | 8001646 | 水泥砂浆 1∶2 | $m^3$ | 0.142 6 | 251.95 | 35.93 |
| 74 | A9－16 | 水泥砂浆整体面层 踢脚线 (12＋8)mm | $100m^2$ | 0.172 4 | 1 843.63 | 317.84 |
| 75 | 8001651 | 水泥砂浆 1∶2.5 | $m^3$ | 0.139 6 | 231.38 | 32.3 |
| 76 | 8003201 | 水泥石灰砂浆 1∶2∶8 | $m^3$ | 0.208 6 | 166.68 | 34.77 |
| 77 | A9－40 | 踢脚线 水泥砂浆 | $100m^2$ | 0.090 5 | 22 414.04 | 2 028.47 |
| 78 | 8001646 | 水泥砂浆 1∶2 | $m^3$ | 0.109 5 | 251.95 | 27.59 |
| 79 | A9－67 换 | 楼地面陶瓷块料(每块周长) 2 100mm 以内水泥砂浆 | $100m^2$ | 1.158 8 | 11 491.62 | 13 316.49 |
| 80 | 8001656 | 水泥砂浆 1∶3 | $m^3$ | 1.170 4 | 213.19 | 249.52 |
| 81 | A9－88 | 楼地面缸砖 勾缝 水泥砂浆(屋面) | $100m^2$ | 1.005 7 | 2 534.53 | 2 548.98 |
| 82 | 8001641 | 水泥砂浆 1∶1 | $m^3$ | 0.100 6 | 324.65 | 32.66 |
| 83 | 8001646 | 水泥砂浆 1∶2 | $m^3$ | 1.015 8 | 251.95 | 255.93 |
| 84 | A9－138 | 铺基层板 胶合板 | $100m^2$ | 0.164 2 | 2 298.63 | 377.44 |
| 85 | A9－141 | 防潮层 防潮纸 | $100m^2$ | 0.164 2 | 128.55 | 21.11 |
| 本页小计 | | | | | | 24 801.23 |

续表

| 序号 | 项目编码 | 项目名称 | 计量单位 | 工程数量 | 定额基价/元 | 合价/元 |
|---|---|---|---|---|---|---|
| 86 | A9-151 | 普通实木地板 铺在基层板上 企口 | 100m² | 0.164 2 | 11 477.03 | 1 884.53 |
| | | 分部小计 | | | | 28 392.03 |
| | B.2 | A.10 墙柱面工程 | | | | 41 965.43 |
| 87 | A10-1 | 底层抹灰 各种墙面 15mm | 100m² | 4.480 4 | 720.25 | 3 227.01 |
| 88 | 8003191 | 水泥石灰砂浆 1∶1∶6 | m³ | 7.482 3 | 173.42 | 1 297.58 |
| 89 | A10-3 | 底层抹灰 零星项目 15mm | 100m² | 0.246 7 | 2 777.09 | 685.11 |
| 90 | 8003191 | 水泥石灰砂浆 1∶1∶6 | m³ | 0.456 4 | 173.42 | 79.15 |
| 91 | A10-7 | 各种墙面 水泥石灰砂浆底 水泥砂浆面(15+5)mm | 100m² | 7.588 6 | 983.46 | 7 463.08 |
| 92 | 8001651 | 水泥砂浆 1∶2.5 | m³ | 4.325 5 | 231.38 | 1 000.83 |
| 93 | 8003201 | 水泥石灰砂浆 1∶2∶8 | m³ | 13.128 3 | 166.68 | 2 188.23 |
| 94 | A10-23 | 栏板 水泥石灰砂浆底 水泥石灰砂浆面(15+5)mm | 100m² | 0.530 8 | 1 009.15 | 535.66 |
| 95 | 8001651 | 水泥砂浆 1∶2.5 | m³ | 0.302 6 | 231.38 | 70.02 |
| 96 | 8003201 | 水泥石灰砂浆 1∶2∶8 | m³ | 0.886 4 | 166.68 | 147.75 |
| 97 | A10-26 | 零星项目 水泥石灰砂浆底 水泥砂浆面(15+5)mm | 100m² | 0.227 5 | 3 929.88 | 894.05 |
| 98 | 8001651 | 水泥砂浆 1∶2.5 | m³ | 0.141 1 | 231.38 | 32.65 |
| 99 | 8003201 | 水泥石灰砂浆 1∶2∶8 | m³ | 0.420 9 | 166.68 | 70.16 |
| 100 | A10-139 | 镶贴陶瓷面砖密缝 墙面 水泥膏 块料周长 600mm 内 | 100m² | 4.480 4 | 4 936.86 | 22 119.11 |
| 101 | A10-143 | 镶贴陶瓷面砖密缝 零星项目水泥膏 | 100m² | 0.246 7 | 5 585.26 | 1 377.88 |
| 102 | A10-197 | 胶合板基层 5mm | 100m² | 0.137 52 | 2 037.38 | 280.18 |
| 103 | A10-199 | 饰面层 胶合板面 | 100m² | 0.137 52 | 3 613.9 | 496.98 |
| | | 分部小计 | | | | 41 965.43 |
| | B.3 | A.11 天棚工程 | | | | 5 807.99 |
| 104 | A11-2 | 水泥石灰砂浆底 水泥砂浆面(10+5)mm | 100m² | 3.476 | 963.12 | 3 347.81 |
| 105 | 8001651 | 水泥砂浆 1∶2.5 | m³ | 2.502 7 | 231.38 | 579.07 |
| 106 | 8003191 | 水泥石灰砂浆 1∶1∶6 | m³ | 3.927 9 | 173.42 | 681.18 |
| 107 | A11-34 | 装配式U型轻钢天棚龙骨(不上人型)面层规格 450mm×450mm 平面 | 100m² | 0.159 41 | 4 782.77 | 762.42 |
| 108 | A11-108 | 石膏板面层 安在U型轻钢龙骨上 | 100m² | 0.159 41 | 2 744.58 | 437.51 |
| 本页小计 | | | | | | 49 657.95 |

续表

| 序号 | 项目编码 | 项目名称 | 计量单位 | 工程数量 | 定额基价/元 | 合价/元 |
|---|---|---|---|---|---|---|
| | | 分部小计 | | | | 5 807.99 |
| | B.4 | A.12 门窗工程 | | | | 4 174.97 |
| 109 | A12-6 | 杉木无纱镶板门制作带亮双扇 | $100m^2$ | 0.063 6 | 9 478.7 | 602.85 |
| 110 | A12-15 | 杉木无纱胶合板门制作带亮单扇 | $100m^2$ | 0.134 94 | 11 425.24 | 1 541.72 |
| 111 | A12-17 | 杉木无纱胶合板门制作无亮单扇 | $100m^2$ | 0.054 4 | 12 871.07 | 700.19 |
| 112 | A12-49 | 无纱镶板门、胶合板门安装带亮单扇 | $100m^2$ | 0.134 94 | 3 901.98 | 526.53 |
| 113 | A12-50 | 无纱镶板门、胶合板门安装带亮双扇 | $100m^2$ | 0.063 6 | 3 079.25 | 195.84 |
| 114 | A12-51 | 无纱镶板门、胶合板门安装 无亮 单扇 | $100m^2$ | 0.054 4 | 3 457.04 | 188.06 |
| 115 | A12-276 | 门锁安装（单向） | 100套 | 0.06 | 1 652.58 | 99.15 |
| 116 | A12-276 | 门锁安装（单向） | 100套 | 0.03 | 1 652.58 | 49.58 |
| 117 | A12-277 | 门锁安装（多向） | 100套 | 0.01 | 27 105.16 | 271.05 |
| | | 分部小计 | | | | 4 174.97 |
| | B.6 | A.14 细部装饰栏杆工程 | | | | 5 637.89 |
| 118 | A14-106 | 铸铁花件栏杆 安装 | 100m | 0.136 6 | 29 705.84 | 4 057.82 |
| 119 | A14-145 | 硬木扶手 直型 100mm×60mm | 100m | 0.136 6 | 10 325.89 | 1 410.52 |
| 120 | A14-162 | 硬木 100mm×60mm | 10个 | 0.4 | 423.87 | 169.55 |
| | | 分部小计 | | | | 5 637.89 |
| | B.8 | A.16 油漆涂料裱糊工程 | | | | 24 951.29 |
| 121 | A16-1 | 木材面油调和漆 底油一遍调和漆二遍 单层木门 | $100m^2$ | 0.241 | 1 300.49 | 313.42 |
| 122 | A16-5 | 木材面油漆 底油一遍调和漆二遍 木扶手(不带托板) | 100m | 0.136 6 | 244.45 | 33.39 |
| 123 | A16-18 | 木材面油聚氨酯漆 三遍 其他木材面 | $100m^2$ | 0.137 5 | 1 949.75 | 268.09 |
| 124 | A16-184 | 刮成品腻子粉 耐水型(N) | $100m^2$ | 7.588 6 | 1 331.93 | 10 107.48 |
| 125 | A16-184 | 刮成品腻子粉 耐水型(N) | $100m^2$ | 1.494 6 | 1 331.93 | 1 990.7 |
| 126 | A16-184 | 刮成品腻子粉 耐水型(N) | $100m^2$ | 3.476 | 1 331.93 | 4 629.79 |
| 127 | A16-184 | 刮成品腻子粉 耐水型(N) | $100m^2$ | 0.159 4 | 1 331.93 | 212.31 |
| 128 | A16-187 | 抹灰面乳胶漆墙柱面二遍 | $100m^2$ | 7.588 6 | 394.73 | 2 995.45 |
| 129 | A16-189 | 抹灰面乳胶漆天棚面二遍 | $100m^2$ | 3.476 | 439.1 | 1 526.31 |
| 130 | A16-197 | 乳胶漆底油二遍面油二遍 石膏板面 天棚面 | $100m^2$ | 0.159 4 | 1 713.97 | 273.21 |
| 131 | A16-203 | 外墙乳胶漆 油性 墙、柱面 | $100m^2$ | 1.494 6 | 1 740.36 | 2 601.14 |
| | | 分部小计 | | | | 24 951.29 |
| | | | | | | |
| 本页小计 | | | | | | 34 764.15 |
| 合　计 | | | | | | 436 699.99 |

措施项目预算表

工程名称：实验楼 第1页 共1页

| 序号 | 项目名称 | 单位 | 数量 | 单价/元 | 合价/元 |
|---|---|---|---|---|---|
| 1 | 安全文明施工措施费 | | | | 36 028.02 |
| 1.1 | 综合脚手架(含安全网) | 项 | 1 | 15 229.68 | 15 229.68 |
| 1.2 | 内脚手架 | 项 | 1 | 3 220.15 | 3 220.15 |
| 1.3 | 靠脚手架安全挡板和独立挡板 | 项 | 1 | | |
| 1.4 | 围尼龙编织布 | 项 | 1 | | |
| 1.5 | 模板的支撑 | 项 | 1 | | |
| 1.6 | 现场围挡 | 项 | 1 | | |
| 1.7 | 现场设置的卷扬机架 | 项 | 1 | | |
| 1.8 | 文明施工与环境保护、临时设施、安全施工 | 项 | 1 | 17 578.19 | 17 578.19 |
| | 小　计 | | | | 36 028.02 |
| 2 | 其他措施费 | | | | 72 083.31 |
| 2.1 | 文明工地增加费 | 项 | 1 | | |
| 2.2 | 夜间施工增加费 | 项 | 1 | | |
| 2.3 | 赶工措施 | 项 | 1 | 2 211.09 | 2 211.09 |
| 2.4 | 泥浆池(槽)砌筑及拆除 | 项 | 1 | | |
| 2.5 | 模板工程 | 项 | 1 | 62 874.7 | 62 874.7 |
| 2.6 | 垂直运输工程 | 项 | 1 | 6 997.52 | 6 997.52 |
| 2.7 | 材料二次运输 | 项 | 1 | | |
| 2.8 | 成品保护工程 | 项 | 1 | | |
| 2.9 | 混凝土泵送增加费 | 项 | 1 | | |
| 2.10 | 大型机械设备进出场及安拆 | 项 | 1 | | |
| | 小　计 | | | | 72 083.31 |
| | 合　计 | | | | 108 111.33 |

措施项目费汇总表

工程名称：实验楼 第　页 共　页

| 序号 | 名称及说明 | 单位 | 数量 | 单价/元 | 合价/元 |
|---|---|---|---|---|---|
| 1 | 安全文明施工措施费 | | | | |
| 1.1 | 综合脚手架(含安全网) | 项 | 1 | | 15 229.68 |
| A22－2 | 综合钢脚手架 高度(以内) 12.5m | 100m² | 5.872 9 | 2 593.21 | 15 229.66 |
| 1.2 | 内脚手架 | 项 | 1 | | 3 220.15 |
| A22－28 | 里脚手架(钢管) 民用建筑 基本层 3.6m | 100m² | 3.413 1 | 943.47 | 3 220.16 |

续表

| 序号 | 名称及说明 | 单位 | 数量 | 单价/元 | 合价/元 |
|---|---|---|---|---|---|
| 1.3 | 靠脚手架安全挡板和独立挡板 | 项 | 1 | | |
| 1.4 | 围尼龙编织布 | 项 | 1 | | |
| 1.5 | 模板的支撑 | 项 | 1 | | |
| 1.6 | 现场围挡 | 项 | 1 | | |
| 1.7 | 现场设置的卷扬机架 | 项 | 1 | | |
| 1.8 | 文明施工与环境保护、临时设施、安全施工 | 项 | 1 | | 17 578.19 |
| | 小计 | 元 | | | 36 028.02 |
| 2 | 其他措施费 | | | | |
| 2.1 | 文明工地增加费 | 项 | 1 | | |
| 2.2 | 夜间施工增加费 | 项 | 1 | | |
| 2.3 | 赶工措施 | 项 | 1 | | 2 211.09 |
| 2.4 | 泥浆池(槽)砌筑及拆除 | 项 | 1 | | |
| 2.5 | 模板工程 | 项 | 1 | | 62 874.7 |
| A21-12 | 基础垫层模板 | 100m² | 0.175 26 | 2 854.95 | 500.36 |
| A21-68 | 压顶、扶手模板 | 100m | 0.474 | 3 789.14 | 1 796.05 |
| A21-13 | 桩承台模板 | 100m² | 0.478 | 4 372.21 | 2 089.92 |
| A21-15 | 矩形柱模板(周长)1.8m 内 支模高度 3.6m 内 | 100m² | 2.694 | 4 959.03 | 13 359.63 |
| A21-17 | 异形柱模板 支模高度 3.6m 内(构造柱) | 100m² | 0.057 02 | 6 979.11 | 397.95 |
| A21-25 | 单梁、连续梁模板(梁宽)25cm 以内 支模高度 3.6m | 100m² | 0.781 5 | 5 681.93 | 4 440.43 |
| A21-26 | 单梁、连续梁模板(梁宽)25cm 以外 支模高度 3.6m | 100m² | 2.448 2 | 6 221.74 | 15 232.06 |
| A21-25 | 单梁、连续梁模板(梁宽) 25cm 以内 支模高度 3.6m(过梁) | 100m² | 0.463 5 | 5 681.93 | 2 633.57 |
| A21-49 | 有梁板模板 支模高度 3.6m | 100m² | 2.694 6 | 5 326.71 | 14 353.35 |
| A21-67 | 栏板、反檐模板 | 100m² | 0.462 7 | 5 931.27 | 2 744.4 |
| A21-70 | 挑檐模板 | 100m² | 0.331 9 | 6 069.39 | 2 014.43 |
| A21-64 | 阳台、雨篷模板 直形 | 100m² | 0.109 4 | 6 736.69 | 736.99 |
| A21-62 | 楼梯模板 直形 | 100m² | 0.138 3 | 16 526.95 | 2 285.68 |
| A21-66 | 台阶模板 | 100m² | 0.042 5 | 3 671.08 | 156.02 |
| A21-12 | 基础垫层模板(散水) | 100m² | 0.046 86 | 2 854.95 | 133.78 |
| 2.6 | 垂直运输工程 | 项 | 1 | | 6 997.52 |
| A23-2 | 建筑物 20m 以内的垂直运输 现浇框架结构 | 100m² | 3.413 1 | 2 050.19 | 6 997.5 |

续表

| 序号 | 名称及说明 | 单位 | 数量 | 单价/元 | 合价/元 |
|---|---|---|---|---|---|
| 2.7 | 材料二次运输 | 项 | 1 | | |
| 2.8 | 成品保护工程 | 项 | 1 | | |
| 2.9 | 混凝土泵送增加费 | 项 | 1 | | |
| 2.10 | 大型机械设备进出场及安拆 | 项 | 1 | | |
| | 小　计 | 元 | | | 72 083.31 |
| | 合　计 | 元 | | | 108 111.33 |

**其他项目预算表**

工程名称：实验楼　　　　第1页　共1页

| 序号 | 项目名称 | 单位 | 合价/元 | 备注 |
|---|---|---|---|---|
| 1 | 材料检验试验费 | 项 | | |
| 2 | 工程优质费 | 项 | | |
| 3 | 暂列金额 | 项 | 55 277.32 | |
| 4 | 暂估价 | 项 | 46 877.7 | |
| 4.1 | 材料暂估价 | 项 | 11 877.7 | |
| 4.2 | 专业工程暂估价 | 项 | 35 000 | |
| 5 | 计日工 | 项 | 19 800 | |
| 6 | 总承包服务费 | 项 | 1 868.78 | |
| 7 | 材料保管费 | 项 | | |
| 8 | 预算包干费 | 项 | | |
| | 合　计 | | 111 946.1 | |

**暂列金额明细表**

工程名称：实验楼　　　　第1页　共1页

| 序号 | 项目名称 | 计量单位 | 暂定金额/元 | 备注 |
|---|---|---|---|---|
| 1 | 暂列金 | 元 | 55 277.32 | |
| | 合　计 | | 55 277.32 | — |

**材料设备暂估价预算表**

工程名称：实验楼　　　　第1页　共1页

| 序号 | 材料名称、规格、型号 | 计量单位 | 工程数量 | 金额/元 | | 备注 |
|---|---|---|---|---|---|---|
| | | | | 单价 | 合价 | |
| 0662021 | 瓷质抛光砖 400mm×400mm | $m^2$ | 118.777 | 100 | 11 877.7 | |
| | 合　计 | | | | 11 877.7 | |

注：此表投标人应将上述材料设备暂估单价计入招标人指定的清单项目综合单价内，列入投标总价中。

**专业工程暂估价预算表**

工程名称：实验楼　　　　　　　　　　　　　　　　第1页　共1页

| 序号 | 工程名称 | 工程内容 | 金额/元 | 备注 |
| --- | --- | --- | --- | --- |
| 1 | 铝合金门窗制作安装工程 | 制作安装 | 35 000 | |
| 合　计 | | | 35 000 | |

**计日工预算表**

工程名称：实验楼　　　　　　　　　　　　　　　　第1页　共1页

| 编号 | 项目名称 | 单位 | 暂定数量 | 综合单价/元 | 合价/元 |
| --- | --- | --- | --- | --- | --- |
| 一 | 人工 | | | | 18 000 |
| 1 | 普工 | 工日 | 100 | 80 | 8 000 |
| 2 | 技工(综合) | 工日 | 50 | 200 | 10 000 |
| 人工小计 | | | | | 18 000 |
| 二 | 材料 | | | | 600 |
| 1 | 砾石(5～40mm) | $m^3$ | 10 | 60 | 600 |
| 材料小计 | | | | | 600 |
| 三 | 施工机械 | | | | 1 200 |
| 1 | 灰浆搅拌机(400L) | 台班 | 8 | 150 | 1 200 |
| 施工机械小计 | | | | | 1 200 |
| 总　计 | | | | | 198 00 |

**总承包服务费预算表**

工程名称：实验楼　　　　　　　　　　　　　　　　第1页　共1页

| 序号 | 项目名称 | 项目价值/元 | 服务内容 | 费率/(%) | 金额/元 |
| --- | --- | --- | --- | --- | --- |
| 1 | 发包人分包铝合金门窗制作安装工程 | 35 000 | (1) 按专业工程承包人的要求提供施工工作面并对施工现场进行统一管理，对竣工资料进行统一整理汇总<br>(2) 为专业工程承包人提供垂直运输机械和焊接电源接入点，并承担垂直运输费和电费<br>(3) 为铝合金门窗安装后进行补缝和找平并承担相应费用 | 5 | 1 750 |
| 2 | 发包人供应材料 | 11 877.7 | 对发包人供应的材料进行验收及保管和使用发放 | 1 | 118.78 |
| 合　计 | | | | | 1 868.78 |

**规费和税金项目预算表**

工程名称：实验楼　　　　第1页　共1页

| 序号 | 项目名称 | 计算基础 | 费率/(%) | 金额/元 |
|---|---|---|---|---|
| 1 | 规费 | 社会保险费＋住房公积金＋工程排污费 | | 35 472.92 |
| 1.1 | 社会保险费 | 分部分项合计＋措施合计＋其他项目 | 3.31 | 25 580.69 |
| (1) | 养老保险费 | 分部分项合计＋措施合计＋其他项目 | | |
| (2) | 失业保险费 | 分部分项合计＋措施合计＋其他项目 | | |
| (3) | 医疗保险费 | 分部分项合计＋措施合计＋其他项目 | | |
| (4) | 工伤保险费 | 分部分项合计＋措施合计＋其他项目 | | |
| (5) | 生育保险费 | 分部分项合计＋措施合计＋其他项目 | | |
| 1.2 | 住房公积金 | 分部分项合计＋措施合计＋其他项目 | 1.28 | 9 892.23 |
| 1.3 | 工程排污费 | 分部分项合计＋措施合计＋其他项目 | | |
| 2 | 税金 | 分部分项工程费＋措施项目费＋其他项目费＋规费 | 3.477 | 28 104.71 |

**人工材料机械价差表**

工程名称：实验楼　　　　第　页　共　页

| 序号 | 名称 | 等级、规格、产地(厂家) | 单位 | 数量 | 定额价/元 | 市场价/元 | 价差/元 | 合价/元 |
|---|---|---|---|---|---|---|---|---|
| 1 | 人工 | | | | | | | |
| 1.1 | 综合工日 | | 工日 | 1 890.763 7 | 51 | 98 | 47 | 88 865.89 |
| 2 | 材料 | | | | | | | |
| 2.1 | 螺纹钢 | $\phi$10～25mm | t | 21.132 | 3 881.34 | 4 128.71 | 247.37 | 5 227.42 |
| 2.2 | 圆钢 | $\phi$10mm以内 | t | 7.587 2 | 3 757.47 | 4 080.39 | 322.92 | 2 450.06 |
| 2.3 | 圆钢 | $\phi$12～25mm | t | 3.275 | 3 906.55 | 4 264.03 | 357.48 | 1 170.75 |
| 2.4 | 复合普通硅酸盐水泥 | P.C 32.5 | t | 85.083 1 | 317.07 | 354.71 | 37.64 | 3 202.53 |
| 2.5 | 白色硅酸盐水泥 | 32.5 | t | 0.486 | 592.37 | 654.18 | 61.81 | 30.04 |
| 2.6 | 中砂 | | m$^3$ | 172.603 9 | 49.98 | 89.76 | 39.78 | 6 866.18 |
| 2.7 | 碎石 | 10 | m$^3$ | 10.064 1 | 65.28 | 70.38 | 5.1 | 51.33 |
| 2.8 | 碎石 | 20 | m$^3$ | 113.821 1 | 65.79 | 70.38 | 4.59 | 522.44 |
| 2.9 | 生石灰 | | t | 8.396 2 | 219.3 | 275.4 | 56.1 | 471.03 |
| 2.10 | 杉原木 | (综合) | m$^3$ | 0.176 2 | 757.12 | 779.56 | 22.44 | 3.95 |
| 2.11 | 松杂板枋材 | | m$^3$ | 4.889 4 | 1 313.52 | 1 363.56 | 50.04 | 244.67 |
| 2.12 | 松杂直边板 | | m$^3$ | 0.426 7 | 1 232.31 | 1 279.17 | 46.86 | 20 |
| 2.13 | 防水胶合板 | 模板用18 | m$^2$ | 93.413 2 | 37.03 | 32.95 | －4.08 | －381.13 |
| 2.14 | 平板玻璃 | 3 | m$^2$ | 3.134 9 | 15.2 | 16.72 | 1.52 | 4.77 |
| 2.15 | 杉木门窗套料 | | m$^3$ | 0.987 9 | 1 551.49 | 1 598.62 | 47.13 | 46.56 |
| 2.16 | 汽油 | (综合) | kg | 5.196 5 | 6.58 | 9.79 | 3.21 | 16.68 |
| 2.17 | 水 | | m$^3$ | 255.041 8 | 2.8 | 4.72 | 1.92 | 489.68 |

续表

| 序号 | 名称 | 等级、规格、产地(厂家) | 单位 | 数量 | 定额价/元 | 市场价/元 | 价差/元 | 合价/元 |
|---|---|---|---|---|---|---|---|---|
| 2.18 | 脚手架钢管 | $\phi$51mm×3.5 | m | 117.360 9 | 17.77 | 18.25 | 0.48 | 56.33 |
| 3 | 机械 | | | | | | | |
| 3.1 | 柴油 | (机械用)0# | kg | 308.454 3 | 5.82 | 8.75 | 2.93 | 903.77 |
| 3.2 | 电 | (机械用) | kW·h | 4 626.257 7 | 0.75 | 0.86 | 0.11 | 508.89 |
| 3.3 | 机上人工 | | 工日 | 97.277 1 | 51 | 98 | 47 | 4 572.02 |
| | 合计 | 分部分项工程费价差：90 869.73＋措施项目费价差 24 474.13 | | | | | | 115 343.86 |

**主要材料价格表**

工程名称：实验楼　　　　　　　　　　　　　　　　　　　　第　页　共　页

| 序号 | 材料编码 | 材料名称 | 规格 | 单位 | 单价/元 |
|---|---|---|---|---|---|
| 1 | 0101041 | 螺纹钢 | $\phi$10～25mm | t | 4 128.71 |
| 2 | 0109031 | 圆钢 | $\phi$10mm 以内 | t | 4 080.39 |
| 3 | 0109041 | 圆钢 | $\phi$12～25mm | t | 4 264.03 |
| 4 | 0129261 | 热轧厚钢板 | 6～7 | t | 4 590 |
| 5 | 0367141 | 铸铁花件 | | 个 | 68.84 |
| 6 | 0401013 | 复合普通硅酸盐水泥 | P.C 32.5 | t | 354.71 |
| 7 | 0403021 | 中砂 | | $m^3$ | 89.76 |
| 8 | 0405061 | 碎石 | 20 | $m^3$ | 70.38 |
| 9 | 0409031 | 生石灰 | | t | 275.4 |
| 10 | 0409181 | 黏土 | | $m^3$ | 32.64 |
| 11 | 0413001 | 标准砖 | 240mm×115mm×53mm | 千块 | 270 |
| 12 | 0429001 | 预应力混凝土管桩 | $\phi$300mm | m | 76.5 |
| 13 | 0503051 | 松杂板枋材 | | $m^3$ | 1 363.56 |
| 14 | 0503311 | 松杂直边板 | | $m^3$ | 1 279.17 |
| 15 | 0505121 | 防水胶合板 | 模板用 18 | $m^2$ | 32.95 |
| 16 | 0661021 | 釉面砖 | 300mm×300mm | $m^2$ | 22.5 |
| 17 | 0661051 | 釉面砖 | 150mm×150mm | $m^2$ | 21.44 |
| 18 | 0661071 | 缸砖 | | $m^2$ | 14 |
| 19 | 0662021 | 瓷质抛光砖 | 400mm×400mm | $m^2$ | 100 |
| 20 | 0701031 | 大理石板 | | $m^2$ | 200 |
| 21 | 0741011 | 实木地板 | 企口 | $m^2$ | 95 |
| 22 | 0801001 | 石膏板 | | $m^2$ | 19.81 |
| 23 | 0831041 | 轻钢中龙骨 | | m | 4.5 |
| 24 | 0831051 | 轻钢大龙骨 | 45 | m | 5.2 |
| 25 | 0833041 | 轻钢中龙骨横撑 | $h$=19 | m | 4.5 |

续表

| 序号 | 材料编码 | 材料名称 | 规格 | 单位 | 单价/元 |
|---|---|---|---|---|---|
| 26 | 0901001 | 杉木门窗套料 | | $m^3$ | 1 598.62 |
| 27 | 1003211 | 聚氨酯漆 | | kg | 17.73 |
| 28 | 1023021 | 硬木扶手 | 100mm×60mm | m | 90 |
| 29 | 1101231 | 腻子粉 | 成品(防水型) | kg | 5 |
| 30 | 1111381 | 油性乳胶漆 | | kg | 42 |
| 31 | 1111411 | 酚醛调和漆 | | kg | 7.2 |
| 32 | 1111511 | 内墙乳胶漆底漆 | | kg | 16 |
| 33 | 1157091 | 改性沥青卷材 | | $m^2$ | 25 |
| 34 | 3001001 | 钢支撑 | | kg | 4.57 |
| 35 | 3109011 | 泡沫防潮纸 | | $m^2$ | 0.87 |
| 36 | 3203071 | 脚手架钢管 | $\phi$51mm×3.5 | m | 18.25 |
| 37 | 8001101 | 抹灰水泥砂浆(配合比) | 中砂 1∶1 | $m^3$ | 363.03 |
| 38 | 8001106 | 抹灰水泥砂浆(配合比) | 中砂 1∶2 | $m^3$ | 290.87 |
| 39 | 8001111 | 抹灰水泥砂浆(配合比) | 中砂 1∶2.5 | $m^3$ | 270.47 |
| 40 | 8001116 | 抹灰水泥砂浆(配合比) | 中砂 1∶3 | $m^3$ | 251.54 |
| 41 | 8005021 | 砌筑用混合砂浆(配合比) | 中砂 M5.0 | $m^3$ | 203.78 |
| 42 | 8005211 | 抹灰用混合砂浆(配合比) | 特细砂 1∶1∶6 | $m^3$ | 208.53 |
| 43 | 8005231 | 抹灰用混合砂浆(配合比) | 特细砂 1∶2∶8 | $m^3$ | 202.48 |
| 44 | 8007351 | 石油沥青耐酸砂浆(配合比) | 1∶2∶7 | $m^3$ | 1 244 |
| 45 | 8013011 | 水泥珍珠岩浆 | | $m^3$ | 353.41 |
| 46 | 8015441 | 石油沥青玛蹄脂(配合比) | | $m^3$ | 2 774 |
| 47 | 8021226 | C15 混凝土 10 石(配合比) | | $m^3$ | 231.55 |
| 48 | 8021232 | C25 混凝土 10 石(配合比) | | $m^3$ | 255.49 |
| 49 | 8021247 | C15 混凝土 20 石(配合比) | | $m^3$ | 225.45 |
| 50 | 8021253 | C25 混凝土 20 石(配合比) | | $m^3$ | 249.2 |
| 51 | 8021256 | C30 混凝土 20 石(配合比) | | $m^3$ | 269.95 |

## 本章小结

本章主要介绍了实验楼工程定额计价方式的造价编制，包括该工程中的建筑工程、装饰工程两个单位工程的分部分项工程费、措施项目费、其他项目费、规费和税金的计取。

目的是使学生对一般土建建筑工程定额计价方式有一个整体的理解、系统的认识，掌握定额计价方式的编制程序、格式、方法，具有编制一般土建工程定额计价方式的能力。

# 情境三

# 一般土建工程工程量清单计价方式能力训练

# 第9章

# 建设工程工程量清单计价方式概述

## 学习目标

- ◆ 理解建设工程工程量清单、工程量清单计价的概念
- ◆ 熟悉《建设工程工程量清单计价规范》(GB 50500—2013)的组成内容
- ◆ 熟悉《房屋建筑与装饰工程工程量计算规范》(GB 50854—2013)的组成内容
- ◆ 掌握建设工程工程量清单的编制方法
- ◆ 具有编制一般土建工程工程量清单的基本能力
- ◆ 掌握建设工程工程量清单计价方式
- ◆ 具有编制一般土建工程工程量清单计价方式的基本能力

## 学习要求

| 能力目标 | 知识要点 | 相关知识 | 权重 |
| --- | --- | --- | --- |
| 熟悉建设工程工程量清单计价的规范 | 建设工程工程量清单的概念 | 建设工程工程量清单计价方式与定额计价方式的比较 | 0.20 |
| | 建设工程工程量清单计价的概念 | | |
| | 《建设工程工程量清单计价规范》《房屋建筑与装饰工程工程量计算规范》的组成内容、特性 | | |
| 编制一般土建工程工程量清单的基本能力 | 工程量清单的组成内容 | 分部分项工程项目清单、措施项目清单、其他项目清单、规费项目清单、税金项目清单的编制规定 | 0.40 |
| | 工程量清单表格的统一格式、填写规定 | 分部分项工程项目清单、措施项目清单、其他项目清单、规费项目清单、税金项目清单表格的统一格式、填写规定 | |
| 编制一般土建工程工程量清单计价方式的基本能力 | 工程量清单计价方式的组成内容 | 分部分项工程项目费、措施项目费、其他项目费、规费、税金的计价规定 | 0.40 |
| | 工程量清单计价方式的统一格式、填写规定 | 分部分项工程项目费、措施项目费、其他项目费、规费、税金的统一格式、填写规定 | |

## 引例

**广州番禺职业技术学院实验楼工程**

**招标文件**

根据番发改【2013】19号文件的精神，广州市番禺区基本建设投资管理办公室现对广州番禺职业技术学院实验楼工程施工进行公开招标，选定承包人。

一、招标文件的组成

本招标文件包括下列文件，以及所有招标答疑会会议纪要和发出的澄清或修改文件。

第一章　投标须知

第二章　开标、评标及定标办法

第三章　合同条款

第四章　投标文件格式

第五章　技术条件(工程建设标准)

第六章　图纸及勘察资料

第七章　工程量清单

第八章　招标控制价

二、投标文件的组成

(1) 投标文件由技术部分和经济部分两部分投标文件组成。

(2) 经济部分投标文件主要包括下列内容(除注明原件外，均为复印件即可)。

① 经济投标书(按招标文件的要求填写)。

② 工程量清单计价表。工程量清单的组成、编制、计价、格式、项目编码、项目名称、工作内容、计量单位和工程量计算规则按照招标人给出的工程量清单及《建设工程量清单计价规范》(GB 50500—2013)、《房屋建筑与装饰工程工程量计算规范》(GB 50854—2013)和广东省相关定额执行。

a. 投标报价说明。

b. 工程量清单报价表(格式按招标文件要求填写)。

c. 综合单价分析表。

三、投标报价及造价承包和变更结算方式

(1) 本工程的投标报价采用工程量清单计价方式。

(2) 投标人的投标报价高于招标控制价的应予废标。

(3) 招标人按照招标图纸制定工程量清单，该清单载于本招标文件中，投标人按照招标人提供的工程量清单中列出的工程项目和工程量填报单价和合价。每一项目只允许有一个报价。任何有选择的报价将不予接受。投标人未填报单价或合价的工程项目，视为完成该工程项目所需费用已包含在其他有价款的竞争性报价内，在实施后，招标人将不予支付。

(4) 投标人的投标报价，应是按照招标文件的工期要求，在招标文件的建设地点完成招标文件的招标范围内已由招标人制定的工程量清单列明工作的全部费用，包括但不限于完成工作的成本、利润、税金、技术措施费、大型机械进出场费、风险费以及政策性文件规定费用等，不得以任何理由予以重复计算。招标人提供的工程量清单或招标文件其他部分中有关规费、暂列金额、暂估价等非竞争性项目明列了单价或合价的金额的，投标人应按照明列的单价或合价的金额报价，未按照规定金额报价的，由评标委员会按照招标文件规定的金额进行修正。

(5) 投标人一旦中标，投标人对招标人提供的工程量清单中列出的工程项目所报出的综合单价，在工程结算时将不得变更，即在施工过程中即使工程量清单项目的工程量发生变更，中标投标文件列出的综合单价也不发生改变。

广州市番禺区基本建设投资管理办公室

注：本招标文件经整理，只节选了有关内容，无关内容省略。

从实验楼工程施工招标文件可知以下信息。

(1) 该工程招标人按照招标图纸制定工程量清单，该清单载于本招标文件中。

(2) 招标人在发布招标文件时公布了招标控制价，为该招标工程的最高投标限价，并将招标控制价及有关资料报送工程所在地的行业部门工程造价管理机构备查。

(3) 该工程投标人的投标报价采用工程量清单计价方式。投标人按照招标人提供的工程量清单中列出的工程项目和工程量填报单价和合价。

(4) 工程量清单的组成、编制、计价、格式、项目编码、项目名称、工作内容、计量单位和工程量计算规则按照招标人给出的工程量清单及《建设工程量清单计价规范》(GB 50500—2013)、《房屋建筑与装饰工程工程量计算规范》(GB 50854—2013)和广东省相关定额执行。

**请思考：**

1. 工程量清单、工程量清单计价的含义是什么？

2. 工程量清单计价的适用范围是什么？它与前面讲述的定额计价方式有什么区别？

3. 从招标文件的组成可知，工程量清单是招标文件的组成部分，工程量清单由哪些内容组成？

4. 工程量清单的表格统一格式、填写规定有哪些？

5. 从投标文件的组成可知，工程量清单计价表是投标文件的组成部分，工程量清单计价方式的工程造价费用由哪些项目组成？

6. 工程量清单计价的表格统一格式、填写规定有哪些？

7. 工程量清单计价方式综合单价如何计算？

## 9.1 建设工程工程量清单计价的概念、适用范围及作用

我国工程造价自2003年7月1日起，从传统的以预算定额为主的计价方式向国际上通行的工程量清单计价方式转变，2003年7月1日起实施《建设工程工程量清单计价规范》(GB 50500—2003)，2008年12月1日起实施《建设工程工程量清单计价规范》(GB 50500—2008)。

建设行业的飞速发展推动着我国工程造价管理的极大进步，也呼唤着更加健全的法律法规，来规范建设工程的计量计价行为和造价管理活动。前期两版计价规范实施以来，积累了宝贵的经验，取得了丰硕的成果，但在执行中，也反映出一些不足之处。为进一步从宏观上规范政府工程造价管理行为，从微观上规范发承包双方的工程造价计价行为，为工

程造价全过程管理、精细化管理提供标准和依据，中华人民共和国住房和城乡建设部、中华人民共和国国家质量监督检验检疫总局联合发布，自2013年7月1日起实施《建设工程工程量清单计价规范》(GB 50500—2013)和《房屋建筑与装饰工程工程量计算规范》(GB 50854—2013)。原《建设工程工程量清单计价规范》(GB 50500—2008)同时废止。

### 9.1.1 建设工程工程量清单计价的概念

1. 建设工程工程量清单

建设工程工程量清单是指建设工程的分部分项工程项目、措施项目、其他项目、规费项目和税金项目的名称和相应数量等的明细清单。

2. 建设工程工程量清单计价

建设工程工程量清单计价是指完成工程量清单所需的全部费用，包括分部分项工程项目费、措施项目费、其他项目费、规费和税金。

建设工程工程量清单计价涵盖了建设工程发承包及实施阶段计价活动从招投标开始到工程竣工结算办理的全过程，具体包括：招标工程量清单编制、工程量清单招标控制价、工程量清单投标报价、工程合同价款约定、工程计量与价款支付、工程价款的调整、合同价款中期支付、工程竣工后竣工结算与支付、合同解除的价款结算与支付、合同价款争议的解决、工程计价资料与档案等内容。

### 9.1.2 建设工程工程量清单计价的适用范围

使用国有资金投资的建设工程发承包必须采用工程量清单计价。

非国有资金投资的建设工程，宜采用工程量清单计价。

国有资金投资的资金包括国家融资资金、国有资金为主的投资资金。

(1) 国有资金投资的工程建设项目包括以下几种。

① 使用各级财政预算资金的项目。

② 使用纳入财政管理的各种政府性专项建设资金的项目。

③ 使用国有企事业单位自有资金，并且国有资产投资者实际拥有控制权的项目。

(2) 国家融资资金投资的工程建设项目包括以下几种。

① 使用国家发行债券所筹资金的项目。

② 使用国家对外借款或者担保所筹资金的项目。

③ 使用国家政策性贷款的项目。

④ 国家授权投资主体融资的项目。

⑤ 国家特许的融资项目。

(3) 国有资金为主的工程建设项目是指国有资金占投资总额50%以上，或虽不足50%但国有投资者实质上拥有控股权的工程建设项目。

### 9.1.3 建设工程工程量清单计价的作用

1. 提供了一个公平的竞争环境

如果采用定额计价方式进行投标报价，由于投标人对施工图的理解不同，工程量的计

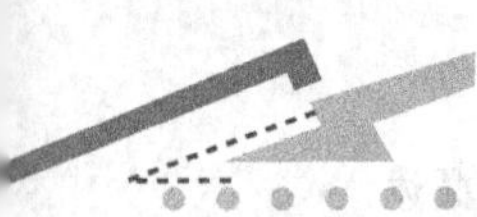


算结果也就不一样，而单价又是按预算定额的统一规定计取的，因此报价可能相去甚远，不能体现出招投标竞争报价的要求。而采用工程量清单计价为投标人提供了一个平等的竞争条件，依据相同的工程量，由投标人根据自身的实力来填报不同的单价，符合市场定价的价格机制。

2. 实现了企业整体实力的竞争

工程量清单计价由投标人自主报价，将属于企业因素的施工方法、技术措施和人工、材料、机械的消耗量水平、取费等留给企业来确定。投标人根据招标人给出的工程量清单，结合自身的生产效率、消耗水平、管理能力和市场价格信息及以往的企业报价资料，确定综合单价进行投标报价。也可以参照建设行政主管部门发布的社会平均消耗量定额进行报价。对于投标人来说，报高了中不了标，报低了又没有利润，这时候就体现出了企业技术、管理水平的高低，也就是企业整体实力的竞争。

3. 明确了工程款的拨付和工程造价的最终确定

中标施工企业与业主签订工程施工合同，合同价的依据就是投标人的报价，工程款的拨付依据就是投标报价的单价。业主根据施工企业完成的工程量，可以很容易地确定进度款的拨付额。工程竣工后，再根据设计变更、工程量的增减乘以相应单价，业主也可以很容易确定工程的最终造价。

4. 实现了风险的合理分担

采用工程量清单计价方式后，投标单位只对自己所报的成本、单价等负责，而对工程量的变更或计算错误等不负责任。相应的，对于这一部分风险则应由业主承担，这种格局符合风险合理分担与责权关系对等的一般原则。

5. 有利于业主对投资的控制

如果采用定额计价方式，业主对因设计变更、工程量的增减所引起的工程造价变化不敏感，往往等竣工结算时才知道这些对项目投资的影响有多大。而采用工程量清单计价方式，在发生设计变更时，即能方便计算出对工程造价有多大影响，这样业主就能根据资金情况及时进行方案比较，决定是否变更，采取最佳的方案。

【参考图文】

## 9.2 《建设工程工程量清单计价规范》（GB 50500—2013）和《房屋建筑与装饰工程工程量计算规范》（GB 50854—2013）

新规范将原规范分成计价和计量两部分，计价部分即《建设工程工程量清单计价规范》（GB 50500—2013）（以下简称“13计价规范”）；计量部分为9个专业，即《房屋建筑与装饰工程工程量计算规范》（GB 50854—2013）（以下简称“13房屋计量规范”）、《仿古建筑工程工程量计算规范》（GB 50855—2013）、《通用安装工程工程量计算规范》（GB 50856—2013）、《市政工程工程量计算规范》（GB 50857—2013）、《园林绿化工程工程量计算规范》（GB 50858—2013）、《矿山工程工程量计算规范》（GB 50859—2013）、《构筑物工程工程量计算规范》（GB 50860—2013）、《城市轨道交通工程工程量计算规范》（GB 50861—2013）、《爆破工程工程量计算规范》（GB 50862—2013）。

### 9.2.1 “13计价规范”的组成内容

“13计价规范”包括正文和附录两部分，其中正文共16章58节257条文、附录11项42节。

1. 第1章 总则

本章共1节7条。

(1) 编制目的：为规范建设工程造价计价行为，统一建设工程计价文件的编制原则和计价方法。

(2) 编制依据：根据《中华人民共和国建筑法》、《中华人民共和国合同法》、《中华人民共和国招标投标法》等法律法规，制定本规范。

(3) 适用阶段：本规范适用于建设工程发承包及实施阶段的计价活动。

(4) 工程造价的组成：工程造价应由分部分项工程项目费、措施项目费、其他项目费、规费和税金组成。

(5) 编制工程造价文件的主体：招标工程量清单、招标控制价、投标报价、工程计量、合同价款调整、合同价款结算与支付以及工程造价鉴定等工程造价文件的编制与核对，应由具有专业资格的工程造价人员承担。

(6) 责任划分：承担工程造价文件的编制与核对的工程造价人员及其所在单位应对工程造价文件的质量负责。

(7) 基本原则：应遵循客观、公正、公平的原则。

(8) 建设工程发承包及实施阶段的计价活动除应符合本规范外，尚应符合国家现行有关标准的规定。

2. 第2章 术语

按照编制标准规范的基本要求，术语是对本规范专用名词给予的定义，尽可能避免本规范贯彻实施过程中由于不同理解造成的争议。本章共1节52条。

例如：“2.0.2　招标工程量清单　招标人依据国家标准、招标文件、设计文件以及施工现场实际情况编制的，随招标文件发布供投标报价的工程量清单，包括其说明和表格。”

3. 第3章　一般规定

本章规定了工程量清单计价的统一的共性的内容规范管理的要求。本章共4节19条。

例如：使用国有资金投资的建设工程发承包，必须采用工程量清单计价。非国有资金投资的建设工程，宜采用工程量清单计价。不采用工程量清单计价的建设工程，应执行本规范除工程量清单等专门性规定外的其他规定。

工程量清单应采用综合单价计价。

4. 第4章　工程量清单编制

本章规定了招标工程量清单的内容规范管理的要求。本章共6节19条。

5. 第5章　招标控制价

本章规定了招标控制价的内容规范管理的要求。本章共3节21条。

6. 第 6 章　投标报价

本章规定了投标报价内容规范管理的要求。本章共 2 节 13 条。

7. 第 7 章　合同价款约定

本章规定了合同价款约定内容规范管理的要求。本章共 2 节 5 条。

8. 第 8 章　工程计量

本章规定了工程计量内容规范管理的要求。本章共 3 节 15 条。

9. 第 9 章　合同价款调整

本章规定了合同价款调整内容规范管理的要求。本章共 15 节 52 条。

10. 第 10 章　合同价款期中支付

本章规定了合同价款期中支付内容规范管理的要求。本章共 3 节 24 条。

11. 第 11 章　竣工结算与支付

本章规定了竣工结算与支付内容规范管理的要求。本章共 6 节 35 条。

12. 第 12 章　合同解除的价款结算与支付

本章规定了合同解除的价款结算与支付内容规范管理的要求。本章共 1 节 4 条。

13. 第 13 章　合同价款争议的解决

本章规定了合同价款争议的解决内容规范管理的要求。本章共 5 节 19 条。

14. 第 14 章　工程造价鉴定

本章规定了合同价款纠纷案件处理中，工程造价鉴定的内容规范管理的要求。本章共 3 节 19 条。

15. 第 15 章　工程计价资料与档案

本章规定了工程计价资料与档案内容规范管理的要求。本章共 2 节 13 条。

16. 第 16 章　工程计价表格

本章规定了计价表格内容规范管理的要求。本章共 1 节 6 条。

17. 附录

附录 A 物价变化合同价款调整方法；附录 B 工程计价文件封面；附录 C 工程计价文件扉页；附录 D 工程计价总说明；附录 E 工程计价汇总表；附录 F 分部分项工程和措施项目计价表；附录 G 其他项目计价表；附录 H 规费、税金项目计价表；附录 J 工程计量申请(核准)表；附录 K 合同价款支付申请(核准)表；附录 L 主要材料、工程设备一览表。

### 9.2.2　“13 房屋计量规范”的组成内容

“13 房屋计量规范”包括正文 4 章 6 节 35 条文和附录 17 项。

1. 第 1 章　总则

本章共 1 节 4 条。

(1) 制定的目的和意义：为规范房屋建筑与装饰工程造价计量行为，统一房屋建筑与装饰工程工程量计算规则、工程量清单的编制方法，制定本规范。

(2) 适用范围：适用于工业与民用的房屋建筑与装饰工程发承包及实施阶段计价活动中的工程计量和工程量清单编制。

(3) 强制性条款：房屋建筑与装饰工程计价，必须按本规范规定的工程量计算规则进行工程计量。

(4) 房屋建筑与装饰工程计量活动除应遵守本规范外，尚应符合国家现行有关标准的规定。

2. 第2章　术语

本章共1节4条。

按照编制标准规范的基本要求，术语是对本规范专有名词给予的定义，尽可能避免本规范贯彻实施过程中由于不同理解造成的争议。

例如："2.0.1 工程量计算　指建设工程项目以工程设计图纸、施工组织设计或施工方案及有关技术经济文件为依据，按照相关工程国家标准的计算规则、计量单位等规定，进行工程数量的计算活动，在工程建设中简称工程计量。"

3. 第3章　工程计量

本章共1节6条。

本章规定了工程计量的统一的共性的内容规范管理的要求。

4. 第4章　工程量清单编制

本章共3节15条。

本章规定了对分部分项工程项目清单、措施项目清单、其他项目清单、规费和税金项目清单编制内容规范管理的要求。

5. 附录

附录是房屋建筑与装饰工程所包括的16项分部工程项目和1项措施项目工程计量、编制工程量清单的具体规定，规定了构成一个分部分项工程项目清单和措施项目清单的五个要件——项目编码、项目名称、项目特征、计量单位和工程量，以及各构成要件的编制依据。

附录共17项，其组成内容分别为：附录A土石方工程；附录B地基处理与边坡支护工程；附录C桩基工程；附录D砌筑工程；附录E混凝土及钢筋混凝土工程；附录F金属结构工程；附录G木结构工程；附录H门窗工程；附录J屋面及防水工程；附录K隔热、保温、防腐工程；附录L楼地面装饰工程；附录M墙、柱面装饰与隔断、幕墙工程；附录N天棚工程；附录P油漆、涂料、裱糊工程；附录Q其他装饰工程；附录R拆除工程；附录S措施项目。

### 9.2.3 "13计价规范"、"13房屋计量规范"的特点

"13计价规范"、"13房屋计量规范"的特点主要体现在以下方面。

(1) 充分总结了实行工程量清单计价的经验和取得的成果，内容更加全面，涵盖了工

程实施阶段从招投标开始到工程竣工结算办理的全过程，并增加了条文说明，包括工程量清单的编制，招标控制价和投标报价的编制，工程发、承包合同签订时对合同价款的约定，工程量的计量与价款支付，工程价款的调整，合同价款中期支付，工程竣工后竣工结算与支付，合同解除的价款结算与支付，合同价款争议的解决，工程计价资料与档案等内容。

规范内容全面反映在实际工程计价活动中，就是使工程施工过程中每个计价阶段都有“规”可依、有“章”可循，对全面规范工程造价计价行为具有重要意义。

(2) 体现了工程造价计价各阶段的要求，使规范工程造价计价行为形成有机整体。工程建设的特点使得工程造价计价具有阶段性。工程建设每个阶段的计价都有其固有特性，但各个阶段之间又是相互关联的。规范首先对工程造价计价的共性问题进行了规范，同时针对不同阶段的工程造价计价特点作了专门性规定，并使共性和个性有机结合。具体表现为各条文之间按照工程施工建设的顺序是承前启后，相互贯通的，使整个条文形成一个规范工程造价计价行为的有机整体。

(3) 充分考虑到我国建设市场的实际情况，体现了国情。规范按照“政府宏观调控、企业自主报价、市场形成价格、加强市场监管”的改革思路，在发展和完善社会主义市场经济体制的要求下，对工程建设领域中施工阶段发、承包双方的计价适宜采用市场定价的充分放开，政府监管不越位；在现阶段还需政府宏观调控的，政府监管一定不缺位，并且要切实做好。因此，规范在安全文明施工费、规费等计取上，规定了不允许竞价；在应对物价波动对工程造价的影响上，较为公平地提出了发、承包双方共担风险的规定，避免了招标人凭借工程发包中的有利地位无限制地转嫁风险的情况，同时遏制了施工企业以牺牲职工切身利益为代价作为市场竞争中降价的利益驱动。

(4) 充分注意了工程建设计价的难点，条文规定更具操作性。规范对工程施工建设各阶段、各步骤计价的具体做法和要求都做出了具体而详尽的规定，使条文更具操作性。规范从工程造价计价的实际需要出发，增加和修订了相关的工程造价计价的具体操作条款，并完善了工程量清单计价表格，使规范更贴近实际计价需要。

**知识链接**

“13计价规范”、“13房屋计量规范”用词说明如下。

(1) 为便于在执行本规范条文时区别对待，对要求严格程度不同的用词说明如下。

① 表示很严格，非这样做不可的用词，正面词采用“必须”，反面词采用“严禁”。

② 表示严格，在正常情况下均应这样做的用词，正面词采用“应该”，反面词采用“不应”或“不得”。

③ 表示允许稍有选择，在条件许可时首先应这样做的用词，正面词采用“宜”，反面词采用“不宜”。

④ 表示有选择，在一定条件下可以这样做的用词，采用“可”。

(2) 本规范中指明应按其他有关标准、规范执行的写法为“应符合……的规定”或“应按……执行”。

# 9.3 工程量清单的编制

1. 工程量清单的种类

1) 工程量清单

工程量清单是指载明建设工程分部分项工程项目、措施项目、其他项目的名称和相应数量以及规费、税金项目等内容的明细清单。

2) 招标工程量清单

招标工程量清单指招标人依据国家标准、招标文件、设计文件以及施工现场实际情况编制的，随招标文件发布供投标报价的工程量清单，包括其说明和表格。

3) 已标价工程量清单

已标价工程量清单指构成合同文件组成部分的投标文件中已标明价格，经算术性错误修正(如有)且承包人已确认的工程量清单，包括其说明和表格。

2. 招标工程量清单的作用

招标工程量清单是工程量清单计价的基础，应作为编制招标控制价、投标报价、计算或调整工程量、索赔等的依据之一。

采用工程量清单方式招标发包时，招标工程量清单必须作为招标文件的组成部分，其准确性和完整性由招标人负责。投标人依据招标工程量清单进行投标报价，对招标工程量清单不负有核实的义务，更不具有修改和调整的权力。

3. 工程量清单的编制依据

招标工程量清单应由具有编制能力的招标人或受其委托，具有相应资质的工程造价咨询人编制。其编制依据主要有以下几点。

(1) 计价规范和相关工程的国家计量规范。

(2) 国家或省级、行业建设主管部门颁发的计价定额和办法。

(3) 建设工程设计文件及相关资料。

(4) 与建设工程有关的标准、规范、技术资料。

(5) 拟定的招标文件。

(6) 施工现场情况、地勘水文资料、工程特点及常规施工方案。

(7) 其他相关资料。

4. 招标工程量清单的组成内容

招标工程量清单应以单位(项)工程为单位编制，应由分部分项工程项目清单、措施项目清单、其他项目清单、规费和税金项目清单组成。

## 9.3.1 分部分项工程项目清单

分部分项工程项目清单必须根据相关工程现行国家计量规范规定的项目编码、项目名称、项目特征、计量单位和工程量计算规则进行编制，即“五个要件”。

清单编制人必须按规范规定执行，不得因情况不同而变动。“13 房屋计量规范”的附录是编制工程量清单的依据，其具体内容是以表格形式表现的，如表 9－1 所示的现浇混凝土基础工程量清单项目设置。

**表 9－1　现浇混凝土基础工程量清单项目设置**

<table>
<tr><th>项目编码</th><th>项目名称</th><th>项目特征</th><th>计量单位</th><th>工程量计算规则</th><th>工作内容</th></tr>
<tr><td>010501001</td><td>垫层</td><td rowspan="5">(1) 混凝土种类<br>(2) 混凝土强度等级</td><td rowspan="6">m³</td><td rowspan="6">按设计图示尺寸以体积计算。不扣除构件内钢筋、预埋铁件和伸入承台基础的桩头所占体积</td><td rowspan="6">(1) 模板及支撑制作、安装、拆除、堆放、运输及清理模内杂物、刷隔离剂等<br>(2) 混凝土制作、运输、浇筑、振捣、养护</td></tr>
<tr><td>010501002</td><td>带形基础</td></tr>
<tr><td>010501003</td><td>独立基础</td></tr>
<tr><td>010501004</td><td>满堂基础</td></tr>
<tr><td>010501005</td><td>桩承台基础</td></tr>
<tr><td>010501006</td><td>设备基础</td><td>(1) 混凝土种类<br>(2) 混凝土强度等级<br>(3) 灌浆材料及其强度等级</td></tr>
</table>

分部分项工程项目清单必须载明项目编码、项目名称、项目特征、计量单位和工程量，以表格形式表现，如表 9－2 所示的现浇钢筋混凝土基础工程项目清单。

**表 9－2　现浇钢筋混凝土基础工程项目清单**

| 项目编码 | 项目名称 | 项目特征 | 计量单位 | 工程数量 |
|---|---|---|---|---|
| 010501005001 | 桩承台基础 | (1) 混凝土种类：商品混凝土<br>(2) 混凝土强度等级：C30 碎石最大粒径 20 | $m^3$ | 130.66 |
| 010501005002 | 桩承台基础 | (1) 混凝土种类：商品混凝土<br>(2) 混凝土强度等级：C40 碎石最大粒径 20 | $m^3$ | 150.33 |
| …… | | | | |

1. 项目编码

项目编码是分部分项工程项目清单和措施项目清单的项目名称的阿拉伯数字标识。

项目编码采用 12 位阿拉伯数字表示。1～9 位为统一编码，应按附录的规定设置，10～12 位为清单项目名称顺序码，应根据拟建工程的工程量清单项目名称和项目特征设置，同一招标工程的项目编码不得有重码。

统一的编码有助于统一和规范市场，方便用户查询和输入。项目编码含义的具体规定见表 9－3。

**表 9－3　项目编码的含义**

| 编码 | ×× | ×× | ×× | ××× | ××× |
|---|---|---|---|---|---|
| 位数 | 1、2 | 3、4 | 5、6 | 7、8、9 | 10、11、12 |
| 含义 | 专业工程代码 | 附录分类顺序码 | 分部工程顺序码 | 分项工程项目名称顺序码 | 清单项目名称顺序码 |

1）专业工程代码表示的内容

专业工程代码表示的内容见表9-4。

表9-4 专业工程代码表示的内容

| 1、2位编码 | 01 | 02 | 03 | 04 | 05 | 06 | 07 | 08 | 09 |
|---|---|---|---|---|---|---|---|---|---|
| 表示的内容 | 房屋建筑与装饰工程 | 仿古建筑工程 | 通用安装工程 | 市政工程 | 园林绿化工程 | 矿山工程 | 构筑物工程 | 城市轨道交通工程 | 爆破工程 |

2）附录分类顺序码表示的内容

附录分类顺序码表示各专业工程附录的编排顺序码，附录A为01，附录B为02，……依次类推。例如：0105表示“房屋建筑与装饰工程专业　附录E　混凝土及钢筋混凝土工程”。

3）分部工程顺序码表示的内容

分部工程顺序码表示附录中各分部工程的顺序码。例如：010502表示“房屋建筑与装饰工程专业　附录E　混凝土及钢筋混凝土工程　表E.2　现浇混凝土柱”。

4）分项工程项目名称顺序码表示的内容

分项工程项目名称顺序码表示分部工程中各分项工程的顺序码。例如：010502001表示“房屋建筑与装饰工程专业　附录E　混凝土及钢筋混凝土工程　表E.2　现浇混凝土柱 矩形柱”。

5）清单项目名称顺序码

清单项目名称顺序码表示具体的清单项目名称编码，由清单编制人根据实际情况设置。同一规格、同一材质的项目，具有不同的项目特征时，应分别列项，此时项目编码的前9位相同，后3位不同，编制项目名称顺序码依次为001、002、003……例如：在同一工程中，有混凝土强度等级为C20和C25两种矩形柱，规范规定混凝土矩形柱的项目编码为010502001，如编制人将C20混凝土矩形柱的项目编码编为010502001001，则C25混凝土矩形柱的项目编码编应为010502001002。

例如，对清单项目010505001002各级编码表示的内容进行分解，各部分含义如下所示。

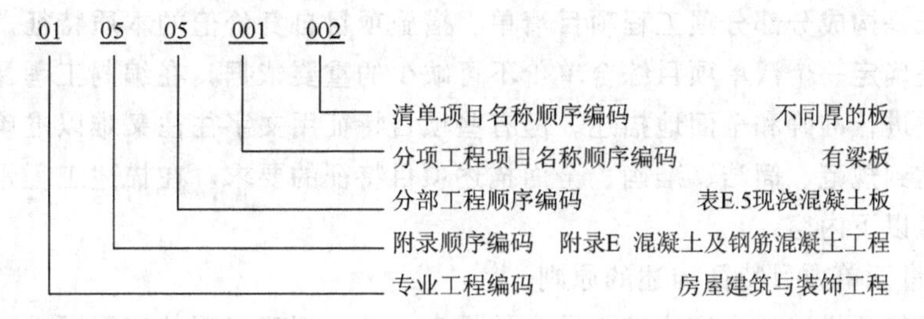


**特别提示**

当同一标段(或合同段)的一份工程量清单中含有多个单位工程且工程量清单以单位工程为编制对象时，在编制工程量清单时应特别注意对项目编码10～12位的设置不得有重码的规定。例如一个标段(或合同段)的工程量清单中含有3个单位工程，每一单位工程中都有项目特征相同的实心砖墙砌体，在工程量清单中又需反映3个不同单位工程的实心砖墙砌体工程量时，则第一个单位工程的实心砖墙的项目编码应为010401003001，第二个单位工程的实心砖墙的项目编码应为010401003002，第三个单位工程的实心砖墙的项目编码应为010401003003，并分别列出各单位工程实心砖墙的工程量。

**知识链接**

“13房屋计量规范”附录中没有的清单项目的补充规定如下。

随着工程建设中新材料、新技术、新工艺等的不断涌现，规范附录所列的工程量清单项目不可能包含所有项目。在编制工程量清单时，当出现规范附录中未包括的清单项目时，编制人应作补充。在编制补充项目时应注意以下3个方面。

(1) 补充项目的编码应按规范的规定确定。具体做法如下：补充项目的编码由本规范的代码01与B和3位阿拉伯数字组成，并应从01B001起顺序编制，同一招标工程的项目不得重码。

(2) 在工程量清单中应附补充项目的项目名称、项目特征、计量单位、工程量计算规则和工作内容。

(3) 将编制的补充项目报省级或行业工程造价管理机构备案。

2. 项目名称

工程量清单的项目名称应按附录的项目名称结合拟建工程的实际确定，如“挖基础土方”、“实心砖墙”、“块料楼地面”、“钢网架”。

分部分项工程项目清单的设置是以形成工程实体为原则，它是计量的前提。清单项目名称均以工程实体命名。所谓实体是指工程项目的主要部分，对附属或次要部分不设置项目。但清单项目必须包括完成或形成实体部分的全部内容。例如，“钢网架010601001”工程项目，实体部分指钢网架，完成这个项目还包括刷油漆、探伤检查等。刷油漆尽管也是实体，但对钢网架而言，它则属于附属项目。还有如“实心砖墙”、“块料墙面”、“胶合板门”工程项目等。

3. 项目特征

项目特征是构成分部分项工程项目清单、措施项目自身价值的本质特征。工程量清单的项目特征是确定一个清单项目综合单价不可缺少的重要依据，在编制工程量清单时，必须对项目特征进行准确和全面地描述。但有些项目特征用文字往往又难以准确和全面地描述清楚。为达到规范、简洁、准确、全面描述项目特征的要求，在描述工程量清单项目特征时必须注意以下内容。

1) 工程量清单项目特征描述的原则

(1) 项目特征描述的内容应按附录中的规定，结合拟建工程的实际要求，能满足确定综合单价的需要。

(2) 若采用标准图集或施工图纸能够全部或部分满足项目特征描述的要求，项目特征描述可直接采用详见××图集或××图号的方式。对不能满足项目特征描述要求的部分，仍应用文字描述。

2) 工程量清单项目特征描述的重要意义

(1) 项目特征是区分清单项目的依据。工程量清单项目特征是用来表述工程量清单项目的实质内容，用于区分计量计价规范中同一清单条目下各个具体的清单项目。没有项目特征的准确描述，对于相同或相似的清单项目名称，就无从区分。

(2) 项目特征是确定综合单价的前提。由于工程量清单的项目特征决定了工程实体的实质内容，必然直接决定了工程实体的自身价值。因此，工程量清单项目特征描述得准确与否，直接关系到工程量清单项目综合单价的准确确定。

(3) 项目特征是履行合同义务的基础。实行工程量清单计价时，工程量清单及其综合单价是施工合同的组成部分，因此，如果工程量清单项目特征的描述不清甚至漏项、错误，从而引起在施工过程中的更改，都会引起分歧，导致纠纷。

由此可见，清单项目特征的描述应根据计量计价规范中有关项目特征的要求，结合技术规范、标准图集、施工图纸，按照工程结构、使用材质及规格或安装位置等，予以详细而准确的表述和说明。可以说离开了清单项目特征的准确描述，清单项目就将没有生命力。实行工程量清单计价，就需要对分部分项工程项目清单的实质内容、项目特征进行准确描述，就好比我们购买某一商品时，要了解品牌、性能等是一样的。因此，准确地描述清单项目的特征对于准确地确定清单项目的综合单价具有决定性的作用。当然，由于种种原因，对同一个清单项目，由不同的人进行编制，会有不同的描述，尽管如此，体现项目本质区别的特征和对报价有实质影响的内容都必须描述，这一点是无可质疑的。

**特别提示**

项目特征描述不清晰完整，不合理到位，将使投标人无法准确理解工程量清单项目的构成要素，导致评标时难以合理地评定中标价；结算时，发、承包双方引起歧义与争议，影响工程量清单计价的推进。因此，项目特征描述是工程量清单编制质量的一个重要内容，对工程项目结算中歧义与纷争的减少起着决定性的作用。对由于项目特征描述不完整不到位而引起的造价纷争，其责任就应该仍由招标人承担。这是招标人应该给予高度重视的问题。

3) 工程量清单项目特征描述的技巧

(1) 必须描述的内容包括以下方面。

① 涉及正确计量的内容必须描述：门窗按“$m^2$”或“樘”计量，门窗以“樘”计量时，1樘门或窗洞口尺寸或框外围尺寸有多大，直接关系到门窗的价格，对门窗洞口或框外围尺寸进行描述就十分必要。

② 涉及结构要求的内容必须描述：如混凝土构件的混凝土强度等级，是使用C20、C30或C40等，因混凝土强度等级不同，其价格也不同，必须描述。

③ 涉及材质要求的内容必须描述：如油漆的品种是调和漆，还是硝基清漆等；管材的材质是碳钢管，还是塑钢管、不锈钢管等；还需对管材的规格、型号进行描述。

④ 涉及安装方式的内容必须描述：如管道工程中的钢管的连接方式是螺纹连接还是焊接；塑料管是粘接连接还是热熔连接等就必须描述。

(2) 可不描述的内容包括以下方面。

① 对计量计价没有实质影响的内容可以不描述，如对现浇混凝土柱的高度、断面大小等的特征规定可以不描述，因为混凝土构件是按“$m^3$”计量的，对此的描述实质意义不大。

② 应由投标人根据施工方案确定的可以不描述：如对石方的预裂爆破的单孔深度及

装药量的特征规定，由清单编制人来描述是困难的，由投标人根据施工要求，在施工方案中确定，自主报价比较恰当。

③ 应由投标人根据当地材料和施工要求确定的可以不描述：如对混凝土构件中的混凝土拌合料使用的石子种类及粒径、砂的种类及特征规定可以不描述。因为混凝土拌合料使用卵石还是碎石，使用粗砂还是中砂、细砂或特细砂，除构件本身特殊要求需要指定外，主要取决于工程所在地砂、石子材料的供应情况。至于石子的粒径大小主要取决于钢筋配筋的密度。

④ 应由施工措施解决的可以不描述：如对现浇混凝土板、梁的标高的特征规定可以不描述。因为同样的板或梁都可以将其归并在同一个清单项目中，但标高的不同将会导致因楼层的变化对同一项目提出多个清单项目，不同的楼层工效不一样，但这样的差异可以由投标人在报价中考虑，或在施工措施中去解决。

(3) 可不详细描述的内容包括以下方面。

① 无法准确描述的可不详细描述：如土壤类别，由于我国幅员辽阔，南北东西差异较大，特别是对于南方来说，在同一地点，由于表层土与表层土以下的土壤类别是不相同的，要求清单编制人准确判定某类土壤的所占比例是困难的，在这种情况下，可考虑将土壤类别描述为综合，注明由投标人根据地质勘探资料自行确定土壤类别，决定报价。

② 施工图纸、标准图集标注明确，可不再详细描述：对这些项目可描述为见××图集××页号及节点大样等。由于施工图纸、标准图集是发、承包双方都应遵守的技术文件，这样描述可以有效减少双方在施工过程中对项目理解的不一致。同时，对不少工程项目，真要将项目特征一一描述清楚也是一件费力的事情，如果能采用这一方法描述，就可以收到事半功倍的效果。因此，建议这一方法在项目特征描述中尽可能采用。

③ 还有一些项目可不详细描述，但清单编制人在项目特征描述中应注明由招标人自定，如土石方工程中的“取土运距”、“弃土运距”等。首先，要清单编制人决定在多远取土或取、弃土运往多远是困难的；其次，由投标人根据在建工程施工情况统筹安排，自主决定取、弃土方的运距可以充分体现竞争的要求。

(4) 计量规范规定多个计量单位的描述。

① 计量规范对“表C.1打桩”的“预制钢筋混凝土管桩”计量单位有“m和根”两个计量单位，但是没有具体的选用规定，在编制该项目清单时，清单编制人可以根据具体情况选择“m”、“根”其中之一作为计量单位。但在项目特征描述时，若以“根”为计量单位时，单桩长度应描述为确定值，只描述单桩长度即可；当以“m”为计量单位时，单桩长度可以按范围值描述，并注明根数。

② 计量规范对“表D.1砖砌体”中的“零星砌砖”的计量单位为“$m^3$、$m^2$、m、个”4个计量单位，但是规定了“砖砌锅台与炉灶可按外形尺寸以“个”计算，砖砌台阶可按水平投影面积以“$m^2$”计算，小便槽、地垄墙可按长度以“m”计算，其他工程按体积以“$m^3$”计算，所以在编制该项目的清单时，应将零星砌砖的项目具体化，并根据计量规范的规定选用计量单位，并按照选定的计量单位进行恰当的特征描述。

**特别提示**

决定一个分部分项工程项目清单价值大小的是“项目特征”，而非“工作内容”。理由是计量规范附录中“项目特征”与“工作内容”是两个不同性质的规定。

一是项目特征必须描述，因为其讲的是工程项目的实质，直接决定工程的价值。

例如砖砌体的实心砖墙，按照计价规范“项目特征”栏的规定，就必须描述砖的品种是页岩砖、灰砂砖、还是煤灰砖；砖的规格是标准砖还是非标砖，是非标砖就应注明规格尺寸；砖的强度等级是MU10、MU15还是MU20；因为砖的品种、规格、强度等级直接关系到砖的价格。还必须描述墙体的厚度是1砖(240mm)，还是1砖半(370mm)等；墙体类型是混水墙，还是清水墙，清水是双面，还是单面，或者是一斗一卧、围墙等；因为墙体的厚度、类型直接影响砌砖的工效以及砖、砂浆的消耗量。还必须描述是否勾缝，是原浆，还是加浆勾缝；如是加浆勾缝，还需注明砂浆配合比。还必须描述砌筑砂浆的种类是混合砂浆，还是水泥砂浆；还应描述砂浆的强度等级是M5、M7.5还是M10等，因为不同种类，不同强度等级、不同配合比的砂浆，其价格是不同的。由此可见，这些描述均不可少，因为其中任何一项都影响了实心砖墙项目综合单价的确定。

二是工作内容无需描述，因为其主要讲的是操作程序，即施工的过程。

例如计量规范关于实心砖墙的“工作内容”中的“砂浆制作、运输，砌砖，勾缝，砖压顶砌筑，材料运输”就不必描述。因为发包人没必要指出承包人要完成实心砖墙的砌筑还需要制作、运输砂浆，还需要砌砖、勾缝，还需要材料运输。不描述这些工作内容，承包人也必然要操作这些工序，才能完成最终验收的砖砌体。就好比我们购买汽车没必要了解制造商是否需要购买、运输材料，以及进行切割、车铣、焊接、加工零部件，进行组装等工序是一样的。由于在计量规范中，工程量清单项目与工程量计算规则，工作内容有一一对应的关系，当采用计量规范这一标准时，工作内容均有规定，无需描述。需要指出的是，计量规范中关于“工作内容”的规定来源于原工程预算定额，实行工程量清单计价后，由于两种计价方式的差异，清单计价对项目特征的要求才是必需的。

另规范各项目仅列出了主要工作内容，除另有规定和说明者外，应视为已经包括完成该项目所列或未列的全部工作内容。

4. 计量单位

工程量清单的计量单位应按附录中规定的计量单位确定，有“$m^3$”“$m^2$” “m” “t”“个”“项”等，不使用扩大单位(如10m、10$m^3$、100$m^2$、100kg)。

例如实心砖墙的计量单位为“$m^3$”，墙面一般抹灰的计量单位为“$m^2$”，石材窗台板的计量单位为“m”，现浇混凝土钢筋的计量单位为“t”，木质门的计量单位为“樘和$m^2$”。

**特别提示**

规范附录中有两个或两个以上计量单位的项目，在工程计量时，应结合拟建工程项目的特征要求，选择最适宜表现该项目特征并方便计量的单位。例如“13房屋计量规范”对门窗工程的计量单位为“樘和$m^2$”两个计量单位，实际工作中，就应选择最适宜，最方便计量的单位来表示。选择其中一个做为计量单位，在同一个建设项目(或标段、合同段)中，有多个单位工程的相同项目计量单位应保持一致。

5. 工程数量

工程量清单中所列工程量应按附录中规定的工程量计算规则计算。

工程数量的有效位数应遵守下列规定。

（1）以“t”为单位时，应保留小数点后3位数字，第4位四舍五入，如“10.238 t”。

（2）以“$m^3$”“$m^2$”“m”“kg”为单位时，应保留小数点后2位数字，第3位四舍五入；例如“$3.63m^3$”“$67.85m^2$”“183.29m”。

（3）以“个”“项”等为单位时，应取整数，如“16个”“78项”。

6. 分部分项工程项目清单的编制程序

分部分项工程项目清单的编制程序如图9.1所示。

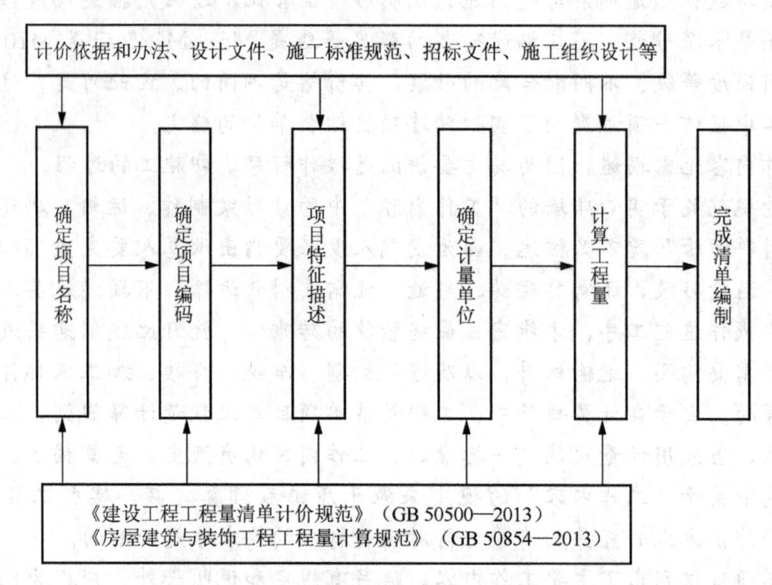


**图9.1　分部分项工程项目清单的编制程序**

**特别提示**

组成工程量清单的5个要件，即项目编码、项目名称、项目特征、计量单位、工程量计算规则。

分部分项工程项目清单实例见本教材第12章一般土建工程工程量清单编制及工程量清单计价方式编制实例。

### 9.3.2　措施项目清单

为完成工程项目施工，发生于该工程施工准备和施工过程中的技术、生活、安全、环境保护等方面的项目的明细清单称为措施项目清单，如脚手架工程、混凝土模板及支架(撑)工程、临时设施、安全文明施工等。

1. 措施项目清单的列项

措施项目清单必须根据相关工程现行国家计量规范的规定编制，并按照拟建工程的实际情况列项。

措施项目清单的编制需考虑多种因素，除工程本身的因素外，还涉及水文、气象、环境、安全等因素。由于影响措施项目设置的因素太多，规范不可能将施工中可能出现的措施项目一一列出。在编制措施项目清单时，因工程情况不同，出现规范附录中未列的措施项目时，可根据工程的具体情况对措施项目清单作补充。

2. 措施项目清单的编制方式

计量规范将措施项目划分为两类：一类是可以计算工程量的项目，以“量”计价，称为单价措施项目；另一类是不能计算工程量的项目，以“项”计价，称为总价措施项目。

单价措施项目同分部分项工程项目一样，规范规定了项目编码、项目名称、项目特征、计量单位、工程量计算规则和工作内容，编制工程量清单必须按规范的有关规定执行，列出项目编码、项目名称、项目特征、计量单位、工程数量，如脚手架工程、混凝土模板及支架(撑)、垂直运输、超高施工增加等。

总价措施项目规范仅列出项目编码、项目名称、工作内容及包含范围，但未列出项目特征、计量单位和工程量计算规则的措施项目，编制工程量清单时，必须按规范规定的项目编码、项目名称确定清单项目，如安全文明施工(含环境保护、文明施工、安全施工、临时设施)、冬雨季施工等。

措施项目清单实例见本教材第12章一般土建工程工程量清单编制及工程量清单计价方式编制实例中的措施项目清单。

### 9.3.3 其他项目清单

其他项目清单是指除分部分项工程项目清单、措施项目清单外的由于招标人的特殊要求而设置的项目清单。

1. 其他项目清单的组成内容

其他项目清单由下列项目内容组成。

(1) 暂列金额。

(2) 暂估价：包括材料暂估单价、工程设备暂估单价、专业工程暂估价。

(3) 计日工。

(4) 总承包服务费。

工程建设标准的高低、工程的复杂程度、工程的工期长短、工程的组成内容、发包人对工程管理要求等都直接影响其他项目清单的具体内容，规范仅提供4项内容作为列项参考。出现未列的项目时，编制人应根据工程实际情况补充。

2. 其他项目清单的计取

1) 暂列金额

暂列金额是指招标人在工程量清单中暂定并包括在合同价款中的一笔款项，用于工程合同签订时尚未确定或者不可预见的所需材料、工程设备、服务的采购，施工中可能发生的工程变更、合同约定调整因素出现时的合同价款调整以及发生的索赔、现场签证确认等的费用。

设立暂列金额的目的是由工程建设自身的规律决定，设计需要根据工程进展不断地进行优化和调整，业主的需求可能会随工程建设进展出现变化，工程建设过程还存在一些不能预见、不能确定的因素。消化这些因素必然会影响合同价格的调整，暂列金额正是因应这类不可避免的价格调整而设立的，以便达到合理确定和有效控制工程造价的目标。

设立暂列金额并不能保证合同结算价格就不会再出现超过合同价格的情况，是否超出合同价格完全取决于工程量清单编制人对暂列金额预测的准确性，以及工程建设过程是否出现了其他事先未预测到的事件。

暂列金额可根据工程的复杂程度、设计深度、工程环境条件(包括地质、水文、气候条件等)进行估算，一般可按分部分项工程项目费的10%～15%作为参考。

特别提示

有一种错误的观念认为，暂列金额列入合同价格就属于承包人(中标人)所有了。事实上，即便是总价包干合同，也不是列入合同价格的任何金额都属于中标人的，是否属于中标人应得金额取决于具体的合同约定，暂列金额的定义是非常明确的，只有按照合同约定程序实际发生后，才能成为中标人的应得金额，纳入合同结算价款中。扣除实际发生金额后的暂列金额余额仍属于招标人所有。

2）暂估价

暂估价是指招标人在工程量清单中提供的用于支付必然发生但暂时不能确定价格的材料、工程设备的单价以及专业工程的金额。其类似于FIDIC合同条款中的Prime Cost Items，在招标阶段预见肯定要发生，只是因为标准不明确或者需要由专业承包人完成，暂时无法确定其价格。

材料暂估单价、工程设备暂估单价是指材料、工程设备本身运至施工现场内的价格，属材料费，应根据工程造价信息或参照市场价格估算，不包括其本身所对应的管理费、利润、规费、税金。

专业工程暂估价应分不同专业，按有关计价规定估算，是综合暂估价已经包含与其对应的管理费、利润，但不含规费和税金。投标人应按招标文件规定将此类暂估价直接填入其他项目清单的投标价格。

3）计日工

计日工是指在施工过程中，承包人完成发包人提出的施工图纸以外的零星项目或工作，按合同中约定的单价计价的一种方式。

计日工以完成零星工作所消耗的人工工时、材料数量、施工机具台班进行计量，并按照计日工表中填报的适用项目的单价进行计价支付。计日工适用的所谓零星工作一般是指合同约定之外的或者因变更而产生的、工程量清单中没有相应项目的额外工作，尤其是那些不允许事先商定价格的额外工作。计日工为额外工作和变更的计价提供了一个方便快捷的途径。

计日工应列出项目名称、计量单位和暂估数量。

特别提示

计日工项目的单价水平一般要高于工程量清单项目单价的水平。理论上讲，合理的计日工单价水平一定是高于工程量清单的价格水平，其原因在于计日工往往是用于一些突发性的额外工作，缺少计划性，承包人在调动施工生产资源方面会影响已经计划好的工作，生产资源的使用效率也有一定的降低，客观上造成超出常规的额外投入。另一方面，计日工清单往往粗略给出一个暂定的工程量，无法纳入有效的竞争也是造成计日工单价水平偏高的原因之一。因此，为了获得合理的计日工单价，计日工表中一定要给出暂定数量，并且需要根据经验，尽可能估算一个比较贴近实际的数量。当然，尽可能把项目列全，防患于未然，也是值得充分重视的工作。因此，规范规定计日工应列出项目和数量。

4）总承包服务费

总承包服务费是指总承包人为配合协调发包人进行的专业工程分包，发包人自行采购的材料、工程设备等进行保管以及施工现场管理、竣工资料汇总整理等服务所需的费用。

招标人在法律、法规允许的条件下进行专业工程发包以及自行采购供应材料、设备时，总承包人要对发包的专业工程提供协调和配合服务(如分包人使用总包人的脚手架、水电接驳等)；对发包人供应的材料、设备提供收、发和保管服务以及对施工现场进行统一管理；对竣工资料进行统一汇总整理等发生并向总承包人支付的费用称为总承包服务费。招标人应当预计该项费用并按投标人的投标报价向投标人支付该项费用。

总承包服务费应列出服务项目及其内容等。

其他项目清单实例见本书第12章一般土建工程工程量清单编制及工程量清单计价方式编制实例。

### 9.3.4 规费项目清单

规费是指根据国家法律、法规规定，由省级政府或省级有关权力部门规定施工企业必须缴纳的，应计入建筑安装工程造价的费用。

规费包括社会保险费(含养老保险、失业保险、医疗保险、工伤保险、生育保险)、住房公积金、工程排污费。规费是政府和有关权力部门规定必须缴纳的费用，政府和有关权力部门可根据形势发展的需要，对规费项目进行调整。

### 9.3.5 税金项目清单

税金是指国家税法规定的应计入建筑安装工程造价内的营业税、城市维护建设税、教育费附加和地方教育附加。

如国家税法发生变化，地方政府及税务部门依据职权对税种进行了调整，应对税金项目清单进行相应调整。

## 知识总结

工程量清单的编制方法如下。

(1) 按“13计价规范”“13房屋计量规范”的规定，列出分部分项工程项目清单、措施项目清单、其他项目清单中的项目编码、项目名称、计量单位。

(2) 按建设工程的计价依据和办法、设计文件、施工标准规范、招标文件、施工组织设计等及“13房屋计量规范”的有关规定编制每个分部分项工程项目及“单价项目”措施项目的项目特征。

(3) 按“13房屋计量规范”工程量的计算规则计算每个分部分项工程清单项目及“单价项目”措施项目的工程量。

(4) 填写“13计价规范”规定的工程量清单统一格式的表格，封面、扉页、总说明、分部分项工程和单价措施项目清单、总价措施项目清单、其他项目清单、规费项目清单、税金项目清单、主要材料、工程设备一览表。

一般土建工程完整的工程量清单见本教材第12章一般土建工程工程量清单编制及工程量清单计价方式编制实例。

## 9.4 工程量清单计价

采用工程量清单计价的建筑安装工程费由分部分项工程项目费、措施项目费、其他项目费、规费和税金组成。工程量清单计价的建筑安装工程费用组成项目如图9.2所示。

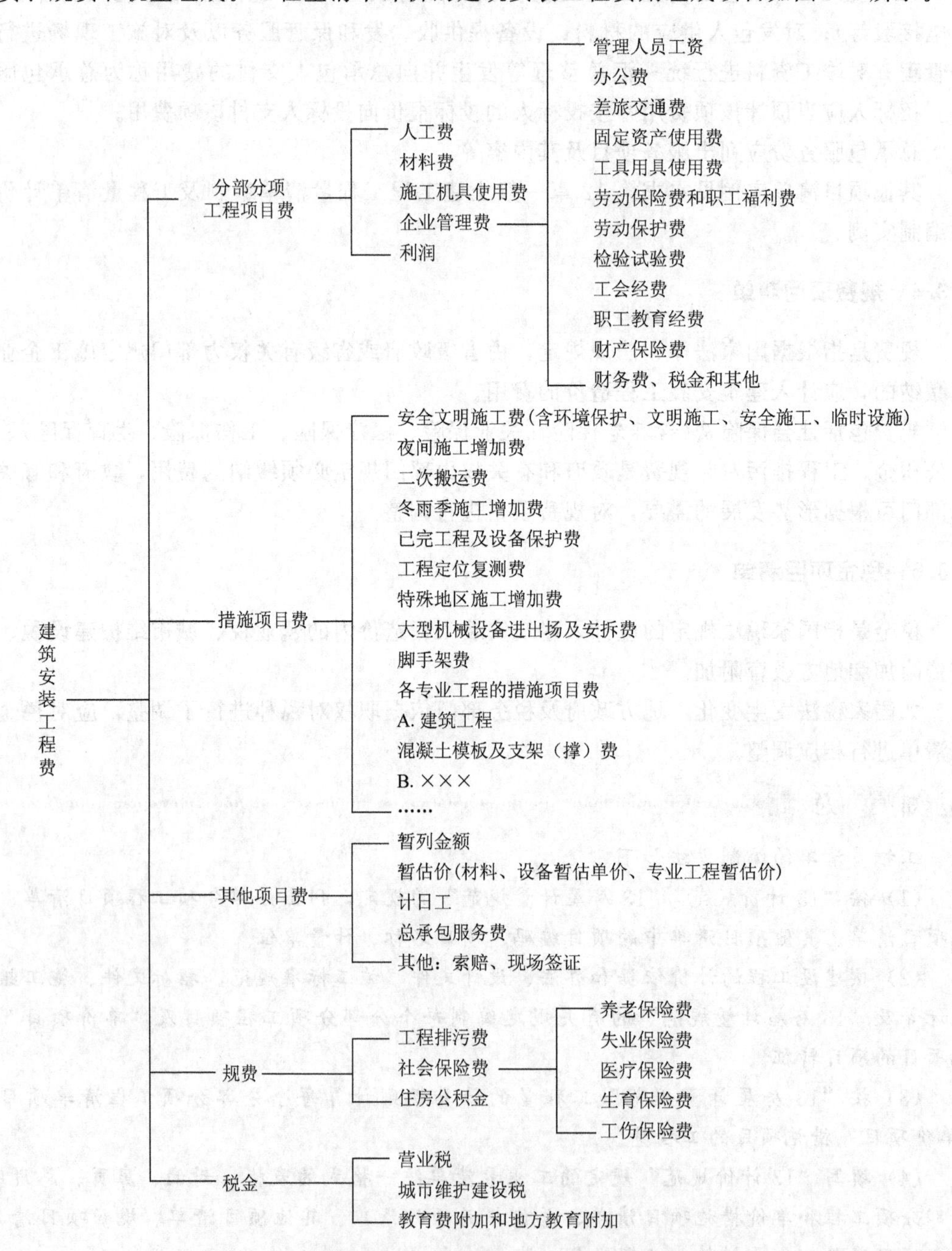


图9.2 工程量清单计价的建筑安装工程费用组成项目图

### 9.4.1 分部分项工程项目费

分部分项工程项目费是指完成分部分项工程项目清单所需的费用。

1. 分部分项工程项目费的组成内容

分部分项工程项目费由人工费、材料(包含工程设备，下同)费、施工机具使用费、企业管理费和利润，以及一定范围内的风险费用组成。

1) 人工费

人工费是指按工资总额构成规定，支付给从事建筑安装工程施工的生产工人和附属生产单位工人的各项费用。

内容包括：计时工资或计件工资、奖金、津贴补贴、加班加点工资、特殊情况下支付的工资。

2) 材料费

材料费是指施工过程中耗费的原材料、辅助材料、构配件、零件、半成品或成品、工程设备的费用。

内容包括：材料原价、运杂费、运输损耗费、采购及保管费。

工程设备是指构成或计划构成永久工程一部分的机电设备、金属结构设备、仪器装置及其他类似的设备和装置。

3) 施工机具使用费

施工机具使用费是指施工作业所发生的施工机具、仪器仪表使用费或其租赁费。

(1) 施工机具使用费：以施工机具台班耗用量乘以施工机具台班单价表示，施工机具台班单价内容包括：折旧费、大修理费、经常修理费、安拆费及场外运费、人工费、燃料动力费、税费。

(2) 仪器仪表使用费：指工程施工所需使用的仪器仪表的摊销及维修费用。

4) 企业管理费

企业管理费是指建筑安装企业组织施工生产和经营管理所需的费用。

内容包括：管理人员工资、办公费、差旅交通费、固定资产使用费、工具用具使用费、劳动保险和职工福利费、劳动保护费、检验试验费、工会经费、职工教育经费、财产保险费、财务费、税金和其他。

5) 利润

利润是指承包人完成合同工程获得的盈利，是竞争最激烈的项目。在投标报价时，企业可以根据工程的难易程度、市场竞争情况和自身的经营管理水平自行确定合理的利润率。

6) 一定范围内的风险费用

工程项目风险是指工程建设施工阶段发承包双方在招投标活动和合同履约及施工中所面临涉及工程计价方面的风险。风险费用隐含于已标价工程量清单综合单价中，用于化解发承包双方在工程合同中约定内容和范围内的市场价格波动风险的费用。

建设工程发承包双方必须在招标文件、合同中明确计价中的风险内容及其范围，不得采用无限风险、所有风险或类似语句规定计价中的风险内容及其范围。

风险因素承担的划分如下。

(1) 由于下列因素出现，影响合同价款调整的，风险应由发包人承担。

① 国家法律、法规、规章和政策发生变化。

② 省级或行业建设主管部门发布的人工费调整，但承包人对人工费或人工单价的报价高于发布的除外。

③ 由政府定价或政府指导价管理的原材料等价格进行了调整的。

④ 因承包人原因导致工期延误的，按规范的有关条款规定执行。

(2) 由于市场物价波动影响合同价款，应由发承包双方合理分摊并在合同中约定。合同中没有约定，发承包双方发生争议时，按下列规定实施。

① 材料、工程设备的涨幅超过招标时基准价格5%以上由发包人承担。

② 施工机具使用费涨幅超过招标时的基准价格10%以上由发包人承担。

(3) 由于承包人使用机械设备、施工技术以及组织管理水平等自身原因造成施工费用增加的，应由承包人全部承担。

(4) 因不可抗力发生，影响合同价时，发承包双方应按以下原则分别承担并调整工程价款。

① 工程本身的损害、因工程损害导致第三方人员伤亡和财产损失以及运至施工场地用于施工的材料和待安装的设备的损害，由发包人承担。

② 发包人、承包人人员伤亡由其所在单位负责，并承担相应费用。

③ 承包人的施工机具设备损坏及停工损失，由承包人承担。

④ 停工期间，承包人应发包人要求留在施工场地的必要的管理人员及保卫人员的费用由发包人承担。

⑤ 工程所需清理、修复费用，由发包人承担。

**特别提示**

风险是一种客观存在的、可能会带来损失的、不确定的状态，具有客观性、损失性、不确定性的特点，并且风险始终是与损失相联系的。

在工程施工过程中影响工程施工及工程造价的风险因素很多，但并非所有的风险都是承包人能预测、能控制和应承担其造成的损失的，基于市场交易的公平性要求和工程施工过程中发承包双方权、责的对等性要求，发承包双方应合理分摊风险，所以要求招标人在招标文件或合同中禁止采用无限风险、所有风险或类似的语句规定投标人应承担的风险内容或风险幅度。

规范中计价风险的规定，主要是指工程施工阶段工程计价的风险，体现了风险共担的原则。

(1) 承包人应完全承担的风险是技术风险和管理风险，如管理费和利润等。

(2) 承包人应有限度承担的风险是市场风险，或市场风险由发承包双方分摊，如材料、设备价格，施工机具使用费等。

(3) 承包人应完全不承担的风险是法律、法规、规章和政策变化的风险，如税金、规费等，其中人工费调整、政府定价材料调整也属政策性变化。

2. 分部分项工程项目费的计算方法

分部分项工程项目清单应采用综合单价计价。

综合单价是指完成一个规定清单项目所需的人工费、材料费和工程设备费、施工机具使用费和企业管理费、利润，以及一定范围内的风险费用。

特别提示

该综合单价定义并不是真正意义上的全包括的综合单价，而是一种狭义上的综合单价，规费和税金等不可竞争的费用并不包括在项目单价中。国际上所谓的综合单价，一般是指全包括的综合单价，在我国目前建筑市场存在过度竞争的情况下，本规范规定保障税金和规费等为不可竞争的费用的做法很有必要。

分部分项工程项目费的计算公式为

$$分部分项工程项目费=\sum\left(\begin{matrix}分部分项工程\\项目清单工程量\end{matrix}\times\begin{matrix}分部分项工程项目\\清单综合单价\end{matrix}\right)$$

由此可知，分部分项工程项目费的计算关键就是分部分项工程项目清单综合单价的确定。分部分项工程项目清单综合单价包含两层含义，一是包含完成清单项目所发生的全部工程项目；二是包含完成清单项目除规费和税金以外的全部费用。分部分项工程项目费的计算从以上两层含义考虑，按以下步骤计算。

1）确定分部分项工程项目清单所包括的工程项目

(1) 由于工程量清单的项目特征决定了工程实体的实质内容，必然直接决定了工程实体的自身价值。因此，工程量清单项目特征描述得准确与否，直接关系到工程量清单项目综合单价的准确确定。投标人在报价时，第一要注意招标文件中分部分项工程项目清单特征栏中的描述内容，第二要结合本企业所采用的施工方案，根据施工图纸及所套用的预算定额或企业定额，确定清单项目所包含的全部工程项目，即所对应的定额子目。

例如，砖砌体的“实心砖墙”项目，附录中列出的项目特征包括：“1. 砖品种、规格、强度等级；2. 墙体类型；3. 砂浆强度等级、配合比”3条。实际工程中项目特征就必须准确描述为：“MU10标准灰砂砖，1砖(240mm)厚混水内墙，M5水泥砂浆砌筑”。这样才能准确确定清单项目所包含的全部工程项目，即所对应的定额子目。

(2) 由于“计量规范 ”附录中分部分项工程项目清单的工程量计算规则和计量单位，可能与投标人所套用的预算定额或企业定额的分项工程工程量计算规则和计量单位不完全一致，因此对于工程量清单中已提供的清单项目的工程量，投标人还需要依据所套用的定额的规定重新计算。

特别提示

例如，“挖基坑土方”项目，清单项目所提供的工程量仅为“按设计图示尺寸以基础垫层底面积乘以挖土深度计算”的工程量，没有考虑实际施工过程中要采取设置工作面、放坡等措施增加挖土方的工程量，而预算定额或企业定额的分项工程量计算规则，通常考虑采取一定的施工措施后实际发生的工程量，故投标人组价时，要把增加部分的工程数量折算到综合单价内。

投标人套用的预算定额不同，分部分项工程项目清单中工作内容的项目和数量可能不同。

2）确定分部分项工程项目清单所需要的各种费用

(1) 按选用的预算定额或企业定额的工程量计算规则逐条计算分部分项工程项目清单所包含的工程项目(分项工程)的工程量。

(2) 套用预算定额或企业定额计算分项工程的人工消耗量、材料消耗量、施工机具台班消耗量，再根据市场价格或企业的价格资料自主确定的人工单价、材料单价、施工机具台班单价，计算分项工程的人工费、材料费、施工机具使用费。

(3) 分项工程的管理费计算公式为

$$管理费=计费基数\times管理费费率$$

其中计费基数可按照以下3种情况取定：①人工费、材料费、施工机具使用费合计；②人工费和施工机具使用费合计；③人工费。

管理费费率的取定应根据本企业的管理水平，同时考虑投标报价竞争的情况来确定，或者参考工程所在地建设行政主管部门发布的管理费费率的有关规定。

(4) 分项工程的利润计算公式为

$$利润=计费基数\times利润率$$

其中计费基数可按照以下3种情况取定：①人工费、材料费、施工机具使用费合计；②人工费和施工机具使用费合计；③人工费。

利润率应根据拟建工程的竞争激烈程度和本企业的投标策略来取定，或者参考工程所在地建设行政主管部门发布的利润率的有关规定。

**特 别 提 示**

在工程量清单计价方式下，利润不单独体现，而是被分别计入分部分项工程项目费、措施项目费和其他项目费当中。

(5) 把分部分项工程项目清单所包含的分项工程的费用合计，即为分部分项工程项目清单费用，再除以分部分项工程项目清单工程量就得到分部分项工程项目清单综合单价。

$$\begin{matrix}分部分项工程项目\\清单综合单价\end{matrix}=\frac{\sum\left(\begin{matrix}清单项目所含\\分项工程工程量\end{matrix}\times分项工程综合单价\right)}{分部分项工程项目清单工程量}$$

**特 别 提 示**

工程量清单计价方式中综合单价与定额计价方式中单价法、实物法有着显著的区别，工程量清单计价是把管理费和利润分摊到每个清单项目单价中，从而组成清单项目的综合单价；而定额计价是把管理费和利润以单位工程为对象整体计取的。

## 应用案例9-1

教学楼工程项目中的基础土方工程，土壤类别为三类土，基础为C25混凝土带形基础，垫层为C15混凝土垫层，垫层底宽度为1 400mm，挖土深度为1 800mm，基础总长为220m。室外设计地坪以下基础的体积为227m³，垫层体积为31m³。人工单价按200元/工日计取，8t自卸汽车台班单价按800元/台班计取。管理费按人工费加机械费的10%计取，利润按人工费的20%计取。

要求：(1) 编制本例挖沟槽土方、回填方分项工程项目清单表。

(2) 按工程量清单计价格式计算挖沟槽土方、回填方分项工程项目清单费。

**解：**

1. 本例的清单项目有以下两个

挖沟槽土方，清单编码为010101003001，工程项目包括人工挖沟槽土方、场内外运输土方。

回填方，清单编码为010103001001，工程项目包括回填土人工夯填。

2. 清单工程量(编制人根据施工图计算)

$$基础挖土底面积=1.4\times1.8=2.52(m^2)$$

$$基础土方挖方总量=2.52\times220=554(m^3)$$

$$基础回填土工程量=554-(227+31)=296(m^3)$$

3. 编制分部分项工程清单项目表

**表9-5 分部分项工程和单价措施项目清单与计价表**

工程名称：教学楼基础工程　　　　标段：　　　　第1页　共1页

| 序号 | 项目编码 | 项目名称 | 项目特征描述 | 计量单位 | 工程量 | 金额/元 | | |
|---|---|---|---|---|---|---|---|---|
| | | | | | | 综合单价 | 合价 | 其中：暂估价 |
| 1 | 010101003001 | 挖沟槽土方 | (1) 土壤类别：三类土<br>(2) 挖土深度：1.8m<br>(3) 弃土运距：3km | $m^3$ | 554 | | | |
| 2 | 010103001001 | 回填方 | (1) 密实度要求：满足设计和规范的要求<br>(2) 填方材料品种：由投标人根据设计要求验方后方可填入，并符合相关工程的质量规范要求 | $m^3$ | 296 | | | |

注：为计取规费等的使用，可在表中增设其中："定额人工费"。

4. 投标人报价计算

1) 确定分部分项工程清单项目所包括的工程项目

根据地质资料和施工方案，该基础工程土质为三类土，弃土运距为3km，人工挖土、人工装自卸汽车运卸土方。

对照"计量规范"附录A表"挖沟槽土方""回填方"清单项目的工程特征描述，本例"挖沟槽土方"项目包含2项分项工程项目：①人工挖沟槽土方，根据挖土深度和土壤类别对应的某省建筑工程综合定额子目是A1-12，其计量单位为$100m^3$；②人工装汽车运卸土方，按运卸方式和运距对应的综合定额子目是A1-75和A1-76，计量单位为$100m^3$。"回填方"项目包含1项分项工程项目：回填土人工夯实，对应的综合定额子目是A1-145，计量单位为$100m^3$。

2) 分部分项工程项目清单综合单价的计算

先按各分项工程(定额子目)计算规则计算相应工程量，并计取管理费、利润后，再折算为分部分项工程项目清单综合单价。

(1) 分项工程(定额子目)工程量计算。

根据施工组织设计要求，需在垫层边增加操作工作面，其宽度为每边0.30m，并且需从垫层底面放坡，放坡系数为0.33。

① 基础挖土截面积：(1.4＋2×0.3＋0.33×1.8)×1.8 ＝ 4.67($m^2$)

基础土方挖方总量：4.67×220 ＝1027.40($m^3$)

② 采用人工挖土方量为1 027.40$m^3$，基础人工夯实回填量(1 027.40－227－31)＝769.40($m^3$)，剩余弃土人工装自卸汽车运卸(227＋31)＝258($m^3$)，运距3km。

(2) 分部分项工程项目清单综合单价分析。工程量清单计价采用综合单价方法，即综合了工料机费、管理费和利润。综合单价中的人工消耗量、材料消耗量、机械台班使用量，可由企业定额确定也可参考综合定额确定，单价可由企业根据自己的价格资料或市场价格自主确定。为计算方便，本例的人工消耗量、材料消耗量、机械台班使用量仍采用某省建筑工程综合定额中相应项目的消耗量。人工市场单价按200元/工日计取，8t自卸汽车台班单价按800元/台班计取。管理费按人工费加机械费的10%计取，利润按人工费的20%计取。

① 挖沟槽土方。可组合的分项工程(定额子目)包括人工挖沟槽土方、人工装汽车运卸土方，运距3km。

(a) 人工挖沟槽土方分项工程(定额子目A1－12三类土，挖土深度2m以内)。

人工费：1 027.40×48.159/100×200＝98 957.11(元)

材料费：0

机械费：0

合计：98 957.11(元)

(b) 人工装汽车运卸弃土3km分项工程(定额子目A1－57和A1－58)。

人工费：258×10.188/100×200＝5 257.01(元)

材料费：0

机械费：258× (1.85＋0.30×2)/100×800＝5 056.8(元)

合计：10 313.81(元)

(c) 总计。

工料机费合计：98 957.11＋0＋10 313.81＝109 270.92(元)

管理费：(人工费＋机械费)×10%＝(98 957.11＋10 313.81)×10%＝10 927.10(元)

利润：人工费×20%＝(98 957.11＋5 257.01)×20%＝20 842.82(元)

总计：109 270.92＋10 927.10＋20 842.82＝141 037.32(元)

综合单价：141 037.32/554＝254.58(元/$m^3$)

② 回填方。

(a) 基础回填土人工夯实分项工程(定额子目A1－145)。

人工费：769.40×23.814/100×200 ＝36 644.98(元)

材料费：0

机械费：0

合计：36 644.98(元)

(b) 总计。

工料机费合计：36 644.98＋0＋0＝36 644.98(元)

管理费：(人工费＋机械费)×10%＝(36 644.98＋0)×10%＝3 664.50(元)

利润：人工费×20%＝36 644.98×20%＝7 329.00(元)

总计：36 644.98＋3 664.50＋7 329.00＝47 638.48(元)

综合单价：47 638.48/296＝160.94(元/$m^3$)

(3) 填写分部分项工程项目清单综合单价分析表，见表9－6和表9－7。

**表 9－6 综合单价分析表（一）**

工程名称：教学楼基础工程　　　　标段：　　　　第 1 页　共 1 页

| 项目编码 | 010101003001 | | 项目名称 | | 挖基础土方 | | | 计量单位 | m³ | 工程量 | 554 |
|---|---|---|---|---|---|---|---|---|---|---|---|
| 清单综合单价组成明细 | | | | | | | | | | | |
| 定额编号 | 定额项目名称 | 定额单位 | 数量 | 单价/元 | | | | 合价/元 | | | |
| | | | | 人工费 | 材料费 | 机械费 | 管理费和利润 | 人工费 | 材料费 | 机械费 | 管理费和利润 |
| A1－12 | 人工挖沟槽、基坑 三类土 深度在 2m 内 | 100m³ | 0.018 5 | 9 631.8 | 0 | 0 | 2 889.54 | 178.62 | 0 | 0 | 53.59 |
| A1－57 换 | 人工装汽车运卸土方 运距 1km 实际运距：3km | 100m³ | 0.004 7 | 2 037.6 | 0 | 1 960.01 | 807.28 | 9.49 | 0 | 9.13 | 3.76 |
| 人工市场单价 | | 小　计 | | | | | | 188.11 | 0 | 9.13 | 57.35 |
| 综合工日 200 元/工日 | | 未计价材料费 | | | | | | 0 | | | |
| 清单项目综合单价 | | | | | | | | 254.58 | | | |
| 材料费明细 | 主要材料名称、规格、型号 | | | | 单位 | 数量 | | 单价/元 | 合价/元 | 暂估单价/元 | 暂估合价/元 |

注：1. 如不使用省级或行业建设主管部门发布的计价依据，可不填定额编码、名称等。

2. 招标文件提供了暂估单价的材料，按暂估的单价填入表内“暂估单价”栏及“暂估合价”栏。

**表 9－7 综合单价分析表(二)**

工程名称：教学楼基础工程　　　　标段：　　　　第 1 页　共 1 页

| 项目编码 | 010103001001 | | 项目名称 | | 回填方 | | | 计量单位 | m³ | 工程量 | 296 |
|---|---|---|---|---|---|---|---|---|---|---|---|
| 清单综合单价组成明细 | | | | | | | | | | | |
| 定额编号 | 定额项目名称 | 定额单位 | 数量 | 单价/元 | | | | 合价/元 | | | |
| | | | | 人工费 | 材料费 | 机械费 | 管理费和利润 | 人工费 | 材料费 | 机械费 | 管理费和利润 |
| A1－145 | 回填土 人工夯实 | 100m³ | 0.026 | 4 762.8 | 0 | 0 | 1 428.84 | 123.8 | 0 | 0 | 37.14 |
| 人工市场单价 | | 小　计 | | | | | | 123.8 | 0 | 0 | 37.14 |
| 综合工日 200 元/工日 | | 未计价材料费 | | | | | | 0 | | | |
| 清单项目综合单价 | | | | | | | | 160.94 | | | |
| 材料费明细 | 主要材料名称、规格、型号 | | | | 单位 | 数量 | | 单价/元 | 合价/元 | 暂估单价/元 | 暂估合价/元 |

注：1. 如不使用省级或行业建设主管部门发布的计价依据，可不填定额项目、编号等。

2. 招标文件提供了暂估单价的材料，按暂估的单价填入表内“暂估单价”栏及“暂估合价”栏。

(4) 计算清单项目工程费，填写分部分项工程项目清单计价表，见表9-8。

表9-8　分部分项工程和单价措施项目清单与计价表

工程名称：教学楼基础工程　　　　标段：　　　　第1页　共1页

| 序号 | 项目编码 | 项目名称 | 项目特征描述 | 计量单位 | 工程量 | 金额/元 | | |
|---|---|---|---|---|---|---|---|---|
| | | | | | | 综合单价 | 合价 | 其中：暂估价 |
| 1 | 010101003001 | 挖沟槽土方 | (1) 土壤类别：三类土<br>(2) 挖土深度：1.8m<br>(3) 弃土运距：3km | $m^3$ | 554 | 254.58 | 141 037.32 | |
| 2 | 010103001001 | 回填方 | (1) 密实度要求：满足设计和规范的要求<br>(2) 填方材料品种：由投标人根据设计要求验方后方可填入，并符合相关工程的质量规范要求 | $m^3$ | 296 | 160.94 | 47 638.24 | |
| 本页小计 | | | | | | | 188 675.56 | |
| 合　计 | | | | | | | 188 675.56 | |

注：为计取规费等的使用，可在表中增设其中："定额人工费"。

### 9.4.2　措施项目费

措施项目费是指为完成工程项目施工，发生于该工程施工前和施工过程中技术、生活、安全等方面所需的项目费用。

1. 措施项目费的组成内容

措施项目费的组成内容包括：环境保护费、文明施工费、安全施工费、临时设施费、夜间施工增加费、二次搬运费、大型机械设备进出场及安拆费、混凝土模板及支架(撑)费、脚手架费、已完工程及设备保护费、施工排水、降水费、冬雨季施工增加费、工程定位复测、工程点交、场地清理费、室内环境污染物检测费、生产工具用具使用费、施工因素增加费、赶工措施费、垂直运输机械费、其他费用、地上地下设施，建筑物的临时保护设施费用。

措施项目清单必须根据相关工程现行国家计量规范的规定编制，并按照拟建工程的实际情况列项。

2. 措施项目费的计价方式

招标人提出的措施项目清单是根据一般情况提出的，没有考虑不同投标人的特点，投标人报价时，应根据拟建工程的施工组织设计，调整措施项目的内容自行报价，可高可低。因工程情况不同，出现规范附录中未列的措施项目时，可根据工程的具体情况对措施项目清单作补充。投标人没有计算或少计算的费用，视为此费用已包括在其他费用内，额外的费用除招标文件和合同约定外，不予支付。

措施项目费的计算分为单价措施项目费和总价措施项目费两种方式。

(1) 单价措施项目与完成的工程实体项目具有直接关系，并且是可以精确计量的项目，规范规定了项目编码、项目名称、项目特征、计量单位、工程量计算规则和工作内容，其计费表格和内容与分部分项工程项目费的计算方法完全一样，采用综合单价计算，如脚手架工程、混凝土模板及支架(撑)、垂直运输、超高施工增加等。

该计算方法的实例参见应用案例 10－9、应用案例 10－10。

(2) 对于总价措施项目费用的发生和金额的大小与使用时间、施工方法或者两个以上工序相关，与实际完成的实体工程量的多少关系不大，不能计算工程量的项目，规范中仅列出了项目编码、项目名称、工作内容及包含范围，但未列出项目特征、计量单位和工程量计算规则，编制工程量清单时，必须按规范规定的项目编码、项目名称确定清单项目，措施项目费是以“项”计价，通过计费基数乘以费率计算得出的，应包括除规费、税金外的全部费用，费率按照当地建设行政主管部门颁发的费用定额计取，如安全文明施工(含环境保护、文明施工、安全施工、临时设施)、冬雨季施工等。

该方法的计算实例见本教材第 12 章安全文明施工(含环境保护、文明施工、安全施工、临时设施)、已完工程及设备保护两项措施项目费的计取。

**特别提示**

措施项目清单中的安全文明施工费必须按照国家或省级、行业建设主管部门的规定计价，不得作为竞争性费用。

**知识链接**

(1) “13 房屋计量规范” 4.2.7 节现浇混凝土工程项目“工作内容”中包括模板工程的内容，同时又在措施项目中单列了现浇混凝土模板工程项目。对此，招标人可根据工程实际情况选用，若招标人在措施项目清单中未编列现浇混凝土模板项目清单，即表示现浇混凝土模板项目不单列，现浇混凝土工程项目的综合单价中应包括模板工程费用。

本条既考虑了各专业的定额编制情况，又考虑了使用者方便计价，对现浇混凝土模板采用两种方式进行编制，即本规范对现浇混凝土工程项目，一方面“工作内容”中包括模板工程的内容，以立方米计量，与混凝土工程项目一起组成综合单价；另一方面又在措施项目中单列了现浇混凝土模板工程项目，以平方米计量，单独组成综合单价。上述规定包含 3 层意思：一是招标人应根据工程的实际情况在同一个标段(或合同段)中两种方式中选择其一；二是招标人若采用单列现浇混凝土模板工程，必须按本规范所规定的计量单位、项目编码、项目特征描述列出清单，同时，现浇混凝土项目中不含模板的工程费用；三是招标人若不单列现浇混凝土模板工程项目，不再编列现浇混凝土模板项目清单，意味着现浇混凝土工程项目的综合单价中包括了模板的工程费用。

**应用案例 9－2**

某框架结构工程，有矩形框架柱 10 根，混凝土强度等级为 C30，截面尺寸 450mm×450mm，层高 4.5m，人工市场单价按 200 元/工日计取，管理费按人工费加机械费的 10％计算，利润按人工费的20%计算。

要求：按现浇混凝土模板措施项目不单独列项，即现浇混凝土工程项目的综合单价中包括模板工程费用。

(1) 编制本框架结构工程的框架柱混凝土分项工程项目清单表。

(2) 按工程量清单计价格式计算框架柱混凝土分项工程项目清单费。

**解：**

(1) 分部分项工程项目清单表，见表9-9。

**表9-9 分部分项工程和单价措施项目清单与计价表**

工程名称：应用案例　　　　标段：　　　　第1页　共1页

| 序号 | 项目编码 | 项目名称 | 项目特征描述 | 计量单位 | 工程量 | 金额/元 | | |
|---|---|---|---|---|---|---|---|---|
| | | | | | | 综合单价 | 合价 | 其中：暂估价 |
| 1 | 010502001001 | 矩形柱 | (1) 混凝土种类：搅拌站、20mm碎石<br>(2) 混凝土强度等级：C30<br>(3) 柱截面：矩形450mm×450mm<br>(4) 层高：4.5m | $m^3$ | 9.11 | | | |
| 本页小计 | | | | | | | | |
| 合　计 | | | | | | | | |

注：为计取规费等的使用，可在表中增设其中："定额人工费"。

(2) 分部分项工程项目清单综合单价分析表，见表9-10。

**表9-10 综合单价分析表**

工程名称：应用案例　　　　标段：　　　　第　页　共　页

| 项目编码 | 010502001001 | 项目名称 | 矩形柱 | 计量单位 | $m^3$ | 工程量 | 9.11 |
|---|---|---|---|---|---|---|---|

清单综合单价组成明细

| 定额编号 | 定额项目名称 | 定额单位 | 数量 | 单价/元 | | | | 合价/元 | | | |
|---|---|---|---|---|---|---|---|---|---|---|---|
| | | | | 人工费 | 材料费 | 机械费 | 管理费和利润 | 人工费 | 材料费 | 机械费 | 管理费和利润 |
| A4-5 | 矩形、多边形、异形、圆形柱 | $10m^3$ | 0.1 | 2 320 | 15.27 | 14.37 | 697.44 | 232 | 1.53 | 1.44 | 69.74 |
| 8021436 | C30混凝土20石(搅拌站) | $10m^3$ | 0.101 | 148 | 2 359.16 | 125.71 | 56.97 | 14.95 | 238.28 | 12.7 | 5.75 |
| A21-15+A21-19 | 矩形柱模板(周长)1.8m内支模高度3.6m内实际高度：4.5m | $100m^2$ | 0.088 9 | 6 374 | 1 064.48 | 125.52 | 1 924.75 | 566.73 | 94.65 | 11.16 | 171.14 |

续表

<table>
<tr><td>项目编码</td><td colspan="2">010502001001</td><td colspan="2">项目名称</td><td colspan="3">矩形柱</td><td>计量单位</td><td>m³</td><td>工程量</td><td>9.11</td></tr>
<tr><td colspan="12">清单综合单价组成明细</td></tr>
<tr><td rowspan="2">定额编号</td><td rowspan="2">定额项目名称</td><td rowspan="2">定额单位</td><td rowspan="2">数量</td><td colspan="4">单价/元</td><td colspan="4">合价/元</td></tr>
<tr><td>人工费</td><td>材料费</td><td>机械费</td><td>管理费和利润</td><td>人工费</td><td>材料费</td><td>机械费</td><td>管理费和利润</td></tr>
<tr><td colspan="2">人工市场单价</td><td colspan="6">小　计</td><td>813.68</td><td>334.45</td><td>25.29</td><td>246.63</td></tr>
<tr><td colspan="2">综合工日 200 元/工日</td><td colspan="6">未计价材料费</td><td colspan="4"></td></tr>
<tr><td colspan="8">清单项目综合单价</td><td colspan="4">1 420.06</td></tr>
<tr><td rowspan="6">材料费明细</td><td colspan="4">主要材料名称、规格、型号</td><td>单位</td><td>数量</td><td>单价/元</td><td>合价/元</td><td>暂估单价/元</td><td colspan="2">暂估合价/元</td></tr>
<tr><td colspan="4">松杂板枋材</td><td>m³</td><td>0.026 1</td><td>1 313.52</td><td>34.28</td><td></td><td colspan="2"></td></tr>
<tr><td colspan="4">C30 混凝土 20 石(配合比)</td><td>m³</td><td>1.01</td><td>226.47</td><td>228.73</td><td></td><td colspan="2"></td></tr>
<tr><td colspan="4">防水胶合板模板用 18</td><td>m²</td><td>0.778</td><td>37.03</td><td>28.81</td><td></td><td colspan="2"></td></tr>
<tr><td colspan="6">其他材料费</td><td>—</td><td>42.57</td><td>—</td><td colspan="2"></td></tr>
<tr><td colspan="6">材料费小计</td><td>—</td><td>334.4</td><td>—</td><td colspan="2"></td></tr>
</table>

注：1. 如不使用省级或行业建设主管部门发布的计价依据，可不填定额编码、名称等。

2. 招标文件提供了暂估单价的材料，按暂估的单价填入表内“暂估单价”栏及“暂估合价”栏。

(3) 分部分项工程项目清单计价表，见表 9-11。

**表 9-11　分部分项工程和单价措施项目清单与计价表**

工程名称：应用案例　　　　标段：　　　　第1页　共1页

<table>
<tr><td rowspan="2">序号</td><td rowspan="2">项目编码</td><td rowspan="2">项目名称</td><td rowspan="2">项目特征描述</td><td rowspan="2">计量单位</td><td rowspan="2">工程量</td><td colspan="3">金额/元</td></tr>
<tr><td>综合单价</td><td>合价</td><td>其中：暂估价</td></tr>
<tr><td>1</td><td>010502001001</td><td>矩形柱</td><td>(1) 混凝土种类：搅拌站、20mm 碎石<br>(2) 混凝土强度等级：C30<br>(3) 柱截面：矩形 450mm×450mm<br>(4) 层高：4.5m</td><td>m³</td><td>9.11</td><td>1 420.06</td><td>12 936.75</td><td></td></tr>
<tr><td colspan="7">本页小计</td><td>12 936.75</td><td></td></tr>
<tr><td colspan="7">合　计</td><td>12 936.75</td><td></td></tr>
</table>

注：为计取规费等的使用，可在表中增设其中：“定额人工费”。

## 应用案例 9-3

某框架结构工程有矩形框架柱 10 根，混凝土强度等级为 C30，截面尺寸 450mm×450mm，层高

4.5m，人工市场单价按200元/工日计取，管理费按人工费加机械费的10%计算，利润按人工费的20%计算。

要求：按现浇混凝土模板措施项目单独列项，即现浇混凝土工程项目的综合单价中不包括模板工程费用。

(1) 编制本框架结构工程的框架柱混凝土分项工程项目清单表、框架柱模板分项工程项目清单表。

(2) 按工程量清单计价格式计算框架柱混凝土分项工程项目清单费、框架柱模板分项工程项目清单费。

**解：**

(1) 分部分项工程项目清单表，见表9-12。

**表9-12 分部分项工程和单价措施项目清单与计价表**

工程名称：应用案例　　标段：　　第1页　共1页

| 序号 | 项目编码 | 项目名称 | 项目特征描述 | 计量单位 | 工程量 | 金额/元 | | |
|---|---|---|---|---|---|---|---|---|
| | | | | | | 综合单价 | 合价 | 其中：暂估价 |
| 1 | 010502001001 | 矩形柱 | (1) 混凝土种类：搅拌站、20mm碎石<br>(2) 混凝土强度等级：C30 | $m^3$ | 9.11 | | | |
| 2 | 011702002001 | 矩形柱 | (1) 柱截面：矩形450mm×450mm<br>(2) 层高：4.5m | $m^2$ | 81 | | | |
| 本页小计 | | | | | | | | |
| 合　计 | | | | | | | | |

注：为计取规费等的使用，可在表中增设其中："定额人工费"。

(2) 分部分项工程项目清单综合单价分析表，见表9-13和表9-14。

**表9-13 综合单价分析表(一)**

工程名称：应用案例　　标段：　　第　页　共　页

| 项目编码 | 010502001001 | | 项目名称 | 矩形柱 | | | 计量单位 | $m^3$ | 工程量 | 9.11 |
|---|---|---|---|---|---|---|---|---|---|---|
| 清单综合单价组成明细 | | | | | | | | | | |
| 定额编号 | 定额项目名称 | 定额单位 | 数量 | 单价/元 | | | | 合价/元 | | |
| | | | | 人工费 | 材料费 | 机械费 | 管理费和利润 | 人工费 | 材料费 | 机械费 | 管理费和利润 |
| A4-5 | 矩形、多边形、异形、圆形柱 | $10m^3$ | 0.1 | 2 320 | 15.27 | 14.37 | 697.44 | 232 | 1.53 | 1.44 | 69.74 |
| 8021436 | C30混凝土20石(搅拌站) | $10m^3$ | 0.101 | 148 | 2 359.16 | 125.71 | 56.97 | 14.95 | 238.28 | 12.7 | 5.75 |
| 人工市场单价 | | 小　计 | | | | | | 246.95 | 239.8 | 14.13 | 75.5 |
| 综合工日200元/工日 | | 未计价材料费 | | | | | | | | | |

续表

| 项目编码 | 010502001001 | 项目名称 | 矩形柱 | 计量单位 | $m^3$ | 工程量 | 9.11 |
|---|---|---|---|---|---|---|---|

清单综合单价组成明细

| 定额编号 | 定额项目名称 | 定额单位 | 数量 | 单价/元 | | | | 合价/元 | | | |
|---|---|---|---|---|---|---|---|---|---|---|---|
| | | | | 人工费 | 材料费 | 机械费 | 管理费和利润 | 人工费 | 材料费 | 机械费 | 管理费和利润 |
| 清单项目综合单价 | | | | | | | | 576.38 | | | |

| 材料费明细 | 主要材料名称、规格、型号 | 单位 | 数量 | 单价/元 | 合价/元 | 暂估单价/元 | 暂估合价/元 |
|---|---|---|---|---|---|---|---|
| | C30 混凝土 20 石(配合比) | $m^3$ | 1.01 | 226.47 | 228.73 | | |
| | 其他材料费 | | | — | 11.07 | — | 0 |
| | 材料费小计 | | | — | 239.8 | — | 0 |

注：1. 如不使用省级或行业建设主管部门发布的计价依据，可不填定额编码、名称等。

2. 招标文件提供了暂估单价的材料，按暂估的单价填入表内“暂估单价”栏及“暂估合价”栏。

**表 9－14 综合单价分析表(二)**

工程名称：应用案例　　　　标段：　　　　第 1 页　共 1 页

| 项目编码 | 011702002001 | 项目名称 | 矩形柱 | 计量单位 | $m^2$ | 工程量 | 81 |
|---|---|---|---|---|---|---|---|

清单综合单价组成明细

| 定额编号 | 定额项目名称 | 定额单位 | 数量 | 单价/元 | | | | 合价/元 | | | |
|---|---|---|---|---|---|---|---|---|---|---|---|
| | | | | 人工费 | 材料费 | 机械费 | 管理费和利润 | 人工费 | 材料费 | 机械费 | 管理费和利润 |
| A21－15＋A21－19 | 矩形柱模板(周长) 1.8m 内支模高度 3.6m 内实际高度：4.5m | $100m^2$ | 0.01 | 6 374 | 1 064.48 | 125.52 | 1 924.75 | 63.74 | 10.64 | 1.26 | 19.25 |
| 人工市场单价 | | 小计 | | | | | | 63.74 | 10.64 | 1.26 | 19.25 |
| 综合工日 200 元/工日 | | 未计价材料费 | | | | | | | | | |
| 清单项目综合单价 | | | | | | | | 94.89 | | | |

| 材料费明细 | 主要材料名称、规格、型号 | 单位 | 数量 | 单价/元 | 合价/元 | 暂估单价/元 | 暂估合价/元 |
|---|---|---|---|---|---|---|---|
| | 松杂板枋材 | $m^3$ | 0.002 9 | 1 313.52 | 3.81 | | |
| | 防水胶合板模板用 18 | $m^2$ | 0.087 5 | 37.03 | 3.24 | | |
| | 其他材料费 | | | — | 3.54 | — | |
| | 材料费小计 | | | — | 10.59 | — | |

注：1. 如不使用省级或行业建设主管部门发布的计价依据，可不填定额编码、名称等。

2. 招标文件提供了暂估单价的材料，按暂估的单价填入表内“暂估单价”栏及“暂估合价”栏。

(3) 分部分项工程项目清单计价表，见表9-15。

**表9-15 分部分项工程和单价措施项目清单与计价表**

工程名称：应用案例　　　　　　　　标段：　　　　　　　　第1页　共1页

| 序号 | 项目编码 | 项目名称 | 项目特征描述 | 计量单位 | 工程量 | 金额/元 | | |
|---|---|---|---|---|---|---|---|---|
| | | | | | | 综合单价 | 合价 | 其中：暂估价 |
| 1 | 010502001001 | 矩形柱 | (1) 混凝土种类：搅拌站、20mm碎石<br>(2) 混凝土强度等级：C30 | $m^3$ | 9.11 | 576.38 | 5 250.82 | |
| 2 | 011702002001 | 矩形柱 | (1) 柱截面：矩形450mm×450mm<br>(2) 层高：4.5m | $m^2$ | 81 | 94.89 | 7 686.09 | |
| | | | 本页小计 | | | | 12 936.91 | |
| | | | 合　计 | | | | 12 936.91 | |

注：为计取规费等的使用，可在表中增设其中的"定额人工费"。

特 别 提 示

"13房屋计量规范"4.2.8节预制混凝土构件按现场制作编制项目，"工作内容"中包括模板工程，不再另列。若采用成品预制混凝土构件，构件成品价(包括模板、钢筋、混凝土等所有费用)应计入综合单价中。

本条是为了与目前建筑市场相衔接，本规范预制混凝土构按件现场制作编制项目，工作内容中包括模板工程，模板的措施费用不再单列。以成品预制混凝土构件编制项目，购置费计入综合单价中，即成品的出厂价格及运杂费等作为购置费计入综合单价。

该计算方式的实例参见应用案例10-4。

措施项目费清单实例见本教材第12章一般土建工程工程量清单编制及工程量清单计价方式编制实例。

### 9.4.3 其他项目费

其他项目费是指投标人为完成招标人所提供的其他项目清单所发生的费用。

1. 其他项目费的组成内容

其他项目清单由下列项目内容组成。

(1) 暂列金额。

(2) 暂估价：包括材料暂估单价、工程设备暂估单价、专业工程暂估价。

(3) 计日工。

(4) 总承包服务费。

2. 其他项目清单的金额确定

其他项目清单应根据工程特点和计价规范规定的不同计价阶段的规定计价，总体要求如下。

1）暂列金额

暂列金额应按招标工程量清单中列出的金额填写。

2）暂估价

暂估价中的材料、工程设备单价应按招标工程量清单中列出的暂估单价计入综合单价；暂估价中的专业工程金额应按招标工程量清单中列出的金额填写。

3）计日工

计日工包括计日工人工、材料和施工机具。在编制招标控制价时，计日工中的人工单价和施工机具台班单价应按省级、行业建设主管部门或其授权的工程造价管理机构公布的单价计算；材料应根据工程造价信息或参照市场价格的单价计算。

4）总承包服务费

总承包服务费应按照省级或行业建设主管部门的规定计算，计价规范条文说明中列出的标准仅供参考。

(1) 招标人仅要求对分包的专业工程进行总承包管理和协调时，按分包的专业工程估算造价的1.5%计算。

(2) 招标人要求对分包的专业工程进行总承包管理和协调，并同时要求提供配合服务时，根据招标文件中列出的配合服务内容和提出的要求，按分包的专业工程估算造价的3%～5%计算。

(3) 招标人自行供应材料的，按招标人供应材料价值的1%计算。

其他项目清单实例见本教材第12章一般土建工程工程量清单编制及工程量清单计价方式编制实例。

### 9.4.4 规费

规费是指根据国家法律、法规规定，由省级政府或省级有关权力部门规定施工企业必须缴纳的，应计入建筑安装工程造价的费用。

1. 规费的组成内容

规费的组成内容包括：社会保险费(养老保险费、失业保险费、医疗保险费、工伤保险费、生育保险费)、住房公积金、工程排污费。

2. 规费的计算方法

在工程计价时，规费应按国家或省级、行业建设主管部门的规定计算，不得作为竞争性费用。工程结算时，规费根据当地政府有关部门的规定，按实际缴纳的费用计算。

以上各项规费的计算公式为

$$规费=计费基数\times规定的费率$$

式中的计费基数根据工程所在地的具体规定，可分别为人工费或人工费、材料费、机具费合计或分部分项工程项目费、措施项目费、其他项目费合计等。

规费作为政府和有关权力部门规定必须缴纳的费用，政府和有关权力部门可根据形势发展的需要，对规费项目进行调整。

特 别 提 示

规费必须按照国家或省级、行业建设主管部门的规定计价，不得作为竞争性费用。

规费计算实例见本教材第12章一般土建工程工程量清单编制及工程量清单计价方式编制实例。

### 9.4.5 税金

税金是指国家税法规定的应计入建筑安装工程造价内的营业税、城市维护建设税、教育费附加和地方教育附加。

1. 税金包括的税种

目前国家税法规定应计入建筑安装工程造价内的税种包括营业税、城市维护建设税、教育费附加和地方教育附加。如国家税法发生变化或地方政府及税务部门依据职权对税种进行了调整，应对税金项目清单进行相应调整。

2. 税金的计算方法

税金应按国家或省级、行业建设主管部门的规定计算，不得作为竞争性费用。

特 别 提 示

税金是国家按照税法预先规定的标准，强制地、无偿地要求纳税人缴纳的费用。税金必须按照国家或省级、行业建设主管部门的规定计价，不得作为竞争性费用。

税金计算实例见本教材第12章一般土建工程工程量清单编制及工程量清单计价方式编制实例。

## 9.5 工程发承包及实施阶段工程计价的编制

工程量清单计价涵盖了工程发承包及实施阶段计价活动从招投标开始到工程竣工结算办理的全过程。具体包括：招标工程量清单编制、工程量清单招标控制价、工程量清单投标报价、工程合同价款约定、工程计量与价款支付、工程价款的调整、合同价款中期支付、工程竣工后竣工结算与支付、合同解除的价款结算与支付、合同价款争议的解决、工程计价资料与档案等内容。

### 9.5.1 工程量清单招标控制价的编制

为了客观、合理地评审投标报价和避免哄抬标价，避免造成国有资产流失，招标人必须编制招标控制价，规定最高投标限价。

招标控制价是招标人根据国家或省级、行业建设主管部门颁发的有关计价依据和办法，以及拟定的招标文件和招标工程量清单，结合工程具体情况编制的招标工程的最高投标限价。

1. 一般规定

(1) 国有资金投资的工程建设项目应实行工程量清单招标，招标人必须编制招标控制价。

(2) 招标控制价应由具有编制能力的招标人或受其委托具有相应资质的工程造价咨询人编制和复核。

(3) 招标控制价应按照有关规定编制，不应上调或下浮。

(4) 当招标控制价超过批准的概算时，招标人应将其报原概算审批部门审核。

(5) 招标人应在发布招标文件时公布招标控制价，不应上调或下浮，同时应将招标控制价及有关资料报送工程所在地或有该工程管辖权的行业部门工程造价管理机构备查。

2. 招标控制价应根据下列依据编制与复核

(1) 现行计价、计量规范。

(2) 国家或省级、行业建设主管部门颁发的计价定额和计价办法。

(3) 建设工程设计文件及相关资料。

(4) 拟定的招标文件及招标工程量清单。

(5) 与建设项目相关的标准、规范、技术资料。

(6) 施工现场情况、工程特点及常规施工方案。

(7) 工程造价管理机构发布的工程造价信息，工程造价信息没有发布的参照市场价。

(8) 其他的相关资料。

3. 编制招标控制价时，分部分项工程项目费的计价规定

分部分项工程项目费应根据招标文件中的分部分项工程项目清单的特征描述及有关要求计价，并应符合下列规定。

(1) 综合单价中应包括招标文件中划分的应由投标人承担的风险范围及其费用。招标文件没有明确的，如是工程造价咨询人编制，应提请招标人明确；如是招标人编制，应予明确。

(2) 招标文件提供了暂估单价的材料和工程设备，按暂估的单价计入综合单价。

4. 编制招标控制价时，措施项目费的计价规定

措施项目费应根据招标文件中提供的措施项目清单确定，招标人提出的措施项目清单是根据一般情况提出的，没有考虑不同投标人的特点，投标人报价时，应根据拟建工程的施工组织设计，调整措施项目的内容自行报价，可高可低。

措施项目费的计算分为单价措施项目费和总价措施项目费两种方式，可参照 9.4.2 节的相关内容。

5. 编制招标控制价时，其他项目费的计价规定

参照 9.4.3 节的相关规定。

6. 编制招标控制价时，规费和税金的计价规定

规费和税金应按国家或省级、行业建设主管部门的规定计算，不得作为竞争性费用。

**特 别 提 示**

投标人经复核认为招标人公布的招标控制价未按照本规范的规定进行编制的，应当在招标控制价公布后5天内向招投标监督机构和工程造价管理机构投诉。工程造价管理机构应在不迟于结束审查的次日将是否受理投诉的决定书面通知投诉人、被投诉人以及负责该工程招投标监督的招投标管理机构。

**知 识 链 接**

(1) 工程造价的社会平均水平是指在正常施工条件下，以平均的劳动强度，平均技术熟练程度，平均的技术装备条件，完成单位合格产品所需付出的劳动消耗量的水平，这种以社会平均劳动时间来确定的消耗量水平通常称为社会平均水平。考虑了市场平均价格水平后，就形成了与这种水平相对应的工程造价，称为社会平均造价或社会平均成本。

(2) 工程造价的平均先进水平是指在正常的施工条件下，多数施工班组或生产者必须经过努力才能达到的劳动消耗量水平，在考虑了完全市场价格水平后，就形成了与这种水平相对应的工程造价，称为企业成本或社会个别成本。

### 9.5.2 工程量清单投标报价的编制

投标报价是指投标人投标时响应招标文件要求所报出的对已标价工程量清单汇总后标明的总价。

1. 一般规定

(1) 投标报价应由投标人或受其委托具有相应资质的工程造价咨询人编制。

(2) 投标人应依据规范的规定自主确定投标报价。

(3) 投标报价不得低于工程成本。

(4) 投标人必须按招标工程量清单填报价格。项目编码、项目名称、项目特征、计量单位、工程量必须与招标工程量清单一致。

(5) 投标人的投标报价高于招标控制价的应予废标。

2. 投标报价的编制与复核

(1) 现行计价、计量规范。

(2) 国家或省级、行业建设主管部门颁发的计价办法。

(3) 企业定额，国家或省级、行业建设主管部门颁发的计价定额。

(4) 招标文件、招标工程量清单及其补充通知、答疑纪要。

(5) 建设工程设计文件及相关资料。

(6) 施工现场情况、工程特点及投标时拟定的施工组织设计或施工方案。

(7) 与建设项目相关的标准、规范等技术资料。

(8) 市场价格信息或工程造价管理机构发布的工程造价信息。

(9) 其他的相关资料。

3. 编制投标报价时，分部分项工程项目费报价的规定

分部分项工程项目费应依据招标文件及其招标工程量清单中分部分项工程项目清单的特征描述确定综合单价计算，并应符合下列规定。

(1) 综合单价中应包括招标文件中划分的应由投标人承担的风险范围及其费用。招标文件没有明确的，应提请招标人明确。

(2) 招标工程量清单中提供了暂估单价的材料和工程设备，按暂估的单价计入综合单价。

4. 编制投标报价时，措施项目费投标报价的规定

由于各投标人拥有的施工装备、技术水平和采用的施工方法有所差异，招标人提出的措施项目清单是根据一般情况确定的，没有考虑不同投标人的"个性"，投标人投标时应根据自身编制的投标施工组织设计(或施工方案)确定措施项目，并对招标人提供的措施项目进行调整。投标人根据投标施工组织设计(或施工方案)调整和确定的措施项目应通过评标委员会的评审。

措施项目费的计算分为单价措施项目费和总价措施项目费两种方式，可参照9.4.2节的相关内容。

5. 编制投标报价时，其他项目费投标报价的规定

(1) 暂列金额应按招标工程量清单中列出的金额填写，不得变动。

(2) 材料、工程设备暂估价应按招标工程量清单中列出的单价计入综合单价；专业工程暂估价应按招标工程量清单中列出的金额填写。

(3) 计日工应按招标工程量清单中列出的项目和数量，自主确定综合单价并计算计日工金额。

(4) 总承包服务费应根据招标工程量清单中列出的内容和提出的要求自主确定。

6. 编制投标报价时，规费和税金投标报价的规定

投标人在投标报价时必须按照国家或省级、行业建设主管部门的有关规定计算规费和税金。

7. 编制投标报价时，投标总价的计算规定

招标工程量清单与计价表中列明的所有需要填写的单价和合价的项目，投标人均应填写且只允许有一个报价。未填写单价和合价的项目，视为此项费用已包含在已标价工程量清单中其他项目的单价和合价之中。竣工结算时，此项目不得重新组价予以调整。

投标总价应当与分部分项工程项目费、措施项目费、其他项目费和规费、税金的合计金额一致。

特别提示

(1) 工程成本是指承包人为实现合同工程并达到质量标准，在确保安全施工的前提下，必须消耗或使用的人工、材料、工程设备、施工机具台班及其管理等方面发生的费用和按规定缴纳的规费和税金。

(2) 工程造价咨询人接受招标人委托编制招标控制价后，不能再就同一工程接受投标人委托编制投标报价。

(3) 工程量偏差是指承包人按照合同工程的图纸(含经发包人批准由承包人提供的图纸)实施，按照现行国家计量规范规定的工程量计算规则计算得到的完成合同工程项目应予计量的工程量与相应的招标工程量清单项目列出的工程量之间的量差。

(4) 工程量必须以承包人完成合同工程应予计量的工程量确定。

(5) 施工中进行工程计量，当发现招标工程量清单中出现缺项、工程量偏差，或因工程变更引起工程量增减时，应按承包人在履行合同义务中完成的工程量计算。

投标报价计算实例见本教材第12章一般土建工程工程量清单编制及工程量清单计价方式编制实例。

## 9.6 工程计价表格

### 9.6.1 计价表格组成

该部分内容参见第12章。

### 9.6.2 计价表格使用规定

1. 工程量清单与计价表宜采用统一格式

各省、自治区、直辖市建设行政主管部门和行业建设主管部门可根据本地区、本行业的实际情况，在规范计价表格的基础上补充完善。

2. 工程量清单的编制规定

(1) 工程量清单编制使用的表格包括：按计价规范的规定使用。

(2) 扉页应按规定的内容填写、签字、盖章，由造价员编制的工程量清单应有负责审核的造价工程师签字、盖章。受委托编制的工程量清单，应有造价工程师签字、盖章及工程造价咨询人盖章。

(3) 总说明应按下列内容填写。

① 工程概况：建设规模、工程特征、计划工期、施工现场实际情况、自然地理条件、环境保护要求等。

② 工程招标和专业工程发包范围。

③ 工程量清单编制依据。

④ 工程质量、材料、施工等的特殊要求。

⑤ 其他需要说明的问题。

3. 招标控制价、投标报价、竣工结算的编制规定

(1) 使用表格。

① 招标控制价使用的表格包括：按计价规范的规定使用。

② 投标报价使用的表格包括：按计价规范的规定使用。

③ 竣工结算使用的表格包括：按计价规范的规定使用。

(2) 扉页应按规定的内容填写、签字、盖章，除承包人自行编制的投标报价和竣工结算外，受委托编制的招标控制价、投标报价、竣工结算为造价员编制的，应有负责审核的造价工程师签字、盖章以及工程造价咨询人盖章。

(3) 总说明应按下列内容填写。

① 工程概况：建设规模、工程特征、计划工期、合同工期、实际工期、施工现场及变化情况、施工组织设计的特点、自然地理条件、环境保护要求等。

② 编制依据等。

4. 工程量清单综合单价分析表

投标人应按照招标文件的要求，附工程量清单综合单价分析表。

## 知识总结

单位工程造价的计价程序

单位工程造价各项费用的计算方法及计价程序，见表 9-16。

表 9-16 单位工程造价各项费用的计算方法及计价程序

| 序号 | 名称 | 计算方法 |
|---|---|---|
| 1 | 分部分项工程项目费 | $\sum$(分部分项工程项目清单工程量×分部分项工程项目清单综合单价) |
| 2 | 措施项目费 | 单价措施项目费＝$\sum$(措施项目清单工程量×措施项目清单综合单价)<br>总价措施项目费＝计费基础×费率 |
| 3 | 其他项目费 | 招标人提供部分的金额＋投标人自主报价部分的金额 |
| 4 | 规费 | (1＋2＋3)×费率 |
| 5 | 不含税工程造价 | 1＋2＋3＋4 |
| 6 | 税金 | 5×税率(税率按工程所在地税务部的规定计算) |
| 7 | 含税工程造价 | 5＋6 |

一般土建工程完整的工程量清单计价见本教材第 12 章一般土建工程工程量清单编制及工程量清单计价方式编制实例。

## 本章小结

本章主要分 3 个部分进行了讲解，第一部分对建设工程工程量清单、工程量清单计价及《建设工程工程量清单计价规范》(GB 50500—2013)、《房屋建筑与装饰工程工程量计算规范》(GB 50854—2013)进行讲解，包括工程量清单的概念，工程量清单计价的概念、适用范围和作用，《建设工程工程量清单计价规范》的组成内容、特性。主要目的是使学生理解建设工程工程量清单计价的方法。

第二部分对工程量清单编制作了全面的讲解，包括分部分项工程量清单、措施项目清单、其他项目清单的概念、包含的内容、统一格式、填写规定。主要目的是使学生对建筑工程量清单有一个整体的理解，掌握工程量清单的编制方法，具有编制一般土建工程工程量清单的基本能力。

第三部分对工程量清单计价格式作了全面的讲解，包括分部分项工程项目费、措施项目费、其他项目费的概念、包含的内容、统一格式、填写规定。主要目的是使学生对建筑工程量清单计价格式有一个整体的理解，掌握工程量清单计价格式的编制、计算方法，具有编制一般土建工程工程量清单计价格式的基本能力。

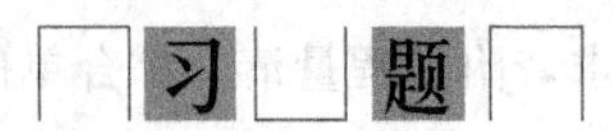

## 习题

一、简答题

1. 工程量清单计价格式与定额计价格式有哪些区别？

2. 《建设工程工程量清单计价规范》(GB 50500—2013)由哪几部分构成？

3. 《房屋建筑与装饰工程工程量计算规范》(GB 50854—2013)中规定了招标人在编制工程量清单时必须遵守的“五个要件”的内容是什么？

4. 工程量清单由哪几部分组成？

5. 分部分项工程工程量清单中项目编码共有多少位数字组成？每级编码的含义是什么？

6. 请编制3条建筑工程分部分项工程项目清单、3条装饰工程分部分项工程项目清单。

7. 措施项目清单的含义是什么？措施项目清单的设置要考虑哪些因素？

8. 其他项目清单的含义是什么？包括哪几个部分？各部分包含的内容是什么？

9. 其他项目清单由谁计取？计取时要注意什么？

10. 工程量清单计价中的建筑安装工程费用由哪些项目组成？

11. 分部分项工程项目费的组成内容有哪些？

12. 分部分项工程项目清单综合单价的含义是什么？

13. 分部分项工程项目清单所包括的工程内容怎样确定？

14. 请简述措施项目费的计算方法。

15. 工程量清单计价建设工程造价费用由哪几部分组成？

16. 请简述单位工程造价各项费用的计算方法及计算程序。

17. 查阅当地相关工程造价资料，列出当地规定的规费费用名称和计算方法。

18. 措施项目费的计算分为两种方式，每种方式分别举出3条常发生的措施项目。

二、案例分析

1. 根据第9章的引例“广州番禺职业技术学院实验楼工程招标文件”和“附录 实验楼施工图”，参考第12章一般土建工程工程量清单编制及工程量清单计价方式编制实例，编写该工程的工程量清单，掌握工程量清单的统一格式、填写规定，培养编制一般土建工程工程量清单的基本能力。

2. 根据第 9 章的引例“广州番禺职业技术学院实验楼工程招标文件”和“附录 实验楼施工图”，参考第 12 章一般土建工程工程量清单编制及工程量清单计价方式编制实例，编写该工程的工程量清单计价表，掌握工程量清单计价表的统一格式、填写规定，培养编制一般土建工程工程量清单计价表的基本能力。

# 第10章

# 建筑工程工程量清单编制及计价

## 学习目标

◆掌握建筑工程工程量清单的编制
◆掌握建筑工程工程量清单的计价

## 学习要求

| 能力目标 | 知识要点 | 相关知识 | 权重 |
| --- | --- | --- | --- |
| 建筑工程工程量清单的编制能力 | 建筑工程工程量清单项目及计算规则 | 建筑工程分部分项工程的项目编码、项目名称、项目特征、计量单位、工程量计算规则、工作内容及适用范围 | 0.40 |
| 建筑工程工程量清单的计价能力 | 建筑工程工程量清单计价 | 建筑工程分部分项工程清单项目计价的注意事项、可包括的分项工程、综合单价计算、分部分项工程项目费计算 | 0.60 |

## 引 例

**广州番禺职业技术学院实验楼工程**
**招标文件**

依据实验楼工程招标文件的要求，按照施工图，编制该工程的建筑工程工程量清单、工程量清单计价表。

**请思考：**

1. 依据实验楼工程招标文件的要求，按照施工图，如何编制该工程的建筑工程的工程量清单？

2. 依据实验楼工程招标文件的要求，按照施工图，如何编制该工程的建筑工程的工程量清单计价表？

房屋建筑工程工程量清单编制、计价要根据《建设工程工程量清单计价规范》(GB 50500—2013)(以下简称“13 计价规范”)、《房屋建筑与装饰工程工程量计算规范》(GB 50854—2013)(以下简称“13 房屋计量规范”)的规定执行。

**特 别 提 示**

(1)“13 房屋计量规范”的适用范围如下。

“13 房屋计量规范”适用于房屋建筑与装饰工程施工发承包计价活动中的工程量清单编制和工程量计算。

(2)“13 房屋计量规范”附录 17 项中建筑工程的 12 项内容如下。

附录 A：土石方工程；附录 B：地基处理与边坡支护工程；附录 C：桩基工程；附录 D：砌筑工程；附录 E：混凝土及钢筋混凝土工程；附录 F：金属结构工程；附录 G：木结构工程；附录 H：门窗工程；附录 J：屋面及防水工程；附录 K：保温、隔热、防腐工程；附录 R：拆除工程；附录 S：措施项目。

(3) 有关问题的说明如下。

① 为规范工程造价计量行为，统一房屋建筑与装饰工程工程量清单的编制、项目设置和计量规则，制定本规范。

② 房屋建筑与装饰工程计量应当按本规范进行工程量计算。

③ 房屋建筑与装饰工程计量活动，除应遵守本规范外，尚应符合国家现行有关标准的规定。

④ 本规范对现浇混凝土工程项目“工作内容”中包括模板工程的内容，同时又在措施项目中单列现浇混凝土模板工程项目。对此，由招标人根据工程实际情况选用，若招标人在措施项目清单中未编列现浇混凝土模板项目清单，即表示现浇混凝土模板项目不单列，现浇混凝土工程项目的综合单价中应包括模板工程费用。

⑤ 预制混凝土构件按成品构件编制项目，购置费应计入综合单价中。若采用现场预制，包括预制构件制作的所有费用，编制招标控制价时，可按各省、自治区、直辖市或行业建设主管部门发布的计价定额和造价信息组价。

⑥ 金属结构构件按成品编制项目，购置费应计入综合单价中，若采用现场制作，包括制作的所有费用。

⑦ 门窗(橱窗除外)按成品编制项目，购置费应计入综合单价中。若采用现场制作，包括制作的所有费用。

⑧ 房屋建筑与装饰工程涉及到电气、给排水、消防等安装工程的项目，按照国家标准《通用安装工程计量规范》的相应项目执行；涉及到小区道路、室外给排水等工程的项目，按国家标准《市政工程计量规范》的相应项目执行。采用爆破法施工的石方工程按照国家标准《爆破工程计量规范》的相应项目执行。

## 10.1 土石方工程（附录A）

本分部工程共3个子分部工程15个项目，即土方工程、石方工程、回填，适用于建筑工程的土石方开挖及回填工程。

### 10.1.1 土方工程(表A.1，编码：010101)

1. 土方工程工程量清单项目编制

土方工程工程量清单项目编制见表10-1。

表10-1 土方工程工程量清单项目

| 项目编码 | 项目名称 | 项目特征 | 计量单位 | 工程量计算作则 | 工作内容 |
|---|---|---|---|---|---|
| 010101001 | 平整场地 | (1) 土壤类别<br>(2) 弃土运距<br>(3) 取土运距 | $m^2$ | 按设计图示尺寸以建筑物首层建筑面积计算 | (1) 土方挖填<br>(2) 场地找平<br>(3) 运输 |
| 010101002 | 挖一般土方 | (1) 土壤类别<br>(2) 挖土深度<br>(3) 弃土运距 | $m^3$ | 按设计图示尺寸以体积计算 | (1) 排地表水<br>(2) 土方开挖<br>(3) 围护(挡土板)、支撑<br>(4) 基底钎探<br>(5) 运输 |
| 010101003 | 挖沟槽土方 | | | 房屋建筑按设计图示尺寸以基础垫层底面积乘以挖土深度计算 | |
| 010101004 | 挖基坑土方 | | | | |
| 010101005 | 冻土开挖 | (1) 冻土厚度<br>(2) 弃土运距 | | 按设计图示尺寸开挖面积乘厚度以体积计算 | (1) 爆破<br>(2) 开挖<br>(3) 清理<br>(4) 运输 |
| 010101006 | 挖淤泥、流砂 | (1) 挖掘深度<br>(2) 弃淤泥、流砂距离 | | 按设计图示位置、界限以体积计算 | (1) 开挖<br>(2) 运输 |

续表

| 项目编码 | 项目名称 | 项目特征 | 计量单位 | 工程量计算规则 | 工作内容 |
|---|---|---|---|---|---|
| 010101007 | 管沟土方 | (1) 土壤类别<br>(2) 管外径<br>(3) 挖沟深度<br>(4) 回填要求 | (1) m<br>(2) $m^3$ | (1) 以米计量，按设计图示以管道中心线长度计算<br>(2) 以立方米计量，按设计图示管底垫层面积乘以挖土深度计算；无管底垫层按管外径的水平投影面积乘以挖土深度计算。不扣除各类井的长度，井的土方并入 | (1) 排地表水<br>(2) 土方开挖<br>(3) 围护(挡土板)、支撑<br>(4) 运输<br>(5) 回填 |

2. 土方工程工程量清单项目计价

(1) 平整场地适于建筑场地厚度在±30cm以内的挖、填、运、找平。

平整场地可包括的分项工程(定额子目)有以下几种。

① 场地找平：平整场地、其他。

② 土方挖填：人工挖土方、机械挖土方、其他。

③ 运输：人力或人力车运土方、机挖自卸汽车运土方、人装载重汽车运土方、人装自卸汽车运土方、其他。

**特别提示**

(1) 可能出现±30cm以内的全部是挖方或全部是填方，需外运土方或借土回填时，在工程量清单项目中应描述弃土运距(或弃土地点)或取土运距(或取土地点)，这部分的运输费用应包括在“平整场地”项目报价内。

(2) 工程量“按建筑物首层建筑面积计算”、如施工组织设计规定超面积平整场地，超出部分应包括在报价内。

(2) 挖一般土方适用于±30cm以外的竖向布置的挖土或山坡切土。

挖一般土方可包括的分项工程(定额子目)有以下几种。

① 土方开挖：人工挖土方、机械挖土方、其他。

② 场内外运输：人工或人力车运土方、推土机推土、铲运机铲运土方、机挖自卸汽车运土方、人装载重汽车运土方、人装自卸汽车运土方、其他。

③ 排地表水：排地表水、其他。

**特别提示**

由于地形起状变化大，不能提供平均挖土厚度时应提供方格网法或断面法施工的设计文件。

(3) 挖沟槽土方适用于底宽≤7m，且底长>3倍底宽的土方开挖。

挖沟槽土方可包括的分项工程(定额子目)有以下几种。

① 土方开挖：人工挖沟槽、机械挖土方、挖湿土、挖桩间土、支撑下挖土、其他。

② 挡土板支拆：支挡木板、其他。

③ 场内外运输：人工或人力车运土方、人工或人力车运石方(桩头)、推土机推土、铲运机铲运土方、挖土机转堆土方、机械垂直运土方、机挖自卸汽车运土方、人装载重汽车运土方、人装自卸汽车运土方、汽车运石方(桩头)、其他。

④ 排地表水：排地表水、其他。

(4) 挖基坑土方适用于底长≤3倍底宽，且底面积≤$150m^2$的土方开挖。

挖基坑土方可包括的分项工程(定额子目)有以下几种。

① 土方开挖：人工挖基坑、机械挖土方、挖湿土、挖桩间土、支撑下挖土、其他。

② 挡土板支拆：支挡木板、其他。

③ 场内外运输：人工或人力车运土方、人工或人力车运石方(桩头)、推土机推土、铲运机铲运土方、挖土机转堆土方、机械垂直运土方、机挖自卸汽车运土方、人装载重汽车运土方、人装自卸汽车运土方、汽车运石方(桩头)、其他。

④ 排地表水：排地表水、其他。

(5) 挖淤泥、流砂。

挖淤泥、流砂可包括的分项工程(定额子目)有以下几种。

① 挖淤泥、流砂：人工挖淤泥、流砂，机械挖淤泥、流砂，其他。

② 弃淤泥、流砂：人工或人力车运淤泥、开挖后必须立即清运淤泥、流砂、机挖自卸汽车运土方(淤泥、流砂)、人装载重汽车运土方(淤泥、流砂)、人装自卸汽车运土方(淤泥、流砂)、其他。

**特别提示**

*(1) 淤泥是一种稀软状、不易成形的灰黑色、有臭味、含有半腐朽的的植物遗体(占60%以上)、置于水中有动植物残体渣滓浮于水面，并常有气泡由水中冒出的泥土。*

*(2) 流砂是指在坑内抽水时，坑底的土会成流动状态，随地下水涌出，这种土无承载力，边挖边冒，无法挖深，强挖会掏空邻近地基。*

*(3) 挖方出现流砂、淤泥时，如设计未明确，在编制工程量清单时，其工程数量可为暂估量，结算时应根据实际情况由发包人与承包人双方现场签证确认工程量。*

(6) 管沟土方适用于管道(给排水、工业、电力、通信)、光(电)缆沟(包括：人(手)孔、接口坑)及连接井(检查井)等。

管沟土方可包括的分项工程(定额子目)有以下几种。

① 土方开挖：人工挖沟槽、基坑(管沟)、挖湿土、支撑下挖土、其他。

② 挡土板支拆：支挡土板、其他。

③ 场内外运输：人工或人力车运土方、机械垂直运土方、机挖自卸汽车运土方、人装载重汽车运土方、人装自卸汽车运土方、其他。

④ 回填：填砂和级配砂石和灰土和素土和石屑、松填土方、填土夯实、其他。

⑤ 排地表水：排地表水、其他。

**特别提示**

(1) 土方体积应按挖掘前的天然密实体积计算。非天然密实土方应按规定折算。

(2) 挖土方平均厚度应按自然地面测量标高至设计地坪标高间的平均厚度确定。基础土方开挖深度应按基础垫层底表面标高至交付施工现场地标高确定，无交付施工场地标高时，应按自然地面标高确定。

(3) 弃、取土运距可以不描述，但应注明由投标人根据施工现场实际情况自行考虑，决定报价。

(4) 挖沟槽、基坑、一般土方因工作面和放坡增加的工程量(管沟工作面增加的工程量)，是否并入各土方工程量中，应按各省、自治区、直辖市或行业建设主管部门的规定实施，如并入各土方工程量中，办理工程结算时，按经发包人认可的施工组织设计规定计算，编制工程量清单时，可按相关规定计算。

(5) 挖土方如需截桩头，应按桩基工程相关项目编码列项。

(6) 桩间挖土不扣除桩的体积，并在项目特征中加以描述。

(7) 土壤的分类应按规定确定，如土壤类别不能准确划分，招标人可注明为综合，由投标人根据地勘报告决定报价。

### 10.1.2 石方工程(表A.2，编码：010102)

1. 石方工程工程量清单项目编制

石方工程工程量清单项目编制，见表10-2。

表10-2 石方工程工程量清单项目

| 项目编码 | 项目名称 | 项目特征 | 计量单位 | 工程量计算规则 | 工作内容 |
|---|---|---|---|---|---|
| 010102001 | 挖一般石方 | (1) 岩石类别<br>(2) 开凿深度<br>(3) 弃渣运距 | $m^2$ | 按设计图示尺寸以体积计算 | (1) 排地表水<br>(2) 凿石<br>(3) 运输 |
| 010102002 | 挖沟槽石方 | | | 按设计图示尺寸沟槽底面积乘以挖石深度以体积计算 | |
| 010102003 | 挖基坑石方 | | | 按设计图示尺寸基坑底面积乘以挖石深度以体积计算 | |
| 010102004 | 挖管沟石方 | (1) 岩石类别<br>(2) 管外径<br>(3) 挖沟深度 | (1) m<br>(2) $m^3$ | (1) 以米计量，按设计图示以管道中心线长度计算<br>(2) 以立方米计量，按设计图示截面积乘以长度计算 | (1) 排地表水<br>(2) 凿石<br>(3) 回填<br>(4) 运输 |

2. 石方工程工程量清单项目计价

石方工程适用于人工凿石、人工打眼爆破、机械打眼爆破等，并包括指定范围内的石方清除运输。

(1) 挖一般石方可包括的分项工程(定额子目)有以下几种。

① 石方开凿、爆破：人工凿平基、槽坑岩石、机械凿平基、槽坑岩石、人工打眼爆破平基、槽坑石方、机械打眼爆破平基、槽坑石方、控制爆破平基、槽坑石方、静力爆破平基、槽坑石方、其他。

② 挖碴及清理：挖土机挖松散石方、其他。

③ 场内外运输：人工或人力车运石方、挖土机转堆石方、机械垂直运石方、机挖自卸汽车运松散石方、人装载重汽车运石方、人装自卸汽车运石方、其他。

④ 处理渗水、积水：处理渗水、积水、其他。

⑤ 安全防护、警卫：安全防护、警卫、其他。

(2) 挖管沟石方可包括的分项工程(定额子目)有以下几种。

① 石方开凿、爆破：人工凿管沟石方、机械凿管沟石方、人工打眼爆破管沟石方、机械打眼爆破管沟石方、控制爆破管沟石方、静力爆破管沟石方、其他。

② 挖渣及清理：挖土机挖松散石方、其他。

③ 场内外运输：人工或人力车运石方、机械垂直运石方、机挖自卸汽车运松散石方、人装载重汽车运石方、人装自卸汽车运石方、其他。

④ 回填：填砂、级配砂石、灰土、素土、石屑、松填土方、填土夯实、其他。

⑤ 处理渗水、积水：处理渗水、积水、其他。

⑥ 安全防护、警卫：安全防护、警卫、其他。

**特别提示**

(1) 挖石应按自然地面测量标高至设计地坪标高的平均厚度确定。基础石方开挖深度应按基础垫层底表面标高至交付施工现场地标高确定，无交付施工场地标高时，应按自然地面标高确定。

(2) 厚度>±300mm 的竖向布置挖石或山坡凿石应按本表中挖一般石方项目编码列项。

(3) 沟槽、基坑、一般石方的划分为：底宽≤7m，底长>3 倍底宽为沟槽；底长≤3 倍底宽、底面积≤150$m^2$为基坑；超出上述范围则为一般石方。

(4) 弃渣运距可以不描述，但应注明由投标人根据施工现场实际情况自行考虑，决定报价。

(5) 岩石的分类应按有关规定确定。

(6) 石方体积应按挖掘前的天然密实体积计算。非天然密方按有关规定折算。

(7) 管沟石方项目适用于管道(给排水、工业、电力、通信)、光(电)缆沟及连接井(检查井)等。

### 10.1.3 回填(表 A.3，编码：010103)

1. 土石方回填工程量清单项目编制

土石方回填工程量清单项目编制见表 10－3。

表 10-3　土石方回填工程量清单项目

| 项目编码 | 项目名称 | 项目特征 | 计量单位 | 工程量计算规则 | 工作内容 |
|---|---|---|---|---|---|
| 010103001 | 回填方 | (1) 密实度要求<br>(2) 填方材料品种<br>(3) 填方粒径要求<br>(4) 填方来源、运距 | $m^3$ | 按设计图示尺寸以体积计算<br>(1) 场地回填：回填面积乘平均回填厚度<br>(2) 室内回填：主墙间面积乘回填厚度，不扣除间隔墙<br>(3) 基础回填：挖方体积减去自然地坪以下埋设的基础体积(包括基础垫层及其他构筑物) | (1) 运输<br>(2) 回填<br>(3) 压实 |
| 010103002 | 余方弃置 | (1) 废弃料品种<br>(2) 运距 | $m^3$ | 按挖方清单项目工程量减利用回填方体积(正数)计算 | 余方点装料运输至弃置点 |

2. 土石方回填工程量清单项目计价

回填方适用于场地回填、室内回填和基础回填并包括指定范围内的运输以及借土回填的土方开挖。

回填方可包括的分项工程(定额子目)有以下几种。

(1) 回填：填砂、级配砂石、灰土、素土、石屑、松填土方、填土夯实、其他。

(2) 碾压、夯实：压路机碾压、原土夯实、其他。

(3) 土方开挖：人工挖土方、机械挖土方、其他。

(4) 场内外运输：人工或人力车运土方、机挖自卸汽车运土方、人装载重汽车运土方、人装自汽车运土方、其他。

特别提示

(1) 填方密实度要求，在无特殊要求情况下，项目特征可描述为满足设计和规范的要求。

(2) 填方材料品种可以不描述，但应注明由投标人根据设计要求验方后方可填入，并符合相关工程的质量规范要求。

(3) 填方粒径要求，在无特殊要求情况下，项目特征可以不描述。

(4) 如需买土回填，应在项目特征填方来源中描述，并注明买土方数量。

(5) 回填方工程量以主墙间净面积乘填土厚度计算，这里的“主墙”是指结构厚度在120mm以上(不含120mm)的各类墙体。

## 10.2 地基处理与边坡支护工程（附录B）

本分部工程共2个子分部工程28个项目，即地基处理、基坑与边坡支护，适用于建筑工程的地基处理、基坑与边坡支护工程。

### 10.2.1 地基处理(表B.1 编码：010201)

1. 地基处理工程量清单项目编制

地基处理工程量清单项目编制见表10－4。

表10－4 地基处理工程量清单项目

<table>
<tr><th>项目编码</th><th>项目名称</th><th>项目特征</th><th>计量单位</th><th>工程量计算规则</th><th>工作内容</th></tr>
<tr><td>010201001</td><td>换填垫层</td><td>(1) 材料种类及配比<br>(2) 压实系数<br>(3) 掺加剂品种</td><td>$m^3$</td><td>按设计图示尺寸以体积计算</td><td>(1) 分层铺填<br>(2) 碾压、振密或夯实<br>(3) 材料运输</td></tr>
<tr><td>010201002</td><td>铺设土工合成材料</td><td>(1) 部位<br>(2) 品种<br>(3) 规格</td><td rowspan="4">$m^2$</td><td>按设计图示尺寸以面积计算</td><td>(1) 挖填锚固沟<br>(2) 铺设<br>(3) 固定<br>(4) 运输</td></tr>
<tr><td>010201003</td><td>预压地基</td><td>(1) 排水竖井种类、断面尺寸、排列方式、间距、深度<br>(2) 预压方法<br>(3) 预压荷载、时间<br>(4) 砂垫层厚度</td><td rowspan="3">按设计图示处理范围以面积计算</td><td>(1) 设置排水竖井、盲沟、滤水管<br>(2) 铺设砂垫层、密封膜<br>(3) 堆载、卸载或抽气设备安拆、抽真空<br>(4) 材料运输</td></tr>
<tr><td>010201004</td><td>强夯地基</td><td>(1) 夯击能量<br>(2) 夯击遍数<br>(3) 夯击点布置形式、间距<br>(4) 地耐力要求<br>(5) 夯填材料种类</td><td>(1) 铺设夯填材料<br>(2) 强夯<br>(3) 夯填材料运输</td></tr>
<tr><td>010201005</td><td>振冲密实（不填料）</td><td>(1) 地层情况<br>(2) 振密深度<br>(3) 孔距</td><td>(1) 振冲加密<br>(2) 泥浆运输</td></tr>
<tr><td>010201006</td><td>振冲桩（填料）</td><td>(1) 地层情况<br>(2) 空桩长度、桩长(3) 桩径<br>(4) 填充材料种类</td><td>(1) m<br>(2) $m^3$</td><td>(1) 以米计量，按设计图示尺寸以桩长计算<br>(2) 以立方米计量，按设计桩截面乘以桩长以体积计算</td><td>(1) 振冲成孔、填料、振实<br>(2) 材料运输<br>(3) 泥浆运输</td></tr>
</table>

续表

<table>
<tr><th>项目编码</th><th>项目名称</th><th>项目特征</th><th>计量单位</th><th>工程量计算规则</th><th>工作内容</th></tr>
<tr><td>010201007</td><td>砂石桩</td><td>(1) 地层情况<br>(2) 空桩长度、桩长<br>(3) 桩径<br>(4) 成孔方法<br>(5) 材料种类、级配</td><td>(1) m<br>(2) $m^3$</td><td>(1) 以米计量，按设计图示尺寸以桩长(包括桩尖)计算<br>(2) 以立方米计量，按设计桩截面乘以桩长(包括桩尖)以体积计算</td><td>(1) 成孔<br>(2) 填充、振实<br>(3) 材料运输</td></tr>
<tr><td>010201008</td><td>水泥粉煤灰碎石桩</td><td>(1) 地层情况<br>(2) 空桩长度、桩长<br>(3) 桩径<br>(4) 成孔方法<br>(5) 混合料强度等级</td><td rowspan="5">m</td><td>按设计图示尺寸以桩长(包括桩尖)计算</td><td>(1) 成孔<br>(2) 混合料制作、灌注、养护<br>(3) 材料运输</td></tr>
<tr><td>010201009</td><td>深层搅拌桩</td><td>(1) 地层情况<br>(2) 空桩长度、桩长<br>(3) 桩截面尺寸<br>(4) 水泥强度等级、掺量</td><td rowspan="2">按设计图示尺寸以桩长计算</td><td>(1) 预搅下钻、水泥浆制作、喷浆搅拌提升成桩<br>(2) 材料运输</td></tr>
<tr><td>010201010</td><td>粉喷桩</td><td>(1) 地层情况<br>(2) 空桩长度、桩长<br>(3) 桩径<br>(4) 粉体种类、掺量<br>(5) 水泥强度等级、石灰粉要求</td><td>(1) 预搅下钻、喷粉搅拌提升成桩<br>(2) 材料运输</td></tr>
<tr><td>010201011</td><td>夯实水泥土桩</td><td>(1) 地层情况<br>(2) 空桩长度、桩长<br>(3) 桩径<br>(4) 成孔方法<br>(5) 水泥强度等级<br>(6) 混合料配比</td><td>按设计图示尺寸以桩长(包括桩尖)计算</td><td>(1) 成孔、夯底<br>(2) 水泥土拌和、填料、夯实<br>(3) 材料运输</td></tr>
<tr><td>010201012</td><td>高压喷射注浆桩</td><td>(1) 地层情况<br>(2) 空桩长度、桩长<br>(3) 桩截面<br>(4) 注浆类型、方法<br>(5) 水泥强度等级</td><td>按设计图示尺寸以桩长计算</td><td>(1) 成孔<br>(2) 水泥浆制作、高压喷射注浆<br>(3) 材料运输</td></tr>
</table>

续表

| 项目编码 | 项目名称 | 项目特征 | 计量单位 | 工程量计算规则 | 工作内容 |
|---|---|---|---|---|---|
| 010201013 | 石灰桩 | (1) 地层情况<br>(2) 空桩长度、桩长<br>(3) 桩径<br>(4) 成孔方法<br>(5) 掺和料种类、配合比 | m | 按设计图示尺寸以桩长（包括桩尖）计算 | (1) 成孔<br>(2) 混合料制作、运输、夯填 |
| 010201014 | 灰土（土）挤密桩 | (1) 地层情况<br>(2) 空桩长度、桩长<br>(3) 桩径<br>(4) 成孔方法<br>(5) 灰土级配 | | | (1) 成孔<br>(2) 灰土拌和、运输、填充、夯实 |
| 010201015 | 柱锤冲扩桩 | (1) 地层情况<br>(2) 空桩长度、桩长<br>(3) 桩径<br>(4) 成孔方法<br>(5) 桩体材料种类、配合比 | | 按设计图示尺寸以桩长计算 | (1) 安、拔套管<br>(2) 冲孔、填料、夯实<br>(3) 桩体材料制作、运输 |
| 010201016 | 注浆地基 | (1) 地层情况<br>(2) 空钻深度、注浆深度<br>(3) 注浆间距<br>(4) 浆液种类及配比<br>(5) 注浆方法<br>(6) 水泥强度等级 | (1) m<br>(2) $m^3$ | (1) 以米计量，按设计图示尺寸以钻孔深度计算<br>(2) 以立方米计量，按设计图示尺寸以加固体积计算 | (1) 成孔<br>(2) 注浆导管制作、安装<br>(3) 浆液制作、压浆<br>(4) 材料运输 |
| 010201017 | 褥垫层 | (1) 厚度<br>(2) 材料品种及比例 | (1) $m^2$<br>(2) $m^3$ | (1) 以平方米计量，按设计图示尺寸以铺设面积计算<br>(2) 以立方米计量，按设计图示尺寸以体积计算 | 材料拌和、运输、铺设、压实 |

2. 地基处理工程量清单项目计价

**特别提示**

(1) 地层情况按土壤分类表和岩石分类表的规定，并根据岩土工程勘察报告按单位工程各地层所占比例(包括范围值)进行描述。对无法准确描述的地层情况，可注明由投标人根据岩土工程勘察报告自行决定报价。

(2) 项目特征中的桩长应包括桩尖，空桩长度＝孔深－桩长，孔深为自然地面至设计桩底的深度。

(3) 高压喷射注浆类型包括旋喷、摆喷、定喷，高压喷射注浆方法包括单管法、双重管法、三重管法。

(4) 如采用泥浆护壁成孔，工作内容包括土方、废泥浆外运，如采用沉管灌注成孔，工作内容包括桩尖制作、安装。

## 10.2.2 基坑与边坡支护(表B.2，编码：010202)

### 1. 基坑与边坡支护工程量清单项目编制

基坑与边坡支护工程量清单项目编制见表10－5。

表10－5 基坑与边坡支护工程量清单项目

| 项目编码 | 项目名称 | 项目特征 | 计量单位 | 工程量计算规则 | 工作内容 |
|---|---|---|---|---|---|
| 010202001 | 地下连续墙 | (1) 地层情况<br>(2) 导墙类型、截面<br>(3) 墙体厚度<br>(4) 成槽深度<br>(5) 混凝土种类、强度等级<br>(6) 接头形式 | $m^3$ | 按设计图示墙中心线长乘以厚度乘以槽深以体积计算 | (1) 导墙挖填、制作、安装、拆除<br>(2) 挖土成槽、固壁、清底置换<br>(3) 混凝土制作、运输、灌注、养护<br>(4) 接头处理<br>(5) 土方、废泥浆外运<br>(6) 打桩场地硬化及泥浆池、泥浆沟 |
| 010202002 | 咬合灌注桩 | (1) 地层情况<br>(2) 桩长<br>(3) 桩径<br>(4) 混凝土种类、强度等级<br>(5) 部位 | (1) m<br>(2) 根 | (1) 以米计量，按设计图示尺寸以桩长计算<br>(2) 以根计量，按设计图示数量计算 | (1) 成孔、固壁<br>(2) 混凝土制作、运输、灌注、养护<br>(3) 套管压拔<br>(4) 土方、废泥浆外运<br>(5) 打桩场地硬化及泥浆池、泥浆沟 |
| 010202003 | 圆木桩 | (1) 地层情况<br>(2) 桩长<br>(3) 材质<br>(4) 尾径<br>(5) 桩倾斜度 | (1) m<br>(2) 根 | (1) 以米计量，按设计图示尺寸以桩长(包括桩尖)计算<br>(2) 以根计量，按设计图示数量计算 | (1) 工作平台搭拆<br>(2) 桩机竖拆、移位<br>(3) 桩靴安装<br>(4) 沉桩 |
| 010202004 | 预制钢筋混凝土板桩 | (1) 地层情况<br>(2) 送桩深度、桩长<br>(3) 桩截面<br>(4) 沉桩方法<br>(5) 连接方式<br>(6) 混凝土强度等级 | | | (1) 工作平台搭拆<br>(2) 桩机竖拆、移位<br>(3) 沉桩<br>(4) 板桩连接 |

续表

| 项目编码 | 项目名称 | 项目特征 | 计量单位 | 工程量计算规则 | 工作内容 |
|---|---|---|---|---|---|
| 010202005 | 型钢桩 | (1) 地层情况或部位<br>(2) 送桩深度、桩长<br>(3) 规格型号<br>(4) 桩倾斜度<br>(5) 防护材料种类<br>(6) 是否拔出 | (1) t<br>(2) 根 | (1) 以吨计量，按设计图示尺寸以质量计算<br>(2) 以根计量，按设计图示数量计算 | (1) 工作平台搭拆<br>(2) 桩机竖拆、移位<br>(3) 打(拔)桩<br>(4) 接桩<br>(5) 刷防护材料 |
| 010202006 | 钢板桩 | (1) 地层情况<br>(2) 桩长<br>(3) 板桩厚度 | (1) t<br>(2) $m^2$ | (1) 以吨计量，按设计图示尺寸以质量计算<br>(2) 以平方米计量，按设计图示墙中心线长乘以桩长以面积计算 | (1) 工作平台搭拆<br>(2) 桩机竖拆、移位<br>(3) 打拔钢板桩 |
| 010202007 | 锚杆(锚索) | (1) 地层情况<br>(2) 锚杆(索)类型、部位<br>(3) 钻孔深度<br>(4) 钻孔直径<br>(5) 杆体材料品种、规格、数量<br>(6) 预应力<br>(7) 浆液种类、强度等级 | (1) m<br>(2) 根 | (1) 以米计量，按设计图示尺寸以钻孔深度计算<br>(2) 以根计量，按设计图示数量计算 | (1) 钻孔、浆液制作、运输、压浆<br>(2) 锚杆(锚索)制作、安装<br>(3) 张拉锚固<br>(4) 锚杆(锚索)施工平台搭设、拆除 |
| 010202008 | 土钉 | (1) 地层情况<br>(2) 钻孔深度<br>(3) 钻孔直径<br>(4) 置入方法<br>(5) 杆体材料品种、规格、数量<br>(6) 浆液种类、强度等级 | | | (1) 钻孔、浆液制作、运输、压浆<br>(2) 土钉制作、安装<br>(3) 土钉施工平台搭设、拆除 |
| 010202009 | 喷射混凝土、水泥砂浆 | (1) 部位<br>(2) 厚度<br>(3) 材料种类<br>(4) 混凝土(砂浆)类别、强度等级 | $m^2$ | 按设计图示尺寸以面积计算 | (1) 修整边坡<br>(2) 混凝土(砂浆)制作、运输、喷射、养护<br>(3) 钻排水孔、安装排水管<br>(4) 喷射施工平台搭设、拆除 |

续表

| 项目编码 | 项目名称 | 项目特征 | 计量单位 | 工程量计算规则 | 工作内容 |
|---|---|---|---|---|---|
| 010202010 | 钢筋混凝土支撑 | (1) 部位<br>(2) 混凝土种类<br>(3) 混凝土强度等级 | $m^3$ | 按设计图示尺寸以体积计算 | (1) 模板(支架或支撑)制作、安装、拆除、堆放、运输及清理模内杂物、刷隔离剂等<br>(2) 混凝土制作、运输、浇筑、振捣、养护 |
| 010202011 | 钢支撑 | (1) 部位<br>(2) 钢材品种、规格<br>(3) 探伤要求 | t | 按设计图示尺寸以质量计算。不扣除孔眼质量，焊条、铆钉、螺栓等不另增加质量 | (1) 支撑、铁件制作(摊销、租赁)<br>(2) 支撑、铁件安装<br>(3) 探伤<br>(4) 刷漆<br>(5) 拆除<br>(6) 运输 |

2. 基坑与边坡支护工程量清单项目计价

(1) 地下连续墙适用于各种导墙施工的复合型地下连续墙工程。

地下连续墙可包括的分项工程(定额子目)有以下几种。

① 成槽、浇注：地下连续墙、入岩。

② 泥浆外运：泥浆外运、其他。

③ 导墙：导墙、其他。

④ 锁口管吊拔：锁口管吊拔、其他。

⑤ 混凝土制作、运输：现场搅拌混凝土、商品混凝土、其他。

(2) 锚杆支护适用于岩石高削坡混凝土支护档墙和风化岩石混凝土、砂浆护坡。

锚杆支护可包括的分项工程(定额子目)有以下几种。

① 钻孔、灌注：锚杆钻孔、灌浆、入岩增加、其他。

② 操作平台安拆：操作平台安拆、其他。

③ 张拉锚固：预应力张拉锚固、其他。

④ 混凝土制作：现场搅拌混凝土、商品混凝土、其他。

**特别提示**

(1) 地层情况按土壤分类表和岩石分类表的规定，并根据岩土工程勘察报告按单位工程各地层所占比例(包括范围值)进行描述。对无法准确描述的地层情况，可注明由投标人根据岩土工程勘察报告自行决定报价。

(2) 土钉置入方法包括钻孔置入、打入或射入等。

(3) 混凝土种类：指清水混凝土、彩色混凝土等，如在同一地区既使用预拌(商品)混凝土，又允许现场搅拌混凝土，也应注明(下同)。

(4) 地下连续墙和喷射混凝土的钢筋网及咬合灌注桩的钢筋笼制作、安装，按附录E混凝土及钢筋混凝土工程中相关项目编码列项。本分部未列的基坑与边坡支护的排桩按附录C桩基工程中相关项目编码列项。混凝土墙、坑内加固按表B.1地基处理中相关项目编码列项。砖、石挡土墙、护坡按附录D砌筑工程中相关项目编码列项。混凝土挡土墙按附录E混凝土及钢筋混凝土工程中相关项目编码列项。弃土(不含泥浆)清理、运输按附录A土石方工程中相关项目编码列项。

## 10.3 桩基工程（附录C）

本分部工程共2个子分部工程11个项目，即打桩、灌注桩，适用于桩基工程。

### 10.3.1 打桩(表C.1，编码：010301)

1. 打桩工程量清单项目编制

打桩工程量清单项目编制见表10-6。

表10-6 打桩工程量清单项目

| 项目编码 | 项目名称 | 项目特征 | 计量单位 | 工程量计算规则 | 工作内容 |
|---|---|---|---|---|---|
| 010301001 | 预制钢筋混凝土方桩 | (1) 地层情况<br>(2) 送桩深度、桩长<br>(3) 桩截面<br>(4) 桩倾斜度<br>(5) 沉桩方法<br>(6) 接桩方式<br>(7) 混凝土强度等级 | (1) m<br>(2) $m^3$<br>(3) 根 | (1) 以米计量，按设计图示尺寸以桩长(包括桩尖)计算<br>(2) 以立方米计量，按设计图示截面积乘以桩长(包括桩尖)以实体积计算<br>(3) 以根计量，按设计图示数量计算 | (1) 工作平台搭拆<br>(2) 桩机竖拆、移位<br>(3) 沉桩<br>(4) 接桩<br>(5) 送桩 |
| 010301002 | 预制钢筋混凝土管桩 | (1) 地层情况<br>(2) 送桩深度、桩长<br>(3) 桩外径、壁厚<br>(4) 桩倾斜度<br>(5) 沉桩方法<br>(6) 接桩方式<br>(7) 混凝土强度等级<br>(8) 填充材料种类<br>(9) 防护材料种类 | | | (1) 工作平台搭拆<br>(2) 桩机竖拆、移位<br>(3) 沉桩<br>(4) 接桩<br>(5) 送桩<br>(6) 桩尖制作安装<br>(7) 填充材料、刷防护材料 |
| 010301003 | 钢管桩 | (1) 地层情况<br>(2) 送桩深度、桩长<br>(3) 材质<br>(4) 管径、壁厚<br>(5) 桩倾斜度<br>(6) 沉桩方法<br>(7) 填充材料种类<br>(8) 防护材料种类 | (1) t<br>(2) 根 | (1) 以吨计量，按设计图示尺寸以质量计算<br>(2) 以根计量，按设计图示数量计算 | (1) 工作平台搭拆<br>(2) 桩机竖拆、移位<br>(3) 沉桩<br>(4) 接桩<br>(5) 送桩<br>(6) 切割钢管、精割盖帽<br>(7) 管内取土<br>(8) 填充材料、刷防护材料 |

续表

| 项目编码 | 项目名称 | 项目特征 | 计量单位 | 工程量计算规则 | 工作内容 |
|---|---|---|---|---|---|
| 010301004 | 截(凿)桩头 | (1) 桩类型<br>(2) 桩头截面、高度<br>(3) 混凝土强度等级<br>(4) 有无钢筋 | (1) $m^3$<br>(2) 根 | (1) 以立方米计量，按设计桩截面乘以桩头长度以体积计算<br>(2) 以根计量，按设计图示数量计算 | (1) 截(切割)桩头<br>(2) 凿平<br>(3) 废料外运 |

2. 打桩工程量清单项目计价

(1) 预制钢筋混凝土管桩适用于预制钢筋混凝土管桩的施工。

预制钢筋混凝土管桩可包括的分项工程(定额子目)有以下几种。

① 打压桩：打管桩、压管桩、其他。

② 试验桩：试验桩、其他。

③ 桩制作：管桩成品、其他。

④ 混凝土制作、运输、灌注、振捣：现场搅拌混凝土、商品混凝土、其他。

⑤ 桩运输：桩现场运输、其他。

⑥ 送桩：送桩、其他。

⑦ 接桩：管桩接桩、其他。

⑧ 管桩填充材料：管桩填混凝土、管桩填砂、其他。

⑨ 钢桩尖：钢桩尖、其他。

特别提示

(1) 地层情况按土壤分类表和岩石分类表的规定，并根据岩土工程勘察报告按单位工程各地层所占比例(包括范围值)进行描述。对无法准确描述的地层情况，可注明由投标人根据岩土工程勘察报告自行决定报价。

(2) 项目特征中的桩截面、混凝土强度等级、桩类型等可直接用标准图代号或设计桩型进行描述。

(3) 预制钢筋混凝土方(管)桩项目以成品桩编制，应包括成品桩购置费，如果用现场预制桩，应包括现场预制的所有费用。

(4) 打试验桩和打斜桩应按相应项目编码单独列项，并应在项目特征中注明试验桩或斜桩(斜率)。

(5) 截(凿)桩头项目适用于本规范附录B、附录C所列桩的桩头截(凿)。

(6) 预制钢筋混凝土管桩桩顶与承台的连接构造按本规范附录E相关项目列项。

应用案例10-1

某工程有预制钢筋混凝土管桩220条，混凝土强度等级为C40，平均设计桩长为20m，直径为400mm，桩壁厚100mm，管桩芯填2m高的中砂，钢桩尖每个重10kg，每条桩有1个接头，为电焊接桩。根据工程地质勘察报告知，土壤类别为二类土。用液压机压桩，桩顶面压到室外地面下1.0m处。人工单价按200元/工日计取，管理费按人工费加机械费的10%计取，利润按人工费的20%计取。

要求：(1) 编制本例桩基础分部分项工程项目清单表。

(2) 按工程量清单计价格式计算桩基础分部分项工程项目清单费。

**解：**

(1) 分部分项工程项目清单表见表10-7。

**表10-7　分部分项工程和单价措施项目清单与计价表**

工程名称：应用案例　　　　标段：　　　　第　页　共　页

| 序号 | 项目编码 | 项目名称 | 项目特征描述 | 计量单位 | 工程量 | 金额/元 | | |
|---|---|---|---|---|---|---|---|---|
| | | | | | | 综合单价 | 合价 | 其中：暂估价 |
| 1 | 010301002001 | 预制钢筋混凝土管桩 | (1) 地层情况：二类土<br>(2) 送桩深度、桩长：送桩1.0m、桩设计长度20m<br>(3) 桩外径、壁厚：桩外直径400mm、壁厚100mm<br>(4) 沉桩方法：液压机压桩<br>(5) 桩尖类型：钢桩尖10kg/个<br>(6) 混凝土强度等级：C40<br>(7) 填充材料种类：中砂 | m | 4 400 | | | |
| | | | 本页小计 | | | | | |
| | | | 合计 | | | | | |

注：为计取规费等的使用，可在表中增设其中："定额人工费"。

(2) 分部分项工程项目清单综合单价分析表见表10-8。

**表10-8　综合单价分析表**

工程名称：应用案例　　　　标段：　　　　第　页　共　页

| 010301002001 | 项目名称 | 预制钢筋混凝土管桩 | 计量单位 | | m | | 工程量 | | 4 400 | |
|---|---|---|---|---|---|---|---|---|---|---|
| 清单综合单价组成明细 | | | | | | | | | | |
| 定额项目名称 | 定额单位 | 数量 | 单价/元 | | | | 合价/元 | | | |
| | | | 人工费 | 材料费 | 机械费 | 管理费和利润 | 人工费 | 材料费 | 机械费 | 管理费和利润 |
| 压预制管桩，桩径400mm，桩长18m以外 | 100m | 0.01 | 1 246 | 9 681.99 | 2 412.29 | 615.03 | 12.46 | 96.82 | 24.12 | 6.15 |
| 压预制管桩，桩径400mm，桩长18m以外，送桩 | 100m | 0.0008 | 1 495.2 | 10 041.09 | 2 894.75 | 738.04 | 1.12 | 7.53 | 2.17 | 0.55 |

续表

| 010301002001 | 项目名称 | | 预制刚筋混凝土管桩 | | | 计量单位 | | | m | 工程量 | 4 400 |
|---|---|---|---|---|---|---|---|---|---|---|---|
| 清单综合单价组成明细 | | | | | | | | | | | |
| 定额项目名称 | | 定额单位 | 数量 | 单价/元 | | | | 合价/元 | | | |
| | | | | 人工费 | 材料费 | 机械费 | 管理费和利润 | 人工费 | 材料费 | 机械费 | 管理费和利润 |
| 预制混凝土管桩填芯，填砂 | | $10m^3$ | 0.000 3 | 1 392 | 537.8 | 0 | 417.6 | 0.44 | 0.17 | 0 | 0.13 |
| 钢桩尖制作安装 | | t | 0.000 5 | 3 996 | 5 152.85 | 429.69 | 1241.77 | 2 | 2.58 | 0.21 | 0.62 |
| 管桩接桩 电焊接桩 | | 10个 | 0.005 | 926 | 87.67 | 401.68 | 317.97 | 4.63 | 0.44 | 2.01 | 1.59 |
| 人工市场单价 | | 小计 | | | | | | 20.65 | 107.53 | 28.52 | 9.05 |
| 综合工日200元/工日 | | 未计价材料费 | | | | | | 0 | | | |
| 清单项目综合单价 | | | | | | | | 165.25 | | | |

| 材料费明细 | 主要材料名称、规格、型号 | 单位 | 数量 | 单价/元 | 合价/元 | 暂估单价/元 | 暂估合价/元 |
|---|---|---|---|---|---|---|---|
| | 预应力混凝土管桩φ400mm | m | 1.077 9 | 94.5 | 101.86 | | |
| | 松杂板枋材 | $m^3$ | 0.001 8 | 1 313.52 | 2.36 | | |
| | 其他材料费 | | | — | 3.21 | — | 0 |
| | 材料费小计 | | | — | 107.43 | — | 0 |

注：1. 如不使用省级或行业建设主管部门发布的计价依据，可不填定额编码、名称等。

2. 招标文件提供了暂估单价的材料，按暂估的单价填入表内“暂估单价”栏及“暂估合价”栏。

(3) 分部分项工程项目清单计价表见表10-9。

**表10-9 分部分项工程和单价措施项目清单与计价表**

| 序号 | 项目编码 | 项目名称 | 项目特征描述 | 计量单位 | 工程量 | 金额/元 | | |
|---|---|---|---|---|---|---|---|---|
| | | | | | | 综合单价 | 合价 | 其中：暂估价 |
| 3 | 010301002001 | 预制钢筋混凝土管桩 | (1) 地层情况：二类土<br>(2) 送桩深度、桩长：送桩1.0m、桩设计长度20m<br>(3) 桩外径、壁厚：桩外直径400mm、壁厚100mm<br>(4) 沉桩方法：液压机压桩<br>(5) 桩尖类型：钢桩尖10kg/个<br>(6) 混凝土强度等级：C40<br>(7) 填充材料种类：中砂 | m | 4 400 | 165.75 | 729 300 | |
| 本页小计 | | | | | | | 729 300 | |
| 合　计 | | | | | | | 729 300 | |

注：为计取规费等的使用，可在表中增设其中：“定额人工费”。

## 10.3.2 灌注桩(表C.2，编码：010302)

1. 灌注桩工程量清单项目编制

灌注桩工程量清单项目编制见表10－10。

表10－10 灌注桩工程量清单项目

| 项目编码 | 项目名称 | 项目特征 | 计量单位 | 工程量计算规则 | 工作内容 |
|---|---|---|---|---|---|
| 010302001 | 泥浆护壁成孔灌注桩 | (1) 地层情况<br>(2) 空桩长度、桩长<br>(3) 桩径<br>(4) 成孔方法<br>(5) 护筒类型、长度<br>(6) 混凝土种类、强度等级 | | | (1) 护筒埋设<br>(2) 成孔、固壁<br>(3) 混凝土制作、运输、灌注、养护<br>(4) 土方、废泥浆外运<br>(5) 打桩场地硬化及泥浆池、泥浆沟 |
| 010302002 | 沉管灌注桩 | (1) 地层情况<br>(2) 空桩长度、桩长<br>(3) 复打长度<br>(4) 桩径<br>(5) 沉管方法<br>(6) 桩尖类型<br>(7) 混凝土种类、强度等级 | (1) m<br>(2) $m^3$<br>(3) 根 | (1) 以米计量，按设计图示尺寸以桩长(包括桩尖)计算<br>(2) 以立方米计量，按不同截面在桩上范围内以体积计算<br>(3) 以根计量，按设计图示数量计算 | (1) 打(沉)拔钢管<br>(2) 桩尖制作、安装<br>(3) 混凝土制作、运输、灌注、养护 |
| 010302003 | 干作业成孔灌注桩 | (1) 地层情况<br>(2) 空桩长度、桩长<br>(3) 桩径<br>(4) 扩孔直径、高度<br>(5) 成孔方法<br>(6) 混凝土种类、强度等级 | | | (1) 成孔、扩孔<br>(2) 混凝土制作、运输、灌注、振捣、养护 |
| 010302004 | 挖孔桩土(石)方 | (1) 土(石)类别<br>(2) 挖孔深度<br>(3) 弃土(石)运距 | $m^3$ | 按设计图示尺寸(含护壁)截面积乘以挖孔深度以立方米计算 | (1) 排地表水<br>(2) 挖土、凿石<br>(3) 基底钎探<br>(4) 运输 |
| 010302005 | 人工挖孔灌注桩 | (1) 桩芯长度<br>(2) 桩芯直径、扩底直径、扩底高度<br>(3) 护壁厚度、高度<br>(4) 护壁混凝土种类、强度等级<br>(5) 桩芯混凝土种类、强度等级 | (1) $m^3$<br>(2) 根 | (1) 以立方米米计量，按桩芯混凝土体积计算<br>(2) 以根计量，按设计图示数量计算 | (1) 护壁制作<br>(2) 混凝土制作、运输、灌注、振捣、养护 |

续表

| 项目编码 | 项目名称 | 项目特征 | 计量单位 | 工程量计算规则 | 工作内容 |
|---|---|---|---|---|---|
| 010302006 | 钻孔压浆桩 | (1) 地层情况<br>(2) 空钻长度、桩长<br>(2) 钻孔直径<br>(3) 水泥强度等级 | (1) m<br>(2) 根 | (1) 以米计量，按设计图示尺寸以桩长计算<br>(2) 以根计量，按设计图示数量计算 | 钻孔、下注浆管、投放骨料、浆液制作、运输、压浆 |
| 010302007 | 灌注桩后压浆 | (1) 注浆导管材料、规格<br>(2) 注浆导管长度<br>(3) 单孔注浆量<br>(4) 水泥强度等级 | 孔 | 按设计图示以注浆孔数计算 | (1) 注浆导管制作、安装<br>(2) 浆液制作、运输、压浆 |

2. 灌注桩工程量清单项目计价

**特别提示**

(1) 地层情况按土壤分类表和岩石分类表的规定，并根据岩土工程勘察报告按单位工程各地层所占比例(包括范围值)进行描述。对无法准确描述的地层情况，可注明由投标人根据岩土工程勘察报告自行决定报价。

(2) 项目特征中的桩长应包括桩尖，空桩长度=孔深－桩长，孔深为自然地面至设计桩底的深度。

(3) 项目特征中的桩截面(桩径)、混凝土强度等级、桩类型等可直接用标准图代号或设计桩型进行描述。

(4) 泥浆护壁成孔灌注桩是指在泥浆护壁条件下成孔，采用水下灌注混凝土的桩。其成孔方法包括冲击钻成孔、冲抓锥成孔、回旋钻成孔、潜水钻成孔、泥浆护壁的旋挖成孔等。

(5) 沉管灌注桩的沉管方法包括捶击沉管法、振动沉管法、振动冲击沉管法、内夯沉管法等。

(6) 干作业成孔灌注桩是指在不用泥浆护壁和套管护壁的情况下，用钻机成孔后，下钢筋笼，灌注混凝土的桩，适用于地下水位以上的土层使用。其成孔方法包括螺旋钻成孔、螺旋钻成孔扩底、干作业的旋挖成孔等。

(7) 桩基础的承载力检测、桩身完整性检测等费用按国家相关取费标准单独计算，不包括在本清单项目中。

(8) 混凝土灌注桩的钢筋笼制作、安装，按附录E混凝土及钢筋混凝土工程中相关项目编码列项。

## 10.4 砌筑工程（附录D）

本分部工程共4个子分部工程18个项目，即砖砌体、砌块砌体、石砌体、垫层，适用于建筑物的砌筑工程。

### 10.4.1 砖砌体(表 D.1，编码：010401)

1. 砖砌体工程量清单项目编制

砖砌体工程量清单项目编制见表 10－11。

表 10－11 砖砌体工程量清单项目

| 项目编码 | 项目名称 | 项目特征 | 计量单位 | 工程量计算规则 | 工作内容 |
|---|---|---|---|---|---|
| 010401001 | 砖基础 | (1) 砖品种、规格、强度等级<br>(2) 基础类型<br>(3) 砂浆强度等级<br>(4) 防潮层材料种类 | $m^3$ | 按设计图示尺寸以体积计算<br>包括附墙垛基础宽出部分体积，扣除地梁(圈梁)、构造柱所占体积，不扣除基础大放脚T形接头处的重叠部分及嵌入基础内的钢筋、铁件、管道、基础砂浆防潮层和单个面积≤0.3 $m^2$ 的孔洞所占体积，靠墙暖气沟的挑檐不增加<br>基础长度：外墙按外墙中心线，内墙按内墙净长线计算 | (1) 砂浆制作、运输<br>(2) 砌砖<br>(3) 防潮层铺设<br>(4) 材料运输 |
| 010401002 | 砖砌挖孔桩护壁 | (1) 砖品种、规格、强度等级<br>(2) 砂浆强度等级 | | 按设计图示尺寸以立方米计算 | (1) 砂浆制作、运输<br>(2) 砌砖<br>(3) 材料运输 |
| 010401003 | 实心砖墙 | (1) 砖品种、规格、强度等级<br>(2) 墙体类型<br>(3) 砂浆强度等级、配合比 | $m^3$ | 按设计图示尺寸以体积计算<br>扣除门窗洞口、过人洞、空圈、嵌入墙内的钢筋混凝土柱、梁、圈梁、挑梁、过梁及凹进墙内的壁龛、管槽、暖气槽、消火栓箱所占体积，不扣除梁头、板头、檩头、垫木、木楞头、沿缘木、木砖、门窗走头、砖墙内加固钢筋、木筋、铁件、钢管及单个面积≤0.3 $m^2$ 的孔洞所占的体积。凸出墙面的腰线、挑檐、压顶、窗台线、虎头砖、门窗套的体积亦不增加。凸出墙面的砖垛并入墙体体积内计算<br>(1) 墙长度：外墙按中心线、内墙按净长计算；<br>(2) 墙高度<br>① 外墙：斜(坡)屋面无檐口天棚者算至屋面板底；有屋架且室内外均有天棚者算至屋架下弦底另加 200mm；无天棚者算至屋架下弦底另加 300mm，出檐宽度超过 600mm 时按实砌高度计算；与钢筋混凝土楼板隔层者算至板顶。平屋顶算至钢筋混凝土板底<br>② 内墙：位于屋架下弦者，算至屋架下弦底；无屋架者算至天棚底另加 100mm；有钢筋混凝土楼板隔层者算至楼板顶；有框架梁时算至梁底<br>③ 女儿墙：从屋面板上表面算至女儿墙顶面(如有混凝土压顶时算至压顶下表面)<br>④ 内、外山墙：按其平均高度计算<br>(3) 框架间墙：不分内外墙按墙体净尺寸以体积计算<br>(4) 围墙：高度算至压顶上表面(如有混凝土压顶时算至压顶下表面)，围墙柱并入围墙体积内 | (1) 砂浆制作、运输<br>(2) 砌砖<br>(3) 刮缝<br>(4) 砖压顶砌筑<br>(5) 材料运输 |
| 010401004 | 多孔砖墙 | | | | |
| 010401005 | 空心砖墙 | | | | |

续表

| 项目编码 | 项目名称 | 项目特征 | 计量单位 | 工程量计算规则 | 工作内容 |
|---|---|---|---|---|---|
| 010401006 | 空斗墙 | (1) 砖品种、规格、强度等级<br>(2) 墙体类型<br>(3) 砂浆强度等级、配合比 | $m^3$ | 按设计图示尺寸以空斗墙外形体积计算。墙角、内外墙交接处、门窗洞口立边、窗台砖、屋檐处的实砌部分体积并入空斗墙体积内 | (1) 砂浆制作、运输<br>(2) 砌砖<br>(3) 装填充料<br>(4) 刮缝<br>(5) 材料运输 |
| 010401007 | 空花墙 | | | 按设计图示尺寸以空花部分外形体积计算，不扣除空洞部分体积 | |
| 010401008 | 填充墙 | (1) 砖品种、规格、强度等级<br>(2) 墙体类型<br>(3) 填充材料种类及厚度<br>(4) 砂浆强度等级、配合比 | | 按设计图示尺寸以填充墙外形体积计算 | |
| 010401009 | 实心砖柱 | (1) 砖品种、规格、强度等级<br>(2) 柱类型<br>(3) 砂浆强度等级、配合比 | | 按设计图示尺寸以体积计算。扣除混凝土及钢筋混凝土梁垫、梁头所占体积 | (1) 砂浆制作、运输<br>(2) 砌砖<br>(3) 刮缝<br>(4) 材料运输 |
| 010401010 | 多孔砖柱 | | | | |
| 010401011 | 砖检查井 | (1) 井截面、深度<br>(2) 砖品种、规格、强度等级<br>(3) 垫层材料种类、厚度<br>(4) 底板厚度<br>(5) 井盖安装<br>(6) 混凝土强度等级<br>(7) 砂浆强度等级<br>(8) 防潮层材料种类 | 座 | 按设计图示数量计算 | (1) 砂浆制作、运输<br>(2) 铺设垫层<br>(3) 底板混凝土制作、运输、浇筑、振捣、养护<br>(4) 砌砖<br>(5) 刮缝<br>(6) 井池底、壁抹灰<br>(7) 抹防潮层<br>(8) 材料运输 |
| 010401012 | 零星砌砖 | (1) 零星砌砖名称、部位<br>(2) 砖品种、规格、强度等级<br>(3) 砂浆强度等级、配合比 | (1) $m^3$<br>(2) $m^2$<br>(3) m<br>(4) 个 | (1) 以立方米计量，按设计图示尺寸截面积乘以长度计算<br>(2) 以平方米计量，按设计图示尺寸水平投影面积计算<br>(3) 以米计量，按设计图示尺寸长度计算<br>(4) 以个计量，按设计图示数量计算 | (1) 砂浆制作、运输<br>(2) 砌砖<br>(3) 刮缝<br>(4) 材料运输 |

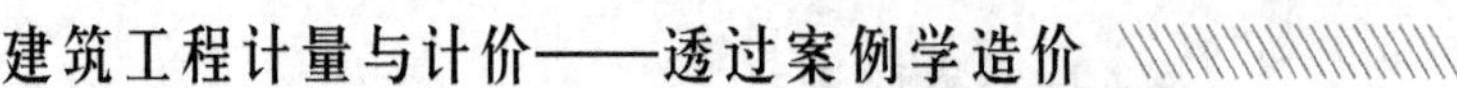


续表

| 项目编码 | 项目名称 | 项目特征 | 计量单位 | 工程量计算规则 | 工作内容 |
|---|---|---|---|---|---|
| 010401014 | 砖散水、地坪 | (1) 砖品种、规格、强度等级<br>(2) 垫层材料种类、厚度<br>(3) 散水、地坪厚度<br>(4) 面层种类、厚度<br>(5) 砂浆强度等级 | $m^2$ | 按设计图示尺寸以面积计算 | (1) 土方挖、运<br>(2) 地基找平、夯实<br>(3) 铺设垫层<br>(4) 砌砖散水、地坪<br>(5) 抹砂浆面层 |
| 010401015 | 砖地沟、明沟 | (1) 砖品种、规格、强度等级<br>(2) 沟截面尺寸<br>(3) 垫层材料种类、厚度<br>(4) 混凝土强度等级<br>(5) 砂浆强度等级 | m | 以米计量，按设计图示以中心线长度计算 | (1) 土方挖、运<br>(2) 铺设垫层<br>(3) 底板混凝土制作、运输、浇筑、振捣、养护<br>(4) 砌砖<br>(5) 刮缝、抹灰<br>(6) 材料运输 |

2. *砖砌体工程量清单项目计价*

(1) 砖基础适用于各种类型砖基础：柱基础、墙基础、管道基础等。

(2) 实心砖墙适用于各种类型实心砖墙，可分为外墙、内墙、围墙、双面混水墙、双面清水墙、单面清水墙、直形墙、弧形墙以及不同的墙厚，砌筑砂浆分水泥砂浆、混合砂浆以及不同的强度，不同的砖强度等级，应在工程量清单项目中进行描述。

(3) 空斗墙适用于各种砌法的空斗墙。

**特别提示**

(1) 空斗墙工程量以空斗墙外形体积计算，包括墙角、内外墙交接处、门窗洞口立边、窗台砖、屋檐实砌部分的体积。

(2) 空斗墙的窗间墙、窗台下、楼板下、梁头下的实砌部分，按零星砌砖项目编码列项。

(3) 空花墙适用于各种类型空花墙。

**特别提示**

(1) 空花墙按设计图示尺寸以空花部分外形体积计算(应包括空花的外框)，不扣除空洞部分体积。

(2) 使用混凝土花格砌筑的空花墙，分实砌墙体与混凝土花格分别计算工程量，混凝土花格按混凝土及钢筋混凝土预制零星构件编码列项。

(3) 填充墙适用于以实心砖砌筑，墙体中形成空腔，填充轻质材料的墙体。

(4) 实心砖柱适用于各种类型柱、矩形柱、异形柱、圆柱、包柱等。

(5) 零星砌砖适用于台阶、台阶挡墙、梯带、锅台、炉灶、蹲台、池槽、池槽腿、砖胎模、花台、花池、楼梯栏板、阳台栏板、地垄墙、面积≤$0.3m^2$的孔洞填塞等，应按零星砌砖项目编码列项。

**特别提示**

(1) 砖砌台阶工程量可按水平投影面积计算(不包括梯带或台阶挡墙)。

(2) 砖砌锅台、炉灶可按外形尺寸，以个计算。

(3) 砖砌小便槽、地垄墙可按长度计算。

(4) 其他砖砌工程按立方米计算。

3. 砖散水、地坪、地沟工程量清单项目计价

(1) 砖散水、地坪可包括的分项工程(定额子目)有以下几种。

① 散水地坪：砖散水、砂垫层块料低坪、其他。

② 抹灰：抹水泥砂浆面层

(2) 砖地沟、明沟可包括的分项工程(定额子目)有以下几种。

① 挖土方：人工挖沟槽、其他。

② 运土方：人力或人力车运土方、其他。

③ 垫层：三合土、四合土、混凝土、其他。

④ 底板浇筑：底板混凝土浇筑、其他。

⑤ 混凝土制作：现场搅拌混凝土、商品混凝土、其他。

⑥ 砌砖：砖地沟、砖明沟、其他。

**特别提示**

(1) 基础与墙(柱)身的划分，当基础与墙(柱)身使用同一种材料时，以设计室内地面为界(有地下室者，以地下室室内设计地面为界)，以下为基础，以上为墙(柱)身。基础与墙身使用不同材料时，位于设计室内地面高度≤±300mm 时，以不同材料为分界线，高度>±300mm 时，以设计室内地面为分界线。

(2) 砖围墙以设计室外地坪为界，以下为基础，以上为墙身。

(3) 框架外表面的镶贴砖部分，按零星项目编码列项。

(4) 附墙烟囱、通风道、垃圾道应按设计图示尺寸以体积(扣除孔洞所占体积)计算并入所依附的墙体体积内。当设计规定孔洞内需抹灰时，应按本规范附录M中零星抹灰项目编码列项。

(5) 砖砌体内钢筋加固，应按本规范附录E中相关项目编码列项。

(6) 砖砌体勾缝按本规范附录M中相关项目编码列项。

(7) 检查井内的爬梯按本附录E中相关项目编码列项；井池内的混凝土构件按附录E中混凝土及钢筋混凝土预制构件编码列项。

(8) 如施工图设计标注做法见标准图集，应注明标注图集的编码、页号及节点大样。

## 应用案例10-2

某建筑物如图10.1所示。内、外墙与基础均为Mu10蒸压砖砌筑，砖基础用M5水泥砂浆砌筑。内外墙用M5水泥石灰砂浆砌筑。内、外砖墙厚度均为240mm，外墙为单面清水砖墙，用水泥砂浆膏勾凹缝，内墙为混水墙。圈梁用C20混凝土，Ⅰ级钢筋，沿外墙断面为240mm×180mm。基础为三级等高大放脚砖基础，横断面积0.45m²，砖基础下垫层为C15混凝土垫层，垫层底标高为－1.6m。门窗洞口尺寸为：M－1尺寸为1 200mm×2 400mm；M－2尺寸为900mm×2 000mm；C－1尺寸为1 500mm×1 800mm。

Mu10蒸压砖暂估价0.60元/块，人工市场单价按200元/工日计取，管理费按人工费加机械费的10%计算，利润按人工费的20%计算。

要求：(1) 编制砖基础、清水砖外墙和混水砖内墙3个清单项目的分部分项工程项目清单表。

(2) 按工程量清单计价格式计算砖基础、清水砖外墙和混水砖内墙3个清单项目的分部分项工程项目清单费。

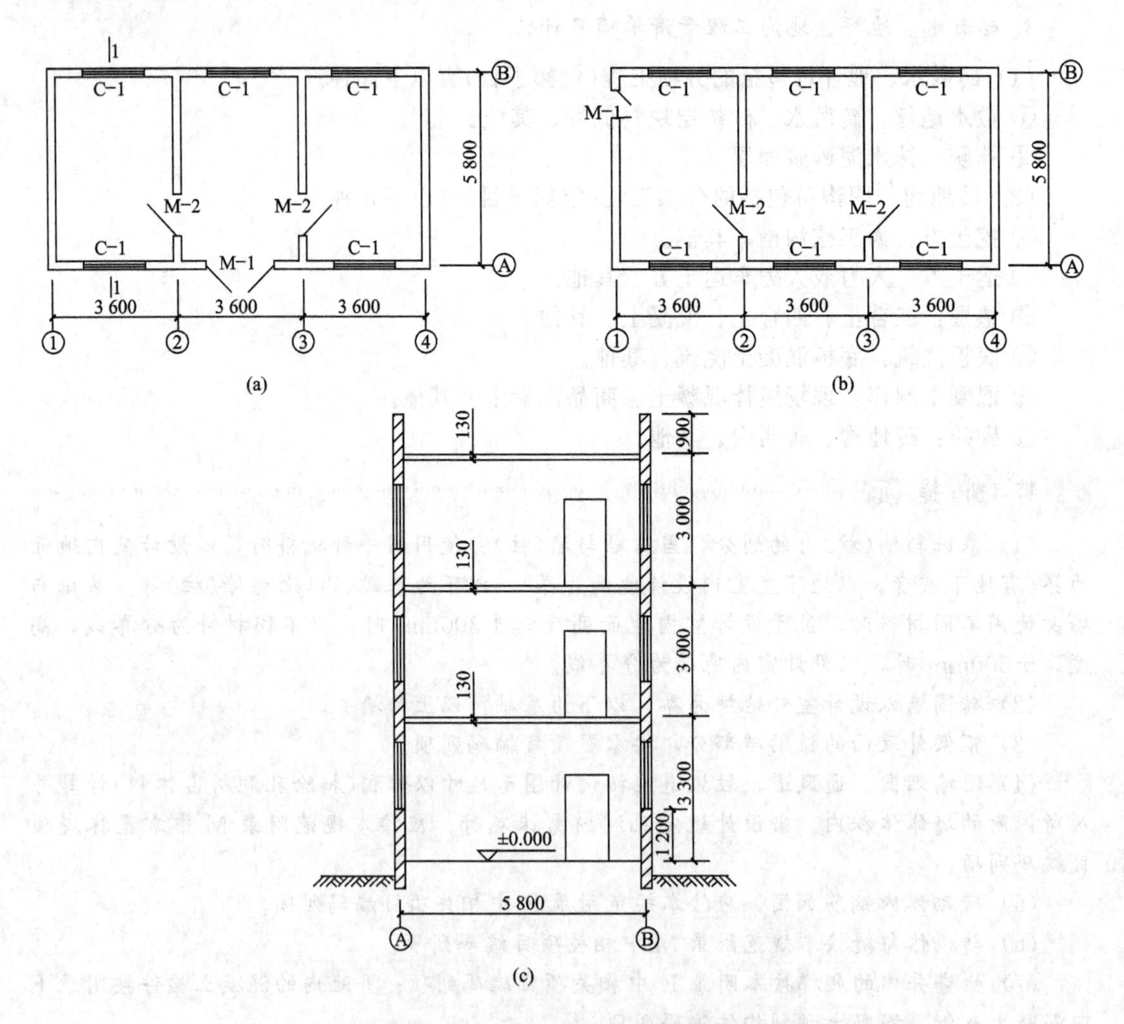


图10.1　某建筑物平面图、剖面图

(a) 底层平面图；(b) 二、三层平面图；(c) 1－1平面图

**解：**

(1) 分部分项工程项目清单表见表10-12。

**表10-12 分部分项工程和单价措施项目清单与计价表**

工程名称：应用案例　　　　标段：　　　　第　页 共　页

| 项目编码 | 项目名称 | 项目特征描述 | 计量单位 | 工程量 | 金额/元 | | |
|---|---|---|---|---|---|---|---|
| | | | | | 综合单价 | 合价 | 其中：暂估价 |
| 010401001001 | 砖基础 | (1) 砖品种、规格、强度等级：Mu10灰砂砖<br>(2) 基础类型：条形基础<br>(3) 砂浆强度等级、配合比：M5水泥砂浆 | $m^3$ | 20.15 | | | |
| 010401003001 | 实心砖墙 | (1) 砖品种、规格、强度等级：Mu10灰砂砖<br>(2) 墙体类型：单面清水外墙1砖厚<br>(3) 砂浆强度等级、配合比：M5水泥石灰砂浆 | $m^3$ | 63.88 | | | |
| 010401003002 | 实心砖墙 | (1) 砖品种、规格、强度等级：Mu10灰砂砖<br>(2) 墙体类型：混水砖内墙1砖厚<br>(3) 砂浆强度等级、配合比：M5水泥石灰砂浆 | $m^3$ | 22.23 | | | |
| 本页小计 | | | | | | | |
| 合　计 | | | | | | | |

注：为计取规费等的使用，可在表中增设其中："定额人工费"。

(2) 分部分项工程项目清单综合单价分析表见表10-13～表10-15。

**表10-13 综合单价分析表(一)**

工程名称：应用案例　　　　标段：　　　　第　页 共　页

| 项目编码 | 010401001001 | 项目名称 | 砖基础 | 计量单位 | $m^3$ | 工程量 | 20.15 |
|---|---|---|---|---|---|---|---|

清单综合单价组成明细

| 定额编号 | 定额名称 | 定额单位 | 数量 | 单价/元 | | | | 合价/元 | | | |
|---|---|---|---|---|---|---|---|---|---|---|---|
| | | | | 人工费 | 材料费 | 机械费 | 管理费和利润 | 人工费 | 材料费 | 机械费 | 管理费和利润 |
| A3-1换 | 砖基础 | $10m^3$ | 0.1 | 1 832.4 | 3 163.31 | 0 | 549.72 | 183.24 | 316.33 | 0 | 54.97 |
| 8001626 | 水泥砂浆M5 | $m^3$ | 0.236 | 60 | 126.07 | 9.71 | 18.97 | 14.16 | 29.75 | 2.29 | 4.48 |

续表

| 项目编码 | 010401001001 | 项目名称 | 砖基础 | 计量单位 | $m^3$ | 工程量 | 20.15 |
|---|---|---|---|---|---|---|---|

| 清单综合单价组成明细 | | | | | | | | | | | |
|---|---|---|---|---|---|---|---|---|---|---|---|
| 定额编号 | 定额名称 | 定额单位 | 数量 | 单价/元 | | | | 合价/元 | | | |
| | | | | 人工费 | 材料费 | 机械费 | 管理费和利润 | 人工费 | 材料费 | 机械费 | 管理费和利润 |
| 人工市场单价 | | 小计 | | | | | | 197.4 | 346.08 | 2.29 | 59.45 |
| 综合工日 200 元/工日 | | 未计价材料费 | | | | | | 0 | | | |
| 清单项目综合单价 | | | | | | | | 605.22 | | | |

| 材料费明细 | 主要材料名称、规格、型号 | 单位 | 数量 | 单价/元 | 合价/元 | 暂估单价/元 | 暂估合价/元 |
|---|---|---|---|---|---|---|---|
| | 砌筑用水泥砂浆(配合比)中砂 M5 | $m^3$ | 0.236 | 126.07 | 29.75 | | |
| | 灰砂砖 240mm×115mm×53mm | 千块 | 0.523 6 | | | 600 | 314.16 |
| | 其他材料费 | | | — | 2.17 | — | 0 |
| | 材料费小计 | | | — | 31.92 | — | 314.16 |

注：1. 如不使用省级或行业建设主管部门发布的计价依据，可不填定额编码、名称等。

2. 招标文件提供了暂估单价的材料，按暂估的单价填入表内“暂估单价”栏及“暂估合价”栏。

**表 10-14　综合单价分析表(二)**

工程名称：应用案例　　　　标段：　　　　第　页　共　页

| 项目编码 | 010401003001 | 项目名称 | 实心砖墙 | 计量单位 | $m^3$ | 工程量 | 63.88 |
|---|---|---|---|---|---|---|---|

| 清单综合单价组成明细 | | | | | | | | | | | |
|---|---|---|---|---|---|---|---|---|---|---|---|
| 定额编号 | 定额名称 | 定额单位 | 数量 | 单价/元 | | | | 合价/元 | | | |
| | | | | 人工费 | 材料费 | 机械费 | 管理费和利润 | 人工费 | 材料费 | 机械费 | 管理费和利润 |
| A3-11换 | 单面清水砖外墙墙体厚度1砖 | $10m^3$ | 0.1 | 2 956 | 3 273.86 | 0 | 886.8 | 295.6 | 327.39 | 0 | 88.68 |
| 8001606 | 水泥石灰砂浆M5 | $m^3$ | 0.229 | 66 | 143.3 | 9.71 | 20.77 | 15.11 | 32.82 | 2.22 | 4.76 |
| 人工市场单价 | | 小计 | | | | | | 310.71 | 360.2 | 2.22 | 93.44 |
| 综合工日 200 元/工日 | | 未计价材料费 | | | | | | 0 | | | |
| 清单项目综合单价 | | | | | | | | 766.56 | | | |

续表

| 项目编码 | 010401003001 | 项目名称 | 实心砖墙 | | | | | 计量单位 | m³ | 工程量 | 63.88 |
|---|---|---|---|---|---|---|---|---|---|---|---|
| 清单综合单价组成明细 | | | | | | | | | | | |
| 定额编号 | 定额名称 | 定额单位 | 数量 | 单价/元 | | | | 合价/元 | | | |
| | | | | 人工费 | 材料费 | 机械费 | 管理费和利润 | 人工费 | 材料费 | 机械费 | 管理费和利润 |

| 材料费明细 | 主要材料名称、规格、型号 | 单位 | 数量 | 单价/元 | 合价/元 | 暂估单价/元 | 暂估合价/元 |
|---|---|---|---|---|---|---|---|
| | 松杂板枋材 | m³ | 0.001 7 | 1 313.52 | 2.23 | | |
| | 砌筑用混合砂浆(配合比)中砂 M5.0 | m³ | 0.229 | 143.3 | 32.82 | | |
| | 灰砂砖 240mm×115mm×53mm | 千块 | 0.535 8 | | | 600 | 321.48 |
| | 其他材料费 | | | — | 3.67 | — | 0 |
| | 材料费小计 | | | — | 38.72 | — | 321.48 |

注：1. 如不使用省级或行业建设主管部门发布的计价依据，可不填定额编码、名称等。

2. 招标文件提供了暂估单价的材料，按暂估的单价填入表内“暂估单价”栏及“暂估合价”栏。

**表 10-15 综合单价分析表(三)**

工程名称：应用案例　　　　标段：　　　　第　页　共　页

| 项目编码 | 010401003002 | 项目名称 | 实心砖墙 | | | | | 计量单位 | m³ | 工程量 | 22.23 |
|---|---|---|---|---|---|---|---|---|---|---|---|
| 清单综合单价组成明细 | | | | | | | | | | | |
| 定额编号 | 定额名称 | 定额单位 | 数量 | 单价/元 | | | | 合价/元 | | | |
| | | | | 人工费 | 材料费 | 机械费 | 管理费和利润 | 人工费 | 材料费 | 机械费 | 管理费和利润 |
| A3-15换 | 混水砖内墙墙体厚度1砖 | 10m³ | 0.1 | 2 380 | 3 243.87 | 0 | 714 | 238 | 324.39 | 0 | 71.4 |
| 8001606 | 水泥石灰砂浆M5 | m³ | 0.228 | 66 | 143.3 | 9.71 | 20.77 | 15.05 | 32.67 | 2.21 | 4.74 |
| 人工市场单价 | | 小计 | | | | | | 253.05 | 357.06 | 2.21 | 76.14 |
| 综合工日200元/工日 | | 未计价材料费 | | | | | | 0 | | | |
| 清单项目综合单价 | | | | | | | | 688.46 | | | |

| 材料费明细 | 主要材料名称、规格、型号 | 单位 | 数量 | 单价/元 | 合价/元 | 暂估单价/元 | 暂估合价/元 |
|---|---|---|---|---|---|---|---|
| | 松杂板枋材 | m³ | 0.000 7 | 1 313.52 | 0.92 | | |
| | 砌筑用混合砂浆(配合比)中砂 M5.0 | m³ | 0.228 | 143.3 | 32.67 | | |
| | 灰砂砖 240mm×115mm×53mm | 千块 | 0.535 | | | 600 | 321 |
| | 其他材料费 | | | — | 2.47 | — | 0 |
| | 材料费小计 | | | — | 36.06 | — | 321 |

注：1. 如不使用省级或行业建设主管部门发布的计价依据，可不填定额编码、名称等。

2. 招标文件提供了暂估单价的材料，按暂估的单价填入表内“暂估单价”栏及“暂估合价”栏。

(3) 分部分项工程项目清单计价表见表10-16。

**表10-16 分部分项工程和单价措施项目清单与计价表**

工程名称：应用案例　　　　标段：　　　　第　页　共　页

| 序号 | 项目编码 | 项目名称 | 项目特征描述 | 计量单位 | 工程量 | 金额/元 | | |
|---|---|---|---|---|---|---|---|---|
| | | | | | | 综合单价 | 合价 | 其中：暂估价 |
| 1 | 010401001001 | 砖基础 | (1) 砖品种、规格、强度等级：Mu10灰砂砖<br>(2) 基础类型：条形基础<br>(3) 砂浆强度等级、配合比：M5水泥砂浆 | $m^3$ | 20.15 | 605.22 | 12 195.18 | 6 330.32 |
| 2 | 010401003001 | 实心砖墙 | (1) 砖品种、规格、强度等级：Mu10灰砂砖<br>(2) 墙体类型：单面清水外墙1砖厚<br>(3) 砂浆强度等级、配合比：M5水泥石灰砂浆 | $m^3$ | 63.88 | 766.56 | 48 967.85 | 20 536.14 |
| 3 | 010401003002 | 实心砖墙 | (1) 砖品种、规格、强度等级：Mu10灰砂砖<br>(2) 墙体类型：混水砖内墙1砖厚<br>(3) 砂浆强度等级、配合比：M5水泥石灰砂浆 | $m^3$ | 22.23 | 688.46 | 15 304.47 | 7 135.83 |
| 本页小计 | | | | | | | 76 467.5 | 34 002.29 |
| 合　计 | | | | | | | 76 467.5 | 34 002.29 |

注：为计取规费等的使用，可在表中增设其中："定额人工费"。

### 10.4.2 砌块砌体(表D.2，编码：010402)

1. 砌块砌体工程量清单项目编制

砌块砌体工程量清单项目编制见表10-17。

**表10-17 砌块砌体工程量清单项目**

| 项目编码 | 项目名称 | 项目特征 | 计量单位 | 工程量计算规则 | 工作内容 |
|---|---|---|---|---|---|
| 010402001 | 砌块墙 | (1) 砌块品种、规格、强度等级<br>(2) 墙体类型<br>(3) 砂浆强度等级 | $m^3$ | 同实心砖墙的工程量计算规则 | (1) 砂浆制作、运输<br>(2) 砌砖、砌块<br>(3) 勾缝<br>(4) 材料运输 |
| 010402002 | 砌块柱 | (1) 砖品种、规格、强度等级<br>(2) 墙体类型<br>(3) 砂浆强度等级 | $m^3$ | 按设计图示尺寸以体积计算<br>扣除混凝土及钢筋混凝土梁垫、梁头、板头所占体积 | |

2. 砌块砌体工程量清单项目计价

(1) 砌块墙适用于各种规格的空心砖和砌块砌筑的各种类型的墙体，可包括：轻质混凝土小型空心砌块墙、蒸压加气混凝土砌块墙、泡沫混凝土砌块墙、膨胀珍珠岩砌块墙、蒸压灰砂砖墙、混凝土炉渣实心砌块墙、黏土空心砖墙、烧结粉煤灰砖墙、陶粒砖墙、其他。

(2) 砌块柱适用于各种类型柱(矩形柱、方柱、异型柱、圆柱、包柱等)。

特别提示

(1) 嵌入砌块墙的实心砖不扣除。

(2) 砌块柱工程量“扣除混凝土及钢筋混凝土梁头、梁垫、板头所占体积”(与定额计价不同)。梁头、板头下镶嵌的实心砖体积不扣除。

(3) 砌体内加筋、墙体拉结的制作、安装，应按附录E中相关项目编码列项。

(4) 砌块排列应上、下错缝搭砌，如果搭错缝长度满足不了规定的压搭要求，应采取压砌钢筋网片的措施，具体构造要求按设计规定。若设计无规定，应注明由投标人根据工程实际情况自行考虑；钢筋网片按本规范附录F中相应项目编码列项。

(5) 砌体垂直灰缝宽>30mm时，采用C20细石混凝土灌实。灌注的混凝土应按附录E相关项目编码列项。

### 10.4.3 石砌体(表D.3，编码：010403)

1. 石砌体工程量清单项目编制

石砌体工程量清单项目编制见表10-18。

表10-18 石砌体工程量清单项目

| 项目编码 | 项目名称 | 项目特征 | 计量单位 | 工程量计算规则 | 工作内容 |
|---|---|---|---|---|---|
| 010403001 | 石基础 | (1) 石料种类、规格<br>(2) 基础类型<br>(3) 砂浆强度等级 | $m^3$ | 按设计图示尺寸以体积计算，包括附墙垛基础宽出部分体积，不扣除基础砂浆防潮层及单个面积≤0.3$m^2$的孔洞所占体积，靠墙暖气沟的挑檐不增加体积。基础长度：外墙按中心线，内墙按净长计算 | (1) 砂浆制作、运输<br>(2) 吊装<br>(3) 砌石<br>(4) 防潮层铺设<br>(5) 材料运输 |
| 010403002 | 石勒脚 | (1) 石料种类、规格<br>(2) 石表面加工要求<br>(3) 勾缝要求<br>(4) 砂浆强度等级、配合比 | | 按设计图示尺寸以体积计算，扣除单个面积>0.3 $m^2$的孔洞所占的体积 | (1) 砂浆制作、运输<br>(2) 砌石<br>(3) 石表面加工<br>(4) 勾缝<br>(5) 材料运输 |

续表

| 项目编码 | 项目名称 | 项目特征 | 计量单位 | 工程量计算规则 | 工作内容 |
|---|---|---|---|---|---|
| 010403003 | 石墙 | (1) 石料种类、规格<br>(2) 石表面加工要求<br>(3) 勾缝要求<br>(4) 砂浆强度等级、配合比 | m³ | 同实心砖墙的工程量计算规则 | (1) 砂浆制作、运输<br>(2) 吊装<br>(3) 砌石<br>(4) 石表面加工<br>(5) 勾缝<br>(6) 材料运输 |
| 010403004 | 石挡土墙 | (1) 石料种类、规格<br>(2) 石表面加工要求<br>(3) 勾缝要求<br>(4) 砂浆强度等级、配合比 | m³ | 按设计图示尺寸以体积计算 | (1) 砂浆制作、运输<br>(2) 吊装<br>(3) 砌石<br>(4) 变形缝、泄水孔、压顶抹灰<br>(5) 滤水层<br>(6) 勾缝<br>(7) 材料运输 |
| 010403005 | 石柱 | | | | |
| 010403006 | 石栏杆 | (1) 石料种类、规格<br>(2) 石表面加工要求<br>(3) 勾缝要求<br>(4) 砂浆强度等级、配合比 | m | 按设计图示以长度计算 | (1) 砂浆制作、运输<br>(2) 吊装<br>(3) 砌石<br>(4) 石表面加工<br>(5) 勾缝<br>(6) 材料运输 |
| 010403007 | 石护坡 | (1) 垫层材料种类、厚度<br>(2) 石料种类、规格<br>(3) 护坡厚度、高度<br>(4) 石表面加工要求<br>(5) 勾缝要求<br>(6) 砂浆强度等级、配合比 | m³ | 按设计图示尺寸以体积计算 | (1) 铺设垫层<br>(2) 石料加工<br>(3) 砂浆制作、运输<br>(4) 砌石<br>(5) 石表面加工<br>(6) 勾缝<br>(7) 材料运输 |
| 010403008 | 石台阶 | | | | |
| 010403009 | 石坡道 | | m² | 按设计图示尺寸以水平投影面积计算 | |
| 010403010 | 石地沟、石明沟 | (1) 沟截面尺寸<br>(2) 石料种类、规格<br>(3) 土壤类别、运距<br>(4) 垫层材料种类、厚度<br>(5) 石料种类、规格<br>(6) 石表面加工要求<br>(7) 勾缝要求<br>(8) 砂浆强度等级、配合比 | m | 按设计图示以中心线长度计算 | (1) 土方挖、运<br>(2) 砂浆制作、运输<br>(3) 铺设垫层<br>(4) 砌石<br>(5) 石表面加工<br>(6) 勾缝<br>(7) 回填<br>(8) 材料运输 |

2. *石砌体工程量清单项目计价*

(1) 石基础适用于各种规格(粗料石、细料石等)、各种材质(砂石、青石等)和各种类型(柱基、墙基、直形、弧形等)的基础。

(2) 石勒脚、石墙适用于各种规格(粗料石、细料石等)、各种材质(砂石、青石、大理石、花岗石等)和各种类型(直形、弧形等)的勒脚和墙体。

(3) 石挡土墙适用于各种规格(粗料石、细料石、块石、毛石、卵石等)、各种材质(砂石、青石、石灰石等)和各种类型(直形、弧形、台阶形等)的挡土墙。

**特别提示**

*(1) 变形缝、泄水孔、压顶抹灰等应包括在项目内。*

*(2) 挡土墙若有滤水层要求,应包括在报价内。*

*(3) 报价中包括搭、拆简易起重架。*

*(4) 石基础、石勒脚、石墙的划分:基础与勒脚应以设计室外地坪为界。勒脚与墙身应以设计室内地面为界。石围墙内外地坪标高不同时,应以较低地坪标高为界,以下为基础;内外标高之差为挡土墙时,挡土墙以上为墙身。*

(4) 石柱适用于各种规格、各种石质、各种类型的石柱。

**特别提示**

*工程量应扣除混凝土梁头、板头和梁垫所占体积。*

(5) 石栏杆适用于无雕饰的一般石栏杆。

(6) 石护坡适用于各种石质和各种石料(粗料石、细料石、片石、块石、毛石、卵石等)的护坡。

(7) 石台阶包括石梯带(垂带),不包括石梯膀,石梯膀按石挡墙项目编码列项。

(8) 石地沟、石明沟可包括的分项工程(定额子目)有以下几种。

① 砌石:砌石地沟、其他。

② 挖土方:人工挖沟槽、回填土、人力或人力车运土方、其他。

③ 垫层:三合土、四合土、混凝土、其他。

④ 混凝土制作:现场搅拌混凝土、商品混凝土、其他。

### 10.4.4 垫层(表 D.4,编码:010404)

垫层工程量清单项目编制见表 10-19。

**表 10-19 垫层工程量清单项目**

| 项目编码 | 项目名称 | 项目特征 | 计量单位 | 工程量计算规则 | 工作内容 |
|---|---|---|---|---|---|
| 010404001 | 垫层 | 垫层材料种类、配合比、厚度 | $m^3$ | 按设计图示尺寸以立方米计算。 | (1) 垫层材料的拌制<br>(2) 垫层铺设<br>(3) 材料运输 |

特别提示

除混凝土垫层应按附录E.1中相关项目编码列项外，没有包括垫层要求的清单项目应按本表垫层项目编码列项。

垫层种类有三合土、四合土、炉渣、碎砖、碎石、毛石、黏土、填砂、人工级配砂石、灰土、素土、填土屑等。

## 10.5 混凝土及钢筋混凝土工程（附录E）

本分部工程共16个子分部工程79个项目，包括现浇混凝土基础、现浇混凝土柱、现浇混凝土梁、现浇混凝土墙、现浇混凝土板、现浇混凝土楼梯、现浇混凝土其他构件、后浇带、预制混凝土柱、预制混凝土梁、预制混凝土屋架、预制混凝土板、预制混凝土楼梯、其他预制构件、钢筋工程、螺栓、铁件等，适用于建筑物的混凝土工程及钢筋混凝土工程。

### 10.5.1 现浇混凝土基础(表E.1，编码：010501)

1. 现浇混凝土基础工程量清单项目编制

现浇混凝土基础工程量清单项目编制见表10－20。

表10－20 现浇混凝土基础工程量清单项目

| 项目编码 | 项目名称 | 项目特征 | 计量单位 | 工程量计算规则 | 工作内容 |
|---|---|---|---|---|---|
| 010501001 | 垫层 | (1) 混凝土种类<br>(2) 混凝土强度等级 | $m^3$ | 按设计图示尺寸以体积计算。不扣除构件内钢筋、预埋铁件和伸入承台基础的桩头所占体积 | (1) 模板及支撑制作、安装、拆除、堆放、运输及清理模内杂物、刷隔离剂等<br>(2) 混凝土制作、运输、浇筑、振捣、养护 |
| 010501002 | 带形基础 | | | | |
| 010501003 | 独立基础 | | | | |
| 010501004 | 满堂基础 | | | | |
| 010501005 | 桩承台基础 | | | | |
| 010501006 | 设备基础 | (1) 混凝土种类<br>(2) 混凝土强度等级<br>(3) 灌浆材料、灌浆材料强度等级 | | | |

2. 现浇混凝土基础工程量清单项目计价

(1) 带形基础适用于各种带形基础，墙下的板式基础包括浇注在一字排桩上面的带形基础。

带形基础可包括的分项工程(定额子目)有以下几种。

① 混凝土浇筑：基础浇筑、其他。

② 混凝土制作：现场搅拌混凝土、商品混凝土、其他。

③ 二次灌浆：细石混凝土、水泥砂浆。

④ 其他。

(2) 独立基础适用于柱基、杯基、柱下的板式基础、无筋倒圆台基础、壳体基础、电梯井基础等。

(3) 满堂基础适用于地下室的箱式、筏式基础等。

(4) 设备基础适用于设备的块体基础、框架基础等。

**特别提示**

螺栓孔灌浆包括在报价内。

(5) 桩承台基础适用于浇注在组桩(如梅花桩)上的承台。

**特别提示**

(1) 箱式满堂基础中柱、梁、墙、板按E.2、E.3、E.4、E.5相关项目分别编码列项；箱式满堂基础底板按E.1的满堂基础项目列项。

(2) 框架式设备基础中柱、梁、墙、板分别按E.2、E.3、E.4、E.5相关项目编码列项；基础部分按E.1相关项目编码列项。

(3) 毛石混凝土基础的项目特征应描述毛石所占比例。

### 10.5.2 现浇混凝土柱(表E.2，编码：010502)

1. 现浇混凝土柱工程量清单项目编制

现浇混凝土柱工程量清单项目编制见表10-21。

表10-21 现浇混凝土柱工程量清单项目

<table>
<tr><th>项目编码</th><th>项目名称</th><th>项目特征</th><th>计量单位</th><th>工程量计算规则</th><th>工作内容</th></tr>
<tr><td>010502001</td><td>矩形柱</td><td rowspan="2">(1) 混凝土种类<br>(2) 混凝土强度等级</td><td rowspan="3">m$^3$</td><td rowspan="3">按设计图示尺寸以体积计算。不扣除构件内钢筋，预埋铁件所占体积。型钢混凝土柱扣除构件内型钢所占体积<br>柱高：<br>(1) 有梁板的柱高，应自柱基上表面(或楼板上表面)至上一层楼板上表面之间的高度计算<br>(2) 无梁板的柱高，应自柱基上表面(或楼板上表面)至柱帽下表面之间的高度计算<br>(3) 框架柱的柱高：应自柱基上表面至柱顶高度计算<br>(4) 构造柱按全高计算，嵌接墙体部分(马牙槎)并入柱身体积<br>(5) 依附柱上的牛腿和升板的柱帽，并入柱身体积计算</td><td rowspan="3">(1) 模板及支架(撑)制作、安装、拆除、堆放、运输及清理模内杂物、刷隔离剂等<br>(2) 混凝土制作、运输、浇筑、振捣、养护</td></tr>
<tr><td>010502002</td><td>构造柱</td></tr>
<tr><td>010502002</td><td>异形柱</td><td>(1) 柱形状<br>(2) 混凝土种类<br>(3) 混凝土强度等级</td></tr>
</table>

2. 现浇混凝土柱工程量清单项目计价

矩形柱、构造柱、异形柱可包括的分项工程(定额子目)有以下几种。

(1) 混凝土浇筑：矩形、多边形、异形、圆形柱浇筑、构造柱浇筑、升板柱帽浇筑、其他。

(2) 混凝土制作：现场搅拌混凝土、商品混凝土、其他。

特别提示

(1) 单独的薄壁柱以异形柱编码列项。

(2) 除无梁板柱的高度计算至柱帽下表面，其他柱都计算全高，柱帽的工程量计算在无梁板体积内。

(3) 混凝土种类：指清水混凝土、彩色混凝土等，如在同一地区既使用预拌(商品)混凝土、又允许现场搅拌混凝土，也应注明。

### 10.5.3 现浇混凝土梁(表 E.3，编码：010503)

1. 现浇混凝土梁工程量清单项目编制

现浇混凝土梁工程量清单项目编制见表 10-22。

表 10-22 现浇混凝土梁工程量清单项目

| 项目编码 | 项目名称 | 项目特征 | 计量单位 | 工程量计算规则 | 工作内容 |
| --- | --- | --- | --- | --- | --- |
| 010503001 | 基础梁 | (1) 混凝土种类<br>(2) 混凝土强度等级 | $m^3$ | 按设计图示尺寸以体积计算不扣除构件内钢筋、预埋铁件所占体积，伸入墙内的梁头、梁垫并入梁体积内<br>型钢混凝土梁扣除构件内型钢所占体积<br>梁长：<br>(1) 梁与柱连接时，梁长算至柱侧面<br>(2) 主梁与次梁连接时，次梁长算至主梁侧面 | (1) 模板及支架(撑)制作、安装、拆除、堆放、运输及清理模内杂物、刷隔离剂等<br>(2) 混凝土制作、运输、浇筑、振捣、养护 |
| 010503002 | 矩形梁 | | | | |
| 010503003 | 异形梁 | | | | |
| 010503004 | 圈梁 | | | | |
| 010503005 | 过梁 | | | | |
| 010503006 | 弧形、拱形梁 | | | | |

2. 现浇混凝土梁工程量清单项目计价

现浇混凝土梁可包括的分项工程(定额子目)有以下几种。

(1) 混凝土浇筑：基础梁浇筑、单梁、连续梁、异形梁浇筑、圈、过、拱、弧形梁浇筑、其他。

(2) 混凝土制作：现场搅拌混凝土、商品混凝土、其他。

特别提示

各种梁项目的工程量主梁与次梁连接时，次梁长算至主梁侧面，简而言之：截面小的梁长度计算至截面大的梁侧面。

### 10.5.4 现浇混凝土墙(表E.4，编码：010504)

1. 现浇混凝土墙工程量清单项目编制

现浇混凝土墙工程量清单项目编制见表10-23。

表10-23 现浇混凝土墙工程量清单项目

| 项目编码 | 项目名称 | 项目特征 | 计量单位 | 工程量计算规则 | 工作内容 |
| --- | --- | --- | --- | --- | --- |
| 010504001 | 直形墙 | (1) 混凝土种类<br>(2) 混凝土强度等级 | $m^3$ | 按设计图示尺寸以体积计算。不扣除构件内钢筋、预埋铁件所占体积，扣除门窗洞口及单个面积＞0.3 $m^2$ 的孔洞所占体积，墙垛及突出墙面部分并入墙体体积计算内 | (1) 模板及支架(撑)制作、安装、拆除、堆放、运输及清理模内杂物、刷隔离剂等<br>(2) 混凝土制作、运输、浇筑、振捣、养护 |
| 010504002 | 弧形墙 | | | | |
| 010504003 | 短肢剪力墙 | | | | |
| 010504004 | 挡土墙 | | | | |

2. 现浇混凝土墙工程量清单项目计价

直形墙、弧形墙也适用于电梯井。

现浇混凝土墙可包括的分项工程(定额子目)有以下几种。

(1) 混凝土浇筑：直形、弧形、电梯井毛石混凝土浇筑、其他。

(2) 混凝土制作：现场搅拌混凝土、商品混凝土、其他。

**特别提示**

(1) 短肢剪力墙是指截面厚度不大于300mm、各肢截面高度与厚度之比的最大值大于4但不大于8的剪力墙。

(2) 各肢截面高度与厚度之比的最大值不大于4的剪力墙，按柱项目列项。

### 10.5.5 现浇混凝土板(表E.5，编码：010505)

1. 现浇混凝土板工程量清单项目编制

现浇混凝土板工程量清单项目编制见表10-24。

2. 现浇混凝土板工程量清单项目计价

现浇混凝土板可包括的分项工程(定额子目)有以下几种。

(1) 混凝土浇筑：平板、有梁板、无梁板浇筑、拱板浇筑、栏板、反檐浇筑、天沟、挑檐浇筑、阳台、雨篷浇筑、其他。

(2) 混凝土制作：现场搅拌混凝土、商品混凝土、其他。

**特别提示**

现浇挑檐、天沟板、雨篷、阳台与板(包括屋面板、楼板)连接时，以外墙外边线为分界线；与圈梁(包括其他梁)连接时，以梁外边线为分界线。外边线以外为挑檐、天沟、雨篷或阳台。

表 10-24　现浇混凝土板工程量清单项目

| 项目编码 | 项目名称 | 项目特征 | 计量单位 | 工程量计算规则 | 工作内容 |
|---|---|---|---|---|---|
| 010505001 | 有梁板 | (1) 混凝土种类<br>(2) 混凝土强度等级 | $m^3$ | 按设计图示尺寸以体积计算不扣除构件内钢筋、预埋铁件及单个面积≤0.3$m^2$ 的柱、垛以及孔洞所占体积。压形钢板混凝土楼板扣除构件内压形钢板所占体积。有梁板(包括主、次梁与板)按梁、板体积之和计算，无梁板按板和柱帽体积之和计算，各类板伸入墙内的板头并入板体积内，薄壳板的肋、基梁并入薄壳体积内计算 | (1) 模板及支架(撑)制作、安装、拆除、堆放、运输及清理模内杂物、刷隔离剂等<br>(2) 混凝土制作、运输、浇筑、振捣、养护 |
| 010505002 | 无梁板 | | | | |
| 010505003 | 平板 | | | | |
| 010505004 | 拱板 | | | | |
| 010505005 | 薄壳板 | | | | |
| 010505006 | 栏板 | | | | |
| 010505007 | 天沟(檐沟)、挑檐板 | | | 按设计图示尺寸以体积计算 | |
| 010505008 | 雨篷、悬挑板、阳台板 | | | 按设计图示尺寸以墙外部分体积计算，包括伸出墙外的牛腿和雨篷反挑檐的体积 | |
| 010505009 | 空心板 | | | 按设计图示尺寸以体积计算。空心板(GBF 高强薄壁蜂巢芯板等)应扣除空心部分体积 | |
| 010505010 | 其他板 | | | 按设计图示尺寸以体积计算 | |

## 应用案例 10-3

现浇钢筋混凝土单层厂房如图 10.2 所示，屋面板顶面标高 5.0m，板厚 100mm；柱基础顶面标高-0.5m，柱中心线与轴线重合；柱截面尺寸为 Z3：300mm×400mm，Z4：400mm×500mm，Z5：

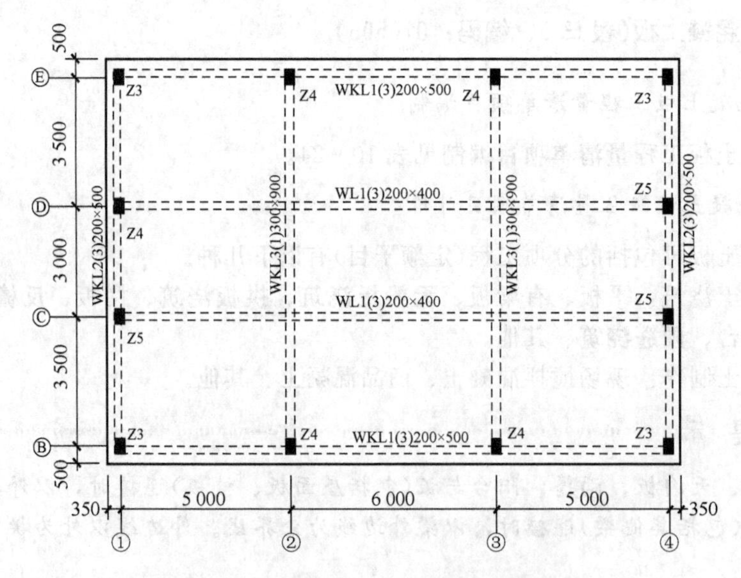


图 10.2　现浇钢筋混凝土单层厂房屋面图

300mm×400mm；使用C30商品混凝土20石浇筑，屋面混凝土板按混凝土重量的1%加防水粉，(混凝土密度按2 400kg/m³计取)。防水粉按暂估价5元/kg，人工市场单价按200元/工日计取，管理费按人工费加机械费的10%计算，利润按人工费的20%计算。

要求：(1) 编制现浇混凝土分部分项工程项目清单表(不计算基础工程，不包含模板措施项目费)。

(2) 按工程量清单计价格式计算现浇混凝土分部分项工程项目清单费(不计算基础工程，不包含模板措施项目费)。

**解：**

(1) 分部分项工程项目清单表见表10-25。

**表10-25　分部分项工程和单价措施项目清单与计价表**

工程名称：应用案例　　　　标段：　　　　第　页　共　页

| 项目编码 | 项目名称 | 项目特征描述 | 计量单位 | 工程量 | 金额/元 | | |
|---|---|---|---|---|---|---|---|
| | | | | | 综合单价 | 合价 | 其中：暂估价 |
| 010502001001 | 矩形柱 | (1) 混凝土种类：商品混凝土、20mm碎石<br>(2) 混凝土强度等级：C30 | m³ | 9.68 | | | |
| 010505001001 | 有梁板 | (1) 混凝土种类：商品混凝土、20mm碎石<br>(2) 混凝土强度等级：C30<br>(3) 其他：添加防水粉 | m³ | 26.94 | | | |
| 010505007001 | 天沟(檐沟)、挑檐 | 混凝土种类：商品混凝土、20mm碎石 | m³ | 1.42 | | | |
| | | 本页小计 | | | | | |
| | | 合　计 | | | | | |

注：为计取规费等的使用，可在表中增设"定额人工费"。

(2) 分部分项工程项目清单综合单价分析表见表10-26～表10-28。

**表10-26　综合单价分析表(一)**

工程名称：应用案例　　　　标段：　　　　第　页　共　页

| 项目编码 | 010502001001 | 项目名称 | 矩形柱 | 计量单位 | m³ | 工程量 | 9.68 |
|---|---|---|---|---|---|---|---|

清单综合单价组成明细

| 定额编号 | 定额名称 | 定额单位 | 数量 | 单价/元 | | | | 合价/元 | | | |
|---|---|---|---|---|---|---|---|---|---|---|---|
| | | | | 人工费 | 材料费 | 机械费 | 管理费和利润 | 人工费 | 材料费 | 机械费 | 管理费和利润 |
| A4-5 | 矩形、多边形、异形、圆形柱 | 10m³ | 0.1 | 2 320 | 15.27 | 14.37 | 697.44 | 232 | 1.53 | 1.44 | 69.74 |
| 8021905 | 普通商品混凝土 碎石粒径20石 C30 | m³ | 1.01 | 0 | 260 | 0 | 0 | 0 | 262.6 | 0 | 0 |
| 人工市场单价 | | 小计 | | | | | | 232 | 264.13 | 1.44 | 69.74 |
| 综合工日200元/工日 | | 未计价材料费 | | | | | | 0 | | | |

续表

| 项目编码 | 010502001001 | 项目名称 | | 矩形柱 | | | 计量单位 | $m^3$ | | 工程量 | 9.68 |
|---|---|---|---|---|---|---|---|---|---|---|---|
| 清单综合单价组成明细 | | | | | | | | | | | |
| 定额编号 | 定额名称 | 定额单位 | 数量 | 单价/元 | | | | 合价/元 | | | |
| | | | | 人工费 | 材料费 | 机械费 | 管理费和利润 | 人工费 | 材料费 | 机械费 | 管理费和利润 |
| 清单项目综合单价 | | | | | | | | 567.31 | | | |
| 材料费明细 | 主要材料名称、规格、型号 | | | | | 单位 | 数量 | 单价/元 | 合价/元 | 暂估单价/元 | 暂估合价/元 |
| | 普通商品混凝土 碎石粒径20石 C30 | | | | | $m^3$ | 1.01 | 260 | 262.6 | | |
| | 其他材料费 | | | | | | | — | 1.53 | — | 0 |
| | 材料费小计 | | | | | | | — | 264.13 | — | 0 |

注：1. 如不使用省级或行业建设主管部门发布的计价依据，可不填定额编码、名称等。

2. 招标文件提供了暂估单价的材料，按暂估的单价填入表内“暂估单价”栏及“暂估合价”栏。

**表10-27 综合单价分析表(二)**

工程名称：应用案例　　　　标段：　　　　第　页　共　页

| 项目编码 | 010505001001 | 项目名称 | | 有梁板 | | | 计量单位 | $m^3$ | | 工程量 | 26.94 |
|---|---|---|---|---|---|---|---|---|---|---|---|
| 清单综合单价组成明细 | | | | | | | | | | | |
| 定额编号 | 定额名称 | 定额单位 | 数量 | 单价/元 | | | | 合价/元 | | | |
| | | | | 人工费 | 材料费 | 机械费 | 管理费和利润 | 人工费 | 材料费 | 机械费 | 管理费和利润 |
| A4-14 | 平板、有梁板、无梁板 | $10m^3$ | 0.1 | 1 556 | 46.88 | 17.79 | 468.58 | 155.6 | 4.69 | 1.78 | 46.86 |
| 8021905 | 普通商品混凝土 碎石粒径 20 石 C30 | $m^3$ | 1.01 | 0 | 260 | 0 | 0 | 0 | 262.6 | 0 | 0 |
| 1159081 | 防水粉 | kg | 24.239 | 0 | 5 | 0 | 0 | 0 | 121.2 | 0 | 0 |
| 人工市场单价 | | 小计 | | | | | | 155.6 | 388.48 | 1.78 | 46.86 |
| 综合工日200元/工日 | | 未计价材料费 | | | | | | 0 | | | |
| 清单项目综合单价 | | | | | | | | 592.72 | | | |
| 材料费明细 | 主要材料名称、规格、型号 | | | | | 单位 | 数量 | 单价/元 | 合价/元 | 暂估单价/元 | 暂估合价/元 |
| | 普通商品混凝土 碎石粒径20石 C30 | | | | | $m^3$ | 1.01 | 260 | 262.6 | | |
| | 防水粉 | | | | | kg | 24.239 | | | 5 | 121.2 |
| | 其他材料费 | | | | | | | — | 4.69 | — | 0 |
| | 材料费小计 | | | | | | | — | 267.29 | — | 121.2 |

注：1. 如不使用省级或行业建设主管部门发布的计价依据，可不填定额编码、名称等。

2. 招标文件提供了暂估单价的材料，按暂估的单价填入表内“暂估单价”栏及“暂估合价”栏。

表 10－28 综合单价分析表(三)

工程名称：应用案例　　　　标段：　　　　第　页　共　页

| 项目编码 | 010505001001 | 项目名称 | 天沟(檐沟)、挑檐板 | 计量单位 | $m^3$ | 工程量 | 1.42 |
|---|---|---|---|---|---|---|---|

| 清单综合单价组成明细 | | | | | | | | | | | |
|---|---|---|---|---|---|---|---|---|---|---|---|
| 定额编号 | 定额名称 | 定额单位 | 数量 | 单价/元 | | | | 合价/元 | | | |
| | | | | 人工费 | 材料费 | 机械费 | 管理费和利润 | 人工费 | 材料费 | 机械费 | 管理费和利润 |
| A4－29 | 天沟、挑檐 | $10m^3$ | 0.1 | 3 004 | 76.28 | 23.18 | 903.52 | 300.4 | 7.63 | 2.32 | 90.35 |
| 8021905 | 普通商品混凝土 碎石粒径 20 石 C30 | $m^3$ | 1.01 | 0 | 260 | 0 | 0 | 0 | 262.6 | 0 | 0 |
| 1159081 | 防水粉 | kg | 23.943 7 | 0 | 5 | 0 | 0 | 0 | 119.72 | 0 | 0 |
| 人工市场单价 | | 小计 | | | | | | 300.4 | 389.95 | 2.32 | 90.35 |
| 综合工日 200 元/工日 | | 未计价材料费 | | | | | | 0 | | | |
| 清单项目综合单价 | | | | | | | | 783.01 | | | |

| 材料费明细 | 主要材料名称、规格、型号 | 单位 | 数量 | 单价/元 | 合价/元 | 暂估单价/元 | 暂估合价/元 |
|---|---|---|---|---|---|---|---|
| | 普通商品混凝土 碎石粒径 20 石 C30 | $m^3$ | 1.01 | 260 | 262.6 | | |
| | 防水粉 | kg | 23.943 7 | | | 5 | 119.72 |
| | 其他材料费 | | | — | 7.63 | — | 0 |
| | 材料费小计 | | | — | 270.23 | — | 119.72 |

注：1. 如不使用省级或行业建设主管部门发布的计价依据，可不填定额编码、名称等。

2. 招标文件提供了暂估单价的材料，按暂估的单价填入表内“暂估单价”栏及“暂估合价”栏。

(3) 分部分项工程项目清单计价表见表 10－29。

表 10－29 分部分项工程和单价措施项目清单与计价表

工程名称：应用案例　　　　标段：　　　　第　页　共　页

| 序号 | 项目编码 | 项目名称 | 项目特征描述 | 计量单位 | 工程量 | 金额/元 | | |
|---|---|---|---|---|---|---|---|---|
| | | | | | | 综合单价 | 合价 | 其中：暂估价 |
| 9 | 010502001001 | 矩形柱 | (1) 混凝土种类：商品混凝土、20mm 碎石<br>(2) 混凝土强度等级：C30 | $m^3$ | 9.68 | 567.31 | 5 491.56 | |
| 10 | 010505001001 | 有梁板 | (1) 混凝土种类：商品混凝土、20mm 碎石<br>(2) 混凝土强度等级：C30<br>(3) 其他：添加防水粉 | $m^3$ | 26.94 | 592.72 | 15 967.88 | 3 265 |

续表

| 序号 | 项目编码 | 项目名称 | 项目特征描述 | 计量单位 | 工程量 | 金额/元 | | |
|---|---|---|---|---|---|---|---|---|
| | | | | | | 综合单价 | 合价 | 其中：暂估价 |
| 11 | 010505007001 | 天沟(檐沟)、挑檐板 | (1) 混凝土种类：商品混凝土、20mm碎石<br>(2) 混凝土强度等级：C30<br>(3) 其他：添加防水粉 | $m^3$ | 1.42 | 783.01 | 1 111.87 | 172.1 |
| | | | 本页小计 | | | | 22 571.31 | 3 435 |
| | | | 合　计 | | | | 22 571.31 | 3 435 |

注：为计取规费等的使用，可在表中增设其中："定额人工费"。

### 10.5.6　现浇混凝土楼梯(表E.6，编码：010506)

1. 现浇混凝土楼梯工程量清单项目编制

现浇混凝土楼梯工程量清单项目编制见表10－30。

表10－30　现浇混凝土楼梯工程量清单项目

| 项目编码 | 项目名称 | 项目特征 | 计量单位 | 工程量计算规则 | 工作内容 |
|---|---|---|---|---|---|
| 010506001 | 直形楼梯 | (1) 混凝土种类<br>(2) 混凝土强度等级 | (1) $m^2$<br>(2) $m^3$ | (1) 以平方米计量，按设计图示尺寸以水平投影面积计算。不扣除宽度≤500mm的楼梯井，伸入墙内部分不计算<br>(2) 以立方米计量，按设计图示尺寸以体积计算 | (1) 模板及支架(撑)制作、安装、拆除、堆放、运输及清理模内杂物、刷隔离剂等<br>(2) 混凝土制作、运输、浇筑、振捣、养护 |
| 010506002 | 弧形楼梯 | | | | |

2. 现浇混凝土楼梯工程量清单项目计价

现浇混凝土楼梯可包括的分项工程(定额子目)有以下几种。

(1) 混凝土浇筑：直形楼梯浇筑、弧形楼梯浇筑、其他。

(2) 混凝土制作：现场搅拌混凝土、商品混凝土、其他。

**特别提示**

整体楼梯(包括直形楼梯、弧形楼梯)水平投影面积包括休息平台、平台梁、斜梁和楼梯的连接梁。当整体楼梯与现浇楼板无梯梁连接时，以楼梯的最后一个踏步边缘加300mm为界。

### 10.5.7　现浇混凝土其他构件(表E.7，编码：010507)

1. 现浇混凝土其他构件工程量清单项目编制

现浇混凝土其他构件工程量清单项目编制见表10－31。

表 10－31　现浇混凝土其他构件工程量清单项目

| 项目编码 | 项目名称 | 项目特征 | 计量单位 | 工程量计算规则 | 工作内容 |
|---|---|---|---|---|---|
| 010507001 | 散水、坡道 | (1) 垫层材料种类、厚度<br>(2) 面层厚度<br>(3) 混凝土种类<br>(4) 混凝土强度等级<br>(5) 变形缝填塞材料种类 | m² | 按设计图示尺寸以面积计算<br>不扣除单个≤0.3 m² 的孔洞所占面积 | (1) 地基夯实<br>(2) 铺设垫层<br>(3) 模板及支撑制作、安装、拆除、堆放、运输及清理模内杂物、刷隔离剂等<br>(4) 混凝土制作、运输、浇筑、振捣、养护<br>(5) 变形缝填塞 |
| 010507002 | 室外地坪 | (1) 地坪厚度<br>(2) 混凝土强度等级 | | | |
| 010507003 | 电缆沟、地沟 | (1) 土壤类别<br>(2) 沟截面净空尺寸<br>(3) 垫层材料种类、厚度<br>(4) 混凝土种类<br>(5) 混凝土强度等级<br>(6) 防护材料种类 | m | 按设计图示以中心线长度计算 | (1) 挖填、运土石方<br>(2) 铺设垫层<br>(3) 模板及支撑制作、安装、拆除、堆放、运输及清理模内杂物、刷隔离剂等<br>(4) 混凝土制作、运输、浇筑、振捣、养护<br>(5) 刷防护材料 |
| 010507004 | 台阶 | (1) 踏步高、宽<br>(2) 混凝土种类<br>(3) 混凝土强度等级 | (1) m²<br>(2) m³ | (1) 按设计图示尺寸水平投影面积计算<br>(2) 按设计图示尺寸以体积计算 | (1) 模板及支撑制作、安装、拆除、堆放、运输及清理模内杂物、刷隔离剂等<br>(2) 混凝土制作、运输、浇筑、振捣、养护 |
| 010507005 | 扶手、压顶 | (1) 断面尺寸<br>(2) 混凝土种类<br>(3) 混凝土强度等级 | (1) m<br>(2) m³ | (1) 按设计图示的延长米计算<br>(2) 按设计图示尺寸以体积计算 | |
| 010507006 | 化粪池、检查井 | (1) 部位<br>(2) 混凝土强度等级<br>(3) 防水、抗渗要求 | (1) m³<br>(2) 座 | (1) 按设计图示尺寸以体积计算。不扣除构件内钢筋、预埋铁件所占体积<br>(2) 以座计量，按设计图示数量计算 | |
| 010507007 | 其他构件 | (1) 构件的类型<br>(2) 构件规格<br>(3) 部位<br>(4) 混凝土种类<br>(5) 混凝土强度等级 | m³ | | |

2. 现浇混凝土其他构件工程量清单项目计价

1）其他构件

其他构件可包括的分项工程(定额子目)有以下几种。

(1) 混凝土浇筑：台阶浇筑、压顶、扶手浇筑、房上水池浇筑、小型构件浇筑、其他。

(2) 混凝土制作：现场搅拌混凝土、商品混凝土、其他。

特别提示

(1) 现浇混凝土小型池槽、垫块、门框等，应按本表其他构件项目编码列项。

(2) 架空式混凝土台阶按现浇楼梯计算。

2）散水、坡道、电缆沟、地沟

散水、坡道、电缆沟、地沟可包括的分项工程(定额子目)有以下几种。

(1) 垫层：三合土、四合土、混凝土、轻质混凝土、炉渣、碎砖、碎石、毛石、黏土、填砂、人工级配砂石、灰土、素土、填石屑、其他。

(2) 混凝土浇筑：地沟、明沟、电缆沟、散水、其他。

(3) 混凝土制作：现场搅拌混凝土、商品混凝土、其他。

(4) 变形缝填塞：变形缝填塞、其他。

(5) 刷防护材料：刷防护材料、其他。

特别提示

需抹灰时，应包括在报价内。

### 10.5.8 后浇带(表E.8，编码：010508)

1. 后浇带工程量清单项目编制

后浇带工程量清单项目编制见表10－32。

表10－32 后浇带工程量清单项目

| 项目编码 | 项目名称 | 项目特征 | 计量单位 | 工程量计算规则 | 工作内容 |
|---|---|---|---|---|---|
| 010508001 | 后浇带 | (1) 混凝土种类<br>(2) 混凝土强度等级 | $m^3$ | 按设计图示尺寸以体积计算 | (1) 模板及支架(撑)制作、安装、拆除、堆放、运输及清理模内杂物、刷隔离剂等<br>(2) 混凝土制作、运输、浇筑、振捣、养护及混凝土交接面、钢筋等的清理 |

2. 后浇带工程量清单项目计价

该项目适用于梁、墙、板的后浇带，可包括的分项工程(定额子目)有以下两种。

(1) 混凝土浇筑：梁浇筑、楼板、天面板浇筑、墙浇筑、其他。

(2) 混凝土制作：现场搅拌混凝土、商品混凝土、其他。

### 10.5.9 预制混凝土柱(表E.9，编码：010509)

1. 预制混凝土柱工程量清单项目编制

预制混凝土柱工程量清单项目编制见表10－33。

表10－33 预制混凝土柱工程量清单项目

| 项目编码 | 项目名称 | 项目特征 | 计量单位 | 工程量计算规则 | 工作内容 |
|---|---|---|---|---|---|
| 010509001 | 矩形柱 | (1) 图代号<br>(2) 单件体积<br>(3) 安装高度<br>(4) 混凝土强度等级<br>(5) 砂浆(细石混凝土)强度等级、配合比 | (1) $m^3$<br>(2) 根 | (1) 以立方米计量，按设计图示尺寸以体积计算。不扣除构件内钢筋、预埋铁件所占体积<br>(2) 以根计量，按设计图示尺寸以数量计算 | (1) 模板制作、安装、拆除、堆放、运输及清理模内杂物、刷隔离剂等<br>(2) 混凝土制作、运输、浇筑、振捣、养护<br>(3) 构件运输、安装<br>(4) 砂浆制作、运输<br>(5) 接头灌缝、养护 |
| 010509002 | 异形柱 | | | | |

2. 预制混凝土柱工程量清单项目计价

预制混凝土柱可包括的分项工程(定额子目)有以下几种。、

(1) 混凝土浇筑：矩形柱制作、工字柱、双肢柱、空格柱、空心柱制作、其他。

(2) 混凝土制作：现场搅拌混凝土、商品混凝土、其他。

(3) 构件安装：矩形柱安装、工字柱、双肢柱、空格柱、空心柱安装、其他。

(4) 构件运输：构件运输、其他。

(5) 接头灌缝：细石混凝土、水泥砂浆、其他。

**特别提示**

预制混凝土柱以根计量，必须描述单件体积。

**应用案例10－4**

单层厂房有工字柱14根，柱高9.0m，单根体积1.709$m^3$，矩形抗风柱(600mm×400mm)4根，柱高9.4m，单根体积2.256$m^3$，C30混凝土20石，现场搅拌站搅拌，距安装施工现场3km。安装时用C30细石混凝土灌缝，人工单价按200元/工日计取，管理费按人工费加机械费的10%计算，利润按人工费的20%计算。

要求：(1) 编制本例预制混凝土柱分部分项工程项目清单表。

(2) 按工程量清单计价格式计算预制混凝土柱分部分项工程项目清单费。

**解**：

(1) 分部分项工程项目清单表见表10－34。

**表 10－34　分部分项工程项目清单与计价表**

工程名称：应用案例　　　　　　　　标段：　　　　　　　　第　页　共　页

| 序号 | 项目编码 | 项目名称 | 项目特征描述 | 计量单位 | 工程量 | 金额/元 | | |
|---|---|---|---|---|---|---|---|---|
| | | | | | | 综合单价 | 合价 | 其中：暂估价 |
| 1 | 010509001001 | 矩形柱 | (1) 单件体积：2.256m³<br>(2) 安装高度：9.4m<br>(3) 混凝土强度等级：C30<br>(4) 砂浆（细石混凝土）强度等级、配合比：C30 细石混凝土 | m³ | 9.02 | | | |
| 2 | 010509002001 | 异形柱 | (1) 柱类型：工字柱<br>(2) 单件体积：1.709m³<br>(3) 安装高度：9.0m<br>(4) 混凝土强度等级：C30<br>(5) 砂浆（细石混凝土）强度等级、配合比：C30 细石混凝土 | m³ | 23.93 | | | |
| | | | 本页小计 | | | | | |
| | | | 合　计 | | | | | |

注：为计取规费等的使用，可在表中增设“定额人工费”。

(2) 分部分项工程项目清单综合单价分析表见表 10－35、表 10－36。

**表 10－35　综合单价分析表**

工程名称：应用案例　　　　　　　　标段：　　　　　　　　第　页　共　页

| 项目编码 | 010509001001 | 项目名称 | 矩形柱 | 计量单位 | m³ | 工程量 | 9.02 |
|---|---|---|---|---|---|---|---|

清单综合单价组成明细

| 定额编号 | 定额名称 | 定额单位 | 数量 | 单价/元 | | | | 合价/元 | | | |
|---|---|---|---|---|---|---|---|---|---|---|---|
| | | | | 人工费 | 材料费 | 机械费 | 管理费和利润 | 人工费 | 材料费 | 机械费 | 管理费和利润 |
| A4－80 | 矩形柱 | 10m³ | 0.1 | 2 002 | 36.01 | 9.04 | 601.5 | 200.2 | 3.6 | 0.9 | 60.15 |
| 8021436 | C30 混凝土 20 石(搅拌站) | 10m³ | 0.101 | 148 | 2 359.16 | 125.71 | 56.97 | 14.95 | 238.28 | 12.7 | 5.75 |
| A4－122 | 矩形柱、 | 10m³ | 0.1 | 1 144 | 365.4 | 607.45 | 403.95 | 114.4 | 36.54 | 60.75 | 40.4 |
| A4－150 换 | 构件体积 1m³ 以上，1km 内实际运距：3km | 10m³ | 0.1 | 590 | 16.14 | 988.74 | 275.87 | 59 | 1.61 | 98.87 | 27.59 |
| A4－52 | 二次灌浆 细石混凝土 | 10m³ | 0.004 4 | 7 246 | 353.88 | 60.66 | 2 179.87 | 32.13 | 1.57 | 0.27 | 9.67 |

续表

| 项目编码 | 010509001001 | 项目名称 | 矩形柱 | 计量单位 | m$^3$ | 工程量 | 9.02 |
|---|---|---|---|---|---|---|---|

清单综合单价组成明细

| 定额编号 | 定额名称 | 定额单位 | 数量 | 单价/元 | | | | 合价/元 | | | |
|---|---|---|---|---|---|---|---|---|---|---|---|
| | | | | 人工费 | 材料费 | 机械费 | 管理费和利润 | 人工费 | 材料费 | 机械费 | 管理费和利润 |
| 8021469 | C30 混凝土 10 石(搅拌站) | 10m$^3$ | 0.004 6 | 148 | 2 381.16 | 125.71 | 56.97 | 0.68 | 10.88 | 0.57 | 0.26 |
| A21-119 | 预制混凝土构件模板制安 矩形柱 2m$^3$ 外 | 10m$^3$ | 0.1 | 1 456 | 203.05 | 33.27 | 440.13 | 145.6 | 20.31 | 3.33 | 44.01 |
| 人工市场单价 | | 小计 | | | | | | 566.96 | 312.78 | 177.39 | 187.83 |
| 综合工日 200 元/工日 | | 未计价材料费 | | | | | | 0 | | | |
| 清单项目综合单价 | | | | | | | | 1 244.96 | | | |

| 材料费明细 | 主要材料名称、规格、型号 | 单位 | 数量 | 单价/元 | 合价/元 | 暂估单价/元 | 暂估合价/元 |
|---|---|---|---|---|---|---|---|
| | 松杂板枋材 | m$^3$ | 0.021 4 | 1 313.52 | 28.11 | | |
| | C30 混凝土 20 石(配合比) | m$^3$ | 1.01 | 226.47 | 228.73 | | |
| | 铁件(综合) | kg | 1.11 | 5.81 | 6.45 | | |
| | C30 混凝土 10 石(配合比) | m$^3$ | 0.045 7 | 228.67 | 10.45 | | |
| | 其他材料费 | | | — | 39.04 | — | 0 |
| | 材料费小计 | | | — | 312.79 | — | 0 |

注：1. 如不使用省级或行业建设主管部门发布的计价依据，可不填定额编码、名称等。

2. 招标文件提供了暂估单价的材料，按暂估的单价填入表内"暂估单价"栏及"暂估合价"栏。

表 10-36 综合单价分析表(二)

工程名称：应用案例　　　　标段：　　　　第　页　共　页

| 项目编码 | 010509002001 | 项目名称 | 异形柱 | 计量单位 | m$^3$ | 工程量 | 23.93 |
|---|---|---|---|---|---|---|---|

清单综合单价组成明细

| 定额编号 | 定额名称 | 定额单位 | 数量 | 单价/元 | | | | 合价/元 | | | |
|---|---|---|---|---|---|---|---|---|---|---|---|
| | | | | 人工费 | 材料费 | 机械费 | 管理费和利润 | 人工费 | 材料费 | 机械费 | 管理费和利润 |
| A4-80 | 工字柱 | 10m$^3$ | 0.1 | 2 002 | 36.01 | 9.04 | 601.5 | 200.2 | 3.6 | 0.9 | 60.15 |
| 8021436 | C30 混凝土 20 石(搅拌站) | 10m$^3$ | 0.101 | 148 | 2 359.16 | 125.71 | 56.97 | 14.95 | 238.28 | 12.7 | 5.75 |
| A4-123 | 工字柱 | 10m$^3$ | 0.1 | 1 356 | 433.66 | 455.64 | 452.36 | 135.6 | 43.37 | 45.56 | 45.24 |

续表

| 项目编码 | 010509002001 | 项目名称 | 异形柱 | | | | 计量单位 | $m^3$ | 工程量 | 23.93 | |
|---|---|---|---|---|---|---|---|---|---|---|---|
| 清单综合单价组成明细 | | | | | | | | | | | |
| 定额编号 | 定额名称 | 定额单位 | 数量 | 单价/元 | | | | 合价/元 | | | |
| | | | | 人工费 | 材料费 | 机械费 | 管理费和利润 | 人工费 | 材料费 | 机械费 | 管理费和利润 |
| A4-150换 | 构件体积1$m^3$以上，1km内实际运距：3km | 10$m^3$ | 0.1 | 590 | 16.14 | 988.74 | 275.87 | 59 | 1.61 | 98.87 | 27.59 |
| A4-52 | 二次灌浆 细石混凝土 | 10$m^3$ | 0.007 | 7 246 | 353.88 | 60.66 | 2 179.87 | 50.87 | 2.48 | 0.43 | 15.3 |
| 8021469 | C30混凝土10石(搅拌站) | 10$m^3$ | 0.007 2 | 148 | 2 381.16 | 125.71 | 56.97 | 1.07 | 17.22 | 0.91 | 0.41 |
| A21-120 | 预制混凝土构件模板制安工字柱 | 10$m^3$ | 0.1 | 5 740 | 899.59 | 242.1 | 1 746.21 | 574 | 89.96 | 24.21 | 174.62 |
| 人工市场单价 | | 小计 | | | | | | 1 035.69 | 396.52 | 183.58 | 329.06 |
| 综合工日200元/工日 | | 未计价材料费 | | | | | | 0 | | | |
| 清单项目综合单价 | | | | | | | | 1 944.86 | | | |

| | 主要材料名称、规格、型号 | 单位 | 数量 | 单价/元 | 合价/元 | 暂估单价/元 | 暂估合价/元 |
|---|---|---|---|---|---|---|---|
| 材料费明细 | 松杂板枋材 | $m^3$ | 0.069 8 | 1 313.52 | 91.68 | | |
| | C30混凝土20石(配合比) | $m^3$ | 1.01 | 226.47 | 228.73 | | |
| | 铁件(综合) | kg | 1.11 | 5.81 | 6.45 | | |
| | C30混凝土10石(配合比) | $m^3$ | 0.072 3 | 228.67 | 16.53 | | |
| | 其他材料费 | | | — | 53.16 | — | 0 |
| | 材料费小计 | | | — | 396.56 | — | 0 |

注：1. 如不使用省级或行业建设主管部门发布的计价依据，可不填定额编码、名称等。

2. 招标文件提供了暂估单价的材料，按暂估的单价填入表内“暂估单价”栏及“暂估合价”栏。

(3) 分部分项工程项目清单计价表见表10-37。

**表10-37 分部分项工程项目清单与计价表**

工程名称：应用案例　　标段：　　第　页　共　页

| 序号 | 项目编码 | 项目名称 | 项目特征描述 | 计量单位 | 工程量 | 金额/元 | | |
|---|---|---|---|---|---|---|---|---|
| | | | | | | 综合单价 | 合价 | 其中：暂估价 |
| 1 | 010509001001 | 矩形柱 | (1) 单件体积：2.256$m^3$<br>(2) 安装高度：9.4m<br>(3) 混凝土强度等级：C30<br>(4) 砂浆(细石混凝土)强度等级、配合比：C30细石混凝土 | $m^3$ | 9.02 | 1 244.96 | 11 229.54 | |

续表

| 序号 | 项目编码 | 项目名称 | 项目特征描述 | 计量单位 | 工程量 | 金额/元 | | |
|---|---|---|---|---|---|---|---|---|
| | | | | | | 综合单价 | 合价 | 其中：暂估价 |
| 2 | 010509002001 | 异形柱 | (1) 柱类型：工字柱<br>(2) 单件体积：1.709m³<br>(3) 安装高度：9.0m<br>(4) 混凝土强度等级：C30<br>(5) 砂浆(细石混凝土)强度等级、配合比：C30 细石混凝土 | m³ | 23.93 | 1 944.86 | 46 540.5 | |
| 本页小计 | | | | | | | 57 770.04 | |
| 合　计 | | | | | | | 57 770.04 | |

注：为计取规费等的使用，可在表中增设其中："定额人工费"。

### 10.5.10　预制混凝土梁(表 E.10，编码：010510)

1. 预制混凝土梁工程量清单项目编制

预制混凝土梁工程量清单项目编制见表 10－38。

表 10－38　预制混凝土梁工程量清单项目

| 项目编码 | 项目名称 | 项目特征 | 计量单位 | 工程量计算规则 | 工作内容 |
|---|---|---|---|---|---|
| 010510001 | 矩形梁 | (1) 图代号<br>(2) 单件体积<br>(3) 安装高度<br>(4) 混凝土强度等级<br>(5) 砂浆(细石混凝土)强度等级、配合比 | (1) m³<br>(2) 根 | (1) 以立方米计量，按设计图示尺寸以体积计算。不扣除构件内钢筋、预埋铁件所占体积<br>(2) 以根计量，按设计图示尺寸以数量计算 | (1) 模板制作、安装、拆除、堆放、运输及清理模内杂物、刷隔离剂等<br>(2) 混凝土制作、运输、浇筑、振捣、养护<br>(3) 构件运输、安装<br>(4) 砂浆制作、运输<br>(5) 接头灌缝、养护 |
| 010510002 | 异形梁 | | | | |
| 010510003 | 过梁 | | | | |
| 010510004 | 拱形梁 | | | | |
| 010510005 | 鱼腹式吊车梁 | | | | |
| 010510006 | 其他梁 | | | | |

2. 预制混凝土梁工程量清单项目计价

预制混凝土梁可包括的分项工程(定额子目)有以下几种。

(1) 混凝土浇筑：矩形梁制作、异形梁制作、过梁制作、T 形鱼腹式吊车梁制作、预应力(后张)T 形梁制作、其他。

(2) 混凝土制作：现场搅拌混凝土、商品混凝土、其他。

(3) 构件安装：矩形梁安装、异形梁安装、过梁安装、T 形鱼腹式吊车梁安装、预应力(后张)T 形梁安装、其他。

（4）构件运输：构件运输、其他。

（5）接头灌缝：细石混凝土、水泥砂浆、其他。

### 10.5.11 预制混凝土屋架(表 E.11，编码：010511)

1. 预制混凝土屋架工程量清单项目编制

预制混凝土屋架工程量清单项目编制见表 10－39。

表 10－39 预制混凝土屋架工程量清单项目

| 项目编码 | 项目名称 | 项目特征 | 计量单位 | 工程量计算规则 | 工作内容 |
|---|---|---|---|---|---|
| 010511001 | 折线型屋架 | （1）图代号<br>（2）单件体积<br>（3）安装高度<br>（4）混凝土强度等级<br>（5）砂浆（细石混凝土）强度等级、配合比 | （1）$m^3$<br>（2）榀 | （1）以立方米计量，按设计图示尺寸以体积计算。不扣除构件内钢筋、预埋铁件所占体积<br>（2）以榀计量，按设计图示尺寸以数量计算 | （1）模板制作、安装、拆除、堆放、运输及清理模内杂物、刷隔离剂等<br>（2）混凝土制作、运输、浇筑、振捣、养护<br>（3）构件运输、安装<br>（4）砂浆制作、运输<br>（5）接头灌缝、养护 |
| 010511002 | 组合屋架 | | | | |
| 010511003 | 薄腹屋架 | | | | |
| 010511004 | 门式刚架屋架 | | | | |
| 010511005 | 天窗架 | | | | |

2. 预制混凝土屋架工程量清单项目计价

预制混凝土屋架可包括的分项工程(定额子目)有以下几种。

（1）混凝土浇筑：拱、梯形屋架制作，预应力(后张)拱形屋架制作，三角，锯齿，人字形屋架、托架梁制作，混合屋架制作，预应力(后张)托架梁制作，薄腹屋架制作，预应力(后张)薄腹屋架制作，门式屋架制作，天窗架制作，天窗端壁制作，其他。

（2）混凝土制作：现场搅拌混凝土、商品混凝土、其他。

（3）构件安装：拱、梯形屋架安装，预应力(后张)拱型屋架制作，三角，锯齿，人字形屋架，托架梁安装，混合屋架安装，薄腹屋架安装，门式屋架安装，天窗架安装，天窗端壁安装，其他。

（4）构件运输：构件运输、其他。

（5）接头灌缝：细石混凝土、水泥砂浆、其他。

### 10.5.12 预制混凝土板(表 E.12，编码：010512)

1. 预制混凝土板工程量清单项目编制

预制混凝土板工程量清单项目编制见表 10－40。

表 10-40 预制混凝土板工程量清单项目

| 项目编码 | 项目名称 | 项目特征 | 计量单位 | 工程量计算规则 | 工作内容 |
|---|---|---|---|---|---|
| 010512001 | 平板 | (1) 图代号<br>(2) 单件体积<br>(3) 安装高度<br>(4) 混凝土强度等级<br>(5) 砂浆(细石混凝土)强度等级、配合比 | (1) $m^3$<br>(2) 块 | (1) 以立方米计量，按设计图示尺寸以体积计算。不扣除构件内钢筋、预埋铁件及单个尺寸≤300mm×300mm 的孔洞所占体积，扣除空心板空洞体积<br>(2) 以块计量，按设计图示尺寸以"数量"计算 | (1) 模板制作、安装、拆除、堆放、运输及清理模内杂物、刷隔离剂等<br>(2) 混凝土制作、运输、浇筑、振捣、养护<br>(3) 构件运输、安装<br>(4) 砂浆制作、运输<br>(5) 接头灌缝、养护 |
| 010512002 | 空心板 | | | | |
| 010512003 | 槽形板 | | | | |
| 010512004 | 网架板 | | | | |
| 010512005 | 折线板 | | | | |
| 010512006 | 带肋板 | | | | |
| 010512007 | 大型板 | | | | |
| 010512008 | 沟盖板、井盖板、井圈 | (1) 单件体积<br>(2) 安装高度<br>(3) 混凝土强度等级<br>(4) 砂浆(细石混凝土)强度等级、配合比 | (1) $m^3$<br>(2) 块(套) | (1) 以立方米计量，按设计图示尺寸以体积计算。不扣除构件内钢筋、预埋铁件所占体积<br>(2) 以块计量，按设计图示尺寸以"数量"计算 | |

2. 预制混凝土板工程量清单项目计价

预制混凝土板可包括的分项工程(定额子目)有以下几种。

(1) 混凝土浇筑：非预应力平板制作，预应力平板制作，预应力薄板制作，非预应力空心板，预应力空心板制作，非预应力槽形板，预应力槽形板制作，预应力 V 型折板制作，预应力槽瓦板制作，非预应力大型屋面板制作，预应力大型屋面板板制作，空心大型墙面板制作，预应力空心大型板制作，其他。

(2) 混凝土制作：现场搅拌混凝土、商品混凝土、其他。

(3) 构件安装：平板安装、空心板安装、槽形板安装、V 形折板安装、槽瓦板安装、大型屋面板安装、空心大型墙面板安装、预应力空心大型板安装、屋面板安装、其他。

(4) 构件运输：构件运输、其他。

(5) 接头灌缝：细石混凝土、水泥砂浆、其他。

特别提示

(1) 以块、套计量，必须描述单件体积。

(2) 不带肋的预制遮阳板、雨篷板、挑檐板、拦板等，应按 E.12 中平板项目编码列项。

(3) 预制 F 形板、双 T 形板、单肋板和带反挑檐的雨篷板、挑檐板、遮阳板等，应按 E.12 中带肋板项目编码列项。

(4) 预制大型墙板、大型楼板、大型屋面板等，应按 B.12 中大型板项目编码列项。

### 10.5.13 预制混凝土楼梯(表E.13，编码：010513)

1. 预制混凝土楼梯工程量清单项目编制

预制混凝土楼梯工程量清单项目编制见表10－41。

表10－41 预制混凝土楼梯工程量清单项目

| 项目编码 | 项目名称 | 项目特征 | 计量单位 | 工程量计算规则 | 工作内容 |
| --- | --- | --- | --- | --- | --- |
| 010513001 | 楼梯 | (1) 楼梯类型<br>(2) 单件体积<br>(3) 混凝土强度等级<br>(4) 砂浆(细石混凝土)强度等级 | (1) $m^3$<br>(2) 段 | (1) 以立方米计量，按设计图示尺寸以体积计算。不扣除构件内钢筋、预埋铁件所占体积，扣除空心踏步板空洞体积<br>(2) 以段计量，按设计图示数量计算 | (1) 模板制作、安装、拆除、堆放、运输及清理模内杂物、刷隔离剂等<br>(2) 混凝土制作、运输、浇筑、振捣、养护<br>(3) 构件运输、安装<br>(4) 砂浆制作、运输<br>(5) 接头灌缝、养护 |

2. 预制混凝土楼梯工程量清单项目计价

预制混凝土楼梯可包括的分项工程(定额子目)有以下几种。

(1) 混凝土浇筑：楼梯段制作、楼梯斜梁制作、楼梯踏步板制作、其他。

(2) 混凝土制作：现场搅拌混凝土、商品混凝土、其他。

(3) 构件安装：楼梯段及斜梁安装、楼梯踏步板安装、其他。

(4) 构件运输：构件运输、其他。

(5) 接头灌缝：细石混凝土、水泥砂浆、其他。

### 10.5.14 其他预制构件(表E.14，编码：010514)

1. 其他预制构件工程量清单项目编制

其他预制构件工程量清单项目编制见表10－42。

表10－42 其他预制构件工程量清单项目

| 项目编码 | 项目名称 | 项目特征 | 计量单位 | 工程量计算规则 | 工作内容 |
| --- | --- | --- | --- | --- | --- |
| 010514001 | 烟道、垃圾道、通风道 | (1) 单件体积<br>(2) 混凝土强度等级<br>(3) 砂浆强度等级 | (1) $m^3$<br>(2) $m^2$<br>(3) 根(块、套) | (1) 以立方米计量，按设计图示尺寸以体积计算。不扣除构件内钢筋、预埋铁件及单个面积≤300mm×300mm的孔洞所占体积，扣除烟道、垃圾道、通风道的孔洞所占体积<br>(2) 以平方米计量，按设计图示尺寸以面积计算。不扣除构件内钢筋、预埋铁件及单个面积≤300mm×300mm的孔洞所占面积<br>(3) 以根计量，按设计图示尺寸以数量计算 | (1) 模板制作、安装、拆除、堆放、运输及清理模内杂物、刷隔离剂等<br>(2) 混凝土制作、运输、浇筑、振捣、养护<br>(3) 构件运输、安装<br>(4) 砂浆制作、运输<br>(5) 接头灌缝、养护 |
| 010514002 | 其他构件 | (1) 单件体积<br>(2) 构件的类型<br>(3) 混凝土强度等级<br>(4) 砂浆强度等级 | | | |

2. 其他预制构件工程量清单项目计价

**特别提示**

预制钢筋混凝土小型池槽、压顶、扶手、垫块、隔热板、花格等按本表中其他构件项目编码列项。

### 10.5.15 钢筋工程(表 A.4.15，编码：010515)

1. 钢筋工程工程量清单项目编制

钢筋工程工程量清单项目编制见表 10－43。

**表 10－43 钢筋工程工程量清单项目**

| 项目编码 | 项目名称 | 项目特征 | 计量单位 | 工程量计算规则 | 工作内容 |
|---|---|---|---|---|---|
| 010515001 | 现浇构件钢筋 | 钢筋种类、规格 | t | 按设计图示钢筋(网)长度(面积)乘单位理论质量计算 | (1) 钢筋(网、笼)制作、运输<br>(2) 钢筋(网、笼)安装<br>(3) 焊接(绑扎) |
| 010515002 | 预制构件钢筋 | | | | |
| 010515003 | 钢筋网片 | | | | |
| 010515004 | 钢筋笼 | | | | |
| 010515005 | 先张法预应力钢筋 | (1) 钢筋种类、规格<br>(2) 锚具种类 | | 按设计图示钢筋长度乘单位理论质量计算 | (1) 钢筋制作、运输<br>(2) 钢筋张拉 |
| 010515006 | 后张法预应力钢筋 | (1) 钢筋种类、规格<br>(2) 钢丝束种类、规格<br>(3) 钢绞线种类、规格<br>(4) 锚具种类<br>(5) 砂浆强度等级 | | 按设计图示钢筋(丝束、绞线)长度乘单位理论质量计算<br>(1) 低合金钢筋两端均采用螺杆锚具时，钢筋长度按孔道长度减 0.35m 计算，螺杆另行计算<br>(2) 低合金钢筋一端采用镦头插片、另一端采用螺杆锚具时，钢筋长度按孔道长度计算，螺杆另行计算<br>(3) 低合金钢筋一端采用镦头插片、另一端采用帮条锚具时，钢筋增加 0.15m 计算；两端均采用帮条锚具时，钢筋长度按孔道长度增加 0.3m 计算<br>(4) 低合金钢筋采用后张混凝土自锚时，钢筋长度按孔道长度增加 0.35m 计算 | (1) 钢筋、钢丝、钢绞线制作、运输<br>(2) 钢筋、钢丝、钢绞线安装<br>(3) 预埋管孔道铺设<br>(4) 锚具安装<br>(5) 砂浆制作、运输<br>(6) 孔道压浆、养护 |
| 010515007 | 预应力钢丝 | | | | |

续表

| 项目编码 | 项目名称 | 项目特征 | 计量单位 | 工程量计算规则 | 工作内容 |
|---|---|---|---|---|---|
| 010515008 | 预应力钢绞线 | | t | (5) 低合金钢筋（钢绞线）采用JM、XM、QM型锚具，孔道长度≤20m时，钢筋长度增加1m计算，孔道长度＞20m时，钢筋长度增加1.8m计算<br>(6) 碳素钢丝采用锥形锚具，孔道长度≤20m时，钢丝束长度按孔道长度增加1m计算，孔道长度＞20m时，钢丝束长度按孔道长度增加1.8m计算<br>(7) 碳素钢丝采用镦头锚具时，钢丝束长度按孔道长度增加0.35m计算。 | |
| 010515009 | 支撑钢筋（铁马） | (1) 钢筋种类<br>(2) 规格 | t | 按钢筋长度乘单位理论质量计算 | 钢筋制作、焊接、安装 |
| 0105150010 | 声测管 | (1) 材质<br>(2) 规格型号 | t | 按设计图示尺寸质量计算 | (1) 检测管截断、封头<br>(2) 套管制作、焊接<br>(3) 定位、固定 |

2. 钢筋工程工程量清单项目计价

**特别提示**

(1) 现浇构件中伸出构件的锚固钢筋应并入钢筋工程量内。除设计（包括规范规定）标明的搭接外，其他施工搭接不计算工程量，在综合单价中综合考虑。

(2) 现浇构件中固定位置的支撑钢筋、双层钢筋用的“铁马”在编制工程量清单时，其工程数量可为暂估量，结算时按现场签证数量计算。

**应用案例10－5**

按本教材应用案例5－21某框架结构房屋的框架梁KL1(2)的配筋图及相关条件。人工市场单价按200元/工日计取，管理费按人工费加机械费的10%计算，利润按人工费的20%计算。

要求：(1) 编制10道框架梁KL1(2)的钢筋分部分项工程项目清单表。

(2) 按工程量清单计价格式计算10道框架梁KL1(2)的钢筋分部分项工程项目清单费。

**解：**

(1) 分部分项工程项目清单表见表10－44。

表10－44　分部分项工程和单价措施项目清单与计价表

工程名称：应用案例　　　　　　　　　　标段：　　　　　　　　　　　第　页　共　页

| 序号 | 项目编码 | 项目名称 | 项目特征描述 | 计量单位 | 工程量 | 金额/元 | | |
|---|---|---|---|---|---|---|---|---|
| | | | | | | 综合单价 | 合价 | 其中：暂估价 |
| 1 | 010515001001 | 现浇构件钢筋 | (1) 钢筋种类、规格：圆钢 $\phi$10内 | t | 0.051 4 | | | |
| 2 | 010515001002 | 现浇构件钢筋 | (1) 钢筋种类、规格：螺纹钢 $\phi$20内 | t | 3.46 | | | |
| 3 | 010515001003 | 现浇构件钢筋 | (1) 钢筋种类、规格：箍筋 $\phi$10内 | t | 0.477 8 | | | |
| | | | 本页小计 | | | | | |
| | | | 合　计 | | | | | |

注：为计取规费等的使用，可在表中增设其中："定额人工费"。

(2) 分部分项工程项目清单综合单价分析表见表10－45～表10－47。

表10－45　综合单价分析表(一)

工程名称：应用案例　　　　　　　　　　标段：　　　　　　　　　　　第　页　共　页

| 项目编码 | 010515001001 | 项目名称 | 现浇构件钢筋 | 计量单位 | t | 工程量 | 0.051 4 |
|---|---|---|---|---|---|---|---|

清单综合单价组成明细

| 定额编号 | 定额名称 | 定额单位 | 数量 | 单价/元 | | | | 合价/元 | | | |
|---|---|---|---|---|---|---|---|---|---|---|---|
| | | | | 人工费 | 材料费 | 机械费 | 管理费和利润 | 人工费 | 材料费 | 机械费 | 管理费和利润 |
| A4－175 | 现浇构件圆钢 $\phi$10内 | t | 1 | 1 739.2 | 3 887.51 | 44.44 | 526.2 | 1 739.2 | 3 887.51 | 44.44 | 526.2 |
| 人工市场单价 | | 小计 | | | | | | 1 739.2 | 3 887.51 | 44.44 | 526.2 |
| 综合工日200元/工日 | | 未计价材料费 | | | | | | 0 | | | |
| 清单项目综合单价 | | | | | | | | 6 197.19 | | | |

| 材料费明细 | 主要材料名称、规格、型号 | 单位 | 数量 | 单价/元 | 合价/元 | 暂估单价/元 | 暂估合价/元 |
|---|---|---|---|---|---|---|---|
| | 圆钢 $\phi$10以内 | t | 1.019 5 | 3 757.47 | 3 830.74 | | |
| | 其他材料费 | | | — | 54.89 | — | 0 |
| | 材料费小计 | | | — | 3 885.63 | — | 0 |

注：1. 如不使用省级或行业建设主管部门发布的计价依据，可不填定额编码、名称等。

2. 招标文件提供了暂估单价的材料，按暂估的单价填入表内"暂估单价"栏及"暂估合价"栏。

**表 10-46 综合单价分析表(二)**

工程名称：应用案例　　　　标段：　　　　第　页　共　页

<table>
<tr><td>项目编码</td><td colspan="2">010515001002</td><td colspan="2">项目名称</td><td colspan="3">现浇构件钢筋</td><td>计量单位</td><td>t</td><td>工程量</td><td>3.46</td></tr>
<tr><td colspan="12">清单综合单价组成明细</td></tr>
<tr><td rowspan="2">定额编号</td><td rowspan="2">定额名称</td><td rowspan="2">定额单位</td><td rowspan="2">数量</td><td colspan="4">单价/元</td><td colspan="4">合价/元</td></tr>
<tr><td>人工费</td><td>材料费</td><td>机械费</td><td>管理费和利润</td><td>人工费</td><td>材料费</td><td>机械费</td><td>管理费和利润</td></tr>
<tr><td>A4-179</td><td>现浇构件螺纹钢φ25内</td><td>t</td><td>1</td><td>877.2</td><td>4 126.47</td><td>50.73</td><td>268.23</td><td>877.2</td><td>4 126.47</td><td>50.73</td><td>268.23</td></tr>
<tr><td colspan="2">人工市场单价</td><td colspan="6">小计</td><td>877.2</td><td>4 126.47</td><td>50.73</td><td>268.23</td></tr>
<tr><td colspan="2">综合工日200元/工日</td><td colspan="6">未计价材料费</td><td colspan="4">0</td></tr>
<tr><td colspan="8">清单项目综合单价</td><td colspan="4">5 322.63</td></tr>
<tr><td rowspan="4">材料费明细</td><td colspan="4">主要材料名称、规格、型号</td><td>单位</td><td>数量</td><td>单价/元</td><td>合价/元</td><td>暂估单价/元</td><td colspan="2">暂估合价/元</td></tr>
<tr><td colspan="4">螺纹钢φ10～25</td><td>t</td><td>1.045</td><td>3 881.34</td><td>4 056</td><td></td><td colspan="2"></td></tr>
<tr><td colspan="6">其他材料费</td><td>—</td><td>70.47</td><td>—</td><td colspan="2">0</td></tr>
<tr><td colspan="6">材料费小计</td><td>—</td><td>4 126.47</td><td>—</td><td colspan="2">0</td></tr>
</table>

注：1. 如不使用省级或行业建设主管部门发布的计价依据，可不填定额编码、名称等。

2. 招标文件提供了暂估单价的材料，按暂估的单价填入表内“暂估单价”栏及“暂估合价”栏。

**表 10-47 综合单价分析表(三)**

工程名称：应用案例　　　　标段：　　　　第　页　共　页

<table>
<tr><td>项目编码</td><td colspan="2">010515001003</td><td colspan="2">项目名称</td><td colspan="3">现浇构件钢筋</td><td>计量单位</td><td>t</td><td>工程量</td><td>0.477 8</td></tr>
<tr><td colspan="12">清单综合单价组成明细</td></tr>
<tr><td rowspan="2">定额编号</td><td rowspan="2">定额名称</td><td rowspan="2">定额单位</td><td rowspan="2">数量</td><td colspan="4">单价/元</td><td colspan="4">合价/元</td></tr>
<tr><td>人工费</td><td>材料费</td><td>机械费</td><td>管理费和利润</td><td>人工费</td><td>材料费</td><td>机械费</td><td>管理费和利润</td></tr>
<tr><td>A4-181</td><td>现浇构件箍筋圆钢φ10内</td><td>t</td><td>1</td><td>2 293.2</td><td>3 885.84</td><td>66.37</td><td>694.6</td><td>2 293.2</td><td>3 885.84</td><td>66.37</td><td>694.6</td></tr>
<tr><td colspan="2">人工市场单价</td><td colspan="6">小计</td><td>2 293.2</td><td>3 885.84</td><td>66.37</td><td>694.6</td></tr>
<tr><td colspan="2">综合工日200元/工日</td><td colspan="6">未计价材料费</td><td colspan="4">0</td></tr>
<tr><td colspan="8">清单项目综合单价</td><td colspan="4">6 940</td></tr>
<tr><td rowspan="4">材料费明细</td><td colspan="4">主要材料名称、规格、型号</td><td>单位</td><td>数量</td><td>单价/元</td><td>合价/元</td><td>暂估单价/元</td><td colspan="2">暂估合价/元</td></tr>
<tr><td colspan="4">圆钢φ10以内</td><td>t</td><td>1.020 1</td><td>3 757.47</td><td>3 833</td><td></td><td colspan="2"></td></tr>
<tr><td colspan="6">其他材料费</td><td>—</td><td>53.22</td><td>—</td><td colspan="2">0</td></tr>
<tr><td colspan="6">材料费小计</td><td>—</td><td>3 886.22</td><td>—</td><td colspan="2">0</td></tr>
</table>

注：1. 如不使用省级或行业建设主管部门发布的计价依据，可不填定额编码、名称等。

2. 招标文件提供了暂估单价的材料，按暂估的单价填入表内“暂估单价”栏及“暂估合价”栏。

(3) 分部分项工程项目清单计价表见表10-48。

表10-48 分部分项工程和单价措施项目清单与计价表

工程名称：应用案例　　标段：　　第　页　共　页

| 序号 | 项目编码 | 项目名称 | 项目特征描述 | 计量单位 | 工程量 | 金额/元 | | |
|---|---|---|---|---|---|---|---|---|
| | | | | | | 综合单价 | 合价 | 其中：暂估价 |
| 1 | 010515001001 | 现浇构件钢筋 | 钢筋种类、规格：圆钢$\phi$10内 | t | 0.051 4 | 6 197.19 | 318.54 | |
| 2 | 010515001002 | 现浇构件钢筋 | 钢筋种类、规格：螺纹钢$\phi$20内 | t | 3.46 | 5 322.63 | 18 416.3 | |
| 3 | 010515001003 | 现浇构件钢筋 | 钢筋种类、规格：箍筋$\phi$10内 | t | 0.477 8 | 6 940 | 3 315.93 | |
| 本页小计 | | | | | | | 22 050.77 | |
| 合　计 | | | | | | | 22 050.77 | |

注：为计取规费等的使用，可在表中增设其中："定额人工费"。

### 10.5.16 螺栓、铁件(表E.16，编码：010516)

1. 螺栓、铁件工程量清单项目编制

螺栓、铁件工程量清单项目编制见表10-49。

表10-49 螺栓、铁件工程量清单项目

| 项目编码 | 项目名称 | 项目特征 | 计量单位 | 工程量计算规则 | 工作内容 |
|---|---|---|---|---|---|
| 010516001 | 螺栓 | (1) 螺栓种类<br>(2) 规格 | t | 按设计图示尺寸以质量计算 | (1) 螺栓、铁件制作、运输<br>(2) 螺栓、铁件安装 |
| 010516002 | 预埋铁件 | (1) 钢材种类<br>(2) 规格<br>(3) 铁件尺寸 | | | |
| 010516003 | 机械连接 | (1) 连接方式<br>(2) 螺纹套筒种类<br>(3) 规格 | 个 | 按数量计算 | (1) 钢筋套丝<br>(2) 套筒连接 |

2. 螺栓、铁件工程量清单项目计价

特别提示

编制工程量清单时，其工程数量可为暂估量，实际工程量按现场签证数量计算。

## 10.6 金属结构工程（附录F）

本分部工程共7个子分部工程31个项目，包括钢网架，钢屋架、钢托架、钢桁架、钢架桥，钢柱，钢梁，钢板楼板、墙板，钢构件，金属制品，适用于建筑物的钢结构工程。

## 10.6.1 钢网架(表 F.1，编码：010601)

1. 钢网架工程量清单项目编制

钢网架工程量清单项目编制见表 10－50。

**表 10－50 钢网架工程量清单项目**

| 项目编码 | 项目名称 | 项目特征 | 计量单位 | 工程量计算规则 | 工作内容 |
|---|---|---|---|---|---|
| 010601001 | 钢网架 | (1) 钢材品种、规格<br>(2) 网架节点形式、连接方式<br>(3) 网架跨度、安装高度<br>(4) 探伤要求<br>(5) 防火要求 | t | 按设计图示尺寸以质量计算<br>不扣除孔眼的质量，焊条、铆钉、螺栓等不另增加质量 | (1) 拼装<br>(2) 安装<br>(3) 探伤<br>(4) 补刷油漆 |

2. 钢网架工程量清单项目计价

钢网架适用于一般钢网架和不锈钢网架。不论节点形式(球形节点、板式节点等)和节点联结方式(焊结、丝结)等均使用该项目。

## 10.6.2 钢屋架、钢托架、钢桁架、钢架桥(表 E.2，编码：010602)

1. 钢屋架、钢托架、钢桁架、钢架桥工程量清单项目编制

钢屋架、钢托架、钢桁架、钢架桥工程量清单项目编制见表 10－51。

**表 10－51 钢屋架、钢托架、钢桁架、钢架桥工程量清单项目**

<table>
<tr><th>项目编码</th><th>项目名称</th><th>项目特征</th><th>计量单位</th><th>工程量计算规则</th><th>工作内容</th></tr>
<tr><td>010602001</td><td>钢屋架</td><td>(1) 钢材品种、规格<br>(2) 单榀质量<br>(3) 屋架跨度、安装高度<br>(4) 螺栓种类<br>(5) 探伤要求<br>(6) 防火要求</td><td>(1) 榀<br>(2) t</td><td>(1) 以榀计量，按设计图示数量计算<br>(2) 以吨计量，按设计图示尺寸以质量计算。不扣除孔眼的质量，焊条、铆钉、螺栓等不另增加质量</td><td rowspan="4">(1) 拼装<br>(2) 安装<br>(3) 探伤<br>(4) 补刷油漆</td></tr>
<tr><td>010602002</td><td>钢托架</td><td rowspan="2">(1) 钢材品种、规格<br>(2) 单榀质量<br>(3) 安装高度<br>(4) 螺栓种类<br>(5) 探伤要求<br>(6) 防火要求</td><td rowspan="3">t</td><td rowspan="3">按设计图示尺寸以质量计算<br>不扣除孔眼的质量，焊条、铆钉、螺栓等不另增加质量</td></tr>
<tr><td>010602003</td><td>钢桁架</td></tr>
<tr><td>010602004</td><td>钢架桥</td><td>(1) 桥类型<br>(2) 钢材品种、规格<br>(3) 单榀质量<br>(4) 安装高度<br>(5) 螺栓种类<br>(6) 探伤要求</td></tr>
</table>

2. 钢屋架、钢托架、钢桁架、钢架桥工程量清单项目计价

钢屋架适用于一般钢屋架和轻钢屋架、冷弯薄壁型钢屋架。

特别提示

(1) 螺栓种类指普通或高强。

(2) 以榀计量，按标准图设计的应注明标准图代号，按非标准图设计的项目特征必须描述单榀屋架的质量。

### 10.6.3 钢柱(表 E.3，编码：010603)

1. 钢柱工程量清单项目编制

钢柱工程量清单项目编制见表 10－52。

表 10－52 钢柱工程量清单项目

| 项目编码 | 项目名称 | 项目特征 | 计量单位 | 工程量计算规则 | 工作内容 |
|---|---|---|---|---|---|
| 010603001 | 实腹钢柱 | (1) 柱类型<br>(2) 钢材品种、规格<br>(3) 单根柱质量<br>(4) 螺栓种类<br>(5) 探伤要求<br>(6) 防火要求 | t | 按设计图示尺寸以质量计算。不扣除孔眼的质量，焊条、铆钉、螺栓等不另增加质量，依附在钢柱上的牛腿及悬臂梁等并入钢柱工程量内 | (1) 拼装<br>(2) 安装<br>(3) 探伤<br>(4) 补刷油漆 |
| 010603002 | 空腹钢柱 | | | | |
| 010603003 | 钢管柱 | (1) 钢材品种、规格<br>(2) 单根柱质量<br>(3) 螺栓种类<br>(4) 探伤要求<br>(5) 防火要求 | | 按设计图示尺寸以质量计算。不扣除孔眼的质量，焊条、铆钉、螺栓等不另增加质量，钢管柱上的节点板、加强环、内衬管、牛腿等并入钢管柱工程量内 | |

2. 钢柱工程量清单项目计价

(1) 实腹柱适用于实腹钢柱和实腹式型钢混凝土柱，柱类型指十字、T、L、H 形等。

(2) 空腹柱适用于空腹钢柱和空腹型钢混凝土柱，柱类型指箱形、格构等。

(3) 钢管柱适用于钢管柱和钢管混凝土柱。

(4) 螺栓种类指普通或高强。

**应用案例 10－6**

某工程实腹柱门式钢架 10 榀，如图 10.3 所示，设计要求：使用热轧 H 形钢制作，实腹柱重 848.9kg/榀，实腹柱每吨油漆面积为 $24m^2$，防锈漆打底 1 遍，再刷防火漆 2 遍。汽车运输 2km。人工市场单价按 200 元/工日计取，管理费按人工费加机械费的 10%计算，利润按人工费的 20%计算。

要求：(1) 编制实腹柱分部分项工程项目清单表。

(2) 按工程量清单计价格式计算实腹柱分部分项工程项目清单费。

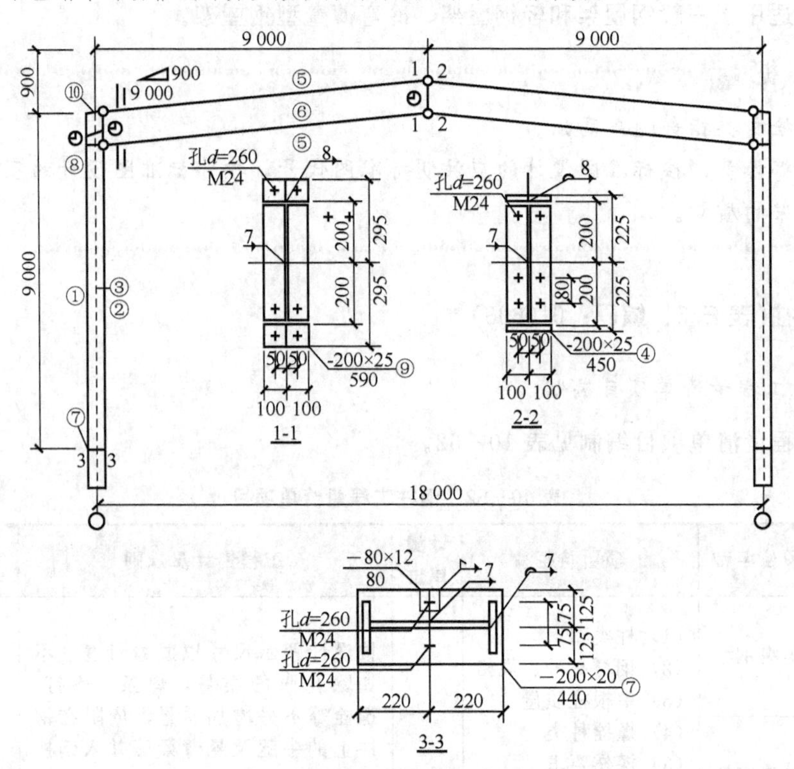


图 10.3 门式钢架

**解：**

(1) 分部分项工程项目清单表见表 10-53。

**表 10-53 分部分项工程和单价措施项目清单与计价表**

工程名称：应用案例　　　　标段：　　　　第　页　共　页

| 序号 | 项目编码 | 项目名称 | 项目特征描述 | 计量单位 | 工程量 | 金额/元 | | |
|---|---|---|---|---|---|---|---|---|
| | | | | | | 综合单价 | 合价 | 其中：暂估价 |
| 1 | 010603001001 | 实腹钢柱 | (1) 柱类型：H 形<br>(2) 钢材品种、规格：热轧 Q235<br>(3) 单根柱质量：0.848 9t<br>(4) 防火要求：防锈漆 1 遍、调和漆 2 遍 | t | 8.489 | | | |
| | | | 本页小计 | | | | | |
| | | | 合　计 | | | | | |

注：为计取规费等的使用，可在表中增设其中："定额人工费"。

(2) 分部分项工程项目清单综合单价分析算表见表10-54。

**表10-54 综合单价分析表**

工程名称：应用案例　　　　标段：　　　　第　页　共　页

| 项目编码 | 010603001001 | 项目名称 | 实腹钢柱 | | | 计量单位 | t | 工程量 | 8.489 | | |
|---|---|---|---|---|---|---|---|---|---|---|---|
| 清单综合单价组成明细 | | | | | | | | | | | |
| 定额编号 | 定额名称 | 定额单位 | 数量 | 单价/元 | | | | 合价/元 | | | |
| | | | | 人工费 | 材料费 | 机械费 | 管理费和利润 | 人工费 | 材料费 | 机械费 | 管理费和利润 |
| A6-152换 | 热轧H型钢柱3t以内 | t | 1 | 0 | 5 952 | 0 | 0 | 0 | 5 952 | 0 | 0 |
| A6-135 | 金属结构件场内运输 | 10t | 0.1 | 261.4 | 1.52 | 321.8 | 110.6 | 26.14 | 0.15 | 32.18 | 11.06 |
| A6-32 | 钢柱拼装 | t | 1 | 344 | 220.89 | 407.87 | 143.99 | 344 | 220.89 | 407.87 | 143.99 |
| A6-33 | 钢柱安装质量4.0t以内 | t | 1 | 1 481.4 | 439.73 | 110.4 | 455.46 | 1 481.4 | 439.73 | 110.4 | 455.46 |
| A16-132 | 金属面调和漆2遍 | $100m^2$ | 0.24 | 561.6 | 207.63 | 0 | 168.48 | 134.79 | 49.83 | 0 | 40.44 |
| 人工市场单价 | | 小计 | | | | | | 1 986.33 | 6 662.6 | 550.45 | 650.95 |
| 综合工日200元/工日 | | 未计价材料费 | | | | | | 4 451.98 | | | |
| 清单项目综合单价 | | | | | | | | 9 850.34 | | | |
| 材料费明细 | 主要材料名称、规格、型号 | | | | | 单位 | 数量 | 单价/元 | 合价/元 | 暂估单价/元 | 暂估合价/元 |
| | 松杂板枋材 | | | | | $m^3$ | 0.014 1 | 1 313.52 | 18.52 | | |
| | 钢材 | | | | | t | 1.06 | 4 200 | 4 452 | | |
| | 其他材料费 | | | | | | | — | 2 192.08 | — | 0 |
| | 材料费小计 | | | | | | | — | 6 662.6 | — | 0 |

注：1. 如不使用省级或行业建设主管部门发布的计价依据，可不填定额编码、名称等。

2. 招标文件提供了暂估单价的材料，按暂估的单价填入表内“暂估单价”栏及“暂估合价”栏。

(3) 分部分项工程项目清单计价表见表10-55。

**表10-55 分部分项工程和单价措施项目清单与计价表**

工程名称：应用案例　　　　标段：　　　　第　页　共　页

| 序号 | 项目编码 | 项目名称 | 项目特征描述 | 计量单位 | 工程量 | 金额/元 | | |
|---|---|---|---|---|---|---|---|---|
| | | | | | | 综合单价 | 合价 | 其中：暂估价 |
| 1 | 010603001001 | 实腹钢柱 | (1) 柱类型：H型<br>(2) 钢材品种、规格：热轧Q235<br>(3) 单根柱质量：0.848 9t<br>(4) 防火要求：防锈漆1遍、调和漆2遍 | t | 8.489 | 9 850.34 | 83 619.54 | |
| | | 本页小计 | | | | | 83 619.54 | |
| | | 合　计 | | | | | 83 619.54 | |

注：为计取规费等的使用，可在表中增设“定额人工费”。

## 10.6.4 钢梁(表 E.4，编码：010604)

1. 钢梁工程量清单项目编制

钢梁工程量清单项目编制见表 10－56。

表 10－56 钢梁工程量清单项目

| 项目编码 | 项目名称 | 项目特征 | 计量单位 | 工程量计算规则 | 工作内容 |
|---|---|---|---|---|---|
| 010604001 | 钢梁 | (1) 梁类型<br>(2) 钢材品种、规格<br>(3) 单根质量<br>(4) 螺栓种类<br>(5) 安装高度<br>(6) 探伤要求<br>(7) 防火要求 | t | 按设计图示尺寸以质量计算。不扣除孔眼的质量，焊条、铆钉、螺栓等不另增加质量，制动梁、制动板、制动桁架、车挡并入钢吊车梁工程量内并入钢吊车梁工程量内 | (1) 拼装<br>(2) 安装<br>(3) 探伤<br>(4) 补刷油漆 |
| 010604002 | 钢吊车梁 | (1) 钢材品种、规格<br>(2) 单根质量<br>(3) 螺栓种类<br>(4) 安装高度<br>(5) 探伤要求<br>(6) 防火要求 | | | |

2. 钢梁工程量清单项目计价

(1) 钢梁适用于钢梁和实腹式型钢混凝土梁、空腹式型钢混凝土梁，梁类型指 H、L、T 形、箱形、格构式等。

(2) 钢吊车梁适用于钢吊车梁及吊车梁的制动梁、制动板、制动桁架，车挡应包括在报价内。

## 10.6.5 钢板楼板、墙板(表 E.5，编码：010605)

1. 钢板楼板、墙板工程量清单项目编制

钢板楼板、墙板工程量清单项目编制见表 10－57。

表 10－57 钢板楼板、墙板工程量清单项目

| 项目编码 | 项目名称 | 项目特征 | 计量单位 | 工程量计算规则 | 工作内容 |
|---|---|---|---|---|---|
| 010605001 | 钢板楼板 | (1) 钢材品种、规格<br>(2) 钢板厚度<br>(3) 螺栓种类<br>(4) 防火要求 | $m^2$ | 按设计图示尺寸以铺设水平投影面积计算<br>不扣除单个面积≤0.3 $m^2$ 柱、垛及孔洞所占面积 | (1) 拼装<br>(2) 安装<br>(3) 探伤<br>(4) 补刷油漆 |
| 010605002 | 钢板墙板 | (1) 钢材品种、规格<br>(2) 钢板厚度、复合板厚度<br>(3) 螺栓种类<br>(4) 复合板夹芯材料种类、层数、型号、规格<br>(5) 防火要求 | | 按设计图示尺寸以铺挂展开面积计算<br>不扣除单个面积≤0.3 $m^2$ 的梁、孔洞所占面积，包角、包边、窗台泛水等不另加面积 | |

2. 钢板楼板、墙板工程量清单项目计价

（1）螺栓种类指普通或高强。

（2）钢板楼板上浇筑钢筋混凝土，其混凝土和钢筋应按本规范附录E混凝土及钢筋混凝土工程中相关项目编码列项。

（3）压型钢楼板按钢楼板项目编码列项。

## 10.6.6 钢构件(表E.6，编码：010606)

1. 钢构件工程量清单项目编制

钢构件工程量清单项目编制见表10-58。

表10-58 钢构件工程量清单项目

| 项目编码 | 项目名称 | 项目特征 | 计量单位 | 工程量计算规则 | 工作内容 |
|---|---|---|---|---|---|
| 010606001 | 钢支撑、钢拉条 | （1）钢材品种、规格<br>（2）构件类型<br>（3）安装高度<br>（4）螺栓种类<br>（5）探伤要求<br>（6）防火要求 | t | 按设计图示尺寸以质量计算<br>不扣除孔眼的质量，焊条、铆钉、螺栓等不另增加质量 | （1）拼装<br>（2）安装<br>（3）探伤<br>（4）补刷油漆 |
| 010606002 | 钢檩条 | （1）钢材品种、规格<br>（2）构件类型<br>（3）单根质量<br>（4）安装高度<br>（5）螺栓种类<br>（6）探伤要求<br>（7）防火要求 | | | |
| 010606003 | 钢天窗架 | （1）钢材品种、规格<br>（2）单榀质量<br>（3）安装高度<br>（4）螺栓种类<br>（5）探伤要求<br>（6）防火要求 | | | |
| 010606004 | 钢挡风架 | （1）钢材品种、规格<br>（2）单榀质量<br>（3）螺栓种类<br>（4）探伤要求<br>（5）防火要求 | t | | |
| 010606005 | 钢墙架 | | | | |
| 010606006 | 钢平台 | （1）钢材品种、规格<br>（2）螺栓种类<br>（3）防火要求 | | | |
| 010606007 | 钢走道 | | | | |
| 010606008 | 钢梯 | （1）钢材品种、规格<br>（2）钢梯形式<br>（3）螺栓种类<br>（4）防火要求 | | | |
| 010606009 | 钢护栏 | （1）钢材品种、规格<br>（2）防火要求 | | | |

续表

| 项目编码 | 项目名称 | 项目特征 | 计量单位 | 工程量计算规则 | 工作内容 |
| --- | --- | --- | --- | --- | --- |
| 010606010 | 钢漏斗 | (1) 钢材品种、规格<br>(2) 漏斗、天沟形式<br>(3) 安装高度<br>(4) 探伤要求 | t | 按设计图示尺寸以质量计算，不扣除孔眼的质量，焊条、铆钉、螺栓等不另增加质量，依附漏斗或天沟的型钢并入漏斗或天沟工程量内 | (1) 拼装<br>(2) 安装<br>(3) 探伤<br>(4) 补刷油漆 |
| 010606011 | 钢板天沟 | | | | |
| 010606012 | 钢支架 | (1) 钢材品种、规格<br>(2) 单付重量<br>(3) 防火要求 | | 按设计图示尺寸以质量计算，不扣除孔眼的质量，焊条、铆钉、螺栓等不另增加质量 | |
| 010606013 | 零星钢构件 | (1) 构件名称<br>(2) 钢材品种、规格 | | | |

2. 钢构件工程量清单项目计价

(1) 螺栓种类指普通或高强。

(2) 钢墙架项目包括墙架柱、墙架梁和连接杆件。

(3) 钢支撑、钢拉条类型指单式、复式；钢檩条类型指型钢式、格构式；钢漏斗形式指方形、圆形；天沟形式指矩形沟或半圆形沟。

(4) 加工铁件等小型构件应按零星钢构件项目编码列项。

### 10.6.7 金属制品(表 E.7，编码：010607)

金属制品工程量清单项目编制见表 10-59。

表 10-59 金属制品工程量清单项目

| 项目编码 | 项目名称 | 项目特征 | 计量单位 | 工程量计算规则 | 工作内容 |
| --- | --- | --- | --- | --- | --- |
| 010607001 | 成品空调金属百叶护栏 | (1) 材料品种、规格<br>(2) 边框材质 | $m^2$ | 按设计图示尺寸以框外围展开面积计算 | (1) 安装<br>(2) 校正<br>(3) 预埋铁件及安螺栓 |
| 010607002 | 成品栅栏 | (1) 材料品种、规格<br>(2) 边框及立柱型钢品种、规格 | | | (1) 安装<br>(2) 校正<br>(3) 预埋铁件<br>(4) 安螺栓及金属立柱 |
| 010607003 | 成品雨篷 | (1) 材料品种、规格<br>(2) 雨篷宽度<br>(3) 凉衣杆品种、规格 | (1) m<br>(2) $m^2$ | (1) 以米计量，按设计图示接触边以米计算<br>(2) 以平方米计量，按设计图示尺寸以展开面积计算 | (1) 安装<br>(2) 校正<br>(3) 预埋铁件及安螺栓 |

续表

| 项目编码 | 项目名称 | 项目特征 | 计量单位 | 工程量计算规则 | 工作内容 |
| --- | --- | --- | --- | --- | --- |
| 010607004 | 金属网栏 | (1) 材料品种、规格<br>(2) 边框及立柱型钢品种、规格 | $m^2$ | 按设计图示尺寸以框外围展开面积计算 | (1) 安装<br>(2) 校正<br>(3) 安螺栓及金属立柱 |
| 010607005 | 砌块墙钢丝网加固 | (1) 材料品种、规格<br>(2) 加固方式 | | 按设计图示尺寸以面积计算 | (1) 铺贴<br>(2) 铆固 |
| 010607006 | 后浇带金属网 | | | | |

特别提示

金属制品中共性问题的说明如下。

(1) 金属构件的切边，不规则及多边形钢板发生的损耗在综合单价中考虑。

(2) 防火要求指耐火极限。

(3) 抹灰钢丝网加固按本表中砌块墙钢丝网加固项目编码列项。

## 10.7 木结构工程（附录G）

本分部工程共个3子分部工程8个项目，包括木屋架，木构件，屋面木基层，适用于建筑物的木结构工程。

### 10.7.1 木屋架(表G.1，编码：010701)

1. 木屋架工程量清单项目编制

木屋架工程量清单项目编制见表10－60。

表10－60 木屋架工程量清单项目

| 项目编码 | 项目名称 | 项目特征 | 计量单位 | 工程量计算规则 | 工作内容 |
| --- | --- | --- | --- | --- | --- |
| 010701001 | 木屋架 | (1) 跨度<br>(2) 材料品种、规格<br>(3) 刨光要求<br>(4) 拉杆及夹板种类<br>(5) 防护材料种类 | (1) 榀<br>(2) $m^3$ | (1) 以榀计量，按设计图示数量计算<br>(2) 以立方米计量，按设计图示的规格尺寸以体积计算 | (1) 制作<br>(2) 运输<br>(3) 安装<br>(4) 刷防护材料 |
| 010701002 | 钢木屋架 | (1) 跨度<br>(2) 木材品种、规格<br>(3) 刨光要求<br>(4) 钢材品种、规格<br>(5) 防护材料种类 | 榀 | 以榀计量，按设计图示数量计算 | |

2. 木屋架工程量清单项目计价

(1) 木屋架适用于各种方木、圆木屋架。

**特别提示**

(1) 与屋架相连接的挑檐木应包括在木屋架报价内。

(2) 钢夹板构件、连接螺栓应包括在报价内。

(3) 屋架的跨度应以上、下弦中心线两交点之间的距离计算。

(2) 钢木屋架适用于各种方木、圆木的钢木组合屋架。

**特别提示**

(1) 钢拉杆(下弦拉杆)、受拉腹杆、钢夹板、连接螺栓应包括在报价内。

(2) 屋架的跨度应以上、下弦中心线两交点之间的距离计算。

**应用案例 10-7**

某工程有6榀6m跨度的杉圆木普通人字木屋架，如图10.4所示，每一榀竣工木料体积为0.328$m^3$，油漆面积为8.06$m^2$，木屋架刷底漆、油调和漆及清漆各两遍。人工市场单价按200元/工日计取，管理费按人工费加机械费的10%计算，利润按人工费的20%计算。

要求：(1) 编制木屋架分部分项工程项目清单表。

(2) 按工程量清单计价格式计算木屋架分部分项工程项目清单费。

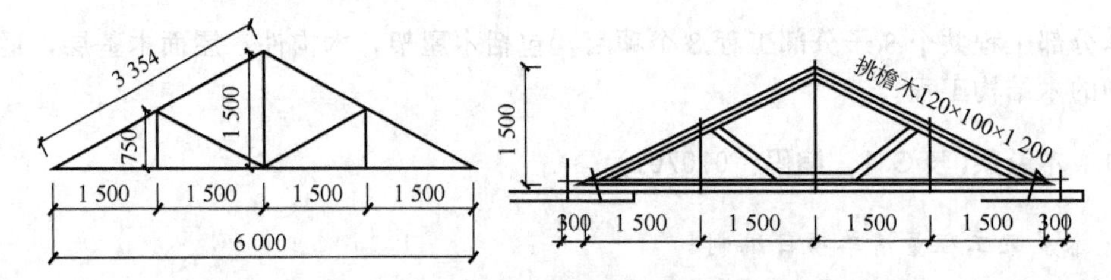


图10.4　6m跨度杉圆木普通屋架示意图

**解：**

(1) 分部分项工程项目清单表见表10-61。

**表10-61　分部分项工程和单价措施项目清单与计价表**

工程名称：应用案例　　　　　标段：　　　　　第　页　共　页

| 序号 | 项目编码 | 项目名称 | 项目特征描述 | 计量单位 | 工程量 | 金额/元 | | |
|---|---|---|---|---|---|---|---|---|
| | | | | | | 综合单价 | 合价 | 其中：暂估价 |
| 1 | 010701001001 | 木屋架 | (1) 跨度：人字屋架6m<br>(2) 材料品种、规格：圆木<br>(3) 防护材料种类：底油1遍、调和漆和清漆各2遍 | 榀 | 6 | | | |
| 本页小计 | | | | | | | | |
| 合　计 | | | | | | | | |

注：为计取规费等的使用，可在表中增设“定额人工费”。

(2) 分部分项工程项目清单综合单价分析算表见表10-62。

**表10-62 综合单价分析表**

工程名称：应用案例　　　　标段：　　　　第　页　共　页

| 项目编码 | 010701001001 | | 项目名称 | | 木架屋 | | 计量单位 | | 榀 | 工程量 | 6 |
|---|---|---|---|---|---|---|---|---|---|---|---|
| 清单综合单价组成明细 | | | | | | | | | | | |
| 定额编号 | 定额名称 | 定额单位 | 数量 | 单价/元 | | | | 合价/元 | | | |
| | | | | 人工费 | 材料费 | 机械费 | 管理费和利润 | 人工费 | 材料费 | 机械费 | 管理费和利润 |
| A5-2 | 人字屋架圆木 | $m^3$ | 0.328 | 1 807.2 | 2 711.68 | 0 | 542.16 | 592.76 | 889.43 | 0 | 177.83 |
| A16-45 | 木材面刷底油、油调和漆、刷清漆2遍其他木材面 | $100m^2$ | 0.080 7 | 2 365.2 | 230.73 | 0 | 709.56 | 190.79 | 18.61 | 0 | 57.24 |
| 人工市场单价 | | 小计 | | | | | | 783.55 | 908.04 | 0 | 235.07 |
| 综合工日200元/工日 | | 未计价材料费 | | | | | | 0 | | | |
| 清单项目综合单价 | | | | | | | | 1 926.67 | | | |
| 材料费明细 | 主要材料名称、规格、型号 | | | | 单位 | 数量 | 单价/元 | 合价/元 | 暂估单价/元 | 暂估合价/元 | |
| | 铁件(综合) | | | | kg | 54.559 5 | 5.81 | 316.99 | | | |
| | 硬木板方材 | | | | $m^3$ | 0.055 4 | 4 640 | 257.06 | | | |
| | 其他材料费 | | | | | | — | 333.85 | — | 0 | |
| | 材料费小计 | | | | | | — | 907.89 | — | 0 | |

注：1. 如不使用省级或行业建设主管部门发布的计价依据，可不填定额编码、名称等。

2. 招标文件提供了暂估单价的材料，按暂估的单价填入表内“暂估单价”栏及“暂估合价”栏。

(3) 分部分项工程项目清单计价表见表10-63。

**表10-63 分部分项工程和单价措施项目清单与计价表**

工程名称：应用案例　　　　标段：　　　　第　页　共　页

| 序号 | 项目编码 | 项目名称 | 项目特征描述 | 计量单位 | 工程量 | 金额/元 | | |
|---|---|---|---|---|---|---|---|---|
| | | | | | | 综合单价 | 合价 | 其中：暂估价 |
| 1 | 010701001001 | 木屋架 | (1) 跨度：人字屋架6m<br>(2) 材料品种、规格：圆木<br>(3) 防护材料种类：底油1遍、调和漆和清漆各2遍 | 榀 | 6 | 1 926.67 | 11 560.02 | |
| | | | 本页小计 | | | | 11 560.02 | |
| | | | 合　计 | | | | 11 560.02 | |

注：为计取规费等的使用，可在表中增设其中：“定额人工费”。

### 10.7.2 木构件(表 G.2，编码：010702)

1. 木构件工程量清单项目编制

木构件工程量清单项目编制见表 10－64。

表 10－64 木构件工程量清单项目

| 项目编码 | 项目名称 | 项目特征 | 计量单位 | 工程量计算规则 | 工作内容 |
|---|---|---|---|---|---|
| 010702001 | 木柱 | (1) 构件规格尺寸<br>(2) 木材种类<br>(3) 刨光要求<br>(4) 防护材料种类 | $m^3$ | 按设计图示尺寸以体积计算 | (1) 制作<br>(2) 运输<br>(3) 安装<br>(4) 刷防护材料 |
| 010702002 | 木梁 | | | | |
| 010702003 | 木檩 | | (1) $m^3$<br>(2) m | (1) 以立方米计量，按设计图示尺寸以体积计算<br>(2) 以米计量，按设计图示尺寸以长度计算 | |
| 010702004 | 木楼梯 | (1) 楼梯形式<br>(2) 木材种类<br>(3) 刨光要求<br>(4) 防护材料种类 | $m^2$ | 按设计图示尺寸以水平投影面积计算。不扣除宽度≤300mm 的楼梯井，伸入墙内部分不计算 | |
| 010702005 | 其他木构件 | (1) 构件名称<br>(2) 构件规格尺寸<br>(3) 木材种类<br>(4) 刨光要求<br>(5) 防护材料种类 | (1) $m^3$<br>(2) m | (1) 以立方米计量，按设计图示尺寸以体积计算<br>(2) 以米计量，按设计图示尺寸以长度计算 | |

2. 木构件工程量清单项目计价

(1) 木柱、木梁适用于建筑物各部位的柱、梁。

**特别提示**

接地、嵌入墙内部分的防腐应包括在报价内。

(2) 木楼梯适用于楼梯和爬梯。

**特别提示**

(1) 楼梯的防滑条应包括在报价内。

(2) 楼梯栏杆(栏板)、扶手，应按本规范附录 Q 中的相关项目编码列项。

(3) 其他木构件适用于斜撑，传统民居的垂花、花芽子、封檐板、博风板等构件。

### 10.7.3 屋面木基层(表 G.3，编码：010703)

屋面木基层工程量清单项目编制见表 10－65。

表 10－65 屋面木基层工程量清单项目

| 项目编码 | 项目名称 | 项目特征 | 计量单位 | 工程量计算规则 | 工作内容 |
|---|---|---|---|---|---|
| 010703001 | 屋面木基层 | (1) 椽子断面尺寸及椽距<br>(2) 望板材料种类、厚度<br>(3) 防护材料种类 | $m^2$ | 按设计图示尺寸以斜面积计算<br>不扣除房上烟囱、风帽底座、风道、小气窗、斜沟等所占面积。小气窗的出檐部分不增加面积 | (1) 椽子制作、安装<br>(2) 望板制作、安装<br>(3) 顺水条和挂瓦条制作、安装<br>(4) 刷防护材料 |

## 10.8 门窗工程（附录 H）

本分部工程共 10 个子分部工程 43 个项目，包括木门，金属门，金属卷帘(闸)门，厂库房大门、特种门，其他门，木窗，金属窗，门窗套，窗台板，窗帘、窗帘盒、轨，适用于建筑物的门窗工程。

### 10.8.1 木门(表 H.1，编码：010801)

1. 木门工程量清单项目编制

木门工程量清单项目编制见表 10－66。

表 10－66 木门工程量清单项目

| 项目编码 | 项目名称 | 项目特征 | 计量单位 | 工程量计算规则 | 工作内容 |
|---|---|---|---|---|---|
| 010801001 | 木质门 | (1) 门代号及洞口尺寸<br>(2) 镶嵌玻璃品种、厚度 | (1) 樘<br>(2) $m^2$ | (1) 以樘计量，按设计图示数量计算<br>(2) 以平方米计量，按设计图示洞口尺寸以面积计算 | (1) 门安装<br>(2) 玻璃安装<br>(3) 五金安装 |
| 010801002 | 木质门带套 | | | | |
| 010801003 | 木质连窗门 | | | | |
| 010801004 | 木质防火门 | | | | |
| 010801005 | 木门框 | (1) 门代号及洞口尺寸<br>(2) 框截面尺寸<br>(3) 防护材料种类 | (1) 樘<br>(2) m | (1) 以樘计量，按设计图示数量计算<br>(2) 以米计量，按设计图示框的中心线以延长米计算 | (1) 木门框制作、安装<br>(2) 运输<br>(3) 刷防护材料 |
| 010801006 | 门锁安装 | (1) 锁品种<br>(2) 锁规格 | 个<br>(套) | 按设计图示数量计算 | 安装 |

2. 木门工程量清单项目计价

木门可包含的分项工程(定额子目)有以下几种。

(1) 制作：木门(半成品)、实木装饰门(半成品)、胶合板门(半成品)、夹板装饰门(半成品)、木门制作(包框扇)、胶合板门制作、门饰面、木质防火门制作安装、其他。

(2) 安装：木门安装(包框扇)、其他。

(3) 油漆：木门油漆、其他。

(4) 其他。

**特别提示**

(1) 木质门应区分镶板木门、企口木板门、实木装饰门、胶合板门、夹板装饰门、木纱门、全玻门(带木质扇框)、木质半玻门(带木质扇框)等项目，分别编码列项。

(2) 木门五金应包括：折页、插销、门碰珠、弓背拉手、搭机、木螺丝、弹簧折页(自动门)、管子拉手(自由门、地弹门)、地弹簧(地弹门)、角铁、门轧头(地弹门、自由门)等。

(3) 木质门带套计量按洞口尺寸以面积计算，不包括门套的面积。

(4) 以樘计量，项目特征必须描述洞口尺寸，以平方米计量，项目特征可不描述洞口尺寸。

(5) 单独制作安装木门框按木门框项目编码列项。

### 10.8.2 金属门(表 H.2，编码：010802)

1. 金属门工程量清单项目编制

金属门工程量清单项目编制见有 10 - 67。

表 10 - 67 金属门工程量清单项目

| 项目编码 | 项目名称 | 项目特征 | 计量单位 | 工程量计算规则 | 工作内容 |
|---|---|---|---|---|---|
| 010802001 | 金属(塑钢)门 | (1) 门代号及洞口尺寸<br>(2) 门框或扇外围尺寸<br>(3) 门框、扇材质<br>(4) 玻璃品种、厚度 | (1) 樘<br>(2) $m^2$ | (1) 以樘计量，按设计图示数量计算<br>(2) 以平方米计量，按设计图示洞口尺寸以面积计算 | (1) 门安装<br>(2) 五金安装<br>(3) 玻璃安装 |
| 010802002 | 彩板门 | (1) 门代号及洞口尺寸<br>(2) 门框或扇外围尺寸 | | | |
| 010802003 | 钢质防火门 | (1) 门代号及洞口尺寸<br>(2) 门框或扇外围尺寸<br>(3) 门框、扇材质 | | | |
| 010802004 | 防盗门 | | | | (1) 门安装<br>(2) 五金安装 |

2. 金属门工程量清单项目计价

金属门可包含的分项工程(定额子目)有以下几种。

(1) 制作：钢门(半成品)、铝合金平开门(半成品)、铝合金门(半成品)、不锈钢门(半成品)、不锈钢全玻地弹门(半成品)、彩钢板门(半成品)、塑钢板门(半成品)、钢质防火门、其他。

(2) 安装：标准全封钢门、铝合金平开门、不锈钢门、推拉门、地弹门、全玻璃门配件、彩钢板门、塑钢板门、钢质防火门、其他。

(3) 油漆：防腐处理、油漆、其他。

(4) 其他。

特别提示

(1) 金属门应区分金属平开门、金属推拉门、金属地弹门、全玻门(带金属扇框)、金属半玻门(带扇框)等项目，分别编码列项。

(2) 铝合金门五金包括：地弹簧、门锁、拉手、门插、门铰、螺丝等。

(3) 其他金属门五金包括L形执手插锁(双舌)、执手锁(单舌)、门轨头、地锁、防盗门机、门眼(猫眼)、门碰珠、电子锁(磁卡锁)、闭门器、装饰拉手等。

(4) 以樘计量，项目特征必须描述洞口尺寸，没有洞口尺寸必须描述门框或扇外围尺寸；以平方米计量，项目特征可不描述洞口尺寸及框、扇的外围尺寸。

(5) 以平方米计量，无设计图示洞口尺寸时，按门框、扇外围以面积计算。

### 10.8.3 金属卷帘(闸)门(表H.3，编码：010803)

1. 金属卷帘(闸)门工程量清单项目编制

金属卷帘(闸)门工程量清单项目编制见表10-68。

表10-68 金属卷帘(闸)门工程量清单项目编制

| 项目编码 | 项目名称 | 项目特征 | 计量单位 | 工程量计算规则 | 工作内容 |
|---|---|---|---|---|---|
| 010803001 | 金属卷帘(闸)门 | (1) 门代号及洞口尺寸<br>(2) 门材质<br>(3) 启动装置品种、规格 | (1) 樘<br>(2) $m^2$ | (1) 以樘计量，按设计图示数量计算<br>(2) 以平方米计量，按设计图示洞口尺寸以面积计算 | (1) 门运输、安装<br>(2) 启动装置、活动小门、五金安装 |
| 010803002 | 防火卷帘(闸)门 | | | | |

2. 金属卷帘(闸)门工程量清单项目计价

金属卷帘(闸)门可包含的分项工程(定额子目)有以下几种。

(1) 制作安装：卷闸门(制安)、卷闸电动装置(制安)、金属格栅门(制安)、钢质防火卷席(制安)、卷席电动装置(制安)、其他。

(2) 油漆：防腐处理、油漆、其他。

（3）其他。

**特别提示**

以樘计量，项目特征必须描述洞口尺寸；以平方米计量，项目特征可不描述洞口尺寸。

## 10.8.4 厂库房大门、特种门(表 H.4，编码：010804)

1. 厂库房大门、特种门工程量清单项目编制

厂库房大门、特种门工程量清单项目编制见表 10－69。

表 10－69 厂库房大门、特种门工程量清单项目

<table>
<tr><th>项目编码</th><th>项目名称</th><th>项目特征</th><th>计量单位</th><th>工程量计算规则</th><th>工作内容</th></tr>
<tr><td>010804001</td><td>木板大门</td><td rowspan="4">（1）门代号及洞口尺寸<br>（2）门框或扇外围尺寸<br>（3）门框、扇材质<br>（4）五金种类、规格<br>（5）防护材料种类</td><td rowspan="7">（1）樘<br>（2）$m^2$</td><td rowspan="3">（1）以樘计量，按设计图示数量计算<br>（2）以平方米计量，按设计图示洞口尺寸以面积计算</td><td rowspan="4">（1）门（骨架）制作、运输<br>（2）门、五金配件安装<br>（3）刷防护材料</td></tr>
<tr><td>010804002</td><td>钢木大门</td></tr>
<tr><td>010804003</td><td>全钢板大门</td></tr>
<tr><td>010804004</td><td>防护铁丝门</td><td>（1）以樘计量，按设计图示数量计算<br>（2）以平方米计量，按设计图示门框或扇以面积计算</td></tr>
<tr><td>010804005</td><td>金属格栅门</td><td>（1）门代号及洞口尺寸<br>（2）门框或扇外围尺寸<br>（3）门框、扇材质<br>（4）启动装置的品种、规格</td><td>（1）以樘计量，按设计图示数量计算<br>（2）以平方米计量，按设计图示洞口尺寸以面积计算</td><td>（1）门安装<br>（2）启动装置、五金配件安装</td></tr>
<tr><td>010804006</td><td>钢质花饰大门</td><td rowspan="2">（1）门代号及洞口尺寸<br>（2）门框或扇外围尺寸<br>（3）门框、扇材质</td><td>（1）以樘计量，按设计图示数量计算<br>（2）以平方米计量，按设计图示门框或扇以面积计算</td><td rowspan="2">（1）门安装<br>（2）五金配件安装</td></tr>
<tr><td>010804007</td><td>特种门</td><td>（1）以樘计量，按设计图示数量计算<br>（2）以平方米计量，按设计图示洞口尺寸以面积计算</td></tr>
</table>

2. 厂库房大门、特种门工程量清单项目计价

(1) 木板大门适用于厂库房的平开、推拉、带观察窗、不带观察窗等各类型木板大门。

特别提示

需描述每樘门所含门扇数和有框或无框。

(2) 钢木大门适用于厂库房的平开、推拉、单面铺木板、双单铺木板、防风型、保暖型等各类型钢木大门。

特别提示

(1) 钢骨架制作安装包括在报价内；

(2) 防风型钢木门应描述防风材料或保暖材料。

(3) 全钢板门适用于厂库房的平开、推拉、折叠、单面铺钢板、双面铺钢板等各类型全钢板门。

特别提示

(1) 特种门应区分冷藏门、冷冻间门、保温门、变电室门、隔音门、防射电门、人防门、金库门等项目，分别编码列项。

(2) 以樘计量，项目特征必须描述洞口尺寸，没有洞口尺寸必须描述门框或扇外围尺寸；以平方米计量，项目特征可不描述洞口尺寸及框、扇的外围尺寸。

(3) 以平方米计量，无设计图示洞口尺寸时，按门框、扇外围以面积计算。

(4) 门开启方式指推拉或平开。

### 10.8.5 其他门(表H.5，编码：010805)

1. 其他门工程量清单项目编制

其他门工程量清单项目编制见表10-70。

表10-70 其他门工程量清单项目

| 项目编码 | 项目名称 | 项目特征 | 计量单位 | 工程量计算规则 | 工作内容 |
|---|---|---|---|---|---|
| 010805001 | 电子感应门 | (1) 门代号及洞口尺寸<br>(2) 门框或扇外围尺寸<br>(3) 门框、扇材质<br>(4) 玻璃品种、厚度<br>(5) 启动装置的品种、规格<br>(6) 电子配件品种、规格 | (1) 樘<br>(2) $m^2$ | (1) 以樘计量，按设计图示数量计算<br>(2) 以平方米计量，按设计图示洞口尺寸以面积计算 | (1) 门安装<br>(2) 启动装置、五金、电子配件安装 |
| 010805002 | 旋转门 | | | | |

续表

| 项目编码 | 项目名称 | 项目特征 | 计量单位 | 工程量计算规则 | 工作内容 |
|---|---|---|---|---|---|
| 010805003 | 电子对讲门 | (1) 门代号及洞口尺寸<br>(2) 门框或扇外围尺寸<br>(3) 门材质<br>(4) 玻璃品种、厚度<br>(5) 启动装置的品种、规格<br>(6) 电子配件品种、规格 | (1) 樘<br>(2) $m^2$ | (1) 以樘计量，按设计图示数量计算<br>(2) 以平方米计量，按设计图示洞口尺寸以面积计算 | (1) 门安装<br>(2) 启动装置、五金、电子配件安装 |
| 010805004 | 电动伸缩门 | | | | |
| 010805005 | 全玻自由门 | (1) 门代号及洞口尺寸<br>(2) 门框或扇外围尺寸<br>(3) 框材质<br>(4) 玻璃品种、厚度 | | | (1) 门安装<br>(2) 五金安装 |
| 010805006 | 镜面不锈钢饰面门 | (1) 门代号及洞口尺寸<br>(2) 门框或扇外围尺寸<br>(3) 框、扇材质<br>(4) 玻璃品种、厚度 | | | |
| 010805007 | 复合材料门 | | | | |

2. 其他门工程量清单项目计价

其他门可包含的分项工程(定额子目)有以下几种。

(1) 制作：标准全玻璃门(半成品)、杉木全玻璃门制作(包框扇)、全玻璃地弹门(半成品)、全玻璃推拉吊门(半成品)、半玻门(半成品)、杉木半截玻璃门制作(包框扇)、木半玻自由门制作(包框扇)、其他。

(2) 安装：杉木全玻璃门安装、标准全玻璃门安装、全玻璃地弹门安装、全玻璃推拉吊门安装、木半玻门框扇安装、其他。

(3) 安装门锁：安装门锁、全玻璃门配件安装、其他。

(4) 油漆：防腐处理、金属面油漆、木门油漆、其他。

(5) 其他。

特 别 提 示

(1) 以樘计量，项目特征必须描述洞口尺寸，没有洞口尺寸必须描述门框或扇外围尺寸；以平方米计量，项目特征可不描述洞口尺寸及框、扇的外围尺寸。

(2) 以平方米计量，无设计图示洞口尺寸，按门框、扇外围以面积计算。

### 10.8.6 木窗(表H.6，编码：010806)

1. 木窗工程量清单项目编制

木窗工程量清单项目编制见表10-71。

表 10－71 木窗工程量清单项目

| 项目编码 | 项目名称 | 项目特征 | 计量单位 | 工程量计算规则 | 工作内容 |
|---|---|---|---|---|---|
| 010806001 | 木质窗 | (1) 窗代号及洞口尺寸<br>(2) 玻璃品种、厚度 | (1) 樘<br>(2) $m^2$ | (1) 以樘计量，按设计图示数量计算<br>(2) 以平方米计量，按设计图示洞口尺寸以面积计算 | (1) 窗安装<br>(2) 五金、玻璃安装 |
| 010806002 | 木飘(凸)窗 | (1) 窗代号及洞口尺寸<br>(2) 玻璃品种、厚度 | (1) 樘<br>(2) $m^2$ | (1) 以樘计量，按设计图示数量计算<br>(2) 以平方米计量，按设计图示洞口尺寸以面积计算 | (1) 窗安装<br>(2) 五金、玻璃安装 |
| 010806003 | 木橱窗 | (1) 窗代号<br>(2) 框截面及外围展开面积<br>(3) 玻璃品种、厚度<br>(4) 防护材料种类 | (1) 樘<br>(2) $m^2$ | (1) 以樘计量，按设计图示数量计算<br>(2) 以平方米计量，按设计图示尺寸以框外围展开面积计算 | (1) 窗安装<br>(2) 五金、玻璃安装<br>(3) 刷防护材料 |
| 010806004 | 木纱窗 | (1) 窗代号及框的外围尺寸<br>(2) 窗纱材料品种、规格 | (1) 樘<br>(2) $m^2$ | (1) 以樘计量，按设计图示数量计算<br>(2) 以平方米计量，按框的外围尺寸以面积计算 | (1) 窗安装<br>(2) 五金安装 |

2. 木窗工程量清单项目计价

木窗可包含的分项工程(定额子目)有以下几种。

(1) 制作：木窗(半成品)、木窗制作(包框扇)、木百叶窗(半成品)、矩形木百叶窗制作(包框扇)、其他木百叶窗制作(包框扇)、其他。

(2) 安装：木窗安装(包框扇)、矩形木百叶窗安装(包框扇)、其他木百叶窗安装(包框扇)、其他。

(3) 防护油漆：木窗油漆、其他。

**特 别 提 示**

(1) 木质窗应区分木百叶窗、木组合窗、木天窗、木固定窗、木装饰空花窗等项目，分别编码列项。

(2) 以樘计量时，项目特征必须描述洞口尺寸，没有洞口尺寸必须描述窗框外围尺寸；以平方米计量时，项目特征可不描述洞口尺寸及框的外围尺寸。

(3) 以平方米计量时，若无设计图示洞口尺寸，按窗框外围以面积计算。

(4) 木橱窗、木飘(凸)窗以樘计量，项目特征必须描述框截面及外围展开面积。

(5) 木窗五金包括：折页、插销、风钩、木螺丝、滑楞滑轨(推拉窗)等。

(6) 窗开启方式指平开、推拉、上或中悬。

(7) 窗形状指矩形或异形。

### 10.8.7 金属窗(表 H.7，编码：010807)

1. 金属窗工程量清单项目编制

金属窗工程量清单项目编制见表 10－72。

表 10-72　金属窗工程量清单项目

| 项目编码 | 项目名称 | 项目特征 | 计量单位 | 工程量计算规则 | 工作内容 |
| --- | --- | --- | --- | --- | --- |
| 010807001 | 金属(塑钢、断桥)窗 | (1) 窗代号及洞口尺寸<br>(2) 框、扇材质<br>(3) 玻璃品种、厚度 | (1) 樘<br>(2) $m^2$ | (1) 以樘计量，按设计图示数量计算<br>(2) 以平方米计量，按设计图示洞口尺寸以面积计算 | (1) 窗安装<br>(2) 五金、玻璃安装 |
| 010807002 | 金属防火窗 | | | | |
| 010807003 | 金属百叶窗 | | | | |
| 010807004 | 金属纱窗 | (1) 窗代号及洞口尺寸<br>(2) 框材质<br>(3) 窗纱材料品种、规格 | | | (1) 窗安装<br>(2) 五金安装 |
| 010807005 | 金属格栅窗 | (1) 窗代号及洞口尺寸<br>(2) 框外围尺寸<br>(3) 框、扇材质 | | | |
| 010807006 | 金属(塑钢、断桥)橱窗 | (1) 窗代号<br>(2) 框外围展开面积<br>(3) 框、扇材质<br>(4) 玻璃品种、厚度<br>(5) 防护材料种类 | | (1) 以樘计量，按设计图示数量计算<br>(2) 以平方米计量，按设计图示尺寸以框外围展开面积计算 | (1) 窗制作、运输、安装<br>(2) 五金、玻璃安装<br>(3) 刷防护材料 |
| 010807007 | 金属(塑钢、断桥)飘(凸)窗 | (1) 窗代号<br>(2) 框外围展开面积<br>(3) 框、扇材质<br>(4) 玻璃品种、厚度 | | | (1) 窗安装<br>(2) 五金、玻璃安装 |
| 010807008 | 彩板窗 | (1) 窗代号及洞口尺寸<br>(2) 框外围尺寸<br>(3) 框、扇材质<br>(4) 玻璃品种、厚度 | | (1) 以樘计量，按设计图示数量计算<br>(2) 以平方米计量，按设计图示洞口尺寸或框外围以面积计算 | |
| 010807009 | 复合材料窗 | | | | |

2. 金属窗工程量清单项目计价

金属窗可包含的分项工程(定额子目)有以下几种。

(1) 制作：铝合金推拉窗(半成品)、钢窗(半成品)、铝合金平开窗(半成品)、单层固定钢窗(半成品)、铝合金固定窗(半成品)、铝合金百叶窗(半成品)、彩钢板窗(半成品)、塑钢窗(半成品)、金属防盗窗制安、其他。

(2) 窗安装：铝合金推拉窗安装、钢窗安装、铝合金平开窗安装、铝合金固定窗安装、铝合金百叶窗安装、彩钢板窗安装、塑钢窗安装、特殊五金安装、其他。

(3) 窗花安装：窗花安装。

(4) 防腐处理：防腐处理、其他。

(5) 油漆：油漆、其他。

## 特别提示

(1) 金属窗应区分金属组合窗、防盗窗等项目，分别编码列项。

(2) 以樘计量，项目特征必须描述洞口尺寸，没有洞口尺寸必须描述窗框外围尺寸；以平方米计量，项目特征可不描述洞口尺寸及框的外围尺寸。

(3) 以平方米计量，无设计图示洞口尺寸，按窗框外围以面积计算。

(4) 金属橱窗、飘(凸)窗以樘计量，项目特征必须描述框外围展开面积。

(5) 金属窗中铝合金窗五金应包括：卡锁、滑轮、铰拉、执手、拉把、拉手、风撑、角码、牛角制等。

(6) 其他金属窗五金包括：折页、螺丝、执手、卡锁、风撑、滑轮滑轨(推拉窗)等。

### 10.8.8 门窗套(表H.8，编码：010808)

1. 门窗套工程量清单项目编制

门窗套工程量清单项目编制见表10-73。

表10-73 门窗套工程量清单项目

| 项目编码 | 项目名称 | 项目特征 | 计量单位 | 工程量计算规则 | 工作内容 |
| --- | --- | --- | --- | --- | --- |
| 010808001 | 木门窗套 | (1) 窗代号及洞口尺寸<br>(2) 门窗套展开宽度<br>(3) 基层材料种类<br>(4) 面层材料品种、规格<br>(5) 线条品种、规格<br>(6) 防护材料种类 | (1) 樘<br>(2) $m^2$<br>(3) m | (1) 以樘计量，按设计图示数量计算<br>(2) 以平方米计量，按设计图示尺寸以展开面积计算<br>(3) 以米计量，按设计图示中心以延长米计算 | (1) 清理基层<br>(2) 立筋制作、安装<br>(3) 基层板安装<br>(4) 面层铺贴<br>(5) 线条安装<br>(6) 刷防护材料 |
| 010808002 | 木筒子板 | (1) 筒子板宽度<br>(2) 基层材料种类<br>(3) 面层材料品种、规格<br>(4) 线条品种、规格<br>(5) 防护材料种类 | | | |
| 010808003 | 饰面夹板筒子板 | | | | |
| 010808004 | 金属门窗套 | (1) 窗代号及洞口尺寸<br>(2) 门窗套展开宽度<br>(3) 基层材料种类<br>(4) 面层材料品种、规格<br>(5) 防护材料种类 | | | (1) 清理基层<br>(2) 立筋制作、安装<br>(3) 基层板安装<br>(4) 面层铺贴<br>(5) 刷防护材料 |
| 010808005 | 石材门窗套 | (1) 窗代号及洞口尺寸<br>(2) 门窗套展开宽度<br>(3) 底层厚度、砂浆配合比<br>(4) 面层材料品种、规格<br>(5) 线条品种、规格 | | | (1) 清理基层<br>(2) 立筋制作、安装<br>(3) 基层抹灰<br>(4) 面层铺贴<br>(5) 线条安装 |

续表

| 项目编码 | 项目名称 | 项目特征 | 计量单位 | 工程量计算规则 | 工作内容 |
| --- | --- | --- | --- | --- | --- |
| 010808006 | 门窗木贴脸 | (1) 门窗代号及洞口尺寸<br>(2) 贴脸板宽度<br>(3) 防护材料种类 | (1) 樘<br>(2) m | (1) 以樘计量，按设计图示数量计算<br>(2) 以米计量，按设计图示尺寸以延长米计算 | 贴脸板安装 |
| 010808007 | 成品木门窗套 | (1) 窗代号及洞口尺寸<br>(2) 门窗套展开宽度<br>(3) 门窗套材料品种、规格 | (1) 樘<br>(2) $m^2$<br>(3) m | (1) 以樘计量，按设计图示数量计算<br>(2) 以平方米计量，按设计图示尺寸以展开面积计算<br>(3) 以米计量，按设计图示中心以延长米计算 | (1) 清理基层<br>(2) 立筋制作、安装<br>(3) 板安装 |

2. 门窗套工程量清单项目计价

门窗套可包含的分项工程(定额子目)有以下几种。

(1) 门窗套：门窗套带木龙骨、门窗套不带木龙骨、其他。

(2) 木贴脸：门窗贴脸。

(3) 油漆：防火漆、木材面油漆、其他。

(4) 石材门套：石材门套、其他。

(5) 磨边：石材磨边、其他。

(6) 其他。

**特别提示**

(1) 门窗套、门窗贴脸、筒子板“以展开面积计算”，即指按其铺钉面积计算。

(2) 以樘计量，项目特征必须描述洞口尺寸、门窗套展开宽度。

(3) 以平方米计量，项目特征可不描述洞口尺寸、门窗套展开宽度。

(4) 以米计量，项目特征必须描述门窗套展开宽度、筒子板及贴脸宽度报价。

### 10.8.9 窗台板(表 H.9，编码：010809)

1. 窗台板工程量清单项目编制

窗台板工程量清单项目编制见表 10－74。

表 10－74 窗台板工程量清单项目

| 项目编码 | 项目名称 | 项目特征 | 计量单位 | 工程量计算规则 | 工作内容 |
|---|---|---|---|---|---|
| 010809001 | 木窗台板 | (1) 基层材料种类<br>(2) 窗台面板材质、规格、颜色<br>(3) 防护材料种类 | $m^2$ | 按设计图示尺寸以展开面积计算 | (1) 基层清理<br>(2) 基层制作、安装<br>(3) 窗台板制作、安装<br>(4) 刷防护材料 |
| 010809002 | 铝塑窗台板 | | | | |
| 010809003 | 金属窗台板 | | | | |
| 010809004 | 石材窗台板 | (1) 粘结层厚度、砂浆配合比<br>(2) 窗台板材质、规格、颜色 | | | (1) 基层清理<br>(2) 抹找平层<br>(3) 窗台板制作、安装 |

2. 窗台板工程量清单项目计价

窗台板可包含的分项工程(定额子目)有以下几种。

(1) 制作安装：硬木窗台板制安、胶合板窗台板制安、天然石材窗台板、其他。

(2) 贴饰面板：窗台板贴饰面板、其他。

(3) 磨边：石材磨边、其他。

(4) 油漆：木材面刷防腐油、木材面油漆、其他。

(5) 其他。

### 10.8.10 窗帘、窗帘盒、轨(编码：010810)

1. 窗帘、窗帘盒、轨工程量清单项目编制

窗帘、窗帘盒、轨工程量清单项目编制见表 10－75。

表 10－75 窗帘、窗帘盒、轨工程量清单项目

| 项目编码 | 项目名称 | 项目特征 | 计量单位 | 工程量计算规则 | 工作内容 |
|---|---|---|---|---|---|
| 010810001 | 窗帘 | (1) 窗帘材质<br>(2) 窗帘高度、宽度<br>(3) 窗帘层数<br>(4) 带幔要求 | (1) m<br>(2) $m^2$ | (1) 以米计量，按设计图示尺寸以长度计算<br>(2) 以平方米计量，按图示尺寸以展开面积计算 | (1) 制作、运输<br>(2) 安装 |
| 010810002 | 木窗帘盒 | (1) 窗帘盒材质、规格<br>(2) 防护材料种类 | m | 按设计图示尺寸以长度计算 | (1) 制作、运输、安装<br>(2) 刷防护材料 |
| 010810003 | 饰面夹板、塑料窗帘盒 | | | | |
| 010810004 | 铝合金窗帘盒 | | | | |
| 010810005 | 窗帘轨 | (1) 窗帘轨材质、规格<br>(2) 轨的数量<br>(3) 防护材料种类 | | | |

2. 窗帘、窗帘盒、轨工程量清单项目计价

窗帘、窗帘盒、轨可包含的分项工程(定额子目)有以下几种。

(1) 制作安装：硬木窗帘盒制安、塑料窗帘盒制安、胶合板窗帘盒制安。

(2) 窗帘道轨、帘杆制作安装：铝合金窗帘轨制安、不锈钢帘杆制安、其他。

(3) 贴饰面板：窗帘盒贴饰面板、其他。

(4) 油漆：木材面刷防腐油、木材面油漆、其他。

(5) 其他。

特别提示

(1) 窗帘盒如为弧形时，其长度以中心线计算。

(2) 窗帘若是双层，项目特征必须描述每层材质。

(3) 窗帘以米计量，项目特征必须描述窗帘高度和宽。

## 10.9 屋面及防水工程（附录J）

本分部工程共4个子分部工程21个项目，包括瓦、型材及其他屋面，屋面防水及其他，墙、面防水、防潮，楼(地)面防水、防潮，适用于建筑物的屋面及防水工程。

### 10.9.1 瓦、型材及其他屋面(表J.1，编码：010901)

1. 瓦、型材及其他屋面工程量清单项目编制

瓦、型材及其他屋面工程量清单项目编制见表10-76。

表10-76 瓦、型材及其他屋面工程量清单项目

| 项目编码 | 项目名称 | 项目特征 | 计量单位 | 工程量计算规则 | 工作内容 |
|---|---|---|---|---|---|
| 010901001 | 瓦屋面 | (1) 瓦品种、规格<br>(2) 粘结层砂浆的配合比 | $m^2$ | 按设计图示尺寸以斜面积计算<br>不扣除房上烟囱、风帽底座、风道、小气窗、斜沟等所占面积。小气窗的出檐部分不增加面积 | (1) 砂浆制作、运输、摊铺、养护<br>(2) 安瓦、作瓦脊 |
| 010901002 | 型材屋面 | (1) 型材品种、规格<br>(2) 金属檩条材料品种、规格<br>(3) 接缝、嵌缝材料种类 | | | (1) 檩条制作、运输、安装<br>(2) 屋面型材安装<br>(3) 接缝、嵌缝 |

续表

| 项目编码 | 项目名称 | 项目特征 | 计量单位 | 工程量计算规则 | 工作内容 |
|---|---|---|---|---|---|
| 010901003 | 阳光板屋面 | (1) 阳光板品种、规格<br>(2) 骨架材料品种、规格<br>(3) 接缝、嵌缝材料种类<br>(4) 油漆品种、刷漆遍数 | | 按设计图示尺寸以斜面积计算<br>不扣除屋面面积≤0.3m² 孔洞所占面积 | (1) 骨架制作、运输、安装、刷防护材料、油漆<br>(2) 阳光板安装<br>(3) 接缝、嵌缝 |
| 010901004 | 玻璃钢屋面 | (1) 玻璃钢品种、规格<br>(2) 骨架材料品种、规格<br>(3) 玻璃钢固定方式<br>(4) 接缝、嵌缝材料种类<br>(5) 油漆品种、刷漆遍数 | m² | | (1) 骨架制作、运输、安装、刷防护材料、油漆<br>(2) 玻璃钢制作、安装<br>(3) 接缝、嵌缝 |
| 010901005 | 膜结构屋面 | (1) 膜布品种、规格<br>(2) 支柱(网架)钢材品种、规格<br>(3) 钢丝绳品种、规格<br>(4) 锚固基座做法<br>(5) 油漆品种、刷漆遍数 | | 按设计图示尺寸以需要覆盖的水平面积计算 | (1) 膜布热压胶接<br>(2) 支柱(网架)制作、安装<br>(3) 膜布安装<br>(4) 穿钢丝绳、锚头锚固<br>(5) 锚固基座挖土、回填<br>(6) 刷防护材料，油漆 |

2. 瓦、型材及其他屋面工程量清单项目计价

(1) 瓦屋面适用于小青瓦、平瓦、筒瓦、石棉水泥瓦、玻璃钢波形瓦等。

**特别提示**

(1) 屋面基层包括檩条、椽子、木屋面板、顺水条、挂瓦条等。

(2) 木屋面板应明确启口、错口、平口接缝。

(3) 瓦屋面若是在木基层上铺瓦，项目特征不必描述粘结层砂浆的配合比，瓦屋面铺防水层时，按J.2 屋面防水及其他中相关项目编码列项。

(2) 型材屋面适用于压型钢板、金属压型夹心板、阳光板、玻璃钢等。

**特别提示**

(1) 型材屋面的钢檩条或木檩条以及骨架、螺栓、挂钩等应包括在报价内。

(2) 型材屋面、阳光板屋面、玻璃钢屋面的柱、梁、屋架，按本规范附录F 金属结构工程、附录G 木结构工程中相关项目编码列项。

(3) 膜结构屋面适用于膜布屋面。

**特别提示**

(1) 工程量的计算按设计图示尺寸以需要覆盖的水平投影面积计算(图10.5)。

(2) 支撑和拉固膜布的钢柱、拉杆、金属网架、钢丝绳、锚固的锚头等应包括在报价内。

(3) 支撑柱的钢筋混凝土的柱基，锚固的钢筋混凝土基础以及地脚螺栓等按混凝土及钢筋混凝土相关项目编码列项。

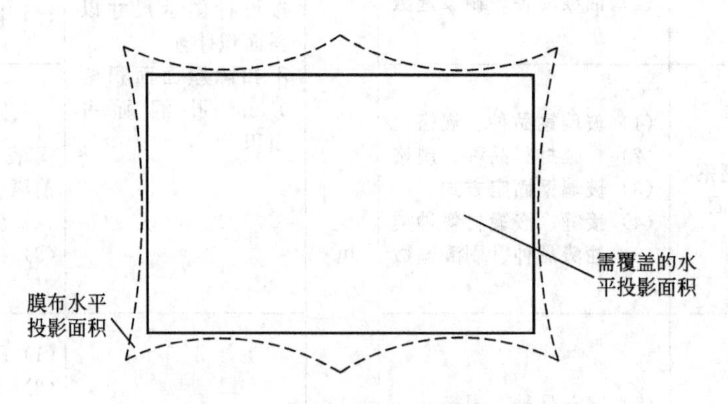


图10.5 膜结构屋面工程量计算图

### 10.9.2 屋面防水及其他(表J.2，编码：010902)

1. 屋面防水及其他工程量清单项目编制

屋面防水及其他工程量清单项目编制见表10-77。

表10-77 屋面防水及其他工程量清单项目

| 项目编码 | 项目名称 | 项目特征 | 计量单位 | 工程量计算规则 | 工作内容 |
| --- | --- | --- | --- | --- | --- |
| 010902001 | 屋面卷材防水 | (1) 卷材品种、规格、厚度<br>(2) 防水层数<br>(3) 防水层做法 | $m^2$ | 按设计图示尺寸以面积计算<br>(1) 斜屋顶(不包括平屋顶找坡)按斜面积计算，平屋顶按水平投影面积计算<br>(2) 不扣除房上烟囱、风帽底座、风道、屋面小气窗和斜沟所占面积<br>(3) 屋面的女儿墙、伸缩缝和天窗等处的弯起部分，并入屋面工程量内 | (1) 基层处理<br>(2) 刷底油<br>(3) 铺油毡卷材、接缝 |
| 010902002 | 屋面涂膜防水 | (1) 防水膜品种<br>(2) 涂膜厚度、遍数<br>(3) 增强材料种类 | | | (1) 基层处理<br>(2) 刷基层处理剂<br>(3) 铺布、喷涂防水层 |
| 010902003 | 屋面刚性层 | (1) 刚性层厚度<br>(2) 混凝土种类<br>(3) 混凝土强度等级<br>(4) 嵌缝材料种类<br>(5) 钢筋规格、型号 | $m^2$ | 按设计图示尺寸以面积计算。不扣除房上烟囱、风帽底座、风道等所占面积 | (1) 基层处理<br>(2) 混凝土制作、运输、铺筑、养护<br>(3) 钢筋制安 |

续表

| 项目编码 | 项目名称 | 项目特征 | 计量单位 | 工程量计算规则 | 工作内容 |
|---|---|---|---|---|---|
| 010902004 | 屋面排水管 | (1) 排水管品种、规格<br>(2) 雨水斗、山墙出水口品种、规格<br>(3) 接缝、嵌缝材料种类<br>(4) 油漆品种、刷漆遍数 | m | 按设计图示尺寸以长度计算<br>如设计未标注尺寸，以檐口至设计室外散水上表面垂直距离计算 | (1) 排水管及配件安装、固定<br>(2) 雨水斗、山墙出水口、雨水篦子安装<br>(3) 接缝、嵌缝<br>(4) 刷漆 |
| 010902005 | 屋面排(透)气管 | (1) 排（透）气管品种、规格<br>(2) 接缝、嵌缝材料种类<br>(3) 油漆品种、刷漆遍数 | m | 按设计图示尺寸以长度计算 | (1) 排(透)气管及配件安装、固定<br>(2) 铁件制作、安装<br>(3) 接缝、嵌缝<br>(4) 刷漆 |
| 010902006 | 屋面(廊、阳台)泄(吐)水管 | (1) 吐水管品种、规格<br>(2) 接缝、嵌缝材料种类<br>(3) 吐水管长度<br>(4) 油漆品种、刷漆遍数 | 根(个) | 按设计图示数量计算 | (1) 吐水管及配件安装、固定<br>(2) 接缝、嵌缝<br>(3) 刷漆 |
| 010902007 | 屋面天沟、檐沟 | (1) 材料品种、规格<br>(2) 接缝、嵌缝材料种类 | $m^2$ | 按设计图示尺寸以展开面积计算 | (1) 天沟材料铺设<br>(2) 天沟配件安装<br>(3) 接缝、嵌缝<br>(4) 刷防护材料 |
| 010902008 | 屋面变形缝 | (1) 嵌缝材料种类<br>(2) 止水带材料种类<br>(3) 盖缝材料<br>(4) 防护材料种类 | m | 按设计图示以长度计算 | (1) 清缝<br>(2) 填塞防水材料<br>(3) 止水带安装<br>(4) 盖缝制作、安装<br>(5) 刷防护材料 |

2. 屋面防水及其他工程量清单项目计价

(1) 屋面卷材防水适用于利用胶结材料粘贴卷材进行防水的屋面。

(2) 屋面涂膜防水适用于厚质涂料、薄质涂料和有加增强材料或无加增强材料的涂膜防水屋面。

**特别提示**

(1) 屋面找平层按本规范附录L楼地面装饰工程“平面砂浆找平层”项目编码列项。

(2) 屋面保温找坡层按本规范附录K保温、隔热、防腐工程“保温隔热屋面”项目编码列项。

(3) 面防水搭接及附加层用量不另行计算，在综合单价中考虑。

（3）屋面钢性防水适用于细石混凝土、补偿收缩混凝土、块体混凝土、预应力混凝土和钢纤维混凝土刚性防水屋面。

**特别提示**

（1）屋面刚性层无钢筋，其钢筋项目特征不必描述。

（2）刚性防水屋面的分格缝、泛水、变形缝部位的防水卷材、密封材料、背衬材料、沥青麻丝等应包括在报价内。

（4）屋面排水管适用于各种排水管材(PVC管、玻璃钢管、铸铁管等)。

**特别提示**

（1）排水管、雨水口、箅子板、水斗等应包括在报价内。

（2）埋设管卡箍、裁管、接嵌缝应包括在报价内。

（5）屋面天沟、沿沟适用于水泥砂浆天沟、细石混凝土天沟、预制混凝土天沟板、卷材天沟、玻璃钢天沟、镀锌铁皮天沟等；塑料沿沟、镀锌铁皮沿沟、玻璃钢天沟等。

**特别提示**

（1）天沟、沿沟固定卡件、支撑件应包括在报价内。

（2）天沟、沿沟的接缝、嵌缝材料应包括在报价内。

### 10.9.3 墙面防水、防潮(表J.3，编码：010903)

1. 墙面防水、防潮工程量清单项目编制

墙面防水、防潮工程量清单项目编制见表10－78。

表10－78 墙面防水、防潮工程量清单项目

| 项目编码 | 项目名称 | 项目特征 | 计量单位 | 工程量计算规则 | 工作内容 |
|---|---|---|---|---|---|
| 010903001 | 墙面卷材防水 | （1）卷材品种、规格、厚度<br>（2）防水层数<br>（3）防水层做法 | $m^2$ | 按设计图示尺寸以面积计算 | （1）基层处理<br>（2）刷粘结剂<br>（3）铺防水卷材<br>（4）接缝、嵌缝 |
| 010903002 | 墙面涂膜防水 | （1）防水膜品种<br>（2）涂膜厚度、遍数<br>（3）增强材料种类 | | | （1）基层处理<br>（2）刷基层处理剂<br>（3）铺布、喷涂防水层 |
| 010903003 | 墙面砂浆防水(防潮) | （1）防水层做法<br>（2）砂浆厚度、配合比<br>（3）钢丝网规格 | | | （1）基层处理<br>（2）挂钢丝网片<br>（3）设置分格缝<br>（4）砂浆制作、运输、摊铺、养护 |

续表

| 项目编码 | 项目名称 | 项目特征 | 计量单位 | 工程量计算规则 | 工作内容 |
|---|---|---|---|---|---|
| 010903004 | 墙面变形缝 | (1) 嵌缝材料种类<br>(2) 止水带材料种类<br>(3) 盖缝材料<br>(4) 防护材料种类 | m | 按设计图示以长度计算 | (1) 清缝<br>(2) 填塞防水材料<br>(3) 止水带安装<br>(4) 盖缝制作、安装<br>(5) 刷防护材料 |

2. 墙面防水、防潮工程量清单项目计价

墙面变形缝适用于墙体等部位的抗震缝、温度缝(伸缩缝)、沉降缝。

**特别提示**

(1) 墙面防水搭接及附加层用量不另行计算，在综合单价中考虑。

(2) 墙面变形缝，若做双面，工程量应乘系数2。

(3) 墙面找平层按本规范附录M墙、柱面装饰与隔断幕墙工程“立面砂浆找平层”项目编码列项。

### 10.9.4 楼(地)面防水、防潮(表J.4，编码：010904)

1. 楼(地)面防水、防潮工程量清单项目编制

楼(地)面防水、防潮工程量清单项目编制见表10-79。

表10-79 楼(地)面防水、防潮工程量清单项目

| 项目编码 | 项目名称 | 项目特征 | 计量单位 | 工程量计算规则 | 工作内容 |
|---|---|---|---|---|---|
| 010904001 | 楼(地)面卷材防水 | (1) 卷材品种、规格、厚度<br>(2) 防水层数<br>(3) 防水层做法<br>(4) 反边高度 | $m^2$ | 按设计图示尺寸以面积计算<br>(1) 楼(地)面防水：按主墙间净空面积计算，扣除凸出地面的构筑物、设备基础等所占面积，不扣除间壁墙及单个面积≤0.3$m^2$柱、垛、烟囱和孔洞所占面积<br>(2) 楼(地)面防水反边高度≤300mm算作地面防水，反边高度>300mm算作墙面防水 | (1) 基层处理<br>(2) 刷粘结剂<br>(3) 铺防水卷材<br>(4) 接缝、嵌缝 |
| 010904002 | 楼(地)面涂膜防水 | (1) 防水膜品种<br>(2) 涂膜厚度、遍数<br>(3) 增强材料种类<br>(4) 反边高度 | | | (1) 基层处理<br>(2) 刷基层处理剂<br>(3) 铺布、喷涂防水层 |
| 010904003 | 楼(地)面砂浆防水(防潮) | (1) 防水层做法<br>(2) 砂浆厚度、配合比<br>(3) 反边高度 | | | (1) 基层处理<br>(2) 砂浆制作、运输、摊铺、养护 |

续表

| 项目编码 | 项目名称 | 项目特征 | 计量单位 | 工程量计算规则 | 工作内容 |
|---|---|---|---|---|---|
| 010904004 | 楼(地)面变形缝 | (1) 嵌缝材料种类<br>(2) 止水带材料种类<br>(3) 盖缝材料<br>(4) 防护材料种类 | m | 按设计图示以长度计算 | (1) 清缝<br>(2) 填塞防水材料<br>(3) 止水带安装<br>(4) 盖缝制作、安装<br>(5) 刷防护材料 |

2. 工程量清单项目计价

特别提示

(1) 楼(地)面防水找平层按本规范附录L楼地面装饰工程"平面砂浆找平层"项目编码列项。

(2) 楼(地)面防水搭接及附加层用量不另行计算，在综合单价中考虑。

## 10.10 保温、隔热、防腐工程（附录K）

本分部工程共3个子分部工程16个项目，包括保温、隔热，防腐面层，其他防腐，适用于建筑物的基础、地、墙面防腐，楼地面、墙体、屋面的保温隔热工程。

### 10.10.1 保温、隔热(表K.1，编码：011001)

1. 保温、隔热工程量清单项目编制

保温、隔热工程量清单项目编制见表10-80。

表10-80 保温、隔热工程量清单项目

| 项目编码 | 项目名称 | 项目特征 | 计量单位 | 工程量计算规则 | 工作内容 |
|---|---|---|---|---|---|
| 011001001 | 保温隔热屋面 | (1) 保温隔热材料品种、规格、厚度<br>(2) 隔气层材料品种、厚度<br>(3) 粘结材料种类、做法<br>(4) 防护材料种类、做法 | $m^2$ | 按设计图示尺寸以面积计算<br>扣除面积>$0.3m^2$的孔洞及占位面积 | (1) 基层清理<br>(2) 刷粘结材料<br>(3) 铺粘保温层<br>(4) 铺、刷(喷)防护材料 |
| 011001002 | 保温隔热天棚 | (1) 保温隔热面层材料品种、规格、性能<br>(2) 保温隔热材料品种、规格及厚度<br>(3) 粘结材料种类及做法<br>(4) 防护材料种类及做法 | | 按设计图示尺寸以面积计算<br>扣除面积>$0.3m^2$上柱、垛、孔洞所占面积 | |

续表

| 项目编码 | 项目名称 | 项目特征 | 计量单位 | 工程量计算规则 | 工作内容 |
| --- | --- | --- | --- | --- | --- |
| 011001003 | 保温隔热墙面 | (1) 保温隔热部位<br>(2) 保温隔热方式<br>(3) 踢脚线、勒脚线保温做法<br>(4) 龙骨材料品种、规格<br>(5) 保温隔热面层材料品种、规格、性能<br>(6) 保温隔热材料品种、规格及厚度<br>(7) 增强网及抗裂防水砂浆种类<br>(8) 粘结材料种类及做法<br>(9) 防护材料种类及做法 | $m^2$ | 按设计图示尺寸以面积计算<br>扣除门窗洞口以及面积＞0.3$m^2$的梁、孔洞所占面积；门窗洞口侧壁需作保温时，并入保温墙体工程量内 | (1) 基层清理<br>(2) 刷界面剂<br>(3) 安装龙骨<br>(4) 填贴保温材料<br>(5) 保温板安装<br>(6) 粘贴面层<br>(7) 铺设增强格网、抹抗裂、防水砂浆面层<br>(8) 嵌缝<br>(9) 铺、刷（喷）防护材料 |
| 011001004 | 保温柱、梁 | | | 按设计图示尺寸以面积计算<br>(1) 柱按设计图示柱断面保温层中心线展开长度乘保温层高度以面积计算，扣除面积＞0.3$m^2$的梁所占面积<br>(2) 梁按设计图示梁断面保温层中心线展开长度乘保温层长度以面积计算 | |
| 011001005 | 保温隔热楼地面 | (1) 保温隔热部位<br>(2) 保温隔热材料品种、规格、厚度<br>(3) 隔气层材料品种、厚度<br>(4) 粘结材料种类、做法<br>(5) 防护材料种类、做法 | | 按设计图示尺寸以面积计算。扣除面积＞0.3$m^2$的柱、垛、孔洞所占面积。门洞、空圈、暖气包槽、壁龛的开口部分不增加面积 | (1) 基层清理<br>(2) 刷粘结材料<br>(3) 铺粘保温层<br>(4) 铺、刷（喷）防护材料 |
| 011001006 | 其他保温隔热 | (1) 保温隔热部位<br>(2) 保温隔热方式<br>(3) 隔气层材料品种、厚度<br>(4) 保温隔热面层材料品种、规格、性能<br>(5) 保温隔热材料品种、规格及厚度<br>(6) 粘结材料种类及做法<br>(7) 增强网及抗裂防水砂浆种类<br>(8) 防护材料种类及做法 | | 按设计图示尺寸以展开面积计算。扣除面积＞0.3$m^2$的孔洞及占位面积 | (1) 基层清理<br>(2) 刷界面剂<br>(3) 安装龙骨<br>(4) 填贴保温材料<br>(5) 保温板安装<br>(6) 粘贴面层<br>(7) 铺设增强格网、抹抗裂防水砂浆面层<br>(8) 嵌缝<br>(9) 铺、刷（喷）防护材料 |

2. 保温、隔热工程量清单项目计价

(1) 保温隔热屋面适用于各种材料的屋面隔热保温。

(2) 保温隔热天棚适用于各种材料的下贴式或吊顶上搁置式的保温隔热的天棚。

(3) 保温隔热墙面适用于工业与民用建筑物外墙、内墙保温隔热工程。

**特别提示**

(1) 保温隔热装饰面层按本规范附录K、M、N、P、Q中相关项目编码列项；仅做找平层按本规范附录L中“平面砂浆找平层”或附录M“立面砂浆找平层”项目编码列项。

（2）柱帽保温隔热应并入天棚保温隔热工程量内。

（3）池槽保温隔热应按其他保温隔热项目编码列项。

（4）保温隔热方式指内保温、外保温、夹心保温。

（5）保温柱、梁适用于不与墙、天棚相连的独立柱、梁。

## 应用案例10-8

按照本教材附录实验楼工程施工图，人工市场单价按200元/工日计取，管理费按人工费加机械费的10%计算，利润按人工费的20%计算。

要求：(1) 编制该工程屋面工程分部分项工程项目清单表。

(2) 按工程量清单计价格式计算屋面工程分部分项工程项目清单费。

**解：**

(1) 分部分项工程项目清单表见表10-81。

**表10-81　分部分项工程和单价措施项目清单与计价表**

工程名称：应用案例　　　　　　标段：　　　　　　　　第　页　共　页

| 序号 | 项目编码 | 项目名称 | 项目特征描述 | 计量单位 | 工程量 | 金额/元 | | |
|---|---|---|---|---|---|---|---|---|
| | | | | | | 综合单价 | 合价 | 其中：暂估价 |
| 1 | 010902001001 | 屋面卷材防水 | (1) 卷材品种、规格、厚度：改性沥青防水卷材<br>(2) 2mm厚<br>(3) 防水层数：1层<br>(4) 防水层做法：满铺 | $m^2$ | 164.99 | | | |
| 2 | 011001001001 | 保温隔热屋面 | 保温隔热材料品种、规格、厚度：现浇水泥珍珠岩双向找1%的坡，最薄处100mm厚 | $m^2$ | 100.57 | | | |
| 3 | 011101006001 | 平面砂浆找平层 | (1) 找平层厚度、砂浆配合比：20mm厚1∶2水泥砂浆<br>(2) 基层：钢筋混凝土 | $m^2$ | 130.51 | | | |
| 4 | 011101006002 | 平面砂浆找平层 | (1) 找平层厚度、砂浆配合比：20厚1∶2水泥砂浆<br>(2) 基层：现浇水泥珍珠岩 | $m^2$ | 100.57 | | | |
| 5 | 011102003001 | 块料楼地面 | (1) 面层材料品种、规格、颜色：缸砖<br>(2) 嵌缝材料种类：1∶1水泥砂浆勾缝<br>(3) 结合层厚度、砂浆配合比：10mm厚1∶2水泥砂浆 | $m^2$ | 100.57 | | | |
| 本页小计 | | | | | | | | |
| 合　计 | | | | | | | | |

注：为计取规费等的使用，可在表中增设“定额人工费”。

(2) 分部分项工程项目清单综合单价分析表见表10-82～表10-86。

表10-82 综合单价分析表(一)

工程名称：应用案例　　　　标段：　　　　第　页　共　页

| 项目编码 | 010902001001 | 项目名称 | | 屋面卷材防水 | | 计量单位 | m² | | 工程量 | 164.99 |
|---|---|---|---|---|---|---|---|---|---|---|
| 清单综合单价组成明细 | | | | | | | | | | |
| 定额编号 | 定额名称 | 定额单位 | 数量 | 单价/元 | | | | 合价/元 | | |
| | | | | 人工费 | 材料费 | 机械费 | 管理费和利润 | 人工费 | 材料费 | 机械费 | 管理费和利润 |
| A7-57 | 屋面改性沥青防水卷材 满铺1.2mm厚 | 100m² | 0.01 | 1 062 | 3 374.5 | 0 | 318.6 | 10.62 | 33.75 | 0 | 3.19 |
| 人工市场单价 | | 小计 | | | | | | 10.62 | 33.75 | 0 | 3.19 |
| 综合工日200元/工日 | | 未计价材料费 | | | | | | 0 | | | |
| 清单项目综合单价 | | | | | | | | 47.55 | | | |
| 材料费明细 | 主要材料名称、规格、型号 | | | | 单位 | 数量 | | 单价/元 | 合价/元 | 暂估单价/元 | 暂估合价/元 |
| | 改性沥青卷材 | | | | m² | 1.115 | | 25 | 27.88 | | |
| | 其他材料费 | | | | | | | — | 5.87 | — | 0 |
| | 材料费小计 | | | | | | | — | 33.75 | — | 0 |

注：1. 如不使用省级或行业建设主管部门发布的计价依据，可不填定额编码、名称等。

2. 招标文件提供了暂估单价的材料，按暂估的单价填入表内“暂估单价”栏及“暂估合价”栏。

表10-83 综合单价分析表(二)

工程名称：应用案例　　　　标段：　　　　第　页　共　页

| 项目编码 | 011001001001 | 项目名称 | | 保温隔热屋面 | | 计量单位 | m² | | 工程量 | 100.57 |
|---|---|---|---|---|---|---|---|---|---|---|
| 清单综合单价组成明细 | | | | | | | | | | |
| 定额编号 | 定额名称 | 定额单位 | 数量 | 单价/元 | | | | 合价/元 | | |
| | | | | 人工费 | 材料费 | 机械费 | 管理费和利润 | 人工费 | 材料费 | 机械费 | 管理费和利润 |
| A8-159换 | 屋面保温 现浇水泥珍珠岩100mm厚实际厚度：114mm | 100m² | 0.01 | 1 260 | 4 552.39 | 0 | 378 | 12.6 | 45.52 | 0 | 3.78 |
| 人工市场单价 | | 小计 | | | | | | 12.6 | 45.52 | 0 | 3.78 |
| 综合工日200元/工日 | | 未计价材料费 | | | | | | 0 | | | |
| 清单项目综合单价 | | | | | | | | 61.9 | | | |

续表

| 项目编码 | 011001001001 | 项目名称 | 保温隔热屋面 | 计量单位 | $m^2$ | 工程量 | 100.57 |
|---|---|---|---|---|---|---|---|

清单综合单价组成明细

| 定额编号 | 定额名称 | 定额单位 | 数量 | 单价/元 | | | | 合价/元 | | | |
|---|---|---|---|---|---|---|---|---|---|---|---|
| | | | | 人工费 | 材料费 | 机械费 | 管理费和利润 | 人工费 | 材料费 | 机械费 | 管理费和利润 |

| 材料费明细 | 主要材料名称、规格、型号 | 单位 | 数量 | 单价/元 | 合价/元 | 暂估单价/元 | 暂估合价/元 |
|---|---|---|---|---|---|---|---|
| | 水泥珍珠岩浆 | $m^3$ | 0.124 8 | 353.41 | 44.11 | | |
| | 其他材料费 | | | — | 1.42 | — | 0 |
| | 材料费小计 | | | — | 45.52 | — | 0 |

注：1. 如不使用省级或行业建设主管部门发布的计价依据，可不填定额编码、名称等。

2. 招标文件提供了暂估单价的材料，按暂估的单价填入表内“暂估单价”栏及“暂估合价”栏。

**表 10－84　综合单价分析表(三)**

工程名称：应用案例　　　　标段：　　　　第　页　共　页

| 项目编码 | 011101006001 | 项目名称 | 平面砂浆找平层 | 计量单位 | $m^2$ | 工程量 | 130.51 |
|---|---|---|---|---|---|---|---|

清单综合单价组成明细

| 定额编号 | 定额名称 | 定额单位 | 数量 | 单价/元 | | | | 合价/元 | | | |
|---|---|---|---|---|---|---|---|---|---|---|---|
| | | | | 人工费 | 材料费 | 机械费 | 管理费和利润 | 人工费 | 材料费 | 机械费 | 管理费和利润 |
| A9－1 | 楼地面水泥砂浆找平层 混凝土或硬基层上 20mm | $100m^2$ | 0.01 | 1 069.8 | 37.89 | 0 | 320.94 | 10.7 | 0.38 | 0 | 3.21 |
| 8001646 | 水泥砂浆 1∶2 | $m^3$ | 0.020 2 | 60 | 226.94 | 9.71 | 18.97 | 1.21 | 4.58 | 0.2 | 0.38 |
| 人工市场单价 | | 小计 | | | | | | 11.91 | 4.96 | 0.2 | 3.59 |
| 综合工日 200 元/工日 | | 未计价材料费 | | | | | | 0 | | | |
| 清单项目综合单价 | | | | | | | | 20.66 | | | |

| 材料费明细 | 主要材料名称、规格、型号 | 单位 | 数量 | 单价/元 | 合价/元 | 暂估单价/元 | 暂估合价/元 |
|---|---|---|---|---|---|---|---|
| | 抹灰水泥砂浆(配合比中砂 1∶2) | $m^3$ | 0.020 2 | 226.94 | 4.58 | | |
| | 其他材料费 | | | — | 0.38 | — | 0 |
| | 材料费小计 | | | — | 4.96 | — | 0 |

注：1. 如不使用省级或行业建设主管部门发布的计价依据，可不填定额编码、名称等。

2. 招标文件提供了暂估单价的材料，按暂估的单价填入表内“暂估单价”栏及“暂估合价”栏。

表 10-85 综合单价分析表(四)

工程名称：应用案例　　标段：　　第 页 共 页

| 项目编码 | 011101006002 | 项目名称 | 平面砂浆找平层 | 计量单位 | m² | 工程量 | 100.57 |
|---|---|---|---|---|---|---|---|

清单综合单价组成明细

| 定额编号 | 定额名称 | 定额单位 | 数量 | 单价/元 | | | | 合价/元 | | | |
|---|---|---|---|---|---|---|---|---|---|---|---|
| | | | | 人工费 | 材料费 | 机械费 | 管理费和利润 | 人工费 | 材料费 | 机械费 | 管理费和利润 |
| A9-2 | 楼地面水泥砂浆找平层 填充材料上 20mm | 100m² | 0.01 | 1 073 | 21.8 | 0 | 321.9 | 10.73 | 0.22 | 0 | 3.22 |
| 8001646 | 水泥砂浆 1：2 | m³ | 0.025 3 | 60 | 226.94 | 9.71 | 18.97 | 1.52 | 5.74 | 0.25 | 0.48 |
| 人工市场单价 | | 小计 | | | | | | 12.25 | 5.96 | 0.25 | 3.7 |
| 综合工日 200 元/工日 | | 未计价材料费 | | | | | | 0 | | | |
| 清单项目综合单价 | | | | | | | | 22.16 | | | |

| 材料费明细 | 主要材料名称、规格、型号 | 单位 | 数量 | 单价/元 | 合价/元 | 暂估单价/元 | 暂估合价/元 |
|---|---|---|---|---|---|---|---|
| | 抹灰水泥砂浆（配合比）中砂 1：2 | m³ | 0.025 3 | 226.94 | 5.74 | | |
| | 其他材料费 | | | — | 0.22 | — | 0 |
| | 材料费小计 | | | — | 5.96 | — | 0 |

注：1. 如不使用省级或行业建设主管部门发布的计价依据，可不填定额编码、名称等。

2. 招标文件提供了暂估单价的材料，按暂估的单价填入表内“暂估单价”栏及“暂估合价”栏。

表 10-86 综合单价分析表(五)

工程名称：应用案例　　标段：　　第 页 共 页

| 项目编码 | 011102003001 | 项目名称 | 块料楼地面 | 计量单位 | m² | 工程量 | 100.57 |
|---|---|---|---|---|---|---|---|

清单综合单价组成明细

| 定额编号 | 定额名称 | 定额单位 | 数量 | 单价/元 | | | | 合价/元 | | | |
|---|---|---|---|---|---|---|---|---|---|---|---|
| | | | | 人工费 | 材料费 | 机械费 | 管理费和利润 | 人工费 | 材料费 | 机械费 | 管理费和利润 |
| A9-88 | 楼地面缸砖 勾缝水泥砂浆 | 100m² | 0.01 | 3 973.8 | 1 341.55 | 0 | 1 192.14 | 39.74 | 13.42 | 0 | 11.92 |
| 8001646 | 水泥砂浆 1：2 | m³ | 0.010 1 | 60 | 226.94 | 9.71 | 18.97 | 0.61 | 2.29 | 0.1 | 0.19 |
| 8001641 | 水泥砂浆 1：1 | m³ | 0.001 | 60 | 299.64 | 9.71 | 18.97 | 0.06 | 0.3 | 0.01 | 0.02 |
| 人工市场单价 | | 小计 | | | | | | 40.4 | 16.01 | 0.11 | 12.13 |
| 综合工日 200 元/工日 | | 未计价材料费 | | | | | | 0 | | | |
| 清单项目综合单价 | | | | | | | | 68.65 | | | |

续表

| 项目编码 | 011102003001 | 项目名称 | 块料楼地面 | 计量单位 | m² | 工程量 | 100.57 | | | | |
|---|---|---|---|---|---|---|---|---|---|---|---|
| 清单综合单价组成明细 | | | | | | | | | | | |
| 定额编号 | 定额名称 | 定额单位 | 数量 | 单价/元 | | | | 合价/元 | | | |
| | | | | 人工费 | 材料费 | 机械费 | 管理费和利润 | 人工费 | 材料费 | 机械费 | 管理费和利润 |
| 材料费明细 | 主要材料名称、规格、型号 | | | | 单位 | 数量 | 单价/元 | 合价/元 | 暂估单价/元 | 暂估合价/元 | |
| | 抹灰水泥砂浆（配合比）中砂 1：2 | | | | m³ | 0.010 1 | 226.94 | 2.29 | | | |
| | 缸砖 | | | | m² | 0.914 8 | 14 | 12.81 | | | |
| | 其他材料费 | | | | | | — | 0.91 | — | 0 | |
| | 材料费小计 | | | | | | — | 16.01 | — | 0 | |

注：1. 如不使用省级或行业建设主管部门发布的计价依据，可不填定额编码、名称等。

2. 招标文件提供了暂估单价的材料，按暂估的单价填入表内“暂估单价”栏及“暂估合价”栏。

(3) 分部分项工程项目清单计价表见表 10-87。

**表 10-87　分部分项工程和单价措施项目清单与计价表**

工程名称：应用案例　　　　标段：　　　　第　页　共　页

| 序号 | 项目编码 | 项目名称 | 项目特征描述 | 计量单位 | 工程量 | 金额/元 | | |
|---|---|---|---|---|---|---|---|---|
| | | | | | | 综合单价 | 合价 | 其中：暂估价 |
| 1 | 010902001001 | 屋面卷材防水 | (1) 卷材品种、规格、厚度：改性沥青防水卷材 1.2mm 厚<br>(2) 防水层数：1 层<br>(3) 防水层做法：满铺 | m² | 164.99 | 47.55 | 7 845.27 | |
| 2 | 011001001001 | 保温隔热屋面 | 保温隔热材料品种、规格、厚度：现浇水泥珍珠岩双向找 1%的坡，最薄处 100mm 厚 | m² | 100.57 | 61.9 | 6 225.28 | |
| 3 | 011101006001 | 平面砂浆找平层 | (1) 找平层厚度、砂浆配合比：20mm 厚 1：2 水泥砂浆<br>(2) 基层：钢筋混凝土 | m² | 130.51 | 20.66 | 2 696.34 | |
| 4 | 011101006002 | 平面砂浆找平层 | (1) 找平层厚度、砂浆配合比：20mm 厚 1：2 水泥砂浆<br>(2) 基层：现浇水泥珍珠岩 | m² | 100.57 | 22.16 | 2 228.63 | |
| 5 | 011102003001 | 块料楼地面 | (1) 面层材料品种、规格、颜色：缸砖<br>(2) 嵌缝材料种类：1：1 水泥砂浆勾缝<br>(3) 结合层厚度、砂浆配合比：10mm 厚 1：2 水泥砂浆 | m² | 100.57 | 68.65 | 6 904.13 | |
| | | | 本页小计 | | | | 25 899.65 | |
| | | | 合　计 | | | | 25 899.65 | |

注：为计取规费等的使用，可在表中增设“定额人工费”。

### 10.10.2 防腐面层(表 K.2，编码：011002)

1. 防腐面层工程量清单项目编制

防腐面层工程量清单项目编制见表 10－88。

表 10－88　防腐面层工程量清单项目编制

| 项目编码 | 项目名称 | 项目特征 | 计量单位 | 工程量计算规则 | 工作内容 |
|---|---|---|---|---|---|
| 011002001 | 防腐混凝土面层 | (1) 防腐部位<br>(2) 面层厚度<br>(3) 混凝土种类<br>(4) 胶泥种类、配合比 | $m^2$ | 按设计图示尺寸以面积计算<br>(1) 平面防腐：扣除凸出地面的构筑物、设备基础等以及面积＞0.3 $m^2$ 的孔洞、柱、垛所占面积，门洞、空圈、暖气包槽、壁龛的开口部分不增加面积<br>(2) 立面防腐：扣除门、窗、洞口以及面积＞0.3 $m^2$ 的孔洞、梁所占面积，门、窗、洞口侧壁、垛突出部分按展开面积并入墙面积内 | (1) 基层清理<br>(2) 基层刷稀胶泥<br>(3) 混凝土制作、运输、摊铺、养护 |
| 011002002 | 防腐砂浆面层 | (1) 防腐部位<br>(2) 面层厚度<br>(3) 砂浆、胶泥种类、配合比 | | | (1) 基层清理<br>(2) 基层刷稀胶泥<br>(3) 砂浆制作、运输、摊铺、养护 |
| 011002003 | 防腐胶泥面层 | (1) 防腐部位<br>(2) 面层厚度<br>(3) 胶泥种类、配合比 | | | (1) 基层清理<br>(2) 胶泥调制、摊铺 |
| 011002004 | 玻璃钢防腐面层 | (1) 防腐部位<br>(2) 玻璃钢种类<br>(3) 贴布材料的种类、层数<br>(4) 面层材料品种 | | | (1) 基层清理<br>(2) 刷底漆、刮腻子<br>(3) 胶浆配制、涂刷<br>(4) 粘布、涂刷面层 |
| 011002005 | 聚氯乙烯板面层 | (1) 防腐部位<br>(2) 面层材料品种<br>(3) 粘结材料种类 | | | (1) 基层清理<br>(2) 配料、涂胶<br>(3) 聚氯乙烯板铺设 |
| 011002006 | 块料防腐面层 | (1) 防腐部位<br>(2) 块料品种、规格<br>(3) 粘结材料种类<br>(4) 勾缝材料种类 | | | (1) 基层清理<br>(2) 铺贴块料<br>(3) 胶泥调制、勾缝 |
| 011002007 | 池、槽块料防腐面层 | (1) 防腐池、槽名称、代号<br>(2) 块料品种、规格<br>(3) 粘结材料种类<br>(4) 勾缝材料种类 | | 按设计图示尺寸以展开面积计算 | (1) 基层清理<br>(2) 铺贴块料<br>(3) 胶泥调制、勾缝 |

2. 防腐面层工程量清单项目计价

(1) 防腐混凝土面层、防腐砂浆面层、防腐胶泥面层适用于平面或立面的水玻璃混凝土、水玻璃砂浆、水玻璃胶泥、沥青混凝土、沥青砂浆、沥青胶泥、树脂砂浆、树脂胶泥以及聚合物水泥砂浆等的防腐工程。

特别提示

(1) 因防腐材料价格上的差异，清单项目中必须列出混凝土、砂浆、胶泥的材料种

类，如水玻璃混凝土、沥青混凝土等。

（2）如遇池槽防腐，池底和池壁可合并列项，也可分为池底面积和池壁防腐面积分别列项。

（2）玻璃钢防腐面层适用于树脂胶料与增强材料(如玻璃纤维丝、布、玻璃纤维表面毡、玻璃纤维短切毡或涤纶布、涤纶毡、丙纶布、丙纶毡等)复合塑制而成的玻璃钢防腐。

特别提示

（1）项目名称应描述构成玻璃钢、树脂和增强材料名称。例如环氧酚醛(树脂)玻璃钢、酚醛(树脂)玻璃钢、环氧煤焦油(树脂)玻璃钢、环氧呋喃(树脂)玻璃钢、不饱和聚脂(树脂)玻璃钢、增强材料玻璃纤维布、毡、涤纶布毡等。

（2）应描述防腐部位和立面、平面。

（3）聚氯乙烯板面层适用于地面、墙面的软、硬聚氯乙烯板防腐工程。

特别提示

聚氯乙烯板的焊接应包括在报价内。

（4）块料防腐面层适用于地面、沟槽、基础的各类块料防腐工程。

特别提示

（1）防腐蚀块料粘贴部位(地面、沟槽、基础、踢脚线)应在清单项目中进行描述。

（2）防腐蚀块料的规格、品种(磁板、铸石板、天然石板等)应在清单项目中进行描述。

（3）防腐踢脚线应按本规范附录L楼地面装饰工程“踢脚线”项目编码列项。

### 10.10.3 其他防腐(表K.3，编码：011003)

1. 其他防腐工程量清单项目编制

其他防腐工程量清单项目编制见表10-89。

表10-89 其他防腐工程量清单项目

| 项目编码 | 项目名称 | 项目特征 | 计量单位 | 工程量计算规则 | 工作内容 |
| --- | --- | --- | --- | --- | --- |
| 011003001 | 隔离层 | （1）隔离层部位<br>（2）隔离层材料品种<br>（3）隔离层做法<br>（4）粘贴材料种类 | $m^2$ | 按设计图示尺寸以面积计算<br>（1）平面防腐：扣除凸出地面的构筑物、设备基础等以及面积＞0.3 $m^2$ 的孔洞、柱、垛所占面积，门洞、空圈、暖气包槽、壁龛的开口部分不增加面积<br>（2）立面防腐：扣除门、窗、洞口以及面积＞0.3 $m^2$ 的孔洞、梁所占面积，门、窗、洞口侧壁、垛突出部分按展开面积并入墙面积内 | （1）基层清理、刷油<br>（2）煮沥青<br>（3）胶泥调制<br>（4）隔离层铺设 |

续表

| 项目编码 | 项目名称 | 项目特征 | 计量单位 | 工程量计算规则 | 工作内容 |
| --- | --- | --- | --- | --- | --- |
| 011003002 | 砌筑沥青浸渍砖 | (1) 砌筑部位<br>(2) 浸渍砖规格<br>(3) 胶泥种类<br>(4) 浸渍砖砌法 | $m^3$ | 按设计图示尺寸以体积计算 | (1) 基层清理<br>(2) 胶泥调制<br>(3) 浸渍砖铺砌 |
| 011003003 | 防腐涂料 | (1) 涂刷部位<br>(2) 基层材料类型<br>(3) 刮腻子的种类、遍数<br>(4) 涂料品种、刷涂遍数 | $m^2$ | 按设计图示尺寸以面积计算<br>(1) 平面防腐：扣除凸出地面的构筑物、设备基础等以及面积＞0.3 $m^2$ 的孔洞、柱、垛所占面积，门洞、空圈、暖气包槽、壁龛的开口部分不增加面积<br>(2) 立面防腐：扣除门、窗、洞口以及面积＞0.3 $m^2$ 的孔洞、梁所占面积，门、窗、洞口侧壁、垛突出部分按展开面积并入墙面积内 | (1) 基层清理<br>(2) 刮腻子<br>(3) 刷涂料 |

2. 其他防腐工程量清单项目计价

(1) 隔离层适用于楼地面的沥青类、树脂玻璃钢类防腐工程隔离层。

(2) 砌筑沥青浸渍砖适用于浸渍标准砖。工程量以体积计算，立砌按厚度 115mm 计算；平砌以 53mm 计算。

(3) 防腐涂料适用于建筑物、构筑物以及钢结构的防腐。

特别提示

(1) 项目名称应对涂刷基层(混凝土、抹灰面)进行描述。

(2) 需刮腻子时应包括在报价内。

(3) 应对涂料底漆层、中间漆层、面漆涂刷(或刮)遍数进行描述。

(4) 浸渍砖砌法指平砌、立砌。

## 10.11 拆除工程(附录R)

本分部工程共 15 个子分部工程 37 个项目，包括砖砌体拆除，混凝土及钢筋混凝土构件拆除，木构件拆除，抹灰面拆除，块料面层拆除，龙骨及饰面拆除，龙骨及饰面拆除，铲除油漆涂料裱糊面，栏杆、轻质隔断隔墙拆除，门窗拆除，金属构件拆除，管道及卫生洁具拆除，灯具、玻璃拆除，其他构件拆除，开孔(打洞)等。

### 10.11.1 砖砌体拆除(表 R.1，编码：011601)

1. 砖砌体拆除工程量清单项目编制

砖砌体拆除工程量清单项目编制见表 10－90。

表 10－90 砖砌体拆除工程量清单项目

| 项目编码 | 项目名称 | 项目特征 | 计量单位 | 工程量计算规则 | 工作内容 |
|---|---|---|---|---|---|
| 011601001 | 砖砌体拆除 | (1) 砌体名称<br>(2) 砌体材质<br>(3) 拆除高度<br>(4) 拆除砌体的截面尺寸<br>(5) 砌体表面的附着物种类 | (1) $m^3$<br>(2) m | (1) 以立方米计量，按拆除的体积计算<br>(2) 以米计量，按拆除的延长米计算 | (1) 拆除<br>(2) 控制扬尘<br>(3) 清理<br>(4) 建渣场内、外运输 |

2. 砖砌体拆除工程量清单项目计价

特 别 提 示

(1) 砌体名称指墙、柱、水池等。

(2) 砌体表面的附着物种类指抹灰层、块料层、龙骨及装饰面层等。

(3) 以米计量时，如砖地沟、砖明沟等必须描述拆除部位的截面尺寸；以立方米计量时，截面尺寸则不必描述。

### 10.11.2 混凝土及钢筋混凝土构件拆除(表 R.2，编码：011602)

1. 混凝土及钢筋混凝土构件拆除工程量清单项目编制

混凝土及钢筋混凝土构件拆除工程量清单项目编制见表 10－91。

表 10－91 混凝土及钢筋混凝土构件拆除工程量清单项目

| 项目编码 | 项目名称 | 项目特征 | 计量单位 | 工程量计算规则 | 工作内容 |
|---|---|---|---|---|---|
| 011602001 | 混凝土构件拆除 | (1) 构件名称<br>(2) 拆除构件的厚度或规格尺寸<br>(3) 构件表面的附着物种类 | (1) $m^3$<br>(2) $m^2$<br>(3) m | (1) 以立方米计算，按拆除构件的混凝土体积计算<br>(2) 以平方米计算，按拆除部位的面积计算<br>(3) 以米计算，按拆除部位的延长米计算 | (1) 拆除<br>(2) 控制扬尘<br>(3) 清理<br>(4) 建渣场内、外运输 |
| 011602002 | 钢筋混凝土构件拆除 | | | | |

2. 混凝土及钢筋混凝土构件拆除工程量清单项目计价

特 别 提 示

(1) 以立方米作为计量单位时，可不描述构件的规格尺寸；以平方米作为计量单位时，则应描述构件的厚度；以米作为计量单位时，则必须描述构件的规格尺寸。

(2) 构件表面的附着物种类指抹灰层、块料层、龙骨及装饰面层等。

### 10.11.3 木构件拆除(表 R.3，编码：011603)

1. 木构件拆除工程量清单项目编制

木构件拆除工程量清单项目编制见表 10－92。

表 10－92 木构件拆除工程量清单项目

| 项目编码 | 项目名称 | 项目特征 | 计量单位 | 工程量计算规则 | 工作内容 |
|---|---|---|---|---|---|
| 011603001 | 木构件拆除 | (1) 构件名称<br>(2) 拆除构件的厚度或规格尺寸<br>(3) 构件表面的附着物种类 | (1) $m^3$<br>(2) $m^2$<br>(3) m | (1) 以立方米计算，按拆除构件的体积计算<br>(2) 以平方米计算，按拆除部位的面积计算<br>(3) 以米计算，按拆除部位的延长米计算 | (1) 拆除<br>(2) 控制扬尘<br>(3) 清理<br>(4) 建渣场内、外运输 |

2. 木构件拆除工程量清单项目计价

**特别提示**

(1) 拆除木构件应按木梁、木柱、木楼梯、木屋架、承重木楼板等分别在构件名称中描述。

(2) 以立方米作为计量单位时，可不描述构件的规格尺寸；以平方米作为计量单位时，则应描述构件的厚度；以米作为计量单位时，则必须描述构件的规格尺寸。

(3) 构件表面的附着物种类指抹灰层、块料层、龙骨及装饰面层等。

### 10.11.4 抹灰面拆除(表 R.4，编码：011604)

1. 抹灰面拆除工程量清单项目编制

抹灰面拆除工程量清单项目编制见表 10－93。

表 10－93 抹灰面拆除工程量清单项目

| 项目编码 | 项目名称 | 项目特征 | 计量单位 | 工程量计算规则 | 工作内容 |
|---|---|---|---|---|---|
| 011604001 | 平面抹灰层拆除 | (1) 拆除部位<br>(2) 抹灰层种类 | $m^2$ | 按拆除部位的面积计算 | (1) 拆除<br>(2) 控制扬尘<br>(3) 清理<br>(4) 建渣场内、外运输 |
| 011604002 | 立面抹灰层拆除 | | | | |
| 011604003 | 天棚抹灰面拆除 | | | | |

2. 抹灰面拆除工程量清单项目计价

特别提示

(1) 单独拆除抹灰层应按本表中的项目编码列项。
(2) 抹灰层种类可描述为一般抹灰或装饰抹灰。

## 10.11.5 块料面层拆除(表 R.5，编码：011605)

1. 块料面层拆除工程量清单项目编制

块料面层拆除工程量清单项目编制见表 10－94。

表 10－94 块料面层拆除工程量清单项目

| 项目编码 | 项目名称 | 项目特征 | 计量单位 | 工程量计算规则 | 工作内容 |
|---|---|---|---|---|---|
| 011605001 | 平面块料拆除 | (1) 拆除的基层类型<br>(2) 饰面材料种类 | $m^2$ | 按拆除面积计算 | (1) 拆除<br>(2) 控制扬尘<br>(3) 清理<br>(4) 建渣场内、外运输 |
| 011605002 | 立面块料拆除 | | | | |

2. 块料面层拆除工程量清单项目计价

特别提示

(1) 如仅拆除块料层，拆除的基层类型不用描述。
(2) 拆除的基层类型的描述指砂浆层、防水层、干挂或挂贴所采用的钢骨架层等。

## 10.11.6 龙骨及饰面拆除(表 R.6，编码：011606)

1. 龙骨及饰面拆除工程量清单项目编制

龙骨及饰面拆除工程量清单项目编制见表 10－95。

表 10－95 龙骨及饰面拆除工程量清单项目

| 项目编码 | 项目名称 | 项目特征 | 计量单位 | 工程量计算规则 | 工作内容 |
|---|---|---|---|---|---|
| 011606001 | 楼地面龙骨及饰面拆除 | (1) 拆除的基层类型<br>(2) 龙骨及饰面种类 | $m^2$ | 按拆除面积计算 | (1) 拆除<br>(2) 控制扬尘<br>(3) 清理<br>(4) 建渣场内、外运输 |
| 011606002 | 墙柱面龙骨及饰面拆除 | | | | |
| 011606003 | 天棚面龙骨及饰面拆除 | | | | |

2. 龙骨及饰面拆除工程量清单项目计价

特别提示

(1) 基层类型的描述指砂浆层、防水层等。
(2) 如仅拆除龙骨及饰面，拆除的基层类型不用描述。
(3) 如只拆除饰面，不用描述龙骨材料种类。

### 10.11.7 屋面拆除(表 R.7，编码：011607)

1. 屋面拆除工程量清单项目编制

屋面拆除工程量清单项目编制见表 10－96。

表 10－96 屋面拆除工程量清单项目

| 项目编码 | 项目名称 | 项目特征 | 计量单位 | 工程量计算规则 | 工作内容 |
| --- | --- | --- | --- | --- | --- |
| 011607001 | 刚性层拆除 | 刚性层厚度 | $m^2$ | 按铲除部位的面积计算 | (1) 拆除<br>(2) 控制扬尘<br>(3) 清理<br>(4) 建渣场内、外运输 |
| 011607002 | 防水层拆除 | 防水层种类 | | | |

### 10.11.8 铲除油漆涂料裱糊面(表 R.8，编码：011608)

1. 铲除油漆涂料裱糊面工程量清单项目编制

铲除油漆涂料裱糊面工程量清单项目编制见表 10－97。

表 10－97 铲除油漆涂料裱糊面工程量清单项目

| 项目编码 | 项目名称 | 项目特征 | 计量单位 | 工程量计算规则 | 工作内容 |
| --- | --- | --- | --- | --- | --- |
| 011608001 | 铲除油漆面 | (1) 铲除部位名称<br>(2) 铲除部位的截面尺寸 | (1) $m^2$<br>(2) m | (1) 以平方米计量，按铲除部位的面积计算<br>(2) 以米计量，按按铲除部位的延长米计算 | (1) 拆除<br>(2) 控制扬尘<br>(3) 清理<br>(4) 建渣场内、外运输 |
| 011608002 | 铲除涂料面 | | | | |
| 011608003 | 铲除裱糊面 | | | | |

2. 铲除油漆涂料裱糊面工程量清单项目计价

特别提示

(1) 单独铲除油漆涂料裱糊面的工程按本表中的项目编码列项。
(2) 铲除部位名称的描述指墙面、柱面、天棚、门窗等。

(3) 按米计量时，必须描述铲除部位的截面尺寸；以平方米计量时，则不用描述铲除部位的截面尺寸。

### 10.11.9 栏杆、轻质隔断隔墙拆除(表 R.9，编码：011609)

1. 栏杆、轻质隔断隔墙拆除工程量清单项目编制

栏杆、轻质隔断隔墙拆除工程量清单项目编制见表 10－98。

表 10－98 栏杆、轻质隔断隔墙拆除工程量清单项目

| 项目编码 | 项目名称 | 项目特征 | 计量单位 | 工程量计算规则 | 工作内容 |
|---|---|---|---|---|---|
| 011609001 | 栏杆、栏板拆除 | (1) 栏杆(板)的高度<br>(2) 栏杆、栏板种类 | (1) $m^2$<br>(2) m | (1) 以平方米计量，按拆除部位的面积计算<br>(2) 以米计量，按拆除的延长米计算 | (1) 拆除<br>(2) 控制扬尘<br>(3) 清理<br>(4) 建渣场内、外运输 |
| 011609002 | 隔断隔墙拆除 | (1) 拆除隔墙的骨架种类<br>(2) 拆除隔墙的饰面种类 | $m^2$ | 按拆除部位的面积计算 | |

2. 栏杆、轻质隔断隔墙拆除工程量清单项目计价

特别提示

以平方米计量时，不用描述栏杆(板)的高度。

### 10.11.10 门窗拆除(表 R.10，编码：011610)

1. 门窗拆除工程量清单项目编制

门窗拆除工程量清单项目编制见表 10－99。

表 10－99 门窗拆除工程量清单项目

| 项目编码 | 项目名称 | 项目特征 | 计量单位 | 工程量计算规则 | 工作内容 |
|---|---|---|---|---|---|
| 011610001 | 木门窗拆除 | (1) 室内高度<br>(2) 门窗洞口尺寸 | (1) $m^2$<br>(2) 樘 | (1) 以平方米计量，按拆除面积计算<br>(2) 以樘计量，按拆除樘数计算 | (1) 拆除<br>(2) 控制扬尘<br>(3) 清理<br>(4) 建渣场内、外运输 |
| 011610002 | 金属门窗拆除 | | | | |

2. 门窗拆除工程量清单项目计价

**特别提示**

门窗拆除以 $m^2$ 计量，不用描述门窗的洞口尺寸。室内高度指室内楼地面至门窗的上边框。

### 10.11.11 金属构件拆除(表 R.11，编码：011611)

1. 金属构件拆除工程量清单项目编制

金属构件拆除工程量清单项目编制见表 10－100。

**表 10－100 金属构件拆除工程量清单项目**

| 项目编码 | 项目名称 | 项目特征 | 计量单位 | 工程量计算规则 | 工作内容 |
|---|---|---|---|---|---|
| 011611001 | 钢梁拆除 | (1) 构件名称<br>(2) 拆除构件的规格尺寸 | (1) t<br>(2) m | (1) 以吨计量，按拆除构件的质量计算<br>(2) 以米计量，按拆除延长米计算 | (1) 拆除<br>(2) 控制扬尘<br>(3) 清理<br>(4) 建渣场内、外运输 |
| 011611002 | 钢柱拆除 | | | | |
| 011611003 | 钢网架拆除 | | t | 按拆除构件的质量计算 | |
| 011611004 | 钢支撑、钢墙架拆除 | | (1) t<br>(2) m | (1) 以吨计量，按拆除构件的质量计算<br>(2) 以米计算，按拆除延长米计算 | |
| 011611005 | 其他金属构件拆除 | | | | |

2. 金属构件拆除工程量清单项目计价

**特别提示**

拆除金属栏杆、栏板按表 R.9“栏杆、轻质隔断隔墙拆除”相应清单编码执行。

### 10.11.12 管道及卫生洁具拆除(表 R.12，编码：011612)

管道及卫生洁具拆除工程量清单项目编制见表 10－101。

**表 10－101 管道及卫生洁具拆除工程量清单项目**

| 项目编码 | 项目名称 | 项目特征 | 计量单位 | 工程量计算规则 | 工作内容 |
|---|---|---|---|---|---|
| 011612001 | 管道拆除 | (1) 管道种类、材质<br>(2) 管道上的附着物种类 | m | 按拆除管道的延长米计算 | (1) 拆除<br>(2) 控制扬尘<br>(3) 清理<br>(4) 建渣场内、外运输 |
| 011612002 | 卫生洁具拆除 | 卫生洁具种类 | (1) 套<br>(2) 个 | 按拆除的数量计算 | |

### 10.11.13 灯具、玻璃拆除(表 R.13，编码：011613)

1. 灯具、玻璃拆除工程量清单项目编制

灯具、玻璃拆除工程量清单项目编制见表 10－102。

**表 10－102 灯具、玻璃拆除工程量清单项目编制**

| 项目编码 | 项目名称 | 项目特征 | 计量单位 | 工程量计算规则 | 工作内容 |
|---|---|---|---|---|---|
| 011613001 | 灯具拆除 | (1) 拆除灯具高度<br>(2) 灯具种类 | 套 | 按拆除的数量计算 | (1) 拆除<br>(2) 控制扬尘<br>(3) 清理<br>(4) 建渣场内、外运输 |
| 011613002 | 玻璃拆除 | (1) 玻璃厚度<br>(2) 拆除部位 | $m^2$ | 按拆除的面积计算 | |

2. 灯具、玻璃拆除工程量清单项目计价

**特别提示**

拆除部位的描述指门窗玻璃、隔断玻璃、墙玻璃、家具玻璃等。

### 10.11.14 其他构件拆除(表 R.14，编码：011614)

1. 其他构件拆除工程量清单项目编制

其他构件拆除工程量清单项目编制见表 10－103。

**表 10－103 其他构件拆除工程量清单项目编制**

| 项目编码 | 项目名称 | 项目特征 | 计量单位 | 工程量计算规则 | 工作内容 |
|---|---|---|---|---|---|
| 011614001 | 暖气罩拆除 | 暖气罩材质 | (1) 个<br>(2) m | (1) 以个计量，按拆除个数计算<br>(2) 以米计量，按拆除延长米计算 | (1) 拆除<br>(2) 控制扬尘<br>(3) 清理<br>(4) 建渣场内、外运输 |
| 011614002 | 柜体拆除 | (1) 柜体材质<br>(2) 柜体尺寸：长、宽、高 | | | |
| 011614003 | 窗台板拆除 | 窗台板平面尺寸 | (1) 块<br>(2) m | (1) 以块计量，按拆除数量计算<br>(2) 以米计量，按拆除的延长米计算 | |
| 011614004 | 筒子板拆除 | 筒子板的平面尺寸 | | | |
| 011614005 | 窗帘盒拆除 | 窗帘盒的平面尺寸 | m | 按拆除的延长米计算 | |
| 011614006 | 窗帘轨拆除 | 窗帘轨的材质 | | | |

2. 其他构件拆除工程量清单项目计价

特别提示

双轨窗帘轨拆除按双轨长度分别计算工程量。

### 10.11.15 开孔(打洞)(表 R.15，编码：011615)

1. 开孔(打洞)工程量清单项目编制

开孔(打洞)工程量清单项目编制见表 10－104。

表 10－104 开孔(打洞)工程量清单项目

| 项目编码 | 项目名称 | 项目特征 | 计量单位 | 工程量计算规则 | 工作内容 |
|---|---|---|---|---|---|
| 011615001 | 开孔(打洞) | (1) 部位<br>(2) 打洞部位材质<br>(3) 洞尺寸 | 个 | 按数量计算 | (1) 拆除<br>(2) 控制扬尘<br>(3) 清理<br>(4) 建渣场内、外运输 |

2. 开孔(打洞)工程量清单项目计价

特别提示

(1) 部位可描述为墙面或楼板。

(2) 打洞部位材质可描述为页岩砖、空心砖或钢筋混凝土等。

## 10.12 措施项目 (附录 S)

本分部工程共 7 个子分部工程 52 个项目，包括脚手架工程，混凝土模板及支架(撑)，垂直运输，超高施工增加，大型机械设备进出场及安拆，施工排水、降水，安全文明施工及其他措施项目。

### 10.12.1 脚手架工程(表 S. 1，编码：011701)

1. 脚手架工程工程量清单项目编制

脚手架工程工程量清单项目编制见表 10－105。

表 10-105　脚手架工程工程量清单项目

| 项目编码 | 项目名称 | 项目特征 | 计量单位 | 工程量计算规则 | 工作内容 |
|---|---|---|---|---|---|
| 011701001 | 综合脚手架 | (1) 建筑结构形式<br>(2) 檐口高度 | $m^2$ | 按建筑面积计算 | (1) 场内、场外材料搬运<br>(2) 搭、拆脚手架、斜道、上料平台<br>(3) 安全网的铺设<br>(4) 选择附墙点与主体连接<br>(5) 测试电动装置、安全锁等<br>(6) 拆除脚手架后材料的堆放 |
| 011701002 | 外脚手架 | (1) 搭设方式<br>(2) 搭设高度<br>(3) 脚手架材质 |  | 按所服务对象的垂直投影面积计算 | (1) 场内、场外材料搬运<br>(2) 搭、拆脚手架、斜道、上料平台<br>(3) 安全网的铺设<br>(4) 拆除脚手架后材料的堆放 |
| 011701003 | 里脚手架 |  |  |  |  |
| 011701004 | 悬空脚手架 | (1) 搭设方式<br>(2) 悬挑宽度<br>(3) 脚手架材质 |  | 按搭设的水平投影面积计算 |  |
| 011701005 | 挑脚手架 |  | m | 按搭设长度乘以搭设层数以延长米计算 |  |
| 011701006 | 满堂脚手架 | (1) 搭设方式<br>(2) 搭设高度<br>(3) 脚手架材质 | $m^2$ | 按搭设的水平投影面积计算 |  |
| 011701007 | 整体提升架 | (1) 搭设方式及启动装置<br>(2) 搭设高度 | $m^2$ | 按所服务对象的垂直投影面积计算 | (1) 场内、场外材料搬运<br>(2) 选择附墙点与主体连接<br>(3) 搭、拆脚手架、斜道、上料平台<br>(4) 安全网的铺设<br>(5) 测试电动装置、安全锁等<br>(6) 拆除脚手架后材料的堆放 |
| 011701008 | 外装饰吊篮 | (1) 升降方式及启动装置<br>(2) 搭设高度及吊篮型号 | $m^2$ | 按所服务对象的垂直投影面积计算 | (1) 场内、场外材料搬运<br>(2) 吊篮的安装<br>(3) 测试电动装置、安全锁、平衡控制器等<br>(4) 吊篮的拆卸 |

2. 脚手架工程工程量清单项目计价

**特别提示**

(1) 使用综合脚手架时，不再使用外脚手架、里脚手架等单项脚手架；综合脚手架适用于能够按“建筑面积计算规则”计算建筑面积的建筑工程脚手架，不适用于房屋加层、构筑物及附属工程脚手架。

(2) 同一建筑物有不同檐高时，按建筑物竖向切面分别按不同檐高编列清单项目。

(3) 整体提升架已包括2m高的防护架体设施。

(4) 脚手架材质可以不描述，但应注明由投标人根据工程实际情况按照国家现行标准《建筑施工扣件式钢管脚手架安全技术规范》(JGJ130—2011)、《建筑施工附着升降脚手架管理规定》(建建［2000］230号)等规范自行确定。

**应用案例10-9**

按照本教材附录实验楼工程施工图，人工市场单价按200元/工日计取，管理费按人工费加机械费的10%计算，利润按人工费的20%计算。

要求：(1) 编制实验楼工程的外脚手架措施工程项目清单表。

(2) 按工程量清单计价格式计算实验楼工程的外脚手架措施工程项目清单费。

**解：**

(1) 分部分项工程项目清单表见表10-106。

**表10-106 分部分项工程和单价措施项目清单与计价表**

工程名称：应用案例　　　　标段：　　　　第 页 共 页

| 序号 | 项目编码 | 项目名称 | 项目特征描述 | 计量单位 | 工程量 | 金额/元 | | |
|---|---|---|---|---|---|---|---|---|
| | | | | | | 综合单价 | 合价 | 其中：暂估价 |
| 1 | 011701002001 | 外脚手架 | (1) 搭设方式：双排<br>(2) 搭设高度：11.15m<br>(3) 脚手架材质：钢管 | $m^2$ | 565.98 | | | |
| 本页小计 | | | | | | | | |
| 合计 | | | | | | | | |

注：为计取规费等的使用，可在表中增设其中：“定额人工费”。

（2）分部分项工程项目清单综合单价分析表见表10－107。

**表10－107　综合单价分析表**

工程名称：应用案例　　　　标段：　　　　第　页　共　页

| 项目编码 | 011701002001 | 项目名称 | 外脚手架 | 计量单位 | m² | 工程量 | 565.98 |
|---|---|---|---|---|---|---|---|

| 清单综合单价组成明细 | | | | | | | | | | | |
|---|---|---|---|---|---|---|---|---|---|---|---|
| 定额编号 | 定额名称 | 定额单位 | 数量 | 单价/元 | | | | 合价/元 | | | |
| | | | | 人工费 | 材料费 | 机械费 | 管理费和利润 | 人工费 | 材料费 | 机械费 | 管理费和利润 |
| A22－2 | 综合钢脚手架高度(以内)12.5m | 100m² | 0.01 | 2 338 | 964.51 | 112.04 | 712.6 | 23.38 | 9.65 | 1.12 | 7.13 |
| 人工市场单价 | | 小计 | | | | | | 23.38 | 9.65 | 1.12 | 7.13 |
| 综合工日200元/工日 | | 未计价材料费 | | | | | | 0 | | | |
| 清单项目综合单价 | | | | | | | | 41.28 | | | |
| 材料费明细 | 主要材料名称、规格、型号 | | | | 单位 | 数量 | | 单价/元 | 合价/元 | 暂估单价/元 | 暂估合价/元 |
| | 脚手架钢管$\phi$51mm×3.5 | | | | m | 0.193 5 | | 17.77 | 3.44 | | |
| | 其他材料费 | | | | | | | — | 6.21 | — | 0 |
| | 材料费小计 | | | | | | | — | 9.65 | — | 0 |

注：1. 如不使用省级或行业建设主管部门发布的计价依据，可不填定额编码、名称等。

2. 招标文件提供了暂估单价的材料，按暂估的单价填入表内“暂估单价”栏及“暂估合价”栏。

（3）分部分项工程项目清单计价表见表10－108。

**表10－108　分部分项工程和单价措施项目清单与计价表**

工程名称：应用案例　　　　标段：　　　　第　页　共　页

| 序号 | 项目编码 | 项目名称 | 项目特征描述 | 计量单位 | 工程量 | 金额/元 | | |
|---|---|---|---|---|---|---|---|---|
| | | | | | | 综合单价 | 合价 | 其中：暂估价 |
| 1 | 011701002001 | 外脚手架 | （1）搭设方式：双排<br>（2）搭设高度：11.15m<br>（3）脚手架材质：钢管 | m² | 565.98 | 41.28 | 23 363.65 | |
| 本页小计 | | | | | | | 23 363.65 | |
| 合　计 | | | | | | | 23 363.65 | |

注：为计取规费等的使用，可在表中增设其中：“定额人工费”。

### 10.12.2 混凝土模板及支架(撑)(表 S.2，编码：011702)

1. 混凝土模板及支架(撑)工程量清单项目编制

混凝土模板及支架(撑)工程量清单项目编制见表 10－109。

表 10－109 混凝土模板及支架(撑)工程量清单项目

| 项目编码 | 项目名称 | 项目特征 | 计量单位 | 工程量计算规则 | 工作内容 |
|---|---|---|---|---|---|
| 011702001 | 基础 | 基础类型 | $m^2$ | 按模板与现浇混凝土构件的接触面积计算<br>(1) 现浇钢筋混凝土墙、板单孔面积≤ $0.3m^2$ 的孔洞不予扣除，洞侧壁模板亦不增加；单孔面积> $0.3m^2$ 时应予扣除，洞侧壁模板面积并入墙、板工程量内计算<br>(2) 现浇框架分别按梁、板、柱有关规定计算；附墙柱、暗梁、暗柱并入墙内工程量内计算<br>(3) 柱、梁、墙、板相互连接的重叠部分，均不计算模板面积<br>(4) 构造柱按图示外露部分计算模板面积 | (1) 模板制作<br>(2) 模板安装、拆除、整理堆放及场内外运输<br>(3) 清理模板粘结物及模内杂物、刷隔离剂等 |
| 011702002 | 矩形柱 | 柱截面尺寸 | | | |
| 011702003 | 构造柱 | | | | |
| 011702004 | 异形柱 | 柱截面形状 | | | |
| 011702005 | 基础梁 | 梁截面形状 | | | |
| 011702006 | 矩形梁 | 支模高度 | | | |
| 011702007 | 异形梁 | (1) 梁截面形状<br>(2) 支模高度 | | | |
| 011702008 | 圈梁 | | | | |
| 011702009 | 过梁 | | | | |
| 011702010 | 弧形、拱形梁 | (1) 梁截面形状<br>(2) 支模高度 | | | |
| 011702011 | 直形墙 | 墙厚度 | | | |
| 011702012 | 弧形墙 | | | | |
| 011702013 | 短肢剪力墙、电梯井壁 | | | | |
| 011702014 | 有梁板 | 支模高度 | | | |
| 011702015 | 无梁板 | | | | |
| 011702016 | 平板 | | | | |
| 011702017 | 拱板 | | | | |
| 011702018 | 薄壳板 | | | | |
| 011702019 | 空心板 | | | | |
| 011702020 | 其他板 | | | | |
| 011702021 | 栏板 | 板厚度 | | | |
| 011702022 | 天沟、檐沟 | 构件类型 | | 按模板与现浇混凝土构件的接触面积计算 | |
| 011702023 | 雨篷、悬挑板、阳台板 | (1) 构件类型<br>(2) 板厚度 | | 按图示外挑部分尺寸的水平投影面积计算，挑出墙外的悬臂梁及板边不另计算 | |

续表

<table>
<tr><th>项目编码</th><th>项目名称</th><th>项目特征</th><th>计量单位</th><th>工程量计算规则</th><th>工作内容</th></tr>
<tr><td>011702024</td><td>楼梯</td><td>类型</td><td rowspan="9">m²</td><td>按楼梯（包括休息平台、平台梁、斜梁和楼层板的连接梁）的水平投影面积计算，不扣除宽度≤500mm的楼梯井所占面积，楼梯踏步、踏步板、平台梁等侧面模板不另计算，伸入墙内部分亦不增加</td><td rowspan="9">(1) 模板制作<br>(2) 模板安装、拆除、整理堆放及场内外运输<br>(3) 清理模板粘结物及模内杂物、刷隔离剂等</td></tr>
<tr><td>011702025</td><td>其他现浇构件</td><td>构件类型</td><td>按模板与现浇混凝土构件的接触面积计算</td></tr>
<tr><td>011702026</td><td>电缆沟、地沟</td><td>(1) 沟类型<br>(2) 沟截面</td><td>按模板与电缆沟、地沟接触的面积计算</td></tr>
<tr><td>011702027</td><td>台阶</td><td>台阶踏步宽</td><td>按图示台阶水平投影面积计算，台阶端头两侧不另计算模板面积。架空式混凝土台阶，按现浇楼梯计算</td></tr>
<tr><td>011702028</td><td>扶手</td><td>扶手断面尺寸</td><td>按模板与扶手的接触面积计算</td></tr>
<tr><td>011702029</td><td>散水</td><td>坡度</td><td>按模板与散水的接触面积计算</td></tr>
<tr><td>011702030</td><td>后浇带</td><td>后浇带部位</td><td>按模板与后浇带的接触面积计算</td></tr>
<tr><td>011702031</td><td>化粪池</td><td>(1) 化粪池部位<br>(2) 化粪池规格</td><td rowspan="2">按模板与混凝土接触面积计算</td></tr>
<tr><td>011702032</td><td>检查井</td><td>(1) 检查井部位<br>(2) 检查井规格</td></tr>
</table>

2. 混凝土模板及支架（撑）工程量清单项目计价

**特别提示**

(1) 原槽浇灌的混凝土基础、垫层，不计算模板。

(2) 混凝土模板及支撑（架）项目只适用于以平方米计量，按模板与混凝土构件的接触面积计算。以立方米计量的模板及支撑（支架）不再单列，按混凝土及钢筋混凝土实体项目执行，其综合单价中应包含模板及支架。

(3) 采用清水模板时，应在特征中注明。

(4) 若现浇混凝土梁、板支撑高度超过3.6m，项目特征应描述支模高度。

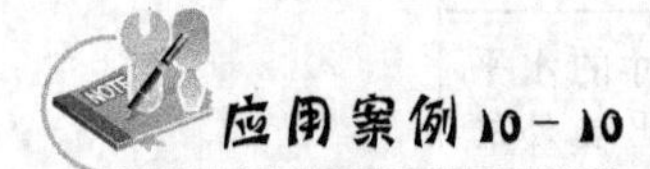

**应用案例10-10**

按照本教材附录实验楼工程施工图，人工市场单价按200元/工日计取，管理费按人工费加机械费的10%计算，利润按人工费的20%计算。

要求：(1) 编制实验楼工程的楼梯模板措施工程项目清单表。

(2) 按工程量清单计价格式计算实验楼工程的楼梯模板措施工程项目清单费。

**解：**

(1) 分部分项工程项目清单表见表10－110。

**表10－110 分部分项工程和单价措施项目清单与计价表**

工程名称：应用案例　　标段：　　第　页　共　页

| 序号 | 项目编码 | 项目名称 | 项目特征描述 | 计量单位 | 工程量 | 金额/元 | | |
|---|---|---|---|---|---|---|---|---|
| | | | | | | 综合单价 | 合价 | 其中：暂估价 |
| 1 | 011702024001 | 楼梯 | 类型：直形楼梯 | $m^2$ | 13.83 | | | |
| | | | 本页小计 | | | | | |
| | | | 合　计 | | | | | |

注：为计取规费等的使用，可在表中增设其中："定额人工费"。

(2) 分部分项工程项目清单综合单价分析表见表10－111。

**表10－111 综合单价分析表**

工程名称：应用案例　　标段：　　第　页　共　页

| 项目编码 | 011702024001 | 项目名称 | 楼梯 | 计量单位 | $m^2$ | 工程量 | 13.83 |
|---|---|---|---|---|---|---|---|

| 定额编号 | 定额名称 | 定额单位 | 数量 | 单价/元 | | | | 合价/元 | | | |
|---|---|---|---|---|---|---|---|---|---|---|---|
| | | | | 人工费 | 材料费 | 机械费 | 管理费和利润 | 人工费 | 材料费 | 机械费 | 管理费和利润 |
| A21－62 | 楼梯模板直形 | $100m^2$ | 0.01 | 17 858 | 4 451.68 | 249.37 | 5 382.34 | 178.58 | 44.52 | 2.49 | 53.82 |
| 人工市场单价 | | | 小计 | | | | | 178.58 | 44.52 | 2.49 | 53.82 |
| 综合工日200元/工日 | | | 未计价材料费 | | | | | 0 | | | |
| 清单项目综合单价 | | | | | | | | 279.42 | | | |

| 材料费明细 | 主要材料名称、规格、型号 | 单位 | 数量 | 单价/元 | 合价/元 | 暂估单价/元 | 暂估合价/元 |
|---|---|---|---|---|---|---|---|
| | 松杂板枋材 | $m^3$ | 0.031 2 | 1 313.52 | 40.98 | | |
| | 其他材料费 | | | — | 3.57 | — | 0 |
| | 材料费小计 | | | — | 44.56 | — | 0 |

注：1. 如不使用省级或行业建设主管部门发布的计价依据，可不填定额编码、名称等。

2. 招标文件提供了暂估单价的材料，按暂估的单价填入表内"暂估单价"栏及"暂估合价"栏。

(3) 分部分项工程项目清单计价表见表10-112。

**表10-112 分部分项工程和单价措施项目清单与计价表**

工程名称：应用案例　　　　标段：　　　　第　页　共　页

| 序号 | 项目编码 | 项目名称 | 项目特征描述 | 计量单位 | 工程量 | 金额/元 | | |
|---|---|---|---|---|---|---|---|---|
| | | | | | | 综合单价 | 合价 | 其中：暂估价 |
| 1 | 011702024001 | 楼梯 | 类型：直形楼梯 | $m^2$ | 13.83 | 279.42 | 3 864.38 | |
| | | | 本页小计 | | | | 3 864.38 | |
| | | | 合　计 | | | | 3 864.38 | |

注：为计取规费等的使用，可在表中增设其中："定额人工费"。

### 10.12.3 垂直运输(表S.3，编码：011703)

1. 垂直运输工程量清单项目编制

垂直运输工程量清单项目编制见表10-113。

**表10-113 垂直运输工程量清单项目**

| 项目编码 | 项目名称 | 项目特征 | 计量单位 | 工程量计算规则 | 工作内容 |
|---|---|---|---|---|---|
| 011703001 | 垂直运输 | (1) 建筑物建筑类型及结构形式<br>(2) 地下室建筑面积<br>(3) 建筑物檐口高度、层数 | (1) $m^2$<br>(2) 天 | (1) 按《建筑工程建筑面积计算规范》GB/T 50353—2005的规定计算建筑物的建筑面积<br>(2) 按施工工期日历天数计量 | (1) 垂直运输机械的固定装置、基础制作、安装<br>(2) 行走式垂直运输机械轨道的铺设、拆除、摊销 |

2. 垂直运输工程量清单项目计价

**特别提示**

(1) 建筑物的檐口高度是指设计室外地坪至檐口滴水的高度(平屋顶系指屋面板底高度)，突出主体建筑物屋顶的电梯机房、楼梯出口间、水箱间、瞭望塔、排烟机房等不计入檐口高度。

(2) 垂直运输指施工工程在合理工期内所需垂直运输机械。

(3) 同一建筑物有不同檐高时，按建筑物的不同檐高做纵向分割，分别计算建筑面积，以不同檐高分别编码列项。

### 10.12.4 超高施工增加(表S.4，编码：011704)

1. 超高施工增加工程量清单项目编制

超高施工增加工程量清单项目编制见表10-114。

表 10-114 超高施工增加工程量清单项目

| 项目编码 | 项目名称 | 项目特征 | 计量单位 | 工程量计算规则 | 工作内容 |
| --- | --- | --- | --- | --- | --- |
| 011704001 | 超高施工增加 | (1) 建筑物建筑类型及结构形式<br>(2) 建筑物檐口高度、层数<br>(3) 单层建筑物檐口高度超过 20m，多层建筑物超过 6 层部分的建筑面积 | $m^2$ | 按建筑物超高部分的建筑面积计算 | (1) 建筑物超高引起的人工工效降低以及由于人工工效降低引起的机械降效<br>(2) 高层施工用水加压水泵的安装、拆除及工作台班<br>(3) 通信联络设备的使用及摊销 |

2. 超高施工增加工程量清单项目计价

特别提示

(1) 单层建筑物檐口高度超过 20m，多层建筑物超过 6 层时，可按超高部分的建筑面积计算超高施工增加。计算层数时，地下室不计入层数。

(2) 同一建筑物有不同檐高时，可按不同高度的建筑面积分别计算建筑面积，以不同檐高分别编码列项。

### 10.12.5 大型机械设备进出场及安拆(表 S. 5，编码：011705)

大型机械设备进出场及安拆工程量清单项目编制见表 10-115。

表 10-115 大型机械设备进出场及安拆工程量清单项目

| 项目编码 | 项目名称 | 项目特征 | 计量单位 | 工程量计算规则 | 工作内容 |
| --- | --- | --- | --- | --- | --- |
| 011705001 | 大型机械设备进出场及安拆 | (1) 机械设备名称<br>(2) 机械设备规格型号 | 台次 | 按使用机械设备的数量计算 | (1) 安拆费包括施工机具、设备在现场进行安装拆卸所需人工、材料、机械和试运转费用以及机械辅助设施的折旧、搭设、拆除等费用<br>(2) 进出场费包括施工机具、设备整体或分体自停放地点运至施工现场或由一施工地点运至另一施工地点所发生的运输、装卸、辅助材料等费用 |

### 10.12.6 施工排水、降水(表 S.6，编码：011706)

1. 施工排水、降水工程量清单项目编制

施工排水、降水工程量清单项目编制见表 10-116。

表 10-116 施工排水、降水工程量清单项目

| 项目编码 | 项目名称 | 项目特征 | 计量单位 | 工程量计算规则 | 工作内容 |
|---|---|---|---|---|---|
| 011706001 | 成井 | (1) 成井方式<br>(2) 地层情况<br>(3) 成井直径<br>(4) 井（滤）管类型、直径 | m | 按设计图示尺寸以钻孔深度计算 | (1) 准备钻孔机械、埋设护筒、钻机就位；泥浆制作、固壁；成孔、出渣、清孔等<br>(2) 对接上、下井管（滤管），焊接，安放，下滤料，洗井，连接试抽等 |
| 011706002 | 排水、降水 | (1) 机械规格型号<br>(2) 降排水管规格 | 昼夜 | 按排、降水日历天数计算 | (1) 管道安装、拆除，场内搬运等<br>(2) 抽水、值班、降水设备维修等 |

2. 施工排水、降水工程量清单项目计价

特别提示

相应专项设计不具备时，可按暂估量计算。

## 10.12.7 安全文明施工及其他措施项目(表 S.7，编码：011707)

1. 安全文明施工及其他措施项目工程量清单项目编制

安全文明施工及其他措施项目工程量清单项目编制见表 10-117。

表 10-117 一般措施项目工程量清单项目

| 项目编码 | 项目名称 | 工作内容及包含范围 |
|---|---|---|
| 011707001 | 安全文明施工(含环境保护、文明施工、安全施工、临时设施) | (1) 环境保护：现场施工机具设备降低噪声、防扰民措施费用；水泥和其他易飞扬细颗粒建筑材料密闭存放或采取覆盖措施等费用；工程防扬尘洒水；土石方、建渣外运车辆防护措施等；现场污染源的控制、生活垃圾清理外运、场地排水排污措施；其他环境保护措施<br>(2) 文明施工："五牌一图"的费用；现场围挡的墙面美化(包括内外粉刷、刷白、标语等)、压顶装饰；现场厕所便槽刷白、贴面砖，水泥砂浆地面或地砖，建筑物内临时便溺设施；其他施工现场临时设施的装饰装修、美化措施现场生活卫生设施；符合卫生要求的饮水设备、淋浴、消毒等设施；生活用洁净燃料；防煤气中毒、防蚊虫叮咬等措施；施工现场操作场地的硬化；现场绿化、治安综合治理；现场配备医药保健器材、物品费用和急救人员培训；现场工人的防暑降温、电风扇、空调等设备及用电；其他文明施工措施<br>(3) 安全施工：安全资料、特殊作业专项方案的编制，安全施工标志的购置及安全宣传；"三宝"(安全帽、安全带、安全网)、"四口"(楼梯口、电梯井口、通道口、预留洞口)，"五临边"(阳台围边、楼板围边、屋面围边、槽坑围边、卸料平台两侧)，水平防护架、垂直防护架、外架封闭等防护；施工安全用电，包括配电箱三级配电、两级保护装置要求、外电防护措施；起重机、塔吊等起重设备(含井架、门架)及外用电梯的安全防护措施(含警示标志)及卸料平台的临边防护、层间安全门、防护棚等设施；建筑工地起重机械的检验检测；施工机具防护棚及其围栏的安全保护设施；施工安全防护通道；工人的安全防护用品、用具购置；消防设施与消防器材的配置；电气保护、安全照明设施；其他安全防护措施 |

续表

| 项目编码 | 项目名称 | 工作内容及包含范围 |
| --- | --- | --- |
| 011707001 | 安全文明施工(含环境保护、文明施工、安全施工、临时设施) | (4) 临时设施：施工现场采用彩色、定型钢板，砖、混凝土砌块等围挡的安砌、维修、拆除；施工现场临时建筑物、构筑物的搭设、维修、拆除，如临时宿舍、办公室，食堂、厨房、厕所、诊疗所、临时文化福利用房、临时仓库、加工厂、搅拌台、临时简易水塔、水池等。施工现场临时设施的搭设、维修、拆除，如临时供水管道、临时供电管线、小型临时设施等；施工现场规定范围内临时简易道路铺设，临时排水沟、排水设施安砌、维修、拆除；其他临时设施费搭设、维修、拆除 |
| 011707002 | 夜间施工 | (1) 夜间固定照明灯具和临时可移动照明灯具的设置、拆除<br>(2) 夜间施工时，施工现场交通标志、安全标牌、警示灯等的设置、移动、拆除<br>(3) 包括夜间照明设备及照明用电、施工人员夜班补助、夜间施工劳动效率降低等 |
| 011707003 | 非夜间施工照明 | 为保证工程施工正常进行，在如地下室等特殊施工部位施工时所采用的照明设备的安拆、维护、摊销及照明用电等 |
| 011707004 | 二次搬运 | 包括由于施工场地条件限制而发生的材料、成品、半成品等一次运输不能到达堆放地点，必须进行二次或多次搬运 |
| 011707005 | 冬雨季施工 | (1) 冬雨(风)季施工时增加的临时设施(防寒保温、防雨、防风设施)的搭设、拆除<br>(2) 冬雨(风)季施工时，对砌体、混凝土等采用的特殊加温、保温和养护措施<br>(3) 冬雨(风)季施工时，施工现场的防滑处理、对影响施工的雨雪的清除<br>(4) 包括冬雨(风)季施工时增加的临时设施的摊销、施工人员的劳动保护用品、冬雨(风)季施工劳动效率降低等 |
| 011707006 | 地上、地下设施、建筑物的临时保护设施 | 在工程施工过程中，对已建成的地上、地下设施和建筑物进行的遮盖、封闭、隔离等必要保护措施 |
| 011707007 | 已完工程及设备保护 | 对已完工程及设备采取的覆盖、包裹、封闭、隔离等必要保护措施 |

2. 安全文明施工及其他措施项目工程量清单项目计价

**特别提示**

(1) 本表所列项目应根据工程实际情况计算措施项目费用，需分摊的应合理计算摊销费用。

(2) 安全文明施工费是指工程施工期间按照国家现行的环境保护、建筑施工安全、施工现场环境与卫生标准和有关规定，购置和更新施工安全防护用具及设施、改善安全生产条件和作业环境所需要的费用。

计算实例见本教材第12章一般土建工程工程量清单编制及工程量清单计价方式编制

实例中，安全文明施工(含环境保护、文明施工、安全施工、临时设施)、已完工程及设备保护两项措施项目费的计取。

**拓展讨论**

党的二十大报告提出了推动经济社会发展绿色化、低碳化是实现高质量发展的关键环节。加快推动产业结构、能源结构、交通运输结构等调整优化。实施全面节约战略，推进各类资源节约集约利用，加快构建废弃物循环利用体系。

结合安全文明施工，谈一谈建筑施工如何实现绿色化、低碳化发展，如何实现建筑类资源的节约集约利用。在建筑行业，如何构建废弃物循环利用体系。

## 本章小结

本章主要对建筑工程的工程量清单、工程量清单计价进行讲解，包括建筑工程的工程量清单的项目编码、项目名称、项目特征、计量单位、工程量计算规则、工程内容及适用工程、含义分析、可包括的分项工程、特别提示等内容，目的是使学生掌握建筑工程工程量清单编制、工程量清单计价的方法。

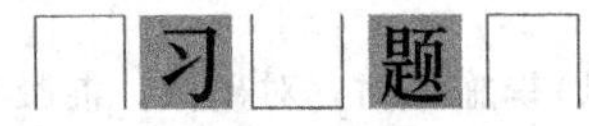


一、简答题

请说明下列各分项工程项目，在分部分项工程项目清单名称栏内项目特征需描述哪些内容?

1. 挖基础土方
2. 实心砖墙
3. 现浇混凝土柱
4. 钢屋架
5. 屋面涂膜防水

二、计算题

1. 某工程中有一道内墙长5m高3m，240mm厚，其上有1扇1 500mm×1 500mm的铝合金窗，Mu10标准砖，M5水泥石灰砂浆砌筑，请编制该工程中墙体工程的工程量清单、计算综合单价及进行单价分析。

2. 某工程中有10根现浇混凝土柱，柱高3.6m，截面尺寸500mm×500mm，C25混凝土，碎石最大粒径20mm，请编制该工程中混凝土柱工程的工程量清单、计算综合单价及进行单价分析。

3. 某工程中有10道钢筋混凝土现浇框架梁KL1(2)，其尺寸配筋如图10.6所示，梁混凝土强度等级为C25，碎石最大粒径20mm，正常室内环境使用，抗震等级为二级，请编制该工程中KL1(2)的混凝土工程和钢筋工程的工程量清单、计算综合单价及进行单价分析。

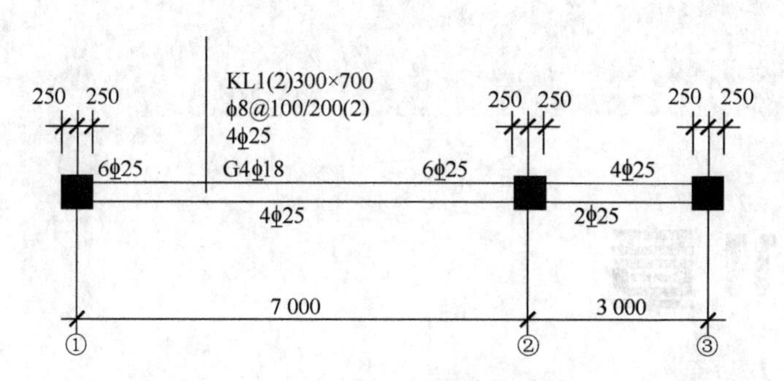


图 10.6 KL1 平法表示图

4. 实验楼工程屋面使用SBS改性沥青油毡防水，水泥砂浆找平层、水泥珍珠岩保温层、缸砖面层 120m²，SBS改性沥青油毡防水层(平面及弯起)150m²，工程做法如下。

(1) 铺贴缸砖面层。

(2) SBS改性沥青油毡防水满铺、上翻 250。

(3) 1∶2 水泥砂浆找平层在填充材料上厚 20。

(4) 1∶10 水泥珍珠岩保温层厚 100。

(5) 1∶2 水泥砂浆找平层厚 20。

(6) C25 钢筋混凝土楼板。

请编制该实验楼工程屋面卷材防水工程的工程量清单、计算综合单价及进行单价分析。

三、案例分析

根据第 9 章的引例“广州番禺职业技术学院实验楼工程招标文件”和“附录 实验楼施工图”，参考本教材第 12 章一般土建工程工程量清单编制及工程量清单计价方式编制实例，熟悉建筑工程的工程量清单、工程量清单计价统一格式、填写规定，掌握工程量清单、工程量清单计价的整体概念、编制计算程序，培养编制建筑工程工程量清单、工程量清单计价方式的基本能力。

# 第11章

# 装饰工程工程量清单编制及计价

## 学习目标

◆ 掌握装饰工程工程量清单的编制

◆ 掌握装饰工程工程量清单的计价

## 学习要求

| 自测分数 | 知识要点 | 相关知识 | 权重 |
|---|---|---|---|
| 装饰工程工程量清单的编制能力 | 装饰工程工程量清单项目及计算规则 | 装饰工程分部分项工程的项目编码、项目名称、项目特征、计量单位、工程量计算规则、工作内容及适用范围 | 0.40 |
| 装饰工程工程量清单计价的能力 | 装饰工程工程量清单计价 | 装饰工程分部分项工程清单项目计价的注意事项、可包括的分项工程、综合单价计算、分部分项工程项目费计算 | 0.60 |

## 引例

**广州番禺职业技术学院实验楼工程**
**招标文件**

依据实验楼工程招标文件的要求，按照施工图，编制该工程的装饰工程工程量清单、工程量清单计价表。

**请思考：**

1. 依据实验楼工程招标文件的要求，按照施工图，如何编制该工程的装饰工程的工程量清单？

2. 依据实验楼工程招标文件的要求，按照施工图，如何编制该工程的装饰工程的工程量清单计价表？

装饰工程工程量清单编制、计价是根据《建设工程工程量清单计价规范》(GB 50500—2013)(以下简称“13计价规范”)、《房屋建筑与装饰工程工程量计算规范》(GB 50854—2013)(以下简称“13房屋计量规范”)的规定执行。

**特别提示**

(1)“13房屋计量规范”适用于房屋建筑与装饰工程施工发承包计价活动中的工程量清单编制和工程量计算。

(2)“13房屋计量规范”附录中装饰工程的5项的内容如下。

附录L：楼地面装饰工程；附录M：墙、柱面装饰与隔断、幕墙工程；附录N：天棚工程；附录P：油漆、涂料、裱糊工程；附录Q：其他装饰工程。

(3)有关问题的说明：房屋建筑工程与装饰工程都属于房屋工程专业，为教材章节的划分方便及与有些地方定额手册的对应，故划分为两章编写。

## 11.1 楼地面装饰工程（附录L）

本分部工程共8个子分部工程43个项目，包括整体面层及找平栏，块料面层，橡塑面层，其他材料面层，踢脚线，楼梯面层，台阶装饰，零星装饰项目。适用于建筑物的楼地面、楼梯、台阶等装饰工程。

### 11.1.1 整体面层及找平层(表L.1，编码：011101)

1. 整体面层及找平层工程量清单项目编制

整体面层及找平层工程量清单项目编制见表11-1。

表 11-1　整体面层及找平层工程量清单项目

| 项目编码 | 项目名称 | 项目特征 | 计量单位 | 工程量计算规则 | 工作内容 |
|---|---|---|---|---|---|
| 011101001 | 水泥砂浆楼地面 | (1) 找平层厚度、砂浆配合比<br>(2) 素水泥浆遍数<br>(3) 面层厚度、砂浆配合比<br>(4) 面层做法要求 | $m^2$ | 按设计图示尺寸以面积计算<br>扣除凸出地面构筑物、设备基础、室内管道、地沟等所占面积，不扣除间壁墙及≤0.3 $m^2$的柱、垛、附墙烟囱及孔洞所占面积<br>门洞、空圈、暖气包槽、壁龛的开口部分不增加面积 | (1) 基层清理<br>(2) 抹找平层<br>(3) 抹面层<br>(4) 材料运输 |
| 011101002 | 现浇水磨石楼地面 | (1) 找平层厚度、砂浆配合比<br>(2) 面层厚度、水泥石子浆配合比<br>(3) 嵌条材料种类、规格<br>(4) 石子种类、规格、颜色<br>(5) 颜料种类、颜色<br>(6) 图案要求<br>(7) 磨光、酸洗、打蜡要求 | | | (1) 基层清理<br>(2) 抹找平层<br>(3) 面层铺设<br>(4) 嵌缝条安装<br>(5) 磨光、酸洗打蜡<br>(6) 材料运输 |
| 011101003 | 细石混凝土楼地面 | (1) 找平层厚度、砂浆配合比<br>(2) 面层厚度、混凝土强度等级 | | | (1) 基层清理<br>(2) 抹找平层<br>(3) 面层铺设<br>(4) 材料运输 |
| 011101004 | 菱苦土楼地面 | (1) 找平层厚度、砂浆配合比<br>(2) 面层厚度<br>(3) 打蜡要求 | | | (1) 基层清理<br>(2) 抹找平层<br>(3) 面层铺设<br>(4) 打蜡<br>(5) 材料运输 |
| 011101005 | 自流坪楼地面 | (1) 找平层砂浆配合比、厚度<br>(2) 界面剂材料种类<br>(3) 中层漆材料种类、厚度<br>(4) 面漆材料种类、厚度<br>(5) 面层材料种类 | $m^2$ | | (1) 基层处理<br>(2) 抹找平层<br>(3) 涂界面剂<br>(4) 涂刷中层漆<br>(5) 打磨、吸尘<br>(6) 镘自流平面漆(浆)<br>(7) 拌和自流平浆料<br>(8) 铺面层 |
| 011101006 | 平面砂浆找平层 | 找平层厚度、砂浆配合比 | | 按设计图示尺寸以面积计算 | (1) 基层清理<br>(2) 抹找平层<br>(3) 材料运输 |

2. 整体面层及找平层工程量清单项目计价

整体面层及找平层可包含的分项工程(定额子目)有以下几种。

(1) 面层铺设：楼地面水泥砂浆、防滑坡道水泥砂浆、楼地面水泥砂浆地坪涂料、楼地面水泥砂浆防静电环氧漆、楼地面水磨石、楼地面细石混凝土、楼地面菱苦土、其他。

(2) 加浆抹光：加浆抹光随捣随抹、其他。

(3) 嵌条：金刚砂、陶瓷砖、嵌铜条、金属条、其他。

(4) 找平层：水泥砂浆找平层、细石混凝土找平层、其他。

(5) 其他。

**特别提示**

(1) 楼地面是指构成的基层(楼板、夯实土基)、垫层(承受地面荷载并均匀传递给基层的构造层)、填充层(在建筑楼地面上起隔音、保温、找坡或敷设暗管、暗线等作用的构造层)、隔离层(起防水、防潮作用的构造层)、找平层(在垫层、楼板上或填充层上起找平、找坡或加强作用的构造层)、结合层(面层与下层相结合的中间层)、面层(直接承受各种荷载作用的表面层)等。

(2) 垫层是指混凝土垫层、砂石人工级配垫层、天然级配砂石垫层、灰土垫层、碎石、碎砖垫层、三合土垫层、炉渣垫层等材料垫层。

(3) 找平层是指水泥砂浆找平层，有比较特殊要求的可采用细石混凝土、沥青砂浆、沥青混凝土找平层等材料铺设。

(4) 隔离层是指卷材、防水砂浆、沥青砂浆或防水涂料等隔离层。

(5) 填充层是指轻质的松散(炉渣、膨胀蛭石、膨胀珍珠岩等)或块体材料(加气混凝土、泡沫混凝土、泡沫塑料、矿棉、膨胀珍珠岩、膨胀蛭石块和板材等)以及整体材料(沥青膨胀珍珠岩、沥青膨胀蛭石、水泥膨胀珍珠岩、膨胀蛭石等)填充层。

(6) 水泥砂浆面层处理是拉毛还是提浆压光应在面层做法要求中描述。

(7) 平面砂浆找平层只适用于仅做找平层的平面抹灰。

(8) 楼地面混凝土垫层另按附录 E.1 垫层项目编码列项，除混凝土外的其他材料垫层按本规范表 D.4 垫层项目编码列项。

(9) 间壁墙指墙厚≤120mm 的墙。

### 11.1.2 块料面层(表 L.2，011102)

1. 块料面层工程量清单项目编制

块料面层工程量清单项目编制见表 11-2。

2. 块料面层工程量清单项目计价

块料面层可包含的分项工程(定额子目)有以下几种。

(1) 面层铺设：大理石、花岗石、预制水磨石块、水泥花阶砖、陶瓷块料、玻璃地砖、缸砖、陶瓷马赛克、楼地面拼碎块料、楼地面凹凸假麻石块、楼地面水泥花砖、楼地面广场砖、聚氨酯弹性安全地砖、球场面砖、其他。

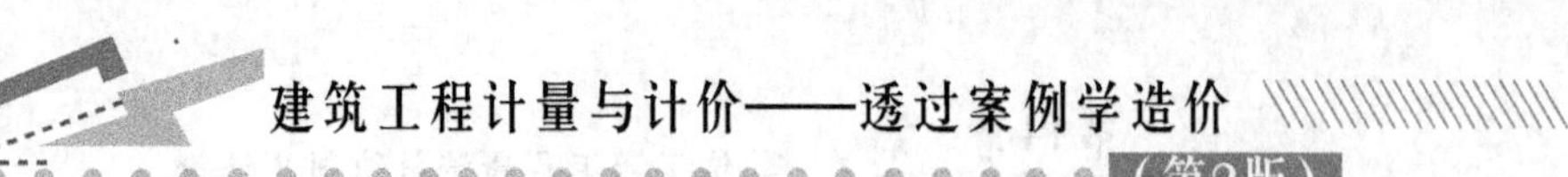


表 11-2　块料面层工程量清单项目

| 项目编码 | 项目名称 | 项目特征 | 计量单位 | 工程量计算规则 | 工作内容 |
|---|---|---|---|---|---|
| 011102001 | 石材楼地面 | （1）找平层厚度、砂浆配合比<br>（2）结合层厚度、砂浆配合比<br>（3）面层材料品种、规格、颜色<br>（4）嵌缝材料种类<br>（5）防护层材料种类<br>（6）酸洗、打蜡要求 | $m^2$ | 按设计图示尺寸以面积计算<br>门洞、空圈、暖气包槽、壁龛的开口部分并入相应的工程量内 | （1）基层清理<br>（2）抹找平层<br>（3）面层铺设、磨边<br>（4）嵌缝<br>（5）刷防护材料<br>（6）酸洗、打蜡<br>（7）材料运输 |
| 011102002 | 碎石材楼地面 | | | | |
| 011102003 | 块料楼地面 | （1）找平层厚度、砂浆配合比<br>（2）结合层厚度、砂浆配合比<br>（3）面层材料品种、规格、颜色<br>（4）嵌缝材料种类<br>（5）防护层材料种类<br>（6）酸洗、打蜡要求 | | | |

（2）抹找平层：水泥砂浆找平层、细石混凝土找平层、其他。

（3）垫层铺设：各种垫层、地坪、其他。

（4）防水层铺设：各种防水层、其他。

（5）刷防护材料：大理石刷保护液、养护液、花岗石刷保护液、养护液、其他。

（6）嵌条：金属条。

（7）其他。

**特别提示**

（1）在描述碎石材项目的面层材料特征时可不用描述规格、颜色。

（2）石材、块料与粘接材料的结合面刷防渗材料的种类在防护层材料种类中描述。

（3）上表工作内容中的磨边指施工现场磨边，后面章节工作内容中涉及到的磨边含义同此条。

### 11.1.3　橡塑面层(表 L.3，编码：011103)

1. 橡塑面层工程量清单项目编制

橡塑面层工程量清单项目编制见表 11-3。

表 11-3　橡塑面层工程量清单项目

| 项目编码 | 项目名称 | 项目特征 | 计量单位 | 工程量计算规则 | 工作内容 |
|---|---|---|---|---|---|
| 011103001 | 橡胶板楼地面 | （1）粘结层厚度、材料种类<br>（2）面层材料品种、规格、颜色<br>（3）压线条种类 | $m^2$ | 按设计图示尺寸以面积计算。门洞、空圈、暖气包槽、壁龛的开口部分并入相应的工程量内 | （1）基层清理<br>（2）面层铺贴<br>（3）压缝条装钉<br>（4）材料运输 |
| 011103002 | 橡胶卷材楼地面 | | | | |
| 011103003 | 塑料板楼地面 | | | | |
| 011103004 | 塑料卷材楼地面 | | | | |

2. 橡塑面层工程量清单项目计价

特别提示

本表项目中如涉及找平层，另按本附录表L.1找平层项目编码列项。

### 11.1.4 其他材料面层(表L.4，编码：011104)

1. 其他材料面层工程量清单项目编制

其他材料面层工程量清单项目编制见表11-4。

表11-4 其他材料面层工程量清单项目

| 项目编码 | 项目名称 | 项目特征 | 计量单位 | 工程量计算规则 | 工作内容 |
|---|---|---|---|---|---|
| 011104001 | 地毯楼地面 | (1) 面层材料品种、规格、颜色<br>(2) 防护材料种类<br>(3) 粘结材料种类<br>(4) 压线条种类 | m² | 按设计图示尺寸以面积计算。门洞、空圈、暖气包槽、壁龛的开口部分并入相应的工程量内 | (1) 基层清理<br>(2) 铺贴面层<br>(3) 刷防护材料<br>(4) 装钉压条<br>(5) 材料运输 |
| 011104002 | 竹、木(复合)地板 | (1) 龙骨材料种类、规格、铺设间距<br>(2) 基层材料种类、规格<br>(3) 面层材料品种、规格、颜色<br>(4) 防护材料种类 | | | (1) 基层清理<br>(2) 龙骨铺设<br>(3) 基层铺设<br>(4) 面层铺贴<br>(5) 刷防护材料<br>(6) 材料运输 |
| 011104003 | 金属复合地板 | (1) 龙骨材料种类、规格、铺设间距<br>(2) 基层材料种类、规格<br>(3) 面层材料品种、规格、颜色<br>(4) 防护材料种类 | | | |
| 011104004 | 防静电活动地板 | (1) 支架高度、材料种类<br>(2) 面层材料品种、规格、颜色<br>(3) 防护材料种类 | | | (1) 基层清理<br>(2) 固定支架安装<br>(3) 活动面层安装<br>(4) 刷防护材料<br>(5) 材料运输 |

2. 其他材料面层工程量清单项目计价

其他材料面层可包含的分项工程(定额子目)有以下几种。

(1) 面层铺设：地毯楼地面、竹地板、木地板、金属复合地板、其他。

(2) 基层、龙骨铺设：铺设木楞、铺毛地板、其他。

(3) 填充、防潮层铺设：填充防潮层、其他。

(4) 抹找平层：水泥砂浆找平层、细石混凝土找平层、其他。

(5) 刷(喷)油漆、涂料：刷(喷)防火漆、面漆、其他。

(6) 其他。

## 应用案例11-1

按照本教材附录实验楼工程施工图，人工市场单价按200元/工日计取，管理费按人工费加机械费的10%计取，利润按人工费的20%计算。

要求：(1) 编制该工程首层大厅木地板工程分部分项工程项目清单表。

(2) 按工程量清单计价格式计算该工程首层大厅木地板工程分部分项工程项目清单费。

**解：**

(1) 分部分项工程项目清单表见表11-5。

**表11-5　分部分项工程和单价措施项目清单与计价表**

工程名称：应用案例　　　　标段：　　　　第　页　共　页

| 序号 | 项目编码 | 项目名称 | 项目特征描述 | 计量单位 | 工程量 | 金额/元 | | |
|---|---|---|---|---|---|---|---|---|
| | | | | | | 综合单价 | 合价 | 其中：暂估价 |
| 1 | 011104002001 | 竹、木(复合)地板 | (1) 基层材料种类、规格：9mm厚胶合板<br>(2) 面层材料品种、规格、颜色：18mm厚普通实木企口木地板<br>(3) 防护材料种类：泡沫防潮纸防潮层<br>(4) 找平层：20mm厚1∶3水泥砂浆 | $m^2$ | 16.42 | | | |
| 2 | 010501001001 | 垫层 | (1) 混凝土种类：50mm厚细石混凝土<br>(2) 混凝土强度等级：C15 | $m^3$ | 0.821 | | | |
| 3 | 010404001001 | 垫层 | 垫层材料种类、配合比、厚度：150mm厚3∶7灰土 | $m^3$ | 2.463 | | | |
| | | | 本页小计 | | | | | |
| | | | 合　计 | | | | | |

注：为计取规费等的使用，可在表中增设“定额人工费”。

(2) 分部分项工程项目清单综合单价分析表见表11-6～表11-8。

有 11-6 综合单价分析表(一)

工程名称：应用案例　　　　　　　　　　标段：　　　　　　　　　　第　页　共　页

| 项目编码 | 011104002001 | 项目名称 | 竹、木(复合)地板 | 计量单位 | $m^2$ | 工程量 | 16.42 |
|---|---|---|---|---|---|---|---|

清单综合单价组成明细

| 定额编号 | 定额名称 | 定额单位 | 数量 | 单价/元 | | | | 合价/元 | | | |
|---|---|---|---|---|---|---|---|---|---|---|---|
| | | | | 人工费 | 材料费 | 机械费 | 管理费和利润 | 人工费 | 材料费 | 机械费 | 管理费和利润 |
| A9-151 | 普通实木地板铺在基层板上企口 | $100m^2$ | 0.01 | 4 068 | 10 247.22 | 7.26 | 1 221.13 | 40.68 | 102.47 | 0.07 | 12.21 |
| A9-138 | 铺基层板胶合板 | $100m^2$ | 0.01 | 696.6 | 2 080.65 | 7.52 | 209.73 | 6.97 | 20.81 | 0.08 | 2.1 |
| A9-141 | 防潮层防潮纸 | $100m^2$ | 0.01 | 115.2 | 93.96 | 0 | 34.56 | 1.15 | 0.94 | 0 | 0.35 |
| A9-1 | 楼地面水泥砂浆找平层 混凝土或硬基层上 20mm | $100m^2$ | 0.01 | 1 069.8 | 37.89 | 0 | 320.94 | 10.7 | 0.38 | 0 | 3.21 |
| 8001656 | 水泥砂浆 1∶3 | $m^3$ | 0.020 2 | 60 | 188.18 | 9.71 | 18.97 | 1.21 | 3.8 | 0.2 | 0.38 |
| 人工市场单价 | | 小计 | | | | | | 60.71 | 128.4 | 0.34 | 18.25 |
| 综合工日 200 元/工日 | | 未计价材料费 | | | | | | 0 | | | |
| 清单项目综合单价 | | | | | | | | 207.7 | | | |

| | 主要材料名称、规格、型号 | 单位 | 数量 | 单价/元 | 合价/元 | 暂估单价/元 | 暂估合价/元 |
|---|---|---|---|---|---|---|---|
| 材料费明细 | 抹灰水泥砂浆(配合比)中砂 1∶3 | $m^3$ | 0.020 2 | 188.18 | 3.8 | | |
| | 实木地板企口 | $m^2$ | 1.05 | 95 | 99.75 | | |
| | 其他材料费 | | | — | 24.85 | — | 0 |
| | 材料费小计 | | | — | 128.4 | — | 0 |

注：1. 如不使用省级或行业建设主管部门发布的计价依据，可不填定额编码、名称等。

2. 招标文件提供了暂估单价的材料，按暂估的单价填入表内“暂估单价”栏及“暂估合价”栏。

表 11-7 综合单价分析表(二)

工程名称：应用案例　　　　标段：　　　　第　页　共　页

| 项目编码 | 010501001001 | 项目名称 | 垫层 | 计量单位 | $m^3$ | 工程量 | 0.821 |
|---|---|---|---|---|---|---|---|

清单综合单价组成明细

| 定额编号 | 定额名称 | 定额单位 | 数量 | 单价/元 | | | | 合价/元 | | | |
|---|---|---|---|---|---|---|---|---|---|---|---|
| | | | | 人工费 | 材料费 | 机械费 | 管理费和利润 | 人工费 | 材料费 | 机械费 | 管理费和利润 |
| A4-58 | 混凝土垫层 | $10m^3$ | 0.1 | 2 014 | 4.82 | 0 | 604.2 | 201.4 | 0.48 | 0 | 60.42 |
| 8021460 | C15 混凝土 10 石(搅拌站) | $10m^3$ | 0.101 5 | 148 | 1 990.26 | 125.71 | 56.97 | 15.02 | 202.01 | 12.76 | 5.78 |
| 人工市场单价 | | 小计 | | | | | | 216.42 | 202.49 | 12.76 | 66.2 |
| 综合工日 200 元/工日 | | 未计价材料费 | | | | | | 0 | | | |
| 清单项目综合单价 | | | | | | | | 497.88 | | | |

| 材料费明细 | 主要材料名称、规格、型号 | 单位 | 数量 | 单价/元 | 合价/元 | 暂估单价/元 | 暂估合价/元 |
|---|---|---|---|---|---|---|---|
| | C15 混凝土 10 石(配合比) | $m^3$ | 1.015 | 189.58 | 192.42 | | |
| | 其他材料费 | | | — | 10.07 | — | 0 |
| | 材料费小计 | | | — | 202.49 | — | 0 |

注：1. 如不使用省级或行业建设主管部门发布的计价依据，可不填定额编码、名称等。

2. 招标文件提供了暂估单价的材料，按暂估的单价填入表内“暂估单价”栏及“暂估合价”栏。

表 11-8 综合单价分析表(三)

工程名称：应用案例　　　　标段：　　　　第　页　共　页

| 项目编码 | 010404001001 | 项目名称 | 垫层 | 计量单位 | $m^3$ | 工程量 | 2.463 |
|---|---|---|---|---|---|---|---|

清单综合单价组成明细

| 定额编号 | 定额名称 | 定额单位 | 数量 | 单价/元 | | | | 合价/元 | | | |
|---|---|---|---|---|---|---|---|---|---|---|---|
| | | | | 人工费 | 材料费 | 机械费 | 管理费和利润 | 人工费 | 材料费 | 机械费 | 管理费和利润 |
| A4-74 | 3∶7 灰土 | $10m^3$ | 0.1 | 2 600 | 883.26 | 0 | 780 | 260 | 88.33 | 0 | 78 |
| 人工市场单价 | | 小计 | | | | | | 260 | 88.33 | 0 | 78 |
| 综合工日 200 元/工日 | | 未计价材料费 | | | | | | 0 | | | |
| 清单项目综合单价 | | | | | | | | 426.33 | | | |

续表

<table>
<tr><td>项目编码</td><td>010404001001</td><td colspan="2">项目名称</td><td colspan="3">垫层</td><td colspan="2">计量单位</td><td>m³</td><td>工程量</td><td>2.463</td></tr>
<tr><td colspan="12">清单综合单价组成明细</td></tr>
<tr><td rowspan="2">定额编号</td><td rowspan="2">定额名称</td><td rowspan="2">定额单位</td><td rowspan="2">数量</td><td colspan="4">单价/元</td><td colspan="4">合价/元</td></tr>
<tr><td>人工费</td><td>材料费</td><td>机械费</td><td>管理费和利润</td><td>人工费</td><td>材料费</td><td>机械费</td><td>管理费和利润</td></tr>
<tr><td rowspan="5">材料费明细</td><td colspan="5">主要材料名称、规格、型号</td><td>单位</td><td>数量</td><td>单价/元</td><td>合价/元</td><td>暂估单价/元</td><td>暂估合价/元</td></tr>
<tr><td colspan="5">生石灰</td><td>t</td><td>0.235</td><td>219.3</td><td>51.54</td><td></td><td></td></tr>
<tr><td colspan="5">黏土</td><td>m³</td><td>1.11</td><td>32.64</td><td>36.23</td><td></td><td></td></tr>
<tr><td colspan="7">其他材料费</td><td>—</td><td>0.56</td><td>—</td><td>0</td></tr>
<tr><td colspan="7">材料费小计</td><td>—</td><td>88.33</td><td>—</td><td>0</td></tr>
</table>

注：1. 如不使用省级或行业建设主管部门发布的计价依据，可不填定额编码、名称等。

2. 招标文件提供了暂估单价的材料，按暂估的单价填入表内“暂估单价”栏及“暂估合价”栏。

(3) 分部分项工程项目清单计价表见表11-9。

**表11-9 分部分项工程和单价措施项目清单与计价表**

工程名称：应用案例　　　　标段：　　　　第　页　共　页

| 序号 | 项目编码 | 项目名称 | 项目特征描述 | 计量单位 | 工程量 | 金额/元 | | |
|---|---|---|---|---|---|---|---|---|
| | | | | | | 综合单价 | 合价 | 其中：暂估价 |
| 1 | 011104002001 | 竹、木(复合)地板 | (1) 基层材料种类、规格：9mm厚胶合板<br>(2) 面层材料品种、规格、颜色：18mm厚普通实木企口木地板<br>(3) 防护材料种类：泡沫防潮纸防潮层<br>(4) 找平层：20mm厚1∶3水泥砂浆 | m² | 16.42 | 207.7 | 3 410.43 | |
| 2 | 010501001001 | 垫层 | (1) 混凝土种类：50厚细石混凝土<br>(2) 混凝土强度等级：C15 | m³ | 0.821 | 497.88 | 408.76 | |
| 3 | 010404001001 | 垫层 | 垫层材料种类、配合比、厚度：150mm厚3∶7灰土 | m³ | 2.463 | 426.33 | 1 050.05 | |
| 本页小计 | | | | | | | 4 869.24 | |
| 合　计 | | | | | | | 4 869.24 | |

注：为计取规费等的使用，可在表中增设其中：“定额人工费”。

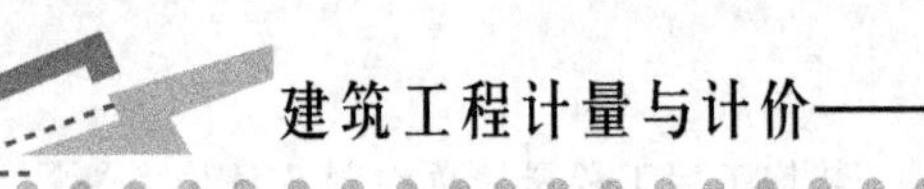
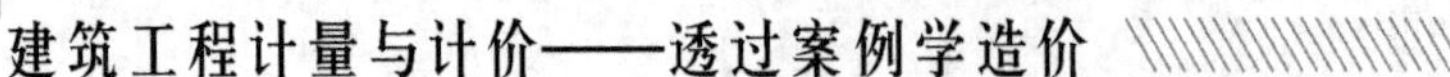


### 11.1.5　踢脚线(表 L.5，编码：011105)

1. 踢脚线工程量清单项目编制

踢脚线工程量清单项目编制见表 11－10。

表 11－10　踢脚线工程量清单项目

<table>
<tr><th>项目编码</th><th>项目名称</th><th>项目特征</th><th>计量单位</th><th>工程量计算规则</th><th>工作内容</th></tr>
<tr><td>011105001</td><td>水泥砂浆踢脚线</td><td>(1) 踢脚线高度<br>(2) 底层厚度、砂浆配合比<br>(3) 面层厚度、砂浆配合比</td><td rowspan="7">(1) $m^2$<br>(2) m</td><td rowspan="7">(1) 以平方米计量，按设计图示长度乘高度以面积计算<br>(2) 以米计量，按延长米计算</td><td>(1) 基层清理<br>(2) 底层和面层抹灰<br>(3) 材料运输</td></tr>
<tr><td>011105002</td><td>石材踢脚线</td><td rowspan="2">(1) 踢脚线高度<br>(2) 粘贴层厚度、材料种类<br>(3) 面层材料品种、规格、颜色<br>(4) 防护材料种类</td><td rowspan="2">(1) 基层清理<br>(2) 底层抹灰<br>(3) 面层铺贴、磨边擦缝<br>(4) 擦缝<br>(5) 磨光、酸洗、打蜡<br>(6) 刷防护材料<br>(7) 材料运输</td></tr>
<tr><td>011105003</td><td>块料踢脚线</td></tr>
<tr><td>011105004</td><td>塑料板踢脚线</td><td>(1) 踢脚线高度<br>(2) 粘结层厚度、材料种类<br>(3) 面层材料种类、规格、颜色</td><td rowspan="4">(1) 基层清理<br>(2) 基层铺贴<br>(3) 面层铺贴<br>(4) 材料运输</td></tr>
<tr><td>011105005</td><td>木质踢脚线</td><td rowspan="3">(1) 踢脚线高度<br>(2) 基层材料种类、规格<br>(3) 面层材料品种、规格、颜色</td></tr>
<tr><td>011105006</td><td>金属踢脚线</td></tr>
<tr><td>011105007</td><td>防静电踢脚线</td></tr>
</table>

2. 踢脚线工程量清单项目计价

踢脚线可包含的分项工程(定额子目)有以下几种。

(1) 面层铺设：水泥砂浆踢脚线、大理石踢脚线、花岗石踢脚线、预制水磨石块踢脚线、陶瓷块料踢脚线、缸砖踢脚线、水磨石踢脚线、塑料板踢脚线、高分子发泡板踢脚线、木地板踢脚线、金属板踢脚线、防静电板踢脚线、其他。

(2) 底层抹灰：墙面底层抹灰、其他。

(3) 刷防护材料：大理石刷保护液、养护液，花岗石刷保护液、养护液，其他。

(4) 其他。

**特别提示**

石材、块料与粘接材料的结合面刷防渗材料的种类在防护层材料种类中描述。

### 11.1.6 楼梯面层(表 L.6，编码：011106)

1. 楼梯面层工程量清单项目编制

楼梯面层工程量清单项目编制见表 11-11。

表 11-11 楼梯面层工程量清单项目

| 项目编码 | 项目名称 | 项目特征 | 计量单位 | 工程量计算规则 | 工作内容 |
|---|---|---|---|---|---|
| 011106001 | 石材楼梯面层 | (1) 找平层厚度、砂浆配合比<br>(2) 贴结层厚度、材料种类<br>(3) 面层材料品种、规格、颜色<br>(4) 防滑条材料种类、规格<br>(5) 勾缝材料种类<br>(6) 防护层材料种类<br>(7) 酸洗、打蜡要求 | $m^2$ | 按设计图示尺寸以楼梯(包括踏步、休息平台及≤500mm 的楼梯井)水平投影面积计算。楼梯与楼地面相连时，算至梯口梁内侧边沿；无梯口梁者，算至最上一层踏步边沿加 300mm | (1) 基层清理<br>(2) 抹找平层<br>(3) 面层铺贴、磨边<br>(4) 贴嵌防滑条<br>(5) 勾缝<br>(6) 刷防护材料<br>(7) 酸洗、打蜡<br>(8) 材料运输 |
| 011106002 | 块料楼梯面层 | | | | |
| 011106003 | 拼碎块料面层 | | | | |
| 011106004 | 水泥砂浆楼梯面层 | (1) 找平层厚度、砂浆配合比<br>(2) 面层厚度、砂浆配合比<br>(3) 防滑条材料种类、规格 | | | (1) 基层清理<br>(2) 抹找平层<br>(3) 抹面层<br>(4) 抹防滑条<br>(5) 材料运输 |
| 011106005 | 现浇水磨石楼梯面层 | (1) 找平层厚度、砂浆配合比<br>(2) 面层厚度、水泥石子浆配合比<br>(3) 防滑条材料种类、规格<br>(4) 石子种类、规格、颜色<br>(5) 颜料种类、颜色<br>(6) 磨光、酸洗打蜡要求 | | | (1) 基层清理<br>(2) 抹找平层<br>(3) 抹面层<br>(4) 贴嵌防滑条<br>(5) 磨光、酸洗、打蜡<br>(6) 材料运输 |
| 011106006 | 地毯楼梯面层 | (1) 基层种类<br>(2) 面层材料品种、规格、颜色<br>(3) 防护材料种类<br>(4) 粘结材料种类<br>(5) 固定配件材料种类、规格 | | | (1) 基层清理<br>(2) 铺贴面层<br>(3) 固定配件安装<br>(4) 刷防护材料<br>(5) 材料运输 |
| 011106007 | 木板楼梯面层 | (1) 基层材料种类、规格<br>(2) 面层材料品种、规格、颜色<br>(3) 粘结材料种类<br>(4) 防护材料种类 | | | (1) 基层清理<br>(2) 基层铺贴<br>(3) 面层铺贴<br>(4) 刷防护材料<br>(5) 材料运输 |
| 011106008 | 橡胶板楼梯面层 | (1) 粘结层厚度、材料种类<br>(2) 面层材料品种、规格、颜色<br>(3) 压线条种类 | | | (1) 基层清理<br>(2) 面层铺贴<br>(3) 压缝条装钉<br>(4) 材料运输 |
| 011106009 | 塑料板楼梯面层 | | | | |

2. 楼梯面层工程量清单项目计价

(1) 石材楼梯面层、块料楼梯面层、水泥砂浆楼梯面、现浇水磨石楼梯面可包含的分项工程(定额子目)有以下几种。

① 面层铺贴：大理石楼梯、花岗石楼梯、预制水磨石块楼梯、陶瓷块料楼梯、缸砖楼梯、陶瓷马赛克楼梯、凹凸假麻石楼梯、楼梯水泥砂浆整体面层、楼梯水磨石、其他。

② 抹找平层：楼梯水泥砂浆找平层、其他。

③ 刷防护材料：大理石刷养护液、保护液、花岗石刷养护液、保护液、其他。

④ 嵌防滑条：防滑条铺设、其他。

⑤ 嵌条：水磨石嵌铜条、防滑条、其他。

⑥ 其他。

(2) 地毯楼梯面可包含的分项工程(定额子目)有以下几种。

① 面层铺设：楼梯地毯、其他。

② 踏步配件：踏步地毯配件、其他。

③ 抹找平层：楼梯水泥砂浆找平层、其他。

④ 刷防护材料。

⑤ 其他。

(3) 木板楼梯面可包含的分项工程(定额子目)有以下几种。

① 面层铺设：楼梯面铺木地板、其他。

② 填充、防潮层铺设：填充、防潮层、其他。

③ 基层铺贴：铺木楞、铺毛地板、其他。

④ 抹找平层：楼梯水泥砂浆找平层、其他。

⑤ 刷(喷)油漆、涂料：刷(喷)防火漆、面漆、其他。

⑥ 其他。

**特别提示**

(1) 楼梯侧面装饰，可按零星装饰项目编码列项，并在清单项目中进行描述。

(2) 单跑楼梯不论其中间是否有休息平台，其工程量与双跑楼梯同样计算。

(3) 石材、块料与粘接材料的结合面刷防渗材料的种类在防护层材料种类中描述。

(4) 在描述碎石材项目的面层材料特征时可不用描述规格、颜色。

### 11.1.7 台阶装饰(表 L.7，编码：011107)

1. 台阶装饰工程量清单项目编制

台阶装饰工程量清单项目编制见表 11－12。

表 11－12 台阶装饰工程量清单项目

| 项目编码 | 项目名称 | 项目特征 | 计量单位 | 工程量计算规则 | 工作内容 |
|---|---|---|---|---|---|
| 011107001 | 石材台阶面 | (1) 找平层厚度、砂浆配合比<br>(2) 粘结层材料种类<br>(3) 面层材料品种、规格、颜色<br>(4) 勾缝材料种类<br>(5) 防滑条材料种类、规格<br>(6) 防护材料种类 | $m^2$ | 按设计图示尺寸以台阶(包括最上层踏步边沿加 300mm)水平投影面积计算 | (1) 基层清理<br>(2) 抹找平层<br>(3) 面层铺贴<br>(4) 贴嵌防滑条<br>(5) 勾缝<br>(6) 刷防护材料<br>(7) 材料运输 |
| 011107002 | 块料台阶面 | | | | |
| 011107003 | 拼碎块料台阶面 | | | | |
| 011107004 | 水泥砂浆台阶面 | (1) 找平层厚度、砂浆配合比<br>(2) 面层厚度、砂浆配合比<br>(3) 防滑条材料种类 | | | (1) 基层清理<br>(2) 抹找平层<br>(3) 抹面层<br>(4) 抹防滑条<br>(5) 材料运输 |
| 011107005 | 现浇水磨石台阶面 | (1) 找平层厚度、砂浆配合比<br>(2) 面层厚度、水泥石子浆配合比<br>(3) 防滑条材料种类、规格<br>(4) 石子种类、规格、颜色<br>(5) 颜料种类、颜色<br>(6) 磨光、酸洗、打蜡要求 | | | (1) 清理基层<br>(2) 抹找平层<br>(3) 抹面层<br>(4) 贴嵌防滑条<br>(5) 打磨、酸洗、打蜡<br>(6) 材料运输 |
| 011107006 | 剁假石台阶面 | (1) 找平层厚度、砂浆配合比<br>(2) 面层厚度、砂浆配合比<br>(3) 剁假石要求 | | | (1) 清理基层<br>(2) 抹找平层<br>(3) 抹面层<br>(4) 剁假石<br>(5) 材料运输 |

2. 台阶装饰工程量清单项目计价

台阶装饰可包含的分项工程(定额子目)有以下几种。

(1) 面层铺设：大理石台阶、花岗石台阶、预制水磨石块台阶、陶瓷块料台阶、缸砖台阶、陶瓷马赛克台阶、凹凸假麻石台阶、水泥砂浆整体面层台阶、水磨石台阶、其他。

(2) 铺设垫层：各种垫层、地坪、其他。

(3) 抹找平层：水泥砂浆找平层、其他。

(4) 刷防护材料：大理石刷养护液、保护液，花岗石刷养护液、保护液，其他。

(5) 嵌防滑条：防滑条铺贴、其他。

(6) 其他。

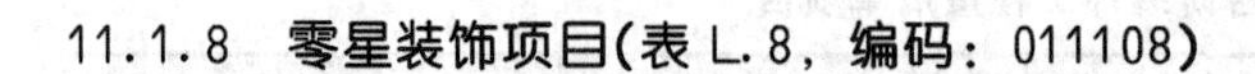

### 11.1.8 零星装饰项目(表L.8，编码：011108)

1. 零星装饰项目工程量清单项目编制

零星装饰项目工程量清单项目编制见表11－13。

表11－13 零星装饰项目工程量清单项目

| 项目编码 | 项目名称 | 项目特征 | 计量单位 | 工程量计算规则 | 工作内容 |
|---|---|---|---|---|---|
| 011108001 | 石材零星项目 | (1) 工程部位<br>(2) 找平层厚度、砂浆配合比<br>(3) 贴结合层厚度、材料种类<br>(4) 面层材料品种、规格、颜色<br>(5) 勾缝材料种类<br>(6) 防护材料种类<br>(7) 酸洗、打蜡要求 | $m^2$ | 按设计图示尺寸以面积计算 | (1) 清理基层<br>(2) 抹找平层<br>(3) 面层铺贴、磨边<br>(4) 勾缝<br>(5) 刷防护材料<br>(6) 酸洗、打蜡<br>(7) 材料运输 |
| 011108002 | 拼碎石材零星项目 | | | | |
| 011108003 | 块料零星项目 | | | | |
| 011108004 | 水泥砂浆零星项目 | (1) 工程部位<br>(2) 找平层厚度、砂浆配合比<br>(3) 面层厚度、砂浆厚度 | | | (1) 清理基层<br>(2) 抹找平层<br>(3) 抹面层<br>(4) 材料运输 |

2. 零星装饰项目工程量清单项目计价

本节适用于小面积(0.5$m^2$以内)少量分散的楼地面装饰，其工程部位或名称应在清单项目中进行描述。

零星装饰项目可包含的分项工程(定额子目)有以下几种。

(1) 面层铺贴：大理石零星装饰、花岗石零星装饰、陶瓷块料零星装饰、水泥砂浆零星项目、其他。

(2) 抹找平层：水泥砂浆楼地面找平层、其他。

(3) 刷防护材料：大理石刷养护液、保护液，花岗石刷养护液、保护液，其他。

(4) 其他。

**特别提示**

楼梯、台阶牵边和侧面镶贴块料面层，不大于0.5$m^2$的少量分散的楼地面镶贴块料面层时，应按本表执行。

## 11.2 墙、柱面装饰与隔断、幕墙工程(附录M)

本分部工程共10个子分部工程33个项目，包括墙面抹灰，柱(梁)面抹灰，零星抹灰，墙面块料面层，柱(梁)面镶贴块料，镶贴零星块料，墙饰面，柱(梁)饰面，幕墙工程，隔断，适用于建筑物的一般抹灰、装饰抹灰工程、幕墙工程，隔断。

### 11.2.1 墙面抹灰(表 M.1，编码：011201)

1. 墙面抹灰工程量清单项目编制

墙面抹灰工程量清单项目编制见表 11－14。

表 11－14 墙面抹灰工程量清单项目

<table>
<tr><th>项目编码</th><th>项目名称</th><th>项目特征</th><th>计量单位</th><th>工程量计算规则</th><th>工作内容</th></tr>
<tr><td>011201001</td><td>墙面一般抹灰</td><td rowspan="2">(1) 墙体类型<br>(2) 底层厚度、砂浆配合比<br>(3) 面层厚度、砂浆配合比<br>(4) 装饰面材料种类<br>(5) 分格缝宽度、材料种类</td><td rowspan="4">m²</td><td rowspan="4">按设计图示尺寸以面积计算。扣除墙裙、门窗洞口及单个＞0.3 m² 的孔洞面积，不扣除踢脚线、挂镜线和墙与构件交接处的面积，门窗洞口和孔洞的侧壁及顶面不增加面积。附墙柱、梁、垛、烟囱侧壁并入相应的墙面面积内<br>(1) 外墙抹灰面积按外墙垂直投影面积计算<br>(2) 外墙裙抹灰面积按其长度乘以高度计算<br>(3) 内墙抹灰面积按主墙间的净长乘以高度计算<br>① 无墙裙的，高度按室内楼地面至天棚底面计算<br>② 有墙裙的，高度按墙裙顶至天棚底面计算<br>(4) 内墙裙抹灰面按内墙净长乘以高度计算</td><td rowspan="2">(1) 基层清理<br>(2) 砂浆制作、运输<br>(3) 底层抹灰<br>(4) 抹面层<br>(5) 抹装饰面<br>(6) 勾分格缝</td></tr>
<tr><td>011201002</td><td>墙面装饰抹灰</td></tr>
<tr><td>011201003</td><td>墙面勾缝</td><td>(1) 勾缝类型<br>(2) 勾缝材料种类</td><td>(1) 基层清理<br>(2) 砂浆制作、运输<br>(3) 勾缝</td></tr>
<tr><td>011201004</td><td>立面砂浆找平层</td><td>(1) 基层类型<br>(2) 找平层砂浆厚度、配合比</td><td>(1) 基层清理<br>(2) 砂浆制作、运输<br>(3) 抹灰找平</td></tr>
</table>

2. 墙面抹灰工程量清单项目计价

墙面抹灰可包含的分项工程(定额子目)有以下几种。

(1) 抹灰：各种墙面抹灰、其他。

(2) 勾缝：砖墙勾缝、毛石墙勾缝、其他。

(3) 装饰抹灰：水刷石、斩假石、水磨石、浴厕隔断池槽水磨石面、其他。

(4) 磨光：油石磨草酸、滑石磨草酸、锡低磨草酸、其他。

(5) 抹灰砂浆厚度调整：抹灰层厚度增减、其他。

(6) 分隔嵌缝：玻璃嵌缝、分隔、其他。

(7) 其他。

**特别提示**

(1) 墙体类型是指砖墙、石墙、混凝土墙、砌块墙以及内墙、外墙等。

(2) 底层、面层的厚度应根据设计规定(一般采用标准设计图)确定。

(3) 勾缝类型指清水砖墙、砖柱的加浆勾缝(平缝或凹缝)，石墙、石柱的勾缝(如：

平缝、平凹缝、平凸缝、半圆凹缝、半圆凸缝和三角凸缝等）。

（4）墙面抹灰不扣除与构件交接处的面积，是指墙与梁的交接处所占面积，不包括墙与楼板的交接。

（5）外墙裙抹灰面积按其长度乘高度计算，长度是指外墙裙的长度。

（6）一般抹灰包括：石灰砂浆、水泥混合砂浆、水泥砂浆、聚合物水泥砂浆、膨胀珍珠岩水泥砂浆和麻刀灰、纸筋石灰、石膏灰等。

（7）装饰抹灰包括：水刷石、水磨石、斩假石（剁斧石）、干粘石、假面砖、拉条灰、拉毛灰、甩毛灰、扒拉石、喷毛灰、喷涂、喷砂、滚涂、弹涂等。

（8）抹面层是指一般抹灰的普通抹灰、中级抹灰、高级抹灰的面层。

（9）抹装饰面是指装饰抹灰的面层。

（10）立面砂浆找平项目适用于仅做找平层的立面抹灰。

（11）飘窗凸出外墙面增加的抹灰并入外墙工程量内。

（12）有吊顶天棚的内墙抹灰，抹至吊顶以上部分在综合单价中考虑。

### 11.2.2 柱(梁)面抹灰(表M.2，编码：011202)

1. 柱(梁)面抹灰工程量清单项目编制

柱(梁)面抹灰工程量清单项目编制见表11－15。

表11－15 柱(梁)面抹灰工程量清单项目

| 项目编码 | 项目名称 | 项目特征 | 计量单位 | 工程量计算规则 | 工作内容 |
| --- | --- | --- | --- | --- | --- |
| 011202001 | 柱、梁面一般抹灰 | （1）柱(梁)体类型<br>（2）底层厚度、砂浆配合比<br>（3）面层厚度、砂浆配合比<br>（4）装饰面材料种类<br>（5）分格缝宽度、材料种类 | $m^2$ | （1）柱面抹灰：按设计图示柱断面周长乘高度以面积计算<br>（2）梁面抹灰：按设计图示梁断面周长乘长度以面积计算 | （1）基层清理<br>（2）砂浆制作、运输<br>（3）底层抹灰<br>（4）抹面层<br>（5）勾分格缝 |
| 011202002 | 柱、梁面装饰抹灰 | | | | |
| 011202003 | 柱、梁面砂浆找平 | （1）柱(梁)体类型<br>（2）找平的砂浆厚度、配合比 | | | （1）基层清理<br>（2）砂浆制作、运输<br>（3）抹灰找平 |
| 011202004 | 柱面勾缝 | （1）勾缝类型<br>（2）勾缝材料种类 | | 按设计图示柱断面周长乘高度以面积计算 | （1）基层清理<br>（2）砂浆制作、运输<br>（3）勾缝 |

2. 柱(梁)面抹灰工程量清单项目计价

柱(梁)面抹灰可包含的分项工程(定额子目)有以下几种。

（1）抹灰：柱面一般抹灰、其他。

(2) 装饰抹灰：水刷石、斩假石、水磨石、其他。

(3) 磨光：油石磨草酸(一遍成活)、滑石磨草酸(一遍成活)、锡低磨草酸(一遍成活)、其他。

(4) 抹灰砂浆厚度调整：抹灰层厚度增减、其他。

(5) 分隔嵌缝：玻璃嵌缝、分格、其他。

(6) 其他。

特别提示

(1) 柱断面周长是指结构断面周长。

(2) 砂浆找平项目适用于仅做找平层的柱(梁)面抹灰。

### 11.2.3 零星抹灰(表M.3，编码：011203)

1. 零星抹灰工程量清单项目编制

零星抹灰工程量清单项目编制见表11-16。

表11-16 零星抹灰工程量清单项目

| 项目编码 | 项目名称 | 项目特征 | 计量单位 | 工程量计算规则 | 工作内容 |
|---|---|---|---|---|---|
| 011203001 | 零星项目一般抹灰 | (1) 基层类型、部位<br>(2) 底层厚度、砂浆配合比<br>(3) 面层厚度、砂浆配合比<br>(4) 装饰面材料种类<br>(5) 分格缝宽度、材料种类 | $m^2$ | 按设计图示尺寸以面积计算 | (1) 基层清理<br>(2) 砂浆制作、运输<br>(3) 底层抹灰<br>(4) 抹面层<br>(5) 抹装饰面<br>(6) 勾分格缝 |
| 011203002 | 零星项目装饰抹灰 | | | | |
| 011203003 | 零星项目砂浆找平 | (1) 基层类型、部位<br>(2) 找平的砂浆厚度、配合比 | | | (1) 基层清理<br>(2) 砂浆制作、运输<br>(3) 抹灰找平 |

2. 零星抹灰工程量清单项目计价

零星抹灰可包含的分项工程(定额子目)有以下几种。

(1) 面层抹灰：零星项目一般抹灰、其他。

(2) 装饰抹灰：水刷石、斩假石、水磨石、其他。

(3) 磨光：油石磨草酸(一遍成活)、滑石磨草酸(一遍成活)、锡低磨草酸(一遍成活)、其他。

(4) 抹灰砂浆厚度调整：抹灰层厚度增减、其他。

(5) 分格嵌缝：玻璃嵌缝、分格、其他。

(6) 其他。

特别提示

墙、柱(梁)面≤$0.5m^2$的少量分散的抹灰按M.3零星抹灰项目编码列项。

### 11.2.4　墙面块料面层(表 M.4，编码：011204)

1. 墙面块料面层工程量清单项目编制

墙面块料面层工程量清单项目编制见表 11－17。

表 11－17　墙面块料面层工程量清单项目

| 项目编码 | 项目名称 | 项目特征 | 计量单位 | 工程量计算规则 | 工作内容 |
| --- | --- | --- | --- | --- | --- |
| 011204001 | 石材墙面 | (1) 墙体类型<br>(2) 安装方式<br>(3) 面层材料品种、规格、颜色<br>(4) 缝宽、嵌缝材料种类<br>(5) 防护材料种类<br>(6) 磨光、酸洗、打蜡要求 | $m^2$ | 按镶贴表面积计算 | (1) 基层清理<br>(2) 砂浆制作、运输<br>(3) 粘结层铺贴<br>(4) 面层安装<br>(5) 嵌缝<br>(6) 刷防护材料<br>(7) 磨光、酸洗、打蜡 |
| 011204002 | 拼碎石材墙面 | | | | |
| 011204003 | 块料墙面 | | | | |
| 011204004 | 干挂石材钢骨架 | (1) 骨架种类、规格<br>(2) 防锈漆品种遍数 | t | 按设计图示以质量计算 | (1) 骨架制作、运输、安装<br>(2) 刷漆 |

2. 墙面块料面层工程量清单项目计价

本节适用于使用石材饰面板(天然花岗石、大理石、人造花岗石、人造大理石、预制水磨石饰面板等)、陶瓷面砖(内墙彩釉面瓷砖、外墙面砖、陶瓷锦砖、大型陶瓷锦面板等)、玻璃面砖(玻璃锦砖、玻璃面砖等)等装饰墙面的工程。

墙面块料面层可包含的分项工程(定额子目)有以下几种。

(1) 面层石材：墙面挂贴大理石、花岗石，墙面干挂大理石、花岗石，墙面镶贴大理石、花岗石，墙面拼贴碎石板材材不等缝、墙面拼贴碎石板材材等缝、墙面文化石、墙面陶瓷面砖、墙面凹凸假麻石、墙面纸皮条行瓷砖、墙石玻璃马赛克、其他。

(2) 骨架制安：钢骨架、不锈钢骨架、其他。

(3) 油漆：金属面油漆、其他。

(4) 底层抹灰：各种墙面底层抹灰、其他。

(5) 抹灰砂浆厚度调整：抹灰层厚度增减、其他。

(6) 刷防护材料：大理石刷养护液、保护液，花岗石刷养护液、保护液，其他。

(7) 其他。

**特别提示**

(1) 墙体类型是指砖墙、石墙、混凝土墙、砌块墙以及内墙、外墙等。

(2) 底层的厚度应根据设计规定(一般采用标准设计图)确定。

(3) 挂贴方式是对大规格的石材(大理石、花岗石、青石等)使用先挂后灌浆的方式固定于墙、柱面。

(4) 干挂方式是指直接干挂法，是通过不锈钢膨胀螺栓、不锈钢挂件、不锈钢连接件、不锈钢钢针等，将外墙饰面板连接在外墙墙面；间接干挂法是指通过固定在墙、柱、梁上的龙骨，再通过各种挂件固定外墙饰面板。

(5) 嵌缝材料是指嵌缝砂浆、嵌缝油膏、密封胶封水材料等。

(6) 防护材料是指石材等防碱背涂处理剂和面层防酸涂剂等。

### 11.2.5 柱(梁)面镶贴块料(表M.5，编码：011205)

1. 柱(梁)面镶贴块料工程量清单项目编制

柱(梁)面镶贴块料工程量清单项目编制见表11-18。

表11-18 柱(梁)面镶贴块料工程量清单项目

<table>
<tr><th>项目编码</th><th>项目名称</th><th>项目特征</th><th>计量单位</th><th>工程量计算规则</th><th>工作内容</th></tr>
<tr><td>011205001</td><td>石材柱面</td><td rowspan="3">(1) 柱截面类型、尺寸<br>(2) 安装方式<br>(3) 面层材料品种、规格、颜色<br>(4) 缝宽、嵌缝材料种类<br>(5) 防护材料种类<br>(6) 磨光、酸洗、打蜡要求</td><td rowspan="5">m²</td><td rowspan="5">按镶贴表面积计算</td><td rowspan="5">(1) 基层清理<br>(2) 砂浆制作、运输<br>(3) 粘结层铺贴<br>(4) 面层安装<br>(5) 嵌缝<br>(6) 刷防护材料<br>(7) 磨光、酸洗、打蜡</td></tr>
<tr><td>011205002</td><td>块料柱面</td></tr>
<tr><td>011205003</td><td>拼碎石材柱面</td></tr>
<tr><td>011205004</td><td>石材梁面</td><td rowspan="2">(1) 安装方式<br>(2) 面层材料品种、规格、颜色<br>(3) 缝宽、嵌缝材料种类<br>(4) 防护材料种类<br>(5) 磨光、酸洗、打蜡要求</td></tr>
<tr><td>011205005</td><td>块料梁面</td></tr>
</table>

2. 柱(梁)面镶贴块料工程量清单项目计价

本节适用于使用石材饰面板(天然花岗石、大理石、人造花岗石、人造大理石、预制水磨石饰面板等)、陶瓷面砖(内墙彩釉面瓷砖、外墙面砖、陶瓷锦砖、大型陶瓷锦面板等)、玻璃面砖(玻璃锦砖、玻璃面砖等)等装饰柱、梁面的工程。

柱(梁)面镶贴块料可包含的分项工程(定额子目)有以下几种。

(1) 面层石材：独立柱面梁面挂贴大理石、花岗石，干挂大理石、花岗石，镶贴大理石、花岗石，柱面梁面陶瓷块料、独立柱面梁面凹凸假麻石、独立柱面梁面纸皮条形瓷砖、独立柱面梁面玻璃马赛克、其他。

(2) 底层抹灰：各种柱面梁面底层抹灰、其他。

(3) 抹灰砂浆厚度调整：抹灰层厚度增减、其他。

(4) 防护材料：大理石刷养护液、保护液，花岗石刷养护液、保护液，其他。

(5) 其他。

### 11.2.6 镶贴零星块料(表 M.6，编码：011206)

1. 镶贴零星块料工程量清单项目编制

镶贴零星块料工程量清单项目编制见表 11－19。

表 11－19 镶贴零星块料工程量清单项目

| 项目编码 | 项目名称 | 项目特征 | 计量单位 | 工程量计算规则 | 工作内容 |
|---|---|---|---|---|---|
| 011206001 | 石材零星项目 | (1) 基层类型、部位<br>(2) 安装方式<br>(3) 面层材料品种、规格、颜色<br>(4) 缝宽、嵌缝材料种类<br>(5) 防护材料种类<br>(6) 磨光、酸洗、打蜡要求 | $m^2$ | 按镶贴表面积计算 | (1) 基层清理<br>(2) 砂浆制作、运输<br>(3) 面层安装<br>(4) 嵌缝<br>(5) 刷防护材料<br>(6) 磨光、酸洗、打蜡 |
| 011206002 | 块料零星项目 | | | | |
| 011206003 | 拼碎块零星项目 | | | | |

2. 镶贴零星块料工程量清单项目计价

本节适用于小面积(0.5$m^2$)以内少量分散的块料面层的工程。

镶贴零星块料可包含的分项工程(定额子目)有以下几种。

(1) 面层石材：零星项目挂贴大理石、花岗石，干挂大理石、花岗石，镶贴大理石、花岗石，文化石、陶瓷块料、凹凸假麻石、纸皮条形瓷砖、玻璃马赛克、其他。

(2) 底层抹灰：零星项目底层抹灰、其他。

(3) 抹灰砂浆厚度调整：抹灰层厚度增减、其他。

(4) 防护材料：大理石刷养护液、保护液，花岗石刷养护液、保护液，其他。

(5) 其他。

### 11.2.7 墙饰面(表 M.7，编码：011207)

1. 墙饰面工程量清单项目编制

墙饰面工程量清单项目编制见表 11－20。

2. 墙饰面工程量清单项目计价

本节适用于使用金属饰面板(彩色涂色钢板、彩色不锈钢板、镜面不锈钢饰面板、铝合金板、复合铝板、铝塑板等)、塑料饰面板(聚氯乙烯塑料饰面板、玻璃钢饰面板、塑料贴面饰面板、聚酯装饰板、复塑中密度纤维板等)、木质饰面板(胶合板、硬质纤维板、细木工板、刨花板、建筑纸面草板、水泥木屑板、灰板条等)、人造革、装饰石膏板等装饰墙面的工程。

墙饰面可包含的分项工程(定额子目)有以下几种。

(1) 饰面层：各种墙面饰面层、其他。

(2) 基层：基层铺钉、其他。

(3) 隔离层：玻璃棉毡、油毡隔离层、隔音棉，其他。

表 11-20 墙饰面工程量清单项目

| 项目编码 | 项目名称 | 项目特征 | 计量单位 | 工程量计算规则 | 工作内容 |
|---|---|---|---|---|---|
| 011207001 | 墙面装饰板 | (1) 龙骨材料种类、规格、中距<br>(2) 隔离层材料种类、规格<br>(3) 基层材料种类、规格<br>(4) 面层材料品种、规格、颜色<br>(5) 压条材料种类、规格 | $m^2$ | 按设计图示墙净长乘净高以面积计算。扣除门窗洞口及单个＞0.3$m^2$的孔洞所占面积 | (1) 基层清理<br>(2) 龙骨制作、运输、安装<br>(3) 钉隔离层<br>(4) 基层铺钉<br>(5) 面层铺贴 |
| 011207002 | 墙面装饰浮雕 | (1) 基层种类<br>(2) 浮雕材料种类<br>(3) 浮雕样式 | | 按设计图示尺寸以面积计算 | (1) 基层清理<br>(2) 材料制作、运输<br>(3) 安装成型 |

(4) 龙骨：龙骨制安、其他。

(5) 油漆：木材面油漆、金属面油漆、抹灰面油漆、其他。

(6) 其他。

**特别提示**

基层材料是指面层内的底板材料，如木墙裙、木护墙、木板隔墙等，在龙骨上粘贴或铺钉一层加强面层的底板。

### 11.2.8 柱(梁)饰面(表 M.8，编码：011208)

1. 柱(梁)饰面工程量清单项目编制

柱(梁)饰面工程量清单项目编制见表 11-21。

表 11-21 柱(梁)饰面工程量清单项目

| 项目编码 | 项目名称 | 项目特征 | 计量单位 | 工程量计算规则 | 工作内容 |
|---|---|---|---|---|---|
| 011208001 | 柱(梁)面装饰 | (1) 龙骨材料种类、规格、中距<br>(2) 隔离层材料种类<br>(3) 基层材料种类、规格<br>(4) 面层材料品种、规格、颜色<br>(5) 压条材料种类、规格 | $m^2$ | 按设计图示饰面外围尺寸以面积计算。柱帽、柱墩并入相应柱饰面工程量内 | (1) 清理基层<br>(2) 龙骨制作、运输、安装<br>(3) 钉隔离层<br>(4) 基层铺钉<br>(5) 面层铺贴 |
| 011208002 | 成品装饰柱 | (1) 柱截面、高度尺寸<br>(2) 柱材质 | (1) 根<br>(2) m | (1) 以根计量，按设计数量计算<br>(2) 以米计量，按设计长度计算 | 柱运输、固定、安装 |

2. 柱(梁)饰面工程量清单项目计价

本节适用于使用金属饰面板(彩色涂色钢板、彩色不锈钢板、镜面不锈钢饰面板、铝合金板、复合铝板、铝塑板等)、塑料饰面板(聚氯乙烯塑料饰面板、玻璃钢饰面板、塑料贴面饰面板、聚酯装饰板、复塑中密度纤维板等)、木质饰面板(胶合板、硬质纤维板、细木工板、刨花板、建筑纸面草板、水泥木屑板、灰板条等)、人造革、装饰石膏板等装饰柱(梁)面的工程。

柱(梁)饰面可包含的分项工程(定额子目)有以下几种。

(1) 饰面层：各种梁柱面饰面层(不包龙骨、基层)、各种梁柱面饰面层(包龙骨、基层)、其他。

(2) 基层：基层铺钉、其他。

(3) 隔离层：玻璃棉毡、油毡隔离层、隔音棉、其他。

(4) 龙骨：龙骨制安、其他。

(5) 油漆：木材面油漆、金属面油漆、抹灰面油漆、其他。

(6) 其他。

**特别提示**

(1) 基层材料是指面层内的底板材料。

(2) 饰面外围尺寸是指饰面的表面尺寸。

### 11.2.9 幕墙工程(表M.9，编码：011209)

1. 幕墙工程工程量清单项目编制

幕墙工程工程量清单项目编制见表11-22。

表11-22 幕墙工程工程量清单项目

| 项目编码 | 项目名称 | 项目特征 | 计量单位 | 工程量计算规则 | 工作内容 |
|---|---|---|---|---|---|
| 011209001 | 带骨架幕墙 | (1) 骨架材料种类、规格、中距<br>(2) 面层材料品种、规格、颜色<br>(3) 面层固定方式<br>(4) 隔离带、框边封闭材料品种、规格<br>(5) 嵌缝、塞口材料种类 | $m^2$ | 按设计图示框外围尺寸以面积计算。与幕墙同种材质的窗所占面积不扣除 | (1) 骨架制作、运输、安装<br>(2) 面层安装<br>(3) 嵌缝、塞口<br>(4) 清洗 |
| 011209002 | 全玻(无框玻璃)幕墙 | (1) 玻璃品种、规格、颜色<br>(2) 粘结塞口材料种类<br>(3) 固定方式 | | 按设计图示尺寸以面积计算。带肋全玻璃幕墙按展开面积计算 | (1) 幕墙安装<br>(2) 嵌缝、塞口<br>(3) 清洗 |

2. 幕墙工程工程量清单项目计价

(1) 带骨架幕墙可包含的分项工程(定额子目)有以下几种。

① 面层材质：钢化玻璃、铝塑板、铝板、石板材、其他。

② 骨架调整：铝骨架、钢骨架、不锈钢骨架、其他。

③ 其他。

(2) 全玻幕墙可包含的分项工程(定额子目)有以下几种。

① 幕墙固定方式：座装式、吊挂式、点支式、其他。

② 防火隔断：防火棉、其他。

③ 其他。

**特别提示**

(1) 设置在幕墙上的门窗可包括在幕墙项目报价内，也可单独编码列项，并在清单项目中进行描述。

(2) 带肋全玻璃幕墙是指玻璃幕墙带玻璃肋，玻璃肋的工程量应合并在玻璃幕墙工程量内计算。

### 11.2.10 隔断(表 M.10，编码：011210)

1. 隔断工程量清单项目编制

隔断工程量清单项目编制见表 11-23。

表 11-23 隔断工程量清单项目

<table>
<tr><th>项目编码</th><th>项目名称</th><th>项目特征</th><th>计量单位</th><th>工程量计算规则</th><th>工作内容</th></tr>
<tr><td>011210001</td><td>木隔断</td><td>(1) 骨架、边框材料种类、规格<br>(2) 隔板材料品种、规格、颜色<br>(3) 嵌缝、塞口材料品种<br>(4) 压条材料种类</td><td rowspan="4">m²</td><td>按设计图示框外围尺寸以面积计算。不扣除单个≤0.3 m² 的孔洞所占面积；浴厕门的材质与隔断相同时，门的面积并入隔断面积内</td><td>(1) 骨架及边框制作、运输、安装<br>(2) 隔板制作、运输、安装<br>(3) 嵌缝、塞口<br>(4) 装钉压条</td></tr>
<tr><td>011210002</td><td>金属隔断</td><td>(1) 骨架、边框材料种类、规格<br>(2) 隔板材料品种、规格、颜色<br>(3) 嵌缝、塞口材料品种</td><td>按设计图示框外围尺寸以面积计算。不扣除单个≤0.3 m² 的孔洞所占面积；浴厕门的材质与隔断相同时，门的面积并入隔断面积内</td><td>(1) 骨架及边框制作、运输、安装<br>(2) 隔板制作、运输、安装<br>(3) 嵌缝、塞口</td></tr>
<tr><td>011210003</td><td>玻璃隔断</td><td>(1) 边框材料种类、规格<br>(2) 玻璃品种、规格、颜色<br>(3) 嵌缝、塞口材料品种</td><td rowspan="2">按设计图示框外围尺寸以面积计算。不扣除单个≤0.3 m² 的孔洞所占面积</td><td>(1) 边框制作、运输、安装<br>(2) 玻璃制作、运输、安装<br>(3) 嵌缝、塞口</td></tr>
<tr><td>011210004</td><td>塑料隔断</td><td>(1) 边框材料种类、规格<br>(2) 隔板材料品种、规格、颜色<br>(3) 嵌缝、塞口材料品种</td><td>(1) 骨架及边框制作、运输、安装<br>(2) 隔板制作、运输、安装<br>(3) 嵌缝、塞口</td></tr>
</table>

续表

| 项目编码 | 项目名称 | 项目特征 | 计量单位 | 工程量计算规则 | 工作内容 |
|---|---|---|---|---|---|
| 011210005 | 成品隔断 | (1) 隔断材料品种、规格、颜色<br>(2) 配件品种、规格 | (1) $m^2$<br>(2) 间 | (1) 以平方米计量，按设计图示框外围尺寸以面积计算<br>(2) 按间计量，按设计间的数量以间计算 | (1) 隔断运输、安装<br>(2) 嵌缝、塞口 |
| 011210006 | 其他隔断 | (1) 骨架、边框材料种类、规格<br>(2) 隔板材料品种、规格、颜色<br>(3) 嵌缝、塞口材料品种 | $m^2$ | 按设计图示框外围尺寸以面积计算。不扣除单个≤$0.3m^2$的孔洞所占面积 | (1) 骨架及边框安装<br>(2) 隔板安装<br>(3) 嵌缝、塞口 |

2. 隔断工程量清单项目计价

隔断可包含的分项工程(定额子目)有以下几种。

(1) 面层：各种隔墙隔断(包龙骨)、其他。

(2) 基层：基层铺钉、其他。

(3) 隔离层：玻璃棉毡、油毡隔离层、隔音棉、其他。

(4) 龙骨：龙骨制安、其他。

(5) 油漆：木材面油漆、金属面油漆、抹灰面油漆、其他。

(6) 其他。

**特别提示**

设置在隔断上的门窗可包括在隔墙项目报价内，也可单独编码列项，并在清单项目中进行描述。

## 11.3 天棚工程 (附录N)

本分部工程共4个子分部工程10个项目，包括天棚抹灰、天棚吊顶、采光天棚、天棚其他装饰，适用于建筑物的天棚装饰工程。

### 11.3.1 天棚抹灰(表N.1，编码：011301)

1. 天棚抹灰工程量清单项目编制

天棚抹灰工程量清单项目编制见表11-24。

表 11-24 天棚抹灰工程量清单项目

| 项目编码 | 项目名称 | 项目特征 | 计量单位 | 工程量计算规则 | 工作内容 |
|---|---|---|---|---|---|
| 011301001 | 天棚抹灰 | (1) 基层类型<br>(2) 抹灰厚度、材料种类<br>(3) 砂浆配合比 | $m^2$ | 按设计图示尺寸以水平投影面积计算。不扣除间壁墙、垛、柱、附墙烟囱、检查口和管道所占的面积，带梁天棚、梁两侧抹灰面积并入天棚面积内，板式楼梯底面抹灰按斜面积计算，锯齿形楼梯底板抹灰按展开面积计算 | (1) 基层清理<br>(2) 底层抹灰<br>(3) 抹面层 |

2. 天棚抹灰工程量清单项目计价

天棚抹灰可包含的分项工程(定额子目)有以下几种。

(1) 天棚抹灰：石灰砂浆面、水泥砂浆面、纸筋灰面、石膏面、抹灰扫白、一次成活、其他。

(2) 其他。

特别提示

基层类型是指混凝土现浇板、预制混凝土板、木板条等。

## 11.3.2 天棚吊顶(表 N.2，编码：011302)

1. 天棚吊顶工程量清单项目编制

天棚吊顶工程量清单项目编制见表 11-25。

表 11-25 天棚吊顶工程量清单项目编制

| 项目编码 | 项目名称 | 项目特征 | 计量单位 | 工程量计算规则 | 工作内容 |
|---|---|---|---|---|---|
| 011302001 | 天棚吊顶 | (1) 吊顶形式、吊杆规格、高度<br>(2) 龙骨材料种类、规格、中距<br>(3) 基层材料种类、规格<br>(4) 面层材料品种、规格<br>(5) 压条材料种类、规格<br>(6) 嵌缝材料种类<br>(7) 防护材料种类 | $m^2$ | 按设计图示尺寸以水平投影面积计算。天棚面中的灯槽及跌级、锯齿形、吊挂式、藻井式天棚面积不展开计算。不扣除间壁墙、检查口、附墙烟囱、柱垛和管道所占面积，扣除单个＞0.3 $m^2$ 的孔洞、独立柱及与天棚相连的窗帘盒所占的面积 | (1) 基层清理、吊杆安装<br>(2) 龙骨安装<br>(3) 基层板铺贴<br>(4) 面层铺贴<br>(5) 嵌缝<br>(6) 刷防护材料 |

续表

| 项目编码 | 项目名称 | 项目特征 | 计量单位 | 工程量计算规则 | 工作内容 |
| --- | --- | --- | --- | --- | --- |
| 011302002 | 格栅吊顶 | (1) 龙骨材料种类、规格、中距<br>(2) 基层材料种类、规格<br>(3) 面层材料品种、规格<br>(4) 防护材料种类 | $m^2$ | 按设计图示尺寸以水平投影面积计算 | (1) 基层清理<br>(2) 安装龙骨<br>(3) 基层板铺贴<br>(4) 面层铺贴<br>(5) 刷防护材料 |
| 011302003 | 吊筒吊顶 | (1) 吊筒形状、规格<br>(2) 吊筒材料种类<br>(3) 防护材料种类 | | | (1) 基层清理<br>(2) 吊筒制作安装<br>(3) 刷防护材料 |
| 011302004 | 藤条造型悬挂吊顶 | (1) 骨架材料种类、规格<br>(2) 面层材料品种、规格 | | | (1) 基层清理<br>(2) 龙骨安装<br>(3) 铺贴面层 |
| 011302005 | 织物软雕吊顶 | | | | |
| 011302006 | 装饰网架吊顶 | 网架材料品种、规格 | | | (1) 基层清理<br>(2) 网架制作安装 |

2. 天棚吊顶工程量清单项目计价

本节适用于形式上为非漏空式的天棚吊顶工程。

天棚吊顶可包含的分项工程(定额子目)有以下几种。

(1) 天棚龙骨：木龙骨、轻钢龙骨、铝合金龙骨、其他。

(2) 天棚基层：胶合板、石膏板、其他。

(3) 天棚面层：各种面层、其他。

(4) 机锣凹线、装饰线条、压条：机锣凹线、装饰线条、压条、其他。

(5) 刷(喷)油漆、涂料：刷(喷)防火漆、防火涂料，刷(喷)面漆，其他。

(6) 其他

特别提示

(1) 吊顶形式是指平面、跌级、锯齿形、阶梯形、吊挂式、藻井式以及矩形、弧形、拱形等形式，应在清单项目中进行描述。平面是指吊顶面层在同一平面上的天棚；跌级是指形状比较简单，不带灯槽、一个空间只有一个“凸”或“凹”形状的天棚。

(2) 天棚面层适用于石膏板(包括装饰石膏板、纸面石膏板、吸声穿孔石膏板、嵌装式装饰石膏等)、埃特板、装饰吸声罩面板(包括矿棉装饰吸声板、贴塑矿(岩)棉吸声板、膨胀珍珠岩石装饰吸声制品、玻璃棉装饰吸声板等)、塑料装饰罩面板(钙塑泡沫装饰吸声板、聚苯乙烯泡沫塑料装饰吸声板、聚氯乙烯塑料天花板等)、纤维水泥加压板(包括穿孔吸声石棉水泥板、轻质硅酸钙吊顶板等)、金属装饰板(包括铝合金罩面板、金属微孔吸声板、铝合金单体构件等)、木质饰板(胶合板、薄板、板条、水泥木丝板、刨花板等)、玻璃饰面(包括镜面玻璃、镭射玻璃等)。

(3) 基层材料是指底板或面层背后的加强材料。

(4) 龙骨中距是指相邻龙骨中线之间的距离。

(5) 格栅吊顶面层适用于木格栅、金属格栅、塑料格栅等。

(6) 吊筒吊顶适用于木(竹)质吊筒、金属吊筒、不论塑料吊筒以及吊筒形状是圆形、矩形、扁钟形等。

(7) 天棚抹灰与天棚吊顶工程量计算规则有所不同，天棚抹灰不扣除柱和垛所占面积；天棚吊顶也不扣除柱垛所占面积，但应扣除独立柱所占面积。柱垛是指与墙体相连的柱而突出墙体部分。

(8) 在同一个工程中，如果龙骨材料种类、规格、中距有所不同，或者虽然龙骨材料种类、规格、中距相同，但基层或面层材料的品种、规格、品牌不同，都应分别编码列项。

(9) 天棚的检查孔、天棚内的检修走道、灯槽等应包括在报价内。

(10) 采光天棚和天棚设置保温、隔热、吸音层时，按附录A第8章相关项目编码列项。

### 11.3.3 采光天棚(表N.3，编码：011303)

1. 采光天棚工程量清单项目编制

采光天棚工程量清单项目编制见表11－26。

表11－26 采光天棚工程工程量清单项目

| 项目编码 | 项目名称 | 项目特征 | 计量单位 | 工程量计算规则 | 工作内容 |
|---|---|---|---|---|---|
| 011303001 | 采光天棚 | (1) 骨架类型<br>(2) 固定类型、固定材料品种、规格<br>(3) 面层材料品种、规格<br>(4) 嵌缝、塞口材料种类 | $m^2$ | 按框外围展开面积计算 | (1) 清理基层<br>(2) 面层制安<br>(3) 嵌缝、塞口<br>(4) 清洗 |

2. 采光天棚工程量清单项目计价

特别提示

采光天棚骨架不包括在本节中，应单独按附录F相关项目编码列项。

### 11.3.4 天棚其他装饰(表N.4，编码：011304)

1. 天棚其他装饰工程量清单项目编制

天棚其他装饰工程量清单项目编制见表11－27。

表 11-27 天棚其他装饰工程量清单项目

| 项目编码 | 项目名称 | 项目特征 | 计量单位 | 工程量计算规则 | 工作内容 |
|---|---|---|---|---|---|
| 011304001 | 灯带(槽) | (1) 灯带形式、尺寸<br>(2) 格栅片材料品种、规格<br>(3) 安装固定方式 | m² | 按设计图示尺寸以框外围面积计算 | 安装、固定 |
| 011304002 | 送风口、回风口 | (1) 风口材料品种、规格<br>(2) 安装固定方式<br>(3) 防护材料种类 | 个 | 按设计图示数量计算 | (1) 安装、固定<br>(2) 刷防护材料 |

2. 天棚其他装饰工程工程量清单项目计价

本节适用于天棚上灯带、送风口、回风口安装工程。

送风口、回风口可包含的分项工程(定额子目)有以下几种。

(1) 柚木风口安装：柚木送(回)风口安装，刷(喷)防火漆、防火涂料，刷(喷)面漆。

(2) 铝合金风口安装：铝合金送(回)风口安装、其他。

特别提示

(1) 灯带格栅有不锈钢格栅、铝合金格栅、玻璃类格栅等。

(2) 送风口、回风口适用于金属、塑料、木质风口。

## 11.4 油漆、涂料、裱糊工程（附录P）

本分部工程共8个子分部工程36个项目，包括门油漆，窗油漆，木扶手及其他板条、线条油漆，木材面油漆，金属面油漆，抹灰面油漆，喷刷涂料，裱糊，适用于建筑物的门窗油漆、金属、抹灰面油漆、涂料、裱糊工程。

### 11.4.1 门油漆(表P.1，编码：011401)

1. 门油漆工程量清单项目编制

门油漆工程量清单项目编制见表11-28。

表 11-28 门油漆工程量清单项目

| 项目编码 | 项目名称 | 项目特征 | 计量单位 | 工程量计算规则 | 工作内容 |
|---|---|---|---|---|---|
| 011401001 | 木门油漆 | (1) 门类型<br>(2) 门代号及洞口尺寸<br>(3) 腻子种类<br>(4) 刮腻子遍数<br>(5) 防护材料种类<br>(6) 油漆品种、刷漆遍数 | (1) 樘<br>(2) m² | (1) 以樘计量，按设计图示数量计量<br>(2) 以平方米计量，按设计图示洞口尺寸以面积计算 | (1) 基层清理<br>(2) 刮腻子<br>(3) 刷防护材料、油漆 |
| 011401002 | 金属门油漆 | | | | (1) 除锈、基层清理<br>(2) 刮腻子<br>(3) 刷防护材料、油漆 |

2. 门油漆工程量清单项目计价

特别提示

(1) 有关项目中已包括油漆的不再单独按本表列项。

(2) 木门油漆应区分木大门、单层木门、双层(一玻一纱)木门、双层(单裁口)木门、全玻自由门、半玻自由门、装饰门及有框门或无框门等项目，分别编码列项。

(3) 金属门油漆应区分平开门、推拉门、钢制防火门列项。

(4) 腻子种类分石膏油腻子(熟桐油、石膏粉、适量水)、胶腻子(大白、色粉、羧甲基纤维素)、漆片腻子(漆片、酒精、石膏粉、适量色粉)、油腻子(矾石粉、桐油、脂肪酸、松香)等。刮腻子要求，分刮腻子遍数(道数)或满刮腻子或找补腻子等。

(5) 工程量以面积计算的油漆项目，线角、线条、压条等不展开，其工料消耗应包括在报价内，项目特征可不必描述洞口尺寸。

(6) 连窗门可按门油漆项目编码列项。

## 11.4.2 窗油漆(表P.2，编码：011402)

1. 窗油漆工程量清单项目编制

窗油漆工程量清单项目编制见表11-29。

表11-29 窗油漆工程量清单项目

| 项目编码 | 项目名称 | 项目特征 | 计量单位 | 工程量计算规则 | 工作内容 |
|---|---|---|---|---|---|
| 011402001 | 木窗油漆 | (1) 窗类型<br>(2) 窗代号及洞口尺寸<br>(3) 腻子种类<br>(4) 刮腻子遍数<br>(5) 防护材料种类<br>(6) 油漆品种、刷漆遍数 | (1) 樘<br>(2) $m^2$ | (1) 以樘计量，按设计图示数量计量<br>(2) 以$m^2$计量，按设计图示洞口尺寸以面积计算 | (1) 基层清理<br>(2) 刮腻子<br>(3) 刷防护材料、油漆 |
| 011402002 | 金属窗油漆 | | | | (1) 除锈、基层清理<br>(2) 刮腻子<br>(3) 刷防护材料、油漆 |

2. 窗油漆工程量清单项目计价

特别提示

(1) 有关项目中已包括油漆的不再单独按本表列项。

(2) 木窗油漆应区分单层木门、双层(一玻一纱)木窗、双层框扇(单裁口)木窗、双层框三层(二玻一纱)木窗、单层组合窗、双层组合窗、木百叶窗、木推拉窗等项目，分别编码列项。

(3) 金属窗油漆应区分平开窗、推拉窗、固定窗、组合窗、金属隔栅窗分别列项。

(4) 以平方米计量时，项目特征可不必描述洞口尺寸。

### 11.4.3 木扶手及其他板条、线条油漆(表 P.3，编码：011403)

1. 木扶手及其他板条、线条油漆工程量清单项目编制

木扶手及其他板条、线条油漆工程量清单项目编制见表 11－30。

表 11－30 木扶手及其他板条、线条油漆工程量清单项目

| 项目编码 | 项目名称 | 项目特征 | 计量单位 | 工程量计算规则 | 工作内容 |
| --- | --- | --- | --- | --- | --- |
| 011403001 | 木扶手油漆 | （1）断面尺寸<br>（2）腻子种类<br>（3）刮腻子遍数<br>（4）防护材料种类<br>（5）油漆品种、刷漆遍数 | m | 按设计图示尺寸以长度计算 | （1）基层清理<br>（2）刮腻子<br>（3）刷防护材料、油漆 |
| 011403002 | 窗帘盒油漆 | | | | |
| 011403003 | 封檐板、顺水板油漆 | | | | |
| 011403004 | 挂衣板、黑板框油漆 | | | | |
| 011403005 | 挂镜线、窗帘棍、单独木线油漆 | | | | |

2. 木扶手及其他板条、线条油漆工程量清单项目计价

**特别提示**

（1）木扶手应区分带托板与不带托板，分别编码列项，若是木栏杆代扶手，木扶手不应单独列项，应包含在木栏杆油漆中。

（2）楼梯木扶手工程量按中心线斜长计算，弯头长度应计算在扶手长度内。

木扶手及其他板条、线条油漆可包含的分项工程(定额子目)有以下几种。

（1）木门木窗等：调和漆、聚氨酯漆、硝基清漆、过氯乙烯漆、清漆面，调和漆底、丙烯酸清漆面，醇酸清漆底、手扫漆、亚光漆、防火漆、臭油水、其他。

（2）金属门金属窗等：调和漆、改性沥青清漆、过氯乙烯清漆、醇酸磁漆、防锈漆、防火漆、铝银油、耐酸漆、耐碱漆、耐热漆、绝缘漆、其他。

（3）其他。

### 11.4.4 木材面油漆(表 P.4，编码：011404)

1. 木材面油漆工程量清单项目编制

木材面油漆工程量清单项目编制见表 11－31。

2. 木材面油漆工程量清单项目计价

木材面油漆可包含的分项工程(定额子目)有以下几种。

（1）基层油漆：防火漆、臭油水、木龙骨刷防火漆、其他。

（2）面油漆：调和漆、聚氨酯漆、硝基清漆、过氯乙烯漆、清漆面，调和漆底、丙烯酸清漆面，醇酸清漆底、手扫漆、亚光漆、防火漆、木板面刷地板漆、木板面烫硬蜡、其他。

（3）其他。

表 11-31 木材面油漆工程量清单项目

<table>
<tr><th>项目编码</th><th>项目名称</th><th>项目特征</th><th>计量单位</th><th>工程量计算规则</th><th>工作内容</th></tr>
<tr><td>011404001</td><td>木护墙、木墙裙油漆</td><td rowspan="14">(1) 腻子种类<br>(2) 刮腻子要求<br>(3) 防护材料种类<br>(4) 油漆品种、刷漆遍数</td><td rowspan="15">m²</td><td rowspan="7">按设计图示尺寸以面积计算</td><td rowspan="14">(1) 基层清理<br>(2) 刮腻子<br>(3) 刷防护材料、油漆</td></tr>
<tr><td>011404002</td><td>窗台板、筒子板、盖板、门窗套、踢脚线油漆</td></tr>
<tr><td>011404003</td><td>清水板条天棚、檐口油漆</td></tr>
<tr><td>011404004</td><td>木方格吊顶天棚油漆</td></tr>
<tr><td>011404005</td><td>吸音板墙面、天棚面油漆</td></tr>
<tr><td>011404006</td><td>暖气罩油漆</td></tr>
<tr><td>011404007</td><td>其他木材面油漆</td></tr>
<tr><td>011404008</td><td>木间壁、木隔断油漆</td><td rowspan="3">按设计图示尺寸以单面外围面积计算</td></tr>
<tr><td>011404009</td><td>玻璃间壁露明墙筋油漆</td></tr>
<tr><td>011404010</td><td>木栅栏、木栏杆(带扶手)油漆</td></tr>
<tr><td>011404011</td><td>衣柜、壁柜油漆</td><td rowspan="3">按设计图示尺寸以油漆部分展开面积计算</td></tr>
<tr><td>011404012</td><td>梁柱饰面油漆</td></tr>
<tr><td>011404013</td><td>零星木装修油漆</td></tr>
<tr><td>011404014</td><td>木地板油漆</td><td rowspan="2">按设计图示尺寸以面积计算。空洞、空圈、暖气包槽、壁龛的开口部分并入相应的工程量内</td></tr>
<tr><td>011404015</td><td>木地板烫硬蜡面</td><td>(1) 硬蜡品种<br>(2) 面层处理要求</td><td>(1) 基层清理<br>(2) 烫蜡</td></tr>
</table>

**特别提示**

(1) 木板、纤维板、胶合板油漆，单面油漆按单面面积计算，双面油漆按双面面积计算。

(2) 木护墙、木墙裙油漆按垂直投影面积计算。

(3) 窗台板、筒子板、盖板、门窗套、踢脚线油漆按水平或垂直投影面积(门窗套的贴脸板和筒子板垂直投影面积合并)计算。

(4) 清水板条天棚、檐口油漆、木方格吊顶天棚油漆以水平投影面积计算，不扣除空洞面积。

(5) 暖气罩油漆，垂直面按垂直投影面积计算，突出墙面的水平面按水平投影面积计算，不扣除空洞面积。

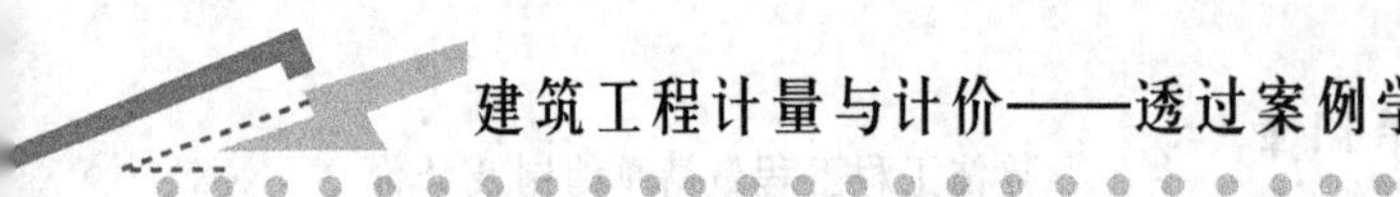


### 11.4.5　金属面油漆(表 P.5，编码：011405)

1. 金属面油漆工程量清单项目编制

金属面油漆工程量清单项目编制见表 11－32。

表 11－32　金属面油漆工程量清单项目

| 项目编码 | 项目名称 | 项目特征 | 计量单位 | 工程量计算规则 | 工作内容 |
|---|---|---|---|---|---|
| 011405001 | 金属面油漆 | (1) 构件名称<br>(2) 腻子种类<br>(3) 刮腻子要求<br>(4) 防护材料种类<br>(5) 油漆品种、刷漆遍数 | (1) t<br>(2) $m^2$ | (1) 以吨计量，按设计图示尺寸以质量计算<br>(2) 以平方米计量，按设计展开面积计算 | (1) 基层清理<br>(2) 刮腻子<br>(3) 刷防护材料、油漆 |

2. 金属面油漆工程量清单项目计价

金属面油漆可包含的分项工程(定额子目)有以下几种。

(1) 面油漆：调和漆、改性沥青清漆、过氯乙烯清漆、醇酸磁漆、防锈漆、防火漆、铝银油、耐酸漆、耐碱漆、耐热漆、绝缘漆、其他。

(2) 其他。

### 11.4.6　抹灰面油漆(表 P.6，编码：011406)

1. 抹灰面油漆工程量清单项目编制

抹灰面油漆工程量清单项目编制见表 11－33。

表 11－33　抹灰面油漆工程量清单项目

| 项目编码 | 项目名称 | 项目特征 | 计量单位 | 工程量计算规则 | 工作内容 |
|---|---|---|---|---|---|
| 011406001 | 抹灰面油漆 | (1) 基层类型<br>(2) 腻子种类<br>(3) 刮腻子遍数<br>(4) 防护材料种类<br>(5) 油漆品种、刷漆遍数<br>(6) 部位 | $m^2$ | 按设计图示尺寸以面积计算 | (1) 基层清理<br>(2) 刮腻子<br>(3) 刷防护材料、油漆 |
| 011406002 | 抹灰线条油漆 | (1) 线条宽度、道数<br>(2) 腻子种类<br>(3) 刮腻子遍数<br>(4) 防护材料种类<br>(5) 油漆品种、刷漆遍数 | m | 按设计图示尺寸以长度计算 | |
| 011406003 | 满刮腻子 | (1) 基层类型<br>(2) 腻子种类<br>(3) 刮腻子遍数 | $m^2$ | 按设计图示尺寸以面积计算 | (1) 基层清理<br>(2) 刮腻子 |

2. 抹灰面油漆工程量清单项目计价

抹灰面油漆可包含的分项工程(定额子目)有以下几种。

(1) 墙柱面：双飞粉、抗碱底漆、调和漆、水性水泥漆、乳胶漆、过氯乙烯漆、真石涂料、抹灰面做花纹、其他。

(2) 天棚面：双飞粉、抗碱底漆、调和漆、水性水泥漆、乳胶漆、过氯乙烯漆、抹灰面做花纹、其他。

(3) 其他。

**特别提示**

抹灰面的油漆应注意基层的类型，如一般抹灰墙柱面与拉条灰、拉毛灰、甩毛灰等油漆、涂料的耗工量与材料消耗量的不同。

### 11.4.7 喷刷涂料(表 P.7，编码：011407)

1. 喷刷涂料工程量清单项目编制

喷刷涂料工程量清单项目编制见表 11－34。

**表 11－34 喷刷涂料工程量清单项目**

<table>
<tr><th>项目编码</th><th>项目名称</th><th>项目特征</th><th>计量单位</th><th>工程量计算规则</th><th>工作内容</th></tr>
<tr><td>011407001</td><td>墙面刷喷涂料</td><td rowspan="2">(1) 基层类型<br>(2) 喷刷涂料部位<br>(3) 腻子种类<br>(4) 刮腻子要求<br>(5) 涂料品种、喷刷遍数</td><td rowspan="2">$m^2$</td><td rowspan="2">按设计图示尺寸以面积计算</td><td rowspan="4">(1) 基层清理<br>(2) 刮腻子<br>(3) 刷、喷涂料</td></tr>
<tr><td>011407002</td><td>天棚喷刷涂料</td></tr>
<tr><td>011407003</td><td>空花格、栏杆刷涂料</td><td>(1) 腻子种类<br>(2) 刮腻子遍数<br>(3) 涂料品种、刷喷遍数</td><td>$m^2$</td><td>按设计图示尺寸以单面外围面积计算</td></tr>
<tr><td>011407004</td><td>线条刷涂料</td><td>(1) 基层清理<br>(2) 线条宽度<br>(3) 刮腻子遍数<br>(4) 刷防护材料、油漆</td><td>m</td><td>按设计图示尺寸以长度计算</td></tr>
<tr><td>011407005</td><td>金属构件刷防火涂料</td><td rowspan="2">(1) 喷刷防火涂料构件名称<br>(2) 防火等级要求<br>(3) 涂料品种、喷刷遍数</td><td>(1) $m^2$<br>(2) t</td><td>(1) 以吨计量，按设计图示尺寸以质量计算<br>(2) 以平方米计量，按设计展开面积计算</td><td>(1) 基层清理<br>(2) 刷防护材料、油漆</td></tr>
<tr><td>011407006</td><td>木材构件喷刷防火涂料</td><td>(1) $m^2$<br>(2) $m^3$</td><td>(1) 以平方米计量，按设计图示尺寸以面积计算<br>(2) 以立方米计量，按设计结构尺寸以体积计算</td><td>(1) 基层清理<br>(2) 刷防火材料</td></tr>
</table>

2. 喷刷涂料工程量清单项目计价

喷刷涂料可包含的分项工程(定额子目)有以下几种。

① 墙柱面:喷塑、仿瓷涂料、多彩涂料、彩砂涂料、砂胶涂料、墙柱面涂料、防霉涂料、彩绒涂料、复层凹凸花纹涂料(浮雕型)、艺术涂料、仿古涂料、弹性浮雕涂料、弹性拉毛涂装、弹性质感涂料、金属漆、弹性彩石漆、防火涂料、水泥浆、白色灰浆、大白浆、其他。

② 天棚面:喷塑、砂胶涂料、防霉涂料、艺术涂料、仿古涂料、弹性浮雕喷涂、弹性拉毛涂装、弹性质感涂料、金属漆、弹性彩石漆、防火涂料、水泥浆、白色灰浆、大白浆、其他。

③ 其他。

**特别提示**

(1) 喷刷墙面涂料部位要注明内墙或外墙。

(2) 空花格、栏杆刷涂料工程量按单面外框垂直投影面积计算,应注意其展开面积工料消耗应包括在报价内。

### 11.4.8 裱糊(表 P.8,编码:011408)

1. 裱糊工程量清单项目编制

裱糊工程量清单项目编制见表 11-35。

表 11-35 裱糊工程量清单项目

| 项目编码 | 项目名称 | 项目特征 | 计量单位 | 工程量计算规则 | 工作内容 |
|---|---|---|---|---|---|
| 011408001 | 墙纸裱糊 | (1) 基层类型<br>(2) 裱糊部位<br>(3) 腻子种类<br>(4) 刮腻子要求<br>(5) 粘结材料种类<br>(6) 防护材料种类<br>(7) 面层材料品种、规格、颜色 | $m^2$ | 按设计图示尺寸以面积计算 | (1) 基层清理<br>(2) 刮腻子<br>(3) 面层铺粘<br>(4) 刷防护材料 |
| 011408002 | 织锦缎裱糊 | | | | |

2. 裱糊工程量清单项目计价

裱糊可包含的分项工程(定额子目)有以下几种。

(1) 墙面:不对花、对花、织锦缎裱糊、其他。

(2) 柱面:不对花、对花、织锦缎裱糊、其他。

(3) 天棚面:不对花、对花、织锦缎裱糊、其他。

(4) 其他。

**特别提示**

对于墙纸和织锦缎的裱糊,应注意是否要求对花。

# 11.5 其他装饰工程（附录Q）

本分部工程共8个子分部工程58个项目，包括柜类、货架，压条装饰线，扶手、栏杆、栏板装饰，暖气罩，浴厕配件，雨篷、旗杆，招牌、灯箱，美术字等项目，适用于建筑物的装饰物件的制作、安装工程。

## 11.5.1 柜类、货架(表Q.1，编码：011501)

1. 柜类、货架工程量清单项目编制

柜类、货架工程量清单项目编制见表11-36。

表11-36 柜类、货架工程量清单项目

| 项目编码 | 项目名称 | 项目特征 | 计量单位 | 工程量计算规则 | 工作内容 |
|---|---|---|---|---|---|
| 011501001 | 柜台 | (1) 台柜规格<br>(2) 材料种类、规格<br>(3) 五金种类、规格<br>(4) 防护材料种类<br>(5) 油漆品种、刷漆遍数 | (1) 个<br>(2) m<br>(3) $m^3$ | (1) 以个计量，按设计图示数量计量<br>(2) 以米计量，按设计图示尺寸以延长米计算<br>(3) 以立方米计量，按设计图示尺寸以体积计算 | (1) 台柜制作、运输、安装(安放)<br>(2) 刷防护材料、油漆<br>(3) 五金件安装 |
| 011501002 | 酒柜 | | | | |
| 011501003 | 衣柜 | | | | |
| 011501004 | 存包柜 | | | | |
| 011501005 | 鞋柜 | | | | |
| 011501006 | 书柜 | | | | |
| 011501007 | 厨房壁柜 | | | | |
| 011501008 | 木壁柜 | | | | |
| 011501009 | 厨房低柜 | | | | |
| 011501010 | 厨房吊柜 | | | | |
| 011501011 | 矮柜 | | | | |
| 011501012 | 吧台背柜 | | | | |
| 011501013 | 酒吧吊柜 | | | | |
| 011501014 | 酒吧台 | | | | |
| 011501015 | 展台 | | | | |
| 011501016 | 收银台 | | | | |
| 011501017 | 试衣间 | | | | |
| 011501018 | 货架 | | | | |
| 011501019 | 书架 | | | | |
| 011501020 | 服务台 | | | | |

2. 柜类、货架工程量清单项目计价

柜类、货架可包含的分项工程(定额子目)有以下几种。

（1）制作、运输、安装(安放)：柜台、高柜(酒柜)、高柜(衣柜)、高柜(存包柜)、中柜(鞋柜)、高柜(书柜)、高柜(厨房壁柜)、厨房低柜、低柜(厨房吊柜)、低柜(资料柜)、低柜(电视柜)、低柜(床头柜)、低柜(行李柜)、中柜(吧台背柜)、酒吧吊柜、服务台、展台、收银台、试衣间、中柜(货架)、其他。

（2）刷(喷)油漆：刷(喷)面漆、其他。

（3）其他。

**特别提示**

（1）厨房壁柜和厨房吊柜以嵌入墙内为壁柜，以支架固定在墙上的为吊柜。

（2）台柜工程量以“个”计算，即能分离的同规格的单体个数计算时，应按设计图纸或说明，包括台柜、台面材料(石材、皮革、金属、实木等)、内隔板材料、连接件、配件等，均应包括在报价内。例如，柜台有规格为：1 500mm×400mm×1 200mm 的 5 个单体，另有一个柜台规格为：1 500mm×400mm×1 150mm，台底安装胶轮 4 个，以便柜台内营业员由此出入，这样 1 500mm×400mm×1 200mm 规格的柜台数为 5 个，1 500mm×400mm×1 150mm 柜台数为 1 个。

### 11.5.2 压条、装饰线(表 Q.2，编码：011502)

1. 压条、装饰线工程量清单项目编制

压条、装饰线工程量清单项目编制见表 11-37。

表 11-37 压条、装饰线工程量清单项目

| 项目编码 | 项目名称 | 项目特征 | 计量单位 | 工程量计算规则 | 工作内容 |
|---|---|---|---|---|---|
| 011502001 | 金属装饰线 | （1）基层类型<br>（2）线条材料品种、规格、颜色<br>（3）防护材料种类 | m | 按设计图示尺寸以长度计算 | （1）线条制作、安装<br>（2）刷防护材料 |
| 011502002 | 木质装饰线 | | | | |
| 011502003 | 石材装饰线 | | | | |
| 011502004 | 石膏装饰线 | | | | |
| 011502005 | 镜面玻璃线 | | | | |
| 011502006 | 铝塑装饰线 | | | | |
| 011502007 | 塑料装饰线 | | | | |
| 011502008 | GRC 装饰线条 | （1）基层类型<br>（2）线条规格<br>（3）线条安装部位<br>（4）填充材料种类 | | | 线条制作、安装 |

2. 压条、装饰线工程量清单项目计价

**特别提示**

（1）压条、装饰线项目已包括在门扇、墙柱面、天棚等项目内的，不再单独列项。

（2）基层类型是指装饰线依托体的材料，如砖墙、木墙、石墙、混凝土墙、墙面抹灰、钢支架等。

### 11.5.3 扶手、栏杆、栏板装饰(表 Q.3，编码：011503)

1. 扶手、栏杆、栏板装饰工程量清单项目编制

扶手、栏杆、栏板装饰工程量清单项目编制见表 11－38。

表 11－38 扶手、栏杆、栏板装饰工程量清单项目

| 项目编码 | 项目名称 | 项目特征 | 计量单位 | 工程量计算规则 | 工作内容 |
|---|---|---|---|---|---|
| 011503001 | 金属扶手、栏杆、栏板 | （1）扶手材料种类、规格<br>（2）栏杆材料种类、规格<br>（3）栏板材料种类、规格、颜色<br>（4）固定配件种类<br>（5）防护材料种类 | m | 按设计图示以扶手中心线长度(包括弯头长度)计算 | （1）制作<br>（2）运输<br>（3）安装<br>（4）刷防护材料 |
| 011503002 | 硬木扶手、栏杆、栏板 | | | | |
| 011503003 | 塑料扶手、栏杆、栏板 | | | | |
| 011503004 | GRC 栏杆、扶手 | （1）栏杆的规格<br>（2）安装间距<br>（3）扶手类型规格<br>（4）填充材料种类 | | | |
| 011503005 | 金属靠墙扶手 | （1）扶手材料种类、规格<br>（2）固定配件种类<br>（3）防护材料种类 | | | |
| 011503006 | 硬木靠墙扶手 | | | | |
| 011503007 | 塑料靠墙扶手 | | | | |
| 011503008 | 玻璃栏板 | （1）栏杆玻璃的种类、规格、颜色<br>（2）固定方式<br>（3）固定配件种类 | | | |

2. 扶手、栏杆、栏板装饰工程量清单项目计价

扶手、栏杆、栏板装饰可包含的分项工程(定额子目)有以下几种。

（1）扶手制安：不锈钢、铝合金、钢管、铜管、硬木钛金、硬木、塑料扶手、其他。

（2）弯头制安：不锈钢、钢管、铜管、铝合金、硬木、其他。

（3）栏杆、栏板制安：铝合金、不锈钢、铜管、铁花、其他。

（4）油漆：金属面、其他。

（5）其他。

### 11.5.4 暖气罩(表 Q.4，编码：011504)

暖气罩工程量清单项目编制见表 11－39。

表11－39　暖气罩工程量清单项目

| 项目编码 | 项目名称 | 项目特征 | 计量单位 | 工程量计算规则 | 工作内容 |
|---|---|---|---|---|---|
| 011504001 | 饰面板暖气罩 | （1）暖气罩材质<br>（2）防护材料种类 | $m^2$ | 按设计图示尺寸以垂直投影面积（不展开）计算 | （1）暖气罩制作、运输、安装<br>（2）刷防护材料、油漆 |
| 011504002 | 塑料板暖气罩 | | | | |
| 011504003 | 金属暖气罩 | | | | |

## 11.5.5　浴厕配件（表Q.5，编码：011505）

1．浴厕配件工程量清单项目编制

浴厕配件工程量清单项目编制见表11－40。

表11－40　浴厕配件工程量清单项目

| 项目编码 | 项目名称 | 项目特征 | 计量单位 | 工程量计算规则 | 工作内容 |
|---|---|---|---|---|---|
| 011505001 | 洗漱台 | （1）材料品种、规格、颜色<br>（2）支架、配件品种、规格 | （1）$m^2$<br>（2）个 | （1）按设计图示尺寸以台面外接矩形面积计算。不扣除孔洞、挖弯、削角所占面积，挡板、吊沿板面积并入台面面积内<br>（2）按设计图示数量计算 | （1）台面及支架制作、运输、安装<br>（2）杆、环、盒、配件安装<br>（3）刷油漆 |
| 011505002 | 晒衣架 | | 个 | 按设计图示数量计算 | |
| 011505003 | 帘子杆 | | | | |
| 011505004 | 浴缸拉手 | | | | |
| 011505005 | 卫生间扶手 | | | | |
| 011505006 | 毛巾杆（架） | （1）材料品种、规格、颜色<br>（2）支架、配件品种、规格 | 套 | 按设计图示数量计算 | （1）台面及支架制作、运输、安装<br>（2）杆、环、盒、配件安装<br>（3）刷油漆 |
| 011505007 | 毛巾环 | | 副 | | |
| 011505008 | 卫生纸盒 | | 个 | | |
| 011505009 | 肥皂盒 | | | | |
| 011505010 | 镜面玻璃 | （1）镜面玻璃品种、规格<br>（2）框材质、断面尺寸<br>（3）基层材料种类<br>（4）防护材料种类 | $m^2$ | 按设计图示尺寸以边框外围面积计算 | （1）基层安装<br>（2）玻璃及框制作、运输、安装 |
| 011505011 | 镜箱 | （1）箱材质、规格<br>（2）玻璃品种、规格<br>（3）基层材料种类<br>（4）防护材料种类<br>（5）油漆品种、刷漆遍数 | 个 | 按设计图示数量计算 | （1）基层安装<br>（2）箱体制作、运输、安装<br>（3）玻璃安装<br>（4）刷防护材料、油漆 |

2. 浴厕配件工程量清单项目计价

特别提示

(1) 洗漱台项目适用于石质(天生石材、人造石材等)、玻璃等。

(2) 镜面玻璃和灯箱等的基层材料是指玻璃背后的衬垫材料，如胶合板、油毡等。

(3) 洗漱台放置洗面盆的地方必须挖洞，根据洗漱台摆放的位置有些还需选形，产生挖弯、削角，为此洗漱台的工程量按外接矩形计算。洗漱台现场制作，切割、磨边等人工、机械的费用应包括在报价内。

(4) 档板指镜面玻璃下边沿至洗漱台面和侧墙与台面接触部位的竖档板(一般档板与台面使用同种材料品种，不同材料品种，应另行计算)。吊沿指台面外边沿下方的竖档板。档板和吊沿均以面积并入台面面积内计算。

### 11.5.6 雨篷、旗杆(表Q.6，编码：011506)

1. 雨篷、旗杆工程量清单项目编制

雨篷、旗杆工程量清单项目编制见表11-41。

表11-41 雨篷、旗杆工程量清单项目

| 项目编码 | 项目名称 | 项目特征 | 计量单位 | 工程量计算规则 | 工作内容 |
|---|---|---|---|---|---|
| 011506001 | 雨篷吊挂饰面 | (1) 基层类型<br>(2) 龙骨材料种类、规格、中距<br>(3) 面层材料品种、规格<br>(4) 吊顶(天棚)材料品种、规格<br>(5) 嵌缝材料种类<br>(6) 防护材料种类 | $m^2$ | 按设计图示尺寸以水平投影面积计算 | (1) 底层抹灰<br>(2) 龙骨基层安装<br>(3) 面层安装<br>(4) 刷防护材料、油漆 |
| 011506002 | 金属旗杆 | (1) 旗杆材类、种类、规格<br>(2) 旗杆高度<br>(3) 基础材料种类<br>(4) 基座材料种类<br>(5) 基座面层材料、种类、规格 | 根 | 按设计图示数量计算 | (1) 土石挖、填、运<br>(2) 基础混凝土浇注<br>(3) 旗杆制作、安装<br>(4) 旗杆台座制作、饰面 |
| 011506003 | 玻璃雨篷 | (1) 玻璃雨篷固定方式<br>(2) 龙骨材料种类、规格、中距<br>(3) 玻璃材料品种、规格<br>(4) 嵌缝材料种类<br>(5) 防护材料种类 | $m^2$ | 按设计图示尺寸以水平投影面积计算 | (1) 龙骨基层安装<br>(2) 面层安装<br>(3) 刷防护材料、油漆 |

2. 雨篷、旗杆工程量清单项目计价

特别提示

(1) 旗杆高度以旗杆台座上表面至杆顶。

(2) 旗杆的砌砖或混凝土台座、台座的饰面可按相关附录的章节另行编码列项，也可纳入旗杆报价内。

### 11.5.7　招牌、灯箱(表 Q.7，编码：011507)

1. 招牌、灯箱工程量清单项目编制

招牌、灯箱工程量清单项目编制见表 11－42。

表 11－42　招牌、灯箱工程量清单项目

| 项目编码 | 项目名称 | 项目特征 | 计量单位 | 工程量计算规则 | 工作内容 |
|---|---|---|---|---|---|
| 011507001 | 平面、箱式招牌 | (1) 箱体规格<br>(2) 基层材料种类<br>(3) 面层材料种类<br>(4) 防护材料种类 | $m^2$ | 按设计图示尺寸以正立面边框外围面积计算。复杂形的凸凹造型部分不增加面积 | (1) 基层安装<br>(2) 箱体及支架制作、运输、安装<br>(3) 面层制作、安装<br>(4) 刷防护材料、油漆 |
| 011507002 | 竖式标箱 | | 个 | 按设计图示数量计算 | |
| 011507003 | 灯箱 | | | | |
| 011507004 | 信报箱 | (1) 箱体规格<br>(2) 基层材料种类<br>(3) 面层材料种类<br>(4) 防护材料种类<br>(5) 户数 | | | |

2. 招牌、灯箱工程量清单项目计价

(1) 平面、箱式招牌可包含的分项工程(定额子目)有以下几种。

① 基层：木结构、钢结构、其他。

② 面层：有机玻璃、玻璃、不锈钢、玻璃钢、胶合板、铝塑板、不干胶线、灯箱布、其他。

③ 支架：附墙钢支架、户外钢支架、不锈钢支架、其他。

④ 刷防护材料、油漆：木材面、金属面、其他。

⑤ 其他。

(2) 灯箱可包含的分项工程(定额子目)有以下几种。

① 基层：不锈钢、铝合金、木材、其他。

② 面层：有机玻璃、玻璃、不锈钢、玻璃钢、胶合板、铝塑板、灯箱布、灯片、其他。

③ 支架：附墙钢支架、户外钢支架、不锈钢支架、其他。

④ 刷防护材料、油漆：木材面、金属面、其他。

⑤ 其他。

### 11.5.8 美术字(表 Q.8，编码：011508)

1. 美术字工程量清单项目编制

美术字工程量清单项目编制见表 11-43。

表 11-43　美术字工程量清单项目

| 项目编码 | 项目名称 | 项目特征 | 计量单位 | 工程量计算规则 | 工作内容 |
|---|---|---|---|---|---|
| 011508001 | 泡沫塑料字 | (1) 基层类型<br>(2) 镌字材料品种、颜色<br>(3) 字体规格<br>(4) 固定方式<br>(5) 油漆品种、刷漆遍数 | 个 | 按设计图示数量计算 | (1) 字制作、运输、安装<br>(2) 刷油漆 |
| 011508002 | 有机玻璃字 | | | | |
| 011508003 | 木质字 | | | | |
| 011508004 | 金属字 | | | | |
| 011508005 | 吸塑字 | | | | |

2. 美术字工程量清单项目计价

美术字可包含的分项工程(定额子目)有以下几种。

(1) 字体安装；石材面、陶瓷面、玻璃面、其他面、其他。

(2) 刷油漆：油漆、其他。

(3) 其他。

特别提示

(1) 基层类型是美术字依托体的材料，如砖墙、木墙、石墙、混凝土墙、墙面抹灰、钢支架等。

(2) 美术字不分字体，按字体规格分类，字体规格以字的外接矩形长、宽和字的厚度表示。

(3) 固定方式指粘贴、焊接以及铁钉、螺栓、铆钉固定等方式。

## 本章小结

本章主要对装饰装修工程的工程量清单、工程量清单计价进行讲解，包括装饰装修工程的工程量清单的项目编码、项目名称、项目特征、计量单位、工程量计算规则、工程内容及适用工程、含义分析、可包括的分项工程、特别提示等内容，目的是使学生掌握装饰装修工程工程量清单编制、工程量清单计价的方法。

## 习　题

一、简答题

请说明下列各分项工程项目，在分部分项工程项目清单名称栏内项目特征需描述哪些内容？

1. 防滑砖楼地面
2. 墙面一般抹灰
3. 天棚石膏板吊顶
4. 胶合板门
5. 木门油漆

二、计算题

1. 实验楼工程外墙贴 150mm×150mm 彩釉面砖，15mm 厚 1∶1∶6 水泥砂浆打底扫毛，水泥膏粘贴，彩釉砖面积 350m²，请编制该实验楼块料墙面工程的工程量清单、计算综合单价并进行单价分析。

2. 实验楼中一会议室设计图示净长 20m，净宽 15m，地面工程做法如下。

(1) 20mm 厚 1∶2.5 水泥砂浆抹面压实抹光。

(2) 20mm 厚 1∶3 水泥砂浆找平层。

(3) 50mm 厚 C15 混凝土垫层。

(4) 150mm 厚 3∶7 灰土垫层。

请编制该会议室地面工程的工程量清单、计算综合单价并进行单价分析。

三、案例分析

根据第 9 章的引例“广州番禺职业技术学院实验楼工程招标文件”和“附录 实验楼施工图”，参考本教材第 12 章一般土建工程工程量清单编制及工程量清单计价方式编制实例，熟悉装饰工程的工程量清单、工程量清单计价统一格式、填写规定，掌握工程量清单、工程量清单计价的整体概念、编制计算程序，培养编制装饰工程工程量清单、工程量清单计价方式的基本能力。

# 第12章

# 一般土建工程工程量清单编制及工程量清单计价方式编制实例

## 学习目标

- ◆ 掌握一般土建工程工程量清单编制的编制程序、格式、方法
- ◆ 掌握一般土建工程工程量清单计价方式的编制程序、格式、方法
- ◆ 具有编制一般土建工程工程量清单的能力
- ◆ 具有编制一般土建工程工程量清单计价方式的能力

## 学习要求

| 自测分数 | 知识要点 | 相关知识 | 权重 |
|---|---|---|---|
| 编制一般土建工程工程量清单的能力 | 建筑工程工程量清单项目 | 实验楼中建筑工程的分部分项工程项目清单、措施项目清单、其他项目清单、规费项目清单、税金项目清单 | 0.30 |
| | 装饰工程工程量清单项目 | 实验楼中装饰工程的分部分项工程项目清单、措施项目清单、其他项目清单、规费项目清单、税金项目清单 | 0.30 |
| 编制一般土建工程工程量清单计价方式的能力 | 建筑工程工程量清单计价 | 实验楼中建筑工程的分部分项工程项目费、措施项目费、其他项目费、规费、税金 | 0.20 |
| | 装饰工程工程量清单计价 | 实验楼中装饰工程的分部分项工程项目费、措施项目费、其他项目费、规费、税金 | 0.20 |

## 引 例

按照实验楼工程招标文件的要求，实验楼工程的造价采用工程量清单计价方式，如何编制实验楼工程的工程量清单、工程量清单计价表。

**请思考：**

1. 实验楼工程的工程量清单由哪些内容组成，各项组成内容怎样计取？
2. 实验楼工程的工程量清单计价由哪些费用组成，各项费用怎样计取？

## 12.1 实验楼工程工程量清单编制实例

招标工程量清单编制实例如下所示。

**实验楼 工程**
**招标工程量清单**

招 标 人：＿＿＿＿＿＿＿＿
（单位盖章）

造价咨询人：＿＿＿＿＿＿＿＿
（单位盖章）

年 月 日

**实验楼 工程**
**招标工程量清单**

招 标 人：＿＿＿＿＿＿＿＿ 造价咨询人：＿＿＿＿＿＿＿＿
（单位盖章） （单位资质专用章）

法定代表人
或其授权人：＿＿＿＿＿＿＿＿ 法定代表人
或其授权人：＿＿＿＿＿＿＿＿
（签字或盖章） （签字或盖章）

编 制 人：＿＿＿＿＿＿＿＿ 复 核 人：＿＿＿＿＿＿＿＿
（造价人员签字盖专用章） （造价工程师签字盖专用章）

编制时间： 年 月 日 复核时间： 年 月 日

**总 说 明**

工程名称：实验楼 标段： 第1页 共1页

（1）工程概况：本工程为现浇钢筋混凝土框架结构，基础采用预应力混凝土管桩，建筑层数为3层，建筑面积为341.31m²，计划工期为180日历天。施工现场距教学楼最近处为20m，施工中应注意采取相应的防噪措施。

（2）工程招标范围：施工图范围内的建筑工程和装饰工程。

（3）工程量清单编制依据。

① 实验楼施工图。

②《建设工程工程量清单计价规范》（GB 50500—2013）。

③《房屋建筑与装饰工程工程量计算规范》（GB 50854—2013）。

④ 施工现场情况、地勘水文资料、工程特点及常规施工方案。

⑤ 拟定的招标文件等。

(4) 其他需要说明的问题。

① 招标人供应块料楼地面的全部抛光砖，单价暂定为100元/$m^2$。承包人应在施工现场对招标人供应的抛光砖进行验收及保管和使用发放。招标人供应抛光砖的价款支付，由招标人按每次发生的金额支付给承包人，再由承包人支付给供应商。

② 铝合金门窗另进行专业发包，总承包人应配合专业工程承包人完成以下工作。

a. 按专业工程承包人的要求提供施工工作面并对施工现场进行统一管理，对竣工资料进行统一整理汇总。

b. 为专业工程承包人提供垂直运输机械和焊接电源接入点，并承担垂直运输费和电费。

c. 为铝合金门窗安装后进行补缝和找平并承担相应费用。

**分部分项工程和单价措施项目清单与计价表**

工程名称：实验楼　　　　　　　　　　标段：

| 序号 | 项目编码 | 项目名称 | 项目特征描述 | 计量单位 | 工程量 | 金额/元 | | |
|---|---|---|---|---|---|---|---|---|
| | | | | | | 综合单价 | 合价 | 其中：暂估价 |
| 1 | 010101001001 | 平整场地 | 土壤类别：三类土 | $m^2$ | 111.95 | | | |
| 2 | 010101004001 | 挖基坑土方 | (1) 土壤类别：三类土<br>(2) 挖土深度：1.05m<br>(3) 弃土运距：3km | $m^3$ | 83.393 | | | |
| 3 | 010103001001 | 回填方 | (1) 密实度要求：满足设计和规范的要求<br>(2) 填方材料品种：由投标人根据设计要求验方后方可填入，并符合相关工程的质量规范要求 | $m^3$ | 47.413 | | | |
| 4 | 010301002001 | 预制钢筋混凝土管桩 | (1) 地层情况：三类土<br>(2) 送桩深度、桩长：送桩−1.30m、设计桩长15m<br>(3) 桩外径、壁厚：外径300mm、壁厚100mm<br>(4) 沉桩方法：静压装<br>(5) 桩尖类型：钢桩尖<br>(6) 混凝土强度等级：C50<br>(7) 填充材料种类：中砂 | m | 840 | | | |
| 5 | 010401003001 | 实心砖墙 | (1) 砖品种、规格、强度等级：Mu标准砖<br>(2) 墙体类型：1砖厚混水外墙<br>(3) 砂浆强度等级、配合比：M5水泥石灰砂浆 | $m^3$ | 75.63 | | | |
| | | | 本页小计 | | | | | |

续表

| 序号 | 项目编码 | 项目名称 | 项目特征描述 | 计量单位 | 工程量 | 金额/元 | | |
|---|---|---|---|---|---|---|---|---|
| | | | | | | 综合单价 | 合价 | 其中：暂估价 |
| 6 | 010401003002 | 实心砖墙 | （1）砖品种、规格、强度等级：Mu10标准砖<br>（2）墙体类型：180mm厚混水内墙<br>（3）砂浆强度等级、配合比：M5水泥石灰砂浆 | $m^3$ | 20.29 | | | |
| 7 | 010501001001 | 垫层（桩承台） | （1）混凝土种类：20mm碎石<br>（2）混凝土强度等级：C15 | $m^3$ | 7.26 | | | |
| 8 | 010501005001 | 桩承台基础 | （1）混凝土种类：20mm碎石<br>（2）混凝土强度等级：C30 | $m^3$ | 21.507 | | | |
| 9 | 010502001001 | 矩形柱 | （1）混凝土种类：20mm碎石<br>（2）混凝土强度等级：C25 | $m^3$ | 27.32 | | | |
| 10 | 010502002001 | 构造柱 | （1）混凝土种类：20mm碎石<br>（2）混凝土强度等级：C25 | $m^3$ | 0.414 | | | |
| 11 | 010503002001 | 矩形梁 | （1）混凝土种类：20mm碎石<br>（2）混凝土强度等级：C25 | $m^3$ | 13.78 | | | |
| 12 | 010503005001 | 过梁 | （1）混凝土种类：20mm碎石<br>（2）混凝土强度等级：C25 | $m^3$ | 3.141 | | | |
| 13 | 010505001001 | 有梁板 | （1）混凝土种类：20mm碎石<br>（2）混凝土强度等级：C25 | $m^3$ | 54.096 | | | |
| 14 | 010505006001 | 栏板 | （1）混凝土种类：10mm碎石<br>（2）混凝土强度等级：C25 | $m^3$ | 1.383 | | | |
| 15 | 010505007001 | 天沟（檐沟）、挑檐板 | （1）混凝土种类：10mm碎石<br>（2）混凝土强度等级：C25 | $m^3$ | 3.319 | | | |
| 16 | 010505008001 | 雨篷、悬挑板、阳台板 | （1）混凝土种类：10mm碎石<br>（2）混凝土强度等级：C25 | $m^3$ | 1.094 | | | |
| 17 | 010506001001 | 直形楼梯 | （1）混凝土种类：20mm碎石<br>（2）混凝土强度等级：C25 | $m^2$ | 13.83 | | | |
| 18 | 010507001001 | 散水、坡道 | （1）垫层材料种类、厚度：素混凝土80mm厚<br>（2）混凝土种类：20mm碎石<br>（3）混凝土强度等级：C15<br>（4）变形缝填塞材料种类：沥青砂浆 | $m^2$ | 28.116 | | | |
| 本页小计 | | | | | | | | |

续表

| 序号 | 项目编码 | 项目名称 | 项目特征描述 | 计量单位 | 工程量 | 金额/元 | | |
|---|---|---|---|---|---|---|---|---|
| | | | | | | 综合单价 | 合价 | 其中：暂估价 |
| 19 | 010507004001 | 台阶 | (1) 踏步高、宽：踏步高 150mm、宽 300mm<br>(2) 混凝土种类：10mm 碎石<br>(3) 混凝土强度等级：C25 | $m^2$ | 4.77 | | | |
| 20 | 010507005001 | 扶手、压顶 | (1) 断面尺寸：300×60<br>(2) 混凝土种类：10mm 碎石<br>(3) 混凝土强度等级：C25 | m | 47.4 | | | |
| 21 | 010515001001 | 现浇构件钢筋 | 钢筋种类、规格：圆钢$\phi$10mm 内 | t | 2.73 | | | |
| 22 | 010515001002 | 现浇构件钢筋 | 钢筋种类、规格：圆钢$\phi$25mm 内 | t | 1.918 | | | |
| 23 | 010515001003 | 现浇构件钢筋 | 钢筋种类、规格：螺纹钢$\phi$25mm 内 | t | 20.222 | | | |
| 24 | 010515001004 | 现浇构件钢筋 | 钢筋种类、规格：箍筋$\phi$10mm 内 | t | 4.704 | | | |
| 25 | 010515001005 | 现浇构件钢筋 | 钢筋种类、规格：箍筋$\phi$10mm 外 | t | 1.216 | | | |
| 26 | 010801001001 | 木质门 | 门代号及洞口尺寸：M1、2 400mm×2 700mm<br>(2) 镶嵌玻璃品种、厚度：镶板门、双扇、带亮 | 樘 | 1 | | | |
| 27 | 010801001002 | 木质门 | (1) 门代号及洞口尺寸：M2、900mm×2 600mm<br>(2) 镶嵌玻璃品种、厚度：胶合板门、单扇、带亮 | 樘 | 6 | | | |
| 28 | 010801001003 | 木质门 | (1) 门代号及洞口尺寸：M3、900mm×2 100mm<br>(2) 镶嵌玻璃品种、厚度：胶合板门、单扇、不带亮 | 樘 | 3 | | | |
| 29 | 010902001001 | 屋面卷材防水 | (1) 卷材品种、规格、厚度：改性沥青防水卷材，1.2mm 厚<br>(2) 防水层数：1 层<br>(3) 防水层做法：满铺 | $m^2$ | 164.99 | | | |
| 30 | 011001001001 | 保温隔热屋面 | 保温隔热材料品种、规格、厚度：现浇水泥珍珠岩，平均厚度 114mm | $m^2$ | 100.57 | | | |
| 本页小计 | | | | | | | | |

续表

| 序号 | 项目编码 | 项目名称 | 项目特征描述 | 计量单位 | 工程量 | 金额/元 | | |
|---|---|---|---|---|---|---|---|---|
| | | | | | | 综合单价 | 合价 | 其中：暂估价 |
| 31 | 011101006001 | 平面砂浆找平层（屋面） | （1）找平层厚度、砂浆配合比：20mm厚1：2水泥砂浆<br>（2）基层：钢筋混凝土 | $m^2$ | 130.51 | | | |
| 32 | 011101006002 | 平面砂浆找平层（屋面） | （1）找平层厚度、砂浆配合比：20mm厚1：2水泥砂浆<br>（2）基层：现浇水泥珍珠岩 | $m^2$ | 100.57 | | | |
| 33 | 011102003003 | 块料楼地面（屋面） | （1）面层材料品种、规格、颜色：缸砖<br>（2）嵌缝材料种类：1：1水泥砂浆勾缝<br>（3）结合层厚度、砂浆配合比：10mm厚1：2水泥砂浆 | $m^2$ | 100.57 | | | |
| 34 | 010404001001 | 垫层（楼地面） | 垫层材料种类、配合比、厚度：150mm厚3：7灰土 | $m^3$ | 14.73 | | | |
| 35 | 010501001002 | 垫层（楼地面） | （1）混凝土种类：50mm厚细石混凝土<br>（2）混凝土强度等级：C15 | $m^3$ | 4.91 | | | |
| 36 | 011101001001 | 水泥砂浆楼地面 | （1）找平层厚度、砂浆配合比：20mm厚1：3水泥砂浆<br>（2）面层厚度、砂浆配合比：20mm厚1：2.5水泥砂浆 | $m^2$ | 159.705 | | | |
| 37 | 011102003001 | 块料楼地面 | （1）找平层厚度、砂浆配合比：20mm厚1：3水泥砂浆<br>（2）结合层厚度、砂浆配合比：1：3水泥砂浆<br>（3）面层材料品种、规格、颜色：400mm×400mm抛光砖 | $m^2$ | 115.88 | | | |
| 38 | 011104002001 | 竹、木（复合）地板 | （1）基层材料种类、规格：9mm厚胶合板<br>（2）面层材料品种、规格、颜色：18mm厚普通实木企口木地板<br>（3）防护材料种类：泡沫防潮纸防潮层<br>（4）找平层：20mm厚1：3水泥砂浆 | $m^2$ | 16.42 | | | |
| | | | 本页小计 | | | | | |

续表

| 序号 | 项目编码 | 项目名称 | 项目特征描述 | 计量单位 | 工程量 | 金额/元 | | |
|---|---|---|---|---|---|---|---|---|
| | | | | | | 综合单价 | 合价 | 其中：暂估价 |
| 39 | 011105001001 | 水泥砂浆踢脚线 | (1) 踢脚线高度：120mm<br>(2) 底层厚度、砂浆配合比：12mm厚1∶2∶8水泥石灰砂浆<br>(3) 面层厚度、砂浆配合比：8mm厚1∶2.5水泥砂浆 | m² | 17.24 | | | |
| 40 | 011105002001 | 石材踢脚线 | (1) 踢脚线高度：120mm<br>(2) 底层：15mm厚1∶2∶8水泥石灰砂浆<br>(3) 粘贴层厚度、材料种类：5mm厚1∶2水泥砂浆<br>(4) 面层材料品种、规格、颜色：10mm厚大理石板 | m² | 9.05 | | | |
| 41 | 011106004001 | 水泥砂浆楼梯面层 | (1) 找平层厚度、砂浆配合比：20mm厚1∶3水泥砂浆<br>(2) 面层厚度、砂浆配合比：20mm厚1∶2.5水泥砂浆 | m² | 13.83 | | | |
| 42 | 011107004001 | 水泥砂浆台阶面 | 面层厚度、砂浆配合比：20mm厚1∶2水泥砂浆 | m² | 4.77 | | | |
| 43 | 011108004001 | 水泥砂浆零星项目(散水、台阶平台) | 面层厚度、砂浆厚度：20mm厚1∶2水泥砂浆 | m² | 29.586 | | | |
| 44 | 011201001001 | 墙面一般抹灰 | (1) 墙体类型：砖墙<br>(2) 底层厚度、砂浆配合比：15mm厚1∶2∶8水泥石灰砂浆<br>(3) 面层厚度、砂浆配合比：5mm厚1∶2.5水泥砂浆 | m² | 758.86 | | | |
| 45 | 011201001002 | 墙面一般抹灰 | (1) 墙体类型：混凝土栏板<br>(2) 底层厚度、砂浆配合比：15mm厚1∶2∶8水泥石灰砂浆<br>(3) 面层厚度、砂浆配合比：5mm厚1∶2.5水泥砂浆 | m² | 53.08 | | | |
| 46 | 011201001003 | 墙面一般抹灰 | (1) 墙体类型：混凝土压顶<br>(2) 底层厚度、砂浆配合比：15mm厚1∶2∶8水泥石灰砂浆<br>(3) 面层厚度、砂浆配合比：5mm厚1∶2.5水泥砂浆 | m² | 22.75 | | | |
| 本页小计 | | | | | | | | |

续表

| 序号 | 项目编码 | 项目名称 | 项目特征描述 | 计量单位 | 工程量 | 金额/元 | | |
|---|---|---|---|---|---|---|---|---|
| | | | | | | 综合单价 | 合价 | 其中：暂估价 |
| 47 | 011204003001 | 块料墙面 | (1) 面层材料品种、规格、颜色：150mm×150mm 彩釉面砖<br>(2) 贴结层材料：水泥膏<br>(3) 底层材料：15mm 厚 1∶1∶6 水泥石灰砂浆 | $m^2$ | 448.04 | | | |
| 48 | 011206002001 | 块料零星项目 | (1) 面层材料品种、规格、颜色：150mm×150mm 彩釉面砖<br>(2) 贴结层材料：水泥膏<br>(3) 底层材料：15mm 厚 1∶1∶6 水泥石灰砂浆 | $m^2$ | 24.67 | | | |
| 49 | 011207001001 | 墙面装饰板 | (1) 隔离层材料种类、规格：刷玛蹄脂 1 遍<br>(2) 基层材料种类、规格：5mm 厚胶合板基层<br>(3) 面层材料品种、规格、颜色：5mm 厚胶合板 | $m^2$ | 13.752 | | | |
| 50 | 011301001001 | 天棚抹灰 | (1) 基层类型：现浇混凝土<br>(2) 底层抹灰：10mm 厚 1∶1∶6 水泥石灰砂浆打底<br>(3) 面层抹灰：5mm 厚 1∶2.5 水泥砂浆罩面 | $m^2$ | 347.6 | | | |
| 51 | 011302001001 | 吊顶天棚 | (1) 吊顶形式、吊杆规格、高度：不上人<br>(2) 龙骨材料种类、规格、中距：U 型轻钢龙骨<br>(3) 面层材料品种、规格：450mm×450mm 石膏板平面 | $m^2$ | 15.941 | | | |
| 52 | 011401001001 | 木门油漆 | (1) 门类型：单层木门<br>(2) 油漆品种、刷漆遍数：底漆 1 遍，调和漆 2 遍 | 樘 | 10 | | | |
| 53 | 011403001001 | 木扶手油漆 | 油漆品种、刷漆遍数：底漆 1 遍，调和漆 2 遍 | m | 13.66 | | | |
| 54 | 011404001001 | 木护墙、木墙裙油漆 | 油漆品种、刷漆遍数：聚氨酯漆 3 遍 | $m^2$ | 13.75 | | | |
| | | | 本页小计 | | | | | |

续表

| 序号 | 项目编码 | 项目名称 | 项目特征描述 | 计量单位 | 工程量 | 金额/元 | | |
|---|---|---|---|---|---|---|---|---|
| | | | | | | 综合单价 | 合价 | 其中：暂估价 |
| 55 | 011407001001 | 墙面喷刷涂料 | (1) 基层类型：抹灰面<br>(2) 喷刷涂料部位：内墙面<br>(3) 刮腻子要求：刮耐水型成品腻子粉<br>(4) 涂料品种、喷刷遍数：乳胶漆底油2遍，面油2遍 | $m^2$ | 758.86 | | | |
| 56 | 011407001002 | 墙面喷刷涂料 | (1) 基层类型：抹灰层<br>(2) 喷刷涂料部位：外墙面<br>(3) 刮腻子要求：刮耐水型成品腻子粉<br>(4) 涂料品种、喷刷遍数：喷油性外墙乳胶漆2遍 | $m^2$ | 149.46 | | | |
| 57 | 011407002001 | 天棚喷刷涂料 | (1) 基层类型：抹灰层<br>(2) 喷刷涂料部位：天棚<br>(3) 刮腻子要求：刮耐水型成品腻子粉<br>(4) 涂料品种、喷刷遍数：乳胶漆2遍 | $m^2$ | 347.6 | | | |
| 58 | 011407002002 | 天棚喷刷涂料 | (1) 基层类型：纸面石膏板<br>(2) 喷刷涂料部位：天棚吊顶<br>(3) 刮腻子要求：刮耐水型成品腻子粉<br>(4) 涂料品种、喷刷遍数：乳胶漆2遍 | $m^2$ | 15.94 | | | |
| 59 | 011503002001 | 硬木扶手、栏杆、栏板 | (1) 扶手材料种类、规格：硬木100mm×60mm<br>(2) 栏杆材料种类、规格：铸铁铁花 | m | 13.66 | | | |
| 60 | 011701002001 | 外脚手架 | (1) 搭设方式：双排<br>(2) 搭设高度：11.15m<br>(3) 脚手架材质：钢管 | $m^2$ | 587.29 | | | |
| 61 | 011701003001 | 里脚手架 | (1) 搭设方式：活动脚手架<br>(2) 搭设高度：层高3.6m | $m^2$ | 341.31 | | | |
| 62 | 011702025001 | 其他现浇构件 | 构件类型：基础垫层 | $m^2$ | 17.526 | | | |
| 63 | 011702025002 | 其他现浇构件 | 构件类型：压顶 | $m^2$ | 8.532 | | | |
| 64 | 011702001001 | 基础 | 基础类型：桩承台 | $m^2$ | 47.8 | | | |
| | | | 本页小计 | | | | | |

续表

| 序号 | 项目编码 | 项目名称 | 项目特征描述 | 计量单位 | 工程量 | 金额/元 | | |
|---|---|---|---|---|---|---|---|---|
| | | | | | | 综合单价 | 合价 | 其中：暂估价 |
| 65 | 011702002001 | 矩形柱 | (1) 柱截面：矩形、断面 450mm×450mm、350mm×450mm、350mm×350mm<br>(2) 层高：3.6m | $m^2$ | 269.4 | | | |
| 66 | 011702003001 | 构造柱 | (1) 柱类型：构造柱<br>(2) 层高：0.54m | $m^2$ | 5.702 | | | |
| 67 | 011702006001 | 矩形梁 | (1) 梁截面：250mm×450mm<br>(2) 层高：3.6m | $m^2$ | 78.15 | | | |
| 68 | 011702006002 | 矩形梁 | (1) 梁截面：300mm×500mm、350mm×500mm、450mm×500mm<br>(2) 层高：3.6m | $m^2$ | 244.82 | | | |
| 69 | 011702009001 | 过梁 | | $m^2$ | 46.35 | | | |
| 70 | 011702014001 | 有梁板 | 层高：3.6m | $m^2$ | 269.46 | | | |
| 71 | 011702021001 | 栏板 | | $m^2$ | 46.27 | | | |
| 72 | 011702022001 | 天沟、檐沟 | | $m^2$ | 33.19 | | | |
| 73 | 011702023001 | 雨篷、悬挑板、阳台板 | | $m^2$ | 10.94 | | | |
| 74 | 011702024001 | 楼梯 | 类型：直形楼梯 | $m^2$ | 13.83 | | | |
| 75 | 011702027001 | 台阶 | | $m^2$ | 4.25 | | | |
| 76 | 011702029001 | 散水 | | $m^2$ | 4.686 | | | |
| 77 | 011703001001 | 垂直运输 | (1) 建筑物建筑类型及结构形式：现浇框架结构<br>(2) 建筑物檐口高度、层数：11.15m | $m^2$ | 341.31 | | | |
| 本页小计 | | | | | | | | |
| 合　计 | | | | | | | | |

注：为计取规费等的使用，可在表中增设其中："定额人工费"。

**总价措施项目清单与计价表**

工程名称：实验楼　　标段：　　第1页　共1页

| 序号 | 项目编码 | 项目名称 | 计算基础 | 费率/(%) | 金额/元 | 调整费率/(%) | 调整后金额/元 | 备注 |
|---|---|---|---|---|---|---|---|---|
| 1 | 011707001001 | 安全文明施工(含环境保护、文明施工、安全施工、临时设施) | 分部分项合计 | 3.18 | | | | 以分部分项工程费为计算基础，费率3.18% |
| 2 | 011707002001 | 夜间施工 | | 20 | | | | 以夜间施工项目人工费的20%计算 |
| 3 | 011707003001 | 非夜间施工照明 | | | | | | |
| 4 | 011707004001 | 二次搬运 | | | | | | |
| 5 | 011707005001 | 冬雨季施工 | | | | | | |
| 6 | 011707006001 | 地上、地下设施、建筑物的临时保护设施 | | | | | | |
| 7 | 011707007001 | 已完工程及设备保护 | 分部分项合计 | 0.3 | | | | |
| | 合　计 | | | | | | | |

编制人(造价人员)：　　复核人(造价工程师)：

注：1. “计算基础”中的安全文明施工费可为“定额基价”“定额人工费”或“定额人工费+定额机械费”，其他项目可为“定额人工费”或“定额人工费+定额机械费”。

2. 按施工方案计算的措施费，若无“计算基础”和“费率”的数值，也可只填“金额”数值，但应在备注栏说明施工方案出处或计算方法。

**其他项目清单与计价汇总表**

工程名称：实验楼　　标段：　　第1页　共1页

| 序号 | 项目名称 | 金额/元 | 结算金额/元 | 备　注 |
|---|---|---|---|---|
| 1 | 材料检验试验费 | | | |
| 2 | 工程优质费 | | | |
| 3 | 暂列金额 | 64 106.71 | | 明细详见暂列金额明细表 |
| 4 | 暂估价 | 46 877.7 | | |
| 4.1 | 材料暂估价 | — | | 明细详见材料(工程设备)暂估单价及调整表 |
| 4.2 | 专业工程暂估价 | 35 000 | | 明细详见专业工程暂估价及结算价表 |
| 5 | 计日工 | | | 明细详见计日工表 |

续表

| 序号 | 项目名称 | 金额/元 | 结算金额/元 | 备注 |
|---|---|---|---|---|
| 6 | 总承包服务费 | | | 明细详见表总承包服务费计价表 |
| 7 | 材料保管费 | | | |
| 8 | 预算包干费 | | | |
| 9 | 现场签证费用 | | | |
| 10 | 索赔费用 | | | |
| 合计 | | | | — |

注：材料(工程设备)暂估单价进入清单项目综合单价，此处不汇总。

**暂列金额明细表**

工程名称：实验楼　　　　标段：　　　　第1页　共1页

| 序号 | 项目名称 | 计量单位 | 暂定金额/元 | 备注 |
|---|---|---|---|---|
| 1 | 暂列金 | 元 | 64 106.713 | |
| 合计 | | | 64 106.713 | — |

注：此表由招标人填写，如不能详列，也可只列暂列金额总额，投标人应将上述暂列金额计入投标总价中。

**材料(工程设备)暂估单价及调整表**

工程名称：实验楼　　　　标段：　　　　第1页　共1页

| 序号 | 材料(工程设备)名称、规格、型号 | 计量单位 | 数量 | | 暂估/元 | | 确认/元 | | 差额±/元 | | 备注 |
|---|---|---|---|---|---|---|---|---|---|---|---|
| | | | 暂估 | 确认 | 单价 | 合价 | 单价 | 合价 | 单价 | 合价 | |
| 1 | 瓷质抛光砖 400mm×400mm | $m^2$ | 118.78 | | 100 | 11 878 | | | | | |
| 合计 | | | | | | 11 878 | | | | | |

注：此表由招标人填写“暂估单价”，并在备注栏说明暂估价的材料、工程设备拟用在那些清单项目上，投标人应将上述材料、工程设备暂估单价计入工程量清单综合单价报价中。

**专业工程暂估价及结算价表**

工程名称：实验楼　　　　标段：　　　　第1页　共1页

| 序号 | 工程名称 | 工程内容 | 暂估金额/元 | 结算金额/元 | 差额±/元 | 备注 |
|---|---|---|---|---|---|---|
| 1 | 铝合金门窗制作安装工程 | 制作安装 | 35 000 | | | |
| 合计 | | | 35 000 | | | — |

注：此表“暂估金额”由招标人填写，投标人应将“暂估金额”计入投标总价中。结算时按合同约定结算金额填写。

**计日工表**

工程名称：实验楼　　　　标段：　　　　第1页　共1页

| 编号 | 项目名称 | 单位 | 暂定数量 | 实际数量 | 综合单价/元 | 合价/元 | |
|---|---|---|---|---|---|---|---|
| | | | | | | 暂定 | 实际 |
| 1 | 人工 | | | | | | |
| 1.1 | 普工 | 工日 | 100 | | | | |
| 1.2 | 技工(综合) | 工日 | 50 | | | | |
| | 人工小计 | | | | | | |
| 2 | 材料 | | | | | | |
| 2.1 | 砾石(5～40mm) | $m^3$ | 10 | | | | |
| | 材料小计 | | | | | | |
| 3 | 施工机械 | | | | | | |
| 3.1 | 灰浆搅拌机(400L) | 台班 | 8 | | | | |
| | 施工机械小计 | | | | | | |
| | 总　计 | | | | | | |

注：此表项目名称、暂定数量由招标人填写，编制招标控制价时，单价由招标人按有关计价规定确定；投标时，单价由投标人自主报价，按暂定数量计算合价计入投标总价中。结算时，按发承包双方确认的实际数量计算合价。

**总承包服务费计价表**

工程名称：实验楼　　　　标段：　　　　第1页　共1页

| 序号 | 项目名称 | 项目价值/元 | 服务内容 | 计算基础 | 费率/(%) | 金额/元 |
|---|---|---|---|---|---|---|
| 1 | 发包人分包铝合金门窗制作安装工程 | 35 000 | (1) 按专业工程承包人的要求提供施工工作面并对施工现场进行统一管理，对竣工资料进行统一整理汇总<br>(2) 为专业工程承包人提供垂直运输机械和焊接电源接入点，并承担垂直运输费和电费<br>(3) 为铝合金门窗安装后进行补缝和找平并承担相应费用 | | | |
| 2 | 发包人供应材料 | 11 877.7 | 对发包人供应的材料进行验收及保管和使用发放 | | | |
| | 合　计 | | | | | |

注：此表项目名称、服务内容由招标人填写，编制招标控制价时，费率及金额由招标人按有关计价规定确定；投标时，费率及金额由投标人自主报价，计入投标总价中。

**规费、税金项目计价表**

工程名称：实验楼　　　　标段：　　　　第1页　共1页

| 序号 | 项目名称 | 计算基础 | 计算基数 | 计算费率/(%) | 金额/元 |
|---|---|---|---|---|---|
| 1 | 规费 | 规费合计 | 35 992.56 | | |
| 1.1 | 社会保险费 | 分部分项合计＋措施合计＋其他项目 | 784 151.75 | 3.31 | |
| (1) | 养老保险费 | 分部分项合计＋措施合计＋其他项目 | 784 151.75 | | |
| (2) | 失业保险费 | 分部分项合计＋措施合计＋其他项目 | 784 151.75 | | |
| (3) | 医疗保险费 | 分部分项合计＋措施合计＋其他项目 | 784 151.75 | | |
| (4) | 工伤保险费 | 分部分项合计＋措施合计＋其他项目 | 784 151.75 | | |
| (5) | 生育保险费 | 分部分项合计＋措施合计＋其他项目 | 784 151.75 | | |
| 1.2 | 住房公积金 | 分部分项合计＋措施合计＋其他项目 | 784 151.75 | 1.28 | |
| 1.3 | 工程排污费 | 分部分项合计＋措施合计＋其他项目 | 784 151.75 | | |
| 2 | 税金 | 分部分项合计＋措施合计＋其他项目＋规费 | 820 144.31 | 3.477 | |
| 合计 | | | | | |

编制人(造价人员)：　　　　复核人(造价工程师)：

**承包人提供主要材料和工程设备一览表**

**(适用造价信息差额调整法)**

工程名称：实验楼　　　　标段：

| 序号 | 名称、规格、型号 | 单位 | 数量 | 风险系数/(%) | 基准单价/元 | 投标单价/元 | 发承包人确认单价/元 | 备注 |
|---|---|---|---|---|---|---|---|---|
| 1 | 釉面砖 150mm×150mm | $m^2$ | 463.721 4 | | | | | |
| 2 | 砌筑用混合砂浆(配合比)中砂 M5.0 | $m^3$ | 21.722 2 | | | | | |
| 3 | 抹灰用混合砂浆(配合比)特细砂 1∶2∶8 | $m^3$ | 14.644 2 | | | | | |
| 4 | 松杂直边板 | $m^3$ | 0.426 7 | | | | | |
| 5 | 圆钢 $\phi$12～25mm | t | 3.275 | | | | | |
| 6 | 复合普通硅酸盐水泥 P.C 32.5 | t | 85.083 1 | | | | | |
| 7 | 轻钢大龙骨 45 | m | 21.885 4 | | | | | |
| 8 | 热轧厚钢板 6～7mm | t | 0.593 6 | | | | | |
| 9 | 抹灰水泥砂浆(配合比)中砂 1∶3 | $m^3$ | 7.450 6 | | | | | |
| 10 | 乳胶漆 8205 | kg | 307.706 6 | | | | | |
| 11 | 生石灰 | t | 8.396 2 | | | | | |
| 12 | 大理石板 | $m^2$ | 9.185 8 | | | | | |
| 13 | 松杂板枋材 | $m^3$ | 4.889 4 | | | | | |

续表

| 序号 | 名称、规格、型号 | 单位 | 数量 | 风险系数/(%) | 基准单价/元 | 投标单价/元 | 发承包人确认单价/元 | 备注 |
|---|---|---|---|---|---|---|---|---|
| 14 | 杉原木（综合） | $m^3$ | 0.176 2 | | | | | |
| 15 | 螺纹钢 $\phi$10～25mm | t | 21.132 | | | | | |
| 16 | 石油沥青玛蹄脂(配合比) | $m^3$ | 0.034 4 | | | | | |
| 17 | 胶合板 9mm 厚 | $m^2$ | 17.241 | | | | | |
| 18 | 外墙油性底漆 | kg | 16.739 5 | | | | | |
| 19 | 胶合板 2 440mm×1 220mm×5mm | $m^2$ | 14.439 6 | | | | | |
| 20 | 硬木扶手 100mm×60mm | m | 14.343 | | | | | |
| 21 | 白色硅酸盐水泥 32.5 | t | 0.486 | | | | | |
| 22 | 腻子粉 成品(防水型) | kg | 2 543.72 | | | | | |
| 23 | 轻钢中龙骨 | m | 54.04 | | | | | |
| 24 | 抹灰用混合砂浆(配合比) 特细砂 1∶1∶6 | $m^3$ | 11.866 6 | | | | | |
| 25 | 预应力混凝土管桩 $\phi$300mm | m | 926.872 8 | | | | | |
| 26 | 脚手架钢管 $\phi$51mm×3.5 | m | 117.360 9 | | | | | |
| 27 | C25 混凝土 10 石(配合比) | $m^3$ | 7.471 9 | | | | | |
| 28 | 标准砖 240mm×115mm×53mm | 千块 | 51.523 8 | | | | | |
| 29 | 防水胶合板 模板用 18mm | $m^2$ | 93.413 2 | | | | | |
| 30 | C30 混凝土 20 石(配合比) | $m^3$ | 21.722 1 | | | | | |
| 31 | 瓷质抛光砖 400mm×400mm | $m^2$ | 118.777 | | | | | |
| 32 | 水泥珍珠岩浆 | $m^3$ | 12.551 1 | | | | | |
| 33 | 杉木门窗套料 | $m^3$ | 0.987 9 | | | | | |
| 34 | 圆钢 $\phi$10mm 以内 | t | 7.587 2 | | | | | |
| 35 | 釉面砖 300mm×300mm | $m^2$ | 26.150 2 | | | | | |
| 36 | C15 混凝土 20 石(配合比) | $m^3$ | 9.640 4 | | | | | |
| 37 | 石膏板 | $m^2$ | 16.738 1 | | | | | |
| 38 | 碎石 10mm | $m^3$ | 10.064 1 | | | | | |
| 39 | 内墙乳胶漆 面漆 | kg | 3.870 2 | | | | | |

续表

| 序号 | 名称、规格、型号 | 单位 | 数量 | 风险系数/(%) | 基准单价/元 | 投标单价/元 | 发承包人确认单价/元 | 备注 |
|---|---|---|---|---|---|---|---|---|
| 40 | 硬木弯头 100mm×60mm | 个 | 4.04 | | | | | |
| 41 | 石油沥青油毡 350g | $m^2$ | 17.733 6 | | | | | |
| 42 | 缸砖 | $m^2$ | 92.001 4 | | | | | |
| 43 | 饰面胶合板 | $m^2$ | 15.127 2 | | | | | |
| 44 | 碎石 20mm | $m^3$ | 113.821 1 | | | | | |
| 45 | 黏土 | $m^3$ | 16.350 3 | | | | | |
| 46 | 抹灰水泥砂浆(配合比) 中砂 1∶2 | $m^3$ | 7.046 2 | | | | | |
| 47 | 胶合板 2 440mm×1 220mm ×4mm | $m^2$ | 41.111 6 | | | | | |
| 48 | 改性沥青卷材 | $m^2$ | 183.963 9 | | | | | |
| 49 | 石油沥青耐酸砂浆(配合比) 1∶2∶7 | $m^3$ | 0.259 9 | | | | | |
| 50 | 泡沫防潮纸 | $m^2$ | 17.733 6 | | | | | |
| 51 | 钢支撑 | kg | 699.899 6 | | | | | |
| 52 | 酚醛调和漆 | kg | 11.646 3 | | | | | |
| 53 | C25 混凝土 20 石(配合比) | $m^3$ | 102.829 1 | | | | | |
| 54 | 铸铁花件 | 个 | 54.64 | | | | | |
| 55 | 实木地板 企口 | $m^2$ | 17.241 | | | | | |
| 56 | 抹灰水泥砂浆(配合比) 中砂 1∶1 | $m^3$ | 0.100 6 | | | | | |
| 57 | 油性乳胶漆 | kg | 33.329 6 | | | | | |
| 58 | C15 混凝土 10 石(配合比) | $m^3$ | 4.983 7 | | | | | |
| 59 | 抹灰水泥砂浆(配合比) 中砂 1∶2.5 | $m^3$ | 11.019 2 | | | | | |
| 60 | 中砂 | $m^3$ | 172.603 9 | | | | | |
| 61 | 定型板 1 000mm×500mm× 15mm | 件 | 76.758 8 | | | | | |
| 62 | 硬木枋 | $m^3$ | 0.055 3 | | | | | |
| 63 | 聚氨酯漆 | kg | 4.317 5 | | | | | |
| 64 | 轻钢中龙骨横撑 $h$=19mm | m | 43.008 8 | | | | | |

注：1. 此表由招标人填写除“投标单价”栏的内容，投标人在投标时自主确定投标单价。

2. 基准单价应优先采用工程造价管理机构发布的单价，未发布的，通过市场调查确定其基准单价。

## 12.2 实验楼工程工程量清单计价方式（投标报价）编制实例

工程量清单计价方式(投标报价)编制实例如下所示。

实验楼 工程

投标总价

投 标 人：________________

(单位盖章)

年 月 日

投标总价

招 标 人：________________

工程名称：实验楼

投标总价(小写)：848 660.73

(大写)：捌拾肆万捌仟陆佰陆拾元柒角叁分

投 标 人：________________

(单位盖章)

法定代表人

或其授权人：________________

(签字或盖章)

编 制 人：________________

(造价人员签字盖专用章)

编制时间： 年 月 日

总 说 明

工程名称：实验楼 第1页 共1页

(1) 工程概况：本工程为现浇钢筋混凝土框架结构，基础采用预应力混凝土管桩，建筑层数为3层，建筑面积为341.31m²，计划工期为180日历天。施工现场距教学楼最近处为20m，施工中应注意采取相应的防噪措施。

(2) 投标报价包括范围：本次招标的实验楼工程施工图范围内的建筑工程和装饰工程。

(3) 投标报价编制依据。

① 招标文件及其所提供的工程量清单和有关报价的要求，招标文件的补充通知和答疑纪要。

② 实验楼施工图及投标施工组织设计。

③《建设工程工程量清单计价规范》(GB 50500—2013)。

④《房屋建筑与装饰工程工程量计算规范》(GB 50854—2013)。

⑤ 有关的技术标准、规范和安全管理管理规定等。

⑥ 省建设主管部门颁发的计价定额和计价管理办法及相关计价文件。

⑦ 人工、材料、机械台班价格根据本公司掌握的价格情况并参照工程所在地工程造价管理机构2013年第1季度工程造价信息发布的价格。

(4) 参照2010年《广东省建筑与装饰工程综合定额》进行报价。

单位工程投标报价汇总表

工程名称：实验楼　　　　　　　　　　　　　　　　标段：

| 序号 | 汇总内容 | 金额/元 | 其中：暂估价/元 |
|---|---|---|---|
| 1 | 分部分项合计 | 641 067.13 | 11 877.7 |
| 1.1 | A.1 土石方工程 | 12 240.85 | |
| 1.2 | A.3 桩基工程 | 102 496.8 | |
| 1.3 | A.4 砌筑工程 | 39 678.79 | |
| 1.4 | A.5 混凝土及钢筋混凝土工程 | 223 027.15 | |
| 1.5 | A.8 门窗工程 | 5 177.11 | |
| 1.6 | A.9 屋面及防水工程 | 6 645.8 | |
| 1.7 | A.10 保温、隔热、防腐工程 | 5 373.46 | |
| 1.8 | A.11 楼地面装饰工程 | 37 167.95 | 11 877.7 |
| 1.9 | A.12 墙、柱面装饰与隔断、幕墙工程 | 70 491.21 | |
| 1.10 | A.13 天棚工程 | 10 222.71 | |
| 1.11 | A.14 油漆、涂料、裱糊工程 | 34 099.76 | |
| 1.12 | A.15 其他装饰工程 | 6 123.64 | |
| 1.13 | A.17 措施项目 | 88 321.9 | |
| 1.14 | 淤泥渣土运输与排放费用 | | |
| 2 | 措施合计 | 22 309.13 | |
| 2.1 | 安全防护、文明施工措施项目费 | 20 385.93 | |
| 2.2 | 其他措施费 | 1 923.2 | |
| 3 | 其他项目 | 120 775.49 | — |
| 3.1 | 材料检验试验费 | | |
| 3.2 | 工程优质费 | | |
| 3.3 | 暂列金额 | 64 106.71 | |
| 3.4 | 暂估价 | 46 877.7 | |
| 3.5 | 计日工 | 19 800 | |
| 3.6 | 总承包服务费 | 1 868.78 | |
| 3.7 | 材料保管费 | | |
| 3.8 | 预算包干费 | | |
| 3.9 | 索赔费用 | | |
| 3.10 | 现场签证费用 | | |
| 4 | 规费 | 35 992.56 | — |
| 4.1 | 社会保险费 | 25 955.42 | — |
| (1) | 养老保险费 | | — |

续表

| 序号 | 汇总内容 | 金额/元 | 其中：暂估价/元 |
|---|---|---|---|
| (2) | 失业保险费 | | — |
| (3) | 医疗保险费 | | — |
| (4) | 工伤保险费 | | — |
| (5) | 生育保险费 | | |
| 4.2 | 住房公积金 | 10 037.14 | |
| 4.3 | 工程排污费 | | |
| 5 | 税金 | 28 516.42 | |
| 7 | 人工费 | 185 263.89 | |
| 投标报价合计＝1＋2＋3＋4＋5 | | 848 660.73 | 11 877.7 |

注：本表适用于单位工程招标控制价或投标报价的汇总，如无单位工程划分，单项工程也使用本表汇总。

**分部分项工程和单价措施项目清单与计价表**

工程名称：实验楼　　　　标段：

| 序号 | 项目编码 | 项目名称 | 项目特征描述 | 计量单位 | 工程量 | 金额/元 | | |
|---|---|---|---|---|---|---|---|---|
| | | | | | | 综合单价 | 合价 | 其中：暂估价 |
| 1 | 010101001001 | 平整场地 | 土壤类别：三类土 | $m^2$ | 111.95 | 4.56 | 510.49 | |
| 2 | 010101004001 | 挖基坑土方 | (1) 土壤类别：三类土<br>(2) 挖土深度：1.05m<br>(3) 弃土运距：3km | $m^3$ | 83.393 | 107.25 | 8 943.9 | |
| 3 | 010103001001 | 回填方 | (1) 密实度要求：满足设计和规范的要求<br>(2) 填方材料品种：由投标人根据设计要求验方后方可填入，并符合相关工程的质量规范要求 | $m^3$ | 47.413 | 58.77 | 2 786.46 | |
| 4 | 010301002001 | 预制钢筋混凝土管桩 | (1) 地层情况：三类土<br>(2) 送桩深度、桩长：送桩－1.30m、设计桩长15m<br>(3) 桩外径、壁厚：外径300mm、壁厚100mm<br>(4) 沉桩方法：静压装<br>(5) 桩尖类型：钢桩尖<br>(6) 混凝土强度等级：C50<br>(7) 填充材料种类：中砂 | m | 840 | 122.02 | 102 496.8 | |
| 5 | 010401003001 | 实心砖墙 | (1) 砖品种、规格、强度等级：Mu标准砖<br>(2) 墙体类型：1砖厚混水外墙<br>(3) 砂浆强度等级、配合比：M5水泥石灰砂浆 | $m^3$ | 75.63 | 367.82 | 27 818.23 | |
| 本页小计 | | | | | | | 142 555.88 | |

续表

| 序号 | 项目编码 | 项目名称 | 项目特征描述 | 计量单位 | 工程量 | 金额/元 | | |
|---|---|---|---|---|---|---|---|---|
| | | | | | | 综合单价 | 合价 | 其中：暂估价 |
| 6 | 010401003002 | 实心砖墙 | (1) 砖品种、规格、强度等级：Mu10 标准砖<br>(2) 墙体类型：180mm 厚混水内墙<br>(3) 砂浆强度等级、配合比：M5 水泥石灰砂浆 | $m^3$ | 20.29 | 387.61 | 7 864.61 | |
| 7 | 010501001001 | 垫层(桩承台) | (1) 混凝土种类：20mm 碎石<br>(2) 混凝土强度等级：C15 | $m^3$ | 7.26 | 398.8 | 2 895.29 | |
| 8 | 010501005001 | 桩承台基础 | (1) 混凝土种类：20mm 碎石<br>(2) 混凝土强度等级：C30 | $m^3$ | 21.507 | 445.02 | 9 571.05 | |
| 9 | 010502001001 | 矩形柱 | (1) 混凝土种类：20mm 碎石<br>(2) 混凝土强度等级：C25 | $m^3$ | 27.32 | 444.93 | 12 155.49 | |
| 10 | 010502002001 | 构造柱 | (1) 混凝土种类：20mm 碎石<br>(2) 混凝土强度等级：C25 | $m^3$ | 0.414 | 514.04 | 212.81 | |
| 11 | 010503002001 | 矩形梁 | (1) 混凝土种类：20mm 碎石<br>(2) 混凝土强度等级：C25 | $m^3$ | 13.78 | 417.36 | 5 751.22 | |
| 12 | 010503005001 | 过梁 | (1) 混凝土种类：20mm 碎石<br>(2) 混凝土强度等级：C25 | $m^3$ | 3.141 | 495.38 | 1 555.99 | |
| 13 | 010505001001 | 有梁板 | (1) 混凝土种类：20mm 碎石<br>(2) 混凝土强度等级：C25 | $m^3$ | 54.096 | 399.37 | 21 604.32 | |
| 14 | 010505006001 | 栏板 | (1) 混凝土种类：10mm 碎石<br>(2) 混凝土强度等级：C25 | $m^3$ | 1.383 | 553.83 | 765.95 | |
| 15 | 010505007001 | 天沟(檐沟)、挑檐板 | (1) 混凝土种类：10mm 碎石<br>(2) 混凝土强度等级：C25 | $m^3$ | 3.319 | 504.93 | 1 675.86 | |
| 16 | 010505008001 | 雨篷、悬挑板、阳台板 | (1) 混凝土种类：10mm 碎石<br>(2) 混凝土强度等级：C25 | $m^3$ | 1.094 | 488.34 | 534.24 | |
| 17 | 010506001001 | 直形楼梯 | (1) 混凝土种类：20mm 碎石<br>(2) 混凝土强度等级：C25 | $m^2$ | 13.83 | 103.22 | 1 427.53 | |
| 18 | 010507001001 | 散水、坡道 | (1) 垫层材料种类、厚度：素混凝土 80mm 厚<br>(2) 混凝土种类：20mm 碎石<br>(3) 混凝土强度等级：C15<br>(4) 变形缝填塞材料种类：沥青砂浆 | $m^2$ | 28.116 | 55.77 | 1 568.03 | |
| 本页小计 | | | | | | | 67 582.39 | |

续表

| 序号 | 项目编码 | 项目名称 | 项目特征描述 | 计量单位 | 工程量 | 金额/元 | | |
|---|---|---|---|---|---|---|---|---|
| | | | | | | 综合单价 | 合价 | 其中：暂估价 |
| 19 | 010507004001 | 台阶 | (1) 踏步高、宽：踏步高 150mm、宽 300mm<br>(2) 混凝土种类：10mm 碎石<br>(3) 混凝土强度等级：C25 | $m^2$ | 4.77 | 67.65 | 322.69 | |
| 20 | 010507005001 | 扶手、压顶 | (1) 断面尺寸：300mm×60mm<br>(2) 混凝土种类：10mm 碎石<br>(3) 混凝土强度等级：C25 | m | 47.4 | 9.41 | 446.03 | |
| 21 | 010515001001 | 现浇构件钢筋 | 钢筋种类、规格：圆钢$\phi$10mm 内 | t | 2.73 | 5 424.24 | 14 808.18 | |
| 22 | 010515001002 | 现浇构件钢筋 | 钢筋种类、规格：圆钢$\phi$25mm 内 | t | 1.918 | 5 334 | 10 230.61 | |
| 23 | 010515001003 | 现浇构件钢筋 | 钢筋种类、规格：螺纹钢 25mm 内 | t | 20.222 | 5 027.31 | 101 662.26 | |
| 24 | 010515001004 | 现浇构件钢筋 | 钢筋种类、规格：箍筋$\phi$10mm 内 | t | 4.704 | 5 813.14 | 27 345.01 | |
| 25 | 010515001005 | 现浇构件钢筋 | 钢筋种类、规格：箍筋$\phi$10mm 外 | t | 1.216 | 5 350.36 | 6 506.04 | |
| 26 | 010801001001 | 木质门 | (1) 门代号及洞口尺寸：M1、2 400mm×2 700mm<br>(2) 镶嵌玻璃品种、厚度：镶板门、双扇、带亮 | 樘 | 1 | 1 301.41 | 1 301.41 | |
| 27 | 010801001002 | 木质门 | (1) 门代号及洞口尺寸：M2、900mm×2 600mm<br>(2) 镶嵌玻璃品种、厚度：胶合板门、单扇、带亮 | 樘 | 6 | 451.85 | 2 711.1 | |
| 28 | 010801001003 | 木质门 | (1) 门代号及洞口尺寸：M3、900mm×2 100mm<br>(2) 镶嵌玻璃品种、厚度：胶合板门、单扇、不带亮 | 樘 | 3 | 388.2 | 1 164.6 | |
| 29 | 010902001001 | 屋面卷材防水 | (1) 卷材品种、规格、厚度：改性沥青防水卷材 1.2mm 厚<br>(2) 防水层数：1 层<br>(3) 防水层做法：满铺 | $m^2$ | 164.99 | 40.28 | 6 645.8 | |
| 30 | 011001001001 | 保温隔热屋面 | 保温隔热材料品种、规格、厚度：现浇水泥珍珠岩平均厚度 114mm | $m^2$ | 100.57 | 53.43 | 5 373.46 | |
| 31 | 011101006001 | 平面砂浆找平层（屋面） | (1) 找平层厚度、砂浆配合比：20mm 厚 1∶2 水泥砂浆<br>(2) 基层：钢筋混凝土 | $m^2$ | 130.51 | 14 | 1 827.14 | |
| | | | 本页小计 | | | | 180 344.33 | |

续表

| 序号 | 项目编码 | 项目名称 | 项目特征描述 | 计量单位 | 工程量 | 金额/元 | | |
|---|---|---|---|---|---|---|---|---|
| | | | | | | 综合单价 | 合价 | 其中：暂估价 |
| 32 | 011101006002 | 平面砂浆找平层（屋面） | (1) 找平层厚度、砂浆配合比：20mm 厚 1∶2 水泥砂浆<br>(2) 基层：现浇水泥珍珠岩 | $m^2$ | 100.57 | 15.57 | 1 565.87 | |
| 33 | 011102003003 | 块料楼地面(屋面) | (1) 面层材料品种、规格、颜色：缸砖<br>(2) 嵌缝材料种类：1∶1 水泥砂浆勾缝<br>(3) 结合层厚度、砂浆配合比：10mm 厚 1∶2 水泥砂浆 | $m^2$ | 100.57 | 42.14 | 4 238.02 | |
| 34 | 010404001001 | 垫层(楼地面) | 垫层材料种类、配合比、厚度：150mm 厚 3∶7 灰土 | $m^3$ | 14.73 | 271.28 | 3 995.95 | |
| 35 | 010501001002 | 垫层(楼地面) | (1) 混凝土种类：50mm 厚细石混凝土<br>(2) 混凝土强度等级：C15 | $m^3$ | 4.91 | 405 | 1 988.55 | |
| 36 | 011101001001 | 水泥砂浆楼地面 | (1) 找平层厚度、砂浆配合比：20mm 厚 1∶3 水泥砂浆<br>(2) 面层厚度、砂浆配合比：20mm 厚 1∶2.5 水泥砂浆 | $m^2$ | 159.705 | 31.65 | 5 054.66 | |
| 37 | 011102003001 | 块料楼地面 | (1) 找平层厚度、砂浆配合比：20mm 厚 1∶3 水泥砂浆<br>(2) 结合层厚度、砂浆配合比：1∶3 水泥砂浆<br>(3) 面层材料品种、规格、颜色：400mm×400mm 抛光砖 | $m^2$ | 115.88 | 143.98 | 16 684.4 | 11 877.7 |
| 38 | 011104002001 | 竹、木(复合)地板 | (1) 基层材料种类、规格：9mm 厚胶合板<br>(2) 面层材料品种、规格、颜色：18mm 厚普通实木企口木地板<br>(3) 防护材料种类：泡沫防潮纸防潮层<br>(4) 找平层：20mm 厚 1∶3 水泥砂浆 | $m^2$ | 16.42 | 168.04 | 2 759.22 | |
| 39 | 011105001001 | 水泥砂浆踢脚线 | (1) 踢脚线高度：120mm<br>(2) 底层厚度、砂浆配合比：12mm 厚 1∶2∶8 水泥石灰<br>(3) 面层厚度、砂浆配合比：8mm 厚 1∶2.5 水泥砂浆 | $m^2$ | 17.24 | 43.72 | 753.73 | |
| | | | 本页小计 | | | | 37 040.4 | 11 877.7 |

续表

| 序号 | 项目编码 | 项目名称 | 项目特征描述 | 计量单位 | 工程量 | 金额/元 | | |
|---|---|---|---|---|---|---|---|---|
| | | | | | | 综合单价 | 合价 | 其中：暂估价 |
| 40 | 011105002001 | 石材踢脚线 | (1) 踢脚线高度：120mm<br>(2) 底层：15mm厚1：2：8水泥石灰砂浆<br>(3) 粘贴层厚度、材料种类：5mm厚1：2水泥砂浆<br>(4) 面层材料品种、规格、颜色：10mm厚大理石板 | $m^2$ | 9.05 | 250.16 | 2 263.95 | |
| 41 | 011106004001 | 水泥砂浆楼梯面层 | (1) 找平层厚度、砂浆配合比：20mm厚1：3水泥砂浆<br>(2) 面层厚度、砂浆配合比：20mm厚1：2.5水泥砂浆 | $m^2$ | 13.83 | 91.02 | 1 258.81 | |
| 42 | 011107004001 | 水泥砂浆台阶面 | (1) 面层厚度、砂浆配合比：20mm厚1：2水泥砂浆 | $m^2$ | 4.77 | 42.8 | 204.16 | |
| 43 | 011108004001 | 水泥砂浆零星项目（散水、台阶平台） | (1) 面层厚度、砂浆厚度：20mm厚1：2水泥砂浆 | $m^2$ | 29.586 | 18.86 | 557.99 | |
| 44 | 011201001001 | 墙面一般抹灰 | (1) 墙体类型：砖墙<br>(2) 底层厚度、砂浆配合比：15mm厚1：2：8水泥石灰砂浆<br>(3) 面层厚度、砂浆配合比：5mm厚1：2.5水泥砂浆 | $m^2$ | 758.86 | 26.4 | 20 033.9 | |
| 45 | 011201001002 | 墙面一般抹灰 | (1) 墙体类型：混凝土栏板<br>(2) 底层厚度、砂浆配合比：15mm厚1：2：8水泥石灰砂浆<br>(3) 面层厚度、砂浆配合比：5mm厚1：2.5水泥砂浆 | $m^2$ | 53.08 | 26.82 | 1 423.61 | |
| 46 | 011201001003 | 墙面一般抹灰 | (1) 墙体类型：混凝土压顶<br>(2) 底层厚度、砂浆配合比：15mm厚1：2：8水泥石灰砂浆<br>(3) 面层厚度、砂浆配合比：5mm厚1：2.5水泥砂浆 | $m^2$ | 22.75 | 88.06 | 2 003.37 | |
| 47 | 011204003001 | 块料墙面 | (1) 面层材料品种、规格、颜色：150mm×150mm彩釉面砖<br>(2) 贴结层材料：水泥膏<br>(3) 底层材料：15mm厚1：1：6水泥石灰砂浆 | $m^2$ | 448.04 | 94.24 | 42 223.29 | |
| | | 本页小计 | | | | | 69 969.08 | |

续表

| 序号 | 项目编码 | 项目名称 | 项目特征描述 | 计量单位 | 工程量 | 金额/元 | | |
|---|---|---|---|---|---|---|---|---|
| | | | | | | 综合单价 | 合价 | 其中：暂估价 |
| 48 | 011206002001 | 块料零星项目 | (1) 面层材料品种、规格、颜色：150mm×150mm彩釉面砖<br>(2) 贴结层材料：水泥膏<br>(3) 底层材料：15mm厚1∶1∶6水泥石灰砂浆 | $m^2$ | 24.67 | 148.72 | 3 668.92 | |
| 49 | 011207001001 | 墙面装饰板 | (1) 隔离层材料种类、规格：刷玛蹄脂1遍<br>(2) 基层材料种类、规格：5mm厚胶合板基层<br>(3) 面层材料品种、规格、颜色：5mm厚胶合板 | $m^2$ | 13.752 | 82.76 | 1 138.12 | |
| 50 | 011301001001 | 天棚抹灰 | (1) 基层类型：现浇混凝土<br>(2) 底层抹灰：10mm厚1∶1∶6水泥石灰砂浆打底<br>(3) 面层抹灰：5mm厚1∶2.5水泥砂浆罩面 | $m^2$ | 347.6 | 25.16 | 8 745.62 | |
| 51 | 011302001001 | 吊顶天棚 | (1) 吊顶形式、吊杆规格、高度：不上人<br>(2) 龙骨材料种类、规格、中距：U型轻钢龙骨<br>(3) 面层材料品种、规格：450mm×450mm石膏板平面 | $m^2$ | 15.941 | 92.66 | 1 477.09 | |
| 52 | 011401001001 | 木门油漆 | (1) 门类型：单层木门<br>(2) 油漆品种、刷漆遍数：底漆1遍，调和漆2遍 | 樘 | 10 | 52.43 | 524.3 | |
| 53 | 011403001001 | 木扶手油漆 | 油漆品种、刷漆遍数：底漆1遍，调和漆2遍 | m | 13.66 | 1.46 | 19.94 | |
| 54 | 011404001001 | 木护墙、木墙裙油漆 | 油漆品种、刷漆遍数：聚氨酯漆3遍 | $m^2$ | 13.75 | 32.93 | 452.79 | |
| 55 | 011407001001 | 墙面喷刷涂料 | (1) 基层类型：抹灰面<br>(2) 喷刷涂料部位：内墙面<br>(3) 刮腻子要求：刮耐水型成品腻子粉<br>(4) 涂料品种、喷刷遍数：乳胶漆底油2遍，面油2遍 | $m^2$ | 758.86 | 23.98 | 18 197.46 | |
| | | | 本页小计 | | | | 34 224.24 | |

续表

| 序号 | 项目编码 | 项目名称 | 项目特征描述 | 计量单位 | 工程量 | 金额/元 | | |
|---|---|---|---|---|---|---|---|---|
| | | | | | | 综合单价 | 合价 | 其中：暂估价 |
| 56 | 011407001002 | 墙面喷刷涂料 | (1) 基层类型：抹灰层<br>(2) 喷刷涂料部位：外墙面<br>(3) 刮腻子要求：刮耐水型成品腻子粉<br>(4) 涂料品种、喷刷遍数：喷油性外墙乳胶漆2遍 | $m^2$ | 149.46 | 37.19 | 5 558.42 | |
| 57 | 011407002001 | 天棚喷刷涂料 | (1) 基层类型：抹灰层<br>(2) 喷刷涂料部位：天棚<br>(3) 刮腻子要求：刮耐水型成品腻子粉<br>(4) 涂料品种、喷刷遍数：乳胶漆2遍 | $m^2$ | 347.6 | 24.91 | 8 658.72 | |
| 58 | 011407002002 | 天棚喷刷涂料 | (1) 基层类型：纸面石膏板<br>(2) 喷刷涂料部位：天棚吊顶<br>(3) 刮腻子要求：刮耐水型成品腻子粉<br>(4) 涂料品种、喷刷遍数：乳胶漆2遍 | $m^2$ | 15.94 | 43.17 | 688.13 | |
| 59 | 011503002001 | 硬木扶手、栏杆、栏板 | (1) 扶手材料种类、规格：硬木100mm×60mm<br>(2) 栏杆材料种类、规格：铸铁铁花 | m | 13.66 | 448.29 | 6 123.64 | |
| 60 | 011701002001 | 外脚手架 | (1) 搭设方式：双排<br>(2) 搭设高度：11.15m<br>(3) 脚手架材质：钢管 | $m^2$ | 587.29 | 25.93 | 15 228.43 | |
| 61 | 011701003001 | 里脚手架 | (1) 搭设方式：活动脚手架<br>(2) 搭设高度：层高3.6m | $m^2$ | 341.31 | 9.43 | 3 218.55 | |
| 62 | 011702025001 | 其他现浇构件 | 构件类型：基础垫层 | $m^2$ | 17.526 | 28.55 | 500.37 | |
| 63 | 011702025002 | 其他现浇构件 | 构件类型：压顶 | $m^2$ | 8.532 | 210.51 | 1 796.07 | |
| 64 | 011702001001 | 基础 | 基础类型：桩承台 | $m^2$ | 47.8 | 43.73 | 2 090.29 | |
| 本页小计 | | | | | | | 43 862.62 | |

续表

| 序号 | 项目编码 | 项目名称 | 项目特征描述 | 计量单位 | 工程量 | 金额/元 | | |
|---|---|---|---|---|---|---|---|---|
| | | | | | | 综合单价 | 合价 | 其中：暂估价 |
| 65 | 011702002001 | 矩形柱 | (1) 柱截面：矩形、断面450mm × 450mm、350mm × 450mm、350mm×350mm<br>(2) 层高：3.6m | $m^2$ | 269.4 | 49.6 | 13 362.24 | |
| 66 | 011702003001 | 构造柱 | (1) 柱类型：构造柱<br>(2) 层高：0.54m | $m^2$ | 5.702 | 69.79 | 397.94 | |
| 67 | 011702006001 | 矩形梁 | (1) 梁截面：250mm×450mm<br>(2) 层高：3.6m | $m^2$ | 78.15 | 56.82 | 4 440.48 | |
| 68 | 011702006002 | 矩形梁 | (1) 梁截面：300mm×500mm、350mm×500mm、450mm×500mm<br>(2) 层高：3.6m | $m^2$ | 244.82 | 62.21 | 15 230.25 | |
| 69 | 011702009001 | 过梁 | | $m^2$ | 46.35 | 56.82 | 2 633.61 | |
| 70 | 011702014001 | 有梁板 | 层高：3.6m | $m^2$ | 269.46 | 53.26 | 14 351.44 | |
| 71 | 011702021001 | 栏板 | | $m^2$ | 46.27 | 59.32 | 2 744.74 | |
| 72 | 011702022001 | 天沟、檐沟 | | $m^2$ | 33.19 | 60.7 | 2 014.63 | |
| 73 | 011702023001 | 雨篷、悬挑板、阳台板 | | $m^2$ | 10.94 | 67.38 | 737.14 | |
| 74 | 011702024001 | 楼梯 | 类型：直形楼梯 | $m^2$ | 13.83 | 165.27 | 2 285.68 | |
| 75 | 011702027001 | 台阶 | | $m^2$ | 4.25 | 36.7 | 155.98 | |
| 76 | 011702029001 | 散水 | | $m^2$ | 4.686 | 28.55 | 133.79 | |
| 77 | 011703001001 | 垂直运输 | (1) 建筑物建筑类型及结构形式：现浇框架结构<br>(2) 建筑物檐口高度、层数：11.15m | $m^2$ | 341.31 | 20.51 | 7 000.27 | |
| | | | 本页小计 | | | | 65 488.19 | |
| | | | 合　计 | | | | 641 067.13 | 11 877.7 |

注：为计取规费等的使用，可在表中增设“定额人工费”。

**综合单价分析表**

（注：由于教材篇幅限制，只选录了主要清单项目的综合单价分析表）

工程名称：实验楼　　　　标段：　　　　第 2 页　共 77 页

| 项目编码 | 010101004001 | 项目名称 | | 挖基坑土方 | | | 计量单位 | | m³ | 工程量 | 83.393 |
|---|---|---|---|---|---|---|---|---|---|---|---|
| 清单综合单价组成明细 | | | | | | | | | | | |
| 定额编号 | 定额名称 | 定额单位 | 数量 | 单价/元 | | | | 合价/元 | | | |
| | | | | 人工费 | 材料费 | 机械费 | 管理费和利润 | 人工费 | 材料费 | 机械费 | 管理费和利润 |
| A1－12 | 人工挖沟槽、基坑 三类土 深度在2m内 | 100m³ | 0.015 7 | 4 719.58 | 0 | 0 | 1 230.22 | 73.97 | 0 | 0 | 19.28 |
| A1－57 换 | 人工装汽车运卸土方 运距1km 实际运距：3km | 100m³ | 0.004 3 | 998.42 | 0 | 1 773.52 | 471.76 | 4.31 | 0 | 7.65 | 2.04 |
| 人工单价 | | | 小计 | | | | | 78.28 | 0 | 7.65 | 21.32 |
| 综合工日 98 元/工日 | | | 未计价材料费 | | | | | 0 | | | |
| 清单项目综合单价 | | | | | | | | 107.25 | | | |
| 材料费明细 | 主要材料名称、规格、型号 | | | | | 单位 | 数量 | 单价/元 | 合价/元 | 暂估单价/元 | 暂估合价/元 |
| | | | | | | | | | | | |

注：1. 如不使用省级或行业建设主管部门发布的计价依据，可不填定额编码、名称等。

2. 招标文件提供了暂估单价的材料，按暂估的单价填入表内“暂估单价”栏及“暂估合价”栏。

**综合单价分析表**

工程名称：实验楼　　　　标段：　　　　第 4 页　共 77 页

| 项目编码 | 010301002001 | 项目名称 | | 预制钢筋混凝土管桩 | | 计量单位 | | | m | 工程量 | 840 |
|---|---|---|---|---|---|---|---|---|---|---|---|
| 清单综合单价组成明细 | | | | | | | | | | | |
| 定额编号 | 定额名称 | 定额单位 | 数量 | 单价/元 | | | | 合价/元 | | | |
| | | | | 人工费 | 材料费 | 机械费 | 管理费和利润 | 人工费 | 材料费 | 机械费 | 管理费和利润 |
| A2-19 换 | 压预制管桩桩径 300mm 桩长 18m 以内 | 100m | 0.01 | 497.84 | 7 861.89 | 1 225.69 | 330.63 | 4.98 | 78.62 | 12.26 | 3.31 |
| A2-30 | 管桩接桩 电焊接桩 | 10 个 | 0.006 7 | 453.74 | 87.67 | 427.35 | 192.52 | 3.02 | 0.58 | 2.85 | 1.28 |
| A2-19 换 | 压预制管桩桩径 300mm 桩长 18m 以内 送桩 | 100m | 0.000 9 | 597.41 | 8 076.09 | 1 470.83 | 348.55 | 0.54 | 7.27 | 1.32 | 0.31 |
| A2-32 | 预制混凝土管桩填芯 填砂 | $10m^3$ | 0.000 1 | 682.08 | 952.53 | 0 | 184.46 | 0.07 | 0.1 | 0 | 0.02 |
| A2-27 | 钢桩尖制作安装 | t | 0.000 7 | 1 958.04 | 5 152.85 | 492.03 | 604.23 | 1.31 | 3.44 | 0.33 | 0.4 |
| 人工单价 | | 小计 | | | | | | 9.92 | 90.01 | 16.76 | 5.33 |
| 综合工日 98 元/工日 | | 未计价材料费 | | | | | | 0 | | | |
| 清单项目综合单价 | | | | | | | | 122.02 | | | |
| 材料费明细 | 主要材料名称、规格、型号 | | | | | 单位 | 数量 | 单价/元 | 合价/元 | 暂估单价/元 | 暂估合价/元 |
| | 松杂板枋材 | | | | | $m^3$ | 0.001 | 1 363.56 | 1.36 | | |
| | 预应力混凝土管桩 $\phi$ 300mm | | | | | m | 1.1034 | 76.5 | 84.41 | | |
| | 热轧厚钢板 6～7mm | | | | | t | 0.000 7 | 4 590 | 3.21 | | |
| | 其他材料费 | | | | | | | — | 0.97 | — | 0 |
| | 材料费小计 | | | | | | | — | 89.96 | — | 0 |

注：1. 如不使用省级或行业建设主管部门发布的计价依据，可不填定额编码、名称等。

2. 招标文件提供了暂估单价的材料，按暂估的单价填入表内“暂估单价”栏及“暂估合价”栏。

**综合单价分析表**

工程名称：实验楼　　　　标段：　　　　第 5 页　共 77 页

| 项目编码 | 010401003001 | 项目名称 | | 实心砖墙 | | | 计量单位 | | m³ | 工程量 | 75.63 |
|---|---|---|---|---|---|---|---|---|---|---|---|
| 清单综合单价组成明细 | | | | | | | | | | | |
| 定额编号 | 定额名称 | 定额单位 | 数量 | 单价/元 | | | | 合价/元 | | | |
| | | | | 人工费 | 材料费 | 机械费 | 管理费和利润 | 人工费 | 材料费 | 机械费 | 管理费和利润 |
| A3－6 | 混水砖外墙 墙体厚度 1 砖 | 10m³ | 0.1 | 1 252.44 | 1 510.26 | 0 | 324.12 | 125.24 | 151.03 | 0 | 32.41 |
| 8001606 | 水泥石灰砂浆 M5 | m³ | 0.229 | 32.34 | 203.78 | 16.28 | 5.82 | 7.41 | 46.67 | 3.73 | 1.33 |
| 人工单价 | | 小计 | | | | | | 132.65 | 197.69 | 3.73 | 33.74 |
| 综合工日 98 元/工日 | | 未计价材料费 | | | | | | 0 | | | |
| 清单项目综合单价 | | | | | | | | 367.82 | | | |
| 材料费明细 | 主要材料名称、规格、型号 | | | | | 单位 | 数量 | 单价/元 | 合价/元 | 暂估单价/元 | 暂估合价/元 |
| | 松杂板枋材 | | | | | m³ | 0.001 7 | 1 363.56 | 2.32 | | |
| | 标准砖 240mm×115mm×53mm | | | | | 千块 | 0.535 8 | 270 | 144.67 | | |
| | 砌筑用混合砂浆（配合比）中砂 M5.0 | | | | | m³ | 0.229 | 203.78 | 46.67 | | |
| | 其他材料费 | | | | | | | — | 4.04 | — | 0 |
| | 材料费小计 | | | | | | | — | 197.69 | — | 0 |

注：1. 如不使用省级或行业建设主管部门发布的计价依据，可不填定额编码、名称等。

2. 招标文件提供了暂估单价的材料，按暂估的单价填入表内“暂估单价”栏及“暂估合价”栏。

**综合单价分析表**

工程名称：实验楼　　　　标段：　　　　第 8 页　共 77 页

| 项目编码 | 010501005001 | 项目名称 | | 桩承台基础 | | | 计量单位 | | $m^3$ | 工程量 | 21.507 |
|---|---|---|---|---|---|---|---|---|---|---|---|
| 清单综合单价组成明细 | | | | | | | | | | | |
| 定额编号 | 定额名称 | 定额单位 | 数量 | 单价/元 | | | | 合价/元 | | | |
| | | | | 人工费 | 材料费 | 机械费 | 管理费和利润 | 人工费 | 材料费 | 机械费 | 管理费和利润 |
| A4－2 | 其他混凝土基础 | $10m^3$ | 0.1 | 851.62 | 20.72 | 161.36 | 312.5 | 85.16 | 2.07 | 16.14 | 31.25 |
| 8021436 | C30 混凝土 20 石（搅拌站） | $10m^3$ | 0.101 | 72.52 | 2799.72 | 188 | 13.05 | 7.32 | 282.77 | 18.99 | 1.32 |
| 人工单价 | | 小计 | | | | | | 92.49 | 284.84 | 35.12 | 32.57 |
| 综合工日 98 元/工日 | | 未计价材料费 | | | | | | 0 | | | |
| 清单项目综合单价 | | | | | | | | 445.02 | | | |
| 材料费明细 | 主要材料名称、规格、型号 | | | | | 单位 | 数量 | 单价/元 | 合价/元 | 暂估单价/元 | 暂估合价/元 |
| | C30 混凝土 20 石(配合比) | | | | | $m^3$ | 1.01 | 269.95 | 272.65 | | |
| | 其他材料费 | | | | | | | — | 12.19 | — | 0 |
| | 材料费小计 | | | | | | | — | 284.84 | — | 0 |

注：1. 如不使用省级或行业建设主管部门发布的计价依据，可不填定额编码、名称等。

2. 招标文件提供了暂估单价的材料，按暂估的单价填入表内“暂估单价”栏及“暂估合价”栏。

**综合单价分析表**

工程名称：实验楼　　　　标段：　　　　第 9 页　共 77 页

<table>
<tr><td>项目编码</td><td>010502001001</td><td colspan="2">项目名称</td><td colspan="3">矩形柱</td><td colspan="2">计量单位</td><td>$m^3$</td><td>工程量</td><td>27.32</td></tr>
<tr><td colspan="12">清单综合单价组成明细</td></tr>
<tr><td rowspan="2">定额编号</td><td rowspan="2">定额名称</td><td rowspan="2">定额单位</td><td rowspan="2">数量</td><td colspan="4">单价/元</td><td colspan="4">合价/元</td></tr>
<tr><td>人工费</td><td>材料费</td><td>机械费</td><td>管理费和利润</td><td>人工费</td><td>材料费</td><td>机械费</td><td>管理费和利润</td></tr>
<tr><td>A4－5</td><td>矩形、多边形、异形、圆形柱</td><td>$10m^3$</td><td>0.1</td><td>1136.8</td><td>24.33</td><td>14.92</td><td>378.84</td><td>113.68</td><td>2.43</td><td>1.49</td><td>37.88</td></tr>
<tr><td>8021433</td><td>C25 混凝土 20 石（搅拌站）</td><td>$10m^3$</td><td>0.101</td><td>72.52</td><td>2 592.22</td><td>188</td><td>13.05</td><td>7.32</td><td>261.81</td><td>18.99</td><td>1.32</td></tr>
<tr><td colspan="2">人工单价</td><td colspan="6">小计</td><td>121</td><td>264.25</td><td>20.48</td><td>39.2</td></tr>
<tr><td colspan="2">综合工日 98 元/工日</td><td colspan="6">未计价材料费</td><td colspan="4">0</td></tr>
<tr><td colspan="8">清单项目综合单价</td><td colspan="4">444.93</td></tr>
<tr><td rowspan="4">材料费明细</td><td colspan="5">主要材料名称、规格、型号</td><td>单位</td><td>数量</td><td>单价/元</td><td>合价/元</td><td>暂估单价/元</td><td>暂估合价/元</td></tr>
<tr><td colspan="5">C25 混凝土 20 石(配合比)</td><td>$m^3$</td><td>1.01</td><td>249.2</td><td>251.69</td><td></td><td></td></tr>
<tr><td colspan="7">其他材料费</td><td>—</td><td>12.56</td><td>—</td><td>0</td></tr>
<tr><td colspan="7">材料费小计</td><td>—</td><td>264.25</td><td>—</td><td>0</td></tr>
</table>

注：1. 如不使用省级或行业建设主管部门发布的计价依据，可不填定额编码、名称等。

2. 招标文件提供了暂估单价的材料，按暂估的单价填入表内“暂估单价”栏及“暂估合价”栏。

**综合单价分析表**

工程名称：实验楼　　　　标段：　　　　第 13 页　共 77 页

| 项目编码 | 010505001001 | 项目名称 | | 有梁板 | | 计量单位 | | m³ | 工程量 | | 54.096 |
|---|---|---|---|---|---|---|---|---|---|---|---|
| 清单综合单价组成明细 | | | | | | | | | | | |
| 定额编号 | 定额名称 | 定额单位 | 数量 | 单价/元 | | | | 合价/元 | | | |
| | | | | 人工费 | 材料费 | 机械费 | 管理费和利润 | 人工费 | 材料费 | 机械费 | 管理费和利润 |
| A4-14 | 平板、有梁板、无梁板 | 10m³ | 0.1 | 762.44 | 62.01 | 18.34 | 256.43 | 76.24 | 6.2 | 1.83 | 25.64 |
| 8021433 | C25 混凝土 20 石(搅拌站) | 10m³ | 0.101 | 72.52 | 2 592.22 | 188 | 13.05 | 7.32 | 261.81 | 18.99 | 1.32 |
| 人工单价 | | 小计 | | | | | | 83.57 | 268.02 | 20.82 | 26.96 |
| 综合工日 98 元/工日 | | 未计价材料费 | | | | | | 0 | | | |
| 清单项目综合单价 | | | | | | | | 399.37 | | | |
| 材料费明细 | 主要材料名称、规格、型号 | | | | | 单位 | 数量 | 单价/元 | 合价/元 | 暂估单价/元 | 暂估合价/元 |
| | C25 混凝土 20 石(配合比) | | | | | m³ | 1.01 | 249.2 | 251.69 | | |
| | 其他材料费 | | | | | | | — | 16.32 | — | 0 |
| | 材料费小计 | | | | | | | — | 268.02 | — | 0 |

注：1. 如不使用省级或行业建设主管部门发布的计价依据，可不填定额编码、名称等。

2. 招标文件提供了暂估单价的材料，按暂估的单价填入表内“暂估单价”栏及“暂估合价”栏。

## 综合单价分析表

工程名称：实验楼　　　　　　　　标段：　　　　　　　　第 23 页　共 77 页

| 项目编码 | 010515001003 | 项目名称 | | 现浇构件钢筋 | | | 计量单位 | | t | 工程量 | 20.222 |
|---|---|---|---|---|---|---|---|---|---|---|---|
| 清单综合单价组成明细 | | | | | | | | | | | |
| 定额编号 | 定额名称 | 定额单位 | 数量 | 单价/元 | | | | 合价/元 | | | |
| | | | | 人工费 | 材料费 | 机械费 | 管理费和利润 | 人工费 | 材料费 | 机械费 | 管理费和利润 |
| A4－179 | 现浇构件螺纹钢 φ25mm 内 | t | 1 | 429.83 | 4 385.18 | 56.03 | 156.27 | 429.83 | 4 385.18 | 56.03 | 156.27 |
| 人工单价 | | 小计 | | | | | | 429.83 | 4 385.18 | 56.03 | 156.27 |
| 综合工日 98 元/工日 | | 未计价材料费 | | | | | | 0 | | | |
| 清单项目综合单价 | | | | | | | | 5 027.31 | | | |
| 材料费明细 | 主要材料名称、规格、型号 | | | | | 单位 | 数量 | 单价/元 | 合价/元 | 暂估单价/元 | 暂估合价/元 |
| | 螺纹钢φ10～25mm | | | | | t | 1.045 | 4 128.71 | 4 314.5 | | |
| | 其他材料费 | | | | | | | — | 70.68 | — | 0 |
| | 材料费小计 | | | | | | | — | 4 385.18 | — | 0 |

注：1. 如不使用省级或行业建设主管部门发布的计价依据，可不填定额编码、名称等。

2. 招标文件提供了暂估单价的材料，按暂估的单价填入表内“暂估单价”栏及“暂估合价”栏。

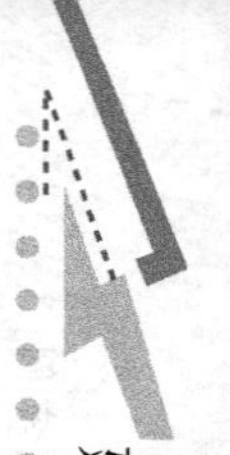

**综合单价分析表**

工程名称：实验楼　　　　标段：　　　　第 24 页　共 77 页

| 项目编码 | 010515001004 | 项目名称 | | 现浇构件钢筋 | | | 计量单位 | | t | 工程量 | 4.704 |
|---|---|---|---|---|---|---|---|---|---|---|---|
| 清单综合单价组成明细 | | | | | | | | | | | |
| 定额编号 | 定额名称 | 定额单位 | 数量 | 单价/元 | | | | 合价/元 | | | |
| | | | | 人工费 | 材料费 | 机械费 | 管理费和利润 | 人工费 | 材料费 | 机械费 | 管理费和利润 |
| A4-181 | 现浇构件箍筋 圆钢$\phi$10mm内 | t | 1 | 1 123.67 | 4 215.22 | 84.79 | 389.46 | 1 123.67 | 4 215.22 | 84.79 | 389.46 |
| 人工单价 | | 小计 | | | | | | 1 123.67 | 4 215.22 | 84.79 | 389.46 |
| 综合工日 98 元/工日 | | 未计价材料费 | | | | | | 0 | | | |
| 清单项目综合单价 | | | | | | | | 5 813.14 | | | |
| 材料费明细 | 主要材料名称、规格、型号 | | | | | 单位 | 数量 | 单价/元 | 合价/元 | 暂估单价/元 | 暂估合价/元 |
| | 圆钢$\phi$10mm以内 | | | | | t | 1.02 | 4 080.39 | 4 162 | | |
| | 其他材料费 | | | | | | | — | 53.22 | — | 0 |
| | 材料费小计 | | | | | | | — | 4 215.22 | — | 0 |

注：1. 如不使用省级或行业建设主管部门发布的计价依据，可不填定额编码、名称等。

2. 招标文件提供了暂估单价的材料，按暂估的单价填入表内“暂估单价”栏及“暂估合价”栏。

**综合单价分析表**

工程名称：实验楼　　　　标段：　　　　第 26 页　共 77 页

| 项目编码 | 010801001001 | 项目名称 | | 木质门 | | | 计量单位 | | 樘 | 工程量 | 1 |
|---|---|---|---|---|---|---|---|---|---|---|---|
| 清单综合单价组成明细 | | | | | | | | | | | |
| 定额编号 | 定额名称 | 定额单位 | 数量 | 单价/元 | | | | 合价/元 | | | |
| | | | | 人工费 | 材料费 | 机械费 | 管理费和利润 | 人工费 | 材料费 | 机械费 | 管理费和利润 |
| A12－6 | 杉木无纱镶板门制作 带亮 双扇 | 100m² | 0.063 6 | 2 601.02 | 7 787.61 | 342.19 | 713.64 | 165.42 | 495.29 | 21.76 | 45.39 |
| A12－50 | 无纱镶板门、胶合板门安装 带亮 双扇 | 100m² | 0.063 6 | 1 918.35 | 1 979.1 | 1.11 | 491.8 | 122.01 | 125.87 | 0.07 | 31.28 |
| A12－277 | 门锁安装（多向） | 100 套 | 0.01 | 3 528 | 25 000 | 0 | 904.2 | 35.28 | 250 | 0 | 9.04 |
| 人工单价 | | 小计 | | | | | | 322.71 | 871.16 | 21.83 | 85.71 |
| 综合工日 98 元/工日 | | 未计价材料费 | | | | | | 0 | | | |
| 清单项目综合单价 | | | | | | | | 1 301.41 | | | |
| 材料费明细 | 主要材料名称、规格、型号 | | | | | 单位 | 数量 | 单价/元 | 合价/元 | 暂估单价/元 | 暂估合价/元 |
| | 松杂板枋材 | | | | | $m^3$ | 0.019 6 | 1 363.56 | 26.73 | | |
| | 杉木门窗套料 | | | | | $m^3$ | 0.305 9 | 1 598.62 | 489.02 | | |
| | 门锁多向 | | | | | 套 | 1 | 250 | 250 | | |
| | 其他材料费 | | | | | | | — | 105.43 | — | 0 |
| | 材料费小计 | | | | | | | — | 871.17 | — | 0 |

注：1. 如不使用省级或行业建设主管部门发布的计价依据，可不填定额编码、名称等。

2. 招标文件提供了暂估单价的材料，按暂估的单价填入表内“暂估单价”栏及“暂估合价”栏。

**综合单价分析表**

工程名称：实验楼　　　　标段：　　　　第 28 页　共 77 页

| 项目编码 | 010801001003 | | 项目名称 | | 木质门 | | 计量单位 | | 樘 | 工程量 | 3 |
|---|---|---|---|---|---|---|---|---|---|---|---|
| 清单综合单价组成明细 | | | | | | | | | | | |
| 定额编号 | 定额名称 | 定额单位 | 数量 | 单价/元 | | | | 合价/元 | | | |
| | | | | 人工费 | 材料费 | 机械费 | 管理费和利润 | 人工费 | 材料费 | 机械费 | 管理费和利润 |
| A12－17 | 杉木无纱胶合板门制作 无亮 单扇 | 100m² | 0.018 1 | 2 859.44 | 10 781.32 | 517.56 | 804.21 | 51.85 | 195.5 | 9.39 | 14.58 |
| A12－51 | 无纱镶板门、胶合板门安装 无亮 单扇 | 100m² | 0.018 1 | 2 126.5 | 2 219.25 | 1.66 | 545.22 | 38.56 | 40.24 | 0.03 | 9.89 |
| A12－276 | 门锁安装(单向) | 100 套 | 0.01 | 1 764 | 600 | 0 | 452.1 | 17.64 | 6 | 0 | 4.52 |
| 人工单价 | | 小计 | | | | | | 108.05 | 241.74 | 9.42 | 28.99 |
| 综合工日 98 元/工日 | | 未计价材料费 | | | | | | 0 | | | |
| 清单项目综合单价 | | | | | | | | 388.2 | | | |
| 材料费明细 | 主要材料名称、规格、型号 | | | | | 单位 | 数量 | 单价/元 | 合价/元 | 暂估单价/元 | 暂估合价/元 |
| | 松杂板枋材 | | | | | m³ | 0.010 1 | 1 363.56 | 13.77 | | |
| | 杉木门窗套料 | | | | | m³ | 0.065 3 | 1 598.62 | 104.39 | | |
| | 单舌（双舌）门锁 | | | | | 把 | 1 | 6 | 6 | | |
| | 胶合板 2 440mm×1 220mm×4mm | | | | | m² | 4.637 2 | 11.29 | 52.35 | | |
| | 硬木枋 | | | | | m³ | 0.006 6 | 5 200 | 34.32 | | |
| | 其他材料费 | | | | | | | — | 30.68 | — | 0 |
| | 材料费小计 | | | | | | | — | 241.52 | — | 0 |

注：1. 如不使用省级或行业建设主管部门发布的计价依据，可不填定额编码、名称等。

2. 招标文件提供了暂估单价的材料，按暂估的单价填入表内“暂估单价”栏及“暂估合价”栏。

**综合单价分析表**

工程名称：实验楼　　　　标段：　　　　第 34 页　共 77 页

| 项目编码 | 010404001001 | 项目名称 | | 垫层(楼地面) | | 计量单位 | | m³ | 工程量 | 14.73 | |
|---|---|---|---|---|---|---|---|---|---|---|---|
| 清单综合单价组成明细 | | | | | | | | | | | |
| 定额编号 | 定额名称 | 定额单位 | 数量 | 单价/元 | | | | 合价/元 | | | |
| | | | | 人工费 | 材料费 | 机械费 | 管理费和利润 | 人工费 | 材料费 | 机械费 | 管理费和利润 |
| A4-74 | 3∶7 灰土 | 10m³ | 0.1 | 1 274 | 1 018.93 | 0 | 419.93 | 127.4 | 101.89 | 0 | 41.99 |
| 人工单价 | | 小计 | | | | | | 127.4 | 101.89 | 0 | 41.99 |
| 综合工日 98 元/工日 | | 未计价材料费 | | | | | | 0 | | | |
| 清单项目综合单价 | | | | | | | | 271.28 | | | |
| 材料费明细 | 主要材料名称、规格、型号 | | | | | 单位 | 数量 | 单价/元 | 合价/元 | 暂估单价/元 | 暂估合价/元 |
| | 生石灰 | | | | | t | 0.235 | 275.4 | 64.72 | | |
| | 黏土 | | | | | m³ | 1.11 | 32.64 | 36.23 | | |
| | 其他材料费 | | | | | | | — | 0.94 | — | 0 |
| | 材料费小计 | | | | | | | — | 101.89 | — | 0 |

注：1. 如不使用省级或行业建设主管部门发布的计价依据，可不填定额编码、名称等。

2. 招标文件提供了暂估单价的材料，按暂估的单价填入表内“暂估单价”栏及“暂估合价”栏。

**综合单价分析表**

工程名称：实验楼　　　　标段：　　　　第 35 页　共 77 页

| 项目编码 | 010501001002 | 项目名称 | | 垫层(楼地面) | | | 计量单位 | | m³ | 工程量 | 4.91 |
|---|---|---|---|---|---|---|---|---|---|---|---|
| 清单综合单价组成明细 | | | | | | | | | | | |
| 定额编号 | 定额名称 | 定额单位 | 数量 | 单价/元 | | | | 合价/元 | | | |
| | | | | 人工费 | 材料费 | 机械费 | 管理费和利润 | 人工费 | 材料费 | 机械费 | 管理费和利润 |
| A4－58 | 混凝土垫层 | 10m³ | 0.1 | 986.86 | 8.12 | 0 | 325.28 | 98.69 | 0.81 | 0 | 32.53 |
| 8021460 | C15 混凝土 10 石（搅拌站） | 10m³ | 0.101 5 | 72.52 | 2 415.72 | 188 | 13.05 | 7.36 | 245.2 | 19.08 | 1.32 |
| 人工单价 | | 小计 | | | | | | 106.05 | 246.01 | 19.08 | 33.85 |
| 综合工日 98 元/工日 | | 未计价材料费 | | | | | | 0 | | | |
| 清单项目综合单价 | | | | | | | | 405 | | | |
| 材料费明细 | 主要材料名称、规格、型号 | | | | | 单位 | 数量 | 单价/元 | 合价/元 | 暂估单价/元 | 暂估合价/元 |
| | C15 混凝土 10 石(配合比) | | | | | m³ | 1.015 | 231.55 | 235.02 | | |
| | 其他材料费 | | | | | | | — | 10.98 | — | 0 |
| | 材料费小计 | | | | | | | — | 246.01 | — | 0 |

注：1. 如不使用省级或行业建设主管部门发布的计价依据，可不填定额编码、名称等。
2. 招标文件提供了暂估单价的材料，按暂估的单价填入表内“暂估单价”栏及“暂估合价”栏。

**综合单价分析表**

工程名称：实验楼　　　　标段：　　　　第 36 页　共 77 页

| 项目编码 | 011101001001 | | 项目名称 | | 水泥砂浆楼地面 | | | 计量单位 | m² | 工程量 | 159.705 |
|---|---|---|---|---|---|---|---|---|---|---|---|
| 清单综合单价组成明细 | | | | | | | | | | | |
| 定额编号 | 定额名称 | 定额单位 | 数量 | 单价/元 | | | | 合价/元 | | | |
| | | | | 人工费 | 材料费 | 机械费 | 管理费和利润 | 人工费 | 材料费 | 机械费 | 管理费和利润 |
| A9-11 | 水泥砂浆整体面层 楼地面 20mm | 100m² | 0.01 | 864.95 | 95.84 | 0 | 235.5 | 8.65 | 0.96 | 0 | 2.36 |
| 8001651 | 水泥砂浆1∶2.5 | m³ | 0.020 2 | 29.4 | 270.47 | 16.28 | 5.29 | 0.59 | 5.46 | 0.33 | 0.11 |
| A9-1 | 楼地面水泥砂浆找平层 混凝土或硬基层上 20mm | 100m² | 0.01 | 524.2 | 42.07 | 0 | 142.73 | 5.24 | 0.42 | 0 | 1.43 |
| 8001656 | 水泥砂浆1∶3 | m³ | 0.020 2 | 29.4 | 251.54 | 16.28 | 5.29 | 0.59 | 5.08 | 0.33 | 0.11 |
| 人工单价 | | 小计 | | | | | | 15.08 | 11.92 | 0.66 | 4 |
| 综合工日 98 元/工日 | | 未计价材料费 | | | | | | 0 | | | |
| 清单项目综合单价 | | | | | | | | 31.65 | | | |
| 材料费明细 | 主要材料名称、规格、型号 | | | | | 单位 | 数量 | 单价/元 | 合价/元 | 暂估单价/元 | 暂估合价/元 |
| | 抹灰水泥砂浆(配合比)中砂 1∶2.5 | | | | | m³ | 0.020 2 | 270.47 | 5.46 | | |
| | 抹灰水泥砂浆(配合比)中砂 1∶3 | | | | | m³ | 0.020 2 | 251.54 | 5.08 | | |
| | 其他材料费 | | | | | | | — | 1.38 | — | 0 |
| | 材料费小计 | | | | | | | — | 11.93 | — | 0 |

注：1. 如不使用省级或行业建设主管部门发布的计价依据，可不填定额编码、名称等。

2. 招标文件提供了暂估单价的材料，按暂估的单价填入表内“暂估单价”栏及“暂估合价”栏。

综合单价分析表

工程名称：实验楼　　　　标段：　　　　第 37 页　共 77 页

| 项目编码 | 011102003001 | | 项目名称 | 块料楼地面 | | 计量单位 | | m$^2$ | 工程量 | 115.88 | |
|---|---|---|---|---|---|---|---|---|---|---|---|
| 清单综合单价组成明细 | | | | | | | | | | | |
| 定额编号 | 定额名称 | 定额单位 | 数量 | 单价/元 | | | | 合价/元 | | | |
| | | | | 人工费 | 材料费 | 机械费 | 管理费和利润 | 人工费 | 材料费 | 机械费 | 管理费和利润 |
| A9－67 换 | 楼地面陶瓷块料（每块周长）2 100mm以内 水泥砂浆 | 100m$^2$ | 0.01 | 1 928.93 | 10 318.45 | 0 | 525.19 | 19.29 | 103.18 | 0 | 5.25 |
| 8001656 | 水泥砂浆 1∶3 | m$^3$ | 0.010 1 | 29.4 | 251.54 | 16.28 | 5.29 | 0.3 | 2.54 | 0.16 | 0.05 |
| A9－1 | 楼地面水泥砂浆找平层 混凝土或硬基层上 20mm | 100m$^2$ | 0.01 | 524.2 | 42.07 | 0 | 142.73 | 5.24 | 0.42 | 0 | 1.43 |
| 8001656 | 水泥砂浆1∶3 | m$^3$ | 0.020 2 | 29.4 | 251.54 | 16.28 | 5.29 | 0.59 | 5.08 | 0.33 | 0.11 |
| 人工单价 | | 小计 | | | | | | 25.42 | 111.23 | 0.49 | 6.84 |
| 综合工日 98 元/工日 | | 未计价材料费 | | | | | | 0 | | | |
| 清单项目综合单价 | | | | | | | | 143.98 | | | |
| 材料费明细 | 主要材料名称、规格、型号 | | | | | 单位 | 数量 | 单价/元 | 合价/元 | 暂估单价/元 | 暂估合价/元 |
| | 抹灰水泥砂浆（配合比）中砂 1∶3 | | | | | m$^3$ | 0.030 3 | 251.54 | 7.62 | | |
| | 瓷质抛光砖 400mm×400mm | | | | | m$^2$ | 1.025 | | | 100 | 102.5 |
| | 其他材料费 | | | | | | | — | 1.11 | — | 0 |
| | 材料费小计 | | | | | | | — | 8.73 | — | 0 |

注：1. 如不使用省级或行业建设主管部门发布的计价依据，可不填定额编码、名称等。

2. 招标文件提供了暂估单价的材料，按暂估的单价填入表内“暂估单价”栏及“暂估合价”栏。

**综合单价分析表**

工程名称：实验楼　　　　标段：　　　　第38页　共77页

| 项目编码 | 011104002001 | 项目名称 | | 竹、木(复合)地板 | | 计量单位 | | m² | | 工程量 | 16.42 |
|---|---|---|---|---|---|---|---|---|---|---|---|
| 清单综合单价组成明细 | | | | | | | | | | | |
| 定额编号 | 定额名称 | 定额单位 | 数量 | 单价/元 | | | | 合价/元 | | | |
| | | | | 人工费 | 材料费 | 机械费 | 管理费和利润 | 人工费 | 材料费 | 机械费 | 管理费和利润 |
| A9-151 | 普通实木地板 铺在基层板上 企口 | 100m² | 0.01 | 1 993.32 | 10 247.22 | 8.03 | 544.01 | 19.93 | 102.47 | 0.08 | 5.44 |
| A9-138 | 铺基层板 胶合板 | 100m² | 0.01 | 341.33 | 2 080.65 | 8.31 | 94.27 | 3.41 | 20.81 | 0.08 | 0.94 |
| A9-141 | 防潮层 防潮纸 | 100m² | 0.01 | 56.45 | 93.96 | 0 | 15.37 | 0.56 | 0.94 | 0 | 0.15 |
| A9-1 | 楼地面水泥砂浆找平层 混凝土或硬基层上 20mm | 100m² | 0.01 | 524.2 | 42.07 | 0 | 142.73 | 5.24 | 0.42 | 0 | 1.43 |
| 8001656 | 水泥砂浆1∶3 | m³ | 0.020 2 | 29.4 | 251.54 | 16.28 | 5.29 | 0.59 | 5.08 | 0.33 | 0.11 |
| 人工单价 | | 小计 | | | | | | 29.75 | 129.72 | 0.49 | 8.07 |
| 综合工日98元/工日 | | 未计价材料费 | | | | | | 0 | | | |
| 清单项目综合单价 | | | | | | | | 168.04 | | | |
| 材料费明细 | 主要材料名称、规格、型号 | | | | | 单位 | 数量 | 单价/元 | 合价/元 | 暂估单价/元 | 暂估合价/元 |
| | 抹灰水泥砂浆(配合比)中砂1∶3 | | | | | m³ | 0.020 2 | 251.54 | 5.08 | | |
| | 石油沥青油毡350g | | | | | m² | 1.08 | 2.2 | 2.38 | | |
| | 实木地板企口 | | | | | m² | 1.05 | 95 | 99.75 | | |
| | 胶合板9mm | | | | | m² | 1.05 | 19.35 | 20.32 | | |
| | 泡沫防潮纸 | | | | | m² | 1.08 | 0.87 | 0.94 | | |
| | 其他材料费 | | | | | | | — | 1.26 | — | 0 |
| | 材料费小计 | | | | | | | — | 129.72 | — | 0 |

注：1. 如不使用省级或行业建设主管部门发布的计价依据，可不填定额编码、名称等。

2. 招标文件提供了暂估单价的材料，按暂估的单价填入表内“暂估单价”栏及“暂估合价”栏。

**综合单价分析表**

工程名称：实验楼　　　　标段：　　　　第 39 页　共 77 页

| 项目编码 | 011105001001 | 项目名称 | | 水泥砂浆踢脚线 | | 计量单位 | | m² | | 工程量 | 17.24 |
| --- | --- | --- | --- | --- | --- | --- | --- | --- | --- | --- | --- |
| 清单综合单价组成明细 | | | | | | | | | | | |
| 定额编号 | 定额名称 | 定额单位 | 数量 | 单价/元 | | | | 合价/元 | | | |
| | | | | 人工费 | 材料费 | 机械费 | 管理费和利润 | 人工费 | 材料费 | 机械费 | 管理费和利润 |
| A9－16 | 水泥砂浆整体面层 踢脚线（12＋8)mm | 100m² | 0.01 | 2 955.19 | 41.1 | 0 | 804.6 | 29.55 | 0.41 | 0 | 8.05 |
| 8003201 | 水泥石灰砂浆 1∶2∶8 | m³ | 0.012 1 | 32.34 | 202.48 | 16.28 | 5.82 | 0.39 | 2.45 | 0.2 | 0.07 |
| 8001651 | 水泥砂浆 1∶2.5 | m³ | 0.008 1 | 29.4 | 270.47 | 16.28 | 5.29 | 0.24 | 2.19 | 0.13 | 0.04 |
| 人工单价 | | 小计 | | | | | | 30.18 | 5.05 | 0.33 | 8.16 |
| 综合工日 98 元/工日 | | 未计价材料费 | | | | | | 0 | | | |
| 清单项目综合单价 | | | | | | | | 43.72 | | | |
| 材料费明细 | 主要材料名称、规格、型号 | | | | | 单位 | 数量 | 单价/元 | 合价/元 | 暂估单价/元 | 暂估合价/元 |
| | 抹灰水泥砂浆（配合比）中砂 1∶2.5 | | | | | m³ | 0.008 1 | 270.47 | 2.19 | | |
| | 抹灰用混合砂浆（配合比）特细砂 1∶2∶8 | | | | | m³ | 0.012 1 | 202.48 | 2.45 | | |
| | 其他材料费 | | | | | | | — | 0.41 | — | 0 |
| | 材料费小计 | | | | | | | — | 5.05 | — | 0 |

注：1. 如不使用省级或行业建设主管部门发布的计价依据，可不填定额编码、名称等。

2. 招标文件提供了暂估单价的材料，按暂估的单价填入表内“暂估单价”栏及“暂估合价”栏。

**综合单价分析表**

工程名称：实验楼　　　　标段：　　　　第 40 页　共 77 页

| 项目编码 | 011105002001 | 项目名称 | | 石材踢脚线 | | | 计量单位 | | m² | 工程量 | 9.05 |
|---|---|---|---|---|---|---|---|---|---|---|---|
| 清单综合单价组成明细 | | | | | | | | | | | |
| 定额编号 | 定额名称 | 定额单位 | 数量 | 单价/元 | | | | 合价/元 | | | |
| | | | | 人工费 | 材料费 | 机械费 | 管理费和利润 | 人工费 | 材料费 | 机械费 | 管理费和利润 |
| A9－40 | 踢脚线 水泥砂浆 | 100m² | 0.01 | 3 301.91 | 20 400.87 | 0 | 899 | 33.02 | 204.01 | 0 | 8.99 |
| 8001646 | 水泥砂浆1∶2 | m³ | 0.0121 | 29.4 | 290.87 | 16.28 | 5.29 | 0.36 | 3.52 | 0.2 | 0.06 |
| 人工单价 | | 小计 | | | | | | 33.37 | 207.53 | 0.2 | 9.05 |
| 综合工日 98 元/工日 | | 未计价材料费 | | | | | | 0 | | | |
| 清单项目综合单价 | | | | | | | | 250.16 | | | |
| 材料费明细 | 主要材料名称、规格、型号 | | | | | 单位 | 数量 | 单价/元 | 合价/元 | 暂估单价/元 | 暂估合价/元 |
| | 抹灰水泥砂浆（配合比）中砂 1∶2 | | | | | m³ | 0.012 1 | 290.87 | 3.52 | | |
| | 大理石板 | | | | | m² | 1.015 | 200 | 203 | | |
| | 其他材料费 | | | | | | | — | 1.03 | — | 0 |
| | 材料费小计 | | | | | | | — | 207.55 | — | 0 |

注：1. 如不使用省级或行业建设主管部门发布的计价依据，可不填定额编码、名称等。

2. 招标文件提供了暂估单价的材料，按暂估的单价填入表内“暂估单价”栏及“暂估合价”栏。

**综合单价分析表**

工程名称：实验楼　　　　标段：　　　　第 44 页　共 77 页

| 项目编码 | 011201001001 | 项目名称 | | 墙面一般抹灰 | | 计量单位 | | m² | | 工程量 | 758.86 |
|---|---|---|---|---|---|---|---|---|---|---|---|
| 清单综合单价组成明细 | | | | | | | | | | | |
| 定额编号 | 定额名称 | 定额单位 | 数量 | 单价/元 | | | | 合价/元 | | | |
| | | | | 人工费 | 材料费 | 机械费 | 管理费和利润 | 人工费 | 材料费 | 机械费 | 管理费和利润 |
| A10-7 | 各种墙面水泥石灰砂浆底水泥砂浆面(15+5)mm | 100m² | 0.01 | 1 556.63 | 32.21 | 0 | 423.82 | 15.57 | 0.32 | 0 | 4.24 |
| 8003201 | 水泥石灰砂浆 1∶2∶8 | m³ | 0.017 3 | 32.34 | 202.48 | 16.28 | 5.82 | 0.56 | 3.5 | 0.28 | 0.1 |
| 8001651 | 水泥砂浆1∶2.5 | m³ | 0.005 7 | 29.4 | 270.47 | 16.28 | 5.29 | 0.17 | 1.54 | 0.09 | 0.03 |
| 人工单价 | | 小计 | | | | | | 16.29 | 5.37 | 0.37 | 4.37 |
| 综合工日 98 元/工日 | | 未计价材料费 | | | | | | 0 | | | |
| 清单项目综合单价 | | | | | | | | 26.4 | | | |
| 材料费明细 | 主要材料名称、规格、型号 | | | | | 单位 | 数量 | 单价/元 | 合价/元 | 暂估单价/元 | 暂估合价/元 |
| | 抹灰水泥砂浆(配合比)中砂 1∶2.5 | | | | | m³ | 0.005 7 | 270.47 | 1.54 | | |
| | 抹灰用混合砂浆(配合比)特细砂 1∶2∶8 | | | | | m³ | 0.017 3 | 202.48 | 3.5 | | |
| | 其他材料费 | | | | | | | — | 0.32 | — | 0 |
| | 材料费小计 | | | | | | | — | 5.37 | — | 0 |

注：1. 如不使用省级或行业建设主管部门发布的计价依据，可不填定额编码、名称等。

2. 招标文件提供了暂估单价的材料，按暂估的单价填入表内“暂估单价”栏及“暂估合价”栏。

**综合单价分析表**

工程名称：实验楼　　　　　　　　　　标段：　　　　　　　　　　第 47 页　共 77 页

| 项目编码 | 011204003001 | 项目名称 | | 块料墙面 | | | 计量单位 | | $m^2$ | 工程量 | 448.04 |
|---|---|---|---|---|---|---|---|---|---|---|---|
| 清单综合单价组成明细 | | | | | | | | | | | |
| 定额编号 | 定额名称 | 定额单位 | 数量 | 单价/元 | | | | 合价/元 | | | |
| | | | | 人工费 | 材料费 | 机械费 | 管理费和利润 | 人工费 | 材料费 | 机械费 | 管理费和利润 |
| A10-139 | 镶贴陶瓷面砖密缝 墙面 水泥膏 块料周长 600mm 内 | $100m^2$ | 0.01 | 3 858.75 | 2 613.3 | 0 | 1 050.62 | 38.59 | 26.13 | 0 | 10.51 |
| A10-1 | 底层抹灰 各种墙面 15mm | $100m^2$ | 0.01 | 1 118.18 | 39.39 | 0 | 304.44 | 11.18 | 0.39 | 0 | 3.04 |
| 8003191 | 水泥石灰砂浆 1∶1∶6 | $m^3$ | 0.016 7 | 32.34 | 208.53 | 16.28 | 5.82 | 0.54 | 3.48 | 0.27 | 0.1 |
| 人工单价 | | 小计 | | | | | | 50.31 | 30.01 | 0.27 | 13.65 |
| 综合工日 98 元/工日 | | 未计价材料费 | | | | | | 0 | | | |
| 清单项目综合单价 | | | | | | | | 92.24 | | | |
| 材料费明细 | 主要材料名称、规格、型号 | | | | | 单位 | 数量 | 单价/元 | 合价/元 | 暂估单价/元 | 暂估合价/元 |
| | 釉面砖 150mm×150mm | | | | | $m^2$ | 1.035 | 21.44 | 22.19 | | |
| | 抹灰用混合砂浆（配合比）特细砂 1∶1∶6 | | | | | $m^3$ | 0.016 7 | 208.53 | 3.48 | | |
| | 其他材料费 | | | | | | | — | 4.33 | — | 0 |
| | 材料费小计 | | | | | | | — | 30 | — | 0 |

注：1. 如不使用省级或行业建设主管部门发布的计价依据，可不填定额编码、名称等。

2. 招标文件提供了暂估单价的材料，按暂估的单价填入表内"暂估单价"栏及"暂估合价"栏。

**综合单价分析表**

工程名称：实验楼　　　　标段：　　　　第 49 页　共 77 页

| 项目编码 | 011207001001 | 项目名称 | | 墙面装饰板 | | | 计量单位 | | m² | 工程量 | 13.752 |
|---|---|---|---|---|---|---|---|---|---|---|---|
| 清单综合单价组成明细 | | | | | | | | | | | |
| 定额编号 | 定额名称 | 定额单位 | 数量 | 单价/元 | | | | 合价/元 | | | |
| | | | | 人工费 | 材料费 | 机械费 | 管理费和利润 | 人工费 | 材料费 | 机械费 | 管理费和利润 |
| A10-199 | 饰面层 胶合板面 | 100m² | 0.01 | 1 132.49 | 2 920.05 | 0 | 308.34 | 11.32 | 29.2 | 0 | 3.08 |
| A10-197 | 胶合板基层 5mm | 100m² | 0.01 | 538.02 | 1 479.94 | 315.43 | 180.79 | 5.38 | 14.8 | 3.15 | 1.81 |
| A7-161 | 刷石油沥青玛蹄脂一遍 混凝土、抹灰面立面 | 100m² | 0.01 | 169.34 | 1 188.61 | 0 | 43.22 | 1.69 | 11.89 | 0 | 0.43 |
| 人工单价 | | 小计 | | | | | | 18.4 | 55.89 | 3.15 | 5.32 |
| 综合工日 98 元/工日 | | 未计价材料费 | | | | | | 0 | | | |
| 清单项目综合单价 | | | | | | | | 82.76 | | | |
| 材料费明细 | 主要材料名称、规格、型号 | | | | | 单位 | 数量 | 单价/元 | 合价/元 | 暂估单价/元 | 暂估合价/元 |
| | 饰面胶合板 | | | | | m² | 1.1 | 22 | 24.2 | | |
| | 胶合板 2 440mm×1 220mm×5mm | | | | | m² | 1.05 | 13.17 | 13.83 | | |
| | 石油沥青玛蹄脂（配合比） | | | | | m³ | 0.002 5 | 2 774 | 6.94 | | |
| | 其他材料费 | | | | | | | — | 10.92 | — | 0 |
| | 材料费小计 | | | | | | | — | 55.89 | — | 0 |

注：1. 如不使用省级或行业建设主管部门发布的计价依据，可不填定额编码、名称等。

2. 招标文件提供了暂估单价的材料，按暂估的单价填入表内“暂估单价”栏及“暂估合价”栏。

**综合单价分析表**

工程名称：实验楼　　　　标段：　　　　第 50 页　共 77 页

| 项目编码 | 011301001001 | 项目名称 | | 天棚抹灰 | | | 计量单位 | | m² | 工程量 | 347.6 |
|---|---|---|---|---|---|---|---|---|---|---|---|
| 清单综合单价组成明细 | | | | | | | | | | | |
| 定额编号 | 定额名称 | 定额单位 | 数量 | 单价/元 | | | | 合价/元 | | | |
| | | | | 人工费 | 材料费 | 机械费 | 管理费和利润 | 人工费 | 材料费 | 机械费 | 管理费和利润 |
| A11－2 | 水泥石灰砂浆底 水泥砂浆面（10＋5)mm | 100m² | 0.01 | 1 548.11 | 39.91 | 0 | 400.07 | 15.48 | 0.4 | 0 | 4 |
| 8001651 | 水泥砂浆1：2.5 | m³ | 0.007 2 | 29.4 | 270.47 | 16.28 | 5.29 | 0.21 | 1.95 | 0.12 | 0.04 |
| 8003191 | 水泥石灰砂浆 1：1：6 | m³ | 0.011 3 | 32.34 | 208.53 | 16.28 | 5.82 | 0.37 | 2.36 | 0.18 | 0.07 |
| 人工单价 | | 小计 | | | | | | 16.06 | 4.7 | 0.3 | 4.1 |
| 综合工日 98 元/工日 | | 未计价材料费 | | | | | | 0 | | | |
| 清单项目综合单价 | | | | | | | | 25.16 | | | |
| 材料费明细 | 主要材料名称、规格、型号 | | | | | 单位 | 数量 | 单价/元 | 合价/元 | 暂估单价/元 | 暂估合价/元 |
| | 抹灰水泥砂浆(配合比)中砂 1：2.5 | | | | | m³ | 0.007 2 | 270.47 | 1.95 | | |
| | 抹灰用混合砂浆(配合比)特细砂 1：1：6 | | | | | m³ | 0.011 3 | 208.53 | 2.36 | | |
| | 其他材料费 | | | | | | | — | 0.4 | — | 0 |
| | 材料费小计 | | | | | | | — | 4.7 | — | 0 |

注：1. 如不使用省级或行业建设主管部门发布的计价依据，可不填定额编码、名称等。

2. 招标文件提供了暂估单价的材料，按暂估的单价填入表内“暂估单价”栏及“暂估合价”栏。

**综合单价分析表**

工程名称：实验楼　　　　　　　　标段：　　　　　　　　第 51 页　共 77 页

| 项目编码 | 011302001001 | 项目名称 | | 吊顶天棚 | | 计量单位 | | m² | 工程量 | 15.941 | |
|---|---|---|---|---|---|---|---|---|---|---|---|
| 清单综合单价组成明细 | | | | | | | | | | | |
| 定额编号 | 定额名称 | 定额单位 | 数量 | 单价/元 | | | | 合价/元 | | | |
| | | | | 人工费 | 材料费 | 机械费 | 管理费和利润 | 人工费 | 材料费 | 机械费 | 管理费和利润 |
| A11－34 | 装配式U形轻钢天棚龙骨（不上人型）面层规格450mm×450mm平面 | 100m² | 0.01 | 1 666.98 | 3 784.06 | 9.22 | 432.04 | 16.67 | 37.84 | 0.09 | 4.32 |
| A11－108 | 石膏板面层 安在U形轻钢龙骨上 | 100m² | 0.01 | 952.56 | 2 174.15 | 0 | 246.17 | 9.53 | 21.74 | 0 | 2.46 |
| 人工单价 | | 小计 | | | | | | 26.2 | 59.58 | 0.09 | 6.78 |
| 综合工日98元/工日 | | 未计价材料费 | | | | | | 0 | | | |
| 清单项目综合单价 | | | | | | | | 92.66 | | | |
| 材料费明细 | 主要材料名称、规格、型号 | | | | | 单位 | 数量 | 单价/元 | 合价/元 | 暂估单价/元 | 暂估合价/元 |
| | 圆钢$\phi$10mm以内 | | | | | t | 0.000 3 | 4 080.39 | 1.22 | | |
| | 石膏板 | | | | | m² | 1.05 | 19.81 | 20.8 | | |
| | 轻钢中龙骨 | | | | | m | 3.39 | 4.5 | 15.26 | | |
| | 轻钢大龙骨45 | | | | | m | 1.372 9 | 5.2 | 7.14 | | |
| | 其他材料费 | | | | | | | — | 15.29 | — | 0 |
| | 材料费小计 | | | | | | | — | 59.71 | — | 0 |

注：1. 如不使用省级或行业建设主管部门发布的计价依据，可不填定额编码、名称等。

2. 招标文件提供了暂估单价的材料，按暂估的单价填入表内“暂估单价”栏及“暂估合价”栏。

**综合单价分析表**

工程名称：实验楼　　　　标段：　　　　第 52 页　共 77 页

| 项目编码 | 011401001001 | | 项目名称 | | 木门油漆 | | 计量单位 | | 樘 | 工程量 | 10 |
|---|---|---|---|---|---|---|---|---|---|---|---|
| 清单综合单价组成明细 | | | | | | | | | | | |
| 定额编号 | 定额名称 | 定额单位 | 数量 | 单价/元 | | | | 合价/元 | | | |
| | | | | 人工费 | 材料费 | 机械费 | 管理费和利润 | 人工费 | 材料费 | 机械费 | 管理费和利润 |
| A16-1 | 木材面油调和漆 底油一遍调和漆二遍 单层木门 | 100m² | 0.024 1 | 1 326.53 | 506.12 | 0 | 342.81 | 31.97 | 12.2 | 0 | 8.26 |
| 人工单价 | | 小计 | | | | | | 31.97 | 12.2 | 0 | 8.26 |
| 综合工日 98 元/工日 | | 未计价材料费 | | | | | | 0 | | | |
| 清单项目综合单价 | | | | | | | | 52.43 | | | |
| 材料费明细 | 主要材料名称、规格、型号 | | | | | 单位 | 数量 | 单价/元 | 合价/元 | 暂估单价/元 | 暂估合价/元 |
| | 酚醛调和漆 | | | | | kg | 1.132 | 7.2 | 8.15 | | |
| | 其他材料费 | | | | | | | — | 4.05 | — | 0 |
| | 材料费小计 | | | | | | | — | 12.2 | — | 0 |

注：1. 如不使用省级或行业建设主管部门发布的计价依据，可不填定额编码、名称等。

2. 招标文件提供了暂估单价的材料，按暂估的单价填入表内“暂估单价”栏及“暂估合价”栏。

**综合单价分析表**

工程名称：实验楼　　　　标段：　　　　第 54 页　共 77 页

| 项目编码 | 011404001001 | 项目名称 | | 木护墙、木墙裙油漆 | | 计量单位 | | m² | | 工程量 | 13.75 |
|---|---|---|---|---|---|---|---|---|---|---|---|
| 清单综合单价组成明细 | | | | | | | | | | | |
| 定额编号 | 定额名称 | 定额单位 | 数量 | 单价/元 | | | | 合价/元 | | | |
| | | | | 人工费 | 材料费 | 机械费 | 管理费和利润 | 人工费 | 材料费 | 机械费 | 管理费和利润 |
| A16－18 | 木材面油聚氨酯漆 3 遍 其他木材面 | 100m² | 0.01 | 2 035.66 | 730.73 | 0 | 526.07 | 20.36 | 7.31 | 0 | 5.26 |
| 人工单价 | | 小计 | | | | | | 20.36 | 7.31 | 0 | 5.26 |
| 综合工日 98 元/工日 | | 未计价材料费 | | | | | | 0 | | | |
| 清单项目综合单价 | | | | | | | | 32.93 | | | |
| 材料费明细 | 主要材料名称、规格、型号 | | | | | 单位 | 数量 | 单价/元 | 合价/元 | 暂估单价/元 | 暂估合价/元 |
| | 聚氨脂漆 | | | | | kg | 0.314 | 17.73 | 5.57 | | |
| | 其他材料费 | | | | | | | — | 1.74 | — | 0 |
| | 材料费小计 | | | | | | | — | 7.31 | — | 0 |

注：1. 如不使用省级或行业建设主管部门发布的计价依据，可不填定额编码、名称等。

2. 招标文件提供了暂估单价的材料，按暂估的单价填入表内“暂估单价”栏及“暂估合价”栏。

**综合单价分析表**

工程名称：实验楼　　　　标段：　　　　第 55 页　共 77 页

| 项目编码 | 011407001001 | 项目名称 | | 墙面喷刷涂料 | | | 计量单位 | | m² | 工程量 | 758.86 |
|---|---|---|---|---|---|---|---|---|---|---|---|
| 清单综合单价组成明细 | | | | | | | | | | | |
| 定额编号 | 定额名称 | 定额单位 | 数量 | 单价/元 | | | | 合价/元 | | | |
| | | | | 人工费 | 材料费 | 机械费 | 管理费和利润 | 人工费 | 材料费 | 机械费 | 管理费和利润 |
| A16－187 | 抹灰面乳胶漆 墙柱面 两遍 | 100m² | 0.01 | 464.72 | 116.44 | 0 | 120.1 | 4.65 | 1.16 | 0 | 1.2 |
| A16－184 | 刮成品腻子粉 耐水型(N) | 100m² | 0.01 | 552.13 | 1 001.3 | 0 | 142.68 | 5.52 | 10.01 | 0 | 1.43 |
| 人工单价 | | 小计 | | | | | | 10.17 | 11.18 | 0 | 2.63 |
| 综合工日 98 元/工日 | | 未计价材料费 | | | | | | 0 | | | |
| 清单项目综合单价 | | | | | | | | 23.98 | | | |
| 材料费明细 | 主要材料名称、规格、型号 | | | | | 单位 | 数量 | 单价/元 | 合价/元 | 暂估单价/元 | 暂估合价/元 |
| | 乳胶漆 8205 | | | | | kg | 0.278 1 | 4.13 | 1.15 | | |
| | 腻子粉成品（防水型） | | | | | kg | 2 | 5 | 10 | | |
| | 其他材料费 | | | | | | | — | 0.03 | — | 0 |
| | 材料费小计 | | | | | | | — | 11.18 | — | 0 |

注：1. 如不使用省级或行业建设主管部门发布的计价依据，可不填定额编码、名称等。

2. 招标文件提供了暂估单价的材料，按暂估的单价填入表内“暂估单价”栏及“暂估合价”栏。

**综合单价分析表**

工程名称：实验楼　　　　标段：　　　　第 57 页　共 77 页

| 项目编码 | 011407002001 | 项目名称 | | 天棚喷刷涂料 | | 计量单位 | | m² | 工程量 | 347.6 | |
|---|---|---|---|---|---|---|---|---|---|---|---|
| 清单综合单价组成明细 | | | | | | | | | | | |
| 定额编号 | 定额名称 | 定额单位 | 数量 | 单价/元 | | | | 合价/元 | | | |
| | | | | 人工费 | 材料费 | 机械费 | 管理费和利润 | 人工费 | 材料费 | 机械费 | 管理费和利润 |
| A16－189 | 抹灰面乳胶漆 天棚面 2 遍 | 100m² | 0.01 | 538.8 | 116.44 | 0 | 139.24 | 5.39 | 1.16 | 0 | 1.39 |
| A16－184 | 刮成品腻子粉 耐水型(N) | 100m² | 0.01 | 552.13 | 1 001.3 | 0 | 142.68 | 5.52 | 10.01 | 0 | 1.43 |
| 人工单价 | | 小计 | | | | | | 10.91 | 11.18 | 0 | 2.82 |
| 综合工日 98 元/工日 | | 未计价材料费 | | | | | | 0 | | | |
| 清单项目综合单价 | | | | | | | | 24.91 | | | |
| 材料费明细 | 主要材料名称、规格、型号 | | | | | 单位 | 数量 | 单价/元 | 合价/元 | 暂估单价/元 | 暂估合价/元 |
| | 乳胶漆 8205 | | | | | kg | 0.278 1 | 4.13 | 1.15 | | |
| | 腻子粉成品（防水型） | | | | | kg | 2 | 5 | 10 | | |
| | 其他材料费 | | | | | | | — | 0.03 | — | 0 |
| | 材料费小计 | | | | | | | — | 11.18 | — | 0 |

注：1. 如不使用省级或行业建设主管部门发布的计价依据，可不填定额编码、名称等。

2. 招标文件提供了暂估单价的材料，按暂估的单价填入表内“暂估单价”栏及“暂估合价”栏。

**综合单价分析表**

工程名称：实验楼　　　　标段：　　　　第 59 页　共 77 页

| 项目编码 | 011503002001 | 项目名称 | | 硬木扶手、栏杆、栏板 | | 计量单位 | | | m | 工程量 | 13.66 |
|---|---|---|---|---|---|---|---|---|---|---|---|
| 清单综合单价组成明细 | | | | | | | | | | | |
| 定额编号 | 定额名称 | 定额单位 | 数量 | 单价/元 | | | | 合价/元 | | | |
| | | | | 人工费 | 材料费 | 机械费 | 管理费和利润 | 人工费 | 材料费 | 机械费 | 管理费和利润 |
| A14-145 | 硬木扶手 直型 100mm×60mm | 100m | 0.01 | 1 428.84 | 9 464.3 | 0 | 375.2 | 14.29 | 94.64 | 0 | 3.75 |
| A14-162 | 硬木 100mm×60mm | 10 个 | 0.029 3 | 182.57 | 313.78 | 0 | 47.94 | 5.35 | 9.19 | 0 | 1.4 |
| A14-106 | 铸铁花件栏杆 安装 | 100m | 0.01 | 3 413.34 | 27 542.37 | 101.37 | 910.72 | 34.13 | 275.42 | 1.01 | 9.11 |
| 人工单价 | | 小计 | | | | | | 53.77 | 379.25 | 1.01 | 14.26 |
| 综合工日 98 元/工日 | | 未计价材料费 | | | | | | 0 | | | |
| 清单项目综合单价 | | | | | | | | 448.29 | | | |
| 材料费明细 | 主要材料名称、规格、型号 | | | | | 单位 | 数量 | 单价/元 | 合价/元 | 暂估单价/元 | 暂估合价/元 |
| | 硬木扶手 100mm×60mm | | | | | m | 1.05 | 90 | 94.5 | | |
| | 硬木弯头 100mm×60mm | | | | | 个 | 0.295 8 | 31 | 9.17 | | |
| | 铸铁花件 | | | | | 个 | 4 | 68.84 | 275.36 | | |
| | 其他材料费 | | | | | | | — | 0.23 | — | 0 |
| | 材料费小计 | | | | | | | — | 379.26 | — | 0 |

注：1. 如不使用省级或行业建设主管部门发布的计价依据，可不填定额编码、名称等。
2. 招标文件提供了暂估单价的材料，按暂估的单价填入表内“暂估单价”栏及“暂估合价”栏。

**综合单价分析表**

工程名称：实验楼　　　　标段：　　　　第 60 页　共 77 页

| 项目编码 | 011701002001 | 项目名称 | | 外脚手架 | | | 计量单位 | | m² | 工程量 | 587.29 |
|---|---|---|---|---|---|---|---|---|---|---|---|
| 清单综合单价组成明细 | | | | | | | | | | | |
| 定额编号 | 定额名称 | 定额单位 | 数量 | 单价/元 | | | | 合价/元 | | | |
| | | | | 人工费 | 材料费 | 机械费 | 管理费和利润 | 人工费 | 材料费 | 机械费 | 管理费和利润 |
| A22-2 | 综合钢脚手架 高度(以内)12.5m | 100m² | 0.01 | 1 145.62 | 976.81 | 155.36 | 315.42 | 11.46 | 9.77 | 1.55 | 3.15 |
| 人工单价 | | 小计 | | | | | | 11.46 | 9.77 | 1.55 | 3.15 |
| 综合工日 98 元/工日 | | 未计价材料费 | | | | | | 0 | | | |
| 清单项目综合单价 | | | | | | | | 25.93 | | | |
| 材料费明细 | 主要材料名称、规格、型号 | | | | | 单位 | 数量 | 单价/元 | 合价/元 | 暂估单价/元 | 暂估合价/元 |
| | 松杂直边板 | | | | | m³ | 0.000 5 | 1 279.17 | 0.64 | | |
| | 杉原木（综合） | | | | | m³ | 0.000 3 | 779.56 | 0.23 | | |
| | 脚手架钢管$\phi$51mm×3.5 | | | | | m | 0.193 5 | 18.25 | 3.53 | | |
| | 定型板 1 000mm×500mm×15mm | | | | | 件 | 0.130 7 | 7.3 | 0.95 | | |
| | 其他材料费 | | | | | | | — | 4.2 | — | 0 |
| | 材料费小计 | | | | | | | — | 9.56 | — | 0 |

注：1. 如不使用省级或行业建设主管部门发布的计价依据，可不填定额编码、名称等。

2. 招标文件提供了暂估单价的材料，按暂估的单价填入表内“暂估单价”栏及“暂估合价”栏。

## 综合单价分析表

工程名称：实验楼　　　　标段：　　　　第 64 页　共 77 页

| 项目编码 | 011702001001 | 项目名称 | | 基础 | | | 计量单位 | | m² | 工程量 | 47.8 |
|---|---|---|---|---|---|---|---|---|---|---|---|
| 清单综合单价组成明细 | | | | | | | | | | | |
| 定额编号 | 定额名称 | 定额单位 | 数量 | 单价/元 | | | | 合价/元 | | | |
| | | | | 人工费 | 材料费 | 机械费 | 管理费和利润 | 人工费 | 材料费 | 机械费 | 管理费和利润 |
| A21-13 | 桩承台模板 | 100m² | 0.01 | 2 293.2 | 1 204.54 | 123.54 | 750.93 | 22.93 | 12.05 | 1.24 | 7.51 |
| 人工单价 | | 小计 | | | | | | 22.93 | 12.05 | 1.24 | 7.51 |
| 综合工日 98 元/工日 | | 未计价材料费 | | | | | | 0 | | | |
| 清单项目综合单价 | | | | | | | | 43.73 | | | |
| 材料费明细 | 主要材料名称、规格、型号 | | | | | 单位 | 数量 | 单价/元 | 合价/元 | 暂估单价/元 | 暂估合价/元 |
| | 松杂板枋材 | | | | | m³ | 0.003 5 | 1 363.56 | 4.77 | | |
| | 防水胶合板模板用 18mm | | | | | m² | 0.087 5 | 32.95 | 2.88 | | |
| | 其他材料费 | | | | | | | — | 4.44 | — | 0 |
| | 材料费小计 | | | | | | | — | 12.1 | — | 0 |

注：1. 如不使用省级或行业建设主管部门发布的计价依据，可不填定额编码、名称等。

2. 招标文件提供了暂估单价的材料，按暂估的单价填入表内“暂估单价”栏及“暂估合价”栏。

**综合单价分析表**

工程名称：实验楼　　　　标段：　　　　第 70 页　共 77 页

| 项目编码 | 011702014001 | 项目名称 | | 有梁板 | | 计量单位 | | m$^2$ | | 工程量 | 269.46 |
|---|---|---|---|---|---|---|---|---|---|---|---|
| 清单综合单价组成明细 | | | | | | | | | | | |
| 定额编号 | 定额名称 | 定额单位 | 数量 | 单价/元 | | | | 合价/元 | | | |
| | | | | 人工费 | 材料费 | 机械费 | 管理费和利润 | 人工费 | 材料费 | 机械费 | 管理费和利润 |
| A21－49 | 有梁板模板 支模高度 3.6m | 100m$^2$ | 0.01 | 3 023.3 | 1 186.05 | 221.94 | 895.42 | 30.23 | 11.86 | 2.22 | 8.95 |
| 人工单价 | | 小计 | | | | | | 30.23 | 11.86 | 2.22 | 8.95 |
| 综合工日 98 元/工日 | | 未计价材料费 | | | | | | 0 | | | |
| 清单项目综合单价 | | | | | | | | 53.26 | | | |
| 材料费明细 | 主要材料名称、规格、型号 | | | | | 单位 | 数量 | 单价/元 | 合价/元 | 暂估单价/元 | 暂估合价/元 |
| | 松杂板枋材 | | | | | m$^3$ | 0.002 8 | 1 363.56 | 3.82 | | |
| | 防水胶合板模板用 18mm | | | | | m$^2$ | 0.087 5 | 32.95 | 2.88 | | |
| | 钢支撑 | | | | | kg | 0.696 5 | 4.57 | 3.18 | | |
| | 其他材料费 | | | | | | | — | 1.96 | — | 0 |
| | 材料费小计 | | | | | | | — | 11.85 | — | 0 |

注：1. 如不使用省级或行业建设主管部门发布的计价依据，可不填定额编码、名称等。

2. 招标文件提供了暂估单价的材料，按暂估的单价填入表内“暂估单价”栏及“暂估合价”栏。

**总价措施项目清单与计价表**

工程名称：实验楼　　　　标段：　　　　第1页　共1页

| 序号 | 项目编码 | 项目名称 | 计算基础 | 费率/(%) | 金额/元 | 调整费率/(%) | 调整后金额/元 | 备注 |
|---|---|---|---|---|---|---|---|---|
| 1 | 011707001001 | 安全文明施工(含环境保护、文明施工、安全施工、临时设施) | 分部分项合计 | 3.18 | 20 385.93 | | | 以分部分项工程费为计算基础，费率3.18% |
| 2 | 011707002001 | 夜间施工 | | 20 | | | | 以夜间施工项目人工费的20%计算 |
| 3 | 011707003001 | 非夜间施工照明 | | | | | | |
| 4 | 011707004001 | 二次搬运 | | | | | | |
| 5 | 011707005001 | 冬雨季施工 | | | | | | |
| 6 | 011707006001 | 地上、地下设施、建筑物的临时保护设施 | | | | | | |
| 7 | 011707007001 | 已完工程及设备保护 | 分部分项合计 | 0.3 | 1 923.2 | | | |
| | | 合　计 | | | 22 309.13 | | | |

编制人(造价人员)：　　　　复核人(造价工程师)：

注：1. "计算基础"中的安全文明施工费可为"定额基价""定额人工费"或"定额人工费＋定额机械费"，其他项目可为"定额人工费"或"定额人工费＋定额机械费"。

2. 按施工方案计算的措施费，若无"计算基础"和"费率"的数值，也可只填"金额"数值，但应在备注栏说明施工方案出处或计算方法。

**其他项目清单与计价汇总表**

工程名称：实验楼　　　　标段：　　　　第1页　共1页

| 序号 | 项目名称 | 金额/元 | 结算金额/元 | 备　注 |
|---|---|---|---|---|
| 1 | 材料检验试验费 | | | |
| 2 | 工程优质费 | | | |
| 3 | 暂列金额 | 64 106.71 | | 明细详见暂列金额明细表 |
| 4 | 暂估价 | 46 877.7 | | |
| 4.1 | 材料暂估价 | — | | 明细详见材料(工程设备)暂估单价及调整表 |
| 4.2 | 专业工程暂估价 | 35 000 | | 明细详见专业工程暂估价及结算价表 |
| 5 | 计日工 | 19 800 | | 明细详见计日工表 |
| 6 | 总承包服务费 | 1 868.78 | | 明细详见总承包服务费计价表 |
| 7 | 材料保管费 | | | |

续表

| 序号 | 项目名称 | 金额/元 | 结算金额/元 | 备　注 |
|---|---|---|---|---|
| 8 | 预算包干费 | | | |
| 9 | 现场签证费用 | | | |
| 10 | 索赔费用 | | | |
| 合　计 | | 120 775.49 | | — |

注：材料(工程设备)暂估单价进入清单项目综合单价，此处不汇总。

**暂列金额明细表**

工程名称：实验楼　　　　标段：　　　　第1页　共1页

| 序号 | 项目名称 | 计量单位 | 暂定金额/元 | 备注 |
|---|---|---|---|---|
| 1 | 暂列金 | 元 | 64 106.713 | |
| 合　计 | | | 64 106.713 | — |

注：此表由招标人填写，如不能详列，也可只列暂列金额总额，投标人应将上述暂列金额计入投标总价中。

**材料(工程设备)暂估单价及调整表**

工程名称：实验楼　　　　标段：　　　　第1页　共1页

| 序号 | 材料(工程设备)名称、规格、型号 | 计量单位 | 数量 | | 暂估/元 | | 确认/元 | | 差额±/元 | | 备注 |
|---|---|---|---|---|---|---|---|---|---|---|---|
| | | | 暂估 | 确认 | 单价 | 合价 | 单价 | 合价 | 单价 | 合价 | |
| 1 | 瓷质抛光砖 400mm×400mm | $m^2$ | 118.78 | | 100 | 11 878 | | | | | |
| 合计 | | | | | | 11 878 | | | | | |

注：此表由招标人填写“暂估单价”，并在备注栏说明暂估价的材料、工程设备拟用在那些清单项目上，投标人应将上述材料、工程设备暂估单价计入工程量清单综合单价报价中。

**专业工程暂估价及结算价表**

工程名称：实验楼　　　　标段：　　　　第1页　共1页

| 序号 | 工程名称 | 工程内容 | 暂估金额/元 | 结算金额/元 | 差额±/元 | 备注 |
|---|---|---|---|---|---|---|
| 1 | 铝合金门窗制作安装工程 | 制作安装 | 35 000 | | | |
| 合　计 | | | 35 000 | | | — |

注：此表“暂估金额”由招标人填写，投标人应将“暂估金额”计入投标总价中。结算时按合同约定结算金额填写。

**计日工表**

工程名称：实验楼　　　　标段：　　　　第1页　共1页

| 编号 | 项目名称 | 单位 | 暂定数量 | 实际数量 | 综合单价/元 | 合价/元 | |
|---|---|---|---|---|---|---|---|
| | | | | | | 暂定 | 实际 |
| 1 | 人工 | | | | | | |
| 1.1 | 普工 | 工日 | 100 | | 80 | 8 000 | |

续表

| 编号 | 项目名称 | 单位 | 暂定数量 | 实际数量 | 综合单价/元 | 合价/元 | |
|---|---|---|---|---|---|---|---|
| | | | | | | 暂定 | 实际 |
| 1.2 | 技工(综合) | 工日 | 50 | | 200 | 10 000 | |
| 人工小计 | | | | | | 18 000 | |
| 2 | 材料 | | | | | | |
| 2.1 | 砾石(5～40mm) | $m^3$ | 10 | | 60 | 600 | |
| 材料小计 | | | | | | 600 | |
| 3 | 施工机械 | | | | | | |
| 3.1 | 灰浆搅拌机(400L) | 台班 | 8 | | 150 | 1 200 | |
| 施工机械小计 | | | | | | 1 200 | |
| 总 计 | | | | | | 19 800 | |

注：此表项目名称、暂定数量由招标人填写，编制招标控制价时，单价由招标人按有关计价规定确定；投标时，单价由投标人自主报价，按暂定数量计算合价计入投标总价中。结算时，按发承包双方确认的实际数量计算合价。

**总承包服务费计价表**

工程名称：实验楼　　　　标段：　　　　第1页　共1页

| 序号 | 项目名称 | 项目价值/元 | 服务内容 | 计算基础 | 费率/(%) | 金额/元 |
|---|---|---|---|---|---|---|
| 1 | 发包人分包铝合金门窗制作安装工程 | 35 000 | (1) 按专业工程承包人的要求提供施工工作面并对施工现场进行统一管理，对竣工资料进行统一整理汇总<br>(2) 为专业工程承包人提供垂直运输机械和焊接电源接入点，并承担垂直运输费和电费<br>(3) 为铝合金门窗安装后进行补缝和找平并承担相应费用 | 35 000 | 5 | 17 |
| 2 | 发包人供应材料 | 11 877.7 | 对发包人供应的材料进行验收、保管和使用发放 | 11 877.1 | 1 | 118.78 |
| 合 计 | | | | | | 1 868.78 |

注：此表项目名称、服务内容由招标人填写，编制招标控制价时，费率及金额由招标人按有关计价规定确定；投标时，费率及金额由投标人自主报价，计入投标总价中。

**规费、税金项目计价表**

工程名称：实验楼　　　　标段：　　　　第1页　共1页

| 序号 | 项目名称 | 计算基础 | 计算基数 | 计算费率/(%) | 金额/元 |
|---|---|---|---|---|---|
| 1 | 规费 | 规费合计 | 35 992.56 | | 35 992.56 |
| 1.1 | 社会保险费 | 分部分项合计＋措施合计＋其他项目 | 784 151.75 | 3.31 | 25 955.42 |
| (1) | 养老保险费 | 分部分项合计＋措施合计＋其他项目 | 784 151.75 | | |

续表

| 序号 | 项目名称 | 计算基础 | 计算基数 | 计算费率/(%) | 金额/元 |
|---|---|---|---|---|---|
| (2) | 失业保险费 | 分部分项合计＋措施合计＋其他项目 | 784 151.75 | | |
| (3) | 医疗保险费 | 分部分项合计＋措施合计＋其他项目 | 784 151.75 | | |
| (4) | 工伤保险费 | 分部分项合计＋措施合计＋其他项目 | 784 151.75 | | |
| (5) | 生育保险费 | 分部分项合计＋措施合计＋其他项目 | 784 151.75 | | |
| 1.2 | 住房公积金 | 分部分项合计＋措施合计＋其他项目 | 784 151.75 | 1.28 | 10 037.14 |
| 1.3 | 工程排污费 | 分部分项合计＋措施合计＋其他项目 | 784 151.75 | | |
| 2 | 税金 | 分部分项合计＋措施合计＋其他项目＋规费 | 820 144.31 | 3.477 | 28 516.42 |
| | | 合计 | | | 64 508.98 |

编制人(造价人员)： 复核人(造价工程师)：

**承包人提供主要材料和工程设备一览表**

**(适用造价信息差额调整法)**

工程名称：实验楼 标段：

| 序号 | 名称、规格、型号 | 单位 | 数量 | 风险系数/(%) | 基准单价/元 | 投标单价/元 | 发承包人确认单价/元 | 备注 |
|---|---|---|---|---|---|---|---|---|
| 1 | 釉面砖 150mm×150mm | $m^2$ | 463.721 4 | | | 21.44 | | |
| 2 | 砌筑用混合砂浆(配合比)中砂 M5.0 | $m^3$ | 21.722 2 | | | 203.78 | | |
| 3 | 抹灰用混合砂浆(配合比)特细砂 1∶2∶8 | $m^3$ | 14.644 2 | | | 202.48 | | |
| 4 | 松杂直边板 | $m^3$ | 0.426 7 | | | 1 279.17 | | |
| 5 | 圆钢 $\phi$12～25mm | t | 3.275 | | | 4 264.03 | | |
| 6 | 复合普通硅酸盐水泥 P.C 32.5 | t | 85.083 1 | | | 354.71 | | |
| 7 | 轻钢大龙骨 45 | m | 21.885 4 | | | 5.2 | | |
| 8 | 热轧厚钢板 6～7mm | t | 0.593 6 | | | 4 590 | | |
| 9 | 抹灰水泥砂浆(配合比)中砂 1∶3 | $m^3$ | 7.450 6 | | | 251.54 | | |
| 10 | 乳胶漆 8205 | kg | 307.706 6 | | | 4.13 | | |
| 11 | 生石灰 | t | 8.396 2 | | | 275.4 | | |
| 12 | 大理石板 | $m^2$ | 9.185 8 | | | 200 | | |
| 13 | 松杂板枋材 | $m^3$ | 4.889 4 | | | 1 363.56 | | |
| 14 | 杉原木(综合) | $m^3$ | 0.176 2 | | | 779.56 | | |
| 15 | 螺纹钢 $\phi$10～25mm | t | 21.132 | | | 4 128.71 | | |
| 16 | 石油沥青玛蹄脂(配合比) | $m^3$ | 0.034 4 | | | 2 774 | | |
| 17 | 胶合板 9mm | $m^2$ | 17.241 | | | 19.35 | | |

续表

| 序号 | 名称、规格、型号 | 单位 | 数量 | 风险系数/(%) | 基准单价/元 | 投标单价/元 | 发承包人确认单价/元 | 备注 |
|---|---|---|---|---|---|---|---|---|
| 18 | 外墙油性底漆 | kg | 16.739 5 | | | 26 | | |
| 19 | 胶合板 2 440mm×1 220mm×5mm | $m^2$ | 14.439 6 | | | 13.17 | | |
| 20 | 硬木扶手 100mm×60mm | m | 14.343 | | | 90 | | |
| 21 | 白色硅酸盐水泥 32.5 | t | 0.486 | | | 654.18 | | |
| 22 | 腻子粉 成品(防水型) | kg | 2 543.72 | | | 5 | | |
| 23 | 轻钢中龙骨 | m | 54.04 | | | 4.5 | | |
| 24 | 抹灰用混合砂浆(配合比)特细砂 1∶1∶6 | $m^3$ | 11.866 6 | | | 208.53 | | |
| 25 | 预应力混凝土管桩 $\phi$300mm | m | 926.872 8 | | | 76.5 | | |
| 26 | 脚手架钢管 $\phi$51mm×3.5 | m | 117.360 9 | | | 18.25 | | |
| 27 | C25 混凝土 10 石(配合比) | $m^3$ | 7.471 9 | | | 255.49 | | |
| 28 | 标准砖 240mm×115mm×53mm | 千块 | 51.523 8 | | | 270 | | |
| 29 | 防水胶合板 模板用 18mm | $m^2$ | 93.413 2 | | | 32.95 | | |
| 30 | C30 混凝土 20 石(配合比) | $m^3$ | 21.722 1 | | | 269.95 | | |
| 31 | 瓷质抛光砖 400mm×400mm | $m^2$ | 118.777 | | | 100 | | |
| 32 | 水泥珍珠岩浆 | $m^3$ | 12.551 1 | | | 353.41 | | |
| 33 | 杉木门窗套料 | $m^3$ | 0.987 9 | | | 1 598.62 | | |
| 34 | 圆钢 $\phi$10mm 以内 | t | 7.587 2 | | | 4 080.39 | | |
| 35 | 釉面砖 300mm×300mm | $m^2$ | 26.150 2 | | | 22.5 | | |
| 36 | C15 混凝土 20 石(配合比) | $m^3$ | 9.640 4 | | | 225.45 | | |
| 37 | 石膏板 | $m^2$ | 16.738 1 | | | 19.81 | | |
| 38 | 碎石 10mm | $m^3$ | 10.064 1 | | | 70.38 | | |
| 39 | 内墙乳胶漆 面漆 | kg | 3.870 2 | | | 22.5 | | |
| 40 | 硬木弯头 100mm×60mm | 个 | 4.04 | | | 31 | | |
| 41 | 石油沥青油毡 350g | $m^2$ | 17.733 6 | | | 2.2 | | |
| 42 | 缸砖 | $m^2$ | 92.001 4 | | | 14 | | |
| 43 | 饰面胶合板 | $m^2$ | 15.127 2 | | | 22 | | |
| 44 | 碎石 20mm | $m^3$ | 113.821 1 | | | 70.38 | | |
| 45 | 黏土 | $m^3$ | 16.350 3 | | | 32.64 | | |
| 46 | 抹灰水泥砂浆(配合比)中砂 1∶2 | $m^3$ | 7.046 2 | | | 290.87 | | |

续表

| 序号 | 名称、规格、型号 | 单位 | 数量 | 风险系数/(%) | 基准单价/元 | 投标单价/元 | 发承包人确认单价/元 | 备注 |
|---|---|---|---|---|---|---|---|---|
| 47 | 胶合板 2 440mm×1 220mm×4mm | $m^2$ | 41.111 6 | | | 11.29 | | |
| 48 | 改性沥青卷材 | $m^2$ | 183.963 9 | | | 25 | | |
| 49 | 石油沥青耐酸砂浆（配合比）1∶2∶7 | $m^3$ | 0.259 9 | | | 1 244 | | |
| 50 | 泡沫防潮纸 | $m^2$ | 17.733 6 | | | 0.87 | | |
| 51 | 钢支撑 | kg | 699.899 6 | | | 4.57 | | |
| 52 | 酚醛调和漆 | kg | 11.646 3 | | | 7.2 | | |
| 53 | C25 混凝土 20 石（配合比） | $m^3$ | 102.829 1 | | | 249.2 | | |
| 54 | 铸铁花件 | 个 | 54.64 | | | 68.84 | | |
| 55 | 实木地板 企口 | $m^2$ | 17.241 | | | 95 | | |
| 56 | 抹灰水泥砂浆（配合比）中砂 1∶1 | $m^3$ | 0.100 6 | | | 363.03 | | |
| 57 | 油性乳胶漆 | kg | 33.329 6 | | | 42 | | |
| 58 | C15 混凝土 10 石（配合比） | $m^3$ | 4.983 7 | | | 231.55 | | |
| 59 | 抹灰水泥砂浆（配合比）中砂 1∶2.5 | $m^3$ | 11.019 2 | | | 270.47 | | |
| 60 | 中砂 | $m^3$ | 172.603 9 | | | 89.76 | | |
| 61 | 定型板 1 000mm×500mm×15mm | 件 | 76.758 8 | | | 7.3 | | |
| 62 | 硬木枋 | $m^3$ | 0.055 3 | | | 5 200 | | |
| 63 | 聚氨酯漆 | kg | 4.317 5 | | | 17.73 | | |
| 64 | 轻钢中龙骨横撑 $h$=19mm | m | 43.008 8 | | | 4.5 | | |

注：1. 此表由招标人填写除“投标单价”栏的内容，投标人在投标时自主确定投标单价。
2. 基准单价应优先采用工程造价管理机构发布的单价，未发布的，通过市场调查确定其基准单价。

## 本章小结

本章主要对实验楼工程编制了完整的工程量清单、工程量清单计价(投标报价)，包括分部分项工程量清单、措施项目清单、其他项目清单；分部分项工程项目费、措施项目费、其他项目费、规费、税金。

目的是使学生对一般土建建筑工程量清单、工程量清单计价方式有一个整体的理解、系统的认识，掌握工程量清单编制、工程量清单计价方式的编制程序、格式、方法，具有编制一般土建工程工程量清单及其计价方式的能力。

# 附录　实验楼工程施工图

## 设计总说明

【参考视频】

一、工程概况

1. 本工程为钢筋混凝土框架结构，环境类别为一类，地上三层，按七度抗震设防，抗震等级为框架三级。
2. 室外场地自然标高按$-0.45$m 考虑，土壤为三类土，不考虑地下水。
3. 基础采用预应力钢筋混凝土管桩直径 300mm，壁厚 100mm，桩芯填中砂平均设计桩长暂按 15m 考虑。钢桩尖 10kg/个。

二、钢筋混凝土结构

1. 混凝土标号为：

（1）预应力管桩：C50；（2）桩承台：C30；（3）梁、板、柱及其他混凝土构件：C25；（4）基础垫层、散水、台阶：C15。

2. 混凝土保护层厚度：板：15mm；梁和柱：25mm；基础底板：40mm。
3. 钢筋接头形式及要求：

直径≥18mm 采用机械连接；<18mm 采用绑扎连接。

4. 未加注明的分布筋为$\phi$ 6@200。

三、墙体砌筑要求及加筋

1. 墙体砌筑要求：Mu10 标准砖，M5 水泥石灰砂浆砌筑。
2. 砖墙与框架柱及构造柱连接处应设连结筋，须每隔 500mm 高度，每 120mm 墙厚配 1 根$\phi$ 6 拉结筋，并伸入墙内 1000mm。

四、门窗表

| 名称 | 宽度 | | | 高度 | | | 离地高 | 类型 | 数量 | | | | 钢筋砼过梁 | | | 油漆 |
|---|---|---|---|---|---|---|---|---|---|---|---|---|---|---|---|---|
| | | | | | | | | | 一层 | 二层 | 三层 | 总数 | 高度 | 宽度 | 长度 | |
| M1 | 2400 | | | 2700 | | | | 镶板门 | 1 | | | 1 | 240 | 同墙厚 | 洞口宽度+500 | 木门油漆底漆一遍 咖啡色调和漆二遍 门框厚 90 |
| M2 | 900 | | | 2600 | | | | 胶合板门 | 2 | 2 | 2 | 6 | 120 | | | |
| M3 | 900 | | | 2100 | | | | 胶合板门 | 1 | 1 | 1 | 3 | 120 | | | |
| C1 | 1500 | | | 1800 | | | 900 | 38 系列铝合金平开窗 | 8 | 8 | 8 | 24 | 180 | | | 钢筋混凝土过梁配筋为纵筋 4$\phi$12，箍筋$\phi$@200 |
| C2 | 1800 | | | 1800 | | | 900 | 38 系列铝合金平开窗 | 1 | 1 | 1 | 3 | 180 | | | |
| MC1 | 总宽 | 其中 窗宽 | 其中 门宽 | 总高 | 其中 窗高 | 其中 门高 | 900 | 铝合金门联窗 门 46 系列、窗 38 系列 | | 1 | 1 | 2 | 240 | | | |
| | 2400 | 1500 | 900 | 2700 | 1800 | 2700 | | | | | | | | | | |

## 五、装修做法

| 层 | 房间名称 | | 地面 | 踢脚 120mm | 墙裙 1200mm | 墙面 | 天棚 |
|---|---|---|---|---|---|---|---|
| 一层 | 大厅 | | 地 30B | | 裙 10AL | 内墙 5A | 棚 26(吊顶高 3.0m) |
| | 101 室 | | 地 5E | 踢 10A | | 内墙 5A | 棚 2B |
| | 102 室 | | 地 5E | 踢 10A | | 内墙 5A | 棚 2B |
| | 楼梯间 | | 地 8A | 踢 2A | | 内墙 5A | 棚 2B |
| 二层/三层 | 会议厅 | | 楼 8D | 踢 10A | | 内墙 5A | 棚 2B |
| | 201 室/301 室 | | 楼 2D | 踢 2A | | 内墙 5A | 棚 2B |
| | 202 室/302 室 | | 楼 2D | 踢 2A | | 内墙 5A | 棚 2B |
| | 楼梯间 | | 楼 2D | 踢 2A | | 内墙 5A | 棚 2B |
| | 阳台 | 内装修 | 楼 8D | | | 阳台栏板<br>外墙 5A | 阳台板底<br>棚 2B |
| | | 外装修 | 外墙 5A，刷绿色油性外墙乳胶漆 | | | | |
| 屋面 | 挑檐 | 内装修 | 见图纸剖面图 | | 喷绿色油外墙性乳胶漆<br>喷绿色油外墙性乳胶漆 | 喷油外墙性乳胶漆<br>挑檐栏板<br>外墙 5A | 挑檐板底<br>棚 2B |
| | | 外装修 | 外墙 5A | | | | |
| | 不上人屋面 | | 女儿墙内外装修(包括压顶)：外墙 5A | | | | |
| 外墙装修 | 外墙裙：高 900mm，外墙 27A1，贴彩釉面砖(浅绿色) | | | | | | |
| | 外墙面：外墙 27A1，贴彩釉面砖(白色) | | | | | | |
| 台阶 | 素土夯实，80 厚 C15 混凝土垫层，20 厚 1∶2 水泥砂浆面层 | | | | | | |
| 散水 | 素土夯实，100 厚 C15 混凝土垫层，20 厚 1∶2 水泥砂浆面层。伸缩缝：沥青砂浆嵌缝 | | | | | | |

## 六、工程做法表(选用 06J1－1 图集)

| 编号 | 装修名称 | 用料及分层做法 |
|---|---|---|
| 地 30B | 普通实木企口地板地面 | 1. 18 厚普通实木企口地板 |
| | | 2. 9 厚胶合板基层 |
| | | 3. 泡沫防潮纸防潮层 |
| | | 4. 20 厚 1∶3 水泥砂浆找平层 |
| | | 5. 50 厚 C15 细石混凝土垫层 |
| | | 6. 150 厚 3∶7 灰土垫层 |
| | | 7. 素土夯实，压实系数 0.90 |

| 编号 | 装修名称 | 用料及分层做法 |
|---|---|---|
| 地 8A | 水泥砂浆地面 | (1) 20 厚 1∶2.5 水泥砂浆抹面压实赶光 |
| | | (2) 20 厚 1∶3 水泥砂浆找平层 |
| | | (3) 50 厚 C15 细石混凝土垫层 |
| | | (4) 150 厚 3∶7 灰土垫层 |
| | | (5) 素土夯实，压实系数 0.90 |

| 编号 | 装修名称 | 用料及分层做法 |
|---|---|---|
| 地 5E | 抛光砖地面 | 1. 400×400 抛光砖，稀水泥浆(或彩色水泥浆)擦缝，1∶3 水泥砂浆粘贴 |
| | | 2. 20 厚 1∶3 水泥砂浆找平层 |
| | | 3. 50 厚 C15 细石混凝土垫层 |
| | | 4. 150 厚 3∶7 灰土垫层 |
| | | 5. 素土夯实，压实系数 0.90 |
| 楼 8D | 抛光砖楼地面 | 1. 400×400 抛光砖，1∶3 水泥砂浆粘贴稀水泥浆(或彩色水泥浆)擦缝 |
| | | 2. 20 厚 1∶3 水泥砂浆找平层 |
| | | 3. 现浇钢筋混凝土楼板 |
| 楼 2D | 水泥砂浆楼面 | 1. 20 厚 1∶2.5 水泥砂浆抹面压实赶光 |
| | | 2. 20 厚 1∶3 水泥砂浆找平层 |
| | | 3. 现浇钢筋混凝土楼板 |
| 踢 10A | 大理石踢脚 | 1. 10 厚大理石板，稀水泥浆擦缝 |
| | | 2. 5 厚 1∶2 水泥砂浆粘结层 |
| | | 3. 15 厚 1∶2∶8 水泥石灰砂浆打底扫毛或划出纹道 |
| 踢 2A | 水泥砂浆踢脚 | 1. 8 厚 1∶2.5 水泥砂浆罩面压实赶光 |
| | | 2. 12 厚 1∶2∶8 水泥石灰砂浆打底扫毛或划出纹道 |

| 编号 | 装修名称 | 用料及分层做法 |
|---|---|---|
| 裙 10A1 | 胶合板墙裙 | 1. 浅黄色聚氨酯漆三遍 |
| | | 2. 5 厚胶合板面层 |
| | | 3. 5 厚胶合板基层 |
| | | 4. 刷石油沥青玛蹄脂一遍防潮层 |
| | | 5. 15 厚 1∶2∶8 水泥石灰砂浆打底扫毛或划出纹道 |
| 内墙 5A | 水泥砂浆墙面 | 1. 刷乳胶漆底油二遍面油二遍 |
| | | 2. 刮耐水型成品腻子粉 |
| | | 3. 5 厚 1∶2.5 水泥砂浆罩面 |
| | | 4. 15 厚 1∶2∶8 水泥石灰砂浆打底扫毛或划出纹道 |
| 棚 26 | 纸面石膏板吊顶 | 1. 刷底油二遍，乳胶漆面漆二遍 |
| | | 2. 刮耐水型成品腻子粉 |
| | | 3. 9.5 厚纸面防水石膏板(450×450) |
| | | 4. 装配式 U 型轻钢天棚龙骨，龙骨吸顶吊件用膨胀栓与钢筋混凝土固定 |
| 棚 2B | 水泥砂浆顶棚 | 1. 刷乳胶漆二遍 |
| | | 2. 刮耐水型成品腻子粉 |
| | | 3. 5 厚 1∶2.5 水泥砂浆罩面 |
| | | 4. 10 厚 1∶1∶6 水泥石灰砂浆打底扫毛或划出纹道 |
| | | 5. 素水泥浆一道甩毛(内掺建筑胶) |
| 外墙 27A1 | 彩釉面砖 | 1. 150×150 彩釉面砖(水泥膏贴) |
| | | 2. 15 厚 1∶1∶6 水泥石灰砂浆打底扫毛 |
| 外墙 5A | 水泥砂浆墙面 | 1. 5 厚 1∶2.5 水泥砂浆罩面 |
| | | 2. 15 厚 1∶2∶8 水泥石灰砂浆打底扫毛 |

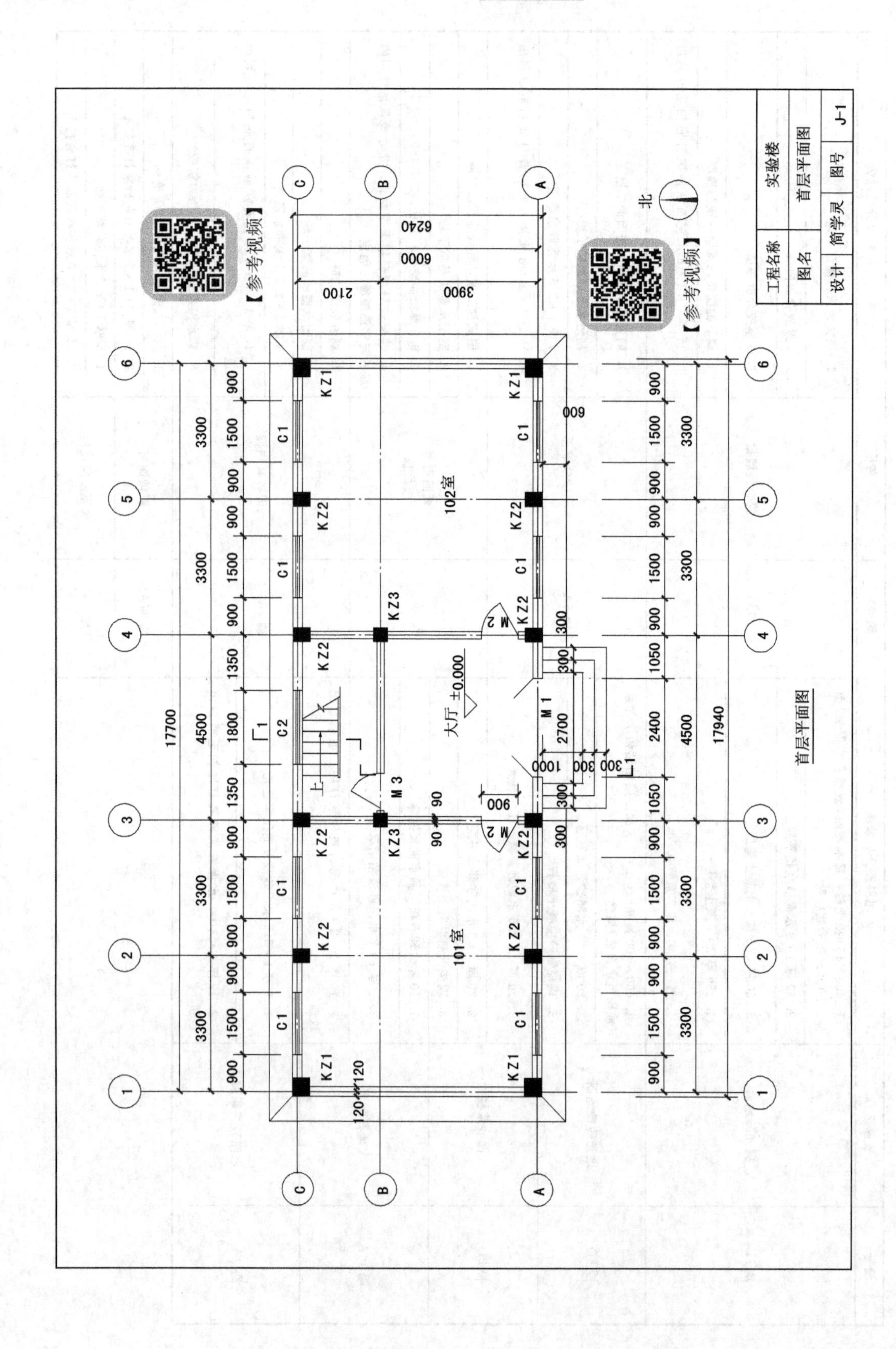

工程名称 实验楼
图名 首层平面图
设计 简学灵 图号 J-1
【参考视频】
【参考视频】
北
102室
101室
大厅 ±0.000
首层平面图

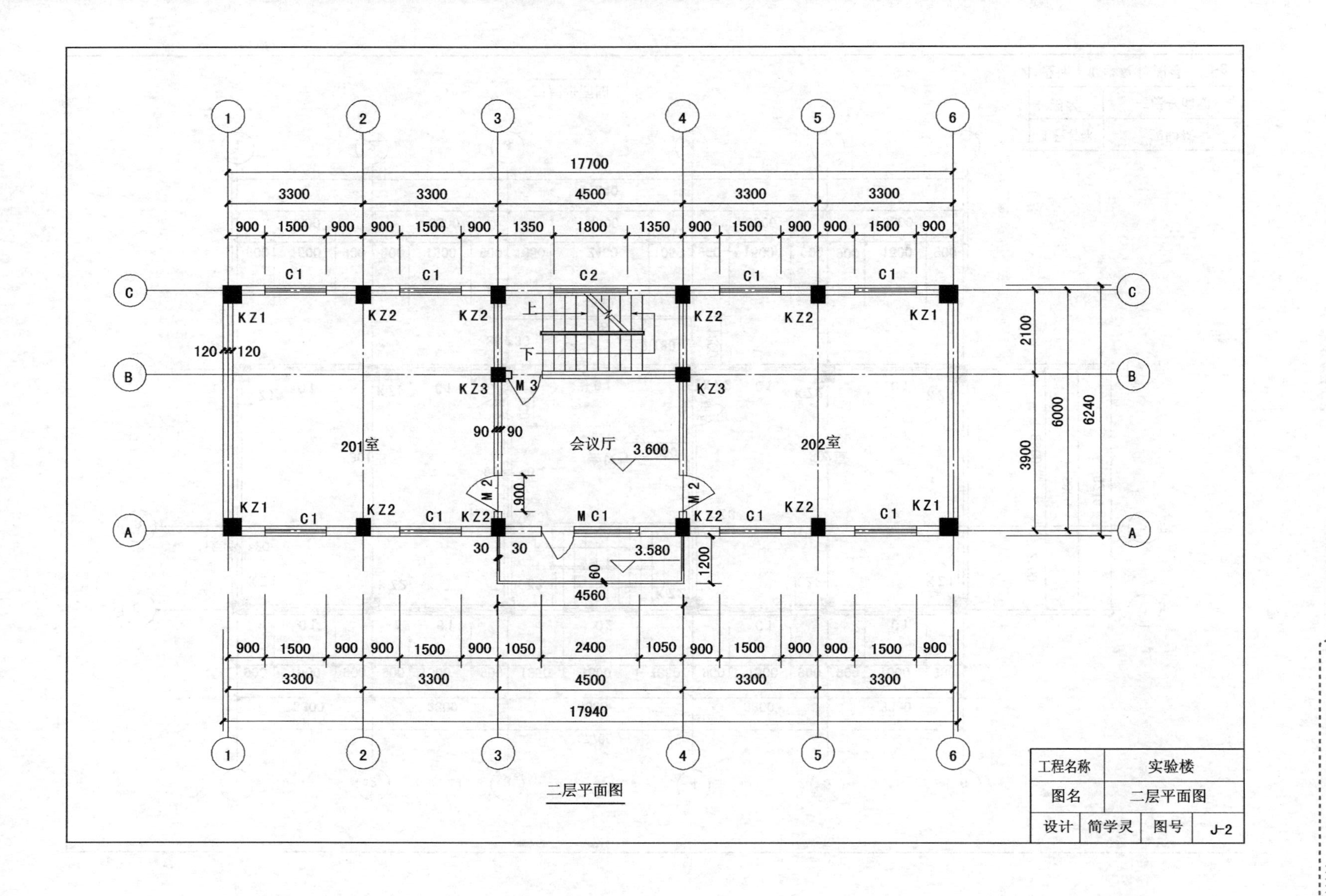
17700
3300
3300
4500
3300
3300
900 1500 900 900 1500 900 1350 1800 1350 900 1500 900 900 1500 900
C1
C1
C2
C1
C1
KZ1
KZ2
KZ2
KZ2
KZ2
KZ1
120 120
上
下
KZ3
M3
KZ3
90 90
201室
会议厅
3.600
202室
2100
3900
6000
6240
M2
900
M2
KZ1
C1
KZ2
C1
KZ2
MC1
KZ2
C1
KZ2
C1
KZ1
30 30
3.580
60
1200
4560
900 1500 900 900 1500 900 1050 2400 1050 900 1500 900 900 1500 900
3300
3300
4500
3300
3300
17940
工程名称
实验楼
图名
二层平面图
设计
简学灵
图号
J-2
二层平面图

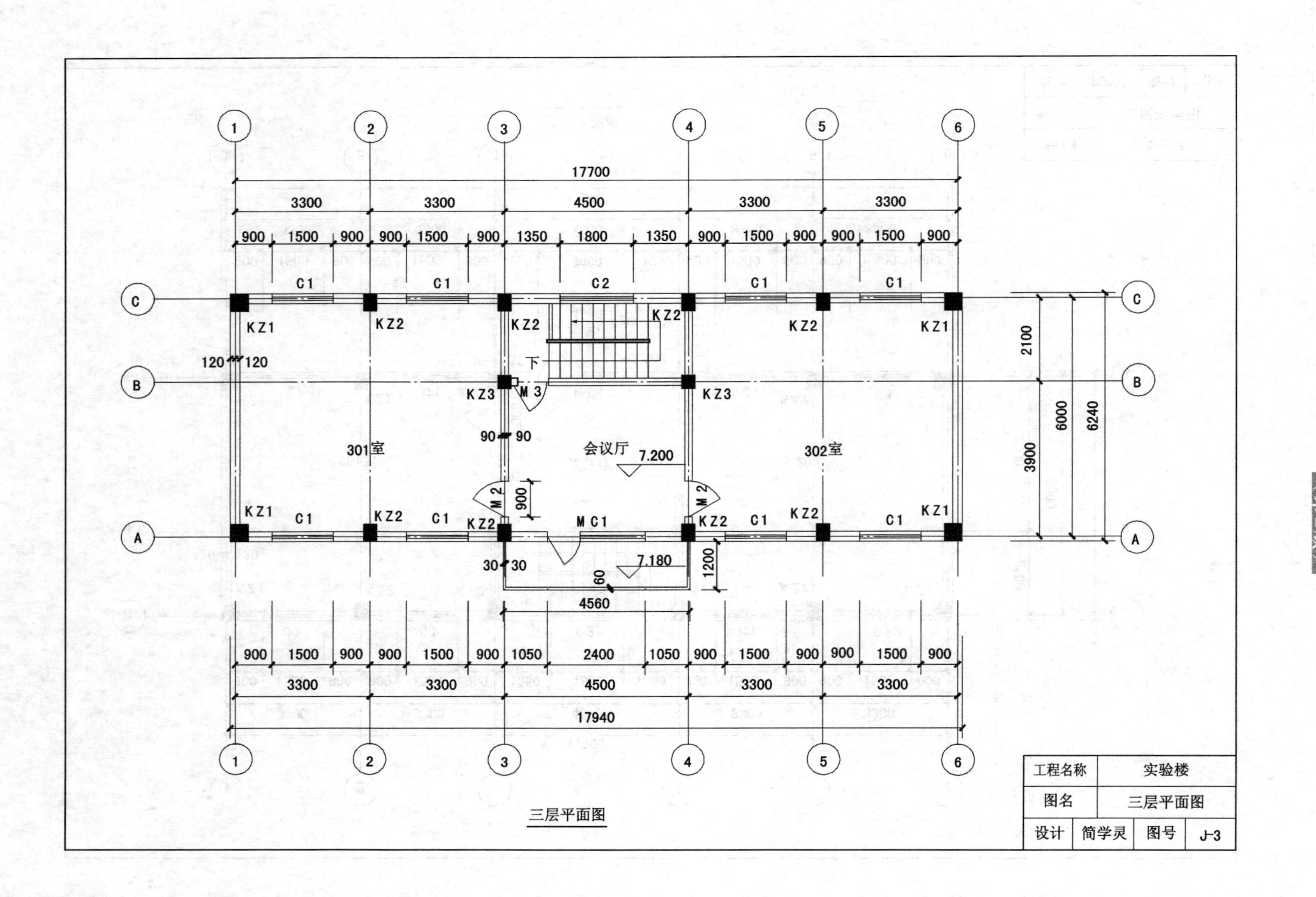
17700
3300
3300
4500
3300
3300
900 1500 900 900 1500 900 1350 1800 1350 900 1500 900 900 1500 900
C1
C1
C2
C1
C1
KZ1
KZ2
KZ2
KZ2
KZ2
KZ1
120 120
下
KZ3
M3
KZ3
90 90
301室
会议厅
7.200
302室
M2
900
M2
KZ1
C1
KZ2
C1
KZ2
MC1
KZ2
C1
KZ2
C1
KZ1
30 30
7.180
60
1200
4560
2100
3900
6000
6240
900 1500 900 900 1500 900 1050 2400 1050 900 1500 900 900 1500 900
3300
3300
4500
3300
3300
17940
三层平面图
工程名称
实验楼
图名
三层平面图
设计
简学灵
图号
J-3

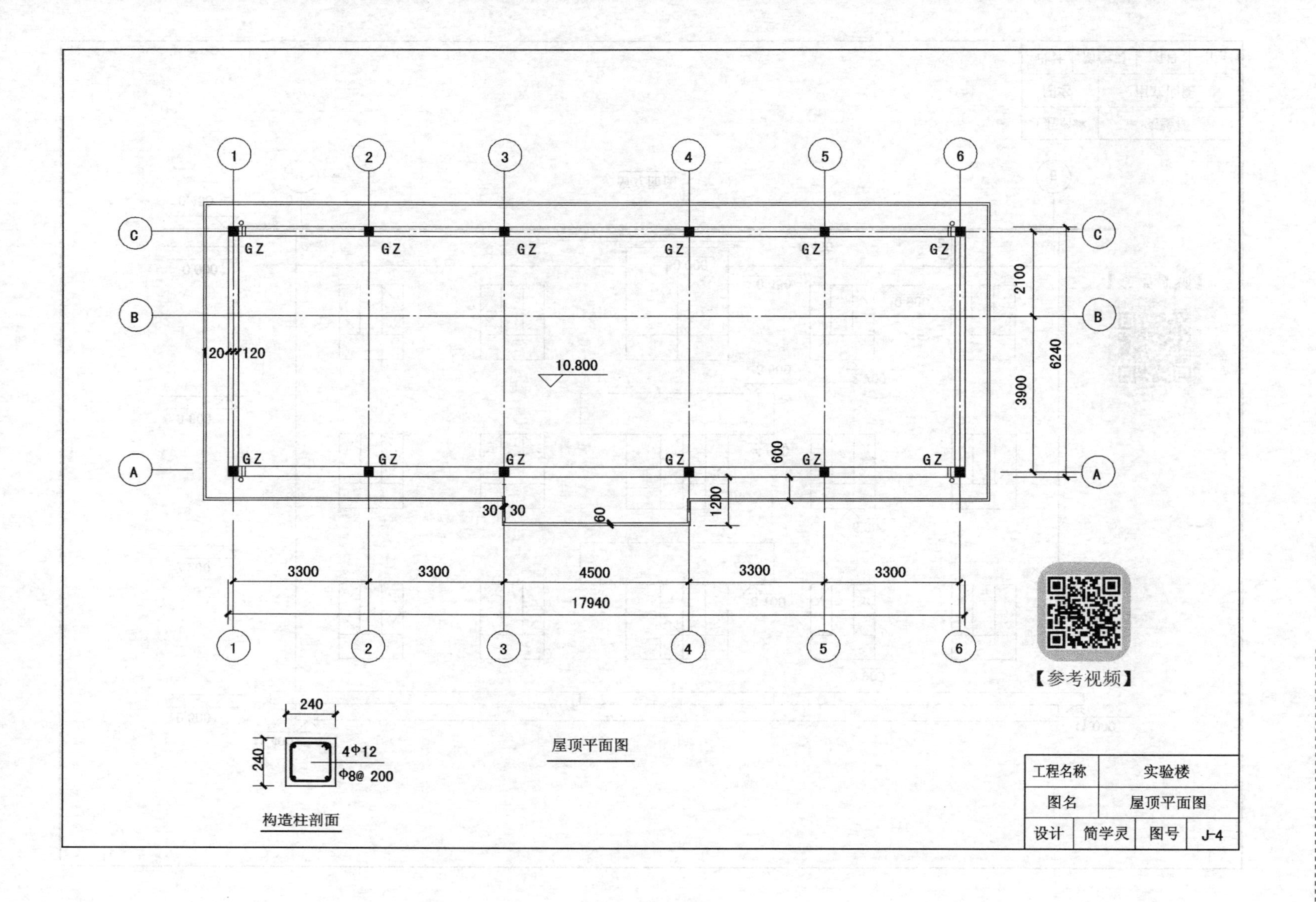
10.800
GZ
120
120
30
30
60
600
1200
2100
3900
6240
3300
3300
4500
3300
3300
17940
【参考视频】
240
240
4Φ12
Φ8@ 200
构造柱剖面
屋顶平面图
工程名称
实验楼
图名
屋顶平面图
设计
简学灵
图号
J-4

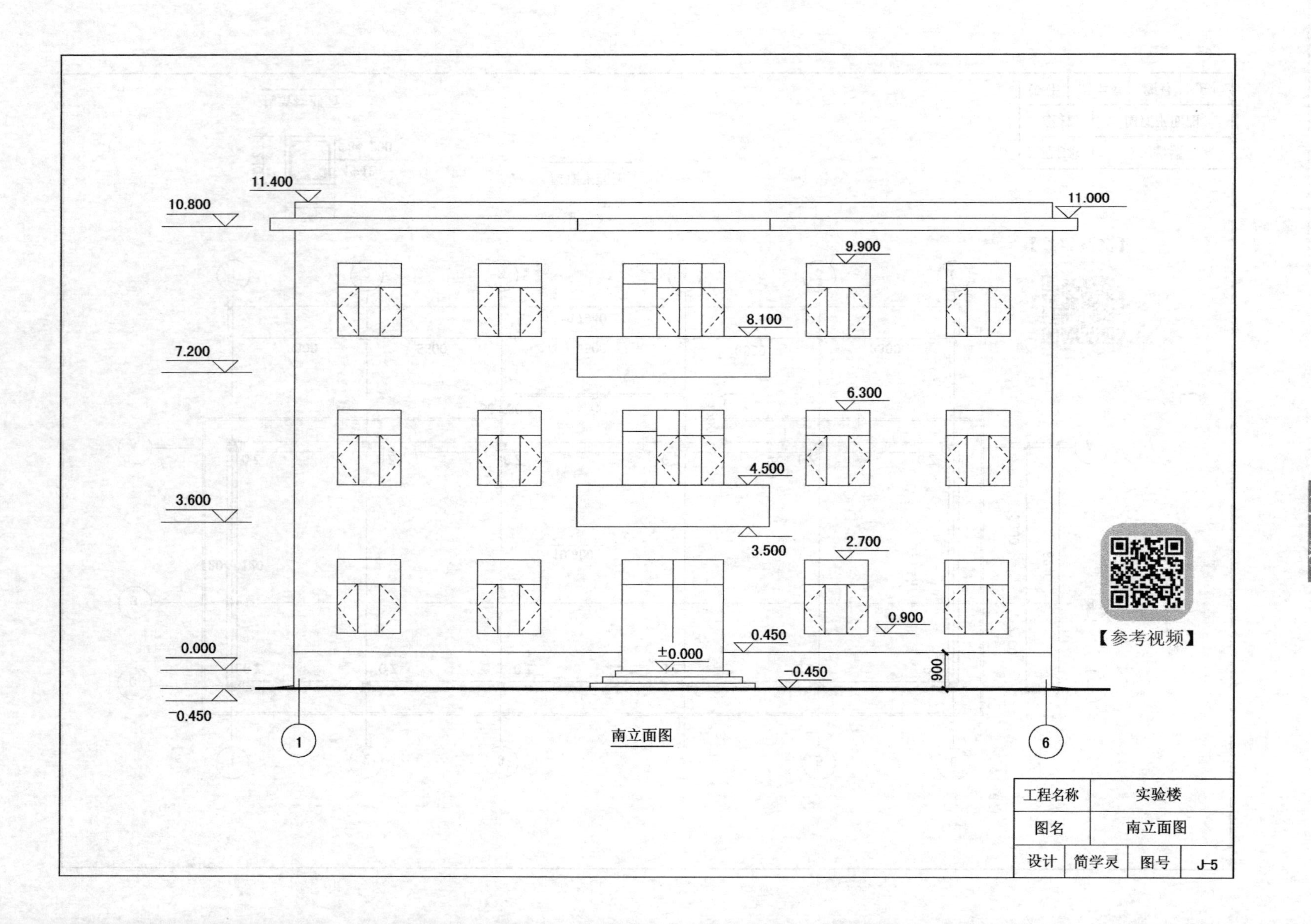

11.400
10.800
11.000
9.900
8.100
7.200
6.300
4.500
3.600
3.500
2.700
0.900
0.450
0.000
±0.000
-0.450
-0.450
900
1
6
南立面图
【参考视频】
工程名称
实验楼
图名
南立面图
设计
简学灵
图号
J-5

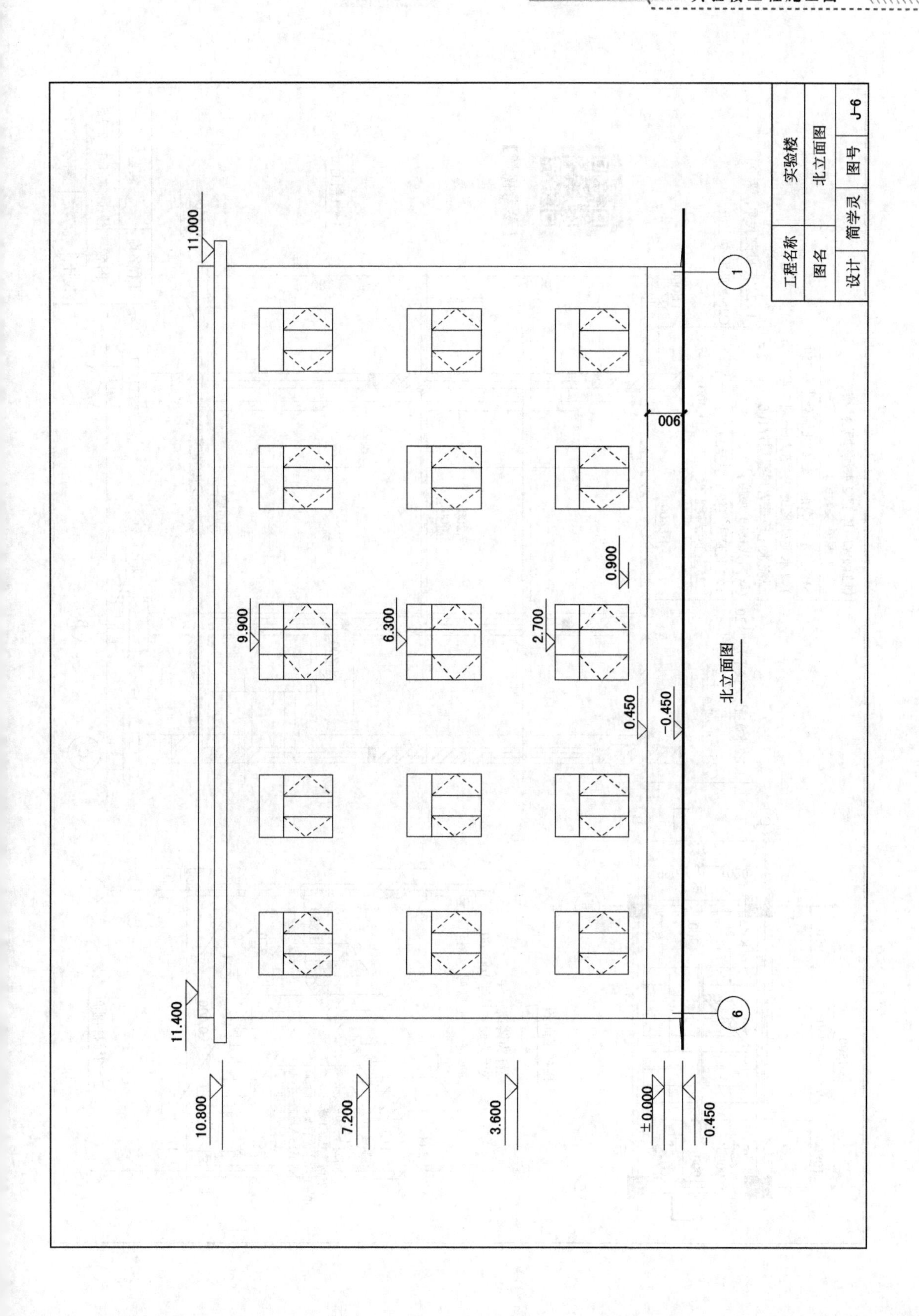
工程名称
实验楼
图名
北立面图
设计
简学灵
图号
J-6
北立面图
11.000
11.400
10.800
9.900
7.200
6.300
3.600
2.700
0.900
0.450
−0.450
±0.000
−0.450
900
1
6

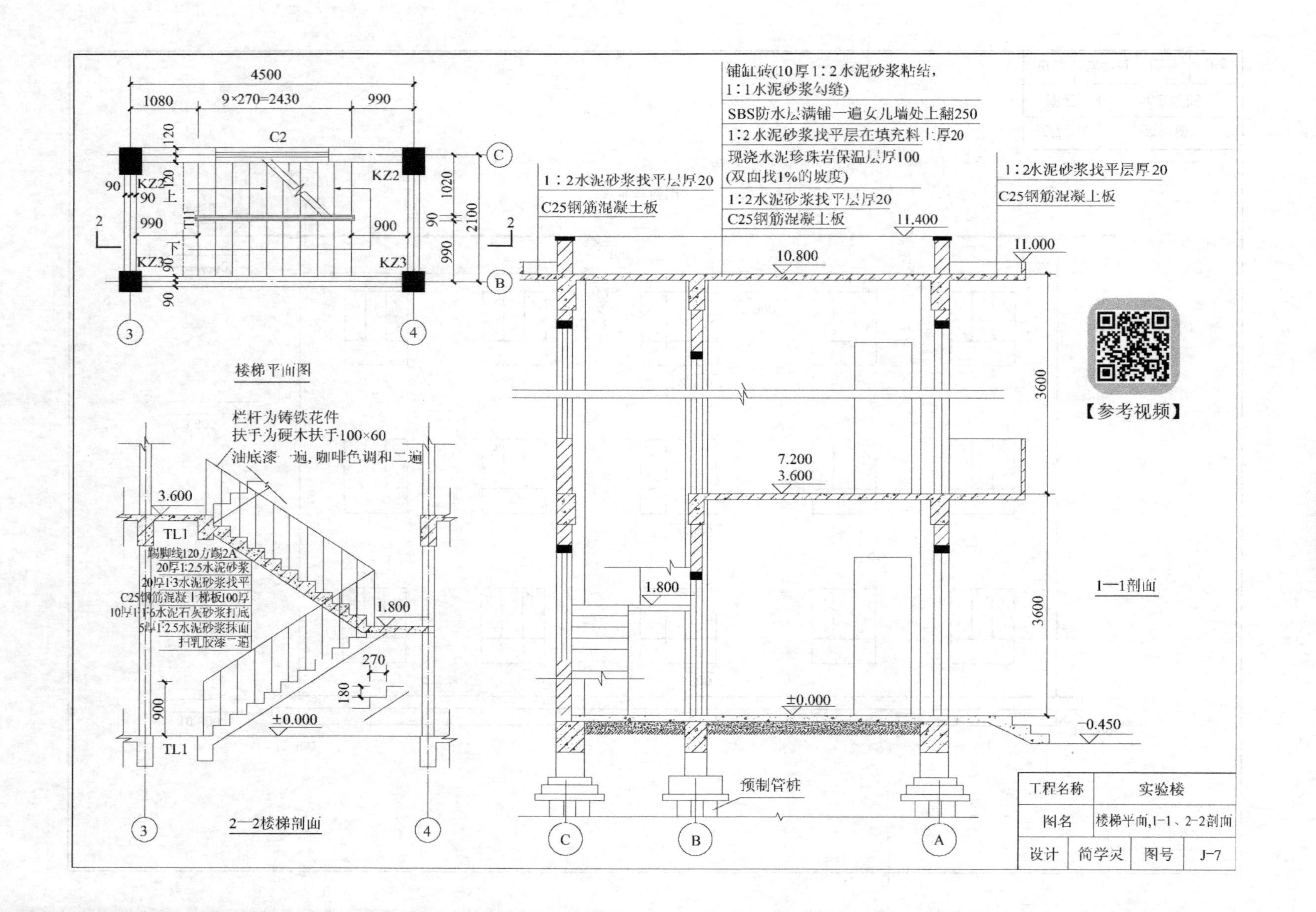

4500
1080
9×270=2430
990
C2
KZ2
KZ3
TL1
1020
2100
990
900
楼梯平面图
栏杆为铸铁花件
扶手为硬木扶手100×60
油底漆一遍，咖啡色调和二遍
3.600
20厚1:2.5水泥砂浆
20厚1:3水泥砂浆找平
5厚1:2.5水泥砂浆抹面
1.800
270
180
900
±0.000
2—2楼梯剖面
铺缸砖(10厚1:2水泥砂浆粘结，1:1水泥砂浆勾缝)
SBS防水层满铺一遍女儿墙处上翻250
1:2水泥砂浆找平层在填充料上厚20
现浇水泥珍珠岩保温层厚100
(双面找1%的坡度)
1:2水泥砂浆找平层厚20
C25钢筋混凝土板
1:2水泥砂浆找平层厚20
C25钢筋混凝土板
1:2水泥砂浆找平层厚20
C25钢筋混凝土板
11.400
11.000
10.800
7.200
3.600
1.800
±0.000
-0.450
3600
3600
【参考视频】
1—1剖面
预制管桩
工程名称
实验楼
图名
楼梯平面,1-1、2-2剖面
设计
简学灵
图号
J-7

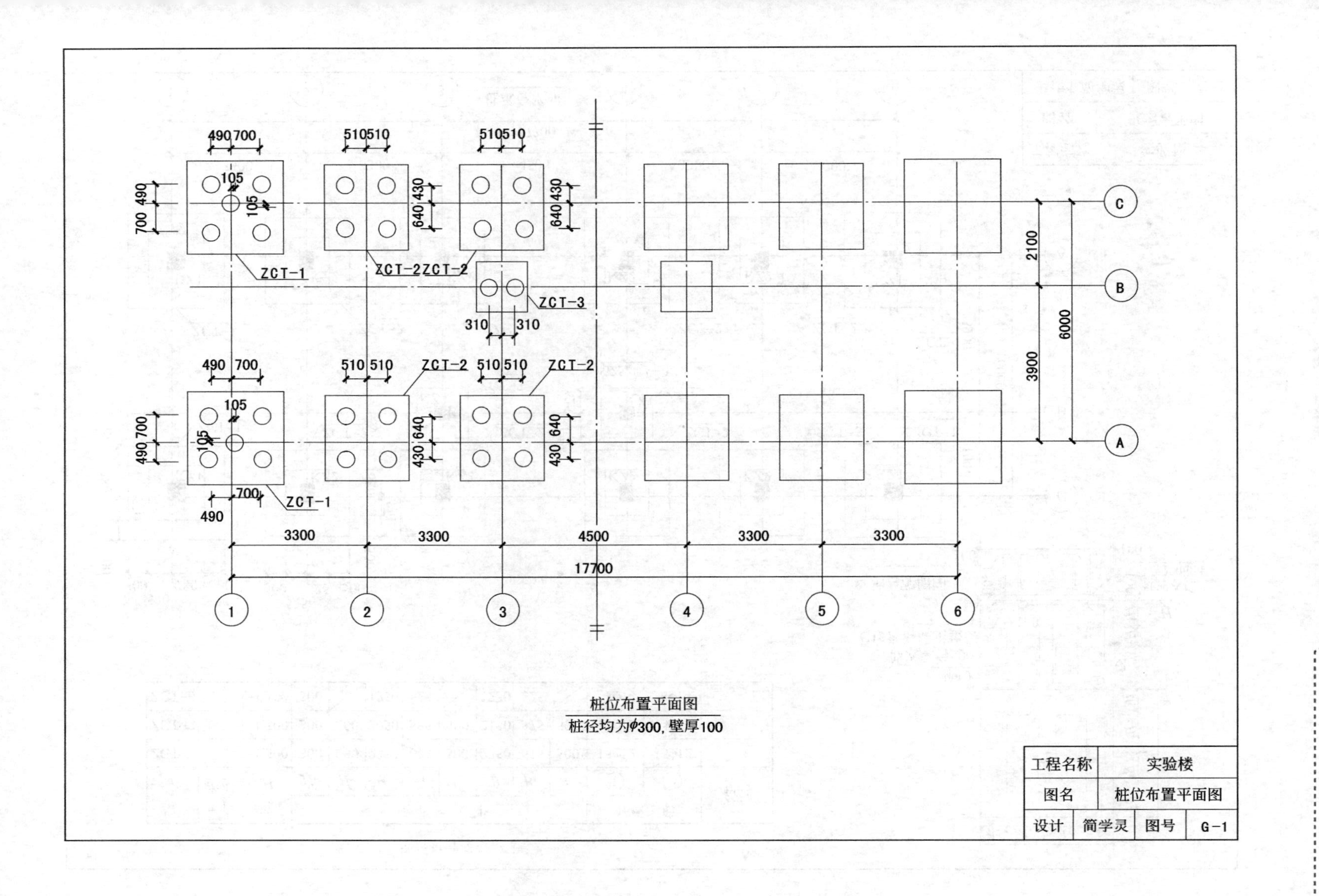

490 700
510510
510510
105
105
ZCT-1
ZCT-2
ZCT-2
ZCT-3
310
310
490
700
510 510
510 510
ZCT-2
ZCT-2
ZCT-1
3300
3300
4500
3300
3300
17700
1
2
3
4
5
6
A
B
C
2100
3900
6000
桩位布置平面图
桩径均为φ300，壁厚100
工程名称
实验楼
图名
桩位布置平面图
设计
简学灵
图号
G-1

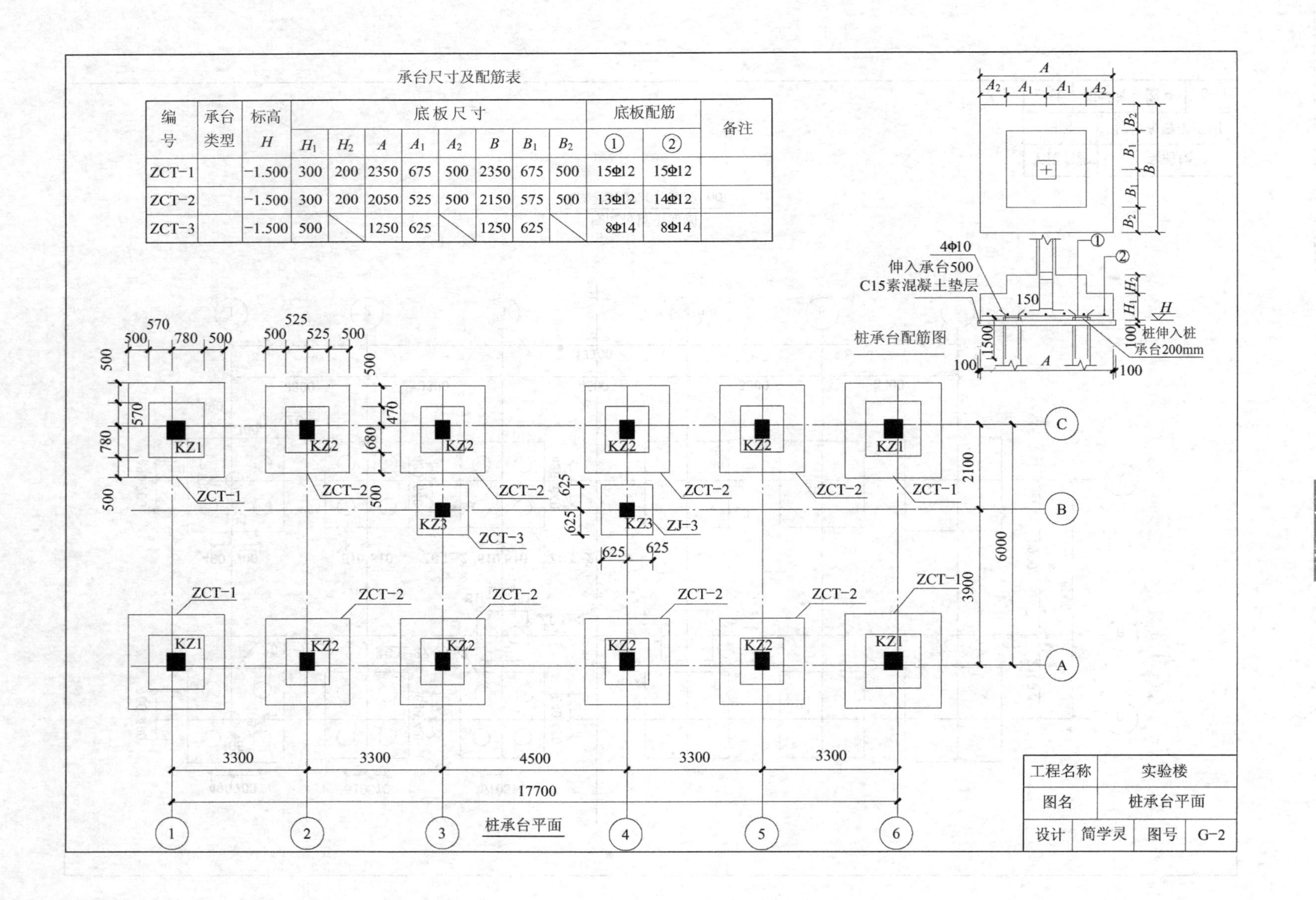


承台尺寸及配筋表

| 编号 | 承台类型 | 标高 $H$ | 底板尺寸 $H_1$ | $H_2$ | $A$ | $A_1$ | $A_2$ | $B$ | $B_1$ | $B_2$ | 底板配筋 ① | ② | 备注 |
|---|---|---|---|---|---|---|---|---|---|---|---|---|---|
| ZCT-1 | | -1.500 | 300 | 200 | 2350 | 675 | 500 | 2350 | 675 | 500 | 15Φ12 | 15Φ12 | |
| ZCT-2 | | -1.500 | 300 | 200 | 2050 | 525 | 500 | 2150 | 575 | 500 | 13Φ12 | 14Φ12 | |
| ZCT-3 | | -1.500 | 500 | | 1250 | 625 | | 1250 | 625 | | 8Φ14 | 8Φ14 | |

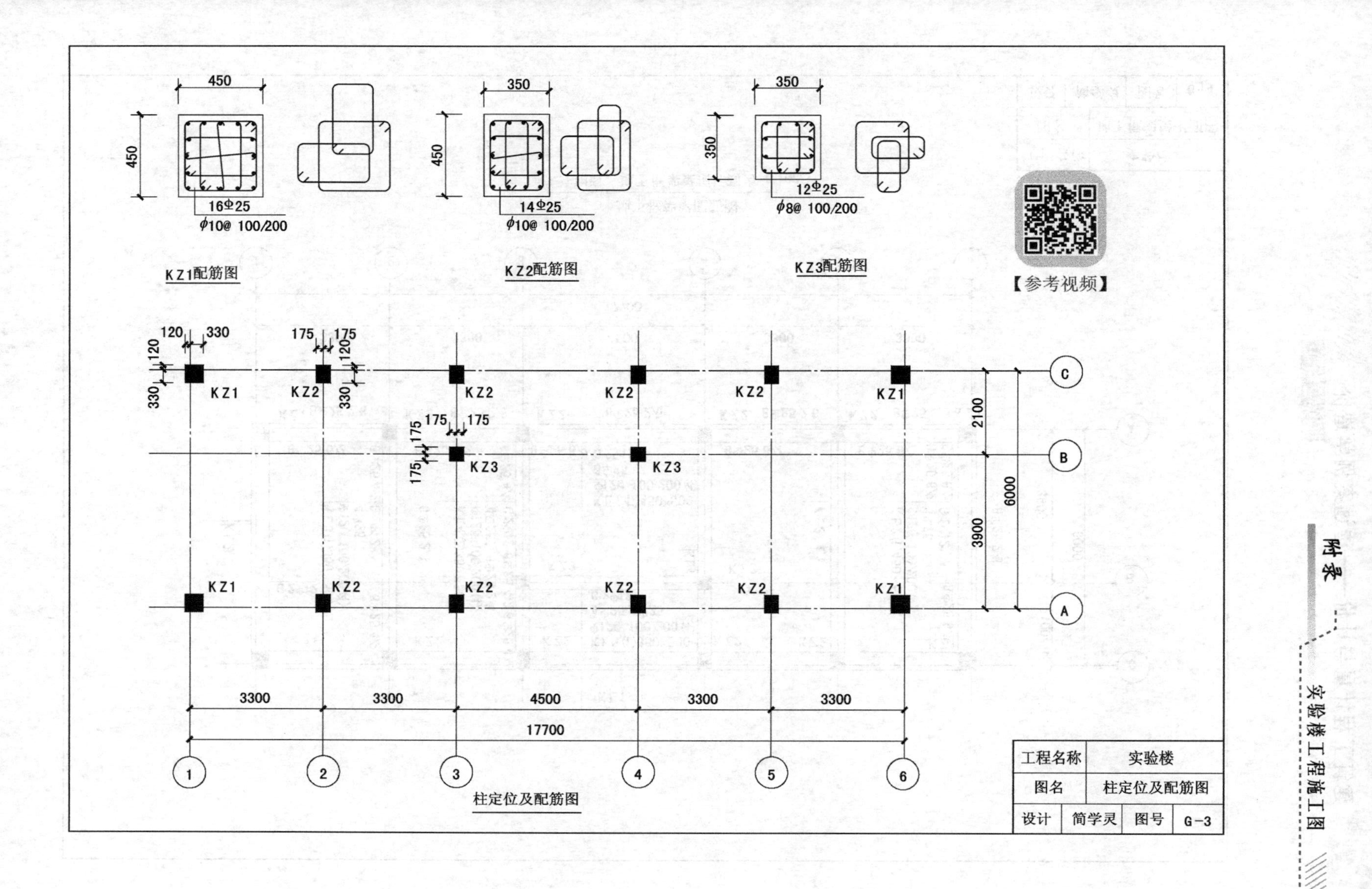
450
450
16Φ25
φ10@ 100/200
KZ1配筋图
350
450
14Φ25
φ10@ 100/200
KZ2配筋图
350
350
12Φ25
φ8@ 100/200
KZ3配筋图
【参考视频】
120
330
175
KZ1
KZ2
KZ3
C
B
A
2100
3900
6000
3300
3300
4500
3300
3300
17700
1
2
3
4
5
6
柱定位及配筋图
工程名称 实验楼
图名 柱定位及配筋图
设计 简学灵 图号 G-3

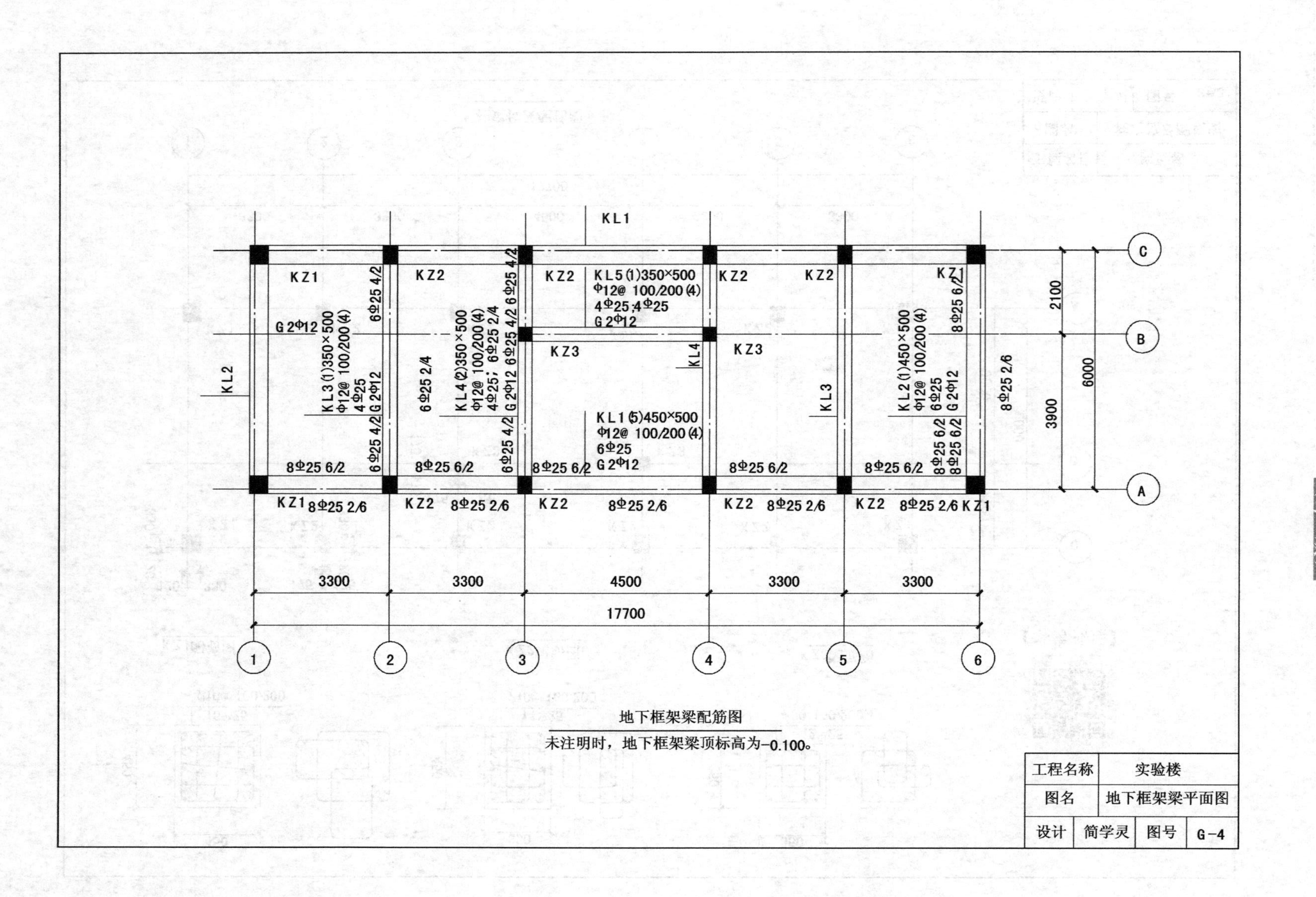
KL1
KL2
KL3
KL4
KZ1
KZ2
KZ3
KL5(1)350×500
Φ12@100/200(4)
4Φ25;4Φ25
G 2Φ12
KL3(1)350×500
Φ12@100/200(4)
4Φ25
G 2Φ12
KL4(2)350×500
Φ12@100/200(4)
4Φ25; 6Φ25 2/4
G 2Φ12
KL1(5)450×500
Φ12@100/200(4)
6Φ25
G 2Φ12
KL2(1)450×500
Φ12@100/200(4)
6Φ25
G 2Φ12
6Φ25 4/2
6Φ25 2/4
8Φ25 6/2
8Φ25 2/6
3300
3300
4500
3300
3300
17700
2100
3900
6000
1
2
3
4
5
6
A
B
C
地下框架梁配筋图
未注明时，地下框架梁顶标高为-0.100。
工程名称
实验楼
图名
地下框架梁平面图
设计
简学灵
图号
G-4

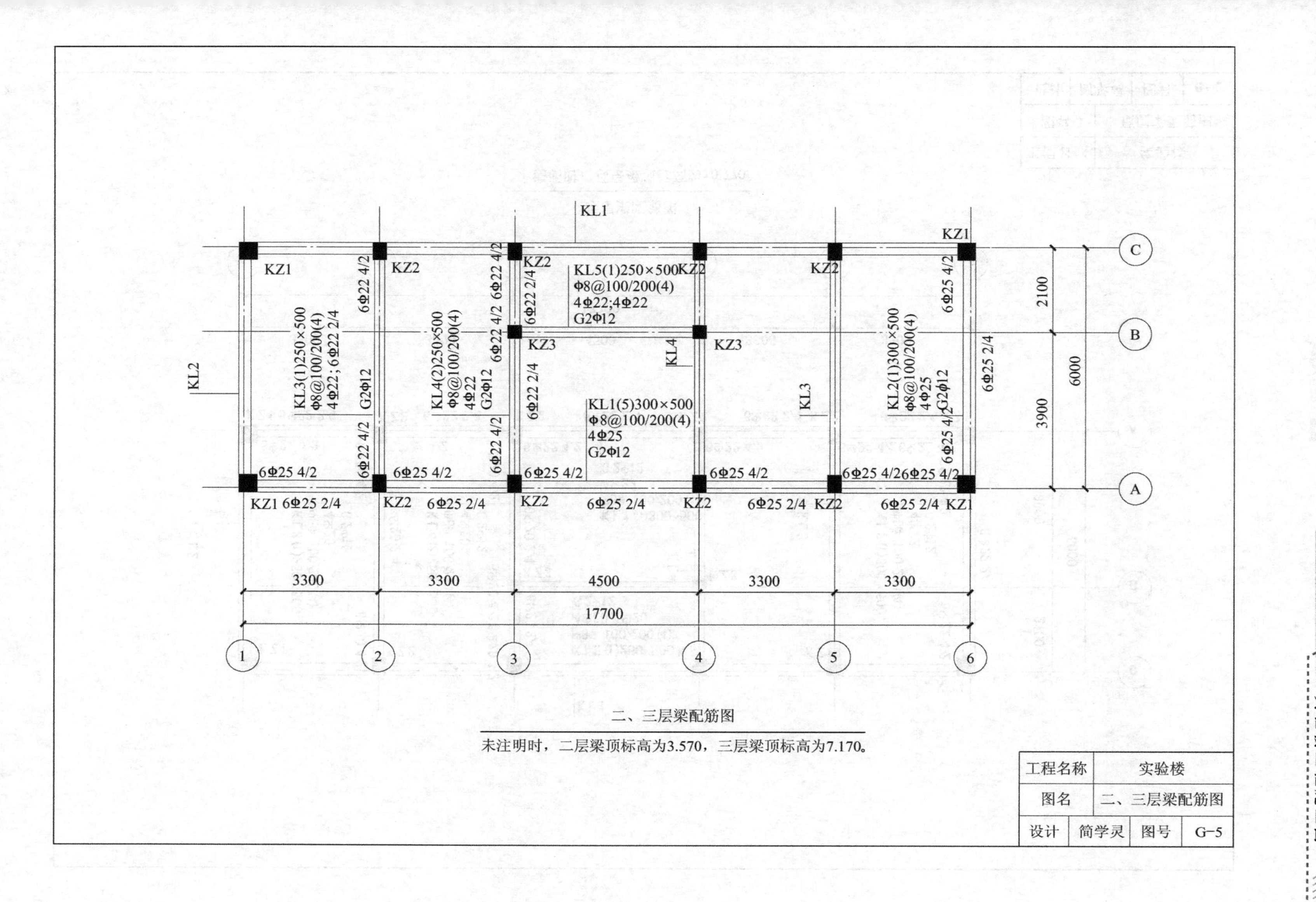


二、三层梁配筋图

未注明时，二层梁顶标高为3.570，三层梁顶标高为7.170。

| 工程名称 | 实验楼 | | |
| --- | --- | --- | --- |
| 图名 | 二、三层梁配筋图 | | |
| 设计 | 简学灵 | 图号 | G-5 |

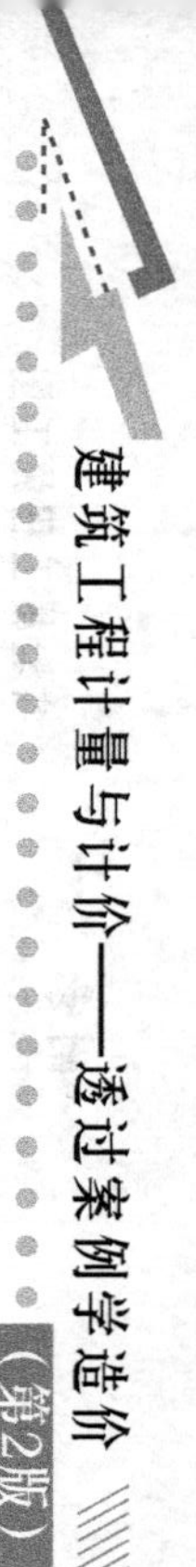

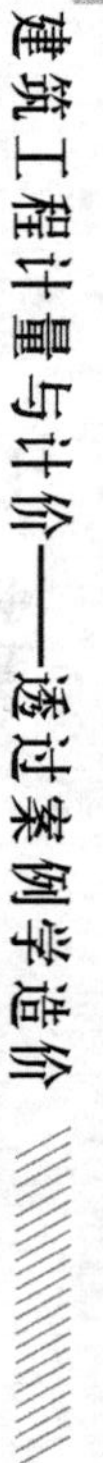

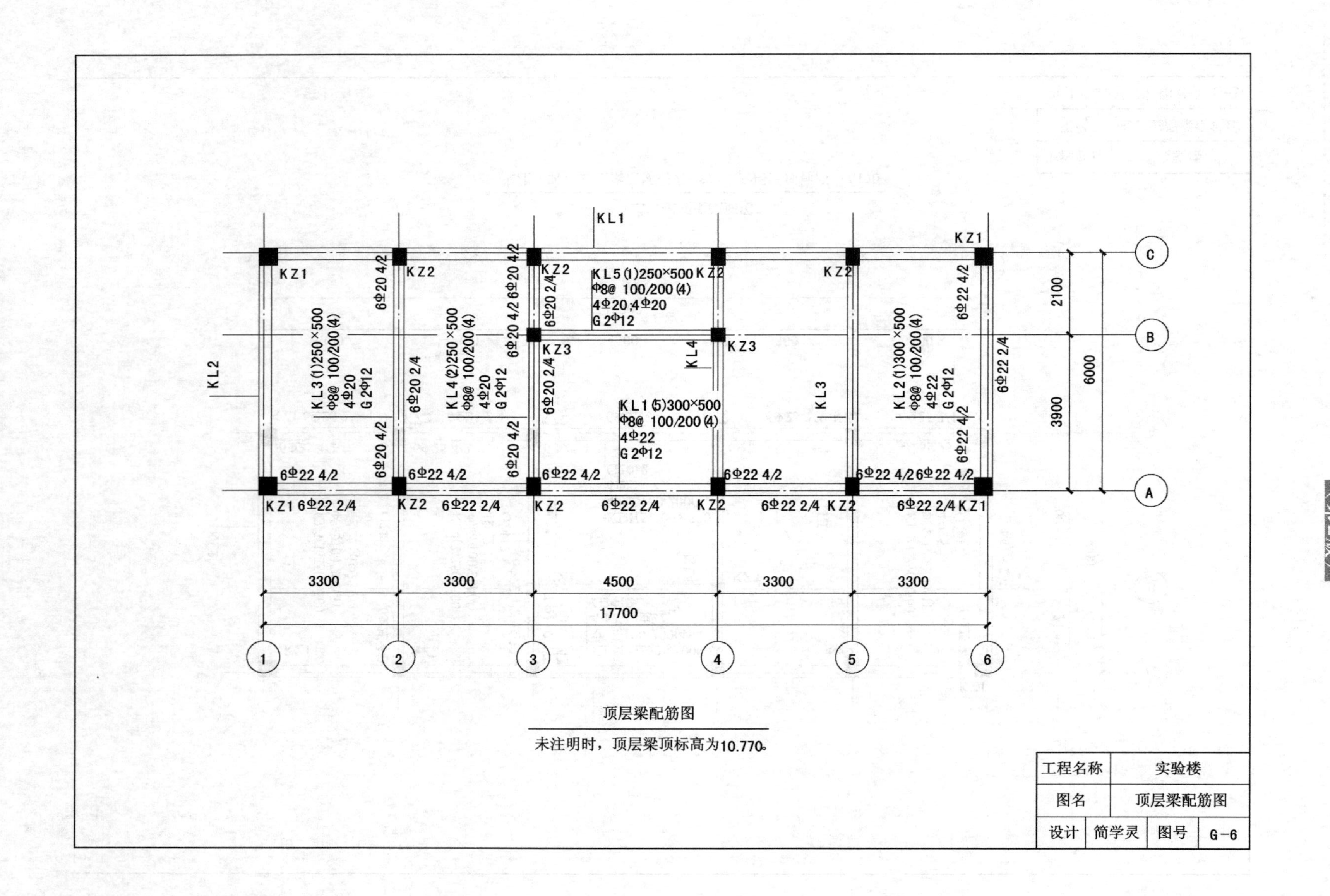
KL1
KL2
KL3
KL4
KZ1
KZ2
KZ3
KL5(1)250×500
Φ8@100/200(4)
4Φ20;4Φ20
G2Φ12
KL3(1)250×500
Φ8@100/200(4)
4Φ20
G2Φ12
KL4(2)250×500
Φ8@100/200(4)
4Φ20
G2Φ12
KL1(5)300×500
Φ8@100/200(4)
4Φ22
G2Φ12
KL2(1)300×500
Φ8@100/200(4)
4Φ22
G2Φ12
6Φ20 4/2
6Φ20 2/4
6Φ22 4/2
6Φ22 2/4
2100
3900
6000
3300
3300
4500
3300
3300
17700
顶层梁配筋图
未注明时，顶层梁顶标高为10.770。
工程名称
实验楼
图名
顶层梁配筋图
设计
简学灵
图号
G-6

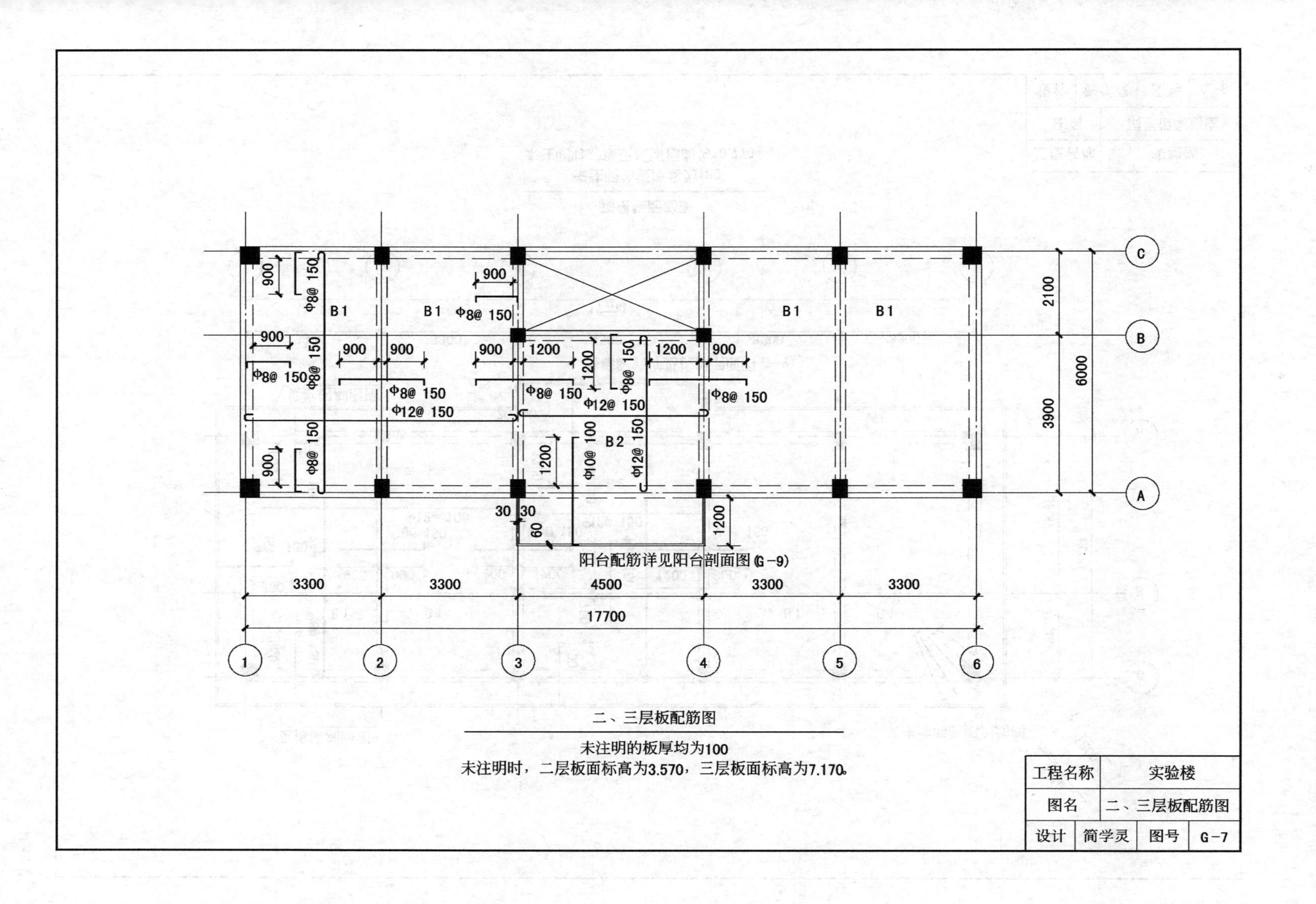
B1
B1
B1
B1
B2
900
1200
Φ8@150
Φ12@150
Φ10@100
30
60
阳台配筋详见阳台剖面图(G-9)
3300
3300
4500
3300
3300
17700
2100
3900
6000
二、三层板配筋图
未注明的板厚均为100
未注明时，二层板面标高为3.570，三层板面标高为7.170。
工程名称 | 实验楼
图名 | 二、三层板配筋图
设计 | 简学灵 | 图号 | G-7

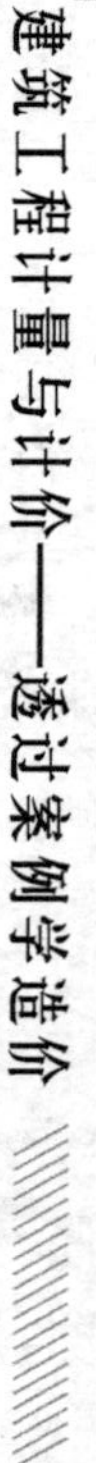

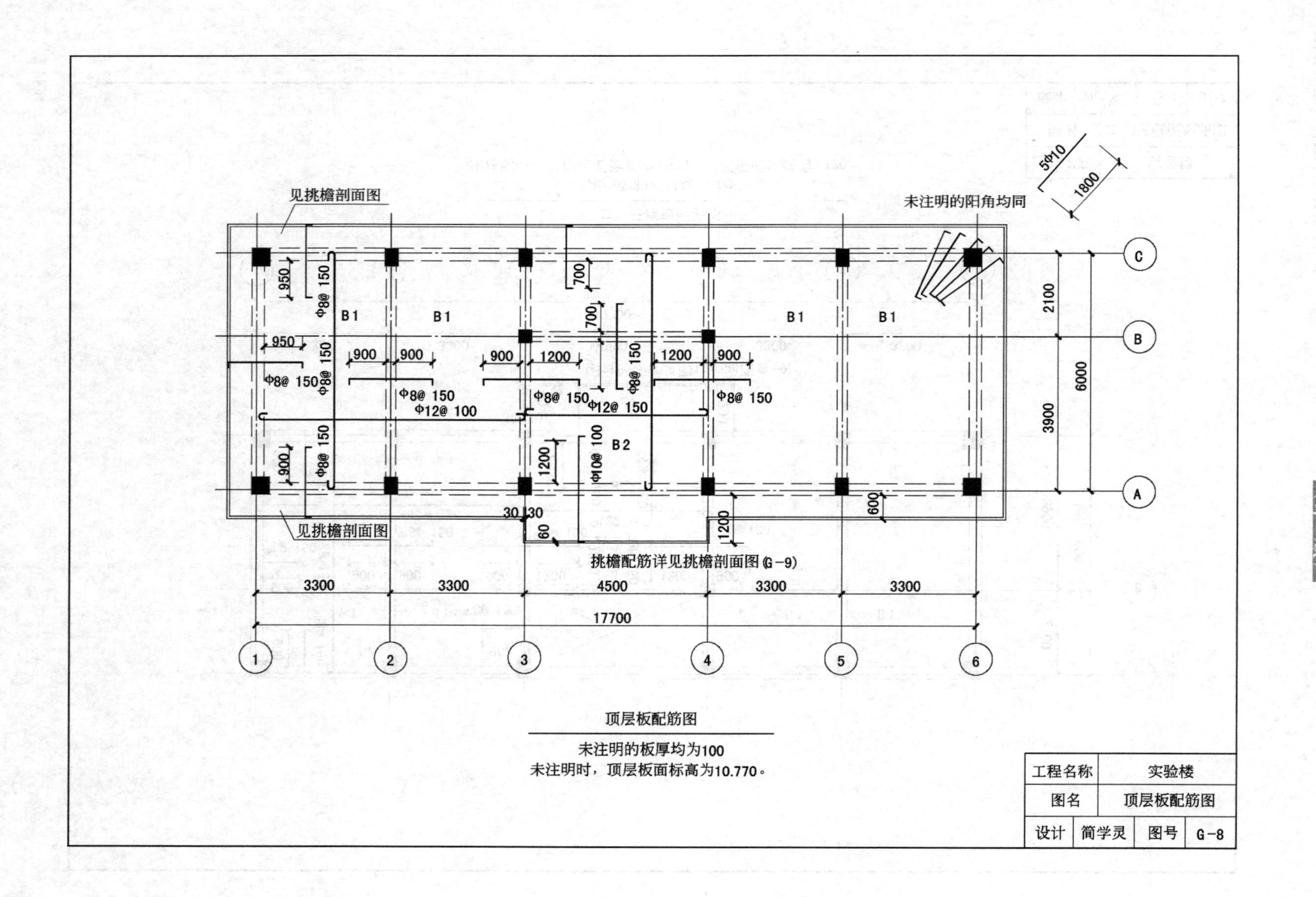
见挑檐剖面图
未注明的阳角均同
5φ10
1800
B1
B2
φ8@150
φ12@100
φ12@150
φ10@100
挑檐配筋详见挑檐剖面图(G-9)
3300
4500
17700
2100
3900
6000
顶层板配筋图
未注明的板厚均为100
未注明时，顶层板面标高为10.770。
工程名称
实验楼
图名
顶层板配筋图
设计
简学灵
图号
G-8

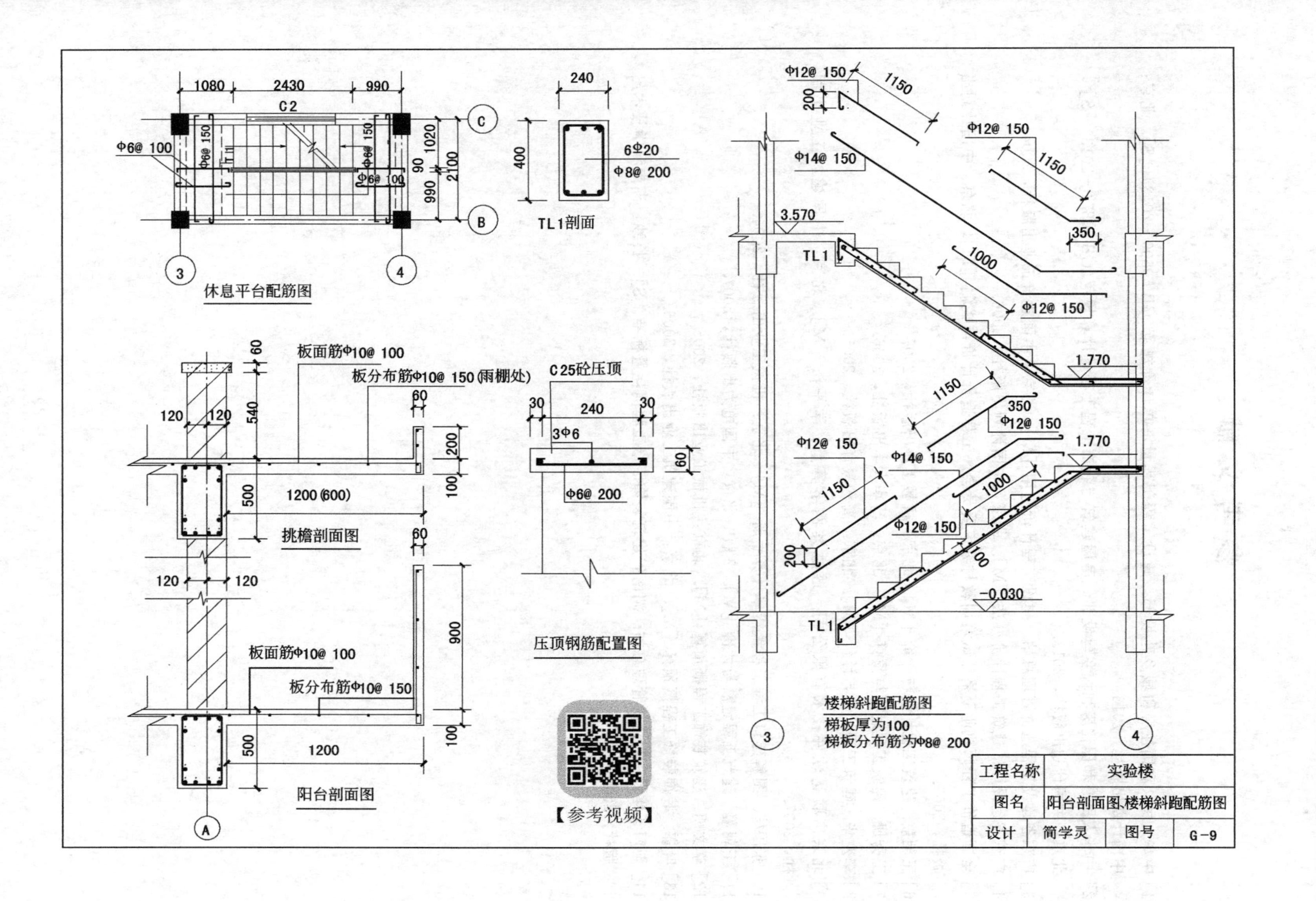
休息平台配筋图
TL1剖面
6Φ20
Φ8@ 200
挑檐剖面图
板面筋Φ10@ 100
板分布筋Φ10@ 150 (雨棚处)
C25砼压顶
3Φ6
Φ6@ 200
压顶钢筋配置图
阳台剖面图
板面筋Φ10@ 100
板分布筋Φ10@ 150
楼梯斜跑配筋图
梯板厚为100
梯板分布筋为Φ8@ 200
【参考视频】
工程名称
实验楼
图名
阳台剖面图、楼梯斜跑配筋图
设计
简学灵
图号
G-9

# 参考文献

[1] 中华人民共和国住房和城乡建设部. 建设工程工程量清单计价规范(GB 50500—2013)［S］. 北京：中国计划出版社，2013.

[2] 中华人民共和国住房和城乡建设部. 房屋建筑与装饰工程工程量计算规范(GB 50854—2013)［S］. 北京：中国计划出版社，2013.

[3] 广东省建设工程造价管理总站. 建设工程计价应用［M］. 北京：中国建筑工业出版社，2004.

[4] 广东省建设厅. 建筑工程计价办法［M］. 北京：中国计划出版社，2006.

[5] 全国造价工程师执业资格考试培训教材编审委员会. 工程造价计价与控制［M］. 北京：中国计划出版社，2005.

[6] 王朝霞. 建筑工程计量与计价［M］. 北京：机械工业出版社，2007.

[7] 王秀册. 建筑工程定额与预算［M］. 北京：清华大学出版社，2006.

[8] 李左华. 建筑工程计量与计价［M］. 北京：高等教育出版社，2005.

[9] 北京广联达软件技术有限公司. 透过案例学算量、学平法［M］. 北京：中国建材工业出版社，2007.

[10] 张国栋. 图解建筑工程工程量清单计算手册［M］. 北京：机械工业出版社，2004.

[11] 王朝霞. 建筑工程定额与计价［M］. 2版. 北京：中国电力出版社，2007.

[12] 李文朝. 建筑装饰工程概预算［M］. 北京：机械工业出版社，2005.

[13] 叶霏. 装饰装修工程概预算［M］. 北京：中国建筑工业出版社，2005.

[14] 湖南省建设工程造价管理总站. 湖南省建筑装饰装修工程消耗量标准［S］. 长沙：湖南科学技术出版社，2006.